BEIHEFTE ZUR NOVA HEDWIGIA, 59

BEIHEFTE ZUR

NOVA HEDWIGIA

HEFT 59

Les Rhodophylles

des forêts côtières du Gabon et de la Côte d'Ivoire

avec une introduction générale sur la taxinomie du genre

par

HENRI ROMAGNESI

et

GÉRARD GILLES

avec 302 figures

1979 · J. CRAMER

In der A.R. Gantner Verlag Kommanditgesellschaft

FL-9490 VADUZ

Printed in Germany
by Strauss & Cramer GmbH, 6945 Hirschberg II
ISBN 3-7682-5459-3

TABLE DES MATIERES

PREFACE

Le présent mémoire est le résultat de la collaboration entre Gérard Gilles et Henri Romagnesi, pour l'inventaire des Rhodophylles croissant dans deux forêts côtières des environs immédiats de Libreville et d'Abidjan, les forêts de la Mondah et du Téké.

Pendant prés de dix ans, G.G. a patiemment recherché et étudié ces champignons tant macro que microscopiquement, et a adressé ses exsiccata à H.R, lequel à Paris en a repris l'étude microscopique, confectionné les dessins au trait des spores, cystides et poils marginaux, cuticules, etc..., et recopié au double les croquis des carpophores et de leur coupe confectionnés sur le vivant par G.G. Ces derniers dessins ont été réduits au tirage de moitié et ainsi ramenés à leur grandeur naturelle.

Il est assez exceptionnel, croyons-nous, que l'étude microscopique de champignons de la zone intertropicale ait pu être réalisée sur le vivant, puis contrôlée sur le sec. Dans ces conditions, il est trés improbable que des caractères tels que la composition de l'arête des lames ou la structure de la cuticule par exemple, parfois difficiles à mettre en évidence sur des échantillons plus ou moins bien desséchés, aient pu échapper ou être inexactement décrits.

H.R. a profité de l'occasion qui lui était offerte de compléter les connaissances qu'il avait déjà de la flore de Madagascar et du Zaïre, pour traiter des problèmes très complexes posés par la taxinomie du genre, ainsi que des caractères (surtout microscopiques) sur lesquels elle repose, et qui sont trop souvent, encore aujourd'hui sous-estimés ou même négligés par les auteurs. Un essai de classification générale, valable également pour les zones tempérées, termine cette partie générale.

D'accord avec G.G., H.R. a enfin rédigé de clés analytiques, qui, nous l'espérons, permettront de reconnaître sans trop de peine, les espèces décrites ci-après, et dont la plupart sont nouvelles.

Quant à leurs holotypes, sauf de rares cas où ceux-ci ont été accidentellement détruits ou perdus, ils se trouvent actuellement dans l'herbier personnel de H.R., lequel herbier sera ultérieurement déposé au Laboratoire de Cryptogamie du Muséum National d'Histoire Naturelle de Paris, 12, rue de Buffon, 75005; on pourra dès maintenant y adresser les demandes éventuelles de communication.

Paris, le 7.XI.1977

Chapitre I

GÉNÉRALITÉS

par

Gérard GILLES

Les Rhodophylles décrits dans ce mémoire ont été récoltés par l'un de nous (G.G.) en Afrique de l'Ouest, en grande majorité dans les forêts sempervirentes de basse altitude de climat guinéo-forestier dites forêts à *Uapaca* ou rain-forests ou encore forêts ombrophiles. Le plus grand nombre provient du Gabon, les autres de la Côte d'Ivoire; certaines espèces, probablement communes dans ces régions forestières, ont été récoltées à la fois dans ces deux pays.

Les forêts ombrophiles sont caractérisées par des communautés végétales complexes mais bien connues — surtout en Côte d'Ivoire —, des sols acides, sablonneux ou plus ou moins argileux, toujours assez pauvres, un éclairement faible pouvant descendre au-dessous de 250 lux à terre au milieu de la journée, une humidité relative assez stable quelle que soit la saison et toujours très élevée — supérieure à 80% —, une ventilation presque nulle. Le micro-climat intérieur est relativement constant tout au long de l'année. La densité spécifique est forte et plus de 85% des espèces sont ligneuses: arbres, arbustes, fortes lianes appartenant à un grand nombre d'espèces rattachées à des familles très diverses. Les peuplements purs naturels sont très rares et de superficie toujours restreinte. Les frondaisons des arbres sont imbriquées-superposées sur trois, parfois quatre ou cinq strates; ce qui voue à l'échec toute recherche d'association entre tel ou tel champignon et telle ou telle essence. Les fûts sont souvent enveloppés de grandes Aracées rappelant des Philodendrons et hébergent fréquemment des Fougères et autres épiphytes. Les espèces d'arbres à racines-échasses et à contreforts sont nombreuses. La strate herbacée est pauvre, parfois inexistante par insuffisance de lumière au sol.

La pluviométrie est élevée: plus de trois mètres par an au Gabon, deux mètres en Côte d'Ivoire dans les zones prospectées. Il y a chaque année deux saisons des pluies et deux saisons plus ou moins sèches, toutes d'inégale durée. Le Gabon et la Côte d'Ivoire étant situés de part et d'autre de l'Equateur thermique, les saisons, dans ces deux pays, sont inversées. Les intersaisons, caractérisées par des tornades, séparent les saisons sèches des saisons des pluies; ce sont les périodes les plus favorables à la poussée des champignons supérieurs. La température est toujours élevée. La moyenne annuelle est de l'ordre de 26-27° centigrades et les amplitudes entre la nuit et le jour — surtout en saison des pluies — ainsi que d'une saison à l'autre—sont faibles.

Ce sont des forêts secondaires qui, par endroit, ont partiellement repris les caractères et la stabilité des forêts primaires. La circulation y est d'autant moins malaisée que l'état de relative virginité y est plus accusé.

Une poussée de champignons supérieurs se déclenche deux fois par an, au début de chaque intersaison, et se maintient plus ou moins active tout au long des mois pluvieux pour stopper presque complètement, surtout en Côte d'Ivoire, dans les mois relativement secs où la pluviométrie très réduite ne compense plus la forte évapotranspiration de la forêt. Pendant les périodes de très fortes pluies cependant, les Agaricales sont assez rares alors que les Basidiomycètes résupinés et les Polypores ont en excellent état de végétation. Il semble qu'il y ait aussi un rapport entre ces poussées et les orages; et cela explique peut-être pourquoi les intersaisons, périodes de forte convergence, sont plus favorables que les saisons de grandes pluies, périodes de convergence modérée. C'est quelques heures après certains orages — les Gabonais de la forêt les distinguent à l'oreille des orages banals — que les récoltes peuvent être abondantes. Toutefois, on ne voit jamais à terre de tapis de champignons contrairement à ce que l'on observe parfois dans les régions tempérées ni même, semble-t-il, de "ronds de sorcière". Mis à part les représentants de quelques genres communs dans ces forêts chaudes et humides, —*Marasmius, Lepiota, Drosophila, Coprinus, Mycena* s.l. notamment et quelques espèces pleurotoïdes qui recouvrent parfois totalement les troncs d'arbres abattus pourrissants —, la densité fongique reste très faible. Il est assez rare de récolter plusieurs carpophores de la même espèce à la même station. En saison pourtant favorable, on peut circuler en forêt pendant des heures sans rencontrer la moindre Russule, le moindre

Lactaire ou le moindre Bolet et ceci d'autant plus que, le plus souvent, sous ces climats, les champignons charnus se développent, sporulent et pourrissent en quelques heures (mais il y a des exceptions, *Rh. eburneus* décrit ci-après par exemple). Aux basses altitudes, les Inocybes et les Cortinaires sont pratiquement absents; deux Inocybes et un seul Cortinaire ont été récoltés au Gabon par G.G. au cours de près de dix années de prospection active, et pas un seul en Côte d'Ivoire. On rencontre de loin en loin des *Pluteus,* des Russules et des Lactaires parfois annelés, des Bolets dont certains — *Boletellus* spp. — ont des spores magnifiquement ailées, plus rarement encore des Hygrophores. Par contre, les Pyrénomycètes, les Imperfecti, les Basidiomycètes résupinés, les Polypores, les Stereum stipités sont abondants et variés. Ils appartiennent parfois à des genres rares ou inconnus dans les zones tempérées du Globe. On trouve, de temps à autre, des Gastéromycètes et des Clavaires mais, mis à part *Cookeina sulcipes* assez fréquent et plus rarement *Cookeina tricholoma* ainsi que *Phaedropezia epispartia* en Côte d'Ivoire et *Scutellinia* spp. au Gabon, on ne rencontre que très exceptionnelement des Discomycètes.

Dans certains endroits privilégiés caractérisés le plus souvent — mais pas toujours — par un sol plus ou moins argileux, une couche de feuilles mortes peu épaisse laissant apparaître cà et là l'humus, un couvert pas trop dense, ou le long des sentiers argileux relativement bien ventilés, les Rhodophylles ne sont pas rares. Ils sont même parfois abondants sur un espace très restreint. En forêt du Téké en Côte d'Ivoire, *Rh. chloroconus, Rh. stylobates* et *Rh. capitatus* ont été récoltés dans un même mètre carré. Dans un autre secteur de la même forêt, une dizaine d'espèces ont été découvertes sur une superficie de quelques ares. Le même phénomène a pu être observé au Gabon, en forêt de la Mondah, avec un vingtaine d'espèces de Rhodophylles trouvées dans un étroit ravin boueux de moins de cent mètres de long. Ces petites zones où les Rhodophylles sont nombreux et variés ne se distinguent pas apparemment d'autres zones toutes proches où de patientes recherches se sont révélées infructueuses; même sol, même humidité, en gros mêmes espèces d'arbres d'arbustes et de lianes. Les contreforts ou la base des grands arbres, les stipes des *Elaeis* où les insectes et particulièrement les fourmis apportent de la terre et de l'humus, sont assez fréquemment les hôtes de petites espèces de Rhodophylles notamment, en saison très humide.

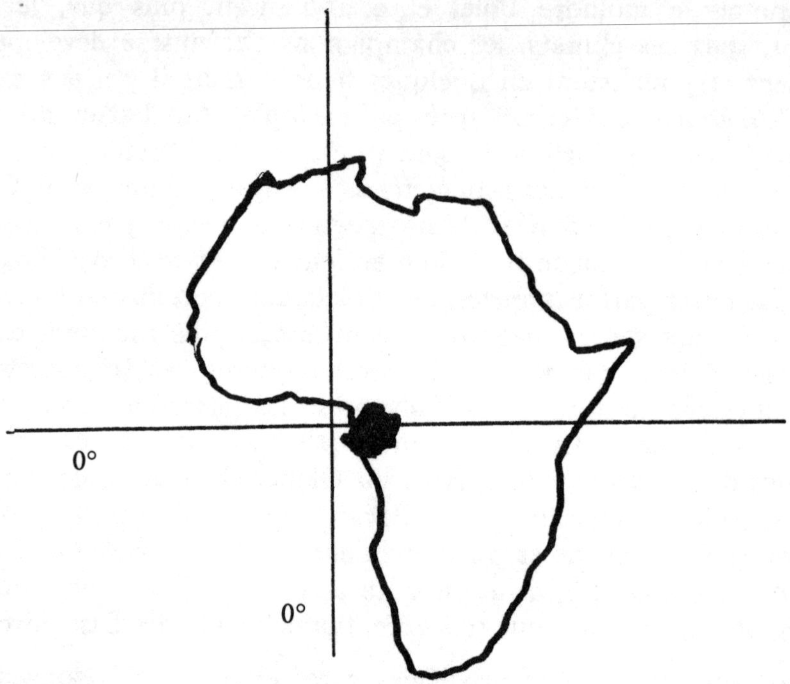

Carte I: Le Gabon (en noir) dans l'ensemble de l'Afrique

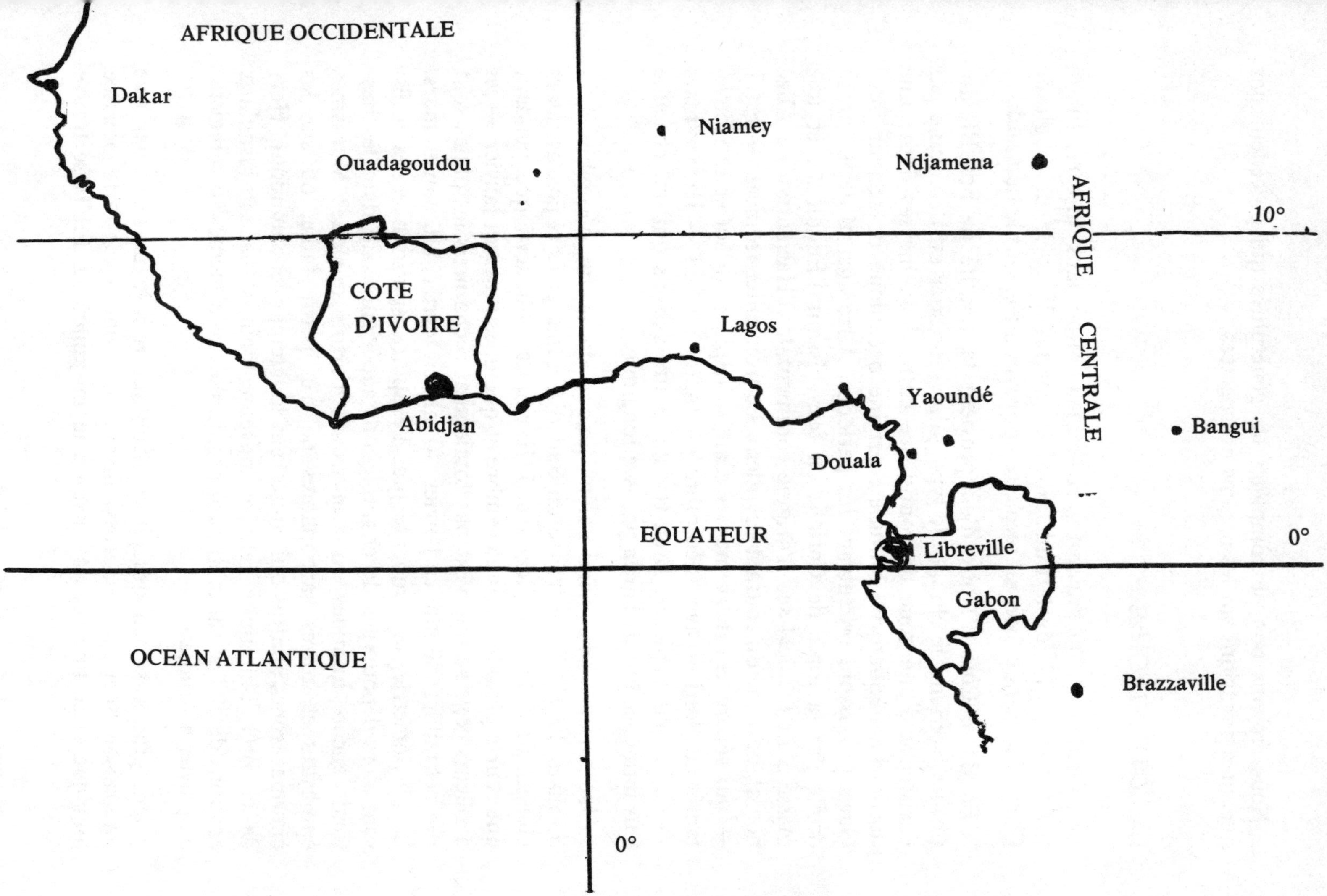

Carte II: Le Gabon et la Côte d'Ivoire

Nous croyons bon de compléter les généralités qui précèdent par quelques précisions sur les régions prospectées.

LA CÔTE D'IVOIRE

Ce pays de 322.000 km² est grossièrement situé dans un carré limité par les 41° et 11° de latitude Nord et par les 2° et 9° de longitude Ouest. La grande forêt en recouvre approximativement le tiers sud.

En Basse Côte d'Ivoire d'où provient la totalité de nos Rhodophylles ivoiriens, le climat, de type guinéo-forestier est déterminé par l'existence d'une zone de confluence entre deux masses d'air: une masse d'air équatorial humide d'origine océanique de secteur Sud-Ouest (Mousson, ou suivant les périodes, Alizé austral dévié sur sa droite par la force de Coriolis en franchissant l'Equateur), et une masse d'air tropical sec d'origine continentale (l'Harmattan ou Alizé boréal, branche du courant égyptien). Le front inter-tropical, — F.I.T — qui sépare ces deux masses d'air se déplace au sol et se trouve, tantôt au Nord — avril/décembre —, tantôt au Sud — janvier/mars — de la zone explorée. Il en résulte quatre saisons qui ont chacune leur influence propre sur la poussée fongique:

Une saison sèche relativement longue de la fin décembre à la mi-mars. Le F.I.T. se trouve au Sud d'Abidjan et la région est alors plongée dans l'air tropical sec. L'Harmattan n'y sévit que pendant une courte période — fin décembre et quelques jours en janvier —, et d'ailleurs cette saison n'est pas totalement sèche mais les pluies sont rares et faibles: 30 mm en janvier, 40 mm en février, 110 mm en mars. La pluviométrie ne compense plus l'évapotranspiration et les forêts sont alors dépourvues de champignons supérieurs sauf dans les bas-fonds encore humides où l'on trouve parfois quelques Marasmes épiphylles et autres carpophores de très petite taille, ou sur les énormes troncs abattus qui conservent longtemps leur humidité. Hors de la forêt, l'humidité relative moyenne peut s'abaisser jusqu'aux environs de 30° et un minimum absolu de 14° a même été enregistré en janvier à Abidjan!

Une grande saison des pluies débutant vers la mi-mars par une intersaison (tornades espacées) favorable à une assez forte poussée fongique et se poursuivant jusqu'à la mi-juillet. Le F.I.T. se trouve loin au Nord d'Abidjan et la région est baignée dans l'air équatorial humide. Les pluies sont fortes avec un maximum en juin (6 à 700 mm) et excèdent très largement l'évapotranspiration de la forêt. La zone est sous l'influence de la Mousson de Sud-Ouest.

Une petite saison relativement sèche de la fin juillet à la mi-septembre. Le F.I.T. est encore au Nord d'Abidjan mais les pluies sont faibles et rares (30 mm en août). La température est assez fraîche car le pays est sous l'influence d'un Alizé austral, humide mais beaucoup moins que la Mousson, et frais. Il y a déficit hydrique par rapport à l'évapotranspiration. On trouve, çà-et-là, quelques Agaricales.

Une petite saison des pluies de la mi-septembre à la mi-décembre précédée par une brève inter-saison au cours de laquelle la poussée fongique reprend assez activement. Les précipitations sont beaucoup moins abondantes qu'au cours de la grande saison des pluies (190 mm seulement en octobre et autant en novembre) mais l'évapotranspiration est encore assez largement compensée par la pluviométrie. On y fait de bonnes récoltes de champignons supérieurs.

Les sols sont ferralitiques, fortement lessivés, très acides — pH 4,5 à 5,5 —, pauvres en matières organiques, sur sables tertiaires (Parc National du Banco très pauvre en Rhodophylles et en Agaricales plus généralement), ou sur schistes, plus argileux (forêt de Téké, riche en champignons et particulièrement en Rhodophylles).

En Côte d'Ivoire, où les forêts sont gravement dégradées par l'homme et où les massifs à peu près intacts sont de plus en plus rares, G. Mangenot distingue, en gros, dans le domaine des grandes forêts denses, forêts montagnardes humides éloignées de notre zone exclues:

les forêts à *Symphonia* et à *Raphia*, marécageuses
les forêts à *Uapaca,* ou simpervirentes ou ombrophiles
les forêts à *Celtis*, ou semi-décidues ou mésophiles

Les forêts marécageuses, de même que les "mangroves" — communautés de végétaux poussant dans l'eau salée ou saumâtre, en bordure de mer ou le long des estuaires —, semblent très peu propices aux champignons supérieurs. Les forêts semi-décidues paraissent assez riches en Agaricales mais G.G., au cours de ses rares prospections dans ce type de forêt n'y a jamais récolté de Rhodophylles.

Comme indiqué plus haut, ce sont les forêts ombrophiles qui ont fourni la totalité de nos Rhodophylles ivoiriens.

Dans la région concernée, ces forêts ombrophiles se subdivisent en:

forêts à *Turraeanthus*
forêts à *Mapania*

La forêt à *Turraeanthus*, liée aux sols pauvres en argile et en humus, est située en pays lagunaire sablo-gréseux. Le sol est sec dès qu'il n'y a plus de fortes pluies rapprochées mais la proximité de la lagune maintient une forte humidité sous son couvert. La pluviométrie dépasse 2.000 mm par an. Par contre, la forêt à *Mapania* est plus éloignée de la mer et la pluviosité y est un peu moins forte: 1.700 mm par an en moyenne. Cependant le terrain argileux a une importante capacité de rétention en eau est reste plus ou moins humide même en saison sèche. Le peuplement fondamental est beaucoup plus diversifié que dans la forêt à *Turraeanthus*.

Nos récoltes proviennent plus précisément du Parc National du Banco qui est le Bois de Boulogne d'Abidjan, forêt-relique restant de la forêt à *Turraeanthus* en voie de disparition, et de la forêt du Téké située à une quarantaine de kilomètres au Nord d'Abidjan, rattachée aux forêts à *Mapania*.

LE GABON

D'une superficie de 267.000 Km², ce pays est situé sur la côte atlantique de l'Afrique Centrale, de part et d'autre de l'Equateur géographique, entre les 2° de latitude Nord et 3° de latitude Sud et entre les 9° et 14° de longitude Est, mais entièrement au-dessous de l'Equateur thermique. Son climat est voisin de celui de la Côte d'Ivoire mais une pluviométrie plus abondante — 3.500 mm par an aux environs de Libreville — ainsi que l'influence, certains mois, d'une branche des Alizés de la zone australe, donnent des températures légèrement moins élevées sur la côte. Le F.I.T. restant toute l'année au Nord du Gabon, le pays est à l'abri de l'air tropical sec. Il n'y a donc pas d'Harmattan, au sol tout au moins, et s'il y a bien une saison sèche très marquée, l'humidité relative est toujours forte.

La forêt, qui recouvre les quatre-cinquièmes du pays, est plus riche en espèces ligneuses que celle de la Côte d'Ivoire spécialement en

Légumineuses et surtout en Burséracées alors qu'elle est relativement pauvre en grandes Méliacées.

Comme en Côte d'Ivoire, il y a deux saisons des pluies et deux saisons plus ou moins sèches, chacune d'inégale durée, mais en fait, il y a neuf mois pluvieux par an:

Une brève saison plus ou moins sèche de la mi-décembre à la mi-février. C'est plutôt un ralentissement des pluies (ce ralentissement, naguère très net, ne s'est cependant pas manifesté depuis 1975 où les mois de janvier ont été caractérisés par de nombreuses et violentes précipitations). La poussée fongique est médiocre en forêt quand le ralentissement des pluies est réel.

Une saison des pluies de la mi-février à la fin mai, période de forte convergence. On y fait généralement de bonnes récoltes de champignons supérieurs.

Une saison sèche et fraîche bien marquée de juin à la mi-septembre avec une forte nébulosité. En terrain argileux encore humide ou dans les lits mal asséchés des petits marigots de forêt, la poussée se maintients à un niveau encore acceptable.

Une saison des pluies de septembre à la mi-décembre. C'est parfois la meilleure période de l'année pour les Agaricales.

En mars/avril comme en novembre, les pluies sont particulièrement fortes: le pays est soumis à l'influence de la Mousson. Tandis que de juin à septembre, cette partie de la côte de l'Afrique Centrale est exposée à l'Alizé maritime austral, frais et peu humide et qui coïncide avec une extension jusqu'au Nord de Libreville du courant marin froid de Benguella venant de l'hémisphère Sud.

Les Rhodophylles gabonais décrits ci-après ont été récoltés dans les environs de Libreville, à moins de quarante kilomètres au Nord et à l'Est, soit plus ou moins près de la mer, à une altitude n'excédant pas cinquante mètres et à proximité de l'Equateur (entre les latitudes 0° 15' et 0° 45' Nord.) Plus précisément dans la forêt sublittorale de la Mondah, dans un petit bois de Libreville, dans des lambeaux de forêts secondaires situés à l'Est de la ville, enfin dans des prairies côtières sableuses.

La forêt de la Mondah est une forêt domaniale classée de 10.000 hectares. C'est une parcelle de la grande forêt gabonaise dont la

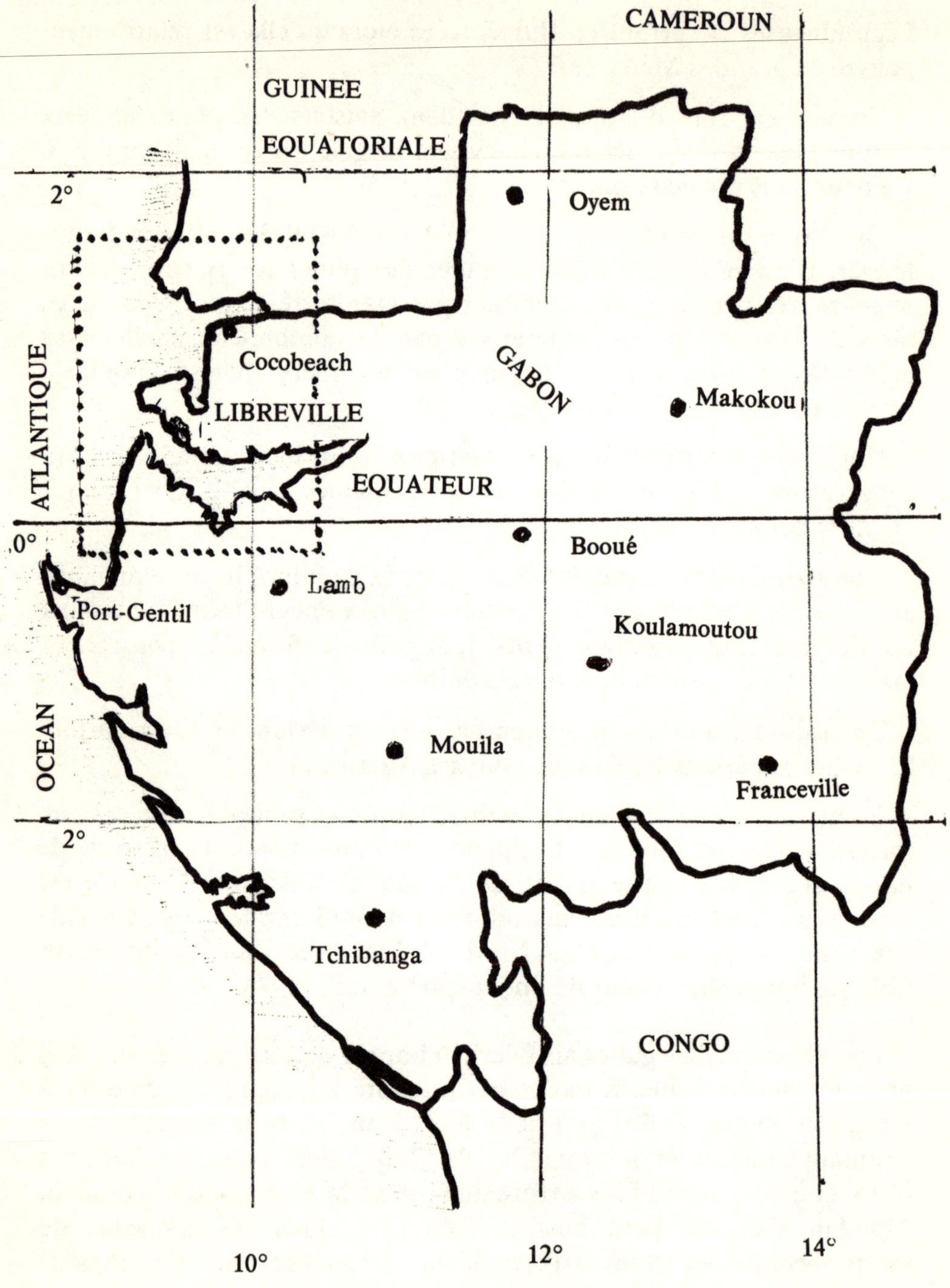

Carte III: Carte générale du Gabon

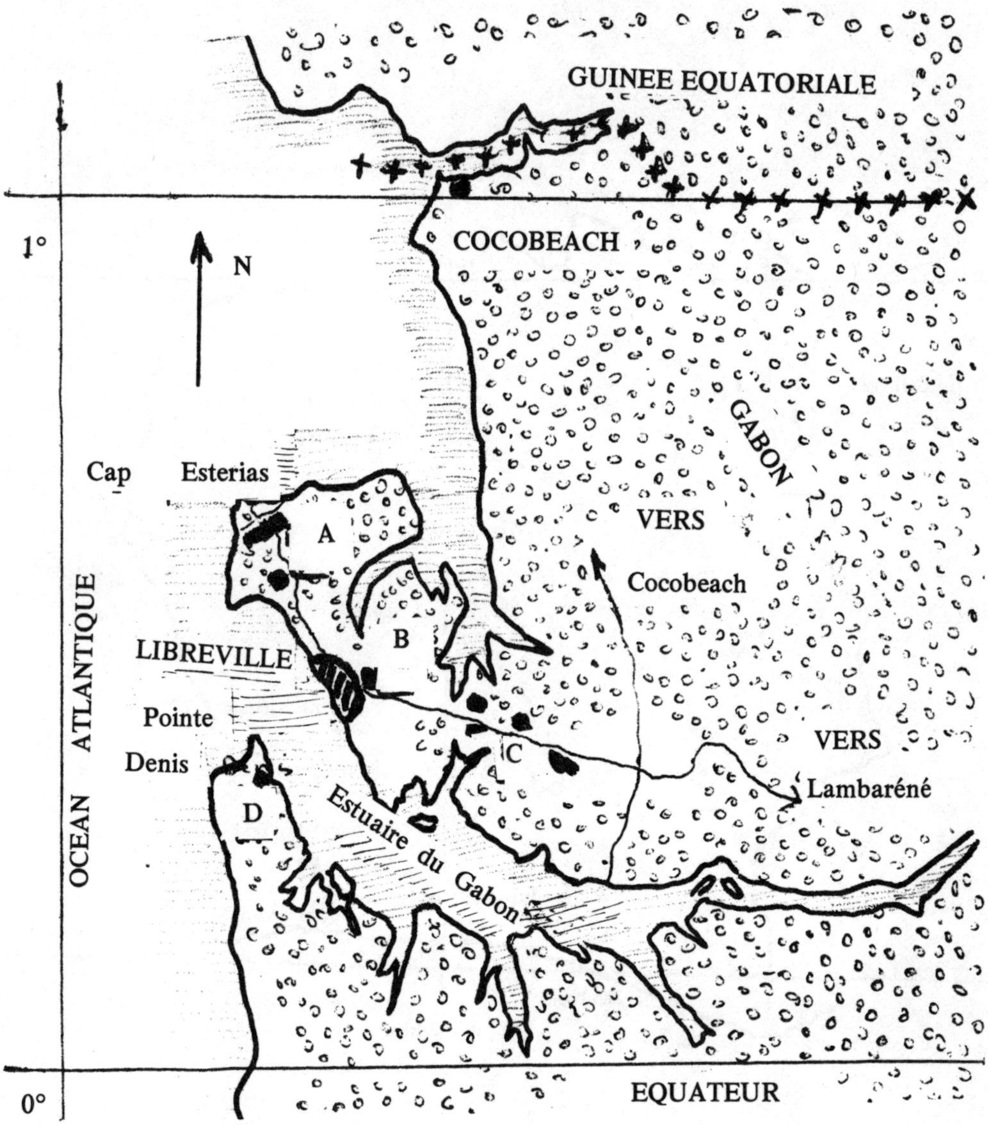

C A R T Carte IV: Lieux de prospection au Gabon.

Les taches noires indiquent les zones de récolte:

A: Forêt de la Mondah
B: Bois de Libreville
C: Lambeaux forestiers secondaires
D: Pointe Denis (prairie sableuse)

Echelle: 1/ 1.000.000

Le cercles blancs iniduqnet les zones à forêt dense.

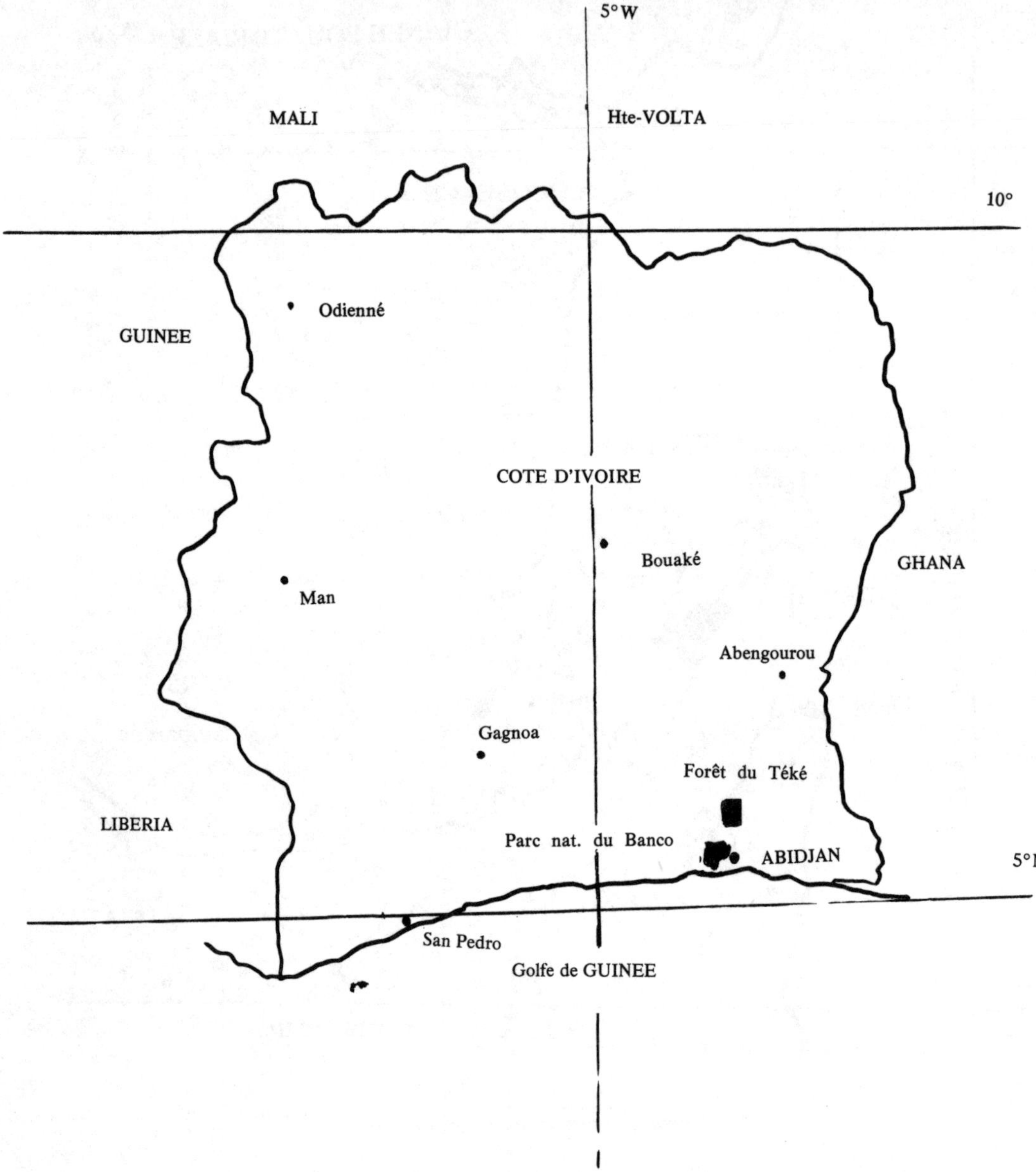

Carte V: Carte générale de la Côte d'Ivoire.

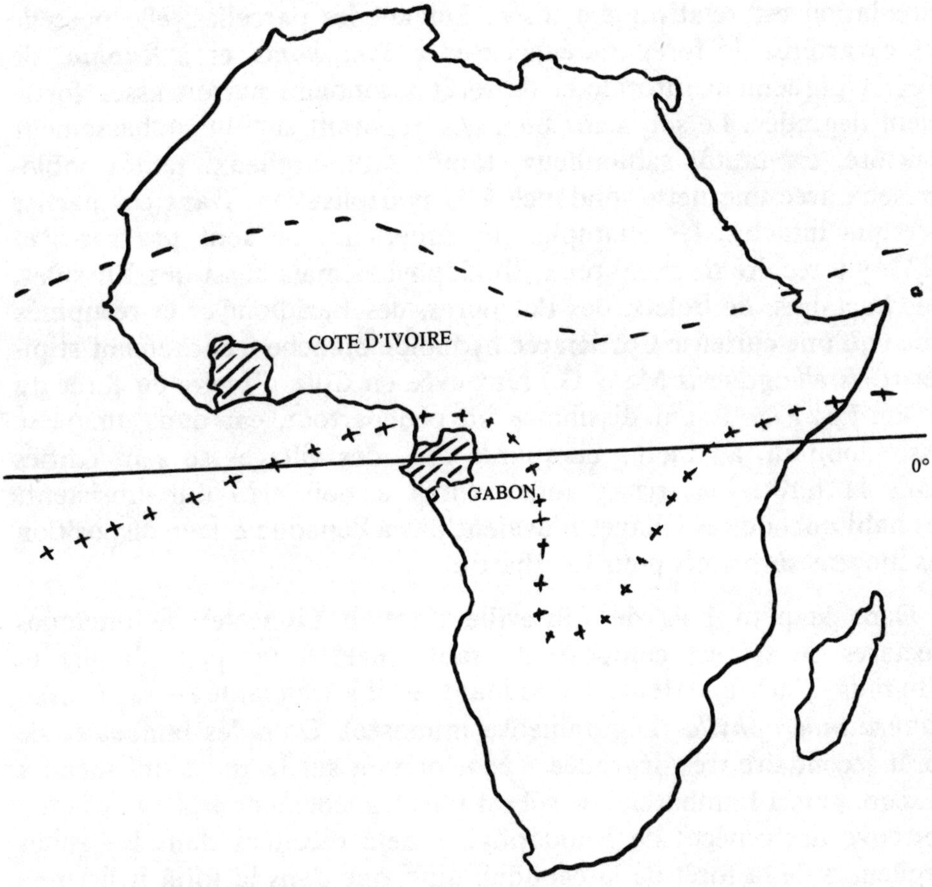

Carte VI: Position du Front Intertropical (FIT) en juillet (tirets) et en janvier (croix)

superficie dépasse vingt millions d'hectares, elle-même partie de l'immense forêt de l'Afrique Centrale. C'est une forêt ombrophile à Okoumé, dense, très humide et difficile d'accès. Mais certaines parties ont partiellement repris les caractères de la forêt primaire avec ses frondaisons étagées très denses, une strate herbacée réduite ou inexistante, un sol plus ou moins recouvert de feuilles mortes et où la circulation est relativement aisée. Suivant les parcelles, elle possède les caractères de forêt marécageuses à *Symphonia* et à *Raphia*, de forêt typiquement littorale et de forêt secondaire parfois assez fortement dégradée. Le sol, acide bien que reposant sur un soubassement calcaire, est tantôt sablonneux, tantôt sablo-argileux, tantôt sablo-gréseux avec une nette tendance à la podzolisation. Dans ces parties presque intactes, les champignons supérieurs ne sont pas rares et G.G. y a récolté de nombreux Rhodophylles mais aussi des Russules, des Lactaires, de Bolets, des Polypores, des Basidiomycètes résupinés ainsi qu'une curieuse Corticiacée hydnoïde blanche franchement stipitée (*Cristelle gillesii)* Maas G.) retrouvée en Côte d'Ivoire en forêt du Téké. Les *Elaeis* sont dissminés un peu partout, car dans un passé assez lointain, au moins cinquante ans, des villages se sont édifiés dans la forêt. De très grands arbres à bois très dur subsistent; les habitants de ces villages n'avaient pas à l'époque à leur disposition les moyens suffisants pour les abattre.

Dans le petit bois de Libreville (Station piscicole) de quelques hectares, le sol est composé de sable mêlé à un peu d'argile et d'humus. L'arbre nettement dominant, — il y été planté — est *Pentaclethra macrophylla* (Légumineuse mimosée). Dans les lambeaux de forêt secondaire très dégradée s'échelonnant sur la route qui mène à Kango, puis à Lambaréné, le sol est plus franchement argileux et on y retrouve des espèces de Rhodophylles déjà récoltées dans les zones argileuses de la forêt de la Mondah ainsi que dans la forêt ivoirienne du Téké. Enfin, dans les plaines d'estuaire ensoleillées toute la journée et envahies par de l'eau saumâtre à chaque forte marée, ou longeant les mangroves, ou situées à l'arrière du bush littoral, le sol est sablonneux et recouvert de touffes espacées de courtes Graminées et de Cypéracées (un seul Rhodophylle y a été trouvé: *Rh. sabulosus*).

Les espèces suivantes ont été récoltées à la fois au Gabon et en Côte d'Ivoire:

Rh. aripoanus var. *africus*
Rh. brunneoloroseus

Rh. callidermus
Rh. chlorospilus
Rh. cyathus
Rh. eburneus
Rh. griseovioleus
Rh. hyalodepas
Rh. modestissimus
Rh. phaeus
Rh. pluteicutis
Rh. rufus
Rh. Staudtii

Nous adressons nos sincères remerciments à Monsieur le Professeur Laurent Aké Assi, professeur de Botanique à l'Université d'Abidjan et à l'Ecole Forestière du Banco (Côte d'Ivoire), ainsi qu'à Monsieur Gavage, professeur de Botanique à l'Institut National d'Etudes Forestières du Cap Esterias (Gabon) qui nous ont prêté leur concours éclairé pour la détermination de certains arbres, arbustes, lianes et herbes de la forêt et qui nous ont donné de précieux renseignements d'ordre écologique.

BIBLIOGRAPHIE

Le milieu naturel en Côte d'Ivoire (Mémoire ORSTOM n° 50 - 1971)

SCHNELL, R.: La forêt dense (1950)

LEROY-DEVAL, J.: Eléments de sylviculture (Cours INEF 1966)

DE SAINT-AUBIN, G.: La forêt du Gabon

SINGER, R.: The Agaricales in modern Taxonomy (1962).

Chapitre II

LES FONDEMENTS DE LA TAXINOMIE DES RHODOPHYLLES

par

Henri Romagnesi

La famille des Rhodophyllacées a été en gros correctement délimitée par R. Singer (*Agarics in modern Taxonomy,* 1962) (il n'y inclut pas cependant *Macrocystidia cucumis*), et sa définition améliorée par les travaux de R. Kühner et M. Besson (Ctes-rendus Ac. Sc. 227: 733-73, et 269: 142-145) sur la structure de la paroi sporique observée en microscopie électronique. Cette structure est trés particulière, et l'on trouvera à cet égard tous les renseignements nécessaires dans le travail fondamental de Kühner "Architecture de la paroi sporique des Hyménomycètes et de ses différenciations" (Persoonia 7 (2): 238 sqq, 1973). On est ainsi conduit à distinguer plusieurs genres: *Rhodocybe* ss. dilat. (R. Maire, l'auteur de ce genre, le réduisait à l'espèce pseudocystidiée *caelata*) où les ornements de la couche moyenne sont verruciformes et non alignés; ils sont sensiblement absents (la strate étant continue) chez *hirneola* pour lequel R. Maire a créé le genre *Clitopilopsis*, et tout à fait tels chez *Macrocystidia cucumis*, dont la position taxinomique a cessé maintenant d'être douteuse et controversée depuis qu'est connue la structure de ses membranes sporiques; *Clitopilus* Fr. emend. où l'on a affaire à des côtes méridiennes, parfois fragmentées en verrues séparées; *Rhodophyllus* Q. (et le genre gastéroïde *Richoniella* Roze), où les côtes sont disposées en réseau soutenant les arêtes d'un volume sporique polyédrique. En raison de l'existence dans les parois de la spore d'une strate supplémentaire, la position du *Rhodotus* dans la classification demeure incertaine, et il est douteux qu'il s'agisse d'une Rhodophyllacée (le pigment sporal est probablement tout différent).

Ainsi définie, cette famille est parfaitement délimitée, au point que ses affinités sont très énigmatiques. On pourrait penser à une relative proximité des *Rhodocybe* et même des *Clitopilus* avec les *Rhodopaxillus,* et par conséquent avec certains *Clitocybe.* Mais c'est loin d'être évident. Les découvertes réalisées dans la structure des parois sporiques ont apporté une surprise majeure aux systématiciens en leur révélant que la même structure se retrouvait chez les autres Agarics rhodosporés, à savoir les Volvariacées. Or, personne parmi les mycologues contemporains n'avait envisagé une parenté profonde entre Rhodophylles, Volvaires et Plutées; on cherchait plutôt les affinités de ces derniers avec les Amanites et les Lépiotes, surtout à cause de leur trame inversée et de leur pied séparable. Et pourtant le fossé est profond entre Volvariacées et Rhodophyllacées, et l'on ne connaît aucune espèce qui soit un tant soit peu intermédiaire. Mais leur parenté paraît bien corroborée par l'identité — au moins apparente — de la couleur de leur sporée.

Quoi qu'il en soit, si l'on se tourne maintenant vers le problème de la classification interne des Rhodophylles, on se heurte à d'incroyables difficultés. Nous n'hésitons pas à écrire que l'on ne rencontre nulle part ailleurs chez les Macromycètes des difficultés aussi grandes, surtout depuis qu'on commence à connaître un nombre de plus en plus grand d'espèces extra-européennes. C'est pourquoi, pensons-nous, ni Hesler, pour le sud des Etats-Unis, ni Horak, pour la Nouvelle-Zélande, n'ont tenté de présenter une classification rationnelle, sinon naturelle. Seul moi-même, au cours de deux ou trois essais successifs, et plus récemment pour les Etats-Unis, Largent, soit seul, soit en collaboration avec Benedix et Thiers, nous y sommes courageusement essayés.

Les différents caractères qu'on peut utiliser pour classifier les Rhodophylles, qu'ils soient d'ordre macro ou microscopique, ne sont pas liés les uns aux autres, sauf dans de trop rares exceptions (*Leptonia* typiques par exemple), de façon à constituer des groupes homogènes et naturels, et il s'ensuit que l'on ne sait trop où placer rationnellement nombre d'espèces réunissant des caractères qu'on aurait cru propres à des sections différentes, tant les limites entre celles-ci sont fluctuantes et floues.

Au XIX° siècle, Fries avait subdivisé cet ensemble en plusieurs sous-genres, bientôt, par un simple jeu d'écriture, élevés au rang de genres. Essayant selon sa méthode habituelle de rendre ces sous-genres de Rhodosporés homologues de ceux qu'il avait admis chez les Leucosporés, il avait ainsi distingué: *Volvaria,* homologue des Amanites, *Pluteus*, homologue des Lépiotes, *Entoloma,* homologue des Tricholomes, *Clitopilus* (pro parte) homologue des Clitocybes, *Eccilia,* homologue des *Omphalia, Leptonia,* homologue des Collybies, *Nolanea,* homologue des Mycènes et *Claudopus*, homologue des Pleurotes. Cette vue, trop théorique, avait abouti à des erreurs: ainsi il n'est pas vrai que les *Leptonia* aient la marge piléique enroulée comme les Collybies et les *Nolanea* droite comme les Mycènes; c'est plutôt le contraire qui est vrai: sans doute Fries a-t-il simplement supputé la conformation de la marge d'après la forme du chapeau, convexe et ombiliqué dans un cas, conique dans l'autre. De même, l'importance primordiale qu'il attribue au "stipe cartilagineux", terme qui, comme l'a montré Kühner, signifie non pas à consistance, mais à aspect poli de cartilage, l'a conduit de façon erronée à placer dans les *Entoloma* des *Leptonia* aussi typiques qu'*ardosiacus* et *griseocyaneus.*

Quélet a donc eu raison de fusionner dans sa Flore mycologique ces sous-genres en un genre unique, auquel il a donné le nom parfaitement significatif de *Rhodophyllus,* terme que Singer a admis plutôt qu'*Entoloma* au sens élargi, ce qui évite des confusions, le même mot n'étant plus pris dans une extension très différente selon qu'on le regarde comme un genre, un sous-genre ou même une section. Le langage scientifique se devrait de se distinguer par sa précision, et c'est hélas! ce dont on prétend l'empêcher. D'ailleurs, ce terme de *Rhodophyllus* ayant été couramment employé par de nombreux auteurs et dans des ouvrages floristiques universellement connus, il semblerait que l'article 21 du Code international de nomenclature, concernant les *nomina conservanda*, a été fait exprès pour lui. Quoi qu'il en soit de ces très secondaires questions de noms, Quélet n'a apporté aucun changement à la classification friésienne et a conservé tous ses sous-genres.

On aurait d'ailleurs tort de mésestimer cette classification, car elle rend assez bien compte des principaux types physionomiques que chacun peut observer dans l'ensemble du groupe. C'est pourquoi, dans notre essai personnel, nous aurons bien garde de la négliger, et nous chercherons plutôt, dans la mesure encore limitée de nos connaissances actuelles, à la préciser.

Rien n'a pu être tenté en ce sens tant qu'on s'en est tenu aux caractères macroscopiques. Tout amendement ne pouvait se fonder que sur la découverte de nouveaux caractères, d'ordre microscopique surtout.

La première a concerné la conformation des spores: en 1929 Kühner et Boursier (Bull. Soc. Myc. Fr., 45: 264 sqq.) ont montré, contrairement à l'opinion de Fayod qui croyait que les spores de Rhodophylles étaient constituées par un prisme surmonté d'un tétraèdre, que ces spores pouvaient se répartir entre deux types fondamentaux, l'un à hile à trois arêtes, du fait de la présence d'un dièdre basal, l'autre à hile à 2 arêtes, la base de la spore étant occupée par une face typiquement triangulaire, dont une des arêtes est déformée par la présence en son milieu de l'appendice hilifère. En 1932 et 1933 (Ibid. 48: 306 et 49: 422), j'ai nommé respectivement ces deux types symétrique et asymétrique, les ayant retrouvés tels que Kühner et Boursier les avaient exactement décrits; j'ai en outre montré que tous les schémas reconnus par ces derniers pouvaient se déduire du cube pour les spores symétriques, du prisme à base triangulaire pour les spores asymétriques, d'après les transformations successives de la région apico-interne de la spore, qui est soumise à une série de troncatures successives; j'ai pu également expliquer pourquoi cette évolution s'arrêtait obligatoirement à un certain stade, le même type de volume s'y reproduisant indéfiniment.

Le second caractère susceptible d'être utilisé dans la taxinomie de Rhodophylles a été signalé par moi-même en 1947 (Ibid. 63: 99, sqq.); il s'agit de la présence dans les tissus de granules colorables par un colorant des lipides, (Ecarlate Cérol BX); l'intérêt de cette particularité apparaît nettement par le fait qu'elle n'est connue que chez des espèces à spores symétriques et caractérise tous les *Leptonia* typiques. Dans ce même travail, j'ai également souligné l'importance taxinomique d'un autre caractère, moins inédit, la localisation des pigments, le genre comportant les deux types principaux, pigments membranaires, voire incrustants, et pigments vacuolaires, qui sont même parfois réunis dans une même espèce.

Enfin en 1953, Kühner, a profité de la publication de la "Flore analytique" de lui-même et de Romagnesi, pour rechercher systématiquement la présence ou l'absence de boucles, tant aux cloisons des hyphes qu'au pied des basides.

Ainsi, trois nouveaux caractères, en plus de ceux, classiques, qu'on peut tirer des structures cuticulaires, de la présence de cystides ou de poils marginaux, sont venus enrichir l'arsenal du systématicien soucieux de renouveler la classification interne des Agarics rhodogoniosporés.

Enfin, Tyler, Benedict et Stunz en 1965 (Lloydia 28: 342 sqq.), puis en 1972 Largent et Benedict (Madroño 21 (1): 32 sqq.) ont expérimenté des caractères biochimiques (concentration en urée et méthode chromatographique) et — en extrapolant d'ailleurs quelque peu — en ont tiré des conclusions taxinomiques.

Nous allons maintenant examiner plus à fond ces divers caractères et essayer d'en évaluer l'intérêt et l'importance.

LA SPORE

On sait, et je l'ai rappelé ci-dessus, que la spore des Rhodophylles se présente sous la forme approximative d'un polyèdre, donc à profil anguleux, chaque arête correspondant à une crête située sous le myxosporium. Quand la paroi extérieure est mince, en particulier avant maturité, la membrane paraît fortement cyanophile; mais plus tard, quand elle est devenue imperméable sans doute par imprégnation pigmentaire, il n'est plus possible d'obtenir cette coloration.

Pour observer au mieux de telles spores, il est indispensable qu'elles soient bien regonflées: même dans l'eau, il arrive très souvent que les faces du polyèdre soient affaissées, et par conséquent que la spore se montre toute déformée. Le milieu regonflant idéal serait l'ammoniaque; malheureusement, l'indice de réfraction étant inadéquat, on aperçoit la guttule huileuse et les spumosités du cytoplasme, ce qui gêne l'observation du volume. Le lactophénol et le Bleu lactique, même portés à ébullition, n'assurent pas un très bon regonflement. Il nous est apparu que le meilleur milieu d'observation était le sirop concentré de chloral porté à ébullition. C'est celui que nous conseillons.

J'ai essayé de renouveler la classification des Rhodophylles à partir des caractères microscopiques ci-dessus indiqués, et spécialement ceux de la spore (Bull. Soc. myc. Fr. 53: 319 sqq., 1937 et 63: 99 sqq., 1947. — Les Rhodophylles de Madagascar, Paris, 1941; enfin Bull.

Soc. Linn. Lyon 43 (9): 325 sqq., 1974; ce dernier travail uniquement fait afin de légaliser le statut des taxa qui se révéleraient valables par la suite).

Dans ces deux premières tentatives de 1937 et 1947, j'ai accordé une valeur très grande à la conformation de la base de la spore, caractère découvert par Kühner et Boursier, valeur même beaucoup plus grande que celle qu'encore aujourd'hui lui attribue le premier de ses "inventeurs" et cela non sans de fortes raisons.

A l'expérience en effet, il s'est avéré que, dans de nombreux cas, surtout chez les espèces d'Europe, cette conformation était d'observation extrêmement difficile avec le microscope photonique, voire de détermination impossible par exemple lorsque la spore était très peu anguleuse (cas des Entolomes *Turfosi*) ou même simplement presque isodiamètrique (cas de la plupart des Entolomes), ou enfin de forme très tourmentée et compliquée (cas de *Rh. dysthales* Peck, ou de *Rh. pulcherrimus* Romagn., de Madagascar). C'est si vrai que dans le présent ouvrage, on verra que, dans quelques cas, nous n'avons pas osé nous prononcer catégoriquement sur le type de spores de certaines espèces, rares heureusement.

On comprend donc parfaitement que Kühner, dans la Flore Analytique, ait pu écrire que le manque de netteté de ce caractère — qu'il avait pourtant découvert avec Boursier, alors que les deux auteurs avaient travaillé séparément sans se consulter et avaient abouti aux mêmes conclusions sur les deux types à distinguer — n'était pas moindre que celui des caractères macroscopiques utilisés par Fries et les auteurs postérieurs, avec en outre le désavantage d'être très pénible à observer.

Cette objection me semble tout à fait fondée. D'autant plus qu'une recherche attentive montre que, dans une même sporée, on observe parfois des spores à dièdre basal évident à côté de quelques autres clairement tronquées à la base. Déjà dès leur note de 1929, Kühner et Boursier ont figuré et décrit des spores dont le dièdre basal est tronqué par une face quadrangulaire, et d'autres, du type asymétrique, présentant une face basale non plus triangulaire (compte non tenu de l'appendice hilifère planté au milieu d'un de ses côtés), mais quadrangulaire, donc de conformation exactement semblable, les deux types en arrivant à se confondre.

Cette source de confusion existe même chez les types les plus simples, en particulier le cube: le nombre élevé d'espèces cubosporées en Afrique nous a permis de constater que très souvent on peut y trouver des spores comportant une ou plusieurs faces triangulaires, et même clairement prismatiques, sinon même tétraédriques, prototypes des spores asymétriques. Nous verrons plus loin ce qu'il convient de penser de ces anomalies.

Ainsi donc, difficultés, parfois insurmontables avec le microscope optique, dans le diagnostic sporal, et par dessus le marché, inconstance, au moins apparente.

Telles sont certainement les raisons pour lesquelles près de 50 ans après sa découverte, le caractère de la morphologie sporale est resté inexploité par la totalité des auteurs modernes, qui reculent devant les difficultés de son observation et les trésors de patience qu'il faut avoir pour le pratiquer. C'est vrai aussi pour les dessins et microphotographies, qui, en effet, ne représentent les spores que dans des positions bâtardes ou au mieux de profil, alors que c'est la vue de face qui, avec le dessous, serait seule significative. Certains vont même jusqu'à chercher là des excuses à leur timidité, voire à leur négligence ou leur paresse, en niant purement et simplement la réalité de ce caractère. Même tout récemment, S.J. Mazzer (A Monographic study of the *Pouzarella,* Vaduz 1976) a repris en l'approuvant un texte de R. Heim, vieux de 20 ans, où celui-ci écrit que "les considérations sur l'aspect polyédrique et cristallin des spores de Rhodophylles constituent un jeu élégant et habile de l'imagination, et sont inspirées d'une idée purement subjective qui ne saurait reposer sur aucun argument de raison", sans comprendre que l'auteur, n'ayant jamais pratiqué assidûment ce caractère, n'exprimait là qu'une opinion philosophique a priori, puisqu'il n'a fait état d'aucune observation personnelle pour l'étayer.

Sans avoir la mauvaise foi et l'entêtement de méconnaître la valeur des objections que je viens moi-même de développer en toute loyauté, moi qui ai vu défiler sous mon microscope un nombre immense de spores de Rhodophylles provenant des quatre coins de la terre, je me crois autorisé à dire qu'il est impossible d'aboutir à une négation aussi totale. D'abord il serait bien curieux que les imaginations respectives de Kühner et Boursier les aient conduits séparément à une même conslusion. Ensuite, il est incroyable que l'on puisse un instant méconnaître l'existence d'un dièdre basal chez 90% des *Leptonia* par exemple, où il est d'une évidence tellement aveuglante qu'il suffit de quelques secondes d'observation pour le voir très clairement, et que l'on ne peut à ce propos s'empêcher de penser à la parole fameuse: il n'est pire aveugle que celui qui ne veut pas voir. J'ai d'ailleurs constaté avec plaisir que mon ami G. Gilles, bien que n'ayant jamais auparavant pratiqué ce caractère, s'est montré très rapidement capable d'identifier correctement les spores à dièdre de ses récoltes africaines. Je n'arrive pas à comprendre pourquoi, quand ce caractère est patent, les auteurs modernes ne se donnent pas la peine de le signaler; c'est compréhensible pour les cas difficiles ou douteux; mais pourquoi, à mon exemple, ne le disent-ils pas nettement quand il en est ainsi, et préfèrent-ils "imiter de Conrart le silence prudent"?

Examinons donc de plus près la nature de ces difficultés qui ont découragé la plupart des mycologues. Au point de vue strictement matériel tout d'abord, si (ce qui devrait être le plus indiqué) on opère sur spores de sporées, on remarque immédiatement que, du fait de leur équilibre, celles-ci ne se présentent presque jamais spontanément sur la vue de face, appendice hilifère en avant, ou à l'envers, la région basale tournée vers l'observateur, seules positions où l'on peut en déterminer le type. Il faut alors opérer, avec une aiguille montée, de légères pressions sur la lamelle couvre-objet, afin de créer dans le liquide des courants qui entraînent la spore et la font tournoyer; mais elle ne se présente sous la bonne orientation que très fugitivement, et il n'est pas possible de l'examiner alors à loisir, ni surtout, en faisant varier la mise au point, de faire apparaîte l'image de la région opposée à l'appendice. C'est pourquoi l'examen des sporées doit être complété par celui de fragments (très petits) de lamelles écrasées, où les spores sont accumulées toujours en grand nombre (car chez les Rhodophylles, heureusement, la sporulation est précoce et active); elles s'y fixent, et on a tout le loisir de rechercher celles qui se sont immobilisées dans les bonnes positions. D'ailleurs, en fait, on s'aperçoit que celles-ci sont extrêmement peu nombreuses (peut-être 3 à 5%); or, il faut parfois en examiner un assez grand nombre pour se faire une idée de leur conformation.

Cette première difficulté supposée surmontée, d'autres surgissent. Si, comme je l'ai dit ci-dessus, on n'a souvent aucune peine à voir en toute sûreté le dièdre basal de nombre de spores symétriques (les nombreux dessins qui illustrent la partie descriptive du présent ouvrage convaincront tout homme de bonne foi), ce dièdre étant bien développé et voisin de l'angle droit, il n'en va pas toujours de même.

Selon mon expérience (j'ai commis des erreurs dans le diagnostic sporal de certaines espèces difficiles, comme par exemple les Nolanées *Luctuarii* du groupe *dysthales* ou mon *Rh. pulcherrimus*, Leptonie de Madagascar), la difficulté majeure réside dans l'identification correcte des spores dites asymétriques, l'erreur se faisant toujours dans le même sens, de prendre pour telles des spores en réalité symétriques, où le dièdre basal est obtus et semble même parfois passer à une face bombée. Cependant, il existe heureusement des cas où l'asymétrie, quoique plus malaisée à constater que la symétrie, est cependant décelable sans trop de peine; l'examen des spores de notre *Rh. gigaspermus* décrit plus loin, ou en Europe de *Rh. mammosus* et surtout *excentricus*, est très convaincant à cet égard. Une asymétrie peut être considérée comme sûre lorsque la face tronquante de la base est, idéalement parlant, un triangle, en réalité un losange à cause de l'étirement que l'appendice hilifère, situé au milieu d'une des arêtes de ce triangle idéal, fait subir à cette dernière. Dans ce cas, la base de la spore est occupée au-dessus de l'appendice par une face, et, à l'opposé, du côte basi-externe, par une arête orientée verticalement.

Par malheur, ainsi que Kühner et Boursier l'ont montré dès l'origine, il arrive que cette face basale losangulaire devienne pentagonale (y compris naturellement l'appendice), et qu'alors l'arête basi-externe soit automatiquement remplacée par une face, si bien que la conformation de la base devient très semblable à celle du type symétrique dans les cas anormaux où l'arête du dièdre est tronquée par une face (Fig. Ia). Je crois même avoir observé que quelquefois, l'arête du dièdre est tronquée par une face "idéalement" c'est-à-dire moins l'appendice, triangulaire, ce qui rejoint le cas des spores asymétriques typiques; toutefois, dans ce cas, le région basi-externe reste occupée par une face, et non une arête verticale (Fig. Ib).

On comprend donc les raisons de l'apparente inconstance de la distinction entre les deux types originels du volume sporique: phénomène, bien connu dans l'évolution, du syncrétisme.

On pouvait espérer que les choses seraient plus claires chez les espèces prismo ou cubosporées. C'est tout au contraire là qu'elles sont le plus compliquées. Le fait que les auteurs contemporains n'aient pas

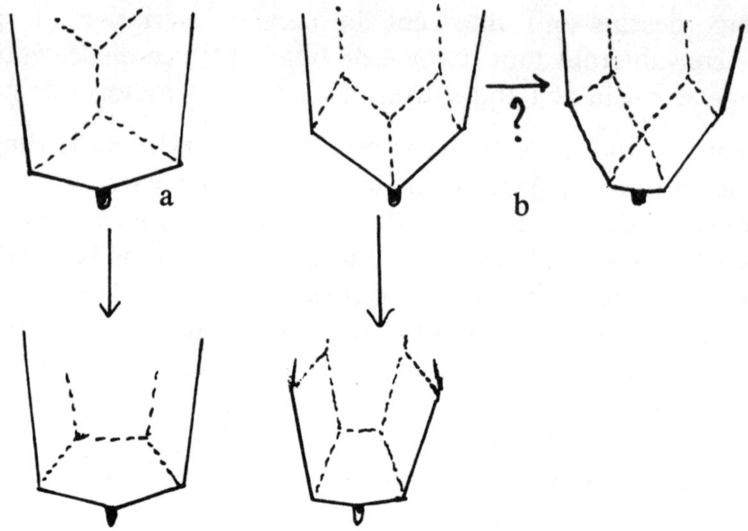

Fig. I: Anomalie dans la configuration de la base des spores

osé faire la distinction était cependant significatif à cet égard. Je les comprends très bien. Certes il est des cas extrêmement faciles, par exemple pour la spore cubique des *Psittacini* ou prismatique de *staurosporus.* Mais il est loin d'en être toujours ainsi, en particulier chez les nombreuses espèces américaines et intertropicales cubosporées. Kühner et Boursier avaient déjà signalé que le dièdre basal, chez les spores symétriques, pouvait accidentellement présenter une de ses faces triangulaires. Pour les spores cubiques, Horak a figuré à plusieurs reprises, très exactement, des spores qui étaient dans le même cas. J'en ai observé beaucoup sur notre matériel africain, surtout chez *hyalodepas*; leur volume est alors très irrégulier, étrange, nous pourrions même dire irrationnel, ou mieux non "géométrique". Nous avons figuré ci contre (Fig. II) plusieurs images de ces spores irrégulières, avec soit au-dessus, soit à droite, le volume "idéalisé" ou mieux "geométrisé" si nous pouvons nous permettre ce néologisme. On remarquera (dessin de gauche en haut) qu'il a été clairement observé un volume prismatique typique chez cette espèce normalement cubosporée. Mais, non moins clairement, on constate que l'appendice hilifère est situé à un des sommets du prisme, et non au milieu d'une arête comme chez les *Staurospori.* Si donc le volume lui-même était bien identique dans les deux cas, il y avait une différence fondamentale dans la position de l'appendice.

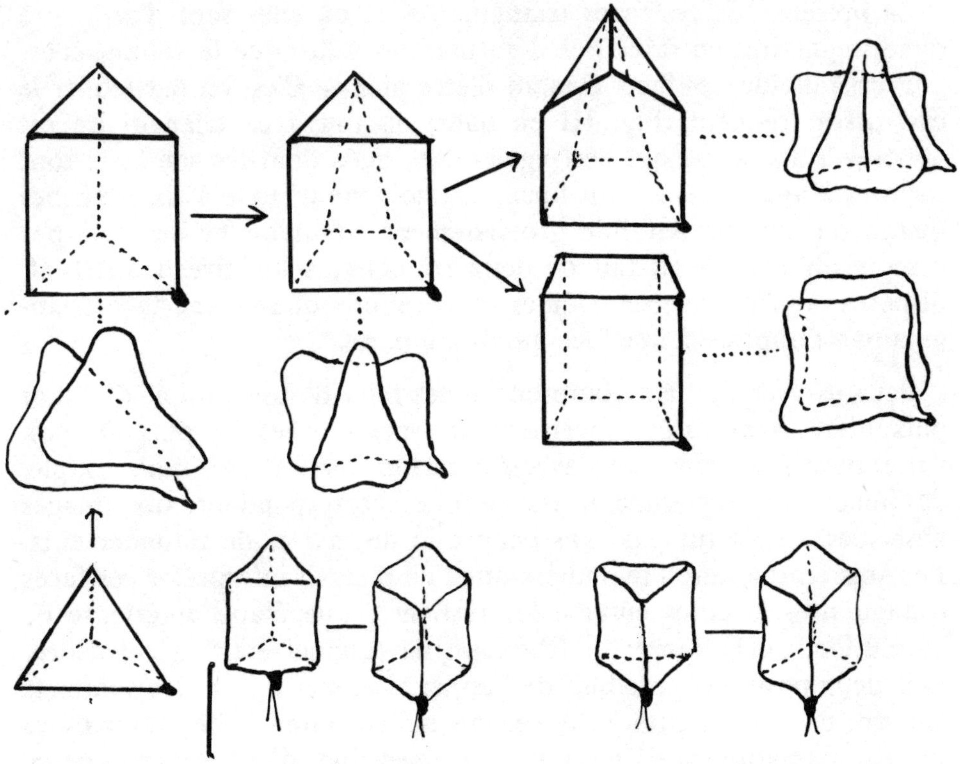

Fig. II: Evolution du volume sporique cubique (issu du tétraèdre); en bas (au milieu et à droite) les deux ongines possibles du volume cubique.

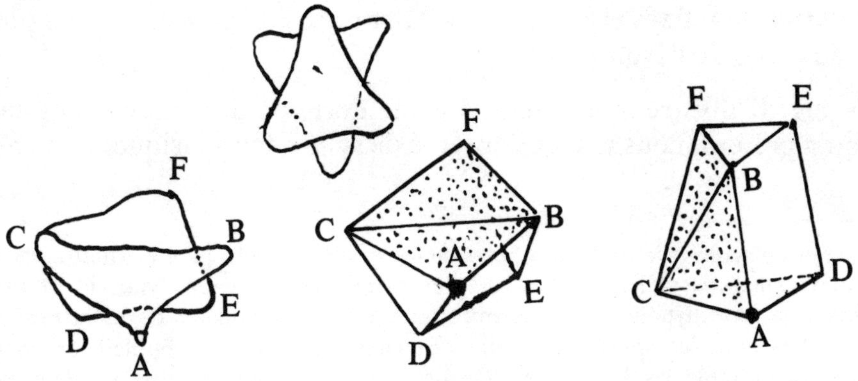

Fig. III: Spores anormales chez une espèce cubosporée: en bas, interprétation possible du volume de la spore de gauche

La présence de ces faces triangulaires là où elles sont d'ordinaire quadrangulaires entraîne des déformations telles que le volume n'est plus cristalloïde, ses faces cessant d'être planes. C'est en particulier le cas, assez fréquent (Fig. III en haut) où une face triangulaire est opposée à une autre qui l'est également, mais dont les sommets sont opposés à une arête, le tout formant une sorte d'étoile à six branches quand on observe à faible grossissement, et qu'on ne se rend pas compte qu'il s'agit en fait de deux triangles, à un niveau différent, disposés en sens inverse. Mêmes observations quand une face triangulaire est opposée à une face quadrangulaire.

Pour essayer de bien comprendre ces faits d'observation, d'autant plus intéressants qu'ils concernent les types sporaux les plus simples, j'ai entrepris de construire avec du carton assez solide, mais souple, des maquettes repoduisant les volumes correspondant aux images observées. Ce ne fut pas sans beaucoup de mal et de tâtonnements. J'en suis venu à faire l'hypothèse que l'on pouvait interpréter ces faces triangulaires insolites comme les vestiges d'une étape antérieure de l'évolution, où la spore du Rhodophylle originel était le tétraèdre, avec deux positions possibles de l'appendice, soit à l'un des sommets (amorce des spores cubiques), soit au milieu d'une arête (amorce des spores prismatiques). Il n'est pas inconvevable, d'autre part, que ce tétraèdre originel puisse montrer chez la même espèce l'appendice dans l'une et l'autre de ces positions, comme le donnent à penser des observations faites par moi-même sur une récolte africaine rapportée à *prismosporus* Hesler (G 107) et les dessins publiés par Horak d'après le type de notre *pinnus* Romagn. de Madagascar; chez des espèces assez primitives, il se peut que ces caractères ne soient pas encore très bien fixés et qu'ils ne se soient nettement séparés que plus tard au cours de l'évolution.*

La Fig. II illustre mon hypothèse sur l'origine des spores cubiques (jusqu'à présent, nous n'avons observé de spores tétraèdriques que chez

*Nous nous plaçons ici dans l'hypothèses ou les spores tétraédriques, prismatiques ou cubiques caractérisent les espèces les plus primitives du genre. Mais il est bien possible que cette hypothèse soit erronée, et qu'il faille chercher de telles espèces parmi celles dont les spores sont subglobuleuses et seulement faiblement anguleuses, par exemple les Entolomes *Turfosi*. Dans ce cas, les faces triangulaires seraient non plus des vestiges, mais des prémisses dans l'évolution générale du genre.

les *Staurospori*, donc sur des espèces à spores normalement prismatiques). Les images observées avec une bonne optique binoculaire sont "idéalisées" par des schémas géométriques, qui montrent comment, par troncature ou modification dans la forme des faces, ces volumes peuvent se déduire les uns des autres. Les figures du bas à droite montrent la position hypothétique des volumes originels sur le stérigmate. On peut facilement voir qu'en somme, le cube est formé de deux prismes accolés par une de leurs faces quadrangulaires.

J'ai observé, toujours chez *hyalodepas*, un volume particulièrement bizarre, représenté à la fg. III en bas, et que je ne parvenais pas à bien comprendre. En ayant réalisé la maquette, j'en suis arrivé à supposer qu'il s'agissait en réalité d'un prisme dont la face triangulaire sommitale s'était rétrécie, entraînant la transformation en trapèze de la face quadrangulaire interne, et la pliure en deux d'une des faces latérales (également quadrangulaire) selon une de ses diagonales de manière à obtenir un dièdre très obtus à faces triangulaires.

Mais il existe une autre possibilité pour passer du prisme au cube; on peut parfois observer sur les espèces à spores prismatiques que dans la région apico-interne de la spore, une bosse apparaît, juste au-dessus de l'appendice: il suffirait qu'une arête les réunissent l'une à l'autre, pour que nous ayons le passage au cube par une sorte de gémination du prisme. Mais je n'ai jamais pu voir de façon certaine la formation de cette arête, ni même de spores cubiques chez les *Staurospori*; toutefois Horak, ayant repris l'examen de notre *Rh. pinnus* de Madagascar, où j'ai vu et figuré des spores prismatiques et même tétraédriques, a représenté un certain nombre de spores qui semblent bien cubiques, si ses dessins sont rigoureussement exacts. Le fait mériterait d'être vérifié à la lumière des présentes considérations.

Ainsi donc, tout comme pour les autres volumes plus complexes, on peut imaginer deux processus différents à partir du prisme pour expliquer la formation des spores cubiques (Fig. II en bas, au milieu et à droite). Dans chaque cas particulier, pour déterminer lequel est le plus probable, il faudrait connaître la position exacte de la spore à l'extrémité des stérigmates juste avant sa projection; or, c'est une observation très difficile à faire, car lorsque les spores sont encore en place dans la préparation, leur volume n'a pas atteint sa forme définitive et l'angulosité est presque toujours à peine ébauchée.

S'il est bien exact que les spores polyédriques des Rhodophylles sont issues du tétraèdre, les deux séries ne différant que par la position de l'appendice hilifère, soit à l'un des sommets, soit au milieu d'une des arêtes, on comprend que certains aient songé à faire un rapprochement avec une espèce de Leucosporés pourvue de spores analogues, le *Lyophyllum trigonosporum* (Bres.) Kühner, d'autant plus qu'il a été signalé chez les *Entoloma* ss. str. quelques granules carminophiles dans les basides. Mais ni Largent, ni nous-même, n'avons pu observer leur présence dans les quelques essais réalisés, et surtout les spores de ce *Lyophyllum* sont d'après R. Kühner (*viva voce*) des spores bosselées comme celles des *Inocybe*, et totalement dépourvues du réseau de crêtes sous-myxosporiques caractéristiques des Rhodophylles. Une parenté entre ces derniers et les Lyophyllées reste donc très improbable, malgré une certaine ressemblance physionomique au niveau des Entolomes vrais.

C'est parfois tout un groupe qui présente des spores difficiles: ainsi en est-il des Entolomes du groupe *clypeatus* ou *prunuloides-madidus*, qui possèdent des spores subglobuleuses d'un type très incertain malgré leur apparente simplicité; alors que chez certaines Eccilies européennes comme *rhodocylix* ou Nolanées comme *cuspidifer,* et beaucoup d'espèces ici décrites de la flore africaine, la spore, quoique isodiamétrique, ressortit avec évidence au type que j'ai appelé subglobuleux simple, avec dièdre basal très développé et impossible à méconnaître, au contraire, chez ces champignons, je n'ai jamais pu me rende compte si la face basale à 4 ou 5 sommets (y compris l'appendice) que j'y ai souvent observée était originelle ou si elle provenait de la troncature secondaire d'un dièdre. Or, sur aucune des récoltes de ce groupe, je n'ai rencontré de cas plus faciles. Afin de ne pas préjuger de la réalité, je suggère de désigner ces spores "inintelligibles" si l'on peut dire, sous le nom peu compromettant de "subglobuleuses tronquées".

L'incertitude est moindre pour les spores allongées, ou hétérodiamétriques comme dit Lange, car la difficulté vient plutôt du nombre élevé des sommets et du contour gibbeux des profils; le dièdre est alors obtus et peut peut-être même passer à une face bombée; c'est d'ailleurs quelquefois aussi le cas pour des spores moins compliquées ou même subglobuleuses (Entolomes du groupe *nidorosus*). Dans ce cas, je propose le terme de "spores pseudoasymétriques"; mais il faudra bien se rappeler que c'est là où le risque d'erreur d'interprétation est le plus grand.

Devant ces difficultés, comment faire en pratique? Etant donné — et sur ce point Kühner est d'accord avec moi d'après un entretien que j'ai eu avec lui — que, pour une espèce donnée, même s'il y a inconstance, il existe presque toujours un "type dominant"; lorsqu'on aura relevé dans un ensemble important la coexistence de spores à dièdre, toujours faciles à identifier, et de spores tronquées à la base, on pourra sans crainte les regarder comme symétriques, la troncature n'étant que secondaire. Lorsque sur la vue de face, appendice tourné vers l'observateur, l'angle basal est obtus, mais qu'il n'est pas possible de trouver un nombre notable de spores où une arête verticale est opposée à l'appendice (image type des spores asymétriques), la spore pourra être dite pseudoasymétrique, ce qui implique d'ailleurs un certain risque d'erreur dans le diagnostic. Quant au cas inverse, où le type asymétrique serait dominant, mais où certaines spores se présenteraient avec un angle basal bien marqué — à vrai dire, étant donné que ce type est beaucoup plus rare que je ne le croyais autrefois, je ne suis pas très sûr de l'avoir vraiment rencontré — on pourra considérer la spore comme telle, et les images aberrantes comme des anomalies dues en grande partie à l'étirement vers le bas que subit l'appendice hilifère; cela peut amener sur la vue de face la formation d'un angle basal, voire peut-être la disparition ou la déformation de cette face. Mais soulignons bien qu'il faut avoir constaté sur de nombreuses spores la présence de l'arête verticale opposée à l'appendice.

Devant les difficultés et les incertitudes qui entourent l'étude des spores des Rhodogoniosporés au microscope optique et dans les milieux habituels d'observation, peut-on espérer une grande amélioration en usant de techniques plus perfectionnées? Kühner a montré que, après un séjour dans une solution de potasse pendant 30 minutes, en étuve à 120°, puis coloration au Bleu diamine, les crêtes soutenant les arêtes se détachaient assez bien sur le fond plus pâle; mais ce traitement a détruit certaines membranes et le fait, semble-t-il, qu il y a des crêtes qui ne correspondent à aucune angulosité, rend peut-être le procédé aléatoire. L'usage du microscope électronique à balayage se montrera probablement beaucoup plus payant. On sait que cette technique a permis de mettre en évidence des ornementations invisibles en microscopie photonique; elle donne aussi de bon réultats sur les spores fortement ornementées, mais la couche imperméable aux électrons dont on est obligé de les enduire aboutit à un empâtement qui doit donner de la réalité une image moins exacte que l'examen microscopique ordinaire; d'ailleurs, toutes les images obtenues se ressemblent de façon inquiétante. Cependant, les trop rares photographies réalisées chez les Rhodophylles à l'aide du balayage et actuellement publiées, par exemple dans le dernier travail d'Horak sur les espèces cubosporées, semblent donner une très satisfaisante impression de relief et autorisent de solides espoirs.

Mais des difficultés pratiques ne manqueront pas de se présenter: d'abord, comme je l'ai dit, de telles spores se regonflent mal, et on risque de photographier des spores déformées, avec des faces affaissées; ensuite, parce que, pour être interprétables, elle doivent se présenter dans des positions qu'elles ne prennent pas naturellement (par exemple la vue par en dessous); enfin qu'un diagnostic exact exige l'examen d'un grand nombre de spores correctement orientées. Espérons que ces difficultés matérielles pourront être surmontées.

En attendant ces heureux jours, que convient-il de faire? Il est inadmissible d'éviter aussi systématiquement qu'on le fait encore aujourd'hui de signaler le dièdre basal des spores symétriques lorsqu'il est évident et visible en un clin d'oeil, ou même le type asymétrique s'il est suffisamment clair. Quant aux cas d'incertitude, ils doivent être scrupuleusement signalés, puisque, comme je l'ai mainte et mainte fois constaté, c'est un caractère spécifique des plus constants: dans ce cas les nouveaux termes que je propose de "subglobuleux tronqué" ou "pseudoasymétrique", en ce qu'ils expriment d'agnosticisme ou d'aveu d'erreur possible, devrait rassurer les plus scrupuleux ... ou les plus négligents.

En tout cas, il est tout à fait vain de mentionner le nombre de sommets que présentent les spores (nombre qui varie d'ailleurs selon leur position), car ce détail ne présente pas le moindre commencement d'intérêt, sauf naturellement pour les spores quadrangulaires, qui sont soit cubiques soit prismatiques. Secondaires, mais non inutiles, sont les indications concernant l'épaisseur et la réfringence des parois, le contour d'aspect gibbeux, la courbure des arêtes, etc. ...

Il va sans dire que devant les difficultés sur lesquelles je me suis si longuement expliqué, il faut renoncer à partir d'un tel caractère, comme je l'avais fait jadis, pour essayer de classifier le genre; il doit rétrograder dans la hiérachie. Comme nous l'avons dit au debut, il vaut mieux s'efforcer de préciser et de délimiter mieux les vieux sous-genres friésiens, plutôt que de tout bouleverser.

LES GRANULES TRAMAIRES

J'ai écrit ci-dessus que le dièdre basal des Leptonies était "d'une évidence aveuglante". Que dire alors de leurs granules tramaires? Ils n'ont pas eu non plus beaucoup de succès auprès de mes confrères qui ont publié sur les Rhodophylles. Pourtant, ils sont souvent tellement nombreux qu'ils gênent l'observation et rendent les coupes illisibles, et c'est alors qu'il faudrait prendre le mot "aveuglant" au pied de la lettre. J'avoue ne pas arriver à comprendre cet ostracisme.

Certes, ils doivent être recherchés sur des sujets encore jeunes et bien frais; leur nombre semble varier selon l'âge ou les circonstances de la poussée: les vieux sujets peuvent n'en plus guère montrer, et leur conservation en herbier est très aléatoire*; on peut alors les confondre avec les guttules banales qu'on observe plus ou moins, surtout en milieu alcalin, dans tous les groupes de champignons. C'est même cette instabilité qui peut faire douter de leur nature lipoïdique, malgré leur propriété de dissoudre les colorants classiques des graisses, et l'hypothèse qu'il s'agirait plutôt d'essences ou de résines mériterait d'être vérifiée par les chimistes.

Mais quelle qu'en soit la véritable nature, l'emploi de l'Ecarlate Cérol BX par exemple permet de les identifier: il suffit de plonger une coupe de préférence d'un sujet frais dans une solution de ce colorant dans de l'alcool à 60° et d'attendre que le liquide se soit complètement décoloré, pour éviter toute confusion: on se servira comme référence de la teinte prise dans ce milieu par les enclaves lipidiques des basides et les guttules des spores.

Abondants et bien caractérisés, ils sont sans aucun doute intéressants sur le plan taxinomique: on ne les rencontre que chez les espèces à spores clairement symétriques, en particulier les *Leptonia* où leur présence est liée également à l'absence de boucles: les sections de ce sous-genre où les boucles existent, constituant des groupes aberrants, à la limite du taxon, ne comportent aucune espèce à granules. En revanche, boucles et granules coexistent chez les *Inopilus* des sections *Inocephali* et *Rigiduli*, ainsi que chez les *Eccilia Undati.*

---

*C'est peut-être la raison pour laquelle Largent, qui a essayé sur eux de nombreux réactifs, dont l'Ecarlate, n'a pas réussi à les colorer.

A ce propos, je mentionnerai un fait intéressant: G.G. a recueilli en Afrique trois *Claudopus* blancs, tellement semblables macroscopiquement (odeur mise à part) qu'il les croyait "conspécifiques" comme disent les Anglo-saxons. L'examen microscopique a révélé chez l'un d'abondants granules tramaires: et c'était le seul à avoir des spores clairement symétriques, les deux autres les ayant asymétriques, ou peut-être pseudoasymétriques.

Kühner, qui avait remarqué leur existence avant même que nous les ayons signalés dans une de nos publications, pense qu'il vaut mieux les observer dans l'eau, car l'ammoniaque pourrait provoquer la formation de petites gouttes de nature toute différente. C'est une sage précaution, si l'on ne dispose pas des colorants nécessaires.

De toute façon, on voit que, contrairement à ce qu'on a pu écrire, la symétrie de la spore peut parfaitement être liée à un caractère d'un tout autre ordre.

AUTRES CARACTERES MICROSCOPIQUES

La localisation des pigments est très importante pour la spécification et la taxinomie. Les vacuolaires sont mis en évidence sur le vivant par plasmolyse du cytoplasme en observant les coupes dans de l'eau sucrée, salée ou glycérinée, ce qui provoque la formation de grosses gouttes colorées à l'intérieur de l'hyphe. Sur le sec, il faut plonger ces coupes dans un fixateur, Bouin ou Hollande, pour insolubiliser les pigments, et observer dans une solution très concentrée de Chloral hydraté après ébullition: ceux-ci se présentent en général sous la forme de petits flocons colorés dispersés; cette dernière méthode peut aussi être utilisée avec fruit sur le vivant, surtout si le pigment est très peu abondant.

Quant aux pigments membranaires et incrustants, on les recherchera dans l'ammoniaque (sur exsiccata il vaut mieux ici encore recourir à l'ébullition).

Chez certaines Leptonies, le pigment bleu intracellulaire se présente sous la forme de petits cristaux bleus, qui, malheureusement, sont dissous dans l'ammoniaque et ne semblent pas se conserver très bien en herbier.

Il arrive fréquemment que la même espèce présente à la fois les deux types de pigments, l'un ou l'autre dominant selon les cas. On ferait bien de ne pas l'oublier dans la constitution de sections fondées sur la topographie pigmentaire.

Quant aux boucles, leur présence ou leur absence constituent aussi des caractères importants. Cependant, il faudrait en cas d'absence s'assurer si l'on n'a pas affaire à des carpophores parthénogénétiques, et cela exigerait un contrôle cytologique; or, il n'a pas à notre connaissance été fait à ce jour chez les Rhodophylles. C'est sans doute dans cette hypothèse qu'Horak (Nouvelle-Zélande) et Singer ont admis l'inconstance des boucles chez certaines de leurs espèces, ou n'en ont fait que des variétés lorsqu'ils avaient constaté cette différence.*

Leur observation est assez difficile, ce qui explique des erreurs qui ont été parfois commises dans leur diagnostic par des auteurs pourtant sérieux. Plutôt que de recourir à des coupes, même très fines et réalisées au microtome, il est plus pratique de prélever de tout petits fragments (de lamelles ou de tissu) et observer dans l'ammoniaque (après ébullition si l'on travaille sur échantillons d'herbier) additionné de Rouge Congo. Ensuite, surtout si l'on recherche ces boucles au pied de basides, on écrase très modérément en faisant glisser latéralement le couvre-objet par un mouvement de va-et-vient, de façon à dissocier le fragment; un certain nombre de basides ou d'hyphes se présentent alors isolément ou par petits groupes, les basides avec une partie de leurs articles de soutien; le diagnostic devient alors assez aisé, avec un binoculaire pourvu d'une bonne optique à immersion.

Il est très important de ne pas se borner à rechercher les boucles dans le tissu, ou même dans la cuticule: elles doivent absolument l'être aussi et surtout au pied des basides. Faute de cette précaution, le diagnostic peut être faux.

Il est probable que la fréquence des boucles (leur "inconstance" comme dit Kühner de façon assez ambiguë, il faut bien le dire) ou mieux leur dispersion, est un caractère spécifique non négligeable; dans d'autres familles de Macromycètes, c'est même le seul qui explique les réactions d'interstérilité entre haplontes. Malheureusement, je n'ai pas eu le temps de me livrer à un travail statistique et, en

---

*Je tiens à remercier très vivement mon ami Kühner et ses collaboratrices, qui ont bien voulu contrôler le bouclage de certaines de nos espèces.

en m'excusant, je me suis borné à signaler leur présence (même partielle) et leur absence totale. Mais j'ai tenu à faire la distinction entre les espèces où les boucles existent à la fois aux basides et aux hyphes, et celles où nous ne les avons vues que dans la première de ces deux positions: il semble bien en effet y avoir des espèces dont les boucles sont localisées dans le sous-hyménium, et n'existent pas ailleurs, en particulier dans la cuticule.

Watling et Largent (Nova Hedwigia XXVIII, 1977) et Largent (The genus *Leptonia* on the Pacific Coast of the U.S.A., Cramer 1977, où ce dernier omet malheureusement de mentionner notre essai de classification du genre Rhodophylle paru dans Bull. Soc. linnénne Lyon 43 (90: 326 sqq., novembre 1974, deux mois avant celui qu'il avait publié dans Mycologia 66 (6): 74 sqq. janvier 1975) ont attaché une extrême importance à la structure de la cuticule. Largent estime que la coupure fondamentale doit se faire d'après ce caractère: d'un côté les espèces à cuticule à hyphes superficielles plus ou moins couchées, allantoïdes, à extrémité non différenciée, grêles, égales ou inférieures à environ 8 μ, de l'autre côté, celles dont les hyphes sont volumineuses, terminées par un article souvent différencié morphologiquement appelé (de façon que je crois erronée, j'y reviendrai plus loin) "piléocystide". Les *Leptonia,* présentent toutes ces dernières particularités, comme il est aisé de le constater. Allant plus loin, Largent a séparé des autres *Leptonia* un sous-genre *Paludocybe,* où la cuticule aurait 3 couches au lieu de 2: un *suprapellis* à piléocystides allongées ou courtes, de structure palissadique ou trichodermoïde, au moins au disque, un *médiopellis* à éléments renflés dans sa strate supérieure, et un *subpellis* à hyphes allantoïdes. Chez les autres *Leptonia,* le suprapellis serait emmêlé, à articles soit très renflés donnant aux hyphes un aspect moniliforme, soit seulement légèrement renflés; il ne parle plus de "piléocystides".

Il est incontestable qu'entre une Nolanée typique comme *Rh. staurosporus* et une Leptonie quelconque, la différence dans la structure cuticulaire est considérable: moi-même, je me sers couramment du terme de "cuticulie leptonioïde" dans le second cas. Malheureusement, de nombreux intermédiaires existent entre ces deux extrêmes, et a limite de 8 μm assignée par Largent est assez arbitraire. J'ai observé sur des chapeaux pourtant glabres, de texture très fine sous la loupe, des épicutis où les hyphes atteignaient 13 ou 14 μm tout près de la surface ou même à son niveau. Sur une récolte européenne d'un telle espèce, proche de *venosus*, malgré l'aspect du chapeau, j'ai vu des articles superficiels fortement renflés (jusqu'à 40 µm!), presque globuleux, sur un subcutis d'hyphes allantoïdes grêles, et pourtant la pigmentation incrustante, la forte odeur de farine, excluaient toute affinité avec les *Leptonia* vraies. Nous verrons plus loin dans quelle mesure la distinction de Largent peut cependant être utilisée avec fruit.

Quant à celle qui concerne les cuticules tri ou bistrates du type *Paludocybe* et *Leptonia* ss. str., j'avoue que jamais mon attention n'a été attirée par des structures aussi complexes chez les innombrables Leptonies que j'ai étudiées dans ma vie; les cuticules m'ont au contraire semblé assez monotones dans ce sous-genre; j'y ai souvent observé une disposition plus ou moins palissadique surtout au niveau de la calotte discale, notamment chez *Kervernii*, mais je n'ai jamais eu l'impression qu'il s'agissait de structures fondamentalement distinctes. D'ailleurs, une structure triple dans les cuticules est très rare chez les Agaricales. Et cela d'autant plus que, comme je le développerai plus loin, il ne m'est pas possible d'admettre la notion de piléocystide dont usent Hesler, Largent, Watling pour les Rhodophylles, qui désignent ainsi l'article terminal des hyphes du revêtement lorsqu'il est d'une forme différente de l'avant-dernier. De plus, Largent n'a donné aucun dessin pour bien faire comprendre ses conceptions, et ses microphotographies, assez obscures, ne permettent pas de s'en faire une idée nette. Je préfère donc réserver mon opinion, et expérimenter moi-même ce caractère afin d'apporter à mon scepticisme a priori la solidité que seule pourrait lui donner une assez longue pratique; je ne veux pas tomber dans le même travers que mes collègues qui n'ont pas osé en faire autant pour le volume de la spore. Mais ce que d'ores et déjà je puis avancer, c'est qu'il semble bien exagéré de fonder là-dessus un sous-genre: il est plus vraisemblable que ce soit là un simple caractère spécifique.

Je ne m'étendrai pas sur les autres caractères microscopiques utilisables dans la systématique des Rhodophylles, cystides, poils marginaux, etc. ...: ils ont ici le même intérêt que partout ailleurs. Un mot seulement du sous-hyménium, qui peut être plus ou moins gélifié, surtout chez les Entolomes; c'est en particulier le cas quand il est de structure principalement filamenteuse. Le plus souvent d'ailleurs, sa structure est assez ambiguë: sous les basides, les articles sont fréquemment subglobuleux ou amiboïdes; plus bas, ils sont filamenteux et plus ou moins ramifiés; la distinction n'est pas nette, et l'on n'y attachera pas trop d'importance.

En revanche, la forme et la longueur des hyphes, surtout dans le médiostrate des lames en a peut-être une beaucoup plus grande, comme le donnent à penser des observations réalisées par Kühner et ses collaboratrices, et encore inédites. Espérons qu'elles ne le seront plus longtemps et qu'elles aideront à la délimitation des sous-genres.*

* C'est chose faite aujourd'hui: voir Bull. Soc. Myc. Fr. 93(4): 450-451 (1977).

LES PROBLÈMES DE LA CLASSIFICATION DES RHODOPHYLLES

Je suis d'accord avec Singer, Hesler et en grande partie Horak pour juger préférable de réunir les champignons qui nous occupent aujourd'hui en un genre unique, qu'on l'appelle *Rhodophyllus* Quélet ou *Entoloma* ss. dilatato.

En effet, la délimitation des sous-genres friésiens et ceux que l'on a plus ou moins récemment créés est très difficile, différente selon les auteurs et sujette à d'innombrables controverses, tant ils manquent de netteté. En agissant autrement, on met le doigt dans un engrenage dangereux pour ce genre paradoxalement si homogène et si varié, où abondent des espèces qui se singularisent par des caractères insolites ou qui en rassemblent plusieurs ordinairement séparés: on serait en effet vite amené à créer d'innombrables "genres", uni ou paucispécifiques, avec à l'horizon la triste perspective d'en arriver à avoir presque autant de genres que d'espèces, comme, trois fois hélas! la systématique dite "moderne" des Polypores et des Corticiés nous en donne l'exemple désolant, à la limite de la vésanie.

Pour éloigner ce calice amer des pauvres Rhodophylles, il me semble préférable de prendre comme point de départ les sous-genres de Fries, quelle que soit la peine qu'on éprouve à y inclure telle ou telle espèce singulière, et d'en préciser les limites, au prix de l'admission ou de la création d'un nombre limité au possible de sous-genres nouveaux. J'ai en 1974 esquissé cette classification, dans ses grandes lignes; il me suffira en général d'élever au rang de sous-genres certaines de ses subdivisions.

Une difficulté supplémentaire, comme toujours issue des dispositions de notre malheureux Code de nomenclature lorsqu'il est appliqué aux champignons avec rigidité, provient de la typification prématurée qui a été faite de ces sous-genres par des mycologues, certes très éminents, nous leur rendons volontiers cet hommage, mais qui conaissaient mal les Rhodophylles, et qui ne se sont pas rendu compte des conséquences découlant de leur choix.

Le cas le plus désastreux est que Singer et Donk ont choisi *A. euchrous* comme type du sous-genre le plus naturel, le plus homogène, le mieux défini de tous, les *Leptonia*: or, cette espèce manque de presque tous les caractères fondamentaux de ce taxon, tant macroscopiques (et indiqués par Fries lui-même) que microscopiques. Quant aux *Nolanea, N. pascua* choisie pour des raisons purement historiques est une espèce collective et douteuse, que les auteurs modernes ont réinterprétée récemment, et qui n'a guère de chances d'être celle des vieux auteurs, et est voisine de *sericeus*, que Fries regardait comme un *Entoloma*. Il paraît donc illogique de choisir comme type d'un genre une espèce que l'auteur n'y classait probablement pas. De plus, si, chose très possible, on préfère maintenir *sericeus* dans le *Entoloma*, *Nolanea* deviendrait synonyme d'*Entoloma.*

Comme on l'a fait pour *Boletus,* dont la typification prioritaire était *luteus* mais qui, pour une fois très judicieusement, a été typifié par *edulis*, ou pour *Hygrocybe* que Singer avait d'abord typifié (avec raison) par *coccineus,* puis (malheureusement) ensuite par *conicus* (étant donné l'existence du nom de *Godfrinia* Maire pour les *Conici*), il est urgent de modifier les typifications erronées ou malheureuses qui, selon les décisions actuellement en vigueur, ont été prises par des non-spécialistes des Rhodophylles, et de regarder comme type des *Leptonia, A. serrulatus,* d'*Entoloma prunuloides,* des *Nolanea mammosus.* Si l'argument de bon sens ne suffit pas, on pourra toujours invoquer le fait par exemple que des objections juridiques peuvent être formulées contre les choix de Singer et Donk, à savoir qu'*euchrous* ne possède pas les caractères fondamentaux de son taxon (y compris ceux que son créateur a lui-même indiqués), et que *pascuus* est une espèce douteuse et collective.

Les *Leptonia* constituent un taxon remarquablement homogène; elles présentent les mêmes caractères sur la terre entière; or, un pareil cosmopolitisme est rare chez les Rhodophylles. Ces caractères sont: macroscopiquement un chapeau convexe, généralement ombiliqué ou déprimé au centre, plus ou moins fibrilleux ou squamuleux, opaque ou strié par transparence, mais non hygrophane (dans le sens de Lohwag et d'Harmaja), lamelles plus ou moins adnées, adnexées ou subdécurrentes, et colorations très variée, souvent bleues ou vertes, microscopiquement une spore le plus souvent clairement symétrique allongée, des granules lipoïdiques dans les tissus, des basides et des hyphes sans boucles, une cuticule à amples articles et à pigment uniquement vacuolaire ou intracellulaire. Tels sont les traits que rassemblent les Leptonies typiques. A côté, se situent des espèces plus ou moins aberrantes, ayant à la fois des hyphes ou basides bouclées et des tissus sans granules, ainsi que des spores de type difficile, souvent pseudoasymétriques (groupes *euchrous-lampropus* Fr. nec Orton nec Largent et *griseorubidus*), mais qui conservent au moins quelques-uns des autres caractères du sous-genre, et peuvent donc être regardées comme des *Leptonia* atypiques.

Nous ne pouvons donc admettre l'extension exorbitante que Largent a fait subir à ce taxon, le plus naturel, le mieux défini du genre, en y incluant d'une part les Entolomes du groupe *jubatus*, d'autre part un certain nombre d'espèces que nous aurions placées dans nos *Inopilus*, sur la seule base des dimensions relativement grandes des hyphes cuticulaires. Certes, cet auteur a eu tout à fait raison de penser que les Entolomes en question n'en étaient pas en réalité. Mais ils sont tout autant, sinon beaucoup plus, éloignés des *Leptonia* par leur chapeau conique et souvent papillé, jamais strié par transparence, les lames ascendantes et sublibres ou adnexées-sinuées, le stipe charnu, non cartilagineux, la coloration terne, uniquement brune, les spores très clairement asymétriques, les poils marginaux souvent capités inconnus chez les vraies *Leptonia*, et accessoirement (car les *Leptonia* atypiques sont dans ce cas) la présence de boucles et l'absence de granules tramaires. Cela fait vraiment beaucoup, on en conviendra. Quant aux *Inopilus*, il ne faut pas se laisser abuser par les caractères qu'ils présentent en commun avec les *Leptonia*, cuticule pelucheuse à hyphes de plus ou moins grand diamètre, spores symétriques et pigmentation le plus souvent uniquement vacuolaire, et même présence fréquente de granules tramaires, qui notons-le, peuvent y exister chez des espèces bouclées (ce qui ne se produit pas chez les vraies *Leptonia*): le port de ces champignons, avec leur chapeau conique ou convexe, obtus ou seulement très peu déprimé, l'insertion des lames, le stipe charnu, leur communiquent une physionomie que les rapproche bien davantage des Nolanées et des Entolomes typiques. C'est particulièrement évident pour les *Callidermi* et surtout leur espèce type, que, dans la classification de Largent, on serait amené à ranger dans ses *Leptonia Paludocybe,* et qui n'ont rien à voir avec les véritables *Leptonia.* Une pareille extension de ce sous-genre conduirait en pratique à ne le définir que par un seul caractère (composition de la cuticule) au mépris de nombreux autres beaucoup plus importants, et c'en serait fait du seul taxon qui s'impose avec quelque clarté chez les Rhodophylles.

En revanche, Largent semble avoir été beaucoup mieux inspiré en proposant pour les Leptonies blanches ou rosées et affines, une coupure *Alboleptonia*, qu'il a en grande partie fondée sur un caractère biochimique. Nous sommes bien d'accord avec lui que *Rh. sericellus* et son groupe (nos *Leptonia Candidi*) ne sont pas de vraies Leptonies. Malheureusement, je n'ai pas été en mesure de rechercher ce caractère sur les espèces étudiées dans ce travail,et que je répartirai ici entre les sections des *Candidi* et *Alborosei*. Je reprendrai donc comme sous-genre le genre de Largent, mais sans retenir dans sa définition ses particularités chimiques, le nombre des espèces où il a été recherché et a été determiné étant relativement faible. J'y placerai, provisoírement, en attendant l'intervention des chimistes, toutes les espèces à chapeau obtus ou déprimé, de couleur blanche, rose ou pâle, et où l'on ne peut déceler aucun pigment vacuolaire bleu ou brun, et même souvent aucune trace de pigmentation sous le microscope. Dans le cas contraire, si l'espèce manque de boucles et présente des granules tramaires, elle sera versée dans les *Fuliginosi* (groupe des espèces pâles).

Je ne pense pas qu'on puisse ériger en genre, comme Pilát l'a fait sous le nom de *Pouzaromyces*, les Nolanées de notre section des *Luctuarii*, malgré leur aspect assez extraordinaire, avec leur chapeau hispide ou fibrilleux, leurs lames foncées, etc.. En effet, certains des représentants africains de cette section, par exemple *rotula* Romagn. de Madagascar, ou même certaines petites formes européennes non déterminées de la stirpe *dysthales*, ont une physionomie beaucoup moins impressionnante, leurs peluches étant fines, parfois pâles, et bien visibles surtout à la loupe. Leur pigmentation uniquement membranaire, qu'on retrouve dans tout les tissus et non seulement dans les revêtements, ne constitue pas un caractère unique; on l'observe chez les Eccilies *Undati,* les Entolomes nolanéoïdes du groupe *sericeus* et même chez des espèces glabres comme *sordidulus.* Les trichoïdes de la base du pied se retrouvent chez *mammosus* et certaines de nos récoltes africaines ici décrites, de tout autre affinité.

Cependant, on peut trouver avantageux en pratique de conserver *Pouzaromyces* comme sous-genre, si l'on est sensible à l'avantage d'éliminer des *Nolanea* ss. stricto les espèces à cuticule squamuleuse ou fortement fibrilleuse, ce qui effectivement en simplifie la définition.

Mais ce qui ne me semble pas acceptable, c'est, à l'exemple de Herink et de Mazzer de réunir aux *Pouzaromyces* les espèces du groupe *versatilis-araneosus*; dans la "Flore Analytique", Kühner et moi-même les avions bien également assemblées au sein d'une simple section (*Induti*), mais il ne s'agissait que de séparer du gros de la troupe certaines espèces de faciès singulier, sans préjuger de leurs affinités. D'ailleurs, fort judicieusement, Mazzer a signalé entre les deux groupes certaines de leurs différences, qui sont nombreuses: chapeau fibrilleux-glabre, jamais hispide, stipe sensiblement nu et non laineux, présence de grandes cystides, souvent faciales, ajoutons double pigmentation chez *versatilis* et spores d'un type simple, clairement symétrique d'une part; chapeau hispide ou squamuleux, stipe fibrilleux, absence de vraies cystides, pigmentation uniquement membranaire, spores de type difficile, allongées, d'aspect gibbeux d'autre part. La dimension des spores ne peut entrer en ligne de compte, car l'espèce que nous décrivons ici sous le nom de *Babingtonii* var. *intertropicalis* les a de faibles dimensions. Il ne resterait comme point commun que les tissus à pigmentation finement incrustante et les rhizoïdes, et nous venons de voir que ces caractères se retrouvaient dans d'autres groupes.

Nous ne partageons pas l'opinion de Mazzer qui remplace le nom initialement créé par Pilát par celui de *Pouzarella*, sous prétexte que le type désigné par celui-ci est *A. fumosellus* Winter, qui est en réalité un mélanosporé. Il est clair que Pilát avait bien en vue un véritable Rhodophylle, le *fumosellus* au sens de Lange, et non une *Psathyrella*! Il nous paraît tout de même un peu fort de refuser la priorité pour une raison pareille: un formalisme poussé à ce degré, cette prééminence du mot sur l'idée sont proprement inadmissibles.

Dans mon essai de 1974, les faciès plus ou moins inocyboïde de *versatilis* et voisins, leurs cystides souvent même faciales énormes, à col pointu, à parois fragiles, m'ont conduit à les classer à côté des espèces africaines ayant le même port et les mêmes cystides, dans mon sous-genre *Inopilus*. Toutefois, comme ces champignons ne possèdent pas de pigmentation membranaire en plus de la vacuolaire, peut-être ai-je fait un mauvais choix en désignant une espèce européenne, *versatilis*, comme type de mon taxon; il serait préférable de le remplacer par *inocephalus*; il n'est pas impossible que d'autres affinités plus convaincantes soient découvertes dans l'avenir pour le groupe *versatilis*.

Les *Inopilus* ont un port intermédiaire entre celui des Entolomes et des Nolanées, rappelant par leur aspect général les Inocybes (d'où le nom choisi); leur chapeau est le plus souvent fibrilleux ou squamuleux et de texture assez grossière, et non typiquement hygrophane (mais il est souvent strié par transparence en climat tropical); en règle générale, la cuticule présente des articles moyennement volumineux et même chez les *Callidermi* une structure partout palissadique; la spore est symétrique, les cystides volumineuses, fusiformes ou lagéniformes chez les *Inocephali*. Je rattache à ce sous-genre les *Psittacini* car ceux-ci ont une trame remplie de granules comme chez un très grand nombre d'autres *Inopilus*, mais avec quelques réserves, étant donné que la cuticule y est, au moins au bord, de texture assez fine, et que le considérable changement de couleurs qu'ils peuvent présenter en séchant peut très bien être interprété comme une hygrophanéité vraie. On pourrait donc aussi les mettre dans les *Nolanea* où l'hygrophanéité est de règle. Pourtant leurs magnifiques pigmentations sont inconnues chez les Nolanées.

Chez les *Inopilus*, il n'est pas sûr que les granules tramaires, parfois très abondants, qu'on y rencontre couramment, soient de même nature que ceux des *Leptonia* typiques: deux essais l'un réalisé par G.G. sur le vivant, l'autre par H.R. sur le sec, par traitement successif des coupes dans le Bleu de Crésyl, puis l'ammoniaque, n'ont pas donné de façon nette la réaction jaune doré propre aux lipides. La coloration à l'Ecarlate Cérox BX n'a pas été essayée sur le vivant.

A ce propos, il faut préciser qu'au début de ses recherches (en 1968), mon collaborateur ne s'est pas préoccupé de rechercher et de signaler ce caractère dans ses études sur échantillons frais; on sait d'autre part par expérience qu'un diagnostic réalisé sur exsiccata, où il faut recourir à un regonflant comme l'ammoniaque, est extrêmement incertain. Aussi, dans les descriptions qui suivent, lorsqu'il n'est rien dit à ce propos, cela n'implique pas forcément l'absence de granules.

Compte non tenu des *Luctuarii* (qu'on peut pour cette raison élever au rang de sous-genre sous le nom de *Pouzaromyces*), les *Nolanea* se caractérisent par un chapeau le plus souvent nettement hygrophane (au sens d'Harmaja), à éléments cuticulaires couchés, grêles (bien plus que les hyphes du subcutis), ce qui se traduit à la loupe par une texture très fine, déviée radialement, sans peluches ni fibrilles bien distinctes ni discolores. Aucune espèce ne m'a montré de granules bien caractérisés. Conformément à ce qui a été dit ci-dessus, j'y classerai sans faire de distinctions subgénériques, des espèces à spores symétriques ou asymétriques.

Il en sera de même pour les *Entoloma* où la présence de spores courtes ou très peu anguleuses ou très compliquées rend la distinction souvent très incertaine. Ils se caractérisent surtout par leur port, qui est plus robuste, plus trapu, leur stipe plus épais. En principe, les granules manquent dans la trame, au moins bien typiques; les hyphes cuticulaires y sont grêles, particularité qui les rapproche des *Nolanea*. Mais, tout comme chez ces dernières les *Luctuarii* en compliquaient la définition, il y le cas des espèces non hygrophanes, à cuticule plus ou moins fibrilleuse, à hyphes d'assez grand diamètre (6-14 μm en moyenne), dont le port est souvent plus grêle qu'il n'est de règle chez les vrais Entolomes. Il s'agit principalement de *Rh. jubatus* et de son groupe (*Leptonidei*), qui en outre présentent des spores nettement allongées et clairement asymétriques, ainsi que des poils marginaux lagéniformes-capités. Un même souci de simplification dans les définitions me conduit à proposer pour ces champignons un sous-genre nouveau *Trichopilus,* avec *jubatus* comme type. La trame n'y comporte jamais de granules.

Seront décrites ci-après deux espèces à spores prismatiques, qui ne peuvent être mises dans les *Nolanea Staurospori* en raison de leur non hygrophanéité, de leur structure cuticulaire leptonioïde, de leur chapeau écailleux, mais qui ont également des poils marginaux à tête. Microscopiquement, on peut donc les classer dans nos *Trichopilus*, bien que leur aspect extérieur soit assez différent.

En revanche sera laissée dans les *Entoloma* l'espèce la plus énigmatique de la flore européenne, le *Rh. excentricus* malgré son chapeau absolument non hygrophane, d'aspect soyeux, indescriptible, car sa grande spore dont l'asymétrie est évidente, se retrouve chez notre espèce ivoirienne *gigaspermus* (laquelle cependant n'a pas sur l'arête les immenses cystides d'*excentricus*); or ce champignon a un chapeau glabre. De plus, raison décisive, la cuticule d'*excentricus* est constituée par des hyphes très grêles, couchées, serrées, et est très différente de celle des *Leptonidei* (groupe *jubatus*).

Quant aux Entolomes du groupe *erophilus-plebeius*, je les ai cru longtemps apparentés aux *Leptonidei*, mais ils manquent de poils marginaux, leur spore est de type très difficile, très probablement pseudo-asymetrique. Comme leur chapeau n'est pas hygrophane, mais fibrilleux, à hyphes en général leptonioïdes, et comme au moins chez certains d'entre eux nous avons observé des granules lipoïdiques, ils peuvent s'intégrer provisoirement aux *Inopilus*.

Reste à définir les deux derniers sous-genres admis par Fries, *Claudopus* et *Eccilia*.

Claudopus a été créé par W. Smith pour les Rhodophylles à stipe rudimentaire ou avorté; l'espèce type en est *byssisedus*, lequel est "congénérique" avec *Rh. undatus* et affines; cet ensemble, comme Kühner l'écrit avec raison, est celui qui, dans les Eccilies, est le plus éloigné des autres Rhodophylles. Il se caractérise par les spores symétriques, la pigmentation membranaire, la présence fréquente de granules tramaires, les colorations gris brun, le chapeau non hygrophane. Il est donc plausible qu'il s'agit d'un bon sous-genre.

Mais à mon avis, il ne faut pas y inclure d'espèces blanches, lesquelles peuvent s'insérer dans les *Alboleptonia* et autres groupes formés aux dépens des *Eccilia* et des *Clitopilus* rhodogoniosporés de Fries.

On est malheureusement obligé de typifier *Eccilia* par *parkensis*, bien que ce soit une espèce douteuse dans son sens originel; on peut admettre l'interprétation de Kühner et réserver ce nom aux espèces à lames plus ou moins décurrentes et à stipe relativement court, à pigments vacuolaires, à boucles nulles ou présentes selon les sections, et à spores symétriques.

Toutefois, la limite des *Eccilia* et des *Leptonia* telles que je les conçois est assez difficile à tracer, car chez les secondes, les lames sont souvent très largement adnées, au point de devenir subdécurrentes; il y a même des espèces dont le port est variable, eccilioïde ou leptonioïde selon les récoltes. On n'aura aucune peine à chercher dans les *Leptonia* les espèces non bouclées et à granules, ainsi que celles qui ont, comme notre *cyanocalix,* des lamelles bordées de bleu, etc. ... Quant aux espèces de port incertain et de couleur blanche ou pâle, à spores symétriques, par exemple *sericellus,* on doit les ranger dans les *Alboleptonia.*

Cette même incertitude dans le port, tantôt eccilioïde, tantôt plus ou moins leptonioïde, m'engage, pour les espèces à spores asymétriques ou pseudoasymétriques, à reprendre mon sous-genre *Paraleptonia*; Singer a admis *sarcitus* comme type, mais comme cette espèce est extrêmement douteuse dans son sens premier, et comme d'autre part la base de la spore des sujets qu'il y a une cinquantaine d'années j'avais très hypothétiquement rapportés à celui-ci, est difficile, il me semble aujourd'hui très préférable d'adopter *cancrinus* où l'asymétrie sporale ne fait pas le moindre doute; on classera également là les *Claudopus* blancs à spores sans dièdre du groupe *parasiticus* (= *depluens* ss. Cooke). Les espèces colorées en gris brun ou en brun bistre que nous groupons dans la section des *Sarciti* peuvent aussi y êtres jointes, mais il se peut que leur spore ne soit que pseudoasymétrique et elles seront peut-être un jour replacées dans les *Eccilia*. En tout cas, la reprise de notre sous-genre *Paraleptonia* à l'avantage de simplifier les choses, puisqu'il accueille des champignons dont le port oscille entre les *Eccilia,* les *Leptonia* et même (rarement) les *Nolanea.*

En conclusion, on voit que mes désaccords avec les essais de classification récemment tentés par des auteurs dont, hâtons-nous le dire, nous apprécions hautement la conscience et les mérites, proviennent essentiellement du fait qu'ils ont complètement négligé des caractères aussi importants que la configuration du volume sporique en sa base, et l'absence ou la présence de granules lipoïdiques dans les tissus, et trop souvent fondé leurs taxa sur un seul caractère n'ayant pas plus de netteté: De plus après ces pages de la laborieuses discussions, on comprendra mieux les difficultés du problème, toute solution quelle qu'elle soit ne peut pas ne pas soulever bien des objections et des controverses; on comprendra mieux aussi combien ici plus qu'ailleurs il est vain de vouloir trop multiplier les genres tant leurs limites seraient floues et incertaines; la meilleure place qu'ils mériteraient ne doit pas dépasser le sous-genre.

SYNOPSIS DE LA CLASSIFICATION ADOPTÉE

Cette classification est sensiblement la même que celle que j'ai publiée en 1974, comme prodrome à cet ouvrage, sauf qu'il a été ajouté quelques sections et sous-sections, et élévé au rang des sous-genres certaines de ses subdivisions afin de rendre plus facile et plus pratique la définition des autres.

1° GROUPE DE SOUS-GENRES

Chapeau plus ou moins fibrilleux, pelucheux, squamuleux ou hispide, à hyphes épicuticulaires plus ou moins amples, opaque ou strié par transparence, mais rarement un peu hygrophane (en particulier chez les espèces blanches ou pâles du sous-genre *Alboleptonia*). Chapeau très souvent déprimé (et lames très souvent adnées ou décurrentes), rarement mamelonné ou papillé. Port d'*Omphalia*, de *Pleurotellus*, de *Clitopilus*, de *Collybia* (rarement un peu de *Mycena*). Assez souvent des granules tramaires lipoïdiques.

A — Sous-genre CLAUDOPUS (W. Sm.) emend.

Port de *Pleurotellus*, d'*Eccilia* ou de *Clitopilus*; le stipe, toujours central au début, peut (dans l'espèce type) cesser très tôt de croître pour devenir latéral ou rudimentaire. Couleurs gris brun ou bistre sur tout le carpophore. Lamelles nettement décurrentes chez les espèces stipitées. Spores symétriques, rarement subglobuleuses et de type difficile (*Rh. rusticoides*). Granules tramaires généralement présents. Pigmentation uniquement membranaire, même incrustante, pouvant s'observer sur toute la trame. — Espèce type: *Rh. byssisedus* (Fr. ex Pers) Q.

1) Section unique *Claudopus* ou des *Undati* Romagn. Egalement *undatus* et affines. Pas d'espèces gabonaises ni ivoiriennes.

B — Sous-genre ECCILIA Fr. emend.

Port de *Clitopilus*, d'*Omphalia* ou de *Collybia* (rarement un peu de *Mycena*). Espèces parfois assez claires, mais jamais blanches. Lamelles souvent décurrentes, parfois seulement adnées ou adnexées (mais alors chapeau déprimé, non papillé). Pas de granules tramaires typiques. Pigmentation vacuolaire (rarement aussi un léger pigment incrustant, d'ailleurs inconstant). — Espèce type: *Rh. parkensis* ss. Kühner.

2) Section des *Cyananthini*: Chapeau opaque, bleu, souvent tomenteux ou squamuleux. Boucles nulles ou présentes seulement au pied des basides. — Espèce type: *Rh. cyananthes* Romagn. (Zaïre).

Espèce ivoirienne: *Rh. coelestis.*

3) Section des *Cheilocystidiati*: Chapeau non bleu. Arête des lames (rarement aussi faces des lames) pourvue de cystides volumineuses, ventrues, lagéniformes ou fusiformes, abondantes. Basides bouclées. — Espèce type: *Rh. obscuromarginatus* R.-G.

Espèces gabonaises et ivoiriennes: *Rh. deconicoides, grammatus, obscuromarginatus, subdecurrens, umbrosus* et var. (?).

4) Section des *Lecythiophori* n. sect.: Port d'*Omphalia* ou de *Collybia* (rarement de *Mycena*). Chapeau parfois un peu hygrophane (mais les hyphes cuticulaires sont alors d'assez grand diamètre), brun, brunâtre, brun rosé pâle, parfois presque blanchâtre. Poils marginaux en particulier lécythiformes (c'est-à-dire à col bien différencié du ventre et capité au sommet) ou lagéniformes (sans capitule), non ciliformes. Spores symétriques ou pseudo-asymétriques. Pigment vacuolaire. Boucles nulles ou assez rares. — Espèce type: *Rh. lecythiophorus* R.-G.

(Habitu Omphaliae vel Collybiae, raro Mycenae. Pileo interdum paulum hygrophano, sed tunc hyphis cuticularibus grandioribus. Pilis marginalibus lecythiformibus rarius lageniformibus. Sporis symmetris vel pseudo-asymmetris. Fibulis rarioribus vel nullis. Pigmento vacuolari).

Espèces gabonaises et ivoiriennes: *Rh. angustisporus, lecythiocystis, lecythiophorus, modicus, platyspermus* et f. *omphaliopsis, tenebrosus, tenuipileus.*

5) Section *Eccilia* ou des *Trigonophylli:* Port d'*Omphalia* ou de

Collybia. Chapeau brun à gris brunâtre, parfois vaguement hygrophane. Poils marginaux nuls ou claviformes, basidioliformes, ciliformes, non ou à peine renflés. Spores symétriques ou pseudo-asymétriques. Boucles absentes chez les espèces européennes, dont le type, ou rares et inconstantes. — Type: *Rh. parkensis* ss. Kühner.

Espèces gabonaises: *Rh. dubius,* et formes rattachées, *Mondahensis.*

C — Sous-genre PARALEPTONIA Romagn.

Port variable de *Pleurotellus,* de *Collybia* ou de *Mycena,* les lamelles n'étant pas toujours nettement adnées décurrentes. Couleurs blanches, mastic, rosées, pâles, ou au contraire brun foncé. Spores typiquement asymétriques (parfois seulement pseudo-asymétriques), en tout cas toujours tronquées ou à angle obtus à la base, alors difficiles à interpréter. Pas de granules tramaires. Boucles présentes ou absentes. — Espèce type: *Rh. cancrinus* Fr.

5) Section *Paraleptonia* ou des *Cancrini*: Chapeau blanc, jaunâtre, couleur de suif ou mastic, brun rosâtre pâle, etc.. Stipe blanc ou très pâle. — Espèce type: *Rh. cancrinus.*

Espèces gabonaises: *Rh. candicans, dochmiopus* et var. *obsoletus, invisibilis, pseudomolliusculus.*

6) Section des *Sarciti*: Port variable, oscillant entre celui des *Omphalia* ou des *Collybia.* Espèces de couleur foncée ou terne. Stipe plus ou moins concolore au chapeau. Les spores sont toujours de type difficile, et certaines espèces devraient peut-être prendre place dans les *Eccilia.* — Espèce type: *Rh. sarcitus* ss. Romagn. (an Fries ?).

Espèce ivoirienne: *Rh. clavipilus.*

D — Sous-genre ALBOLEPTONIA (Largent) R.-G., n.c.

Ayant été dans l'impossibilité de recourir à l'analyse chromatographique, je ne sais si les différentes espèces que je range ici dans ce sous-genre présentent ou non le caractère chimique sur lequel Largent a fondé ce taxon. Elles ne sont réunies ici que d'après leurs particularités micro et macroscopiques. Certaines ont un chapeau qui semble bien hygrophane, au sens strict du terme, bien que, sur les espèces pâles, ce caractère soit délicat à interpréter. On les séparera des *Nolanea* plus ou moins eccilioïdes de la section européenne des *Minuti* par l'absence de toute pigmentation incrustante. Peut-être certaines d'entre elles seraient mieux en place dans les *Leptonia Fuliginosi* pâles.

Port de *Collybia* ou d'*Omphalia,* parfois de *Pleurotellus*. Stipe blanc, rosé ou pâle. Chapeau toujours pâle, blanc, blanchâtre, rose, parfois un peu teinté de brunâtre ou de grisâtre très dilué ou de jaunâtre, soyeux ou écailleux, mais finement. Largent limite son taxon aux espèce à cuticule en trichoderme emmêlé. Spores symétriques. Boucles présentes ou absentes. Le plus souvent, pas de pigment décelable (sauf chez *pudicus*). — Espèce type: *Rh. sericellus* (Bull. ex Fr.).

7) Section *Alboleptonia* ou des *Candidi*: Basides bouclées. Pas de granules tramaires. — Espèce type: *Rh. sericellus.*

Espèces gabonaises: *Rh. albivellus, alboroseus, Bakeri* (Dennis), *pallidocarneus* et var. *Lilliputianus.*

8) Section des *Pallidorosei*: Basides et hyphes sans boucles. Souvent des granules tramaires. Espèces proches des *Leptonia Fuliginosi* pâles, mais sans pigment décelable (sauf *pudicus*). — Espèce type: *Rh. stylobates* R.-G.

Espèces gabonaises et ivoiriennes: *Rh. anisothrix, aripoanus* var. *africus, cilifer, flexuosipes, hyalodepas* et var., *leucocephalus, leucopus, margaritifer, nudus, pallidior, paucifolius, pilosellus, pseudodochmiopus, pseudotruncatus, pudicus, sabulosus, stylobates, subalbidulus.*

E — Sous-genre LEPTONIA Fr.

Port typique de *Collybia*, plus rarement d'*Omphalia*: Chapeau le plus souvent convexe et déprimé ou ombiliqué au centre, plus rarement obtus et plus rarement encore papillé, opaque ou strié par transparence, mais non hygrophane (au sens d'Harmaja), donc ne pâlissant pas à partir du sommet en plages contrastées et de couleur très différente; cuticule fibrilleuse, squamuleuse, plus rarement d'aspect presque glabre, parfois veloutée, granuleuse ou hérissée, en particulier au centre, qui peut être alors finement craquelé en raison de la disposition plus palissadique des hyphes; il arrive qu'une calotte discale se circonscrive au milieu. Lamelles en général adnées, adnées-uncinées, décurrentes par la dent ou décurrentes (mais rarement), exceptionnellement sublibres, parfois à arête discolore (bleu, noirâtre, brunâtre). Stipe grêle, cartilagineux, glabre, fibrillostrié, rarement hérissé de squames colorées. Presque jamais d'odeur de farine. Spores presque toujours très clairement symétriques, allongées, à dièdre basal très développé et évident, rarement tronqué par une face, parfois cubiques. Pas de cystides faciales, mais poils d'arête extrêmement fréquents, le plus souvent claviformes, cylindriques et obtus, plus rarement lagéniformes, ou plus encore franchement cystidiformes. Cuticule à hyphes volumineuses, tantôt en trichoderme emmêlé, tantôt d'aspect plus ou moins palissadique au centre surtout. Pigment vacuolaire, jamais membranaire ni incrustant. Les espèces typiques ne présentent pas de boucles, même aux basides, mais des granulations lipoïdiques dans les tissus surtout dans les connexives et le sous-hyménium; ces granules se raréfient au cours de la croissance, et ne sont pas toujours décelables en herbier ou sur les vieux sujets. Les espèces bouclées n'en présentent jamais. Colorations du carpophore souvent foncées, vives ou belles, bleues, violettes, gris d'acier, vertes, rousses ou vineuses, brun d'ombre, bistre, au moins sur le stipe. — Type: nous proposons le remplacement d'*euchrous*, espèce peu typique pour le genre, par *serrulatus*.

a) ESPÈCES BOUCLÉES SANS GRANULES

(**Leptonia** Largent p.p.)

9) Section des *Lampropodes*: Stipe plus ou moins charnu, tantôt (en Europe) d'un beau bleu de gentiane (*), tantôt non bleu, mais hérissé de mèches discolores. Le port rappelle quelquefois celui d'un *Tricholoma* du groupe *terreum*. Spores typiquement symétriques, mais

*L'indication (soulignée) de Fries sur la couleur du stipe de son *lampropus* et le nom lui-même, excluent pour cette espèce un *Cyanuli* Le mode d'insertion des lames et la couleur un peu grisâtre qu'il attribue aux lames sont trop inconstants chez les Leptonies pour qu'on puisse les invoquer contre notre interprétation.

parfois à dièdre très obtus. Basides et parfois hyphes bouclées. — Espèce type: *Rh. lampropus* Fr., nec Bres., nec Orton, nec Largent.

Espèce gabonaise: *Rh. dichrooides.*

10) Section des *Hirtelli*: Espèces atypiques pour le taxon par leur chapeau souvent convexe, obtus ou même un peu mamelonné, parfois cependant normalement déprimé, couvert au moins au centre de mèchules ou squamules généralement plus foncées et plus ou moins dressées. Lamelles adnées uncinées. Stipe parfois blanchâtre, grêle (× 1-3 mm). Arête des lames souvent fertile, mais quelquefois à cystidioles lagéniformes. Parfois, certaines basides ne forment pas de stérigmates, mais bourgeonnent par le sommet en un col qui peut être très long, flexueux, filiforme. Pas de granules. Boucles présentes (on l'ignore pour *hirtellus* Romagn. de Madagascar, espèce type de la section).

Espèce gabonaise: *Rh. inodes.*

11) Section des *Griseorubidi*: Chapeau plus ou moins déprimé, pâle brunâtre à brun, à cuticule déviée radialement, soyeuse, fibrilleuse-glabre, ou à petites squames ou mèches apprimées. Arête des lames tantôt fertile, tantôt à poils marginaux ou même à grandes cystides fusiformes. Pas de granules. Boucles présentes. — Espèce type: *Rh. griseorubidus* Kühn.-Romagn.

Espèces gabonaises et ivoiriennes: *Rh. fusifer, myochrous, opacus, pallidissimus, phaeoxanthus, pseudorrhombosporus, subrhombospermus, variesporus, vestipes.*

b) ESPÈCES SANS BOUCLES À GRANULES

(**Lepidocybe** Largent)

12) Section *Leptonia* ou des *Cyanuli*: Des colorations bleues, bleu violacé, violettes, gris d'acier, au moins sur le stipe. — Espèce type: proposition de *Rh. serrulatus* (Pers. ex Fr.) Q. au lieu d'*euchrous*, très atypique pour le genre.

Espèces gabonaises et ivoiriennes: *bisporifer, brunneoloroseus* et var. *curvipes, caeruleoniger, caesiomarginatus, caesiomurinus, caesiopileus, callidermoides, cristallifer, curtissimus, cyanocalix, fuscoocel-*

latus, griseipes, griseovioleus, ianthomelas, intervenosus, ionocyanus et var. *parvipapillatus, mediofuscus, megalothrix, modestissimus, pluricolor, roseomurinus, sclerobasidiatus, Staudtii* (Henn.), *vallicutis, xanthocnemis.*

13) Section des *Fragiles*: Des colorations vertes ou verdâtres. — Type: *Rh. incanus* (Fr.) (= *euchlorus*).

Espèces gabonaises et ivoiriennes: *Rh. chlorospilus, cinereovirens, euchloroides, longipes.*

14) Section des *Rufocarnei*: Des colorations roux fauve, rougeâtres ou vineuses. — Espèce type: *Rh. rufocarneus* (Bk.).

Espèces gabonaises et ivoiriennes: *Rh. denticulatus, lateritius, latisporus, titthiophorus, vinosulus.*

15) Section des *Fuliginosi*: Des colorations brunes, brun d'ombre, brun ochracé, brun bistre ou fuligineuses, même sur le stipe. — Espèce type: *Rh. sarcitulus* Kühner-Romagn.

Espèces gabonaises et ivoiriennes: *Rh. albomurinus, ambiguus, arcuatus, dicubospermus, effugiens, fusicystis, gilvus, glaucogilvus, griseoroseus, inocybosporus, lamellirugus, nanus, nudipilus, planoconvexus, pseudodenticulatus, pulveripes, spermaticus, sublatifolius* et var. *castaneipes, tristissimus* et var. *brevibasidiatus, truncatus.*

F — Sous-genre INOPILUS Romagn.

Chapeau souvent conique ou campanulé, même parfois pointu et mamelonné ou papillé, plus rarement obtus ou superficiellement déprimé, souvent strié par transparence, mais non typiquement hygrophane (au sens d'Harmaja), parfois même opaque. Cuticule fibrilleuse, à écailles apprimées ou un peu détachées, ou seulement soyeuse et déviée radialement, parfois veloutée et finement rimuleuse à cause d'une structure en trichoderme palissadique. Lamelles ascendantes, libres, adnexées ou sinuées adnées, jamais décurrentes. Cystides vraies (volumineuses) souvent présentes, même sur les faces des lames et au moins sur l'arête, mais pas toujours. Spores symétriques, assez souvent cubiques ou subglobuleuses. Granules tramaires pour le moins très fréquents, pouvant être joints à des boucles (au contraire des *Leptonia* où ces deux caractères s'excluent). Espèces principalement extra-européennes. — Espèce type: nous préférons désigner aujourd'hui *Rh. inocephalus* Romagn. de Madagascar (*versatilis* désigné en 1974 en tant qu'espèce européenne n'est pas très typique à cause de son pigment double).

16) Section des *Psittacini*: Chapeau conique, soyeux fibrilleux ou même parfois méchuleux au sommet, de couleurs magnifiques (comme du reste stipe et lamelles), bleues, vertes, jaune vert, rouges, et ressemblant à celui des *Hygrophorus Conici*, mais changeant de couleurs fréquemment en séchant (hygrophane ?). Spores régulièrement cubiques. Arête des lames à poils marginaux volumineux, mais pas de cystides vraies. Boucles et granules présents. — Type : *Rh. holocyaneus* Romagn.

Espèces gabonaises et ivoiriennes: *Rh. chloroconus, holocyaneus* Romagn.

17) Section *Inopilus* ou des *Inocephali:* Chapeau couvert de fibrilles ou de squamules, très souvent strié par transparence, mais non hygrophane, de couleurs tristes (brunes, etc..); l'aspect rapelle les Inocybes; (presque ?) toujours des cystides fusiformes ou lagéniformes, volumineuses, à parois minces et fragiles, souvent à enclaves jaunâtres, rarement étroites et aciculaires. Normalement, des granules tramaires. Spores souvent peu allongées. Boucles absentes chez les espèces ici décrites*. Pigment uniquement vacuolaire. Espèces extra-européennes. — Espèce type: *Rh. inocephalus* Romagn. de Madagascar.

Espèces gabonaises et ivoiriennes (toutes cystidiées); *Rh. aciculocystis, callithrix* et var. *lasiopus, dimorphocystis, Heimii* Romagn., *longissimus* et var. *depauperatus* et *rugatus, nigropapillatus* Romagn., *punctipileus, speciosus, subbulbosus, xanthophaeus.*

18) Section des *Versatiles*: Chapeau conique ou convexe, souvent mamelonné, opaque, densément et finement soyeux-fibrilleux. Stipe sans mèches ni squamules, naissant de radicelles souvent colorées. Grandes cystides fusiformes ventrues, à parois minces et fragiles, au moins sur l'arête des lames. Pas de boucles. Double pigmentation, vacuolaire et membranaire incrustante. — Espèce type: *Rh. versatilis* (Fr.).

---

*Horak a décrit de Nouvelle-Zélande plusieurs espèces bouclées et cystidiées qui semblent bien être des *Inocephali*.

Pas d'espèces gabonaises ni ivoiriennes.

19) Section des *Callidermi*: Chapeau d'aspect caractéristique, uni-velouté, le plus souvent tendant à se craqueler dans tous les sens avec l'âge sous la forme d'un fin réseau blanc, à cuticule non déviée radialement, du fait de sa structure en trichoderme palissadique (et pas seulement au centre !). Lamelles sublibres ou adnéxées. Boucles présentes. — Espèce type: *Rh. callidermus* Romagn.

Espèces gabonaises et ivoiriennes: *Rh. atrovelutinus, callidermus, microcystis, obnubilus, phaeus, pluteicutis, rugifer, tricolor, velutipileus.*

20) Section des *Laeti*: Chapeau à cuticule déviée radialement, ou très finement fibrilleuse, à cuticule de structure non palissadique. Chapeau de couleur agréable et douce ou vive, jaunâtre, rousse, roux fauve ou pâle (mastic). Spores (toujours) cubiques. Semble relier les *Psittacini* aux *Pararigiduli.* — Espèce type: *Rh. rhodellus* Romagn.

Espèces gabonaises et ivoiriennes: *Rh. chloroides, pallide-flavus* (Henn.), *rufus.*

21) Section des *Rigiduli*: Chapeau plus ou moins fibrilleux, granuleux, pâteux ou squamuleux, dévié radialement, à cuticule d'hyphes relativement amples (atteignant facilement 14-15 µm), rarement grêles, le plus souvent strié par transparence, mais non ou très peu hygrophane. Couleurs plus ou moins brunes, grisâtres, brun roussâtre ou bistre. Granules tramaires souvent présents, même chez les espèces bouclées. — Espèce type: *Rh. rigens* R.-G.

21a) Sous-section des *Eurigiduli* nov. ssect.: Basides et hyphes sans boucles. Granules tramaires fréquents (non observés chez deux espèces). Spores symétriques, allongées. — Espèce type: *Rh. rigens*

(Basidiis hyphisque sine fibulis. Granulis frequentibus. Sporis symmetris, elongatis).

Espèces gabonaises et ivoiriennes: *Rh. bituminosus, eudermus* et var. *prionophyllus, incurvus, irinus, rigens.*

21b) Sous-section des *Pararigiduli* nov. ssect.: Basides et souvent hyphes bouclées. Granules présents. Spores (toujours ?) cubiques. — Espèce type: *Rh. deformisporus.* R.-G.

(Fibulis praesentibus, sicut granulis. Sporis (semper ?) cubicis).

Espèces gabonaises: *Rh. acufer, asterospermus, coelopus, Colensoi, deformisporus, ocellatus, pseudocystidiatus.*

22) Section des *Erophili:* Espèces printanières d'Europe, à chapeau brun fuligineux, brun bistré, conico-convexe, souvent aplani à la fin, finement et densément fibrilleux; cuticule variable, à articles souvent grêles, mais quelques-uns volumineux et de grand diamètre. Spores de type difficile, nettement allongées, probablement pseudo-asymétriques. Pas de poils marginaux ni de cystides. Boucles et granules présents. — Espèce type: *Rh. erophilus* Fr. Peut-être à ranger dans les *Trichopilus*?

Pas d'espèces gabonaises ni ivoiriennes.

G — Sous-genre POUZAROMYCES (Pilát)

Chapeau conique, campanulé ou convexe, parfois mamelonné, opaque ou strié par transparence, mais non typiquement hygrophane, fortement fibrilleux, squamuleux ou hispide, plus rarement à fibrilles fines et moins évidentes. Stipe plus ou moins villeux, naissant de radicelles plus ou moins abondantes. Spores le plus souvent de contours gibbeux, à angles nombreux, à base difficile, en réalité pseudo-asymétriques, souvent, mais pas toujours de grande taille, de forme très allongée. Pas de vraies cystides, mais souvent de gros poils marginaux claviformes. Intense pigmentation brune ou rougeâtre, uniquement membranaire. — Espèce type: *Rh. Babingtonii* (Bk.-Br.).

23) Section unique *Pouzaromyces* ou des *Luctuarii*: *Rh. Babingtonii* var. *intertropicalis.*

H — Sous-genre TRICHOPILUS Romagn. nov. subgen.

Chapeau plus ou moins conique, souvent mamelonné, opaque et non hygrophane en général soyeux-fibrilleux à nettement écailleux. Stipe plus ou moins épais, subglabre (port oscillant entre celui des Entolomes et des Nolanées). Colorations brunes, brun pourpré, gris foncé ou bistrées. Lamelles sublibres ou adnexées. Spores nettement allongées, asymétriques simples ou complexes, parfois prismatiques, et poils marginaux lagéniformes, souvent capités. Pigmentation uniquement vacuolaire. Cuticule comportant au moins certains articles volumineux. — Type *Rh. jubatus* (Fr.) Q.

(Pileo opaco, haud hygrophano, sericeo-fibrilloso vel squamoso, colore tristi. Lamellis subliberis vel adnexis. Sporis elongatis, typice asymmetris, interdum prismaticis, non verisimiliter pseudoasymmetris. Interdum pilis marginalibus lageniformibus subcapitatis. Pigmento vacuolari. Cute ex hyphis passim statura grandi).

24) Section des *Parastaurospori* nov. sect.: Chapeau écailleux, parfois au point d'évoquer une Lépiote et alors à cuticule à articles énormes. Spores prismatiques. Pas de boucles. — Espèce type: *Rh. lepiotoides* R.-G.

(Pileo squamuloso; sporis prismaticis).

Espèces gabonaises et ivoiriennes: *Rh. capitatus, lepiotoides.*

25) Section *Trichopilus* ou des *Leptonidei*: Chapeau fibrilleux, conique ou plus ou moins mamelonné. Spores clairement asymétriques simples ou complexes. Boucles présentes. — Espèce type: *Rh. jubatus* (Fr.).

Espèce ivoirienne: *Rh. applanatus.*

2° GROUPE DE SOUS-GENRES

Chapeau glabre, à cuticule souvent plus ou moins gélifiée, seulement déviée radialement (rarement quelques vagues peluches au centre), constituée en surface par des hyphes grêles, nettement plus que celles du subcutis, rarement avec quelques articles plus volumineux qui ne suffisent pas à lui donner macroscopiquement un aspect squamuleux, souvent hygrophane, mais pas toujours. Chapeau souvent conique, campanulé, convexe, et même mamelonné ou papillé, plus rarement tronqué ou un peu déprimé. Port de *Mycena* ou de *Tricholoma*, parfois aussi de *Clitopilus*, rarement d'*Eccilia* (*Minuti*). Pas de granules tramaires.

Sous-genre NOLANEA Fr.

Chapeau conique ou campanulé à convexe, à la fin pouvant s'étaler, fréquemment mamelonné ou papillé, rarement un peu déprimé chez les espèces typiques (seule, la section des *Minuti* n'a pas toujours le port classique des Nolanées, et peut présenter des lames décurrentes ou adnées et un chapeau déprimé), hygrophane au sens d'Harmaja, jamais fortement fibrilleux ou squamuleux, la cuticule étant déviée radialement, mais de texture fine, au plus soyeuse, jamais en trichoderme palissadique. Stipe peu charnu, même grêle, souvent strié longitudinalement. Lamelles plus ou moins libres, plus rarement un peu adnées. Pas de granules tramaires typiques. — Nouveau type proposé: *Rh. mammosus* (Fr.) Q.

26) Section des *Staurospori*: Spores primatiques. — Espèce type: *Rh. staurosporus* (Bres.).

Espèce gabonaise: *Rh. prismosporus* (Hesler).

27) Section des *Holoconioti* Largent-Th.: Stipe remarquablement pruineux au sommet. Hyphes non incrustées. Basides inconstamment bouclées. — Type: *Rh. holoconiotus* Larg.-Th.

Pas d'espèces gabonaises ni ivoiriennes.

28) Section *Nolanea* ou des *Mammosi*: Chapeau brun ou bistre, papillé. Stipe longuement fibrostrié par des lignes argentées. Odeur de poisson ou de farine. Spores allongées, clairement asymétriques. Poils marginaux plus ou moins renflés au bout. Double pigmentation. — Espèce type: *Rh. mammosus* (Fr.) Q.

Pas d'espèces gabonaises ni ivoiriennes.

29) Section des *Paramammosi*: Cystides marginales ni capitées ni renflées au bout, rarement nulles. Spores allongées, asymétriques souvent simples. Pigmentation uniquement vacuolaire. Boucles le plus souvent absentes (sauf chez une espèce à classer peut-être dans les *Mammosi*, mais qui n'en a ni les poils marginaux renflés ni la double pigmentation). — Espèce type: *Rh. elegans* R.-G.

(Cystidiis marginalibus neque capitatis, neque summis inflatis, raro nullis. Sporis elongatis, asymmetris, saepe simplicibus. Pigmento vacuolari. Fibulis saepe absentibus).

Espèces gabonaises: *Rh. acutus, elegans, humicola, Gabonicus.*

30) Section des *Papillati*: Chapeau et même souvent lames brun foncé. Spores asymétriques. Pigmentation incrustante ou membranaire (au moins dominante: il se peut que parfois il existe un vacuolaire peu

abondant et difficile à voir dans les hyphes épicuticulaires). Boucles présentes. Spores allongées, asymétriques. — Espèce type: *Rh. papillatus* ss. Kühner-Romagn.

Pas d'espèces gabonaises ni ivoiriennes.

31) Section des *Minuti*: Petites espèces à stipe filiforme et de coloration très pâle, blanchissant remarquablement en séchant, donc très hygrophanes. Stipe brun pâle ou blanchâtre. Port extraordinairement variable, même sur un lot d'exemplaires poussant ensemble, omphalioïde, collybioïde, nolanéoïde, les lames étant tantôt décurrentes, tantôt adnées, tantôt sublibres. Léger pigment membranaire. Spores symétriques, de type simple. — Type: *Rh. minutus* (Karst.).

Pas d'espèces gabonaises ni ivoiriennes.

32) Section *Cosmeoexonema* Largent (= des *Sericei* Romagn.): Couleurs brune, bistre sombre, noirâtre, gris brun ou grisâtre sur le chapeau et le stipe, et parfois les lames jeunes. Stipe relativement grêle (port oscillant entre celui des Nolanées et des Entolomes où l'espèce type est souvent placée). Pigmentation uniquement membranaire ou incrustante (même souvent ailleurs que dans le revêtement); s'il s'y joint un pigment vacuolaire, voir les *Entoloma Nolanidei*, de port plus charnu. Spores symétriques, mais souvent, quand elle sont subglobuleuses, à dièdre basal très obtus et passant à une face. Type: *Rh. sericeus* (B. ex Fr.) Q.

Espèces gabonaises et ivoiriennes: *Rh. galeroides, polyphyllus*.

33) Section *Endochromonema* Larg.-Th. emend. (= des *Infularii* Romagn.): Chapeau généralement convexe, obtus ou mamelonné, rarement tronqué, de couleurs parfois assez pâles et nuancées de roussâtre. Pigment vacuolaire, parfois accompagné d'un membranaire difficile à voir. Spores symétriques. — Espèce type: *Rh. cetratus* (Fr.)

33a) Sous-section *Endochromenema* ou des *Cetrati*: Boucles nulles ou très rares. Pigment vacuolaire souvent peu abondant. — Espèce type: *Rh. cetratus.*

(Fibulis nullis vel rarissimis. Pigmento saepe parum copioso).

Espèces gabonaises: *Rh. cystidiolifer, euteles, hypochlorus, lutensis, oncocystis* et var. *pseudococles, remotus, subglobisporus.*

33b) Sous-section des *Dryophiloides* nov. sect.: Boucles présentes au moins au pied des basides. — Espèce type: *Rh. dryophiloides* R.-G. (Fibulis praesentibus, sub basidiis saltem).

Espèces gabonaises: *Rh. avellanicolor, dryophiloides, elaeidis, subfusifer, subquadratus* var. *avellanolens.*

J — Sous-genre ENTOLOMA Fr.

Espèces à port de Tricholome, rarement de Clitopile, à stipe assez épais, plutôt charnu ou fibreux, non cartilagineux. Lamelles adnexées échancrées sur les espèces typiques, mais il y a des espèces à lames décurrentes. Chapeau glabre ou soyeux, jamais squamuleux ni grossièrement fibrilleux, tantôt et souvent hygrophane, tantôt opaque, mais dans les deux cas, cuticule d'hyphes couchées ou même gélifiées, allantoïdes, grêles. Pigmentation variable, vacuolaire ou double. Spores rarement franchement allongées (au moins chez les espèces européennes), le plus souvent subglobuleuses, et de type difficile ou impossible à déterminer, sauf chez la plupart des espèces intertropicales. — Espèce type: *Rh. prunuloides* (Fr.) Q., plutôt que *lividus.*

34) Section des *Excentrici* emend.: Grande spore asymétrique simple, à parois épaisses. Espèces non hygrophanes, de couleur blanchâtre ou brunâtre très pâle. — Espèce type: *Rh. excentricus* (Bres.).

Espèce ivoirienne: *Rh. gigaspermus.*

35) Section des *Madidi:* Chapeau et stipe bleus, bleu noir, noirâtre olivacé. — Espèce type: *Rh. madidus* Fr.

Pas d'espèces gabonaises ni ivoiriennes.

36) Section *Entoloma* ou des *Genuini:* Chapeau épais, opaque ou seulement strié par transparence. Chapeau et stipe blanchâtres ou de couleur très pâle. L'espèce ici décrite au moins sur certaines formes a des lames subdécurrentes et un port de Clitocybe. — Espèce type: *Rh. lividus,* ou mieux *prunuloides* (Fr.) Q.

Espèce gabonaise et ivoirienne: *Rh. eburneus.*

37) Section des *Apriles*: Chapeau hygrophane (parfois peu quand il est très charnu). Espèces européennes venant au printemps, dans les haies d'ormes, de Rosacées et spécialement de prunelliers, dans les vergers, sous arbres fruitiers, rarement dans les pelouses. Odeur de

farine. Spores subglobuleuses tronquées à la base, de type difficile. Boucles rares ou nulles. Pigment uniquement vacuolaire. — Espèce type: *Rh. clypeatus* (Bull. ex Fr.) Q.

Pas d'espèces africaines.

38) Section des *Turfosi:* Chapeau hygrophane, de couleurs sombres ou tristes. Spores subglobuleuses, de type impossible à déterminer, peu anguleuses, et de petite taille, à parois minces et par conséquent très cyanophiles même à maturité. Boucles fréquentes. Pigment uniquement vacuolaire. Odeur très rarement farineuse. — Espèce type: *Rh. turbidus* ss. Konr.-Maubl.

Espèce gabonaise: *Rh. turbidiformis.*

39) Section des *Nolanidei*: Chapeau hygrophane. Spores moyenne à grosses, subglobuleuses, rarement un peu allongées en Europe, mais parfois franchement oblongues en Afrique, symétriques ou de type incertain (pseudoasymétriques ?), moins cyanophiles que chez les *Turfosi,* la paroi étant plus épaisse. Boucles parfois inconstantes ou rares. Pigment vacuolaire ou parfois double (ce qui les distingue des *Nolanea Sericei*). — Espèce type: *Rh. nidorosus* (Fr.) Q.

Espèce ivoirienne: *Rh. lateripes.*

40) Section des *Clitopiloides*: Chapeau hygrophane, brun plus ou moins foncé, creusé au centre, voire cyathiforme ou infundibuliforme, de taille moyenne ou grande (chapeau 2,5-4-9 cm). Stipe charnu, assez court par rapport au diamètre piléique. Lamelles plus ou moins, parfois fortement décurrentes, au moins à la fin (port de *Clitocybe*). Spores symétriques, cubiques ou subglobuleuses. Pigment uniquement vacuolaire. Pas de boucles, même aux basides. — Espèce type: *Rh. cyathus* R.-G.

(Pileo hygrophano, brunneo, depresso etiamque infundibuliformi, 2,5-9 cm. Stipite carnoso, breviore. Lamellis magis minusve ducurrentibus. Sporis symmetris, interdum cubicis. Pigmento vacuolari. Fibulis absentibus).

Espèces gabonaises et ivoiriennes: *Rh. cyathus, cuboidosporus,* et var. *chromostomus.*

On ne se méprendra pas sur la valeur de cette classification, qui, à mesure que l'on découvrira des espèces inédites, devra certainement être amendée ou enrichie de taxa nouveaux. On ne saurait n'être pas frappé par la difficulté qu'il y a à délimiter les sections et même, pour ne pas dire surtout, les sous-genres. Il nous est arrivé bien souvent de voir une récolte remettre tout en question en un point ou un autre de la classification, preuve évidente des difficultés qu'il y a à définir des groupes vraiment naturels, tant tous les caractères sont mêlés. C'est pourquoi, à l'heure actuelle et sans doute pour longtemps encore, il est parfaitement vain de vouloir ériger un taxon en genre.

Quant à l'opinion de Largent de partir de la cuticule pour subdiviser le genre, elle est certainement en partie fondée. Mais la limite de 8 µm que cet auteur a proposée pour opérer la distribution est évidemment beaucoup trop stricte et assez arbitraire. Il vaut mieux l'étayer d'abord par l'hygrophanéité du chapeau, ensuite par l'aspect macroscopique de son revêtement. C'est ainsi que nos *Nolanea* rassemblent toutes les espèces ayant à la fois un chapeau hygrophane et un épicutis d'hyphes grêles plus ou moins gélifié; une telle structure est aussi celle de nos *Entoloma*, mais ce sous-genre se subdivise en espèces hygrophanes ou non; celles qui ne le sont pas sont distinguées de l'autre ensemble par des caractères divers: absence de squamules ou de fibrilles, absence de granules tramaires, port non omphalioïde.

Il est essentiel de prendre le mot hygrophane au sens très précis que lui a donné Harmaja à propos des Clitocybes: je croyais autrefois qu'une striation par transparence était le signe de l'hygrophanéité, et bien des auteurs ont partagé cet avis (par exemple Largent, qui déclare hygrophane le chapeau des *Leptonia*); en réalité, il n'en est pas toujours ainsi. On trouvera ci-après les précisions nécessaires.

OBSERVATIONS SUR QUELQUES CARACTÈRES MACRO ET MICROSCOPIQUES IMPORTANTS CHEZ LES RHODOPHYLLES

Pour la bonne compréhension des descriptions qui vont suivre, je dois donner des précisions sur le sens que nous avons attribué à quelques-uns des termes utilisés.

Macroscopiquement parlant, il y a tout d'abord et surtout la notion d'hygrophanéité, très ambiguë, ce qui est d'autant plus regrettable que ce caractère a une importance taxinomique considérable.

Certains auteurs (moi-même autrefois et Largent aujourd'hui) considérions comme hygrophane tout chapeau qui, à l'état hydraté, laisse transparaître les lames sous forme de striations radiales, au moins sur le pourtour. Il est en grande partie exact que les deux notions d'hygrophanéité et striation par transparence sont étroitement liées, mais cependant pas en totalité: s'il n'est guère de chapeau hygrophane, sinon de forte épaisseur, qui ne soit plus ou moins strié par transparence, la réciproque n'est pas vraie: les *Leptonia* par exemple, présentent très souvent cette dernière particularité, sans être pour autant hygrophanes. Nous considérons qu'il y a hygrophanéité lorsque le chapeau hydraté et déshydraté présente le plus souvent une couleur et toujours un aspect très différents, et que le passage d'un état à l'autre s'effectue soit par grandes plages, soit progressivement, les parties hydratées et les autres étant clairement contrastées, sous la forme de taches soit différemment colorées, soit d'aspect aqueux pour les unes et opaque pour les autes. L'hygrophanéité typique est plus spéciale aux cuticules glabres ou soyeuses, comme par exemple chez les *Conocybe*, les *Psathyrella*, etc...

Cette définition de l'hygrophanéité rejoint donc à peu près celle qu'à donnée Harmaja (Karstenia 9: 51, 1969) à propos des *Clitocybe*, dérivée directement de celle de Lohwag (Handb. Pflanzenanat. 6: 8, 1941 (1965): un tissu fongique est hygrophane lorsqu'il s'assombrit en absorbant par capillarité de l'eau dans les espaces intercellulaires et pâlit de nouveau quand l'eau intercellulaire s'est évaporée et est remplacée par de l'air. Harmaja rappelle cependant que d'après Pieschel (Bot. Arch. 8, 64: 64 sqq.) ce mécanisme n'est pas réservé aux espèces hygrophanes, mais qu'il s'agit plutôt d'une différence de degré, d'intensité du phénomène. Ajoutons pour ma part que le changement de coloration est peu sensible chez les espèces blanches, mais à cette réserve près, je me trouve pleinement d'accord avec Harmaja, sur cette importante notion. Pour l'hygrophanéité du chapeau, il précise que l'hygrophanéité typique s'applique au cas où il séche à partir du centre ou du sommet. La restriction est peut-être un peu excessive, et nous ne pensons pas qu'il y ait un inconvénient à considérer comme hygrophane un chapeau qui se déshydrate par plages.

Ainsi, au point de vue de l'hygrophanéité, ce ne sont pas deux, mais trois types qu'il faut distinguer: les chapeaux opaques (même s'ils sont très minces), comme chez tous les *Inocybe,* presque tous les *Hebeloma*, tous les Bolets; ceux qu'on pourrait appeler "pseudohygrophanes" ou "subhygrophanes", striés par transparence, mais dont ni l'aspect, ni la couleur ne sont profondément modifiés par déshydratation; enfin les chapeaux hygrophanes *sensu stricto*, ayant les propriétés que je viens d'expliquer.

Ces considérations sont importantes, car la classification interne du genre repose pour une grande part sur l'hygrophanéité: il en est ainsi depuis longtemps pour les *Entoloma*; ma distinction entre *Nolanea* et *Inopilus* y trouve sa meilleure justification.

Fait intéressant, l'immense majorité des espèces ci-après décrites sont "pseudohygrophanes", c'est-à-dire striées par transparence, même chez celles dont le chapeau est fibrilleux ou squamuleux; relativement rares en Afrique sont celles à chapeau opaque ou vraiment hygrophane. C'est d'ailleurs un fait pour presque tous les Agarics des régions chaudes: par rapport à leurs congénères européens, ils acquièrent du fait du climat un chapeau plus mince, devenant transparent.

Si nous passons maintenant à la microscopie, je dois, pour la commodité du lecteur, reprendre la définition des termes que j'utilise pour décrire le volume sporique; je les ai définis, pour la plupart, en 1933 (Bul. Soc. Myc. Fr. T. 49, p. 422 sqq.).

Je ne reviendrai pas sur les types cubique, prismatique (il s'agit du prisme à base triangulaire) et tétraédrique, dont le sens est clair; le premier ressortit aux spores dites symétriques, les deux autres aux spores asymétriques, définies somme suit:

1) Spores symétriques: dièdre basal, parfois tronqué, avec appendice hilifère à l'extrémité de son arête.

   2) Spores subglobuleuses (c'est-à-dire presque isodiamétriques, la longueur et la largeur étant à peu près la même) ou symétriques-allongées *simples*: profil frontal pentagonal.

   2) Spores subglobuleuses ou symétriques-allongées *complexes*: profil frontal à plus de 5 sommets.

1) Spores asymétriques: face basale, initialement triangulaire, avec appendice hilifère inséré sur un des côtés de cette face, qu'il déforme et fait paraître quadrangulaire.

   3) Spores asymétriques *simples*: profil dorsiventral à 5 côtés ou à 6 lorsqu'il est tronqué au sommet.

   3) Spores asymétriques *complexes*: profil dorsiventral à plus de 5 (6) sommets: souvent, un côté de plus du côté externe que du côté interne.

1) Cas douteux (base difficile à interpréter).

   4) Spores allongés, souvent étroites; contours presque gibbeux: spores *pseudo-asymétriques*.

   4) Spores courtes, presque isodiamétriques: spores subglobuleuses *tronquées*.

On notera que, dans nos mensurations, nous ne comprenons jamais l'appendice hilifère, et qu'elles sont relevées sur le profil dorsiventral (l'appendice hilifère se présentant latéralement) et non opposé au sommet comme en profil frontal.

Vient ensuite la question des "cystides". J'ai déjà (notamment dans "Les Russules d'Europe et d'Afrique du Nord", Paris 1967, p. 48) rejeté la nouvelle définition que Huijsman, Josserand et Singer ont voulu donner de ce terme, en regardant comme cystide toute extrémité stérile différenciée d'hyphe. Elle est excessivement large, et englobe pêle-mêle toutes sortes d'articles de nature et de rôle tout à fait différents; elle ne retient que deux caractéristiques, la localisation et la différenciation, sans même que cette dernière soit un tant soit peu précisée; elle fait table rase de l'acception première du mot, qui le liait étroitement à la notion d'hyménium. Trop étroitement, certes, je l'admets volontiers, et c'est même la raison pour laquelle ces auteurs ont cherché à l'amender, car il est avéré que des cystides analogues ou identiques à celles de l'hyménium (pleurocystides) peuvent s'observer sur le pied et le chapeau, parfois même directement sur le mycélium en culture.

On saisira à l'évidence les confusions qui résultent de cette définition erronée en considérant qu'elle assimile, chez les Rhodophylles, les grosses cystides, souvent à inclusion, des *Inocephali,* les banals poils marginaux, à peine différenciés, qui s'observent très souvent sur l'arête des lames des *Leptonia*, et même les articles dressés des cuticules palissadiques des *Callidermi,* pour ne pas parler de l'article terminal des hyphes des trichodermes lorsqu'il a le malheur d'être un peu fusiforme ou lagéniforme et non cylindrique. Mais le cas où la confusion est encore plus patente est fourni hors des Rhodophylles, par les Strophaires, Nématolomes et de nombreuses Flammules, où se trouveraient assimilés les chrysocystides, à caractères chimiques si particuliers, et les petits poils optiquement vides, à paroi mince, qui rendent stérile l'arête des lames; le rôle de ces deux formations est de toute évidence sans commune mesure.

Je m'en tiendrai donc à la définition que j'ai formulée en 1945 (Revue de Mycologie, suppl. au T. 9, p. 4): la cystide est une cellule stérile morphologiquement et le plus souvent chimiquement différenciée, qui est originellement caractéristique de l'hyménium, alors que le poil, que n'est guère que morphologiquement différencié, est caractéristique des revêtements (je préferai aujourd'hui dire "en particulier du revêtement piléique"). La seule objection que l'on m'a faite, à savoir que cela exigeait la connaissance des autres espèces du groupe pour se rendre compte si l'article considéré ressortissait à l'hyménium ou au revêtement, est de peu de poids, car c'est qui se fait couramment dans beaucoup de cas en Botanique descriptive.

On peut rapporter comme sous-type à la cystide les cystidioles, proches des basides par la taille et la minceur de leurs parois; chez les Rhodophylles (par exemple chez les *Leptonia* de la section des *Hirtelli*) on a parfois l'impression qu'il ne s'agit même que de basides stériles, proliférant par le sommet en un col filamentiforme, et devenant ainsi lagéniformes.

Il découle de cette prise de position que, contrairement à Hesler et

Largent, je n'utiliserai jamais dans les descriptions le mot de "piléocystide", non seulement parce que celui de dermatocystide est utilisé dans ce cas depuis Fayod, mais parce qu'il désigne l'article terminal des hyphes chez les cuticules lorsque celui-ci présente une forme différente de l'avant dernier. Or, jamais, comme de juste, des éléments semblables ne se rencontrent sur les faces des lames, et ils n'ont avec les cystides qu'une analogie superficielle et grossière. Il me semble parfaitement clair qu'ils sont homologues des autres articles terminaux des cuticules les plus banales: ils sont d'ailleurs pigmentés comme eux. Il me paraît inadmissible d'accorder à ces éléments une plus grande valeur que spécifique, et encore.

TRAITS GÉNÉRAUX DE LA FLORE RHODOPHYLLIENNE DE L'AFRIQUE INTERTROPICALE LITTORALE

L'étude ici présentée de près de 200 espèces et variétés de Rhodophylles gabonais et ivoiriens de la zone littorale confirme dans ses grandes lignes les conclusions que j'ai formulées sur la flore rhodophyllienne de Madagascar et du Zaïre par rapport à celle d'Europe.

Le plus frappant est la rareté de certains groupes ou caractères: très peu d'*Entoloma* et de *Nolanea* sensu stricto, moins d'espèces typiquement hygrophanes ou opaques (la plupart des espèces sont striées par transparence), presque pas d'espèces farinolentes (1%). Rareté plus grande qu'à Madagascar et au Zaïre pour les pigments de membrane (1%) et pour les spores asymétriques (8% contre 22%), et qu'en Europe pour les espèces bouclées (30%).

En revanche, il y a aussi des différences positives: il existe des groupes entiers qui sont propres aux régions chaudes: presque tous les *Inopilus,* en particulier les *Callidermi*, les *Inocephali* et les *Psittacini*. Les spores cubiques sont relativement fréquentes, (9%) alors qu'en Europe on n'en connaît que deux ou trois exemples rarissimes. 76% des Rhodophylles ici étudiés ont soit des poils marginaux, soit de véritables cystides, souvent même sur les faces des lames, alors qu'en Europe la proportion n'est la même que chez les *Leptonia,* et que de véritables cystides faciales y sont presque inconnues (sinon chez les rares *Versatiles*).

Donc, à part les *Leptonia* qui ne présentent aucune différence ni macro ni microscopique avec leurs congénères européens, la physionomie générale des deux flores est bien différente.

Si l'on fait la comparaison avec d'autres régions, l'Amérique du Nord, la zone tempérée australe, de climat moins chaud, là où des travaux récents ont fait avancer nos connaissances dans ce domaine, certaines différences ont tendance à s'amenuiser: aux Etats-Unis, il y a moins d'espèces à spores cubiques; très peu de *Callidermi* et de

Psittacini. Mais les espèces cystidiées y demeurent bien plus nombreuses qu'en Europe. On ne peut rien dire des spores, car les microphotographies sont le plus souvent inutilisables. Quant à la localisation des pigments et les boucles, il ne semble pas que ces caractères aient été recherchés avec beaucoup d'assiduité, en particulier le bouclage des basides, ce qui empêche toute conclusion.

Grâce aux travaux d'Horak, les Rhodophylles néo-zélandais commencent à être assez bien connus. Nous y constatons, par rapport à la flore africaine, la fréquence moins grande des spores cubiques et des cystides, plus grande des pigments membranaires et des boucles; mais cependant, il semble que cette région possède encore beaucoup d'*Inopilus*, et même au moins un *Psittacini.*

Ainsi donc, comme pour nombre de genres de Macromycètes, on ne peut prétendre que la flore extra-européenne jette beaucoup de lumière sur le classification, extrêmement difficile, des Rhodophylles. Il s'agit d'un monde à part, et sauf chez les *Leptonia*, qui sont, comme nous l'avons dit, cosmopolites, les points de contact sont assez rares; les problèmes s'en trouvent plutôt compliqués. On serait presque tenté d'établir une classification différente selon les régions. C'est probablement ce qui explique les désaccords entre les auteurs américains et moi-même: il est normal que nous ayons les uns et les autres une vision différente des choses, puisque nous voyons des mondes différents.

CLÉ PRATIQUE D'APRÈS LES CARACTÈRES MICROSCOPIQUES AISÉMENT OBSERVABLES

1 La plupart des spores vues de profil sont quadrangulaires, c'est-à-dire cubiques, prismatiques (rarement tétraédriques et triangulaires) .... **1° clé**

1 Les spores quadrangulaires manquent ou sont en nette minorité 2

2 Cuticule de structure palissadique, à éléments dressés verticalement et relativement cohérents.. **2° clé**

2 Cuticule de structure non palissadique, sauf parfois au centre du chapeau..... 3

3 De véritables cystides, lagéniformes, fusiformes ou aciculaires, le plus souvent volumineuses, parfois à inclusions réfringentes, au moins sur l'arête des lames ... . **3° clé**

3 Jamais de vraies cystides bien caractérisées sur l'arête des lames (tout au plus les faces peuvent présenter des pseudocystides laticiféroïdes, ou très petites et peu distinctes de basidioles déformées), mais poils marginaux fréquents 4

4 Pas de poils marginaux distincts des basidioles........................ **4° clé**

4 Poils marginaux très ou assez bien différenciés.............................5

5 Poils marginaux lécythiformes, au moins en majorité, ou lagéniformes plus ou moins capités .... **5° clé**

5 Poils marginaux ciliformes, longuement cylindriques, obtus ou terminés en tétine, parfois flexueux, mais non capités............................ **6° clé**

5 Poils marginaux claviformes, utriformes, basidiformes, fusiformes ou un peu contractés en haut en un col obtus peu différencié du corps, souvent assez polymorphes.. **7° clé**

1° CLÉ

(Spores quadrangulaires)

1 Espèces de couleurs blanches, pâles on gaies au moins au début (jaunâtre pâle, blanc roussâtre, mastic, gris jaune un peu verdâtre, ou d'un brun roux) .. 2

1 Espèces de couleur bleu ou vert vif, passant parfois dans la vieillesse au jaune vert ou au vert rouillé 7

1 Espèces d'une autre couleur, au moins au niveau de fibrilles ou de squamules. . 8

2 Chapeau 3-12 mm, comportant à l'extrémité des grosses hyphes à articles souvent courts des poils filiformes grêles et capités, blanchâtre à brun rosâtre pâle. Spores prismatiques........................ *Rh. pseudomolliusculus* R.-G.

2 Pas de poils capités sur le chapeau 3

3 Chapeau 4-7 mm, blanc à blanc jaunâtre, squamuleux hispide. Cystides très ventrues, 32-65 × 8-25 μm .... *Rh. albivellus* R.-G.

3 Pas de vraies cystides 4

4 Lamelles franchement décurrentes, et port d'*Omphalia* *Rh. hyalodepas* (Bk.-Br.)

4 Lamelles non franchement décurrentes, au plus arquées et adnées 5

5 Chapeau 2,2 cm, blanc ou roussâtre pâle. Lames arquées, denticulées. Stipe presque latéral ou excentrique........................... *Rh. Bakeri* (Dennis)

5 Stipe central... 6

6 Chapeau 2 cm, déprimé au centre, blanchâtre. Poils marginaux très courts..... .... *Rh. pallidior* R.-G.

6 Chapeau conique ou campanulé, souvent papillé............ *INOPILUS Laeti*

7 Chapeau convexe plan et déprimé au centre, 1 cm. Port typique de *Leptonia*.... .... *Rh. caeruleoniger* R.-G.

7 Chapeau conique ou campanulé, généralement plus grand *INOPILUS Psittacini.*

8 Poils marginaux lécythiformes. Spores prismatiques .... *TRICHOPILUS Pseudostaurospori*

8 Poils marginaux non lécythiformes.................................... 9

9 De véritables cystides fusiformes, lagéniformes aiguës ou aciculaires au moins sur l'arête de lames, et parfois aussi sur les faces 10

9 Pas cystides vraies ni de poils marginaux ayant cette forme 12

10 Chapeau convexe déprimé ou obtus. Lames segmentiformes, parfois un peu arquées, adnées à subdécurrentes. Port de Leptonie........................... 11

10 Chapeau conique ou convexe; lames au plus adnées ..... *INOPILUS Inocephali*

11 Des boucles. Cystides à col aigu, ventrues fusiformes .... *Rh. fusifer* R.-G.

11 Pas de boucles. Cystides à col obtus, souvent un peu toruleux *Rh. fusicystis* R.-G.

12 Lames nettement décurrentes et chapeau déprimé infundibuliforme avec la marge puissamment enroulée. Port de Clitocybe...... *Rh. cuboidosporus* (Beeli)

12 Pas un tel port; si le chapeau se creuse parfois profondément, c'est par redressement de la marge piléique.. 13

13 Chapeau campanulé ou conique dans la jeunesse, parfois papillé, glabre et hygrophane 14

13 Chapeau souvent strié par transparence, mais non vraiment hygrophane, souvent un peu déprimé.. 15

14 Chapeau campanulé ou convexe. Spores prismatiques. Pas d'odeur........... .... *Rh. prismosporus* (Hesler)

14 Chapeau papillé. Spores cubiques. Le plus souvent, odeur de noisette.......... .... *Rh. subquadratus* (Hesler) var. *avellanolens* R.-G.

15 Pas de boucles. Port de Leptonie..................................... 16

15 Des boucles. Port variable 17

16 Chapeau gris brun rosâtre assez foncé. Stipe gris d'acier. Spores 5,5-8,5 × 5-8 µm .... *Rh. roseomurinus* R.-G.

16 Couleurs différentes............................ *LEPTONIA Fuliginosi* acc. 6

17 Chapeau 3 cm, creusé en coupe par relèvement de la marge piléique, glabre, brun pâle, ni fibrilleux, ni squamuleux. Stipe caverneux. . . . . *Rh. coelopus* R.-G.

17 Chapeau convexe déprimé, souvent fibrilleux . *LEPTONIA Griseorubidi* acc. 3 et

17 Chapeau non déprimé, campanulé, conique, au plus conique-tronqué . . . . *INOPILUS Pararigiduli*

2° CLÉ

(Cuticule palissadique et spores non quadrangulaires)

1 Chapeau d'aspect finement uni-velouté, à cuticule non déviée radialement, le plus souvent finement craquelée en un subtil réseau de lignes blanchâtres. Boucles présentes, au moins au pied des basides . . . . *INOPILUS Callidermi*

1 Chapeau plus ou moins granuleux-pelucheux, mais parfois cependant à orientation radiale discernable, ou même fibrilleux sous les peluches éparses. Pas de boucles. 2

2 Chapeau et stipe gris brunâtre . . . . *Rh. nanus* R.-G.

2 Chapeau ou stipe ou les deux avec des nuances bleuâtres ou gris d'acier. . . . . *LEPTONIA Cyanuli* acc. 7 et 8

3° CLÉ

(De vraies cystides; spores non quadrangulaires; cuticule non palissadique)

1 Lamelles franchement décurrentes et port d'*Omphalia* ou de *Clitocybe.* Cystides uniquement marginales et sans inclusions réfringentes. Des boucles . . . . *ECCILIA Cheilocystidiati*

1 Pas ces caractères 2

2 Chapeau brun violacé à brun vineux, finement squamuleux. Cystides uniquement marginales, assez proches cependant des poils marginaux. . . . . *Rh. griseovioleus* R.-G.

2 Pas de colorations violacées ni vineuses 3

3 Chapeau convexe plan, plus ou moins déprimé, parfois fibrilleux ou squamuleux. Port de Leptonie. Des boucles . . . . *LEPTONIA Griseorubidi* acc. 6 et 7

3 Port différent 4

4 Pas de boucles 5

4 Des boucles. Chapeau hygrophane et glabre 7

5 Chapeau non hygrophane, mais souvent strié par transparence et fibrilleux ou squamuleux . . . . *INOPILUS Inocephali*

5 Chapeau hygrophane et glabre 6

6 Spores asymétriques, à base tronquée ou obtuse. Petites cystides obtusément fusoïdes . . . . *Rh. Gabonicus* R.-G.

6 Spores symétriques, à dièdre basal évident. Cystides ventrues ou sphéropédonculées . . . . *Rh. oncocystis* et var. *pseudococles* R.-G.

7 Spores asymétriques, à base tronquée ou obtuse. Chapeau brun roussâtre, rougeâtre ou châtain, conique obtus au début .... *Rh. elegans* R.-G.

7 Spores symétriques. Couleurs différentes 8

8 Chapeau 1,5 cm, brun assez foncé, un peu bossu au centre. Stipe central, × 1,5-2,5 cm .... *Rh. subfusifer* R.-G.

8 Chapeau 2,5 cm, blanchâtre, un peu déprimé. Stipe × 3-3,5 mm, presque latéral .... *Rh. lateripes* R.-G.

4° CLÉ

(Arête homomorphe; spores non quadrangulaires; cuticule non palissadique)

1 Port de *Pleurotellus*, le stipe, primitivement central, cessant de croître pour devenir très excentrique, ou latéral, et rudimentaire. Couleur blanchâtre. Odeur particulière dans le type, nulle dans la variété .... *Rh. dochmiopus* et var. *obsoletus* R.-G.

1 Stipe bien développé 2

2 Chapeau blanc, blanchâtre, brun rosâtre ou roussâtre clair, rose 3

2 Chapeau franchement coloré 5

3 Chapeau blanc, étalé, un peu déprimé (superficiellement), le plus souvent avec une papille nette au centre. Lamelles franchement décurrentes. Stipe svelte. Spores asymétriques .... *Rh. candicans* R.-G.

3 Pas ces caractères 4

4 Des boucles. Chapeau 5-10 mm, brun rosâtre .... *Rh. pallidocarneus* et var. *Lilliputianus* R.-G.

4 Pas de boucles .... *ALBOLEPTONIA Pallidorosei* acc. 4 à 8

5 Pas de pigment vacuolaire décelable. Membrane des hyphes soit uniformément colorée, soit incrustée. Pas de boucles 6

5 Pigment uniquement vacuolaire 7

6 Chapeau remarquablement hérissé de poils et stipe villeux, naissant d'un faisceau de radicelles .... *Rh. Babingtonii* (Bk.-Br.) var. *intertropicalis* R.-G.

6 Chapeau glabre, hygrophane, brun fauve rouillé évoquant un *Galera* .... *Rh. galeroides* R.-G.

7 Espèce assez robuste en général, évoquant parfois un Tricholome du groupe *terreum* par le port. Stipe hérissé de mèches fibrilleuses. Lames jaunâtres au début. Des boucles .... *Rh. dichrooides* R.-G.

7 Pas ces caractères 8

8 Chapeau convexe, typiquement bien déprimé au centre ou ombiliqué, non hygrophane, mais souvent strié par transparence, très fréquemment fibrilleux ou squamuleux. Port typique de Leptonie 9

8 Chapeau d'abord conique ou campanulé conique, parfois même mamelonné ou papillé, beaucoup plus rarement vaguement et superficiellement déprimé, parfois glabre et hygrophane (mais pas toujours) 15

9 Chapeau verdâtre .... *Rh. cinereovirens* R.-G.

9 Chapeau brun rougeâtre .... *Rh. latisporus* R.-G.

9 Chapeau ou stipe bleus, bleuâtres, violacés, gris bleu, gris d'acier 10

9 Chapeau et stipe plus on moins bruns ou gris brun 12

10 Chapeau pâle avec au centre un ocelle noirâtre ou bistre foncé brusquement contrasté .... *Rh. mediofuscus* R.-G.

10 Chapeau non ocellé.. 11

11 Chapeau couvert au moins dans la moitié marginale des squames retroussées et plus ou moins dressées............................ *Rh. caesiomurinus* R.-G.

11 Chapeau simplement peigné de fibrilles ...... *LEPTONIA Cyanuli* acc. 15 et 16

12 Lamelles remarquablement veinées sur les faces, d'aspect fourchu et interveiné. Chapeau aplani et papillé.............................. *Rh. lamellirugus* R.-G.

12 Pas ces caractères 13

13 Chapeau 1,8 cm, profondément déprimé, fuligineux. Lames arquées décurrentes (aspect d'*Eccilia*)..................................... *Rh. capnoides* R.-G.

13 Chapeau 5-15 mm; stipe × 0,7-1 mm.. 14

14 Odeur plus ou moins spermatique. Chapeau brunâtre pâle, finement fibrilleux. .... *Rh. spermaticus* R.-G.

14 Pas d'odeur spéciale. Chapeau à petites squames dressées au centre .... *Rh. effugiens* R.-G.

15 Spores énormes, allongées, 11-14-(17) × 8-11 µm, asymétriques. Chapeau 2-4 cm, beige rosé pâle. Stipe 3-10 cm × 2,5-5 mm......... *Rh. gigaspermus* R.-G.

15 Pas ces caractères 16

16 Chapeau souvent strié par transparence, mais non ou guère hygrophane, le plus souvent nettement squamuleux, au moins vers le milieu 17

16 Chapeau hygrophane et sensiblement glabre.................................... 18

17 Pas de boucles .... *INOPILUS Rigiduli-Eurigiduli* acc. 2 sqq.

17 Des boucles. Parmi les basides, pseudocystides laticiféroïdes .... *Rh. pseudocystidiatus* R.-G.

18 Des boucles 19

18 Pas des boucles 20

19 Grosse espèce à port de Tricholome: chapeau atteignant 10 cm et stipe 11 × 1-2.2 cm. Chapeau convexe plan, mamelonné, hygrophane, brun foncé. Spores petites, subglobuleuses, 5,7-6,7 × 5,5-5,7 µm .... *Rh. turbidiformis* R.-G.

19 Espèces beaucoup plus petites.. 21

20 Spores subglobuleuses, 5-7 × 5-6,2 μm. Chapeau 15 mm, brun pâle .... *Rh. avellanicolor* R.-G.

20 Spores allongées et nettement plus grosses. Chapeau 2-4 cm, brun rosé, rappelant certaines formes de *Marasmius dryophilus* ...... *Rh. dryophiloides* R.-G.

21 Spores asymétriques, à base tronquée ou obtuse *NOLANEA Paramammosi* acc. 2

21 Spores symétriques, parfois subglobuleuses, souvent à dièdre basal évident .... *NOLANEA Endochromonema-Cetrati* acc. 7

5° CLÉ

(Poils marginaux lécythiformes; spores non quadrangulaires; cuticule non palissadique)

1 Chapeau non hygrophane, brun rosé, peigné de très fines mèches apprimées plus foncées, 2,2 cm aplani, un peu en soucoupe. Spores asymétriques simples, 7,8 × 5,7-6,2 μm .... *Rh. applanatus* R.-G

1 Chapeau glabre, hygrophane ou non 2

2 Chapeau généralement déprimé. Lames décurrentes ou horizontalement adnées ou adnexées .... *ECCILIA Lecythiophori.*

2 Chapeau campanulé, puis étalé, mamelonné ou papillé 3

3 Chapeau 6 mm, campanulé, papillé. Lames largement adnées uncinées. Spores 7,5-9 × 5-7,5 μm .... *Rh. subglobisporus* R.-G.

3 Chapeau 2-4,2 cm, étalé, bassement et vaguement mamelonné .... *NOLANEA Endochromonema-Cetrati* acc. 6

6° CLÉ

(Poils marginaux ciliformes; spores non quadrangulaires; cuticle non palissadique)

1 Chapeau pâle, avec un tache brune au centre, ressemblant à celui d'un *Pluteus*, 3 cm, convexe plan, un peu déprimé .... *Rh. cilifer* R.-G.

1 Pas ces caractères 2

2 Des boucles 3

2 Pas de boucles 4

3 Chapeau 8 mm, convexe, deprimé au milieu. Spores probablement pseudo-asymitriques .... *Rh. Mondahensis* R.-G.

3 Chapeau 5-10 mm, étalé, souvent légèrement mamelonné. Stipe finement pelucheux. Spores clairement symétriques .... *Rh. alboroseus* R.-G.

4 Chapeau 2,5-12 cm, opaque, blanc à crème jaunâtre. Lamelles souvent un peu décurrentes .... *Rh. eburneus* R.-G.

4 Chapeau beaucoup plus petit 5

5 Chapeau presque glabre, soyeux radialement .... *Rh. leucocephalus* R.-G.

5 Chapeau courtement hérissé .... *Rh. pulosellus* R.-G.

7° CLÉ

(Pas de vraies cystides; arête à poils ni lécythiformes ni ciliformes; spores non quadrangulaires; cuticule non palissadique)

1 Chapeau conique ou campanulé, souvent mamelonné, rarement faiblement déprimé, glabre, sauf parfois vers le centre. Lamelles non décurrentes, adnexées ou libres 2

1 Chapeau typiquement déprimé, rarement papillé, souvent clairement squamuleux. Lames décurrentes, adnées-décurrents, largement adnées ou adnexées-uncinées 4

2 Carpophores d'un beau bleu ou vert, parfois se décoloran ti en jaune vert ou jaune rouillé .... *INOPILUS Psittacini*

2 Carpophores de couleurs ternes ou pâles 3

3 Chapeau 3 cm, convexe plan faiblement déprimé, finement méchuleux au centre, couleur paille. Odeur d'iris .... *Rh. irinus* R.-G.

3 Pas ces caractères. Cuticule constituée par des hyphes à articles courts, elliptiques ou en tonnelet, présentant parfois des septations secondaires. Chapeau en entier plus ou moins fibrilleux ou méchuleux ....
.... *INOPILUS Rigiduli-Eurigiduli* acc. 3.

4 Chapeau blanc, crème, jaunâtre pâle, mastic ou brun rosé clair 5

4 Chapeau vert ou gris verdâtre 7

4 Chapeau brun rougeâtre, roux ou roussâtre 8

4 Chapeau bleu, violacé, gris bleu ou stipe de ces couleurs 9

4 Chapeau brun, et stipe non gris d'acier 14

5 Chapeau minuscule, 3 mm, blanc jaunâtre pâle. Des boucles. Spores asymétriques .... *Rh. invisibilis* R.-G.

5 Pas de boucles. Spores symétriques 6

6 Port de *Pleurotellus:* le stipe, d'abord central, devient ensuite excentrique ou sublatéral, et court ou rudimentaire .... *Rh. pseudodochmiopus* R.-G.

6 Stipe central et bien conformé .... *ALBOLEPTONIA Pallidorosei* acc. 9 sqq.

7 Carpophores se maculant quelques heures après la récolte de taches d'un beau bleu vert, qui disparaissent à la longue .... *Rh. chlorospilus* R.-G.

7 Carpophores non maculé .... *LEPTONIA Fragiles* acc. 3

8 Chapeau obtus ou déprimé, ni mamelonné, ni papillé .... *Rh. lateritius* R.-G.

8 Chapeau mamelonné ou papillé .... *LEPTONIA Rufocarnei* acc. 2

9 Port de *Clitocybe*; chapeau 6 cm; stipe 6 cm × 6 mm. Pas de granules tramaires .... *Rh. coelestis* R.-G.

9 Port typique de *Leptonia* 10

10 Chapeau franchement bleu.................... *LEPTONIA Cyanuli* acc. 4 et 5

10 Chapeau non franchement bleu.. 11

11 Chapeau gris violacé à reflets jaune verdâtre, avec le centre de la dépression pruineux et blanchâtre et bordé de jaune d'or, ailleurs finement fibrilleux...... .... *Rh. pluricolor* R.-G.

11 Chapeau gris violacé ou noir violacé, sans tons jaunes *LEPTONIA Cyanuli* acc. 2

11 Pas ces colorations 12

12 Chapeau gris brun ou brunâtre pâle avec au centre un ocelle noirâtre ou bistre brusquement contrasté....................... *Rh. fuscoocellatus* R.-G.

12 Pas d'ocelle brusquement contrasté 13

13 Cuticule couverte de squames retoussées, plus ou moins redressées .... *Rh. caesiomurinus* R.-G.

13 Pas ces caractères .... *LEPTONIA Cyanuli* acc. 15 sqq.

14 Espèces de taille moyenne ou grande, à port de *Clitocybe,* à lames décurrentes, au moins à la fin. Chapeau 4-9 cm 15

14 Espèces plus petites, à lames non ou guère décurrentes 16

15 Chapeau glabre. Arête des lames concolore........... *Rh. cyathus* R.-G. et aff.

15 Chapeau couvert d'innombrables écailles ou mèches brun foncé. Stipe couvert de méchules très apprimées. Arête des lames brune........ *Rh. clavipilus* R.-G.

16 Spores étroites, souvent de contours d'aspect gibbeux, à base difficile, probablement pseudo-asymétriques. Boucles possibles. Pas de granules tramaires....... .... *Rh. dubius* R.-G.

16 Spores plus larges, à dièdre basal le plus souvent évident 17

17 Des boucles. Pas de granules tramaires........ *LEPTONIA Griseorubidi* acc. 4

17 Pas de boucles. Nombreux granules tramaires, au moins dans la jeunesse et sur le frais, ou localement 18

18 Chapeau conique ou mamelonné-papillé, par là rappelant les *Nolanea,* mais granules tramaires présents et chapeau non hygrophane................. .... *LEPTONIA Fuliginosi* acc. 3

18 Chapeau obtus ou déprimé 19

19 Espèce assez grandes (chapeau plus de 15 mm) ou alors stipe beaucoup plus long que le diamètre du chapeau....... *LEPTONIA Fuliginosi* acc. 13 sqq.

19 Espèces à la fois petites (chapeau moins de 15 mm) ou à stipe sensiblement aussi long que le diamètre du chapeau, ou à peine plus................... 20

20 Basides le plus souvent tétrasporiques. Arête des lames denticulée, à très longs poils claviformes........................ *Rh. pseudodenticulatus* R.-G.

20 Basides le plus souvent bisporiques.. 21

21 Spores 7-8,5 × 5-6,7 µm .... *Rh. planoconvexus* R.-G.

21 Spores 9,5-12,5 × 7-8 µm.. *Rh. nudipilus* R.-G.

PARTIE DESCRIPTIVE

par H. Romagnesi et G. Gilles

A l'intérieur de chaque section ou sous-section, les espèces ont été placées par ordre alphabétique.

Les figures ont été exécutées au double de la grandeur naturelle pour les carpophores; à 3000 pour les spores, et à 1000 pour les autres éléments.

Au tirage, elles ont été réduites de moitié.

Les descriptions macroscopiques sont entièrement dues à G. Gilles; les descriptions microscopiques ont été rédigées de concert avec H. Romagnesi; les dessins microscopiques ont été exécutés par ce dernier.

Les Codes de couleurs utilisés sont les suivants:

M: *Methuen Handbook of Couleur,* par A. Kornerup et J.H. Wanscher (2° édition), Londres (1963)

MS: *Munsell Soil Coulours,* Baltimore (1975)

S: *Code Universel des Couleurs,* par E. Séguy. Paris (1936)

L'abreviation s.l. signifie "*sub lente*" (sous la loupe)

Sous-genre ECCILIA

SECTION DES CYANANTHINI

L'espèce type de cette section, *Rh. cyananthes* Romagn., de Madagascar, a une couleur bleu ciel très différente de celle des *Leptonia Cyanuli* et des basides bouclées, et ne peut évidemment y être classée.

L'unique espèce ivoirienne ici décrite, *Rh. coelestis* Romagn.-Gilles est au contraire privée de boucles, et son pigment bleu noir semble se rapprocher de celui des *Cyanuli;* toutefois, il n'a pas été observée de granules tramaires, et les port très eccilioide nous incite à la placer ici.

Rhodophyllus coelestis Romagn.-Gilles.

(Fig. 1)

CARACTERES MACROSCOPIQUES: Chapeau large de 6 cm, haut de 18 mm, largement déprimé au centre et marge doucement arrondie, non abrupte, ni hygrophane, ni strié par transparence, bleu gris d'acier foncé (M 21 E 3), à cuticule luisante, déviée radialement, hérissée un peu partout de méchules dressées visibles seulement à la loupe, sur fond pelucheux et noirâtre.

Stipe 6 cm × 6 mm tout en haut, puis 5 mm et enfin vers le bas 7 mm, avant de se rétrécir de nouveau, remarquablement dur et plein (non farci!), blanc et strié en relief en haut par la décurrence des lames de lignes bleues comme leur arête, plus bas peigné de fibrilles longitudinales peu denses, concolores au chapeau (ce qui donne à l'ensemble une teinte pâle comme M 21 B 2), enfin blanc sur 2 cm à l'extrême pointe.

Chair mince (1 mm au centre du chapeau), ferme, craquant sous la dent, non-hygrophane, blanche, inodore, mais de saveur instantanément et fortement âcre.

Lamelles assez serrées, avec 2 longueurs de lamellules, les grandes lames étant très nombreuses, atteignant au milieu 6 mm de large,

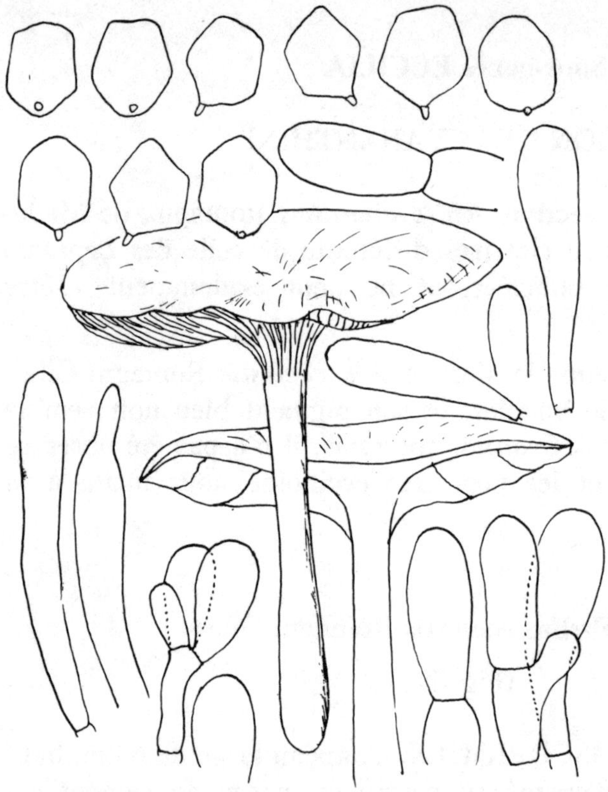

Fig. 1: *Rh. coelestis:* spores, carpophores et poils marginaux

décurrentes, se prolongeant sur le stipe, remarquablement coriaces, d'un blanc lavé de violacé pâle (plus pâles que M 21 A 2), à arête plus ou moins érodée, floconneuse, à liseré subcontinu concolore au chapeau.

CARACTERES MICROSCOPIQUES: Spores 8-9 × 6,5-8 μ, subglobuleuses simples à complexes, mais à dièdre parfois obtus ou tronqué, à parfois minces et très cyanophiles, à angles obtus.

Basides 35-45 × 9-11,5 μ, claviformes, à 2-4 stérigamtes.

Poils marginaux articulés parfois en bouquets, claviformes ou subcylindriques, très obtus, 18-63-90 × 8,5-18- (25) μ, légèrement bleutés sur le frais.

Médiostrate à hyphes fondamentales de 4,5-12 μ, avec très rares laticifères, bien différencié du sous-hyménium filamenteux et rameux, subgélifié-aérifère; pas de granules tramaires. Cuticule (mais toujours peu), à grosses hyphes cylidracées, obtuses ou atténuées subfusiformes au bout, subfusiformes au bout (mais toujours peu), larges de 6-17 μm les unes à contenu brunâtre, les autres à contenu bleuté.

Pas de boucles observées aux cloisons des hyphes; des amorces de ramifications au pied des basides ne semblent pas constituer de véritables boucles.

HABITAT: A terre, dans le feuilles mortes, en forêt ombrophile. Forét du Téké près d'Abidjan, le 24.III.1974, n° C.I. 018.

DIAGNOSE LATINE: Pileo 6 cm lato, late medio depresso, neque hygrophano neque transluciditate striato, obscure caesio, lucido, tenuier fibrilloso ac minutissime squamuloso. Stipite 60 × 5-7 mm, duro, pleno, sursum albo ac striis caesiis sulcato, alibi fibrillis caesiis striato, deorsum albo. Carne tenui, firma, alba, inodora, acerrima. Lamellis satis stipatis, mediis usque ad 6 mm latis, decurrentibus, e pallide violaceis albis, acie erosa, flocculosa ac caesia. — Sporis 8-9 × 6,5-8 μ, subglobosis simplicibus vel complexis, tunica tenui. Basidiis 35-45 × 9-11,5 μ, 2-4 sporis. Pilis marginalibus articulatis, claviformibus, obtusis, 18-90 × 8,5-25 μ. Granulis in trama carentibus; laticiferis rarissimis. Subhymenio subgelato. Cute hyphis cylindratis, obtusis, 6-17 μm latis, aliis intus brunneolis, aliis caesiis. Fibulis carentibus. — Humi, inter folias emortuas, in silva ombrophila. — Typus in Herb. Romagn. n° C.I. 018.

SECTION DES CHEILOCYSTIDIATI

Cette section réunit des espèces africaines ayant un port plus ou moins clitopiloïde, de grosses cystides marginales et des basides ou hyphes bouclées. Le chapeau est gris brunâtre ou brun.

1 Arête des lames bordées de brun. Chapeau 1-1,5 cm; stipe × 1,5-2,5 mm, brun rougeâtre en bas .... *Rh. obscuromarginatus* R.-G.

1 Arête des lames concolore 2

2 Spores en majorité cubiques. Chapeau 2,5 cm; stipe 40 × 2,5-3 mm, brun un peu verdâtre .... *Rh. deconicoides* R.-G.

2 Spores non cubiques 3

3 Cystides à col aigu (parfois court) Odeur plus ou moins fruitée 4

3 Cystides plus obtuses, obtusément fusiformes ou subclaviformes. Chapeau opaque, et stipe peigné de fibrilles longitudinales 5

4 Cuticule sublisse (très fines et courtes fibrilles s.l.) Stipe blanchâtre et pruineux en haut .... *Rh. decurrentior* R.-G.

4 Cuticule squamuleuse, bassement hérissée s.l. Stipe ponctué en haut de petits flocons brunâtres .... *Rh. grammatus* R.-G.

5 Chapeau atteignant 7 cm; stipe × 6-9 mm. Cystides × 14-26 μm. .... *Rh. umbrosus* R.-G.

5 Chapeau 5,5 cm; stipe × 4 mm; cystides × 11,5-16-(28) μm .... var. ?

Rhodophyllus deconicoides Romagn.-Gilles

(Fig. 2 et 3)

CARACTERES MACROSCOPIQUES: Chapeau large de 2,5 cm, convexe, largement et assez profondément creusé au centre, non hygrophane, mais finement strié par transparence, entièrement brun clair, même au centre, à peine plus foncé que S 705, velouté, assez brillant.

Stipe 4 cm × 2,5 cm (3 mm à la base), cylindrique, brun verdâtre (un peu moins jaune que S 410), lisse et mat, à coton mycélien à peine apparent à l'extrême base.

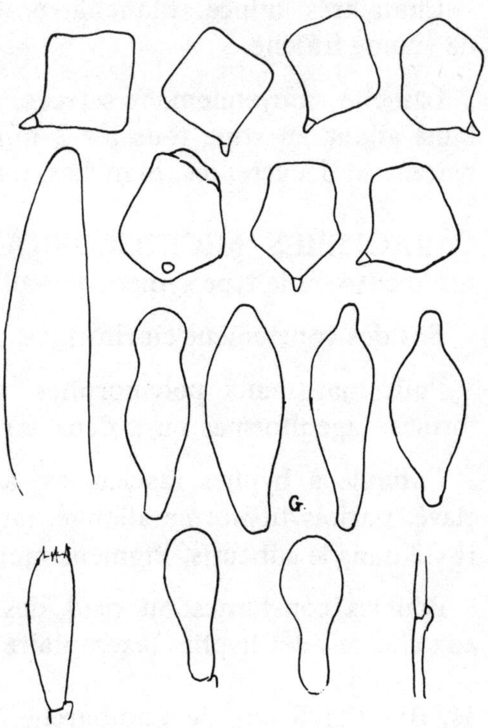

Fig. 2: ***Rh. deconicoides:*** **spores, extrémité d'un poil cuticulaire, une hyphe connexive bouclée et poils marginaux (en G d'après G. Gilles)**

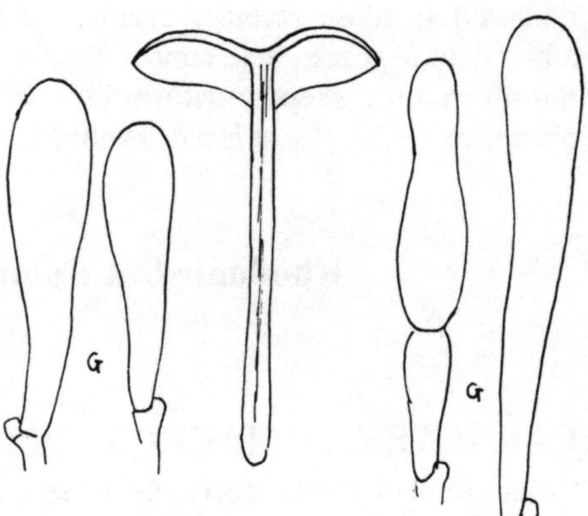

Fig. 3: ***Rh. deconicoides*** **coupe d'un carpophore et poils marginaux (d'après G. Gilles)**

Chair très mince, blanchâtre; odeur fade, un peu écoeurante, de viande fraîche.

Lamelles moyennement serrées, avec lamellules très inégales (une lame allant au stipe tous les 2 mm à la marge), assez larges, assez nettement décurrentes, blanches, puis roses, à arête concolore.

CARACTERES MICROSCOPIQUES: Spores cubiques, évoluant rarement vers le type symétrique-allongé simple, 8,5-10,5 μ.

Basides courtement claviformes, 35-40 × 10-13 μ, à 4 stérigmates.

Poils marginaux polymorphes, souvent utriformes, parfois claviformes, lagéniformes ou à deux étranglements, 50-60 × 15-22 μ (G).

Cuticule à hyphes fasciculées, à article terminal le plus souvent clavé, parfois fusiforme-allongé, larges d'environ 13-16 μ, atteignant 16-32 dans le subcutis. Pigment vacuolaire.

Boucles constantes au pied des basides, et probablement aussi aux cloisons des hyphes (exemplaire en mauvais état).

HABITAT: Route de Lambaréné,, km 20, (Gabon) le 9.V.1968. n° G 10.

DIAGNOSE LATINE: Pileo convexo 2,5 cm lato, depresso, pallide brunneo. Stipite 40 × 2,5-(3) mm, e viridulo brunneo, levi et impolito. Carne albida, tenuissima; odore recentis carnis. Lamellis substipatis, latiusculis, decurrentibus, albis, deinde roseis, acie concolore. Sporis cuboideis, 8,5-10,5 μ. Pilis marginalibus multiformibus, saepe utriformibus, 50-60 × 15-22 μ. Cute filamentosa. Fibulis permultis. — Typus in Herb. Romagn. n° G 10.

Rhodophyllus decurrentior Romagn.-Gilles

(Fig. 4)

CARACTERES MACROSCOPIQUES: Chapeau large de 3 cm et haut de 4-8 mm, convexe-plan, avec au centre une dépression large de 1 cm et profonde de 3 mm, à marge onduleuse, d'un bistre assez clair (vers S 694, un peu plus dans les nuances de *Collybia platyphylla),* à peine plus foncé (subconcolore) au centre de l'ombilic, strié par transparence de lignes d'un brun un peu plus sombre

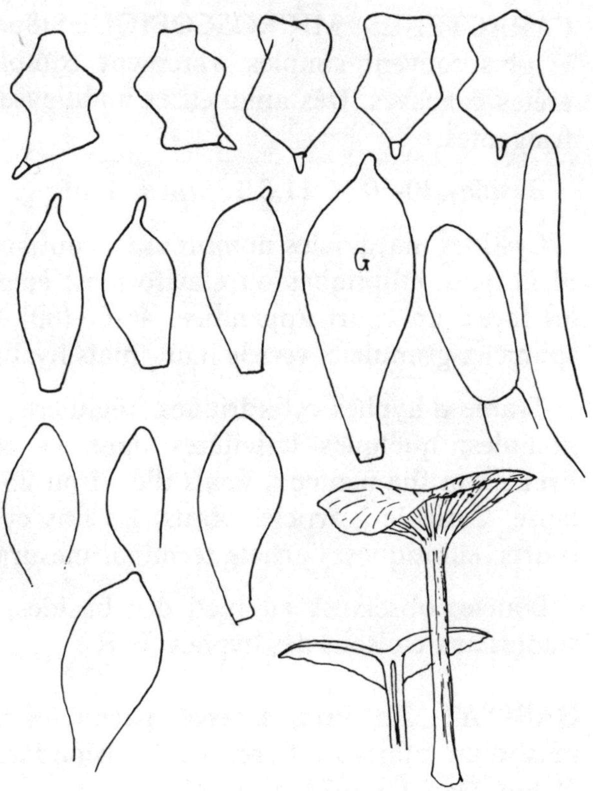

Fig. 4: ***Rh.*** ***decurrentior*** spores, poils marginaux et carpophore

correspondant aux lames et lamellules, mais non hygrophane, luisant, à cuticule sublisse, très finement fibrilleuse (fibrilles extrêmement fines et courtes).

Stipe 3,5 cm × 3 mm × 1 mm, comprimé (la largeur à la base atteint 4 × 3 mm), creux, brun pâle et poudré de blanchâtre en haut sur 1 cm, ailleurs, brun comme *Collybia platyphylla* par temps humide, à grain très fin (pas de fibrilles visibles s.l.), luisant, avec du mycélium blanc sur 5 mm à la base.

Chair très mince, blanchâtre dans le chapeau, concolore dans le stipe, à odeur fruitée.

Lamelles moyennement serrées, avec 4 longueurs de lamellules, larges de 3 mm au tiers du côté du stipe, arquées, décurrentes par une fine dent qui se prolonge sur le haut du stipe, rosâtres (S 190) à maturité, à arête denticulée érodée.

CARACTERES MICROSCOPIQUES: Spores symétriques-allongées le plus souvent simples, rarement complexes, 10,5-12 × 8-9 μ, à arêtes concaves, très anguleuses-noduleuses, à parfois épaisses et réfringentes.

Basides 30-50 × 11,5-13 μm à 4 stérigmates, claviformes renflées.

Cystides marginales nombreuses, contiguës, les faciales rares, mais identiques, elliptiques ou claviformes, émettant souvent, surtout sur les faces, un court appendice, 46-60-(80) × 15-27-(32) μ, à contenu spumeux-granuleux vers le haut, mais hyalines.

Trame d'hyphes cylindriques, régulières dans le médiostrate, sans granules; quelques laticifères dans la zone subcuticulaire; sous-hyménium filamenteux, épais d'environ 25-30 μ, d'aspect gélifié-collapsé. Cuticule à articles obtus, les uns cylindriques, les autres plus courts, elliptiques, l'article terminal mesurant alors 60-90 × 10-26 μ.

Boucles observées au pied des basides; semblent rares et inconstantes aux cloisons des hyphes (H.R.)

HABITAT: En forêt, à terre, parmi les branchages morts d'*Elaeis*, près d'un marigot. Forêt de la Mondah (km 31,8 de Libreville, Gabon), le 5.III.1973, n° G 441

DIAGNOSE LATINE: Pileo 3 cm lato, e convexo plano, medio depresso, ad marginem undulato, umbrinello, in umbilico subconcolore, per transluciditatem striato, sublevi, subtilissime fibrilloso. Stipite compresso, 35 × 3-4 mm × 1-3 mm, summo pallide brunneolo ac albopulverulento, alibi brunneo, lucido, glabro. Carne in pileo albida, in stipite concolore. Lamellis mediocriter stipatis, 3 mm latis, arcuatis, dente decurrentibus, roseolis, acie erosa. — Sporis symmetris-elongatis plerumque simplicibus, aciebus concavis, 10,5-12 × 8-9 μ. Basidiis clavatis, 30-50 × 11,5-13 μ. Cystidiis in lateribus lamellarum raris, in acie plurimis, clavatis vel ellipsoideis, saepe parvo appendice summis praeditis, sursum granulosis, 46-80 × 15-32 μ. Trama granulis carente, laticiferis nonnullis sub cute praesentibus; subhymenio lato, collapso. Cute hyphis articulatis, articulis saepe latis et magis minusve brevibus. Fibulis sub basidiis observatis. — In silva, humi, inter ramos virides *Elaeidis*. Typus in Herb. Romagn. N° G 441

Rhodophyllus grammatus Romagn.-Gilles.

(Fig. 5,6,7)

CARACTERES MACROSCOPIQUES: Chapeau large de 3 à 7 cm, haut de 1 à 2,5 cm, y compris les lames ressortant dessous, étalé avec une assez profonde dépression centrale, parfois franchement

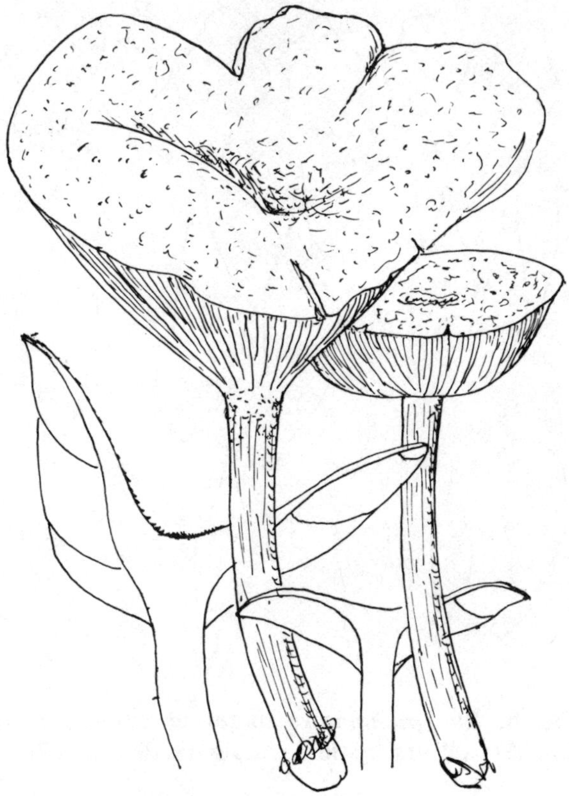

Fig. 5: *Rh. grammatus:* carpophores (C.I. 057)

infundibuliforme, avec, mais pas toujours, un petit mamelon aigu ou obtus au centre, ni strié par transparence ni hygrophane, brun jaunâtre foncé (M 5 D 5 à 5 E 5), centre plus foncé encore un peu, luisant par le sec; cuticule déviée radialement couverte à tous les niveaux de squamules denses, foncées (M 5 E 5), plus ou moins retroussées ou apprimées-imbriquées mais toujours assez saillantes donnant un profil bassement hérissé à la loupe.

Stipe long de 4 à 7,5 cm, diamètre 3 à 6 mm, atteignant 1 cm à la base, droit ou un peu arqué, central ou légèrement excentrique, cylindrique ou s'épaississant progressivement dans la moitié inférieure, pâle en haut sur quelques millimètres et alors poudré-ponctué de petits flocons brunâtres, puis concolore au chapeau et alors peigné de fibrilles longitudinales assez grossières bien apprimées ou se retroussant çà et là, assez luisant; ferme, farci devenant lacuneux avec l'âge. Un peu de mycélium blanc à la base.

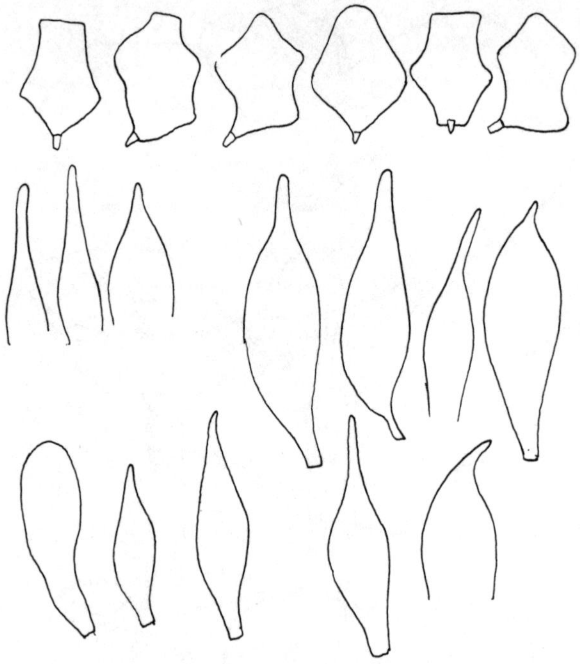

Fig. 6: *Rh. grammatus*: spores et cystides marginales (en haut et à gauche C.I. 051; ailleurs, cystides marginales de C.I. 057)

Chair relativement épaisse, vaguement translucide à la marge, blanchâtre, brun jaunâtre très pâle M 4 B 2 sous la cuticule, généralement inodore, parfois avec une légère odeur fruitée, douce.

Lames assez serrées avec 2-3-(4) longueurs de lamellules, larges jusqu'à 8 mm au milieu, uncinées à subéchancrées, parfois franchement décurrentes et faisant un court filet en relief sur le haut du stipe, blanchâtres puis rose briqueté M 7 A 4 à 7 A 8. Arête pâle, denticulée à la loupe.

CARACTERES MICROSCOPIQUES: Spores symétriques allongées simples à complexes, 9.5-12 × 7,5-8,5(9,5) µm, très anguleuses, à parfois épaisses et réfringentes.

Basides 37-47 × 10-12 µm, tétrasporiques, claviformes.

Cystides marginales acuminées, fusiformes ou ventrues, 42-80-(100) × 10-20 µm, à parois minces.

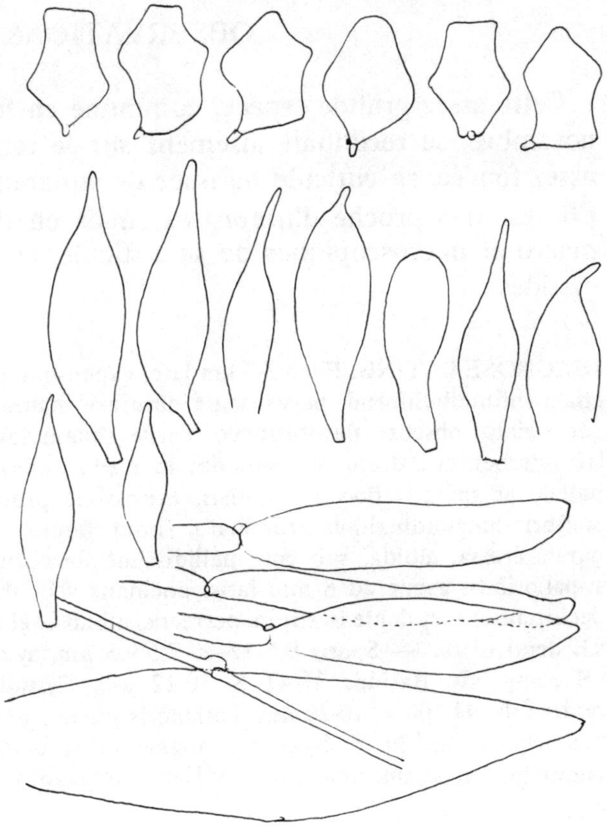

Fig. 7: *Rh. grammatus:* spores, cystides marginales et cuticule (C.I. 068)

Médiostrate à hyphes fondamentales de 7-20 μm, sous-hyménium filamenteux, plus ou moins gélifié. Pas de granules, mais quelques laticifères. Cuticule à hyphes volumineuses (leptonioïde), à articles obtus, longs, 40-180 × (8)-11-25-(30) μm, bourrées d'un pigment brun.

Boucles présentes aux basides et fréquements aux cloisons des hyphes.

HABITAT: A terre dans les feuilles mortes. Côte d'Ivoire, forêt du Téké les 6.4, 13.1974, 26.10.1974, 1.3., et 9.II.1974, n° C.I. 051, 056, 057,063,064,068, 070 et 074.

OBSERVATIONS

Cette assez grande espèce, commune en forêt du Téké en octobre-novembre, se reconnait aisément sur le terrain à sa couleur brune assez foncée, sa cuticule hérissée de squamules denses et à son port. Elle est très proche d'*umbrosus*, mais en diffère par les caractères macro et microscopiques de sa cuticule, et par la forme des cheilocystides.

DIAGNOSE LATINE: Pileo 3-7 cm lato, expanso, medio altius depresso, interdum etiam infundibuliformi, parva acuta obtusave mamma praedito, nec hygrophano, nec striato, obscure flavobrunneo, dense squamuloso. Stipite 40-75 × 3-6 mm (10 inferne), cylindrato vel paulatim in media inferiore parte incrassato, sursum pallido ac minutis floccis brunneis, brevissime pruinato, deinde pileo concolore et fibris longitudinalibus grammato, firmo, farcto, aetate lacunoso. Carne comparate crassa, albida, sub cute pallidissime flavobrunnea, fere inodora. Lamellis stipatioribus, usque ad 8 mm latis, uncinatis vel subsinuatis, interdum manifeste decurrentibus, et dente in stipite porrectis, albidis, vel e testaceis roseis, acie pallida, s.l. denticulata. — Sporis 9,5-12 × 7,5-9,5 μm, symmetris elongatis simplicibus vel complexis. Basidiis 37-47 × 10-12 μm. Cystidiis marginalibus acuminatis, ventricosis, 42-100 × 10-20 μm. Laticiferis paucis; granulis nullis. Cute ex grandibus hyphis, 40-180 × 8-30 μm, pigmento vacuolari. Fibulis praesentibus. — Humi, inter folia emortua. Typus in Herb. Romagn. n° C.I. 057.

Rhodophyllus obscuromarginatus Romagn.-Gilles

(Fig. 8)

CARACTERES MACROSCOPIQUES: Chapeau vu de dessus de forme cordée, 1,5 × 1 cm, pulviné-surbaissé, un peu déprimé au centre, à marge un peu involutée, brun pâle, de la couleur des parties claires de *Collybia platyphylla,* luisant, fibrilleux s.l., strié par transparence.

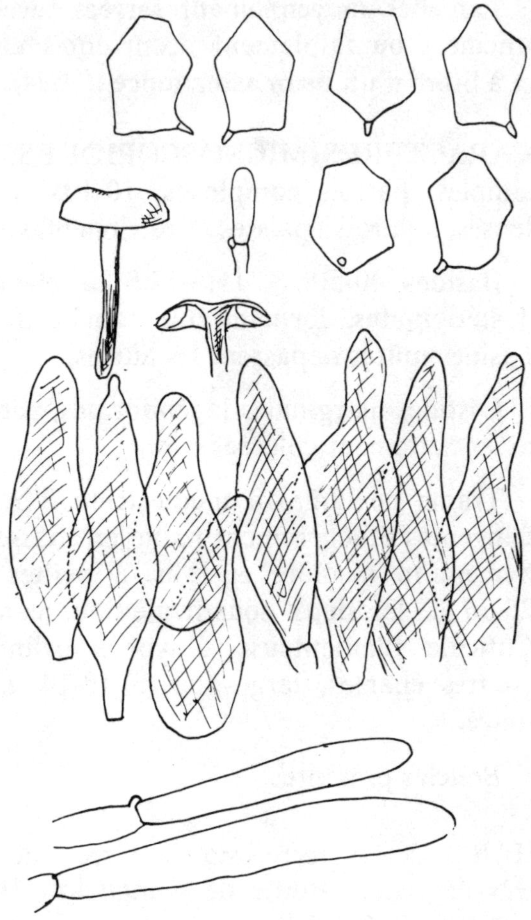

Fig. 8: ***Rh. obscuromarginatus***: Spores, carpophore, cystides marginale et hyphes cuticulaires.

Stipe 2,2 cm × 2,5 mm en haut, rétréci progressivement de haut en bas et ne mesurant plus qu'1,5 mm à la base avant un petit bulbe immarginé de 2,5 mm de large, plein et ferme, blanc dans le tiers superieur, puis rapidement brun rougeâtre assez clair (S 695), avec un soupçon de rougeâtre dans le 2° tiers, encore plus rougeâtre (S 702) tout en bas, très finement floconneux (flocons concolores sous une forte loupe).

Chair mince, d'un brun extrêmement pâle, presque blanchâtre.

Lamelles moyennement serrées, avec 3 longueurs de lamellules, uncinées ou faiblement décurrentes en filet, à arête denticulée s.l. et à liseré d'un brun assez foncé (S 694).

CARACTERES MICROSCOPIQUES: Spores symétriques-allongées simples, parfois complexes, 10-10,5 × 7,5-8,5 μ, nettement anguleuses, à parois épaisses et réfringentes.

Basides 40-50 × 11,5-12,5 μ, claviformes à subcylindriques, à 4 stérigmates, formant une couche un peu brunâtre en coupe; les basides mûres dépassent les autres.

Cystides marginales lagéniformes, ventrues, 57-90 × (12,5)-14-25 μ, assez nettement colorées s.m.

Trame de lames à médiostrate d'hyphes régulières, à parois réfringentes et légèrement paille en masse, assez différencié d'un sous-hyménium incolore et flou, à petites hyphes de 4-7 μ, épais de 25-30 μ, les deux sous-hyménium confluant au niveau de l'arête. Cuticule filamenteuse d'hyphes cylindriques, contenant quelques gouttes éparses, larges de (5)-10-14 μ, à pigment vacuolaire brun foncé.

Boucles présentes.

HABITAT: A terre, sur la terre nue, dans une forêt secondaires très dégradée. Route de Kango km 16,5 de Libreville (Gabon), le 1.II.1970., n° G 240.

DIAGNOSE LATINE: Pileo 1,5 × 1 cm, cordato, convexo, paulum depresso, margine paulum incurvata, pallide brunneo, lucido, fibrilloso, transluciditate striato. Stipite 22 × 2,5 sursum, 1,5 mm deorsum, deinde bulbilloso, pleno, firmulo, summo albo, alibi e rubro brunneo, minutissime flocculoso. Carne pallida. Lamellis mediocriter stipatis, dente decurrentibus, acie denticulata ac obscuriore. — Sporis symmetris-elongatis, 10-10,5 × 7,5-8,5 μm. Basidiis 40-50 × 11,5-12,5 μm. Cystidiis marginalibus lageniformibus, ventricosis, 57-90 × 12,5-25 μ. Cute filamentosa, pigmento vacuolari. Fibulis praesentibus. — Humi in silva. Typus in Herb. Romagn., n° G 240.

Rhodophyllus umbrosus Romagn.-Gilles

(Fig. 9 et 10)

CARACTERES MACROSCOPIQUES: Chapeau atteignant 7 cm de large et 1,5 cm de haut y compris les lames vues de profil, étalé, à marge légèrement arrondie, probablement ni hygrophane ni strié par transparence, brun assez pâle (M 5 B 3), à peine plus foncé au centre (M 5 B/C 3), subglabre, mais à cuticule déviée radialement, de texture fine, légèrement méchuleux dans la large et nette dépression centrale; s.l. on aperçoit quelques méchules apprimé concores au centre, mais absolument non hérissé de profil.

Stipe atteignant 5 cm × 6 mm et même 9 mm en bas, où il est un peu arqué, légèrement excentrique, cylindrique ou légèrement aplati, fistuleux, blanchâtre dans la moitié supérieure, brunâtre pâle plus bas, peigné de fibrilles longitudinales luisantes, celles-ci au niveau de la partie colorée se retroussant çà et là s.l., avec du mycelium blanc à la base.

Chair très mince, brun pâle, translucide dans le chapeau, blanchâtre dans le stipe, douce, à odeur un peu fruitée.

Lamelles assez serrées, jusquà 4 longueurs de lamellules (15 intercalaires) chez le gros exemplaire (3 dans l'autre), larges près du stipe jusqu'à 9 mm, décurrentes par une dent en filet en relief de 5 mm, donc d'aspect un peu échancré, rosâtres, à arête pâle, denticulée.

Sporée M 8 B 4/5

CARACTERES MICROSCOPIQUES: Spores 9,5-12,5 × (6,5)-7-8,5-(9) μ, symétriques allongées le plus souvent simples, à arêtes concaves, à parois épaisses et réfringentes.

Basides 36-40 × 10-12,5 μ, à 4 stérigmates.

Cystides marginales largement elliptiques fusiformes ou sublagéniformes, 53-80 × 14-26 μ, à parois minces; rares sur les faces.

Médiostrate à hyphes de 8-22 μ; pas de granules tramaires observés sur le frais, mais dans l'ammoniaque sur le sec, H.R. a vu quelques petits granules réfringents peu typiques; sous-hyménium mal conservé, étroit et serré, de structure confuse. Cuticule à hyphes

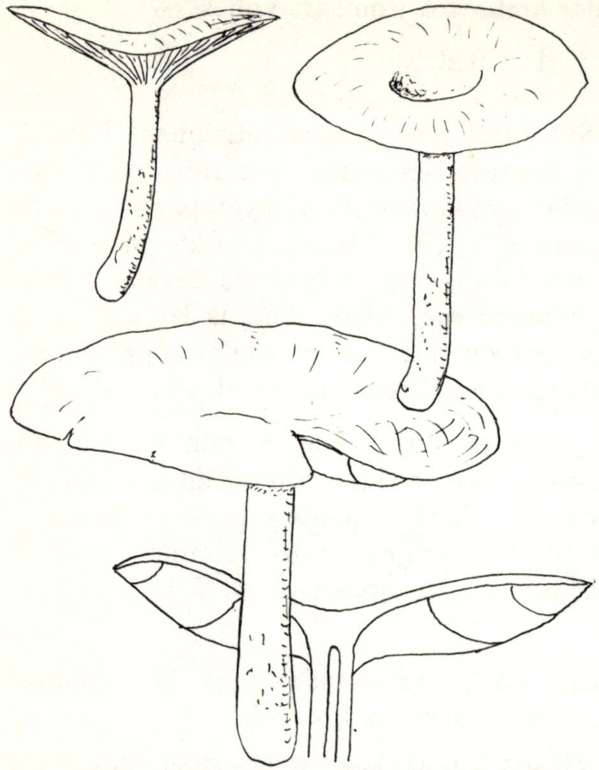

Fig. 9: *Rh. umbrosus:* carpophores

de 6-14 μ, l'article terminal mesurant 70-180-(300) × 12-20 μ; sur le vivant G.G. a noté un vacuolaire très pâle; sur le sec, par traitement au Bouin + chloral bouillant, H.R. n'a obtenu aucun précipité pigmentaire.

Boucles observées aux cloisons de certaines hyphes et aux basides.

HABITAT: Sur une butte de terre en forêt ombrophile, Forêt du Téké (Côte d'Ivoire), le 26.X.1974 n° C.I. 63.

DIAGNOSE LATINE: Pileo usque ad 7 cm lato, expanso, medio late et manifeste depresso, margine leviter rontundata, verisimiliter neque hygrophano neque striato, pallidius brunneo, medio vix obscuriore, subglabro, leviter in parte depressa fibrilloso, haud hirtello. Stipite usque ad 5 cm × 6 mm et inferne ad 9 mm atque arcuato, fistuloso, summo albido, imo pallide brunneo, striato. Carne tenuissima, pallide brunneola, translucida, in stipite albida, odore fructus. Lamellis

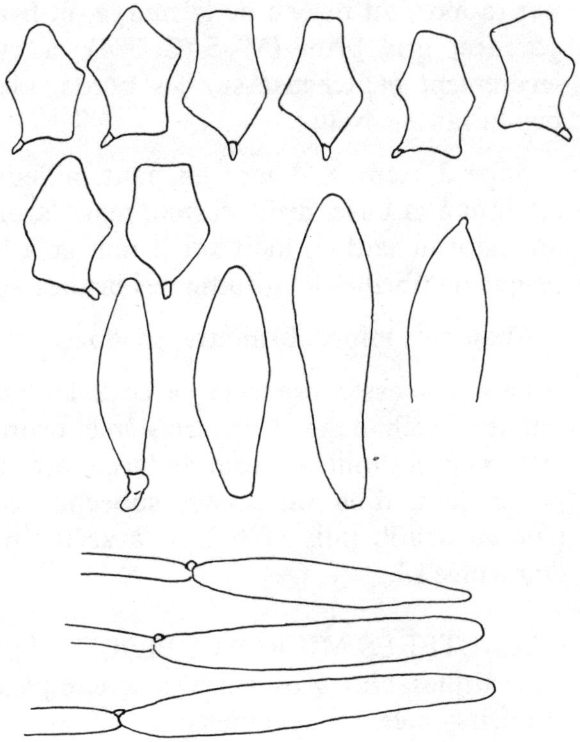

Fig. 10: *Rh. umbrosus:* spores, cystides marginales et hyphes cuticulaires

satis stipatis, ad stipitem usque 9 mm latis, dente decurrentibus, paulum sinuatis, roseolis, acie pallida et denticulata. — Sporis 9-12,5 × (6,5)-7-8,5-(9) μ, symmetris elongatis plerumque simplicibus, tunica crassa. Basidiis 36-40 × 10-12,5 μ, 4-sporis. Cystidiis late ellipsoideis-fusiformibus vel sublageniformibus, 53-80 × 14-26 μ, plurimis in acie lamellarum, raris in lateribus. Granulis nullis vel raris. Cute hyphis 6-14 μ latis, extremo articulo 70-300 × 12-20 μ, pigmento vix ullo. Fibulis praesentibus. — In tumulo terreno, in silva umbrosa. — Typus in Herb. Romagn. n° C.I. 63.

2°) Variété (?) de taille plus petite.

(Fig. 11)

CARACTERES MACROSCOPIQUES: Chapeau large de 4,5 cm, haut de 12 mm (y compris les lames), assez profondément déprimé par rapport au niveau de la marge, ni hygrophane, ni strié par transparence, gris brun (M 5 C 3/4), à cuticule déviée radialement, légèrement pelucheuse sur les bords, plus nettement au centre, un peu luisante-soyeuse.

Stipe 3,5 cm × 4 mm en haut, ailleurs 3 mm, ne dépassant pas 3,5 mm à la base, droit, ferme, mais étroitement tubuleux, concolore au chapeau sauf en haut sur 2 mm et à la base où il est blanchâtre, peigné de fibrilles longitudinales brunes apprimées.

Chair très mince, brunâtre, inodore.

Lamelles assez espacées, avec 2 longueurs de lamellules, et une minuscule ébauche d'un troisième ordre, épaisses, assez coriaces, atteignant au milieu 7 mm de large, arrondies, puis uncinées par une petite dent, d'où un aspect subéchancré, vraisemblablement brun pâle au début, puis M 6 C 4, à arête épaisse, blanchâtre, cristulée-denticulée s.l.

CARACTERES MICROSCOPIQUES: Spores 10-12-(13) × 7-8-(9,5)μ, symétriques allongées simples à complexes, à parois très épaisses et réfringentes, très anguleuses.

Basides 38-58 × (8)-10-11,5 μ, brunies par un nécropigment vues en masse, toutes sans stérigmates nets (bisporiques ??).

Cystides marginales fusiformes à lagéniformes, parfois reserrées en col au sommet, 60-100 × (10)-11,5-16-(20-28 μm sec. G.), non vues sur les faces.

Médiostrate à hyphes fondamentales de 7-16 μ, raides (elles atteignent 19-30 μ dans la chair); sous-hyménium étroit, subcelluleux; pas de granules tramaires, mais quelques laticifères. Cuticule filamenteuse, à hyphes de 4-10-22 μ, cylindriques, obtuses, à article terminal de 60-130 μ, à pigment vacuolaire diffus (précipité sur exsiccata en fins flocons après traitement au Hollande, puis au Chloral bouillant).

Boucles observées au pied des basides et à certaines cloisons des hyphes.

HABITAT: A terre, parmi les feuilles mortes, en forêt ombrophile, forêt du Téké, le 6.IV.1974, n° C.I. 024.

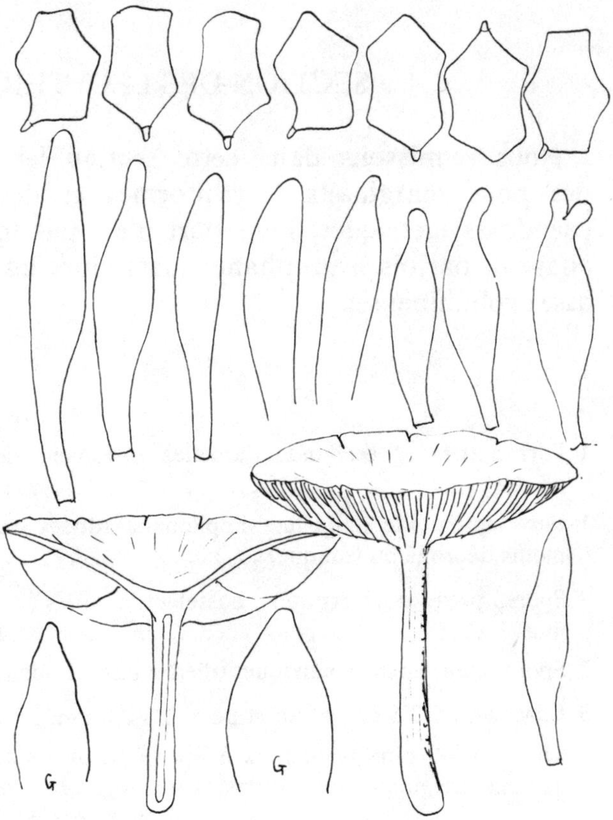

Fig. 11: *Rh.* aff. à *umbrosus* (var.?); spores, cystides marginales et carpophore (C.I. 024)

OBSERVATIONS

Quoique bien différente macroscopiquement, cette espèce est à classer aux côtes de *deconicoides* à cause des lames décurretnes, des cystides marginales et des basides et hyphes bouclées.

DIAGNOSE LATINE: Pileo 4,5 cm lato, depresso, murino, opaco, nec hygrophano nec transluciditate striato, leviter gausapato. Stipite 35 × 3-4 mm, recto, tubulari, pileo concolore, sed sursum ac deorsum pallidiore, fibrillis longitudinalibus striato. Carne tenui, inodora, murinella. Lamellis latis (usque ad 7 mm), ad stipitem rotundatis, dein uncinatis, acie crassa, albida, cristulata-denticulata. — Sporis 10-13 × 7-9,5 μm, symmetris elongatis simplicibus vel complexis, tunca crassa. Basidiis 38-58 × 8-11,5 μm. Cystidiis marginalibus fusiformibus vel sursum in collum angustatis, 60-100 × 10-28 μm. Granulis in trama carentibus; nonnullis laticiferis. Cute hyphis cylindratis, obtusis, 4-10-22 μm latis, pigmento vacuolari. Fibulis praesentibus. — Humi, inter folias emortuas, in silva umbrosa. — Typus in Herb. Romagn., n° 024.

SECTION DES LECYTHIOPHORI

Nous réunissons dans cette section les espèces ayant à la fois des poils marginaux lécythiformes et des spores symétriques ou pseudo-asymétriques. Leur port n'est pas toujours eccilioide, et leur chapeau parfois hygrophane; mais alors les hyphes cuticulaires sont assez volumineuses.

1 Port nettement eccilioïde (lamelles fortement décurrentes ou très largement adnées) 2

1 Port leptonioïde (lamelles simplement adnées ou adnexées; chapeau plus ou moins déprimé ou tronqué) 4

2 Spores pseudoasymétriques, bosselées, étroites (× 5-6,5-(7,2) µm). Chapeau 3-12 mm.................................... *Rh. angustisporus* R.-G. et aff.

2 Spores clairement symétriques (dièdre basal évident), larges, × 6,5-7,5 µm 3

3 Chapeau 1,5-2,5 cm, brun; stipe × 1,5-2,8 mm .... *Rh. tenebrosus* R.-G.

3 Chapeau 5-9 mm, brun roux à brun rosé ou roussâtre pâle. Un certain nombre de poils marginaux non capités; stipe long, 1,8-2 cm × 0,7 mm............... .... *Rh. platyspermus* R.-G. et f. *omphaliopsis* R.-G.

4 Spores petites: 7-9 × 5,5-6,7 µm. Poils marginaux pas toujours capités. Chapeau plus ou moins tronqué, brun gris clair, glabre. Stipe 1 cm × 1 mm............ .... *Rh. modicus* R.-G.

4 Spores plus grosses, (7)-8,5-12 × 6,5-9 µm.................................... 5

5 Spores nettement allongées, 8,7-11,5 × 6,5-7,5-(8) µm. Chapeau brun jaune à gris brun clair.............................. *Rh. lecythiocystis* R.-G. et aff.

5 Spores subglobuleuses ou peu allongées, parfois cubiques, d'un type simple. Chapeau finement méchuleux, surtout au centre 6

6 Chapeau tronconique, brun gris roussâtre .... *Rh. lecythiophorus* R.-G.

6 Chapeau plan, gris brun pâle .... *Rh. tenuipileus* R.-G.

Rhodophyllus angustisporus Romagn.-Gilles

1°) Récoltes typiques

(Fig. 12)

CARACTERES MACROSCOPIQUES: Chapeau 0,3-1,2 cm de large, haut de 0,5-6 mm y compris les lames, d'abord bassement surbaissé, puis étalé, deprimé et souvent avec un minuscule ombilic (large d'1 mm et profond de 0,5), puis avec les bords franchement relevés et alors plus ou moins infundibuliforme, pelliculaire, translucide et le plus souvent strié par transparence, mais guère hygrophane (il change cependant légèrement de couleur en bloc en séchant), gris brun pâle un peu beige (M 5 B 2 ou 3) avec les stries et le disque (M 5 D 3) plus foncés (M 5 C 2) au-dessus des lames et lamellules, passant au beige quelques heures après la cueillette, très courtement pelucheux et dévié radialement s.l. avec quelques soies luisantes çà et là.

Stipe 5-25 × 0,5-1,5 mm, sauf à la base où il est un peu épaissi, mais non bulbeux, fistuleux, à peu près concolore au chapeau (M 5 B 2), à peine plus foncé à la base, où il n'y a pas de mycélium blanc, semblant à première vue glabre et même parfois luisant et sans fibrilles longitudinales apprimées, mais s.l. très finement, visiblement poudré par une pruine concolore, mais très détersile et fugace (utiliser la loupe binoculaire), puis glabrescent.

Chair extrêmement mince, même pelliculaire, grisâtre brunâtre pâle, inodore.

Lamelles moyennement à peu serrées et même relativement espacées, avec 1-3 longueurs de lamellules (selon la taille), nettement, et même parfois longuement décurrentes et alors larges de 2-2,5 mm (1,5 mm sur le petites formes), gris beige (M 5 B 1 ou 3, 5 B 2), rosissant (M 6 B 3 là où il y a un petit dépôt de spores), à arête pâle, finement denticulée s.l.

CARACTERES MICROSCOPIQUES: Spores 7,5-11,5-(12) × (5)-5,7-6,5-(7) μm, souvent étroites et bosselées anguleuses, de type difficile, probablement pseudoasymétriques (base d'aspect plus ou moins tronqué ou à angle obtus; il semble qu'il s'agisse d'un dièdre tronqué par une face quadrangulaire ou très obtus et passant à une face), à parois assez minces et peu réfringentes.

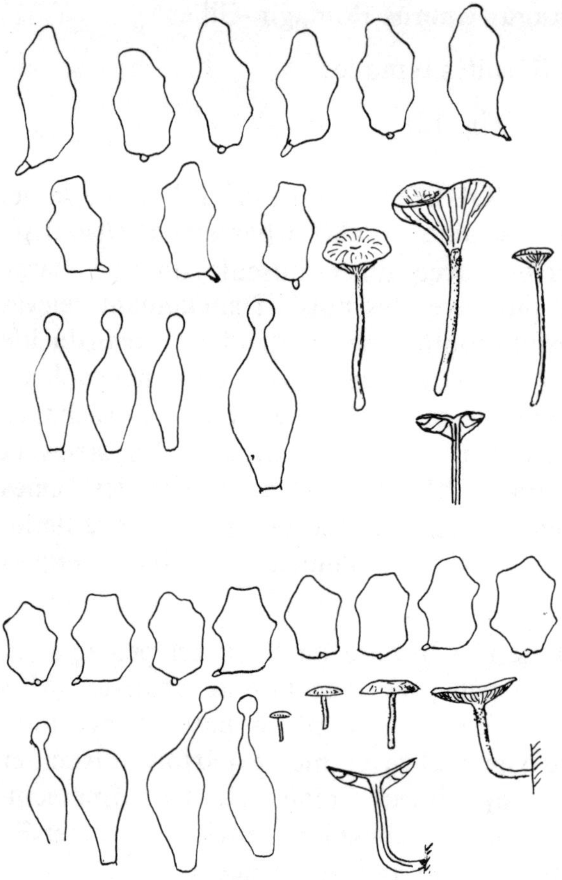

Fig. 12: *Rh. angustisporus*: spores, poils marginaux et carpophores (en haut C.I. 007, en bas C.I. 067)

Basides d'abord elliptiques, puis claviformes ou subcylindriques, 22-30 × 9-12 μm, à 4 fins stérigmates.

Poils marginaux pour la plupart nettement lécythiformes (col très différencié, plus ou moins court, grêle et fortement capité) (6-8 μ), mais parfois avec un col sans tête, et même ventrus acuminés-subcuspidés, 35-55 × 8-14-20 μm.

Médiostrate régulier, à hyphes de 40-100 × (6)-10-25 μm de diamètre; sous-hyménium celluleux, à articles assez gros, sous la baside, filamenteux-rameux plus bas. Cuticule à hyphes couchées à articles de 50-100 × 8-12 μm, émettant un chapelet d'articles plus volumineux formant les soies du chapeau, larges de 14-27 μm. Pigment vacuolaire brun.

Nous n'avons pu voir de boucles au pied des basides ni aux hyphes.

HABITAT: Sur brindilles tombées, bois pourri, souche pourrissante d'*Elaeis*, en forêt dense. Forêt du Téké (Côte d'Ivoire), les 1.XII. 1973 et 1.XI.1976. Forêt de la Mondah, près Libreville (Gabon), les 6.IV.1975 et 18.IV.1976, n° C.I. 007 et 067, G 551 et 723.

DIAGNOSE LATINE: Pileo 3-12 mm lato, primum convexo vel plano ac angustissime depresso, interdum minutissime papillato, dein infundibuliformi, parum hygrophano, sed transluciditate striato, pallide murino, striis et medio obscurioribus, breviter fibrilloso. Stipite filiformi, 5-25 × 0,5-1,5 mm, concolore, s.l. subtilissime pruinoso, glabrescente. Carne tenuissima, murinella, inodora. Lamellis plerumque parum stipatis vel comparate distantibus, mediis 1,5-2,5 mm latis, e murinis griseis, dein sordide roseolis, acie pallidiore et erosa vel denticulata. — Sporis angustis, specie gibberosa, 7,5-12 × (5)-5,2-7 μm, verisimilter pseudoasymmetris (basi magis minusve truncata vel obtusa). Basidiis 35-55 × 9-12 μm, tetrasporis. Pilis marginalibus plerumque lecythiformibus, 35-55 × 8-20 μm, capitibus circiter 5-8 μ, raro acuminatis. Cute filamentosa, hyphis 50-100 × 8-12 μm, articulis extremis usque à 14-27 μm. Fibulis non visis. — In ligno putrido ramulorum vel stirpium (Elaeis, etc...) Typus in Herb. Romagn. n° C.I. 007.

2°) Récoltes voisines.

(Fig. 13)

Nous n'osons assimiler complètement aux précédentes certaines récoltes très proches macroscopiquement, mais chez lesquelles nous avons observé parfois de petites boucles et dont les poils marginaux sont bien plus polymorphes, souvent même non typiquement lécythiformes (parfois non capités). La spore est souvent moins étroite, quoique aussi de type ambigu.

Chapeau 8-11 mm, haut de 2-4 mm, convexe surbaissé, avec en général une légère dépression centrale, souvent un peu hygrophane, par transparence, brun rosâtre, brun grisâtre ou même blanc brunâtre (G 599) M 6 B 3, 5 C 4, 5 B 2), à cuticule déviée radialement, de texture très fine, luisante et glabre, plus ou moins veloutée

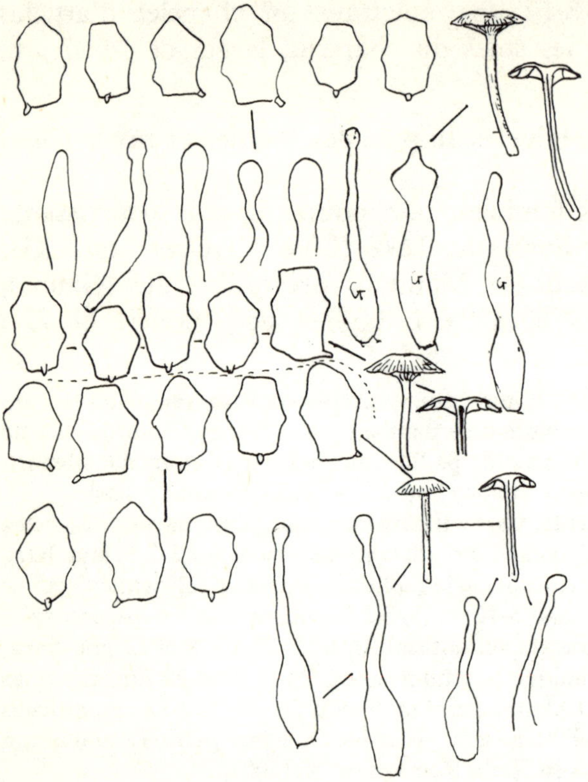

Fig. 13: Formes voisines d'*angustisporus* en haut, spores et poils marginaux G 579; à droite, carpophore et 3 poils marginaux de G 599 (d'après G. Gilles); au milieu, sèrie supérieure spores et carpophore de G 570; série moyenne et inférieure, et figures de droite, spores, carpophores et poils marginaux de G 599

s.l. au centre. stipe 15-20 × 0,7-1 mm, fistuleux, concolore au chapeau, ou parfois brun grisâte (M 4 C 3), très finement poudré s.l. au moins dans la partie supérieure, puis glabrescent. Chair concolore, pelliculaire, inodore. Lamelles moyennement serrées, avec 2-3 longueurs de lamellules, arquées-décurrentes, larges de 1-3 mm, gris beige très pâle, puis rosâtres (M 6 A 2, 7 B 2), à arête concolore, lisse ou parfois un peu denticulée. — Spores 6-9-(12) × (5-6,5-(7,2) µm, moins bosselées anguleuses que les précédentes, vraisemblablement pseudoasymétriques. Basides 27-34 × 8,5-10 µm, tétrasporiques. Poils marginaux polymorphes, tantôt plus ou moins lécythiformes, tantôt ciliformes, irréguliers, capités ou non, 45-100 × 4-11 µm. Médiostrate à hyphes de 7-10 µm (jusqu'à 20 µm dans la chair); sous-hyménium étroit. Pas de granules. Cuticule filamenteuse à hyphes de 4-13 μm. Quelques boucles inconstantes, observées sur tout au pied des basides et des poils marginaux. — Sur écorce et bois pourri, Forêt de la Mondah, près de Libreville (Gabon) les 20.IV, 11.V, 5.VI 1975, n° G 536, 570, 579 et (?) 599.

OBSERVATIONS

Le type sporal de cette espèce et des formes voisines est difficile à déterminer; à première vue, par sa base tronquée ou à angle très obtus, nous l'avions pensé asymétrique. Mais nous n'avons pas pu voir d'arête verticale opposée à l'apendice hilifère, car c'est une face qui semble occuper au moins dans une immense majorité de cas, cette position.

Ce fait confirme ce que nous avons écrit dans nos chapitres de Généralités, à savoir qu'une base difficile à interpréter dans les spores de Rhodophylles est un caractère spécifique constant: en effet, sur les 8 récoltes examinées par nous, la difficulté s'est montrée exactement la même.

Les récoltes que nous avons décrites à part sont celles où nous avons aperçu quelques petites boucles; au moins deux d'entre elles présentaient des poils marginaux beaucoup plus variables de forme que sur les récoltes que nous regardons comme typiques, en particulier le n° G 536. Si un jour ces formes devaient être élevées au rang de variété ou d'espèce, il conviendrait de se référer à cette dernière. Si nous ne le faisons pas, c'est que l'absence de boucles peut très bien s'expliquer seulement par la parthénogénèse, et même qu'un diagnostic inexact n'est nullement impossible dans une recherche aussi délicate.

Rhodophyllus lecythiocystis Romagn.-Gilles

(Fig. 14 et 15)

CARACTERES MACROSCOPIQUES: Chapeau large de 7 mm et haut de 2 mm, convexe surbaissé avec une très faible dépression centrale, strié par transparence mais non ou guère hygrophane, brun jaune (M 5 C 4), concolore au milieu, à cuticule déviée radialement et de texture très fine, le centre étant uni-velouté.

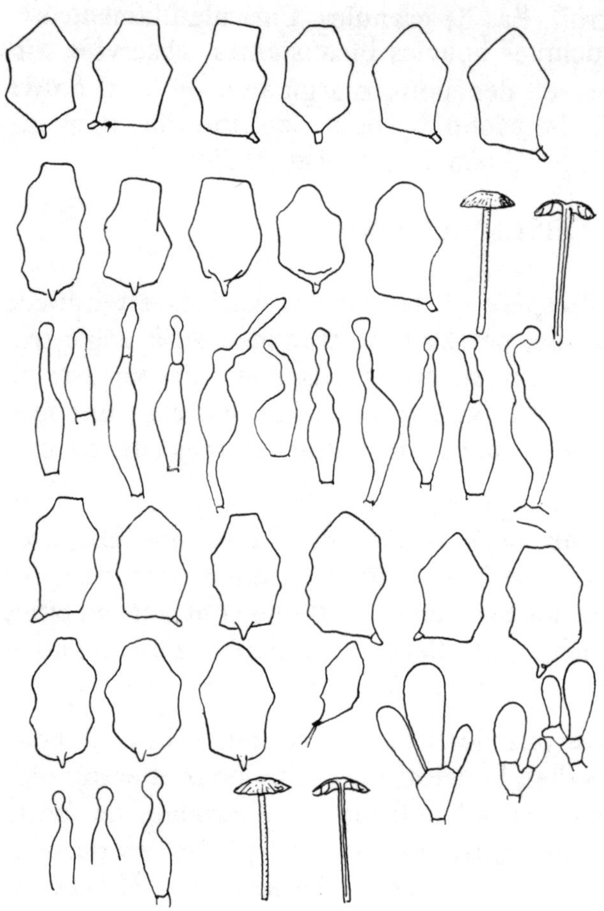

Fig. 14: *Rh. lecythiocystis:* en haut, spores, poils marginaux et carpophores de G 569; en bas, de G 685.

Stipe 20 × 1 mm, fistuleux, grisâtre, un peu plus pâle que M 5 C 4 (pas ou guère de traces de jaune), luisant, à grain très fin.

Chair pelliculaire, translucide, jaunâtre, inodore.

Lamelles moyennement serrées, avec 2 longueurs de lamellules, larges au milieu d'1,5 mm, adnexées au stipe par une courte dent, grisâtres, puis gris rosé (M 6 B 2), à arête concolore, sublisse s.l.

CARACTERES MICROSCOPIQUES: Spores 8,7-11,5 × 6,5-7,2-(8) µm, symétriques allongées complexes, mais avec parfois le dièdre basal tronqué ou obtus, à parois épaisses et réfringentes.

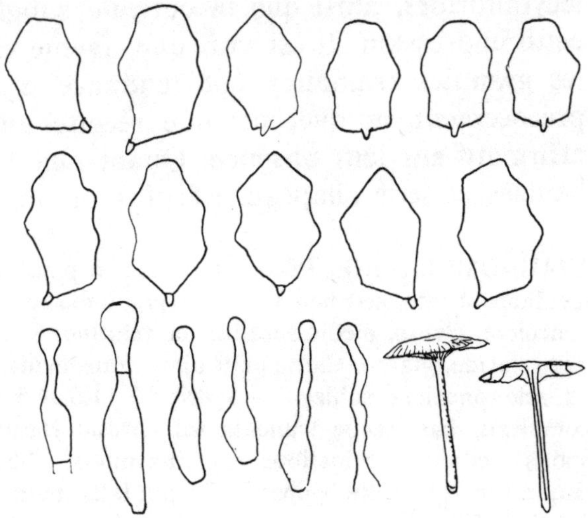

Fig. 15: *Rh. lecythiocystis*: spores, poils marginaux et carpophore de G 595

Basides 23-32-(38) × 11-12-(14) μm, claviformes renflées, à (1-3)-4 stérigmates.

Cellules marginales la plupart lécythiformes, à petite tête arrondie, 22-50 × (5)-8-11-(13) μm.

Médiostrate mal conservé, probablement à hyphes de 6-8,5 μm de large (ou plus?); sous-hyménium d'aspect principalement rameux. Pas de laticifères ni de granules tramaires. Cuticule de belles hyphes à articles en boudin, resserrées aux cloisons, larges de 7-17,5 μm, à pigment vacuolaire brun abondant.

Pas de boucles observées aux basides ni aux cloisons des hyphes.

HABITAT: Sur stipe d'*Elaeis* vivant, en forêt ombrophile. Forêt de la Mondah, près Libreville (Gabon), le 20.IV.1975, n° G 569.

OBSERVATIONS

La position taxinomique de ce champignon est incertaine: par l'absence de boucles, la pigmentation vacuolaire et les caractères macroscopiques, on pense à un *Leptonia Cyanuli* (à cause du stipe gris), mais l'absence de granules tramaires et les poils marginaux lécythiformes, ainsi que la cuticule subglabre, vont à l'encontre de cette impression. Il est vrai que, même chez les Leptonies typiques, les granules tramaires ont tendance à disparaître plus ou moins précocement, et que, sur une récolte unique, il est difficile d'être affirmatif sur leur absence. Quant aux *Hirtelli,* ils sont en principe bouclés et leur chapeau est plus ou moins écailleux.

DIAGNOSE LATINE: Pileo 7 mm lato, e plano convexo, leviter depresso, transluciditate striato, sed non vel vix hygrophano, e luteo brunneo (M 5 C 4), medio concolore, glabro, medio subtilissime velutino. Stipite 20 × 1 mm, fistuloso, murinello, lucido, glabro. Carne pelliculari, translucida, luteola, dein e reoseis murinellis, acie concolore, sublevi. — Sporis 8,7-11,5 × 5,5-7,2-(8) µm, symmetris elongatis complexis, basi saepe truncata vel obtusa. Basidiis 23-38 × 11-14 µm, (1-3)-4 sporis. Cellulis marginalibus lecythiformibus, 22-50 × 8-13 µm. Laticiferis granulisque non visis. Cute hyphis 7-17,5 µm latis, pigmento vacuolari. Fibulis nullis. — In stipite Elaeidis vivi, in silva umbrosa. Typus in Herb.Romagn. n° G 569.

2°) Récoltes voisines.

Ces deux récoltes se distinguent par la couleur du chapeau et du pied, et la seconde par ses lamelles un peu plus décurrentes, mais sont trop voisines pour pouvoir être séparées du type ci-dessus décrit.

1° récolte. - Chapeau large de 8 mm et haut de 2 mm, convexe surbaissé, à centre tronqué et plat, mais non ombiliqué, strié par transparence et hygrophane, gris brun clair (M 5 B 2), un peu plus foncé sur les stries, mais non au centre, à cuticule déviée radialement, glabre, luisante, de texture très fine. Stipe 1,5 cm × 0,5 mm, cylindrique, blanchâtre, brunissant un peu dans la moitié inférieure, luisant, à grain très fin. Chair pelliculaire, translucide, concolore aux surfaces, inodore. Lamelles peu serrées, avec 2, rarement 3 longueurs de lamellules, larges au milieu d'1,5 mm, blanchâtres, puis rosissant à peine, adnées au stipe par un dent minuscule, à arête concolore, lisse s.l. — Spores 9,2-11,5 × 6,5-8 µm, symétriques allongées complexes, mais le dièdre basal n'est évident que sur peu de spores, étant généralement très obtus ou tronqué, à parois épaisses et réfringentes. Basides 28-36 × 11-13 µm, claviformes, tétrasporiques. Poils marginaux lécythiformes, 35-55 × 8-13 µm. Médiostrate à hyphes d'environ 8-13 µm, sous-hymenium amplement celluleux sous les basides (articles de 7-9 µm). Pas de laticifères ni de granules. Cuticule à belles hyphes de 6-12-16 μm, mêlées à de très grêles (environ 3 μm), à léger pigment vacuolaire. Pas de boucles. — Sur bois mort pourrissant en forêt ombrophile. Forêt de la Mondah, près de Libreville (Gabon), le 1.VI.1975, n° G 585.

2° **récolte.** — Chapeau de 1,5 cm, haut de 2 mm y compris les lames vues de profil, à centre plat, ni déprimé, ni saillant, fortement strié par transparence, mais guère hygrophane, brun clair (M 5 B 3), à peine plus coloré au centre, à cuticule déviée radialement, glabre, luisante, de texture très fine. Stipe 2 cm × 0,7 mm, cylindrique, fistuleux, blanc, entièrement poudré, luisant, à grain très fin. Chair pelliculaire, translucide, blanchâtre, inodore. Lamelles moyennement serrées, larges au milieu de 2 mm, aiguës à la marge, subhorizontales, légèrement décurrentes, blanchâtres, puis rosissant, à arête concolore, très finement denticulée s.l. — Spores (9)-9,7-12 × 6,5-8 μm, ayant les mêmes caractères que celles de la précédente récolte. Basides 24-36 × 8,5-12-(15) μm, généralement claviformes, tétrasporiques. Poils marginaux lécythiformes 35-55 × 6-10-12 μm. Médiostrate à hyphes de 7-19 μm; sous-hyménium peu épais, à article amples (× 10-12 μm). Pas de laticifères ni de granules tramaires. Cuticule à hyphes de 8-12 μm, le dernier article, très obtus, subclaviforme mesurant 60-90 × 10-23 μm; certains articles sont franchement courts (par exemple 29-30 × 22-24 μm). Pas de boucles. — A terre, dans le sable mêle d'humus, en forêt ombrophile. Forêt de la Mondah, près de Libreville (Gabon), le 8.VI.1975, n° G 595.

Rhodophyllus lecythiophorus Romagn.-Gilles

(Fig. 16)

CARACTERES MACROSCOPIQUES: Chapeau large de 0,8 à 1,2 cm, haut de 3 à 5 mm, convexe plus ou moins surbaissé, tronqué au sommet par une étroite dépression centrale, strié par transparence mais ne semblant pas hygrophane, brun gris roussâtre proche de S 705 ou mieux M 5 B 2 ou 5 B/C 2, centre plus foncé, luisant; cuticule déviée radialement à structure très fine, couverte de méchules minuscules légèrement plus foncées (M 5 C 3) bien apprimées sauf au centre où elles sont très denses et légèrement retroussées.

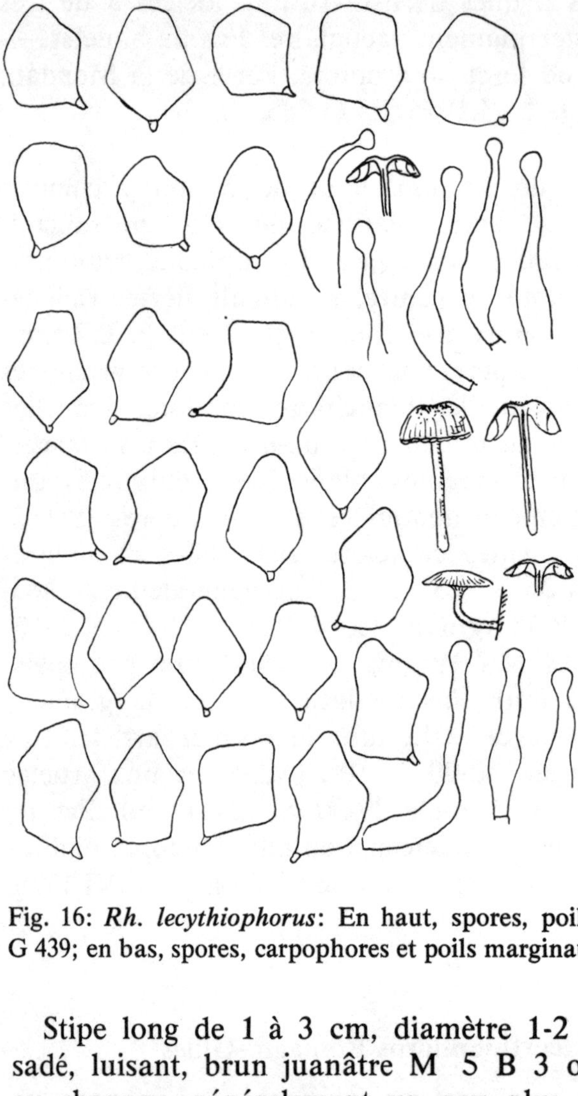

Fig. 16: *Rh. lecythiophorus*: En haut, spores, poils marginaux et carpophore de G 439; en bas, spores, carpophores et poils marginaux de G 518

Stipe long de 1 à 3 cm, diamètre 1-2 mm, parfois un peu torsadé, luisant, brun juanâtre M 5 B 3 ou plus pâle ou concolore au chapeau, généralement un peu plus coloré dans la moitié inférieure, glabre, très finement strié longitudinalement à la loupe; étroitement tubuleux.

Chair pelliculaire, translucide, concolore au chapeau, inodore, douce.

Lamelles assez serrées avec 2-3 longueurs de lamellules, larges jusqu'à 3 mm au milieu, ascendantes un peu ventrues, en général adnexées au stipe par une courte dent, parfois plus franchement décurrentes. Arête concolore, sublisse à la loupe.

CARACTERES MICROSCOPIQUES: Spores subglobuleuses ou courtement allongées simples, parfois cubiques, (7)-8-10(11) × 6,7-8,5 μm, à parois épaisses et réfringentes.

Basides 25-35 × 11-12-(14) μm, tétrasporiques.

Poils marginaux lécythiformes, 42-65 × 7,5-11,5 μ, à col grêle d'environ 3 μm et à capitule de 3-9 μm.

Trame d'hyphes moyennes, sans granules sur le sec (rares granules peu typiques sur le vivant); pas de laticifères. Cuticule d'hyphes de 6-15 μm de large, à articles en général longs de 40-80 μ, plus courts, elliptiques, longs de 10-30 μ, à terminaison obtuse. Pigment vacuolaire.

Boucles rares, parfois imparfaites aux cloisons des hyphes cuticulaires, plus fréquentes au pied des basides.

HABITAT: A terre sur les petits morceaux de bois pourri ou à la base des grands arbres. Gabon, forêt de la Mondah, les 26.II.1972 et 23.III.1975 n° G. 439, G. 518 et G. 520.

OBSERVATIONS

Sur le terrain on peut confondre cette petite espèce avec les formes non infundibuliformes de *Rh. angustisporus* (dont les spores sont probablement pseudo-asymétriques) et avec d'autres espèces à poils marginaux lécythiformes dont les spores, toujours difficiles à interpréter, sont moins nettement symétriques.

DIAGNOSE LATINE: Pileo 0,8-1,2 mm lato, convexo, umbilicato, toto transluciditate striato, haud hygrophano, e griseo brunneo, medio obscuro, subtiliter fibrilloso, in umbilico minutis squamulis. Stipite 10-30 × 0,7 mm, imo usque ad 2 mm, tubuloso, margini pilei concolore, glabro. Carne tenui, e brunneola albida. Lamellis stipatioribus, 3 mm latis, adnatis-decurrentibus, pallidissime brunneolis, dein e roseis brunneolis, acie denticulata. — Sporis (7)-8-10-(11) × 6,7-8,5 μm, subglobosis vel breviter elongatis simplicibus. Basidiis 25-35 × 11-12-(14) μm, tetrasporis. Pilis marginalibus lecythiformibus, capitatis 42-65 × 7-11,5 μ. Laticiferis nullis, granulis paucissimis. Cute filamentosa, hyphis 25-80 6-15 μm pigmento vacuolari. Fibulis dispersis. — In ligno putrido. — Typus in Herb. Romagn. n° G 439.

Rhodophyllus modicus Romagn.-Gilles

(Fig. 17)

CARACTERES MACROSCOPIQUES: Chapeau large de 1,3 cm et haut de 4 mm y compris les lames vues de profil, convexe largement tronqué au sommet par une faible depression centrale, strié par transparence, mais non hygrophane, brun gris clair (M 5 B 3), presque blanc à la marge, M 5 C 3 au centre, à cuticule luisante, déviée radialement, de texture très fine, vaguement veloutée au centre.

Stipe 1 cm × 1 mm, cylindrique, fistuleux, gris brun un peu plus foncé que le chapeau dans son ensemble (M 5 C 3), luisant, très finement poudré sur la moité supérieure, ailleurs de texture très fine.

Chair pelliculaire, translucide, concolore au chapeau et au pied, inodore.

Lamelles assez serrées, avec 2 longueurs de lamellules, larges de 3 mm au milieu, arrondies à la marge, adnexées au stipe par une minuscule dent, grisâtre très pâle, puis gris rosâtre (M 5 B 3), à arête concolore, denticulée s.l.

CARACTERES MICROSCOPIQUES: Spores 7-8,5-(9) × 5,5-6-(6,7) μ, symétriques allongées complexes, mais avec la base souvent obtuse ou tronquée, de contours gibbeux, à parois pâles, assez minces.

Basides 25-37 × 8,5-10 μ, tétrasporiques.

Poils marginaux généralement en bouteille, à col tantôt très court, seulement naissant, tantôt allongé et flexueux, capité ou non, 35-65-(85) × (4)-8-10,5 μm.

Médiostrate à hyphes cylindriques, larges de 6-14 μm, atteignant dans le chapeau 20-28 μ, avec quelques laticifères; sous-hyménium étroit; pas de granules tramaires. Cuticule à hyphes grêles de 3-8 μ de diamètre. Pigment vacuolaire très léger (quelques flocons bruns çà et là dans certains articles sur le sec, après passage dans le Bouin et le chloral bouillant).

Boucles observées au pied des basides, et çà et là aux cloisons des hyphes, parfois imparfaites.

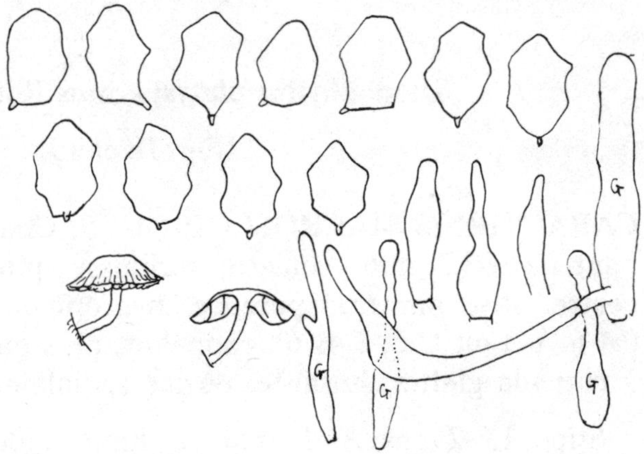

Fig. 17: *Rh. modicus*: spores, carpophore et poils marginaux

HABITAT: Sur petit fragment de bois mort pourri, en forêt ombrophile. Forêt de la Mondah, km 31,8 de Libreville (Gabon), le 6.IV. 1975, n° G. 547.

OBSERVATIONS

Cette petite a quelque ressemblance exterieure avec *Rh. simplex* Romagn. de Madagascar, qui a cependant une spore plus grosse, à dièdre plus évident, a un chapeau hygrophane et manque de poils marginaux.

DIAGNOSE LATINE: Pileo 13 mm lato, convexo, medio paulum truncato et depresso, transluciditate striato, sed haud hygrophano, e murins brunneolo, ad marginem fere albo, medio paulo obscuriore, lucido, subglabro. Stipite 10 × 1 mm, terete, fistuloso, paulo obscuriore quam pileus, lucido, subtilissime sursum pruioso. Carne pelliculari, translucida, concolore, inodora. Lamellis substipatis, 3 mm latis, ad marginem rotundatis, minimo dente adnexis, pallidissime griseolis, dein e roseis murinis, acie concolore ac denticulata. — Sporis 7-8,5-(9) × 5,5-6-(6,7) µ, symmetris elongatis complexis, fere gibbosis, basi saepe obtusa ac truncata. Basidiis 25-37 × 8,5-10 µ, tetrasporis. Pilis marginalibus lageniformibus, collo abortivo vel longo flexuosoque, 35-65-(85) × (4)-8-10,5 µ. Granulis in trama nullis; laticiferis praesentibus, paucis. Cute hyphis gracilibus, 3-8 µ latis. Fibulis praesentibus. — In parvis frustulis ligni putridi, in siva umbrosa. — Typus in Herb.Romagn. n° 547.

Rhodophyllus platyspermus Romagn.-Gilles

(Fig. 18 et 19)

CARACTERES MACROSCOPIQUES: Chapeau large de 7-9 mm et haut de 3-3,5 mm, convexe surbaissé, plus ou moins déprimé au centre, strié par transparence, hygrophane roussâtre à brun roux (M 6 A 3 ou C 5, 7 B 6), rappelant plus ou moins *Laccaria laccata,* à cuticule glabre, luisante, déviée radialement, de texture très fine.

Stipe 1,8-2 cm × 1 mm en haut, ailleurs vers 0,7 mm, d'un brun roux, plus jaune ou un peu plus foncé que le chapeau (M 6 B 5 ou 6), poudré en haut, ailleurs glabre et à grain très fin.

Chair pelliculaire, translucide, concolore au chapeau, inodore.

Lamelles assez espacées, avec 1-2 longueurs de lamellules, larges d'1 mm au milieu, arquées, décurrentes, concolore au chapeau, à arête concolore, sublisse s.l.

CARACTERES MICROSCOPIQUES: Spores probablement subglobuleuses complexes, (9)-10-12 × (7)-7,5 - 9.2 μm, à dièdre obtus passant à un face bombée, à parois épaisses et réfringentes.

Basides grandes, 38-54 × 11,5-16 μm, claviformes, tétrasporiques, parfois nécropigmentées.

Poils marginaux lécythiformes, mais à capitule parfois peu marqué ou même nul, 30-50 × 8-14 μm.

Médiostrate à hyphes fondamentales de 5-13 μm (elle atteignent 18 μm dans le chapeau); sous-hyménium souvent celluleux sous la baside, (7-10 × 7-8 μm), filamenteux-rameux plus bas. Pas de granules tramaires. Cuticule d'hyphes couchées, de 6-13 -(20) μm de diamètre, à articles longs (30-80 μ), à léger pigment vacuolaire.

Pas de boucles observées.

HABITAT: A terre, ou sur un petit talus de terre surplombant un marigot presque à sec, en forêt ombrophile. Forêt de la Mondah, près de Libreville, km 27,5, route militaire, les 9.V. et 13.VI.1976, n° G 735 et 741.

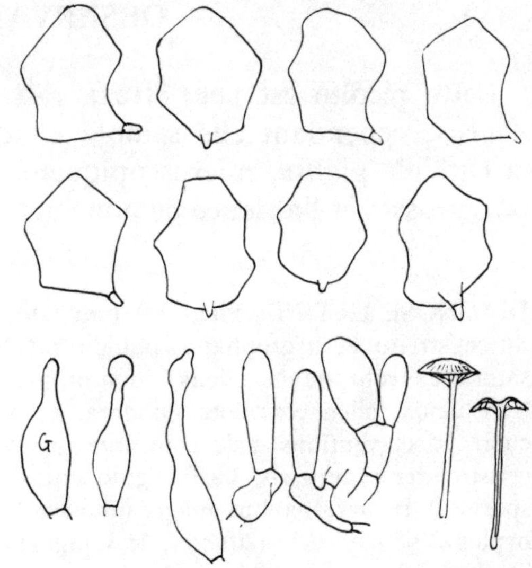

Fig. 18: ***Rh. platyspermus***: spores, poils marginaux et carpophore (G 735)

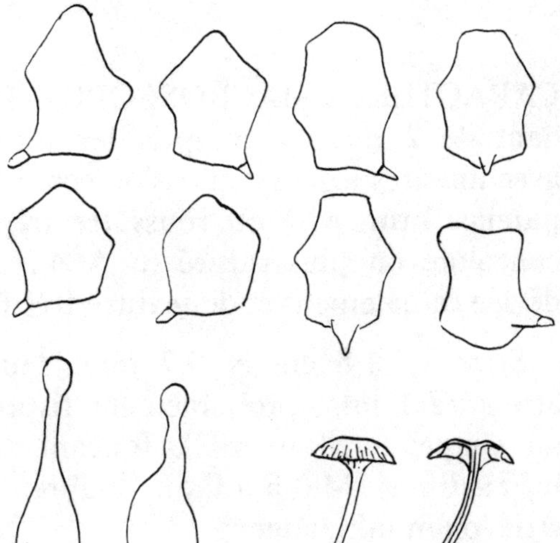

Fig. 19: ***Rh. platyspermus***: spores, poils marginaux et carpophore (G 741)

OBSERVATIONS

Cette récolte est peut-être à rattacher comme variété à *lecythiophorus*; cependant elle semble en différer macroscopiquement par la cuticule glabre, microscopiquement par les spores et les basides plus grosses et l'absence de boucles.

DIAGNOSE LATINE: Pileo 7-9 mm lato, e plano convexo, depresso, transluciditate striato et hygrophano, pallide rufulo, glabro. Stipite 18-20 × 0,7-1mm, saturatius rufo quam pileus, sursum pruinoso, alibi glabro. Carne pelliculari, translucida, pileo concolore, inodora. Lamellis satis distantibus, 1 mm latis, arcuatis, decurrentibus, acie concolore, levi s.l. — Sporis latis, 9-11,7 × 7-9,2 μ, verisimiliter symmetris, basi angulo obtuso. Basidiis 38-54 × 115-16 μm, tetrasporis. Pilis marginalibus magis minusve lecythiformibus. Cute ex granulis nullis hyphis 30-80 × 6-13-(20) μm, levi pigmento vacuolari. Fibulis nullis. — Humi in silva umbrosa. Typus in Herb. Romagn. n° G 735.

Rhodophyllus platyspermus f. **omphaliopsis** Romagn.-Gilles

(Fig. 20)

CARACTERES MACROSCOPIQUES: Chapeau large de 5-7 mm et haut de 2 mm, y compris les lames de profil, convexe-surbaissé avec une très légère dépression centrale, hygrophane et strié par transparence brun rosé ou roussâtre très pâle (M 5 à 6 A 2), à centre concolore ou plus saturé (6 A 4), à cuticule très glabre, luisante, déviée radialement et de texture très fine.

Stipe 1,7-1,8 cm × 0,7 mm, sauf en haut et en bas où il eut atteindre 1 mm, probablement fistuleux, brun rosâtre ou concolore au chapeau (M 6 A 3), fonçant progressivement dans la moitié inférieure - (M 6 B à C 5), glabre, luisant, à grain très fin, non strié longitudinalement.

Chair pelliculaire, concolore aux surfaces, inodore.

Lamelles peu serrées ou assez espacées, large de 1-2 mm au milieu, faiblement arquées, puis nettement décurrentes sur le stipe par un filet d'1 mm, roussâtre pâle (M 6 A 3), à arête concolore, sublisse ou très bassement denticulées s.l.

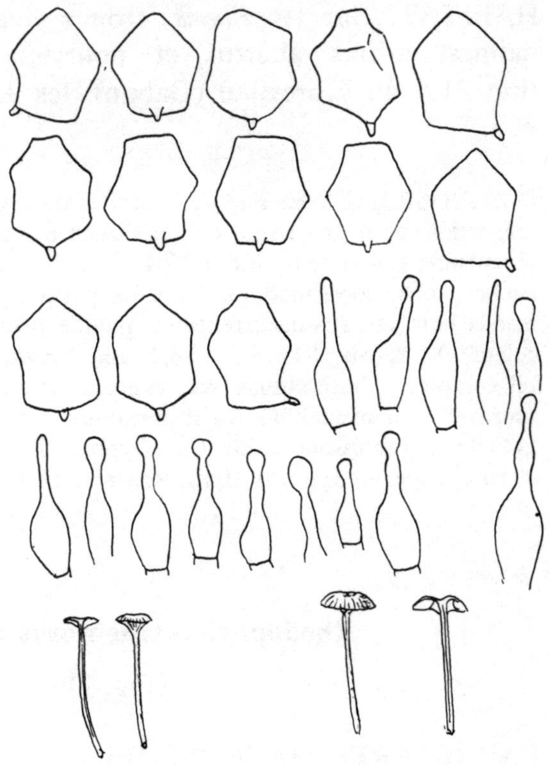

Fig. 20: *Rh. platyspermus* f. *omphaliopsis* : spores, poils marginaux et carpophores (G 556 et 577).

CARACTERES MICROSCOPIQUES: Spores 9-10,5-(11) × 7,2-7,5-(8,2) μm, courtement symétriques ou subglobuleuses simples à complexes, mais à base à dièdre très obtus ou tronqué par une face.

Basides 32-46 × 12-14-(16) μm, tétrasporiques.

Poils marginaux, lécythiformes ou lagéniformes, à col grêle, capité, ou seulement un peu renflé, également cylindrique obtus, 22-37-50 × (5)-6-11,7 μ.

Médiostrate à hyphes assez grêles (échantillons en médiocre état); sous-hyménium plus ou moins celluleux sous les basides, filamenteux-rameux en dessous. Pas de laticifère ni de granules. Cuticule à hyphes de (5)-7-15 μm de large, à articles de 20-75 μm, obtus, les derniers parfois assez courts.

Boucles non observées.

HABITAT: Sur les *Elaeis,* troncs vivants ou débris de rachis de palmes, arbres abattus et pourrissants. Forêt de la Mondah (km 31,5 de Libreville) (Gabon), les 13.IV. et 11.V.1975, n° G 556 et 577.

DIAGNOSE LATINE: Pileo 5-7 mm lato, convexo, leviter depresso, transluciditate striato ac hygrophano, pallidissime e roseo brunneolo, interdum medio paulo obscuriore, glaberrimo. Stipite 17-18 × 0,7-1 mm, suboncolore, glabro. Carne pelliculari,, concolore, inodora. Lamellis parum stipatis vel subdistantibus, 1-2 mm mediis latis, adnatis-decurrentibus, pallide rufulis, acie sublevi, subtilissime denticulata. — Sporis 9-11 × 7,2-8,2 μm, breviter symmetris elongatis simplicibus vel complexis, basi obtusa vel truncata. Basidiis 32-46 × 12-14-(16) μm, tetrasporis. Pilis marginalibus lecythiformibus vel lageniformibus, 22-50 × 5-11,7 μm. Laticiferis granulisque nullis. Cute hyphis 20-75 × 5-15 μm. Fibulis non observatis. — In Elaeide. — Typus in Herb. Romagn. n° G 577.

Rhodophyllus tenebrosus Romagn.-Gilles.

(Fig. 21 et 22)

CARACTERES MACROSCOPIQUES: Chapeau large d'1,2-2,5 cm, haut de 5-6 mm, y compris les lames vues de profil, convexe surbaissé, puis étalé et plan, faiblement déprimé ou ombiliqué au centre, à marge un peu incurvée, fortement strié par transparence, plus ou moins hygrophane, brun assez foncé (M 5 D 5) unicolore ou plus foncé au centre et sur les stries (5 E 5), à cuticule déviée radialement et de texture très fine, glabre, luisant, se couvrant s.l. de minuscules paillettes brillantes en séchant.

Stipe 1,5 - 2,8 cm × 1 - 2 mm, fistuleux, concolore au chapeau, (M 5 D 4) glabre, luisant, très finement strié longitudinalement s.l.

Chair pelliculaire, translucide, concolore au chapeau, inodore, douce.

Lamelles moyennement serrées, avec 2- 3 longueurs de lamellules (lesquelles sont plus ou moins sinueuses et presque fourchues), atteignant 4 mm, un peu arquées, puis fortement décurrentes, gris brun pâle à assez foncé (M 5 B 2 à 5 C 3, devenant 6 C 2, un peu rosâtres), à arête pâle, ou concolore, denticulée s.l.

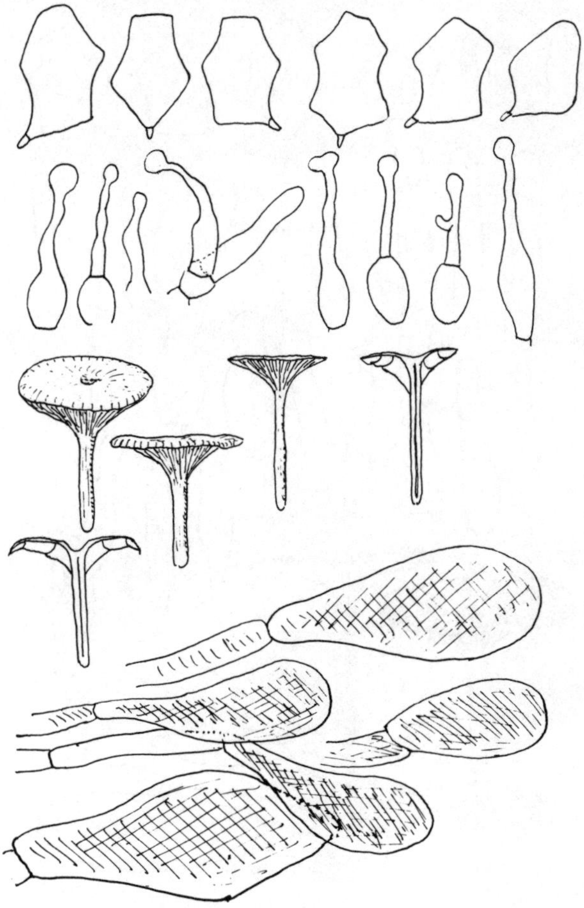

Fig. 21: ***Rh.*** *tenebrosus*: spores, poils marginaux, carpophores et hyphes cuticulaires (G 613)

CARACTERES MICROSCOPIQUES: Spores (8)-9-10-(11) × (6,5)-7-7,5 μm, symétriques allongées simples, évoluant jusqu'au type complexe, rarement cubiques, à parois assez épaisses.

Basides 25-36 × 10-12-(13,5) μm, claviformes, à 4 longs stérigmates.

Poils marginaux lécythiformes, plus rarement légéniformes, à col parfois isolé du corps par une cloison, rarement géminé, (30)-43-65-(70-90 G.) × 6-15 μm.

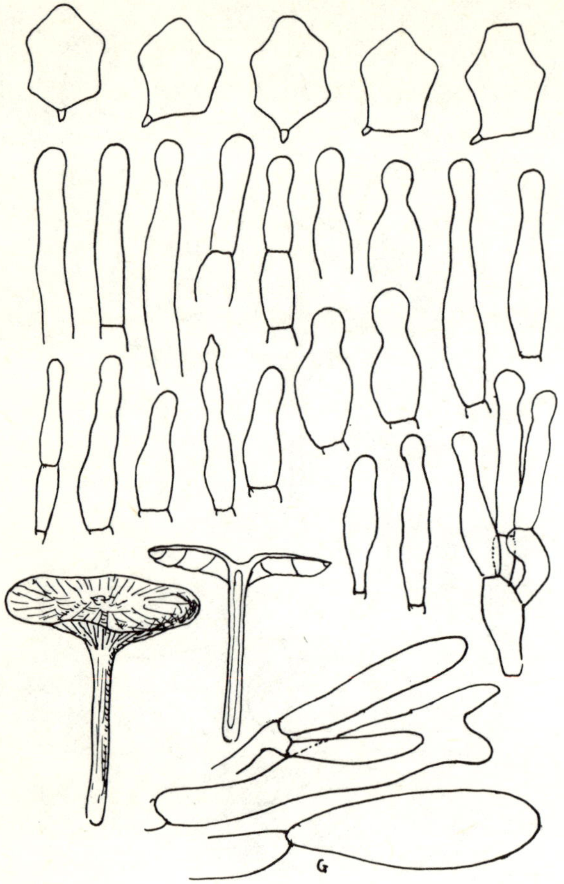

Fig. 22: ***Rh.*** *tenebrosus*: spores, poils marginaux, carpophore et hyphes cuticulaires (G 801)

Médiostrate un peu bruni à hyphes de 6-11,5-16 μm de diamètre, à parois minces et fragiles, parfois renflées près d'une des cloisons, ou même toruleuses, quelques-une à articles parfois en tonnelet (par exemple 25 × 8,5 μm); sous-hyménium à amples cellules (5,7-11 μm) sous les basides, souvent oblongues ou piriformes. Pas de laticifères ni de granules. Cuticule à hyphes volumineuses, (à article terminal souvent courtement claviforme, elliptique ou fusiforme-renflé), 20-75 × (4)-11,5-25-(35) μm, à abondant pigment brun vacuolaire.

Pas de boucles observées.

HABITAT: Sur un talus de terre humide surplombant un marigot, en forêt ombrophile. Forêt de la Mondah (source de l'Abaga), les 15 et 17.VIII. 1975, 16.I.1977 n° G 613, 616 et 801.

OBSERVATIONS

Cette *Eccilia* est remarquable par sa couleur foncée (même sur les lames), les poils marginaux lécythiformes atteignant de grandes dimensions (ce qui rend l'arête denticulée) et les grosses hyphes cuticulaires. Elle a physionomiquement quelque analogie avec le *Rh. rusticoides* d'Europe, mais en est très éloignée par tous les caractères microscopiques, spores, poils marginaux et pigmentation.

DIAGNOSE LATINE: Pileo 12-17 mm, plano, leviter depresso vel umbilicato, margine paulum inflexa, striato, magis minusve hygrophano, saturatius brunneo, glabro lucido, sicco paulum micaceo. Stipite 15 × 1,-1,5 mm, pileo concolore, glabro, subtiliter striato. Carne pelliculari, translucida, pileo concolore, inodora. Lamellis parum stipatis, lamellulis paulum sinuosis vel etiam fere furcatis, paulum arcuatis, manifeste decurrentibus, e brunneis murinis, dein e roseolis brunneis, acie pallida vel concolore, s.l. denticulata. — Sporis (8)-9-10-(11) × (6,5)-7-7,5 μm, symmetris elongatis simplicibus, interdum complexis, raro cubicis. Basidiis 25-37 × 10-12-(13,5) μm, tetrasporis. Pilis marginalibus plerumque lecythiformibus, (40)-43-50-(70-90) × 6-14-(19) μm. Cute ex hyphis grandibus constante, summo articulo saepe brevi, 20-750 × (4)-11,5-25-(35 μm), pigmento vacuolari. Fibulis nullis. — Ad parietem fossae praeter rivulum, in silva umbrosa. Typus in Herb. Romagn. n° G 613.

Deux récoltes (G 714 et 720), sont à rapprocher de ce type: elles sont cependant plus petites et de couleur moins foncée, surtout la seconde; elle constituent sans doute un f. *pallidior* Romagn.-Gilles (*A typo differt statura minore atque colore clariore. Typus G. 720)* (Fig. 23)

Chapeau 7-10 mm de large et 2-2,5 mm de haut y compris les lamelles, étalé plan, non ou à peine déprimé au centre, entièrement et fortement strié par transparence, gris brun à brun pâle (M 5 D 4, B 2), plus foncé au milieu (5 E 4, D 3) à cuticule luisante, plus ou moins courtement déviée radialement, de texture très fine. Stipe 15-18 × 0,7 mm, à peine épaissi en haut et en bas, gris brun à brun pâle (M 5 C 3), glabre, luisant, à grain

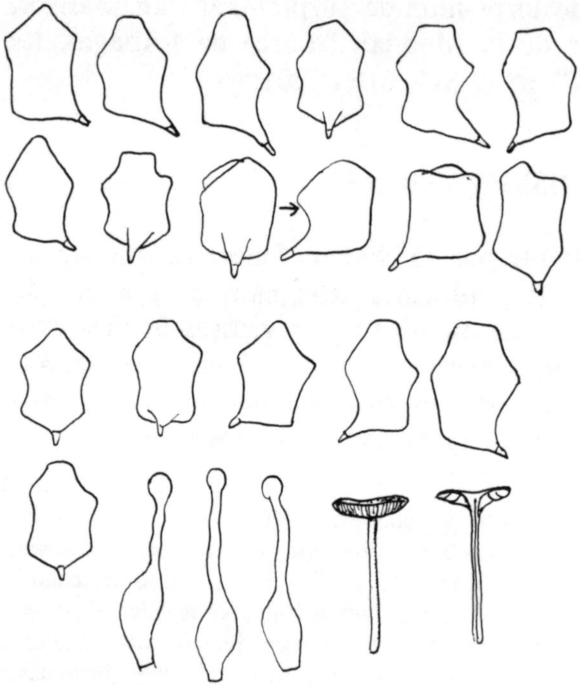

Fig. 23: *Rh. tenebrosus* f. *pallidior* en haut spores (G 714), en bas spores, poils marginaux et carpophore (G 720)

très fin. Chair pelliculaire, translucide, blanc brunâtre ou grisâtre, inodore. Lamelles peu à moyennement serrées, avec 2 longueurs de lamellules, larges d'1-1,5 mm, horizontales, faiblement arquées, puis décurrentes, gris brun à brun pâle (M 5 B 2, C 3), ne rosissant gère, à arête concolore, sublisse à bassement denticulée. — Spores (8,2)-8-10,7-(11,5) × (5)-6-7,7 µm, symétriques allongées complexes, très rarement cubiques, avec la région appendiculaire souvent très étirée, à parois épaisses et réfringentes. Basides 23-30-(40) × (9)-10,5-13 µm, tétrasporiques. Poils marginaux non trouvés chez G 714, lécythiformes chez G 720, 40-50 × 7-12 µm. Médiostrate à hyphes fondamentales atteignant 15 µ; sous hyménium à cellules arrondies sous les basides, filamenteux-rameux plus bas, facilement séparable du médiostrate. Quelques granules observés chez G 714. Cuticule à hyphes de (2)-8-14-(20) µm, dernier article souvent clavé, à pigment vacuolaire. Pas de boucles observées. A terre, en forêt ombrophile, Forêt de la Mondah près Libreville (Gabon), route militaire, les 11 et 17.IV.76, n° G 714 et 720.

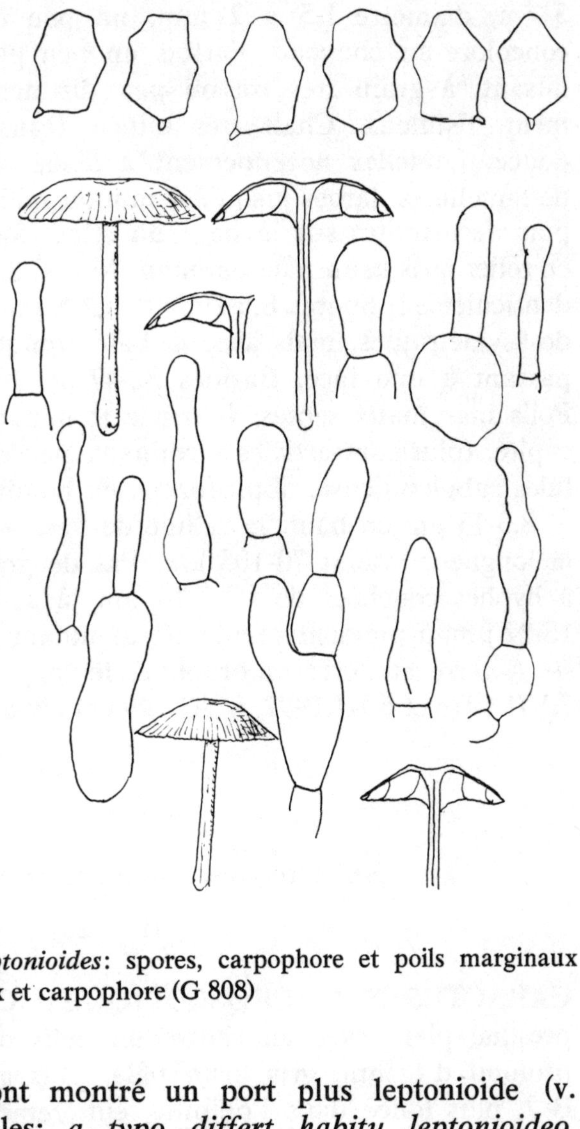

Fig. 24: *Rh. tenebrosus* v. *leptonioides*: spores, carpophore et poils marginaux (G 749); en bas, poils marginaux et carpophore (G 808)

Deux autres récoltes ont montré un port plus leptonioide (v. *leptonioides* Romagn.-Gilles: *a typo differt habitu leptonioideo, lamellis late adnatis. Typus in Herb. Romagn. n° G 749).* (Fig. 24

Chapeau large de 2,2 à 2,5 cm, haut de 5 mm, convexe surbaissé tronqué par une faible dépression centrale lui donnant parfois un profil vaguement trapézoidal, strié par transparence mais guère hygrophane, brun assez foncé ou gris brun M 5 D 3 à 5 E 4, centre plus foncé soit M 5 E 3 à 5 F 4; cuticule luisante, glabre, courtement déviée radialement à texture assez fine. En séchant, il se couvre de très courtes fibrilles denses et soyeuses. Stipe long de 2,5 à

3 cm, diamètre 1,5 à 2 mm, un peu élargi en haut et en bas, concolore au chapeau, parfois un peu plus pâle à la base, glabre, luisant, à grain très fin ou peu distinctement strié longitudinalement, fistuleux. Chair très mince, translucide, brunâtre, inodore, douce. Lamelles noyennement à assez serrées avec 2-3 longueurs de lamellules, larges jusqu'à 4 mm au milieu, horizontales ou sinuées puis décurrentes sur le haut du stipe, formant ainsi un court filet en relief, gris brun pâle devenant M 6 C 3. Arête concolore, finement denticulée s.l. Spores 8,5-10,5 × 6,2-8 μm, vraisemblablement pseudo-asymétriques, mais avec la base tronquée ou à angle très obtus, passant à une face. Basides 32-47 × 10-12,7 μm, tétrasporiques. Poils marginaux septés, à article terminal subclaviforme ou un peu capité, (plusieurs articles terminaux peuvent naître d'une seule cellules subglobuleuse, obpiriforme, en boudin etc..) et mesurant 30-55 × 8,5-13 μm en haut, la cellule de base × 10-14—(26) μm, au total la longueur atteint 70-105 μm. Pas de granules tramaires. Cuticule à hyphes couchées de (4)-7-16 μm, à article terminal de 60-90 × 15-22 μm, à pigment vaculaoire abondant. Pas de boucles observées. — A terre en forêt ombrophile, le long des marigots. Gabon, les 7.VII.1976 et 6.III.1977, n° G.749 et G.808.

Rhodophyllus tenuipileus Romagn.-Gilles

(Fig. 25)

CARACTERES MACROSCOPIQUES: Chapeau large de 18 mm, presque plan, avec au centre un petit ombilic large de 2 mm et profond d'1 mm, gris brun pâle, plus gris que S 705, soit M 5 B 2, plus foncé dans l'ombilic, entièrement strié par transparence, fibrilleux, sans ponctuations ni méchules, sauf à l'ombilic, où l'on en observe de brun assez foncé et denses.

Stipe 2 cm × 1,5 mm en haut, atteignant 2 mm en bas, creux, brun pâle, sans nuance gris bleu, concolore au chapeau, finement peigné s.l. de courtes fibrilles soyeuses.

Chair extrêmement mince, blanchâtre lavée de brun très pâle, inodore.

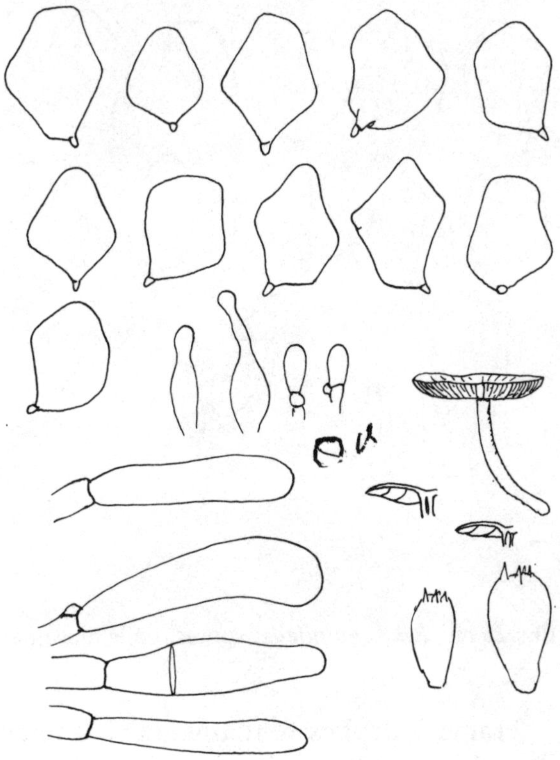

Fig. 25: ***Rh. tenuipileus:*** Spores, poils marginaux, basidioles, carpophores, hyphes cuticulaires et basides

Lamelles assez serrées, avec 4 longueurs de lamellules, adnées (petite dent décurrente peu nette), larges de 3 mm au milieu, blanc lavé de brun pâle, puis brun rosé pâle, à arête pâle, très finement denticulée à la loupe binoculaire.

CARACTERES MICROSCOPIQUES: Spores oscillant entre le type cubique et le type symétrique allongé simple (8,5)-9-11,5-(12) × 7-9 μ.

Basides 25-35 × 11,5-12 (H.R. sur exsiccata) ou 16-19 μ (G. sur le vivant), à 4 stérigmates.

Arête de lames avec basides mêlées à des cystidioles larges de 5-8,5-11,5 μ, longues de 30-50 (G), souvent utriformes ou claviformes et capitées, parfois cylindriques capitées.

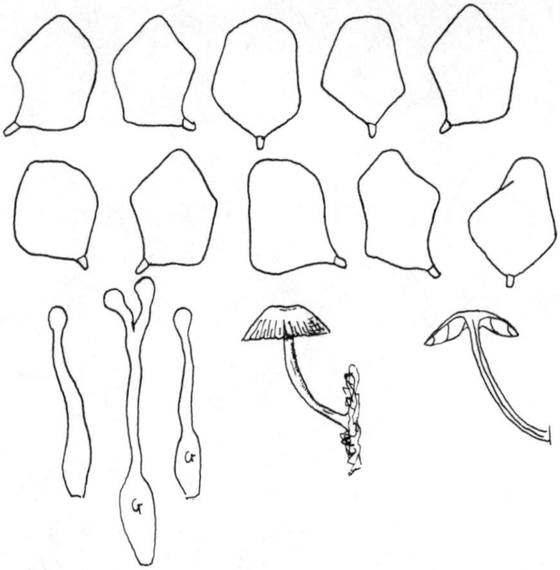

Fig. 25 bis: *Rh. tenuipileus*: spores, poils marginaux et carpophore (G 575)

Trame à hyphes fondamentales atteignant 25 μ de diamètre, sans granules sous-hyménium subcelluleux à subfilamenteux. Cuticule à hyphes à hyphes cylindracées parfois avec de fausses cloisons, obtuses (article terminal cylindrique ou un peu claviforme, long de 35-80 μ sur 5-14 μ, plus volumineux dans l'ombilic), à pigment vacuolaire.

Boucles observées au pied de plusieurs basidioles et aux cloisons des hyphes, semblant inconstantes (H.R.).

HABITAT: En forêt sur bois pourri. Forêt de la Mondah (km 31,5 de Libreville, Gabon), n° 415.

DIAGNOSE LATINE: Pileo 18 mm lato, fere plano, umbilicato, pallide murino, toto transluciditate striato, fibrilloso, medio squamuloso. Stipite 20 × 1,5-2 mm, cavo, pileo concolore, subtiliter striato. Carne tenuissima, e brunneolo albida, inodora. Lamellus substipatis, adnatis, 3 mm latis, albidobrunneolis, deinde e brunneis pallide roseis, acie pallidiore ac denticulata. — Sporis cuboideis vel symmetris elongatis simplicibus, 8,5-12 × 7-9 μ. Basidiis 25-35 × 11,6-12 vel 16-19 μ. Pilis marginalibus inter basidias sparsis, 30-50 × 5-11,5 μ, capitatis. Trama granulis carente. Cute filamentosa, hyphis 35-80 × 5-14 μ. Fibulis inconstantibus sub basidiis vel ad septa hypharum. — In silva, in ligno putrido. Typus in Herb. Romagn. n° G 415.

2° récolte

CARACTERES MACROSCOPIQUES: Chapeau atteignant 1,2 cm de large et 4 mm de haut, convexe vaguement tronqué au sommet qui est plat et non déprimé, strié par transparence et faiblement hygrophane, brun clair (M 5/6 B 3), à cuticule déviée radialement, de texture très fine, glabre et luisant.

Stipe atteignant 2 cm × 1 mm, cylindrique, étroitement fistuleux, concolore au chapeau, glabre, luisant, de texture très fine.

Chair pelliculaire, translucide, concolore aux surfaces, douce, inodore.

Lamelles moyennement serrées, avec 2-3 longueurs de lamellules (y compris les minuscules ébauches de lamellules de la marge) un peu ventrues, larges de 2 mm au milieu, adnexées au stipe par une minuscule dent, grisâtres, puis rosissant, à arête concolore et lisse.

CARACTERES MICROSCOPIQUES: Spores (7)-9-11 × (6)-7-8 μ, généralement subglobuleuses ou courtement allongées simples, plus rarement cubiques ou complexes, à parois épaisses et bien réfringentes.

Basides 30-40-(48) × 10-11,5-(12,5) μ, claviformes, généralement tétrasporiques.

Poils marginaux épars, lécythiformes, à col long et grêle et souvent brusquement capité, 50-75 × 6-10 μ au ventre.

Médiostrate à hyphes cylindriques d'environ 6-10 μ de large; soushymenium confus, peu distinct, à articles ramifiés souvent courts. Pas de granules tramaires sur le vivant. Cuticule à belles hyphes de (7)-11-22 μ de diamètre, à article terminal long de 70-120 μ, à pigment vacuolaire abondant.

Boucles observées au pied de quelques basides, mais non aux cloisons des hyphes.

HABITAT: Dans la mousses, sur un stipe d'*Elaeis* vivant, en forêt ombrophile. Forêt de la Mondah, km 31,5 de Libreville (Gabon), le 27.IV.1975, n° G 575.

OBSERVATIONS

Cette récolte ne diffère qu'à peine de *Rh. tenuipileus* par les poils marginaux plus longs, plus constamment lécythiformes, et les hyphes cuticulaire où nous n'avons pas observé de boucles. Nous nous bornons donc à en donner une description séparée.

SECTION DES TRIGONOPHYLLI

Les limites de cette section sont imprécises, au moins en Afrique: *Rh. cuboidosporus* est à placer aux côtés de *cyathus* dans les *Entoloma Nolanidei* à lames plus ou moins décurrentes (*caccabus, politus,* formes de *nidorosus*). D'autre part, les difficultés d'interprétation du type sporal chez *dubius* et les formes que nous y rattachons provisoirement, font que cette espèce est peut-être (comme *angustisporus*) un *Paraleptonia Sarciti.*

1 Port clitocyboide (chapeau 4-7 cm; stipe × 3-6 mm et même 10) la base). Odeur de farine. Spores cubiques. Pas de boucles .... Voir *Entoloma Clitopiloides* (*Rh. cuboidosporus* Beeli)

1 Pas ces caractères réunis. Spores non cubiques. Port plus ou moins comphalioide 2

2 Poils marginaux polymorphes, parfois nuls, mais non ciliformes .... *Rh. dubius* R.-G. et assimilés

2 Poils marginaux ciliformes .... *Rh. Mondahensis* R.-G.

Rhodophyllus dubius Romagn.-Gilles

(Fig. 26 et 30)

CARACTERES MACROSCOPIQUES: Chapeau large d'1-2 cm, haut de 2-5 mm, bassement convexe surbaissé, à sommet obtus, tronqué ou même un peu déprimé, puis parfois aplani et à bords relevés en soucoupe, strié par transparence, subhygrophane, gris rosé, gris beige rosé, brun rosé, pâle dans l'ensemble, mais un peu plus foncé au centre, (M 5 B à C 3, B à C 2), pâle sur les bords sur le sec, à cuticule de texture très fine, d'aspect glabre et luisant, mais déviée radialement, et sur le récolte 517 couverte s.l. de courtes paillettes luisantes et même de minuscules peluches plus ou moins mal apprimées.

Stipe 1,5-2,5 cm × 1-1,6 mm, un peu plus épais (1,5-2 mm) à la base, tubuleux, blanchâtre ou concolore au chapeau, pruineux

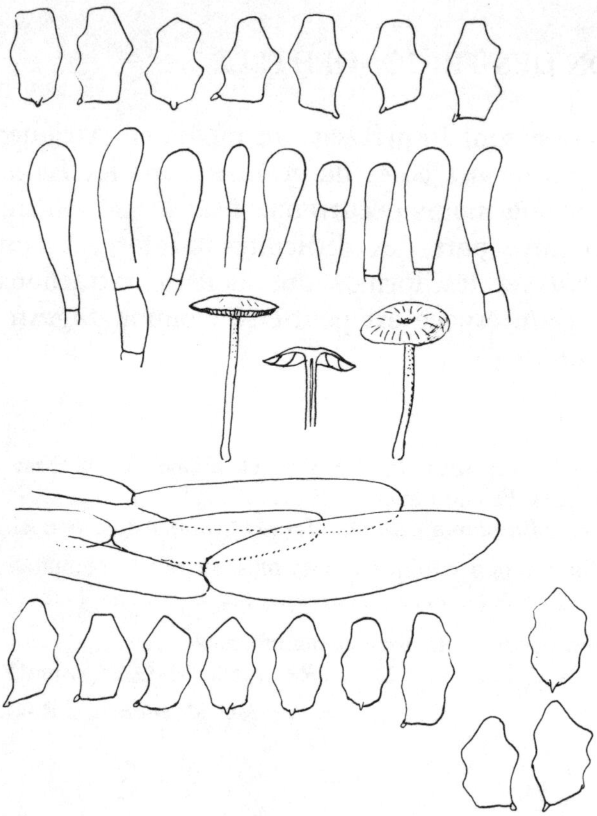

Fig. 26: *Rh. dubius:* spores, poils marginaux, carpophores et hyphes cuticulaires (G 505) et spores (G 517)

en haut, un peu plus foncé inférieurement, luisant, sur la récolte 517 entièrement pelucheux s.l. sur le frais par de courtes fibrilles argentées dispersées, avec du mycélium blanc à la base.

Chair pelliculaire, blanchâtre, inodore et douce.

Lamelles moyennement à assez serrées, avec 2-3 longueurs de lamellules, larges de 2-3 mm, le plus souvent arrondies ascendantes et adnées ou adnexées par une courte dent, mais largement adnées uncinées sur la récolte 508, blanchâtres, puis rosées (M 7 A 2), à arête tantôt lisse, tantôt finement denticulée, selon la différenciation des poils marginaux.

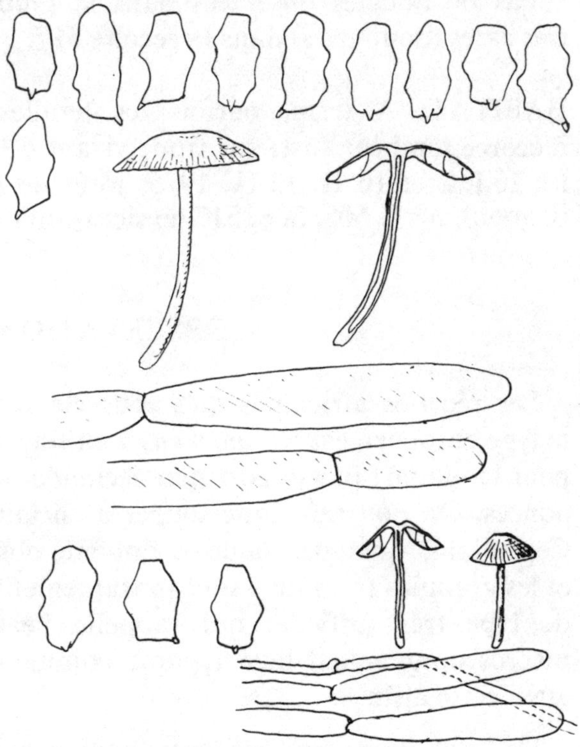

Fig. 27: *Rh dubius*: en haut, spores, carpophore et hyphes cuticulaire (G 560); en bas (G 514)

CARACTÈRES MICROSCOPIQUES: Spores 7,5-9-(10) × (4,2)-5-6 μm, étroites, à base obtuse ou tronquée, très probablement pseudo-asymétriques, de contours bosselés, à parois assez minces.

Basides (22)-28-32(40) × 8,5-12,5 μ, claviformes, à 4 spores.

Poils marginaux plus ou moins différenciés selon les récoltes, tantôt basidiformes et pouvant passer inaperçus, tantôt plus abondants et franchement claviformes ou polymorphes, à article terminal de 12-30-55 × 6-13-(17) μm.

Médiostrate des lames à hyphes fondamentales de 8,5-10-17 μm de diamètre, avec conneives plus grêles; sous-hyménium celluleux; rares laticiféres sur certaines récoltes; granules tramaires nuls ou peu abondants et non gênants. Cuticule filamenteuse, à articles superficiels assez volumineux, 40-55 × 7-18-(22) μm, à pigmentation pâle ou indistincte.

Pas de boucles observées dans la plupart des récoltes; peut-être très rares (douteuses) dans la récolte 517.

HABITAT: A terre, parfois les feuilles mortes ou sur morceau d'écorce tombée, aussi sur tronc vivant d'*Elaeis,* en forêt ombrophile, les 26.I, 2 et 16 II, 13.IV 1975, forêt de la Mondah, près Libreville (Gabon), n° G 505, 508, 517 (exsiccatum détruit) et 560.

OBSERVATIONS

Les récoltes africaines que nous classons dans cette section, dont le type européen est *Rh. parkensis* au sens de Kühner, se singularisent pour la plupart par le port non ecciloïde, les lamelles étant seulement adnées. On pourrait donc songer à en faire des *Leptonia Fuliginosi.* Cependant, quelques boucles ont été observées sur la récolte 514, et les granules tramaires sont pratiquement absents; quant à la spore, de type très difficile, qui rappelle beaucoup celle d'une *Eccilia* macroscopiquement bien typique comme *angustisporus,* elle dément aussi cette affinité.

De la description précédente, nous avons éliminé toutes les formes où la cuticule avait des hyphes relativement étroites, et qui présentaient soit des boucles, soit des poils marginaux aberrants ou peut-être même absents. Nous donnerons des descriptions séparées de quelques-unes de ces récoltes, et sous le nom spécifique de *Mondahensis,* celles où l'arête porte des poils grêles et ciliformes, assez particuliers.

2°) Récoltes à arête partiellement fertile.

a) Récolte G 514 (fig. 27, bas): l'exsiccatum étant en très mauvais état, H.R. n'a pu observer en toute certitude la composition de l'arête ni le bouclage.

Chapeau 1,2 cm de diamètre, haut de 5 mm, conique-tronqué au sommet, strié par transparence mais non hygrophane, brunâtre (M 5 C 4), plus foncé au centre (M 5 D 4) à cuticule luisante, de texture extrêmement fine, donc peu distinctement déviée radialement. Stipe 17 × 1-1,5 mm, fistuleux, rosâtre pâle (M 5 A 2) poudré de blanchâtre dans la moitié supérieure, brunâtre ailleurs,

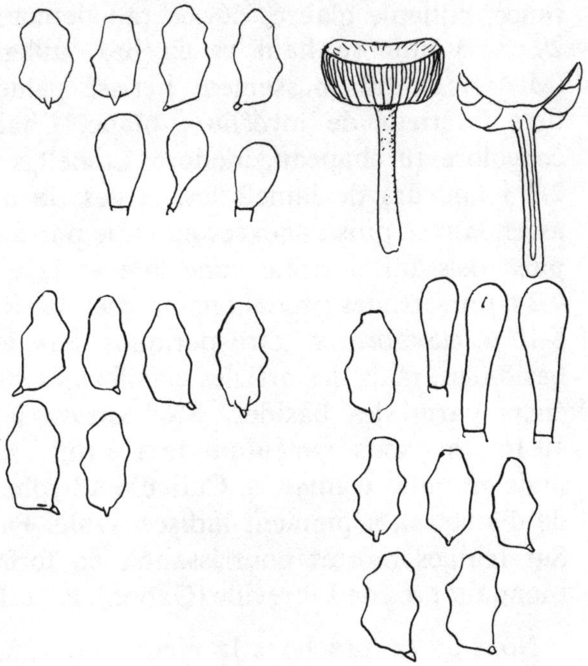

Fig. 28: *Rh. dubius*: en haut, spores, poils marginaux et carpophore (G 566); en bas à gauche spores (G 731); à droite spores et poils marginaux (G 732)

à grain très fin, non strié longitudinalement s.l., envahi de mycélium blanc à partir de la base. Chair pelliculaire, translucide, concolore au chapeau, inodore. Lamelles moyennement serrées, avec 2 longueurs de lamellules, larges de 3 mm au milieu, adnées, concolores au sommet du stipe, puis rosâtres (M 6 A 2), à arête concolore, sublisse s.l. — Spores 7,2-9 × 4,7-5,5 μm, pseudoasymétriques. Basides collapses et non observables. Arête des lames sans poils distincts des basidioles. Cuticule à hyphes grêles, 3-8 μm, à pigment vacuolaire pâle. Quelques boucles observées aux plus grêles des hyphes cuticulaires. — 9.II.1975, n° G 516. — La récolte G 731 est probablement à en rapprocher (Fig. 28 en bas à gauche).

b) Récolte G 566 (Fig. 28, haut). Chapeau 1,6 cm, haut de 8 mm y compris les lames, étalé à bord fortement relevés en soucoupe, à centre faiblement saillant, strié par transparence, séchant par traînées radiales fines, brun rosé (M 5 B 3), à centre à peine plus foncé, cuticule glabre, déviée radialement à texture très fine. Stipe 20 × 3 mm en haut et en bas, ailleurs 2 mm, fistuleux, pâle (M 4 A 2), très bassement hérissé pelucheux s.l., couvert dans le tiers inférieur de mycélium blanc. Chair pelliculaire, translucide, concolore au chapeau, inodore. Lamelles moyennement serrées, avec 2-3 longueurs de lamellules, larges de 3 mm au milieu, ventrues-ascendantes, puis adnexées au stipe par une courte dent, blanchâtres, puis rosissant, à arête concolore et lisse s.l. — Spores 7-8,5-10 × 4,2-6 μm, étroites probablement pseudoasymétriques. Basides 27-33 × 8-10 μ, claviformes, tétrasporiques. Pas de poils d'arête distincts des basidioles, mais des articles claviformes stériles de 19-25 × 11,5-14 μ épars parmi les basides. Médiostrate à hyphes fondamentales de 10-16 μm; sous-hyménium très étroit, celluleux. Pas de laticifères ni de granules tramaires. Cuticule à hyphes couchées, grêles (7-11 μm de diamètre), à pigment indiscernable. Pas de boucles observées. — Sur feuilles mortes pourrissantes en forêt ombrophile. Forêt de la Mondah, près de Libreville (Gabon), le 20.IV.1975, n° G 566.

Nous en rapprochons la récolte G. 732, faite le 1.V.1977, à arête présenant les mêmes caractères (poils claviformes, peu différenciés, épars parmi les basides).

3°) **Récoltes** G. 718 et 725. — Chapeau 1,2-1,5 cm, de large, haut de 3-4 mm, convexe surbaissé ou étalé à conico-convexe, avec le centre obtusément saillant ou tronqué, strié par transparence, plus ou moins distinctement hygrophane, brunâtre très pâle à brun pâle un peu rosâtre (M 5 B 3 ; MS 7,5 YR 7/2), puis fonçant progressivement pour atteindre M 5 D 4 ou MS 7,5 YR 6/2, à cuticule glabre, un peu luisante, pas toujours visiblement déviée radialement (le centre est uni), de texture fine. Stipe 2,5 cm × 1-1,5 mm, jusqu'à 2 mm en bas, fistuleux, blanchâtre ou concolore au chapeau, ailleurs brun jaune pâle à gris brunâtre (M 4 C 2, 5 C 4), d'abord entièrement poudré, puis seulement en haut, luisant, à grain très fin, avec parfois jusqu'à 5-6 mm de la base du coton mycélien. Chair très mince, translucide, blanchâtre, inodore, douce. Lamelles assez serrées, avec 2-3 longueurs de lamellules, larges de 2-3 mm au milieu, d'abord ascendantes et arrondies, adnexées au stipe par une courte dent, blanchâtres, puis rosissant, à arête concolore, sublisse à denticulée s.l. — Spores 8,2-10-(11) × 4,5-6 μm, anguleuses bosselées, vraisemblablement pseudoasymétriques. Basides 22-35 × 7-10,5-(11) μm, tétrasporiques. Poils marginaux les unes claviformes

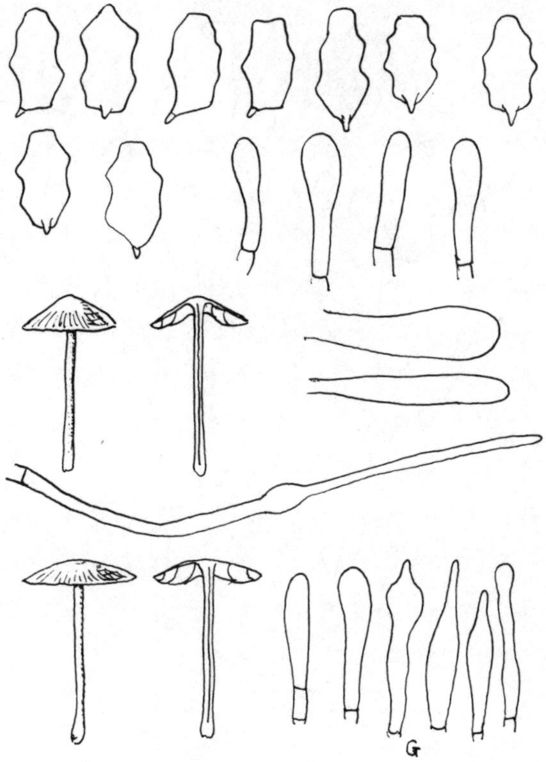

Fig. 29: *Rh. dubius*: en haut, spores, poils marginaux, carpophore et extrémité des hyphes cuticulaires (G 718); en bas, carpophore et poils marginaux (d'après G. Gilles) (G 725)

obtus, les autres terminés par un petit col, très rarement un peu capités, 25-45 × 6-11,5 μm. Médiostrate à hyphes de 12-22 μm; sous-hyménium épais de 15 μ environ, à cellules irrégulières, petites. Granules tramaires abondants dans la récolte 718, nuls dans 725. Quelques laticifères larges de 2,7-4-(15) μm. Cuticule à hyphes relativement grêles, larges de 7-14 μm. Chez le 718, la pigmentation semble uniformément membranaire, mais très pâle, difficile à localiser. Pas de boucles observées. — A terre ou sur débris végétaux, forêt de la Mondah, près Libreville (Gabon), route militaire et km 31,8 de Libreville les 11 et 19.IV.1976, n° G 718 et 725.

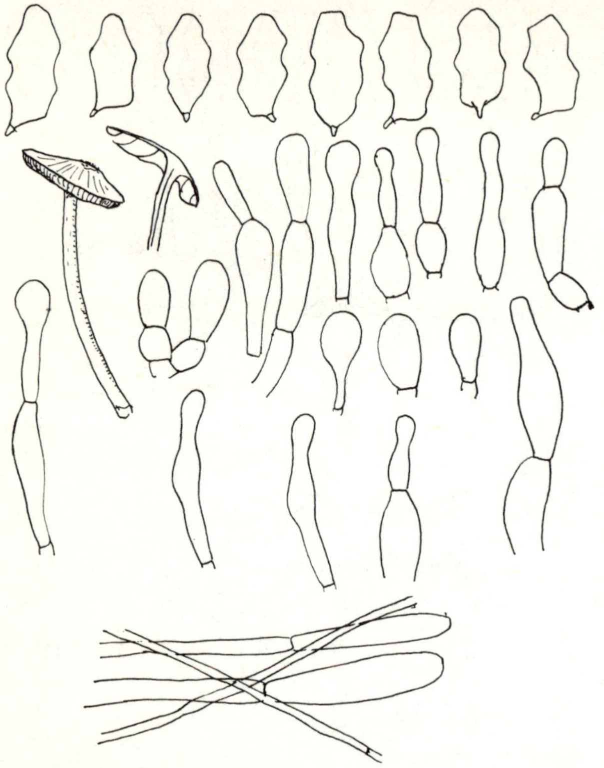

Fig. 30: *Rh. dubius*: spores, carpophore, poils marginaux et hyphes cuticulaires (G 706)

4°) Récolte à poils marginaux légèrement capités.

(Fig. 30)

Chapeau 1,6 cm de large, haut de 4 mm y compris les lames, vaguement asymétrique, convexe surbaissé, hygrophane, non déprimé entièrement strié par transparence, brun bistre assez pâle, vers M 5 C 4, un peu plus clair à la marge et plus foncé au centre sur 2 mm (M 5 E 4), à cuticule de texture très fine, déviée radialement, à sommet finement pelucheux. Stipe excentrique, 3 cm × 1,5 mm, à peine plus épais aux extrémités, fistuleux, concolore au chapeau, très finement poudré pelucheux s.l., couvert en bas sur 5 mm de mycélium blanc. Chair pelliculaire, translucide, concolore aux surfaces, inodore, douce. Lamelles assez serrées, avec 2-3 longueurs de lamellules, blanc roussâtre très pâle, fonçant ensuite, vers M 5

B 4, larges au milieu de 3 mm, faiblement ventrues, adnexées au stipe par une courte dent, à arête concolore, sublisse s.l. — Spores 8-10-(11) × 4,5-5,5 µm, très étroites, de contours anguleux bosselés, à base plus ou moins tronquée et obtuse, sans doute pseudoasymétriques, à parois minces; le hile est très étiré, ce qui rend le diagnostic difficile. Basides 22-30(38) × 7-9,5 µm, claviformes, puis cylindriques, à 4 stérigmates. Poils marginaux parfois courtement claviformes (basidiformes), le plus souvent lagéniformes, avec un col assez épais et plus ou moins épaissi en haut, fréquemment séparé du ventre par une cloison, parfois simplement obtus, mais jamais catégoriquement lécythiformes, 15-46 × 8-11,7 µm. Médiostrate à hyphes fondamentales volumineuses, 14-23 µm, avec connexives de 5-9 µ; sous-hyménium à cellules plus ou moins arrondies (8-10 × 6-7 µm). Pas de laticifères ni de granules tramaires. Cuticule à hyphes assez grêles, de 4-8 µm de diamètre. Pas de boucles. — A terre, parmi les feuilles mortes, en forêt ombrophile. Forêt de la Mondah, près Libreville (Gabon), le 28.III.1976, n° G 706.

DIAGNOSE LATINE DU TYPE: Pileo 12 mm lato, leviter convexo, subplano, medio paululum depresso, hygrophano, transluciditate striato, e roseo brunneolo, medio obscuriore, glabro, impolito, sicco radiatim directo atque paulum micaceo. Stipite 20 × 1 mm, imo 1,5 mm lato, in media superiore parte albido ac pruinoso, in inferiore pileo concolore. Carne pelliculari, translucida, inodora, dulci. Lamellis satis stipatis, 2 mm mediis latis, horizontalibus, adnatis, albis, deinde pallide roseis, acie concolore, sublevi s.l., — Sporis 7,5-9-(10) × 5-6 µm, angustis, gibbosis, verisimiliter pseudoasymmetris. Basidiis 22-40 × 9-12,5 µm. Pilis marginalibus cylindrato-clavatis, extremo articulo 12-30 × 6-11,5 µm. Cute hyphis grandibus 40-100 × 10-22 µm, pigmento inconspicuo. Fibulis non visis. — Humi inter folias mortuas, in silva umbrosa. — Typus in Herb. Romagn. n° G 505.

Rhodophyllus Mondahensis Romagn.-Gilles

(Fig. 31)

CARACTERES MACROSCOPIQUES: Chapeau large de 8 mm et haut de 3 mm, convexe, avec une faible dépression centrale strié par transparence, mais guère hygrophane, brun rosâtre pâle (M 6 B 3), un peu plus foncé au centre (M 6 C 3), à cuticule déviée radialement, à texture très fine, luisante, glabre, sauf au centre qui est velouté.

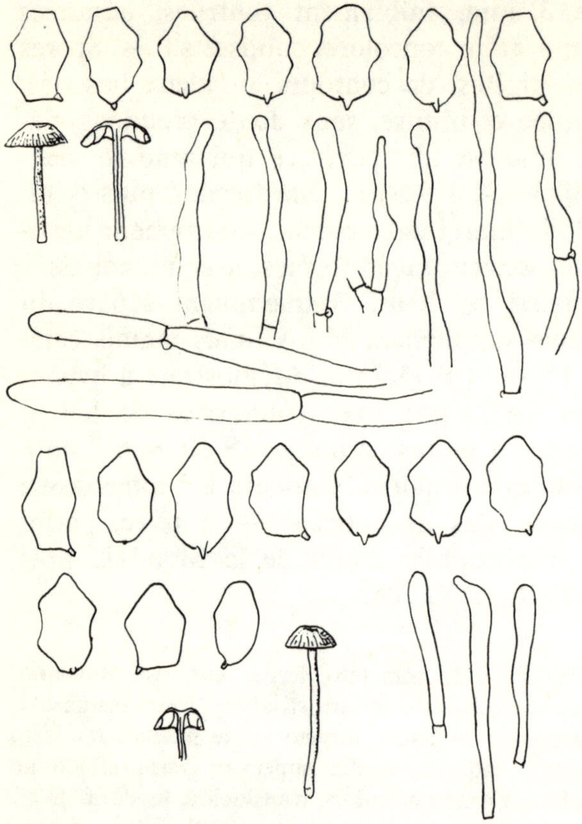

Fig. 31: *Rh. Mondahensis*: en haut, spores, poils marginaux, carpophore et hyphes cuticulaires; (G 536) en bas, spores, carpophore et poils marginaux (G 507)

Stipe 1,5 cm × 1 mm, cylindrique fistuleux, dans les tons du chapeau ou légèrement plus jaunâtre (M 5 B 3 ou à peu près), entièrement couvert à la récolte et avant tout contact d'une très subtile pruine concolore.

Chair pelliculaire, translucide, concolore aux surfaces, inodore, douce.

Lamelles moyennement serrées, avec 2 longueurs de lamellules, larges d'1,6 mm au milieu, ascendantes, arquées décurrentes sur le haut du stipe par un filet en relief, sur 1 mm, à arête concolore, lisse ou presque s.l.

CARACTERES MICROSCOPIQUES: Spores (7,5)-8-9-(10) × 5,5-6,5 μ, à base tronquée, probablement pseudo-asymétriques simples à complexes, à parois minces et pâles, quoque assez réfringentes.

Basides 27-38 × 9,5-11 μ, tétrasporiques.

Poils marginaux ciliformes, obtus et le plus souvent légèrement dilatés au bout, parfois même capités (G.), un peu flexueux et d'épaisseur inégale, (25)-45-100 × 4-7 μ.

Médiostrate à hyphes fondamentales de 7-10 μ en moyenne; sous-hyménium étroit. Pas de granules tramaires. Cuticule d'hyphes couchées, subcylindriques, larges de 3-9 μ, à pigment indistinct.

Boucles présentes, mais semblant inconstantes, au pied des basides et à certaines cloisons des hyphes.

HABITAT: Sur l'écorce d'une branche morte tombée à terre, en forêt ombrophile. Forêt de la Mondah km 31,8 de Libreville (Gabon), le 31.III.1975., n° G 536.

OBSERVATIONS

Si cette espèce avait la spore asymétrique, on pourrait la classer dans les *Cancrini* pâles.

2°) **Récolte à port plus svelte** (fig. 31 bas)

Chapeau large de 6 mm et haut de 3 mm, convexe, légèrement déprimé au centre, brun pâle rosâtre (M 5 B 3), un peu plus foncé au centre, M 5 C 3, à cuticule, de texture très fine s.l. Stipe 20 × 0,7-1 mm, atteignant en bas 1,5 mm, probablement tubuleux, très pâle puis concolore au chapeau dans la moitié supérieure, légèrement plus foncé dans la partie inférieure, glabre, luisant, à texture très fine et non distinctement strié s.l. Chair pelliculaire, translucide, concolore, inodore. Lamelles peu serrées avec 2 longueurs de lamellules, larges de 2 mm au milieu, horizontales, puis décurrentes sur le stipe, à peine plus pâles que le chapeau, à arête concolore, très bassement denticulée s.l. — Spores (7)-7,5-9 × (4,7)-5,2-5,7-(6,5) μm, pseudo-asymétriques, à parois assez minces. Basides 25-36 × 8,5-10,5-(13) μm, claviformes, tétrasporiques. Poils marginaux ciliformes, irréguliers, claviformes ou toruleux, parfois terminés en tétine, 40-65 × 4-7 μm. Médiostrate à hyphes fondamentales de 7-10 μm, (jusqu'à 17 μm dans le chapeau) à parois très minces; sous-hyménium très étroit, plus ou moins celluleux. Cuticule filamenteuse d'hyphes couchées, grêles (3-9-(15) μm), à pigment vacuolaire très pâle, peu distinct. Boucles inconstantes et souvent imparfaites aux cloisons des hyphes cuticulaires, observées aussi aux basides. — A terre en forêt ombrophile. Forêt de la Mondah près Libreville (Gabon), le 2.II.1975, n° G 507.

DIAGNOSE LATINE: Pileo 8 mm lato, convexo, leviter depresso, transluciditate striato, sed parum hygrophano, pallide e roseo brunneolo, paulo medio obscuriore, glabro, medio velutino. Stipite 15 × 1 mm, terete, fistuloso, pileo concolore, toto subtilissime pruinoso. Carte pelliculari, translucida, concolore, inodora. Lamellis mediocriiter stipatis, 1,5 mm latis, prium ascendentibus, dein in stipite dente decurrentibus, concoloribus, acie sublevi. — Sporis (7,5)-8-9-(10) × 5,5-6,5 μm, basi truncata, verisimiliter asymmetris simplicibus vel complexis, tunica tenui. Basidiis 27-38 × 9,5-11 μ, tetrasporis. Granulis absentibus. Pilis marginalibus ciliformibus, (25)-40-100 × 4-7 μ, obtusis vel extremis leviter incrassatis interdumve capitatis. Cute ex hyphis gracilibus constante, 7-10 μm, pigmento haud mani-festo. Fibulis praesentibus. — In cortice rami dejecti in silva umbrosa. — Typus in Herb. Romagn. n° G 536.

SOUS-GENRE PARALEPTONIA

SECTION DES CANCRINI

Macroscopiquement, les espèces que nous classons ici se distinguent des *Leptonia Alborosei* seulement par le spore asymétrique.

1 Port de *Pleurotellus* (le stipe, central tout au début, cesse rapidement de croître et devient rudimentaire, latéral ou très excentrique). Pas de boucles 2

1 Port d'*Eccilia* ou de *Leptonia*. Stipe central et bien développé 3

2 Odeur de fleur d'oranger, passant au froissement à celle de farine. Spores étroites, anguleuse-gibbeuses, 7,2-10 × 5,5-6 μm .... *Rh. dochmiopus* R.-G.

2 Pas d'odeur. Spores (7)-8-10,5 × (5)-6-7 μm, plus régulièrement anguleuses...... .... var. *obsoletus* R.-G.

3 Spores prismatiques étoilées, 8-14 × 7-10 μm. Cuticule à hyphes volumineuses, souvent avec des articles en tonnelet, le dernier étant çà et là surmonté par un poil filiforme capité. Pas de boucles........... *Rh. pseudomolliusculus* R.-G.

3 Spores allongées. Pas de poils capités sur le chapeau. Des boucles............. 4

4 Lamelles nettement décurrentes. Chapeau 2-3 cm; stipe 20-40 × 1-2 mm. Pas de poils marginaux. Spores 8,5-10,5 × 6,5-7-(8,5) μm .... *Rh. candicans* R.-G.

4 Lamelles simplement adnées. Chapeau 3-8 mm; stipe 10-15 × 0,7-1 mm 5

5 Chapeau 8 mm, brun rosâtre pâle, un peu plus foncé au centre. Poils marginaux ciliformes, non ou peu renflés en bas, flexueux, parfois légèrement dilatés en haut .... Voir *Eccilia Trigonophylli:* (*Rh. Mondahensis* R.-G.)

5 Chapeau 3 mm, jaunâtre pâle. Poils marginaux claviformes à lagéniformes et alors à ventre et à col bien différenciés.................. *Rh. invisibilis* R.-G.

Rhodophyllus candicans Romagn.-Gilles

(Fig. 32)

CARACTERES MACROSCOPIQUES: Chapeau large de 2 à 3 cm, haut de 4 à 8 mm, y compris les lames ressortant dessous de profil, généralement étalé avec ou sans un très petit mamelon central, plus

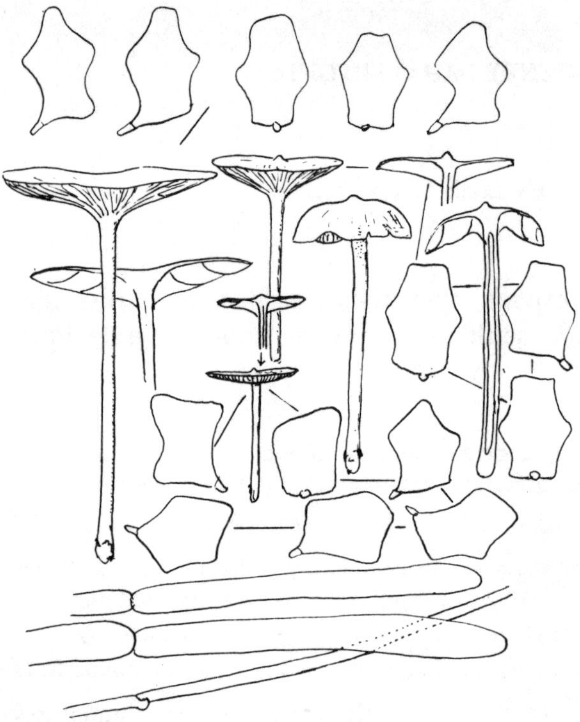

Fig. 32: *Rh. candicans:* en haut, spores et à gauche carpophore (C.I. 041) au milieu carpophores et spores (C.I. 054) à droite carpophores et spores (C.I. 065), en bas hyphes cuticulaires

rarement convexe surbaissé avec le sommet légèrement saillant, blanc, parfois subtilement taché de jaune clair (M 4 A 3) au milieu, ni strié par transparence ni hygrophane, luisant, glabre. Cuticule déviée radialement, finement cotonneuse quelquefois à texture si fine et si dense qu'elle n'est pas distincte à la loupe alors que d'autres fois le texture est très lâche.

Stipe long de 2,5 à 4 cm, diamètre 1,5 à 2 mm, légèrement dilaté à la base, entièrement blanc, poudré en haut sur quelques millimètres, puis strié longitudinalement, luisant, glabre, avec un peu de coton mycélien blanc en bas, fistuleux.

Chair pelliculaire, translucide, blanche, inodore, douce.

Lamelles moyennement serrées avec 2-3 longueur de lamellules, larges jusqu'à 3 mm au milieu, uncinées dans les formes convexes, plus franchement décurrentes dans les formes planes et faisant alors un court filet en haut de stipe, blanches puis rosissant jusau'à M 8 A 2. Arête concolore, lisse à la loupe.

CARACTERES MICROSCOPIQUES: Spores asymétriques presque toujours simples, 8,5-10,5 × 6,5-7-(8,5) μm, très anguleuses, à parois épaisses (nettement tronquées à la base).

Basides subcylindriques, 30-36 × 10-11,5-(12,5) μ, à 2, ou 4 stérigmates, à paroi tendant à s'épaissir et à se sclérifier sur une des deux récoltes.

Pas de cystides ni de poils marginaux.

Médiostrate à hyphes de 12-18 μm, les connexives d'environ 3,5 μm; sous-hyménium très étroit (une couche de cellules courtes ?). Pas de granules tramaires nets. Cuticule d'hyphes couchées, de 4-11 μm de diamètre, mêlées à des hyphes allantoides très grêles de 2-4 μm. Pas de pigment visible.

Boucles présentes, mais parfois imparfaites, aux cloisons des hyphes cuticulaires et aux basides.

HABITAT: A terre dans les feuilles mortes. Côte d'Ivoire, forêt du Téké les 29.9., 6.10., 4.12. et 27.10. 1974, n° C.I. 041, C.I. 048, C.I. 054 et C.I. 065.

OBSERVATIONS

Cette petite espèce blanche se reconnaît à sa cuticule cotonneuse généralement lâche ou très luisante. Contrairement à celle d'*hyalodepas* qui est très unie mais mate et striée par transparence ou à celles de *stylobates* et *aripoanus* qui sont de texture moins fine. Elle est proche du *cancrinus* européen, mais plus grêle, inodore et à spores plus petites.

DIAGNOSE LATINE: Pileo 1,6-3 cm, primum hemisphaerico, dein expanso ac depresso, levissime medio mammoso, haud hygrophano, candido vel pallide luteolo, radiatim fibrilloso-gausapato, sed non squamuloso. Stipite 35-40 × 1-2 mm, anguste fistuloso, candido vel pallide luteolo, sursum breviter pruinoso, alibi glabro. Carne tenuissima, albida, inodora. Lamellis mediocriter stipatis, 3 mm latis, dente decurrentibus vel adnato-decurrentibus, candidis, dein roseis, acie integra et levi. — Sporis asymmetris simplicibus, 8,5-10,5 × 6,5-7,5-(8,5) μm. Basidiis cylindratis, 30-36 × 10-11,5-(12,5) 2-4 sporis. Cute filamentosa, hyphis alteris 4-11 μm latis, alteris 2-3 μm. Fibulis praesentibus. — Humi, inter folias deciduas, in silva umbrosa. Typus in Herb. Romagn. N° C.I. 041.

Rhodophyllus dochmiopus Romagn.-Gilles

(Fig. 33)

CARACTERES MACROSCOPIQUES: Chapeau large de 2-2,5-(3,5) cm, haut de 5-8-(10) mm, cuculliforme, puis de gondolant fortement, à marge irrégulière et plus ou moins crevassée radialement, entièrement blanc, prenant à maturité sauf au milieu un teinte brun rosé un peu plus pâle que S 705, mais devenant blanc grisâtre à la dessiccation, à cuticule soyeuse-pelucheuse, d'aspect arachnéen, faite s.l. de fibrilles brillantes qui lui donnent un aspect satiné, strié-cannelé au dos des lames, sauf à l'extrême sommet pelucheux, mais non hygrophane.

Stipe très petit, recourbé, 2-4 × 1-1,5 mm, rudimentaire ou même oblitéré, latéral ou très excentrique, blanc, pelucheux-pruineux s.l.

Chair extrêmement mince, cotonneuse, légère, blanche; le champignon dégage de l'extérieur un net parfum de fleurs d'oranger, mais sent la farine au froissement, ces deux odeurs se combinant en celle de la pâte à crêpe au demi-écrasement.

Lamelles moyennement serrées, avec 4 longueurs de lamellules, la plupart n'atteignant pas le haut du stipe, et y ménageant tout autour une plage cotonneuse et blanches, celles qui l'atteignent étant adnexées par une fine dent, larges de 6 mm au milieu chez les grands sujets, blanches, puis roses, à arête concolore, irrégulières plus ou moins déchiquetée, très finement denticulée à la loupe binoculaire.

Sporée (déposée sur le chapeau) d'un brun rosé assez vif (S 188).

CARACTERES MICROSCOPIQUES: Spores asymétrique complexes, nettement oblongues, 7,2-10 × 5,5-6 μ, de contours très bosselé, à base plus ou moins tronquée.

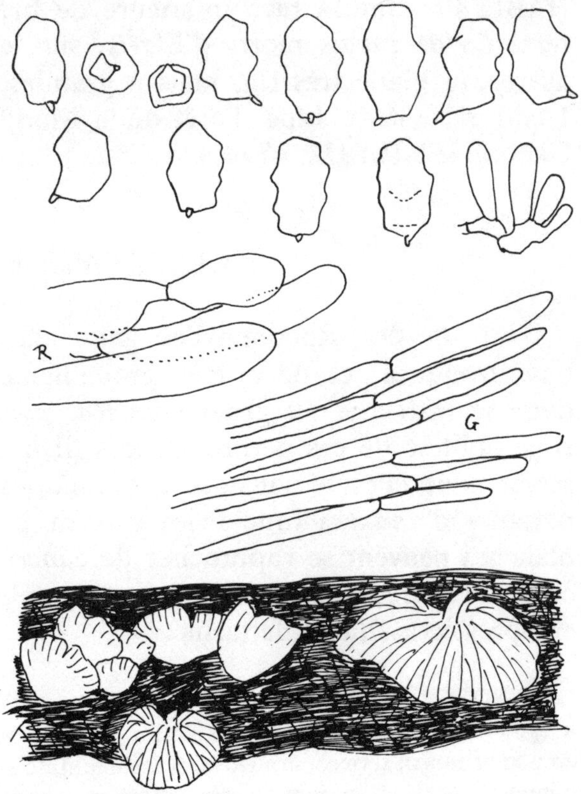

Fig. 33: *Rh. dochmiopus:* spores, hyphes cuticulaires (R. sec. Rom., G sec. Gilles) et carpophores (G 126)

Basides claviformes, 28-38 × 8,7-11,5 μ, claviformes, à 4 stérigmates. Pas de cystides ni des poils marginaux.

Trame d'hyphes fondamentales de 7-16 μ dans le médiostrate, atteignant 20 μ dans le chapeau, avec quelques rares laticifères dans le subcutis, sans granules (tout au plus quelques grosses gouttes huileuses isolées dans la chair et la cuticule nous avons observé aussi une hyphe large de 10 μm à contenu huileux homogène); sous-hyménium étroit, peu distinct. Cuticule filamenteuse d'hyphes cylindriques, larges de 8-10 μ, à article terminal obtus, long de 40-50 μ environ sur 12-18 μ de large.

Pas de boucles observées au pied des basides ni aux cloisons des hyphes.

HABITAT: Sur la face inférieure de branches pourries tombées à terre ou de rachis morts d'*Elaeis*, sur lesquels le mycélium forme au réseau blanc très fin, mais à grandes mailles, (diamètre jusqu'à 1 cm) partant du stipe. Forêt de la Mondah (km 31,5 de Libreville, Gabon), le 5.II.1972, n° G 426.

OBSERVATIONS

C'est un des Rhodophylles gabonais à présenter une spore à base tronquée, et donc très probablement asymétrique. Elle doit donc se rattacher au groupe de *Rh. parasiticus* Quélet; malgré le stipe oblitéré de ces petites espèces, il nous semble excessif de conserver pour elles le sous-genre *Claudopus,* car les grises sont inséparables d'*undatus* (que Fries classait parmi les *Clitopilus*), et les blanches peuvent se rapprocher de *cancrinus.* L'espèce africaine est en tout cas très remarquable par sa double odeur, de fleur d'oranger et, aprés écrasement, de farine.

DIAGNOSE LATINE: Pileo 2-3,5 cm lato, cucullato, dein valde undoso, margine irregulari ac magis minusve radiatim rimosa, toto candido, dein pallidissime e roseo brunneo, sericeo, araneoso, transluciditate striato, haud hygrophano. Stipite minimo, 2-4 × 1,15 mm, curvo, abortivo, candido, pruinoso-gausapato. Carne tenuissima, levi, candida, extrinsecus odore florum *Citri aurantiaci,* trita farinaceo. Lamellis mediocriter stipatis, aliis remotis, aliis minimo dente adnexis, candidis, dein roseis, usque ad 6 mm latis, acie concolore, lacera, minutissime s.l. denticulata. — Sporis asymmetris complexis, 7,2-10 × 5,5-6 μ, specie gibbosa. Basidiis 32-38 × 8,7-11,5 μ. Trama fere granulis carente, sub cute laticiferis raris. Cute filamentosa, hyphis 8-10 μ, articulo terminali 40-50 × 12-18 μ. Fibulis non observatis. — In facie inferiore ramorum putridorum ac rachi Elaeidis. Typus in Herb. Romagn. n° G 426.

7°) **Rhodophyllus dochmiopus** var. **obsoletus** Romagn.-Gilles

(Fig. 34, 35)

CARACTERES MACROSCOPIQUES: Chapeau atteignant 1,8 cm de large et 6 mm de haut, convexe surbaissé à cuculliforme, parfois presque plan, avec le centre généralement saillant, courtement conique ou papillé, mais parfois aussi un peu déprimé, rosâtre très clair, presque couleur chair (MS 5 YR 8/2 à 3) à l'état imbu, et alors strié par transparence et hygrophane, le centre étant souvent un peu jaunâtre, blanchissant par le sommet en séchant, à la fin pouvant être plus coloré (MS YR 7/4), à cuticule déviée radialement, de texture très fine à l'état imbu, devenant plus distinctement pelucheuse-aranéeuse, soyeuse par le sec.

Stipe 4-8 mm × 1 mm environ, généralement un peu excentrique et recourbé en arrière, suboblitéré, parfois franchement latéral, trés pâle, un peu plus jaunâtre que le chapeau, glabre, à grain très fin ou peu distinctement strié longitudinalement, luisant; mycélium blanchâtre s'étalant sur le support en un réseau aux mailles assez amples.

Chair pelliculaire, translucide, concolore au chapeau, douce, inodore, même à l'écrasement.

Lamelles moyennement à peu serrées, avec (1)-2-(3) longueurs de lamellules, larges au milieu de 2 mm, généralement écartées du stipe, parfois adnexées par une courte dent, blanchâtres, puis roses (M 7 A 2), à arête concolore, sublisse s.l.

CARACTERES MICROSCOPIQUES: Spores (7)-8-10,5 × (5)-6-7 µm, très probablement asymétriques souvent simples, rarement complexes, quelques-unes quadrangulaires semblant prismatiques, mais la face basale paraît le plus souvent quadrangulaire, à parois épaisses et réfringentes.

Basides 23-30 × 8,5-9,5 µm, d'abord elliptiques, tétrasporiques.

Pas de poils marginaux.

Médiostrate à hyphes d'environ 12 µm, atteignant 25 µm dans le chapeau, avec connexives grêles; sous-hyménium principalement celluleux sous les basides, filamenteux plus bas. Pas de granules tramaires. Cuticule à hyphes couchées, d'environ 7-11 µm. Pas de pigment.

Pas de boucles observées.

HABITAT: Sur le sable terreux d'un talus vertical surplombant un marigot de forêt presque sec, débordant sur les brindilles et les feuilles mortes, en petites troupes, forêt de la Mondah, près de Libreville (Gabon), sources de l'Abaga (route militaire), le 15.8.1976, n° G 755.

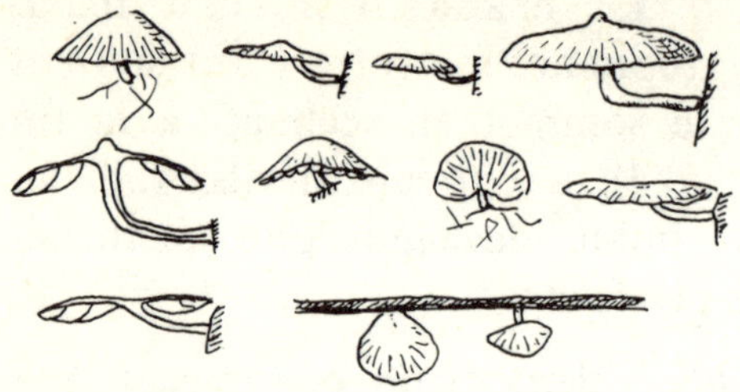

Fig. 34: *Rh. dochmiopus* v. *obsoletus* : carpophores

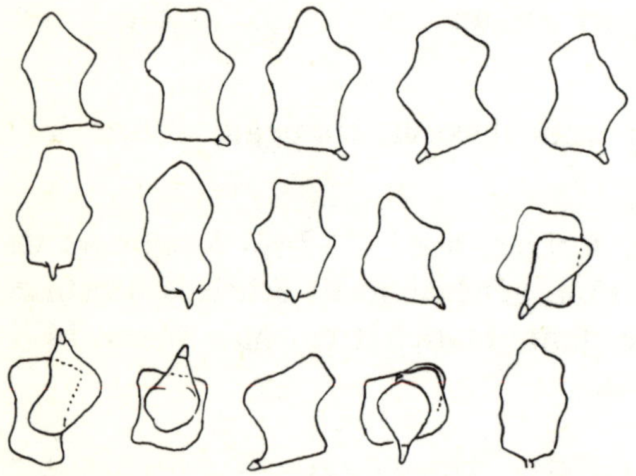

Fig. 35: *Rh. dochmiopus* v. *obsoletus:* spores.

OBSERVATIONS

Cette récolte ne se distingue du type que par l'absence totale d'odeur et la spore d'un type plus simple et plus douteux.

Nous pensons que cette dernière est presque toujours pourvue à sa base d'une face quadrangulaire et non triangulaire comme dans les cas typiques, si bien que nous n'avons pu voir d'arête verticale opposée à l'appendice hilifère. Pourtant, les quelques spores quadrangulaires que nous avons observées paraissent bien ressortir au type prismatique. L'absence de granules corrobore ce diagnostic.

DIAGNOSE LATINE: A typo differt odore nullo atque sporis paulo simplicioribus facie basali quadrangulari. — Typus in Herb. Romagn. n° G 755.

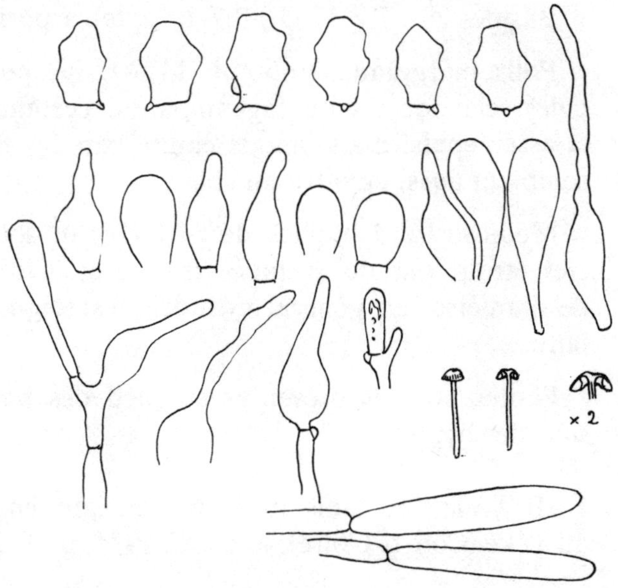

Fig. 36: *Rh. invisibilis:* spores, poils marginaux, carpophore et hyphe cuticulaires

Rhodophyllus invisibilis Romagn.-Gilles

(Fig. 36)

CARACTERES MACROSCOPIQUES: Chapeau minuscule, 3 mm de large et 2 mm de haut, convexe subhémisphérique, un peu déprimé au centre, strié par transparence et paraissant hygrophane pour autant qu'on puisse en juger sur une espèce aussi minuscule, jaunâtre pâle, légèrement plus brunâtre que M 4 A 2.

Stipe 10 × 0,75 mm, fistuleux (?), concolore au chapeau, luisant, mais poudré en haut sur 1 mm.

Chair pelliculaire, translucide, jaunâtre, inodore.

Lamelles moyennement serrées, avec 2 longueurs de lamellules, relativement larges, adnexées au stipe par une dent minuscule, jaunâtre rosé très pâle, à arête bassement denticulée s.l.

CARACTERES MICROSCOPIQUES: Spores 7,2-9-(10,5 G.) × 5,5-6,5-(7 G.) μm, asymétriques complexes, anguleuses-gibbeuses, à parois minces.

Basides 29-37 × (7 G.)-8,7-10 μ, tetrasporiques.

Poils marginaux 30-56 × 11,5-15 μ, polymorphes, sphéropédonculés, claviformes ou lagéniformes, certains émettant un col obtus et assez épais, mais jamais capité; sur les faces, quelques basidioles semblent aussi émettre un col.

Médiostrate à hyphes de 5-10-(12) μ; sous-hyménium filamenteux très étroit; pas de granules tramaires. Cuticule à hyphes de 6-11 μ de diamètre, en général cylindriques; pigment probablement vacuolaire.

Petites boucles présentes au pied des basides et à certaines cloisons des hyphes.

HABITAT: Sur bois mort pourrissant en forêt ombrophile. Forêt du Téké (Côte d'Ivoire), le 17.XI.1974, n° C.I.83.

OBSERVATIONS

Cette espèce minuscule se distingue d'*angustisporus* par sa couleur et ses poils marginaux non capités.

DIAGNOSE LATINE: Pileo minimo, 3 m lato, convexo subhemisphaerico, medio paulum depresso, transluciditate striato, fortasse hygrophano (?), pallide e brunneolo luteolo. Stipite 10 × 0,75 mm, terete, pileo concolore, glabro, lucido, sursum pruinoso. Care pelliculari, inodora. Lamellis mediocriter stipatis, comparate latis, minimo dente adnexis, e roseolis pallidissime luteolis, acie leviter denticulata. — Sporis 7,2-9-(10,5) × 5,5-6,5-(7) μm, asymmetris complexis, tunica tenui. Basidiis 29-37 × (7)-8,7-10 μm. Pilus marginalibus multiformibus, sphaeropedunculatis, claviformibus vel lageniformibus, collo obtuso, haud capitato. Granulis in trama nullis. Cute ex hyphis cylindratis, 6-11 μm latis; pigmento verisimiliter vacuolari (parum manifesto). Fibulis sub basidiis et ad septa hypharum. — In ligno emortuo, in silva umbrosa. — Typus in Herb. Romagn., n° C.I. 83.

Rhodophyllus pseudomolliusculus Romagn.-Gilles.

(Fig. 37, 38 et 39)

CARACTERES MACROSCOPIQUES: Chapeau large de 0,3 à 1,2 cm, haut de 2 à 3 mm y compris les lames vues dessous, d'abord bassement convexe pulviné puis rapidement plan avec la marge se relevant un peu, centre plat ou assez nettement déprimé-ombiliqué chez les specimen bien développés, ni strié par transparence ni hygrophane, blanchâtre à brunâtre très pâle devenant brun rosâtre clair (M 5 B 4 ou mieux MS 7,5 YR proche de 7/4 avec l'âge), généralement un peu plus coloré au centre. Cuticule non distinctement déviée radialement, sabuleuse-micacée ou d'apparence givrée à la loupe.

Stipe long de 0,8 à 2 cm, diamètre 0,5 à 1 mm, blanchâtre et poudré en haut puis brun jaunâtre pâle M 5 B 4 et alors glabre, ou concolore au chapeau luisant, à grain très fin, fistuleux.

Chair pelliculaire, translucide, blanchâtre, inodore, douce.

Lamelles assez espacées à moyennement serrées avec (1)-2-3 longueurs de lamellules, larges jusqu'à 3 mm au milieu, ventrues, généralement plus ou moins écartées du stipe, plus rarement subéchancrées, blanchâtres devenant rosâtres M 6 A 3 à maturité. Arête lisse ou érodée mais non denticulée à la loupe.

CARACTERES MICROSCOPIQUES: Spores de taille variable, 8-10,5-14 × 7-9-10 μ, prismatiques cruciformes, souvent très étoilées.

Basides (25)-30-39-(46) × 10,5-13-(15) μm, claviformes ou elliptiques, tétrasporiques.

Pas de cystides ni de poils marginaux.

Médiostrate à hyphes fondamentales d'environ 10-15 μ (elles atteignant 10-40 μm dans le chapeau), resserrées aux cloisons, avec des connexives d'environ 3 μm; sous-hyménium principalement celluleux, à articles assez amples (par exemple 11 × 7 μm). Pas de laticifères ni de granules tramaires. Cuticule à hyphes volumineuses (en majorité), 56-110 × (7)-9-25 μm, souvent avec des articles superposés courts, elliptiques, en tonnelet, presque subglobuleux, avec quelques fausses cloisons par endroits, le dernier ou l'avant dernier article

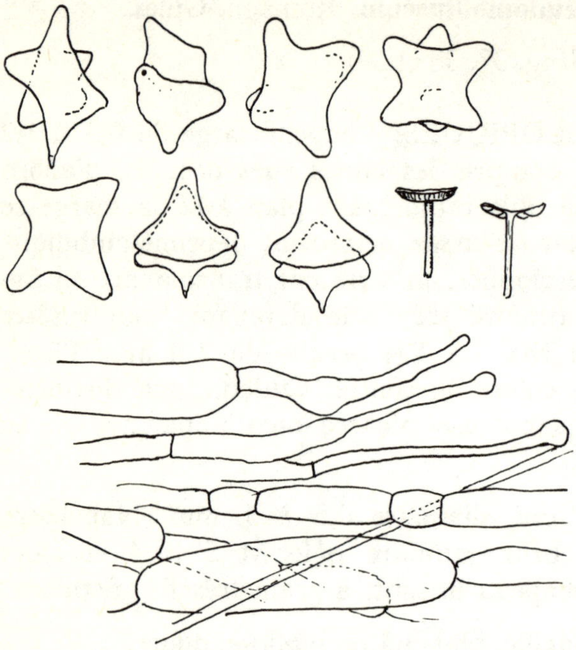

Fig. 37: *Rh. pseudomolliusculus*: spores, carpophore et cuticule (G 713)

çà et là surmonté parun poil filiforme (environs 2 μm) terminé par une tête ronde de 5-7 μm. Pas de pigment décelable.

Pas de boucles observées.

HABITAT: A terre, parmi des débris végtaux, en forêt ombrophile. Forêt de la Mondah, près de Libreville, (Gabon, route militaire (km. 27,5) et route de Libreville km 31,8 les 28.III, 11, 18 et 24.IV. 1976, 12. III. 1977, n° G 707, 713, 716, 724, 730 et 812.

OBSERVATIONS

Espèce remarquable par les spores étoilées et les poils capités du revêtement piléique. Elle est par là très proche de notre *Rh. molliusculus* Quél. ex Lasch, qu'Orton a renommé *cephalotricha* parce qu'il estime la plante de Lasch de taille trop élevée et représentant *sericellus.* Nous ferons seulement observer que c'est dans

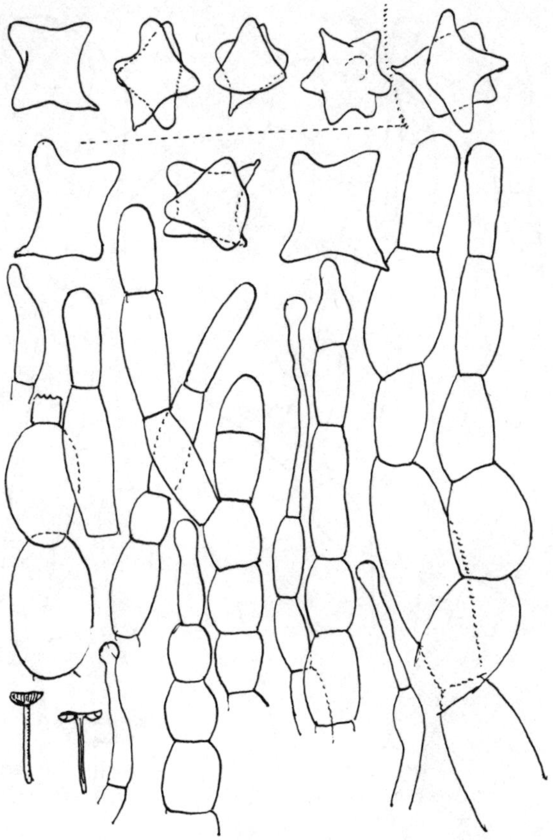

Fig. 38: *Rh. pseudomolliusculus:* en haut, spores, en bas, cuticule (G 713); en haut à droite et au milieu, spores (G 724)

le sens de Quélet que nous avons repris le nom de *molliusculus,* considérant celui de Lasch comme très douteux.

Quoi qu'il en soit, le champignon gabonais se distingue de l'espèce européenne non seulement par ses spores extrêmement différentes, mais aussi macroscopiquement par les lames non adnées-décurrentes, ce qui nous avaient fait regarder le second comme une *Eccilia* Il est clair qu'il est difficile de classer *pseudomolliusculus* dans ce sous-genre ! Orton a d'ailleurs mis son *cephalotricha* dans les *Leptonia* comme *sericellus,* ne tenant pas compte des spores asymétriques. Mais ce champignon n'est pas plus leptonioide qu'eccilioide. Sa position taxinomiques pose donc un problème embarrassant, en partie résolu par son classement parmi les *Poraleptonia.*

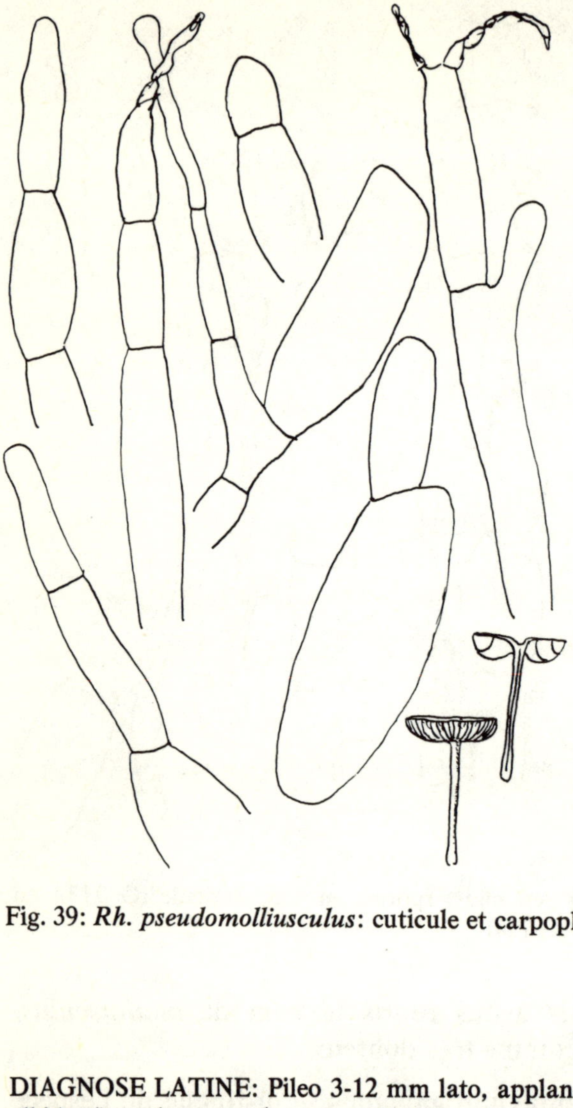

Fig. 39: *Rh. pseudomolliusculus*: cuticule et carpophore (G 724)

DIAGNOSE LATINE: Pileo 3-12 mm lato, applanato, nec striato nec hygrophano, albido (interdum roseolo vel pallidisime brunneolo tincto), plerumque subtiliter micaceo vel solum sabuloso vel pruinuloso. Stipite 8-20 × 0,5-1,2 mm, pileo concolore, alibi dilutissime e luteolo brunneolo, toto pruinoso, dein glabrescente ac lucido. Carne maxime pelliculari, translucida, concolore, inodora. Lamellis parum stipatis, 1,5-3 m mediis latis, liberis vel angustissime adnatis, candidis, dein roseis, acie concolore, sublevi vel subtiliter erosa, non denticulata. — Sporis 8-14 × 7-10 μm, prismaticis, stellatis. Basidiis 25-46 × 10,5-15 μm. Acie fertili. Laticiferis granulisque nullis. Cute ex grandibus hyphis constante, articulis saepe brevibus, ellipsoideis vel subglobosis, 56-110 × (7)-9-25 μ, passim in pilos filiformes (circiter 2 μm) atque capitatos (5-7 μ) desinentibus. Pigmento nullo. Fibulis nullis. — Humi in silva umbrosa. Typus in Herb. Romagn. N° G 707.

SECTION DES SARCITI

Comme nous l'avons fait observer ci-dessus, certaines des espèces placées dans les *Eccilia Trigonophylli* seraient plutôt des *Sarciti* si leurs spores étaient réellement asymétriques.

1 Arête des lames colorées en brun, à gros poils marginaux claviformes à pigment vacuolaire. Chapeau 4,2 cm, brun, pelucheux comme le stipe. *Rh. clavipilus* R.-G.

1 Arête des lames concolore 2

2 Poils marginaux lécythiformes .... Voir *angustisporus* (*Lecythophori*)

2 Poils marginaux lagéniformes non capités ou claviformes, parfois basidiformes ou peu différents des basidioles .... Voir *dubius (Trigonophylli)*

Rhodophyllus clavipilus Romagn.-Gilles

(Fig. 40)

CARACTERES MACROSCOPIQUES: Chapeau large de 4,2 cm et haut de 1,3 cm, y compris les lames, largement étalé avec une ample et molle dépression centrale, vaguement translucide mais pas assez pour laisser apparaître les lames, d'un brun assez foncé (M 5 D 5), un peu plus au centre (M 5 E 5) couvert d'innombrables mèches floconneuses brun foncé (M 5 E 2), à raison d'1-2-(3) par mm^2, entre lesquelles on aperçoit la chair brun pâle, ce qui donne la teinte d'ensemble, à la loupe d'aspect tacheté (en peau de léopard), même à la marge où les flocons sont déjà denses.

Stipe 4 cm × 3 mm en haut, puis s'épaississant progressivement jusqu'à 5 mm à la base, ferme, fistuleux, un peu comprimé en bas, brun foncé (M 5 D/E 3), un peu plus pâle en haut sur 5 mm, avec à la base du mycélium blanc sur la même distance, couvert de méchules très denses et bien apprimées, d'où un aspect lisse à l'oeil nu.

Chair relativement épaisse (près d'1 mm entre la marge et le centre) dans le chapeau brun presque aussi foncé que l'extérieur (M 5 E 8) dans le stipe, douce, inodore.

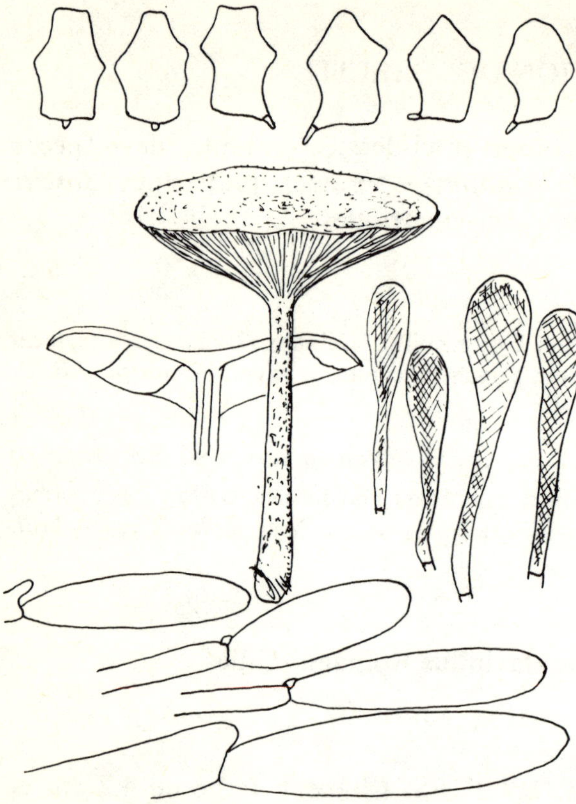

Fig. 40: *Rh. clavipilus*: spores, carpophore, poils marginaux et hyphes cuticulaires.

Lamelles assez serrées, rarement fourchues près du stipe, avec 3 longueurs de lamellules (7 intercalaires), larges de 6 mm au milieu, arquées-décurrentes, prolongées sur le haut du stipe par un filet long de 5 mm, coloré, brun pâle, puis M 6 B 2, à arête liserée de brun foncé comme le chapeau.

CARACTERES MICROSCOPIQUES: Spores 9-10-(10,5) × 6,5-7,7-(8,5) μ, asymétriques simples, bien anguleuses, à parois réfringentes.

Basides 30-35-(45) × 9-11 μ, tétrasporiques.

Poils marginaux longuement claviformes, 60-90 × 10-20 μ, à suc brun.

Médiostrate à hyphes fondamentales de 8-18 μ, à hyphes connexives d'environ 4 μ, pas de granules tramaires; sous-hyménium étroit et serré. Cuticule à grosses hyphes articulées, à article terminal obtus ou claviforme, 50-110 × 12-25 μ, à pigment vacuolaire brun.

Boucles présentes aux basides et aux cloisons des hyphes et des poils marginaux, mais parfois imparfaites.

HABITAT: A terre, sur un talus, en forêt ombrophile. Forêt du Téké (Côte d'Ivoire), le 6 octobre 1974, n° C.I. 50.

OBSERVATIONS

C'est un *Sarciti* à hyphes bouclées, remarquable par les revêtements pelucheux écailleux.

DIAGNOSE LATINE: Pileo 42 mm lato, late expanso, molliter medio depresso, paulum translucido, sed non striato, obscurius fusco, abunde floccoso, specie pardina. Stipite 40 × 3 mm, imo ad 5 mm, fistuloso, inferne paulum compresso, obscure fusco, subtilissime s.l. flocculoso. Carne comparate crassa, fusca, inodora. Lamellis satis stipatis, raro ad stipitem furcatis, 6 mm latis, arcuatis decurrentibus, acie fusca. — Sporis 9-10-(10,5) × 6,5-7,7-(8,5) μm, asymmetris simplicibus. Basidiis 30-35-(45) × 9-11 μ, tetrasporis. Granulis absentibus. Pilis marginalibus claviformibus, 60-90 × 10-20 μ, succo fuscidulo. Cute grandibus hyphis articulis 50-110 × 12-25 μm, pigmento vacuolari. Fibulis praesentibus. — Humi in silva umbrosa. — Typus Herb. Romagn. n° C.I. 45.

Sous-genre ALBOLEPTONIA

SECTION DES CANDIDI

Largent et Benedict ont créé un genre *Alboleptonia* en se fondant sur un caractère chimique mis en évidence par la chromatographie. Celui-ci n'ayant pas été recherché sur les espèces ici décrites, nous ne les avons placées ici que parce qu'elles nous semblaient présenter des affinités physionomiques et microscopiques avec le type de ce taxon, *Rh. sericellus,* qui est évidemment aberrant par rapport aux vraies *Leptonia.*

1 Nombreuses spores cubiques (parfois passant à subglobuleuses simples, ou avec des faces trangulaires, et alors pouvant être prismatiques avec l'appendice à un sommet) 2

1 Spore non ou rarement cubique 3

2 Chapeau 2,2 cm, blanc, puis roussâtre pâle, soyeux-fibrilleux. Stipe très excentrique, presque latéral. Lames falciformes, arête crénelée. Poils marginaux claviformes . . . . *Rh. Bakeri* (Dennis) R.-G. n.c. (*Entoloma* Den.)

2 Chapeau 4-7 mm, blanc ou blanc jaunâtre, strié par transparence, non hygrophane, squamuleux-hispide. Cystides très ventrues, acuminées par un col court 32-65 × 10-25 μm . . . . *Rh. albivellus* R.-G.

3 Spore 9-11,7 × 6-7,5 μm. Poils marginaux ciliformes ou longuement claviformes. Chapeau blanc, opaque, pelucheux mat, 5-20 mm . . *Rh. alboroseus* R.-G.

3 Spore 5-8 × 4-6-(6,5) μm. Pas de poils marginaux. Chapeau 3-10 mm, strié par transparence et glabre 4

4 Chapeau 5-10 mm, rosâtre à brun rosâtre clair . . . . *Rh. pallidocarneus* R.-G.

4 Chapeau 3 mm, blanc, puis grisâtre jaunâtre . . . . var.(?) *Lilliputianus* R.-G.

Rhodophyllus albivellus Romagn.-Gilles

(Fig. 41 et 42)

CARACTERES MACROSCOPIQUES: Chapeau large de 0,4 à 0,7 cm, haut de 2 à 3 mm, convexe subhémisphérique devenant convexe surbaissé avec l'âge, très vaguement déprimé au centre, courtement strié par transparence chez les jeunes exemplaires, non hygrophane, blanc pur à la récolte chez les carpophores encore peu développés puis prenant à partir du centre une légère coloration jaunâtre très pâle vers Munsell 2,5 Y 8/2 avec parfois une subtile nuance rose par transparence à maturité des lames. Cuticule entièrement et densément hérissée de minuscules squamules dressées donnant à la loupe un aspect laineux-micacé remarquable.

Stipe long de 1,5 à 2,5 cm, diamètre constant inférieur à I mm, concolore au chapeau (soit blanc lavé de jaunâtre), entièrement poudré de haut en bas, devenant luisant à grain très fin après manipulation et disparition de la pubérulence, probablement fistuleux.

Chair pelliculaire, translucide, blanche, inodore, douce.

Lamelles assez espacées avec généralement une seule longueur de lamellules, rarement deux, arquées-décurrentes, blanches se couvrant d'amas de spores à maturité donnant finalement une teinte rose brique relativement foncée pour une si petite espèce. Arête concolore, bassement denticulée à la loupe.

CARACTERES MICROSCOPIQUES: Spores 8-10 × 6,5-8 μm, cubiques, mais avec nombreuses faces triangulaires qui déforment le volume et le rendent non géométrique.

Basides 25-36 × 10-13 μm, claviformes, tétrasporiques.

Cystides très nombreuses sur l'arête, rares sur les faces (elle sont près de l'arête mêlées à des basides), ventrues, atténuées en haut en un col court et grêle, assez aigu, rarement rudimentaire, 32-65 × 10-18-(25) μm, à parois minces.

Médiostrate à hyphes fondamentales de 7-11,5-(18) μm, avec des connexives de 4-5 μm, ramifiées et anastomosées; sous-hyménium plus ou moins celluleux sous les basides, filamenteux plus bas. Quelques

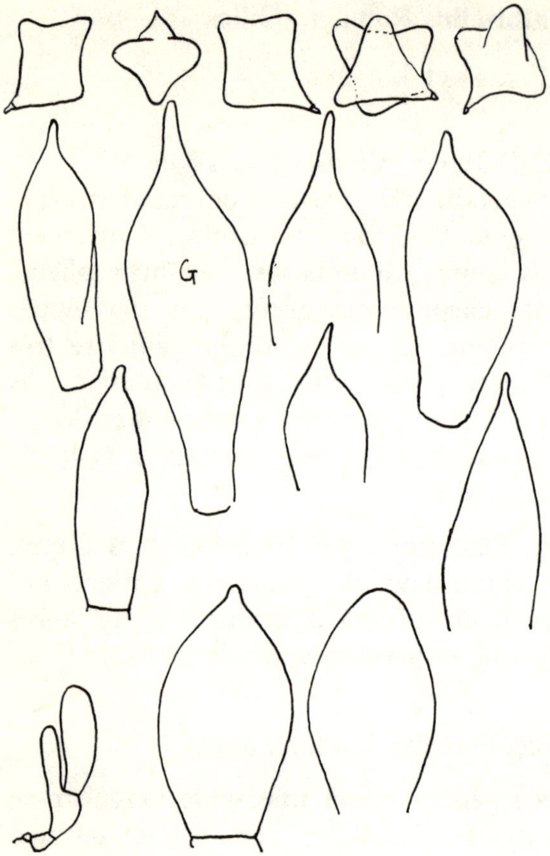

Fig. 41: *Rh. albivellus*: spores, cystides et basidioles (G 742)

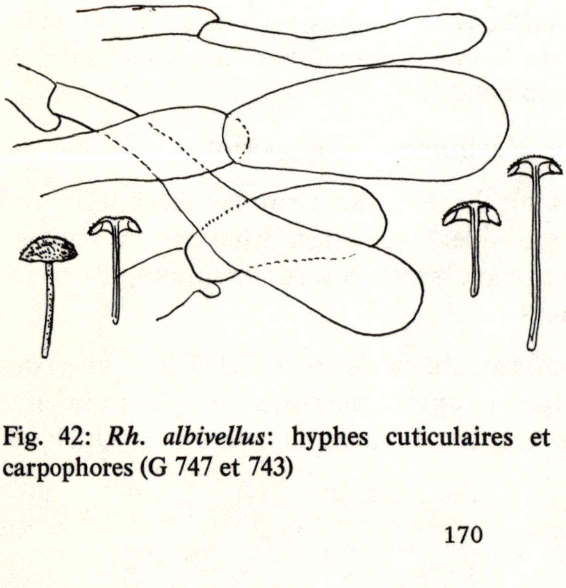

Fig. 42: *Rh. albivellus*: hyphes cuticulaires et carpophore (G 742); à droite, carpophores (G 747 et 743)

laticifères grêles, simples, sinueux. Pas de granules tramaires. Cuticule à grosses hyphes ayant tendance à se redresser, et même prenant parfois, surtout au centre du chapeau, un aspect presque palissadique, à article terminal clavé, très obtus, 43-120 (et plus) × 11-34 μm. Pas de pigment.

Boucles observés, mais souvent imparfaites, au pied des basides, également à certaines cloisons des hyphes grêles.

HABITAT: Sur brindilles et autres débris végétaux, dans le lit sableux d'un marigot, en forêt ombrophile. Forêt de la Mondah, près de Libreville (Gabon), le 13,19,20 et 26.VI.1976, n° G 742, 743,744 et 747.

OBSERVATIONS

Espèce étrange par sa spore, ses grosses cystides, son revêtement pileux.

DIAGNOSE LATINE: Pileo 4-7 mm lato, convexo-subhemisphaerico, dein aetate e plano-convexo, paululum medio depresso, breviter transluciditate striato (in juvenilibus solum), haud hygrophano, primum candido, dein levissime luteolo vel roseolo tincto, toto dense hispidulo. Stipite 15-25 × 0,7 mm, pileo concolore, toto pruinoso, in vetustate lucido. Carne pelliculari, translucida, candida, inodora. Lamellis subdistantibus, arcuato-decurrentibus, candidis, dein sporis roseolis vel saturatius rubiginosis, acie concolore, subtiliter denticulata s.l. — Sporis 8-10 × 6,5-8 μm, prismaticis. Basidiis 25-36 × 10-13 μm, tetrasporis. Cystidiis in acie et lateribus lamellarusm ventricosis, collo brevi, tenui, subacuto, 32-65 × 10-25 μm. Laticiferis gracilibus; granulis nullis. Cute grandibus hyphis, interdum fer erectis, articulo summo clavato, obtuso, 43-120 × 13-34 μm; pigmento nullo. Fibulis praesentibus. — In quisquiliis et ramulis plantarum, in alveo sicco rivuli, in silva umbrosa. Typus in Herb. Romgn., n° 742.

Rhodophyllus alboroseus Romagn.-Gilles

(Fig. 43)

CARACTERES MACROSCOPIQUES: Chapeau large de 0,5 à 1 cm, haut de 2 à 3 mm y compris les lames ressortant dessous, d'abord convexe hémisphérique avec la marge un peu enroulée, puis convexe

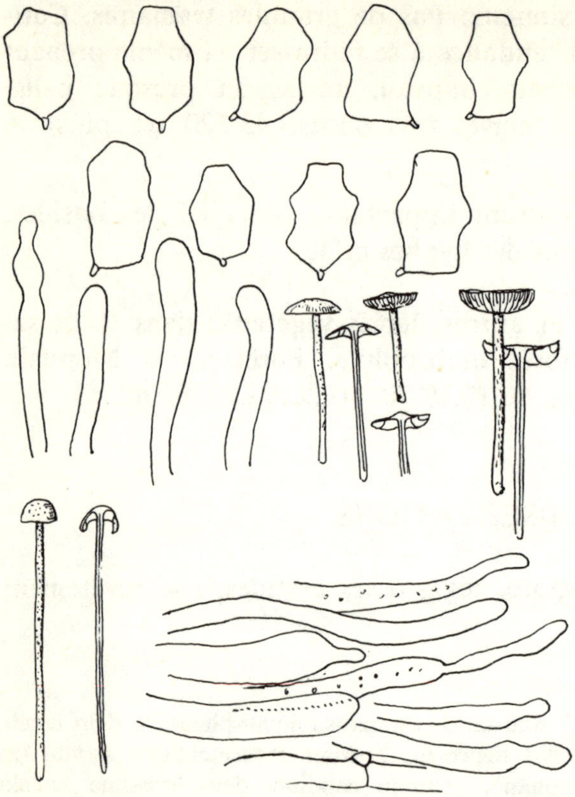

Fig. 43: *Rh. alboroseus*: spores, poils marginaux carpophores et hyphes cuticulaires (G 609, 610, 612, 615)

surbaissé ou étalé plan avec ou sans un très petit mamelon central, ni strié par transparence ni hygrophane, blanc pur devenant blanc rosé à maturité des lames; cuticule d'abord très finement pelucheuse puis plus distinctement déviée radialement à texture assez grossière mais d'aspect toujours plus ou moins pelucheux. Marge non laineuse.

Stipe long de 2 à 3,5 cm, diamètre 1-1,5 fistuleux mm, entièrement blanc recouvert de haut en bas d'un pelucheux très ras, caduc, laissant apparaître après sa disparition un grain très fin ou des stries longitudinales très ténues selon les récoltes, alors luisant.

Chair pelliculaire, translucide, blanche, inodore, douce.

Lamelles peu serrées avec 2 longueurs de lamellules, larges jusquà 3 mm au milieu, arquées-décurrentes ou légèrement ventrues suivant la forme du chapeau, adnexées au stipe par une courte dent, blanches puis roses vers M 7 A 3 ou 7 A 4, brunissant à la dessiccation, à arête concolore, bien denticulée ou même subfloconneuse à la loupe.

CARACTERES MICROSCOPIQUES: Spores 9-10-(11) × 6-7-(7,5) μm, de type difficile, probablement symétriques allongées complexes avec dièdre obtus (parfois avec une face triangulaire), ou même tronqué par une face, à parois assez épaisses.

Basides 27-39-(41) × 7-10-(11) μm, claviformes, à 4 stérigmates fins.

Poils marginaux ciliformes, obtus ou à extrémité en tétine, en tête de serpent ou contractées en un col court ou long, 85-110 × 6-14 μm.

Médiostrate à hyphes de 6-10 μm de diamètre (elle atteignent 12 μm dans le chapeau); sous-hyménium celluleux sous les basides, plus ou moins filamenteux plus bas. Granules tramaires nuls ou douteux. Sur le sec, le tissu des lamelles vire au jaune roussâtre dans NH^4OH, et est criblé de minuscules masses d'aspect cristallin, jaunâtres, brillantes. Cuticule d'hyphes grêles, analogues aux poils marginaux, larges de 5-12 μm. Pas de pigment localisable (sinon le nécropigment).

Boucles petites, mais fréquentes au pied des basides et aux cloisons des hyphes.

HABITAT: Sur le sable ou la terre humides le long des marigots. Gabon, forêt de la Mondah, les 26.VII.1975, 2.VIII, 9. et 15. VIII. 1975, et 18. et 24.8. 1976, n° G 609, 610, 612, 615, 728, 757.

OBSERVATIONS

Sur le terrain, on peut confondre cette espèce avec *Rh. Aripoanus* var. *africus,* dont elle se sépare par ses caractères microscopiques, et avec *stylobates,* dont la marge est laineuse.

Comme c'est le cas pour l'ensemble *angustisporus-dubius,* le type sporal est de diagnostic très difficile; nous pensons qu'il s'agit plutôt du type pseudoasymétrique.

DIAGNOSE LATINE: Pileo 5-10 mm lato, primum ex hemisphaerico convexo, deinde e plano convexo, cum vel sine parvo umbone, margine primitus involuta, nec striato, nec hygrophano, candido, dein roseolo tincto, subtiliter radiatim fibrilloso-gausapato, margine haud fimbriata. Stipite 20-35 × 1-1,5 mm, toto candido, tenuissime flocculoso. Carne pelliculari, translucida, candida, inodora. Lamellis parum stipatis, usque ad 3 mm mediis latis, arcuatis decurrentibus, brevi dente stipite adnexis, candidis, dein roseis, sed in speciminibus exsiccatis fuscidulis, acie concolore, denticulata etiamque subfloccosa. — Sporis 9-11 × 6-7,5 μm, basi difficili interpretatu, verisimiliter symmetris (pseudo-asymmetris). Basidiis 27-40 × 7-11 μm, tetrasporis. Pilis marginalibus ciliformibus, obtusis, vel summis contractis, 85-110 × 6-14 μm. Laticiferis granulisque nullis vel vix ullis. Cute hyphis pilis marginalibus similibus, 5-12 μm latis. Pigmenteo invisibili, praeter in speciminibus exsiccatis necropigmentum flavobrunneum. Fibulis parvis, frequentibus. — In arena vel terra uvida, praeter rivos fere siccatos. Typus in Herb. Romagn. n° G. 609.

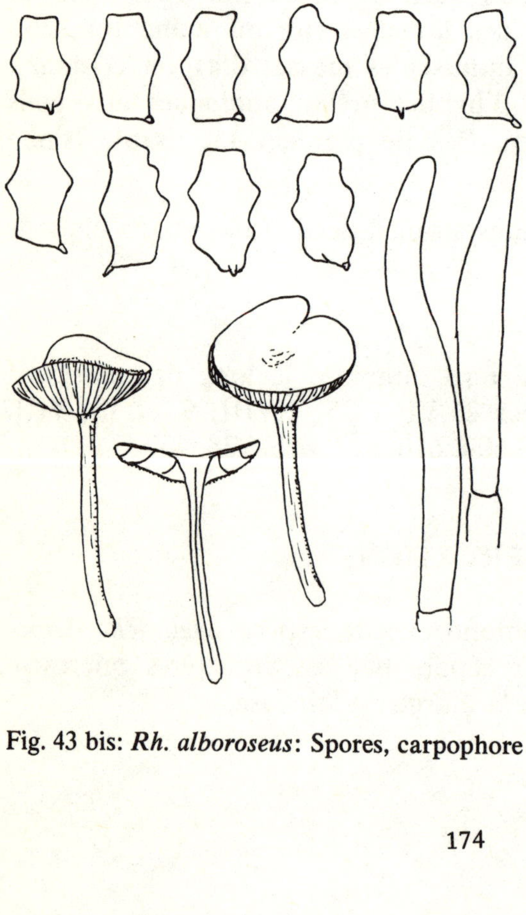

Fig. 43 bis: *Rh. alboroseus*: Spores, carpophore et hyphes cuticulaires (G 757)

2°) Récolte douteuse.

CARACTERES MACROSCOPIQUES: Chapeau large de 2 cm, haut de 7 mm y compris les lames de profil, ni strié par transparence, ni hygrophane, étalé avec les bords relevés en soucoupe, entièrement blanc, à cuticule pelucheuse, mate, à vague direction radiale, à marge non laineuse.

Stipe 3 cm × 1,5-2 mm, fistuleux, blanc en haut, devenant vite blanc jaunâtre puis presque brunâtre (très pâle !) dans le tiers inférieur, luisant, glabre, strié s.l. longitudinalement, avec mycélium blanc montant de la base jusqu'à 5 mm.

Chair très mince, translucide, blanche, inodore, douce.

Lamelles assez serrées, avec 2-3 longueurs de lamellules, descendantes, puis décurrentes par la dent sur le haut du stipe, en une strié en relief d'1 mm larges de 3 mm au milieu, blanches, puis rosées, à arête pâle, fimbriée s.l.

CARACTERES MICROSCOPIQUES: Spores 9,5-11,7 × 6-7 μ, étroites, bien anguleuses-bosselées, de type très difficile, très souvent à base obtuse ou tronquée.

Basides 29-34 × 10-10,5 μm, tétrasporiques.

Poils marginaux ciliformes, obtus, 90-120 × 6-10 μm.

Cuticule d'hyphes assez volumineuses.

Boucles observées aux basides et aux cloisons des hyphes.

HABITAT: Sur les bords sableux d'un marigot presque à sec, en forêt ombrophile. Forêt de la Mondah (route militaire), le 15.VIII. 1976, n° G. 157.

OBSERVATIONS

Cet individu se distingue d'*alboroseus* type par la taille plus grande du carpophore et le stipe glabre, et, microscopiquement, ses spores sont plus étroites, de forme souvent assez tourmentée pour qu'on puisse les interpréter comme asymétriques. Mais le brunissement des lames en herbier qui se traduit au microscope par les petite masses brillantes signalées chez *alboroseus* rend peu probable que nous ayons eu affaire à une espèce différente (ce serait un *Cancrini* si les spores étaient bien en réalité asymétriques).

Rhodophyllus Bakeri (Dennis) Romagn.-Gilles n.c.

(Fig. 44)

Dennis R.W.G.; *Entoloma Bakeri,* Bull. Soc. Myc. de Fr., LXIX, 2, p. 162, 1953.

CARACTERES MACROSCOPIQUES: Chapeau dimidié, hémicirculaire, 2,2 × 1,8 cm, convexe, déprimé-ombiliqué au-dessus de l'insertion latérale du stipe, entièrement strié par transparence, blanc à la récolte, puis se lavant subtilement de roussâtre très clair (il reste presque blanc), en entier peigné de fibrilles radiales soyeuses.

Stipe complètement latéral, 4,5 cm × 3 mm en haut, aplati jusque vers le bas où la largeur atteint 4 mm, (renflé à la base en un petit bulbe immarginé de 4 mm), blanc, tendant légèrement à brunir vers le bas, finement pruineux en haut sur 2-3 mm, ensuite entièrement peigné de courtes et nombreuses fibrilles soyeuses.

Chair très mince, non hygrophane, à odeur fade, rappelant celle de la viande fraîche.

Lamelles moyennement espacées, décurrentes par une dent, segmentiformes, blanches, puis roses comme celles de *Rh. nidorosus* mûr, à arête concolore, un peu érodée.

CARACTERES MICROSCOPIQUES: Spores 9-12 × 8,5-10 μ, variant de cubiques à subglobuleuses simples, à parois épaisses.

Basides claviformes, 42-53 × 12-14 μ, à 4 stérigmates.

Pas de cystides faciales.

Poils marginaux claviformes, 35-42 × 10-15 μ.

Cuticule filamenteuse, à hyphes à article terminal claviforme, large de 8.5-11.5 μ sans pigment visible. L'exsiccatum, en mauvais état, était devenu brun noirâtre quand nous l'avons examiné. La composition de la trame n'a pu être déchiffrée.

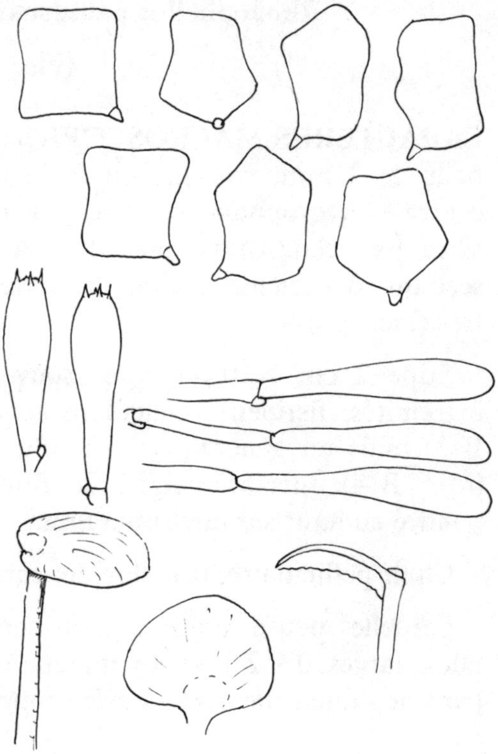

Fig. 44: *Rh. Bakeri:* Spores, basides, hyphes cuticulaires et carpophore

Boucles fréquentes, sans doute constantes, aux basides et aux cloisons des hyphes.

HABITAT: A terre, en terrain argileux. Route de Lambaréné, à 20 km à l'est de Libreville, Gabon. N° G 009. — Décrit par Dennis de l'Ile de la Trinité.

OBSERVATIONS

Les exemplaires de la Trinité ont le stipe central ou excentrique, non latéral, et Dennis ne signale pas de spores cubiques, mais tous les autres caractères concordent de façon satisfaisante.

Rhodophyllus pallidocarneus Romagn.-Gilles

(Fig. 45)

CARACTERES MACROSCOPIQUES: Chapeau large de 5-10 mm, haut de 2 mm, convexe ou étalé plan, avec une petite dépression centrale, hygrophane et strié par transparence, rosâtre à brun rosâtre très clair (plus que M 6 A 2, ou 5 B 3), blanchissant en séchant, à cuticule glabre, luisante, déviée radialement, de texture très fine.

Stipe 2 cm × 0,7-1 mm, souvent un peu plus épais aux deux extrémités, fistuleux, concolore au chapeau ou brunâtre clair (M 5 B 3) mais en général un peu plus coloré dans la partie inférieure (M 5 B 4), luisant, peigné de fines soies longitudinales argentées, poudré en haut sur environ 3 mm.

Chair pelliculaire, translucide, concolore aux surfaces, inodore.

Lamelles peu à moyennement serrées, avec 2 longueurs de lamellules, larges d'1-2 mm au milieu, concolores au chapeau, adnexées par une minuscule dent, à arête concolore et lisse s.l.

CARACTERES MICROSCOPIQUES: Spores (5,7)-6-8 × (4,5)-5-5,7-(6,5) μm, symétriques allongées complexes, parfois simples ou cubiques, à parois minces et peu réfringentes.

Basides 25-40 × 8,7-11,5 μm, rarement à parois sclérifiées, tétrasporiques.

Pas de poils marginaux observés.

Médiostrate à hyphes de 6-16 μm de large (les fondamentales atteignent 20 μm dans la chair); quelques granules peu gênants; sous-hyménium étroit, à articles courts sous les basides, filamenteux-rameux plus bas. Cuticule d'hyphes couchées, de 5-15 μ de diamètre, à article terminal cylindrique, long de 80-140 μm; pigment indistinct.

Boucles observées au pied des basides, inconstantes aux cloisons des hyphes.

HABITAT: A terre, sur brindilles ou dans le feuilles mortes, en forêt ombrophile. Forêt de la Mondah, près de Libreville (Gabon), km

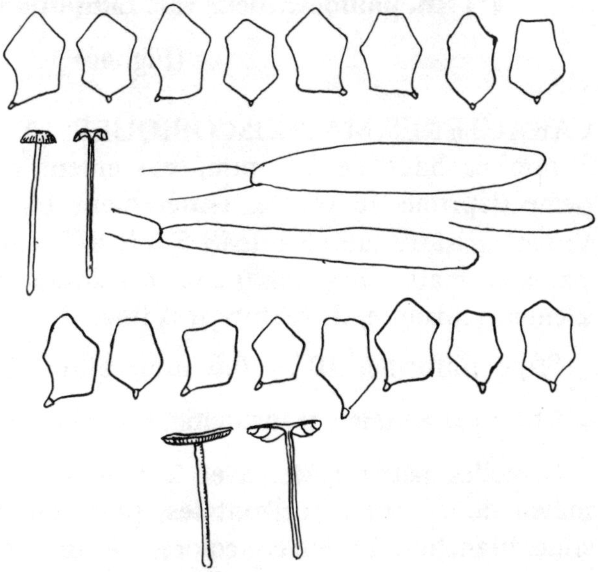

Fig. 45: *Rh. pallidocarneus*: en haut, spores, carpophore et hyphes cuticulaires (G 529): en bas, spores et carpophore (G 721)

31,5 et route militaire, les 23.III.1975 et 17. IV.1976, n° G 529 et 721.

OBSERVATIONS

Cette petite espèce ressemble beaucoup sur le terrain à *angustisporus,* mais elle a une microscopie très différente; sa couleur claire en fait un *Candidi.*

DIAGNOSE LATINE: Pileo 5-10 mm lato, convexo, truncato depresso, hygrophano ac striato, pallidissime roseolo, glabro, lucido. Stipite 20 × 0,75 mm, pallide brunneolo, striato, glabro, praeter summam partem pruinosam. Carne pelliculari, concolore. Lamellis parum stipatis, 1-2 mm latis, minimo dente adnexis, pileo concoloribus, acie levi, concolore. — Sporis (5,7)-6-8 × (4,5)-5-5,7-(6,5) μ, symmetris elongatis plerumque complexis, tunica tenui. Basidiis 25-40 × 8,7-11,5 μ, tetrasporis. Granulis parvis, parum manifestis. Cute hyphis 5-15 μ latis, cylindratis. Pigmento invisibili. Fibulis sub basidiis. — Humi in ramulis, in silva umbrosa. In Herb. Romagn. n° G 529.

2°) **Rh. pallidocarneus** var. **Lilliputianus** Romagn.-Gilles

(Fig. 46)

CARACTERES MACROSCOPIQUES: Chapeau minuscule, large de 3 mm et haut de 0,7 mm, bassement convexe, presque plan, à peine déprimé au centre, entièrement blanc à la récolte, puis devenant grisâtre jaunâtre (MS 5 YR 8/1, entièrement strié par transparence, mais d'hygrophanéité très douteuse, à cuticule déviée radialement, luisante, de texture très fine.

Stipe filiforme, 10 × 0,5 mm, blanc, luisant, à grain très fin.

Chair pelliculaire, translucide, blanche, inodore.

Lamelles peu serrées, avec 2 longueurs de lamellules, larges au milieu de 0,7 mm, horizontales, puis courtement décurrentes sur le stipe, blanches, à arête concolore, très bassement denticulée s.l.

CARACTERES MICROSCOPIQUES: Spores petites, 5-7-(8) × 4-5 µm, symétriques (parfois peu allongées) complexes, parfois plus simples, à sommets obtus, à dièdre basal également obtus ou tronqué, relativement peu anguleuses, à parois minces, mais bien réfringentes.

Basides 17,5-23 × 7,5-8,5 µm, claviformes, tétrasporiques.

Pas de poils marginaux différenciés.

Médiostrate à hyphes à parois minces et fragiles, larges 5-6-13 µm; sous-hyménium irrégulièrement celluleux, à articles amples (10-11 µm). Pas de laticifères ni de granules tramaires. Cuticule peu différenciée d'hyphes cylindriques, 60-100 × 8-13 µm, sans pigment.

Boucles présentes au pied des basides et aux cloisons des hyphes.

HABITAT: Sur écorce pourrissante, en forêt ombrophile. Forêt de la Mondah, près de Libreville (Gabon) (route militaire), le 10.IV. 1946, n° G 711.

OBSERVATIONS

Champignons qui mérite bien le nom que nous lui donnons par la taille minuscule du carpophore et de tous les organes micros-

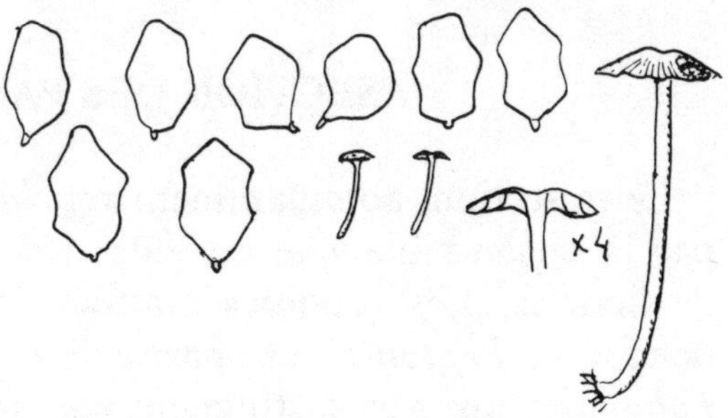

Fig. 46: *Rh. pallidocarneus* v. *Lilliputianus* : spores, et carpophores

copiques. Très voisin de *pallidocarneus,* mais plus blanc et à spores encore plus petites, peut être une simple variété *minor.*

DIAGNOSE LATINE: Pileo 3 mm lato, fere plano, vix depresso, transluciditate striato, candido, dein e lurido albo, glabro. Stipite filiformi, 20 × 0,5 mm, candido, glabro. Carne pelliculari, translucida, inodora. Lamellis parum stipatis, 0,7 mm mediis latis, horizontalibus, breviter decurrentibus, candidis, acie concolore, s.l. denticulata. — Sporis minimis, 5-8 × 4-5 µm, symmetris. Basidiis 17,5-23 × 7-8,5 µm. Laticiferis granulisque nullis. Cute hyphis 60-100 × 8-13 µm. Fibulis praesentibus. — In cortice putrescente, in silva umbrosa. Typus in Herb. Romagn. n° G 711/

SECTION DES PALLIDOROSEI

Cette section, abondamment représentée en Afrique, se caractérise par la couleur blanche ou pâle, les spores symétriques et l'absence de boucles. Les granules tramaires y sont fréquents. Elle touche donc aux *Leptonia,* en particulier aux espèces les plus pâles de *Fuliginosi,* qui s'en distinguent par un pigment vacuolaire facilement décelable; au contraire, le pigment manque ou est invisible dans presque tous les *Pallidorosei,* à l'exception de *pudicus*, que l'on peut très bien classer dans les *Leptonia* en élargissant la section des *Cyanuli* aux espèces roses; c'est d'autant plus acceptable que l'espèce européenne *Rh. Catalaunicus* Singer présente un chapeau rose brunâtre; cependant, son stipe est gris d'acier comme celui des autres *Leptonia.* Le stipe blanc à rosé de notre *pudicus*, ainsi que le port typiquement eccilioide, nous incitent à le placer ici.

Les espèces les plus typiques ont un chapeau opaque et pelucheux; mais il ne nous semble pas possible d'en éloigner — ne serait-ce que pour des raisons pratiques — les espèces hygrophanes ou striées par transparence, avant que l'on en connaisse les caractères chimiques sur lesquels Largent a fondé son genre *Alboleptonia.* Quant aux *Nolanea Minuti,* dont le port, très variable, peut être eccilioïde, elles s'en écartent par les hyphes finement incrustées.

1 Stipe cessant très tôt de se développer, devenant excentrique ou presque latéral, rudimentaire (port de *Pleurotellus).* Odeur de farine fraîche ou subspermatique à l'écrasement. Innombrables granules tramaires. . . . . *Rh. pseudodochmiopus* R.-G.

1 Stipe central. Port eccilioide ou leptonioïde 2

2 Spores cubiques 3

2 Spores normalement non cubiques 4

3 Port le plus souvent nettement eccilioïde, les lamelles étant franchement décurrentes. Spores 8,5-10 µm . . . . *Rh. hyalodepas* (Bk.-Br)

3 Port leptonioïde, les lamelles étant horizontalement adnées un peu uncinées. Spores 9,5-13 × 9-12 µm . . . . *Rh. pallidior* R.-G.

4 Port nettement eccilioïde (lames bien décurrentes) 5

4 Port leptonioïde (lames peu ou non décurrentes) 6

5 Chapeau d'un beau rose du fait de petites écailles pelucheuses. Stipe blanc en haut, rosâtre en bas. Pas de poils marginaux. Pigment vacuolaire rosâtre léger .... *Rh. pudicus* R.-G.

5 Pas ces caractères 6

6 Chapeau 6 mm, blanc, jaunâtre; cuticule constituée par un chapelet d'articles subglobuleux ou elliptiques, courts, en tonnelet, contenant une ou plusieurs gouttes huileuses. Spores 11-13 × 9-11 µm; basides énormes, 40-60 × 13-17 µm. .... *Rh. margaritifer* R.-G.

6 Pas ces caractères 7

7 Chapeau 1-3 cm, blanchâtre à alutacé pâle; stipe × 1,5-3 mm. Espèce ne venant que dans les prairies à sable blanc, entre les touffes de graminées. Nombreux granules tramaires .... *Rh. sabulosus* R.-G.

7 Chapeau 8-10 mm, brun clair; stipe × 0,7-1 mm. Lamelles segmentiformes-arquées, très espacées, avec une seule lamellule intercalaire, parfois rudimentaire. Pas de granules tramaires .... *Rh. paucifolius* R.-G.

8 Pas de poils marginaux. Chapeau tronconique, tendant à se retrousser au bord, 3,5 cm; stipe 7 cm × 1-3 mm, flexueux .... *Rh. flexuosipes* R.-G.

8 Poils marginaux présents 9

9 Chapeau méchuleux, fibrilleux, squamuleux ou courtement hérissé 10

9 Chapeau glabre, au plus soyeux radialement 13

10 Poils marginaux grêles, ciliformes. Chapeau 6 mm, beige rosé, courtement hérissé 11

10 Poils marginaux claviformes, souvent articulés (articles plus ou moins courts) . 12

11 Chapeau 3 cm, de fond brunâtre, éclairci par un revêtement de méchules pâles, retroussées, avec au milieu une tache bistre sombre, rappelant celui d'un *Pluteus;* pas de pigment décelable. Spores 8,5-11,2 × 6,7-8,5 µm .... *Rh. cilifer* R.-G.

11 Chapeau 6 mm, beige rosé, courtement hérissé. Stipe très long, 40 mm. Spores 8-9-(10,5) × 6-7,2 µm .... *Rh. pilosellus* R.-G.

12 Chapeau 0,6-2,4 cm, peigné de fibrilles radiales assez grossières et marge laineuse .... *Rh. stylobates* R.-G.

12 Chapeau 8-15 mm, peigné de fibrilles radiales assez fines, régulières et marge non laineuse .... *Rh. Aripoanus* (Dennis) var. *africus* R.-G.

13 Poils marginaux grêles, ciliformes, septés, × 6-10-(13) µm. Chapeau opaque, blanc, finement pelucheux. Forte odeur fruitée .... *Rh. leucocephalus* R.-G.

13 Poils marginaux claviformes, plus courts ou plus larges 14

14 Spores 10-12 × 7-9 µm. Chapeau 12 mm, glabre. Granules tramaires présents .... *Rh. nudus* R.-G.

14 Spores plus petites 15

15 Chapeau 3 cm, convexe, brun clair, luisant. Poils marginaux très denses, petits, 30-40 × 8-11 μ.......................... *Rh. pseudotruncatus* R.-G.

15 Chapeau 8-15 mm, déprimé..16

16 Chapeau 8 mm, blanc pur. Poils marginaux à article terminal de 20-50 × 9-14 μm.................................... *Rh. subalbidulus* R.-G.

16 Chapeau brun rosé ou alutacé rosé, strié par transparence ou même hygrophane 17

17 Poils marginaux petits, 35-48 × 5,5-8,5 μm. Spores 7-10 × 6-6,5 μ .... *Rh. leucopus* R.-G.

17 Poils marginaux énormes, 30-90 × 12,5-25 μm, inégaux. Spores 8,5-10,5 × 6,5-8 μm .... *Rh. anisothrix* R.-G.

Rhodophyllus anisothrix Romagn.-Gilles

(Fig. 47)

CARACTERES MACROSCOPIQUES: Chapeau large d'1,3 cm et haut de 4 mm, convexe surbaissé, gondolé, faiblement déprimé au centre, strié par transparence et hygrophane, alutacé rosâtre (M 5 A 3 ou un peu plus clair que MS 7,5 YR entre 7/4 et 8/4, à cuticule glabre, de texture très fine.

Stipe 2 cm × 1,5 mm, à peine épaissi en ahut et en bas, fistuleux, blanchâtre, luisant, finement strié longitudinalement.

Chair pelliculaire, translucide, concolore aux surfaces, inodore, douce.

Lamelles moyennement serrées, avec 2 longueurs de lamellules, larges au milieu de 2 mm, ventrues, uncinées, concolores au chapeau, à arête concolore et denticulée s.l.

CARACTERES MICROSCOPIQUES: Spores 8,5-10,5 × (6,5)-7-8 μm, symétriques allongées simples, parfois complexes très anguleuses, à parois épaisses et réfringentes.

Basides 22-30 × 9-11,5 μm, d'abord elliptiques, puis subcylindriques ou étranglées à subclaviformes, à 4 stérigmates.

Poils marginaux énormes, inégaux, obtus, subclaviformes, à article terminal de (22)- 30-90 × 12,5-25 μ.

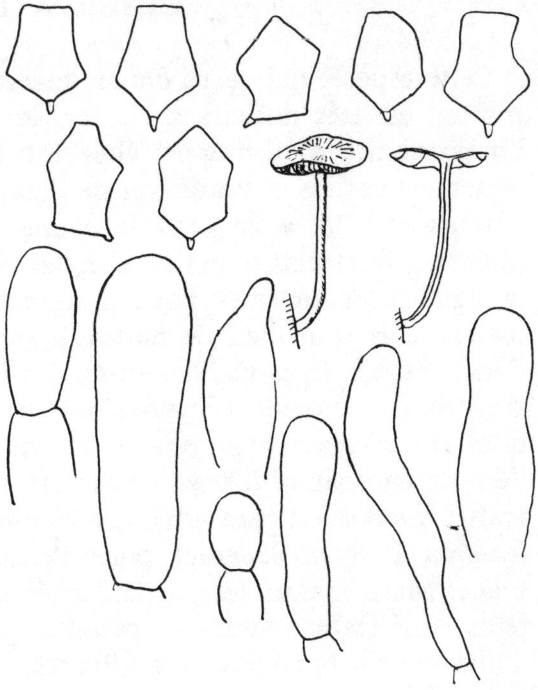

Fig. 47: *Rh. anisothrix*: spores, carpophore et poils marginaux

Médiostrate à hyphes fondamentales de 10-15 μm (elles atteignent 18-23 μm dans la chair); hyphes connexives ramifiées grêles dans le chapeau; sous-hyménium important d'amples cellules courtes, ou amiboïdes, atteignant 14-15 μm, rappelant celui des *Pluteus*. Pas de laticifères; minuscules, mais assez nombreux granules tramaires (lipoidiques ?). Cuticule d'hyphes couchées, beaucoup plus grêles que les poils marginaux, de 4,5-10 μm de diamètre, sans pigment discernable, plus amples dans le subcutis (10-18 μm).

Pas de boucles observées.

HABITAT: Sur un talus vertical de terre sablo-argileuse, en forêt ombrophile. Forêt de la Mondah, près de Libreville (Gabon) km 27,5, le 6.VI.1976, n° G 739.

OBSERVATIONS

Cette espèce, qui se reconnaît macroscopiquement à son chapeau rosâtre, est très difficile à classer, et constitue un bon exemple de l'impossibilité à distinguer chez les Rhodophylles des sous-genres nettement définis et limités, et de l'inanité de la création de "genres" autonomes: elle a en effet le chapeau totalement glabre, l'hygrophanéité, la structure cuticulaire des *Nolanea,* et les spores à dièdre aveuglant, les énormes poils marginaux obtus et les granules tramaires (s'ils sont bien de nature lipoidique !) des *Leptonia.* Certes, dans les *Alboleptonia*, la section des *Pallidorosei* comprend nombre d'espèces à cuticule d'hyphes relativement grêles, mais l'insertion d'un champignon hygrophane fait difficulté. Comme d'autre part, l'espèce européenne *Rh. sericellus* est visiblement assez éloignée des vrais *Leptonia,* on peut admettre comme sous-genre le "genre" *Alboleptonia* Largent-Benedict pour l'ensemble des Leptonies à stipe blanc. Mais, malgré les particularités chimiques révélées par les auteurs américains, nous ne pensons pas qu'il faille se faire trop d'illusions sur la netteté de ses limites.

Le nom que nous avons donné à cette espèce provient de l'inégalité considérable entre ses énormes poils marginaux et la gracilité des hyphes épicuticulaires., laquelle constitue son caractère le plus extraordinaire.

DIAGNOSE LATINE: Pileo 1,3 cm lato, e plano convexo, medio paulum depresso, transluciditate striato et hygrophano, e roseolo alutaceo, glabro. Stipite 20 × 1,5 mm albido, lucido, subtiliter striato. Carne pelliculari, translucida, pileo vel stipiti concolore, inodora, dulci. Lamellis mediocriter stipatis, 2 mm mediis latis, ventricosis, uncinatis, pileo concoloribus, acie concolore, denticulata s.l. — Sporis 8,5-10,5 × (6,6-7-8 µm, symmetris elongatis plerumque simplicibus. Basidiis 22-30 × 9-11,5 µm. Pilis marginalibus maximis, obtuse subclaviformibus, articulo summo 30-90 × 12,5-25 µm. Granulis minimis, sed multis. Cute hyphis gracilibus, 4,5-10 µm (in superficie). Fibulis nullis. — In pariete valli terrae arenoso-argillaceae in silva umbrosa. Typus in Herb. Romagn. n° G 739.

Rhodophyllus Aripoanus Dennis (?) var. **africus** Romagn.-Gilles

(Fig. 48 et 49)

CARACTERES MACROSCOPIQUES: Chapeau large de (3)-8-15 mm, haut de 2-5 mm, étalé surbaissé ou vaguement conique, puis largement étalé et même avec les bords relevés en soucoupe, avec souvent au centre un petit mamelon obtus, quelquefois entièrement strié par transparence, mais non ou très peu hygrophane, blanc, puis lavé de brunâtre ou de jaunâtre très dilué, à cuticule soyeuse, peignée de fibrilles radiales tantôt assez fines, tantôt relativement grossières et souvent sinueuses, avec le mamelon pelucheux.

Stipe 20-25 × (0,7)-1-1,5 mm, légèrement plus épais en haut et en bas, farci, puis fistuleux, blanc, luisant, peigné de fibrilles longitudinales très courtes donnant à l'oeil l'impression d'un grain très fin, fixé au support par un peu de mycélium blanc.

Chair extrêmement mince, blanche, inodore.

Lamelles assez peu serrées, avec 4 longueurs de lamellules, larges au milieu de 1-2 mm libres ou adnexées par une courte dent, un peu ventrues, blanches, puis rosâtres, à arête concolore, floconneuse chez les jeunes sujets, puis simplement denticulée s.l.

CARACTERES MICROSCOPIQUES: Spores 8,5-10 × 6-7 μm (plus grosses dans la récolte de la Côte d'Ivoire atteignant 11,5 × 7,7 μm), symétriques allongées complexes, ou parfois simples, à parois assez épaisses et réfringentes.

Basides 22-33 × 9-11,5 μm, claviformes à subcylindriques, généralement à 4, parfois 2 et 3 stérigmates (récolte de la Côte d'Ivoire).

Poils marginaux en bouquets, claviformes, très obtus, septés, à article terminal variant de 17 à 50 μm de long sur 8-17 μm de large.

Médiostrate à hyphes fondamentales à cloisons très distantes, 6-14 μm (ou plus dans le chapeau); sous-hyménium très étroit, souvent celluleux immédiatement sous la baside, plus bas filamenteux. Quelques laticifères; granules tramaires petits, peu abondants. Cuticule filamenteuse, à hyphes cylindriques, obtuses, à article terminal de 35-80 × 5-12 μm, avec quelques articles plus volumineux au centre. Pas de pigment décelable.

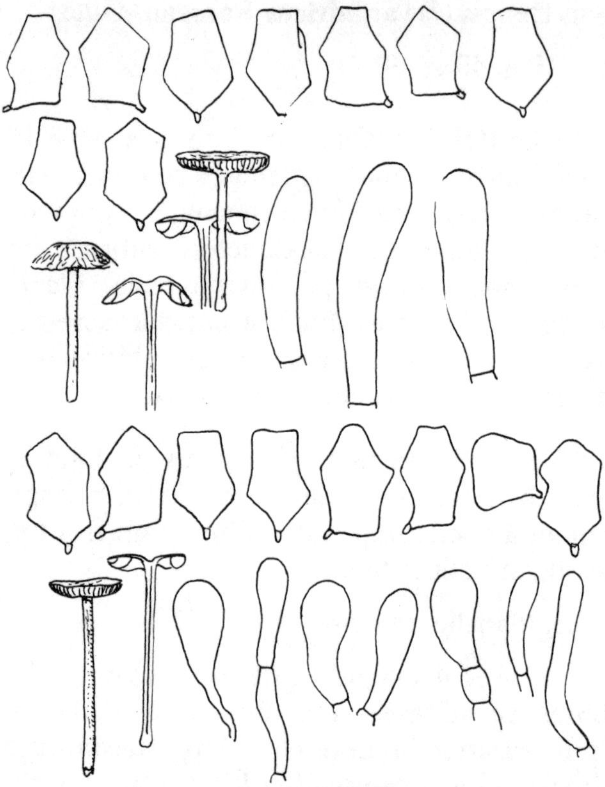

Fig. 48: *Rh. Aripoanus* (?) v. *africus:* en haut, spores et à droite poils marginaux; à gauche, carpophore (G 588); au milieu carpophore (G 537); en bas, spores, carpophore et poils marginaux (G 705)

Pas de boucles.

HABITAT: Sur bois mort, brindilles, arbres vivants ou à terre, en forêt ombrophile. Forêt de la Mondah, près de Libreville (Gabon), les 17.III.1972, 31.III. 13, 20.IV, 11.V. 1975, et 28.III. et 24.IV. 1976, n° G 452-453, 537, 558, 568, 578, 705, 727. — Forêt du Téké, près d'Abidjan (Côte-d'Ivoire), le 16.III. 1974, n° C.I. 014 (récolte aberrante par ses spores plus grosses).

OBSERVATIONS

Le champignon décrit par Dennis de la Trinité (Bull. Soc. Myc. Fr. 49 (2): p. 163, 1953) d'après un seul exemplaire diffère de nos

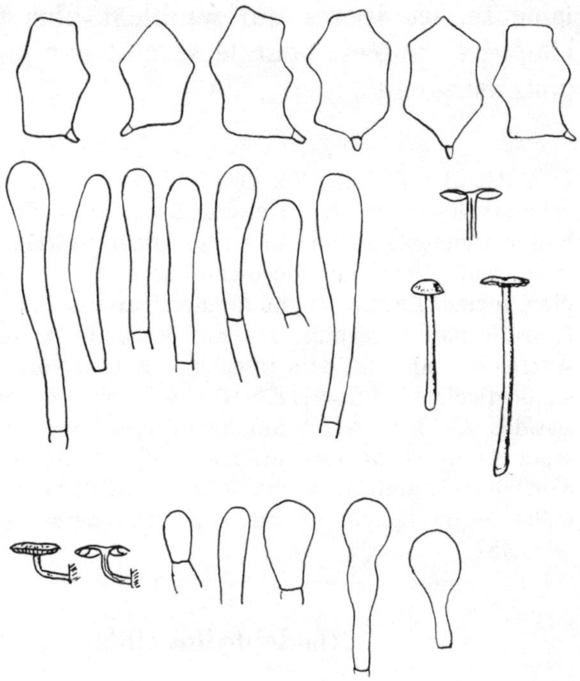

Fig. 49: *Rh. aripoanus* (?) v. *africus*: en haut, spores, poils marginaux et carpophore (C.I. 0L4); en bas carpophore et poils marginaux (G 578)

récoltes par les dimensions nettement plus grandes et du carpophore et surtout des poils marginaux (70-160 μm); toutefois, nos mensurations ne concernent que l'article terminal de ces articles; mais Dennis ne mentionne ni ne figure aucune cloison transversale dans ceux qu'il a observés; il est donc difficile de savoir si la différence dans les chiffres est réelle ou seulement apparente. En attendant d'être fixés, nous préférons donner nos spécimens sous un nom variétal, mais il se peut bien qu'ils eussent mérité le rang d'espèce.

Le *Rh. albellus* Romagn. de Madagascar s'en distingue par le pied court et les lames subdécurrentes; nous n'y avons pas signalé de poils marginaux, mais l'étude ayant été faite sur un exemplaire très petit et mal conservé, il est bien possible que ceux-ci nous aient à l'époque échappé.

Les *Rh. stylobates* et *alboroseus* décrits ici même, s'en séparent par la cuticule moins régulière, et, pour le premier, par la marge laineuse, les spores qui semblent plus fréquemment symétriques-allongées simples, pour le second par les boucles et la nature des poils marginaux.

DIAGNOSE LATINE: Pileo (3)-8-15 mm lato, e convexo applanato, saepe obtuse submammoso, interdum transluciditate striato, nec vel vix hygrophano, candido, leviter brunneolo vel luteolo leviter tincto, sericeo, brevibus fibrillis saepe sinuosis, modo tenuioribus, modo grossioribus pectinato. Stipite 20-35 × 0,7-1,5 μm, candido, lucido, fibrillis longitudinalibus striato. Carne tenuissima, candida, inodora. Lamellis parum stipatis, 1-2 mm latis, libersi vel brevi dente adnexis, paulum ventricosis, candidis, dein roseolis, acie concolore, primum flocculosa, dein solum s.l. denticulata. — Sporis 8,5-10 × 6-7 μm, symmetris elongatis saepius complexis. Basidiis 22-33 × 9-11,6 μm, plerumque tetrasporis. Pilis marginalibus clavatis, septatis,obtusis, extremo articulo 17-50 × 8-17 μm, fasciculatis. Cute ex hyphis 35-80 × 8-12 μm (paulo majoribus in medio pile, constante. Pigmento ac fibulis nullis. — In lignum vel humi, in silva umbrosa. — Typus in Herb. Romagn. n° G 452.

Rhodophyllus cilifer Romagn.-Gilles

(Fig. 50)

CARACTERES MACROSCOPIQUES: Chapeau large de 3 cm, et haut de 9 mm, convexe, à peine déprimé au centre, d'un brun extrêmement pâle, recouvert de nombreuses méchules denses d'un brun S 705, donnant à l'ensemble une couleur encore plus pâle, mais plus sombre au disque sur un diamètre de 4 mm; entièrement couvert de méchules retroussées; le point central est donc d'un bistre sombre, la région péridiscale un peu moins foncée, et les bords rapidement beige brunâtre (S 705), et enfin encore plus pâles. L'aspect général rappelle un *Pluteus.*

Stipe 4 cm × 3 mm en haut, atteignant 4 mm à l'extrême base, blanchâtre et finement pruineux en haut sur 5 mm, plus bas beige brunâtre clair, avec du coton mycélien blanc à l'extrémité.

Chair inodore.

Lamelles assez serrées avec lamellules, adnées à sublibres, blanches puis rose vif, à marge à peine débordante, à arête plus pâle.

CARACTERES MICROSCOPIQUES: Spores symétriques-allongées simples, parfois cubiques, 8,5-11,2 × 6,7-8,5 μ, bien anguleuses, à

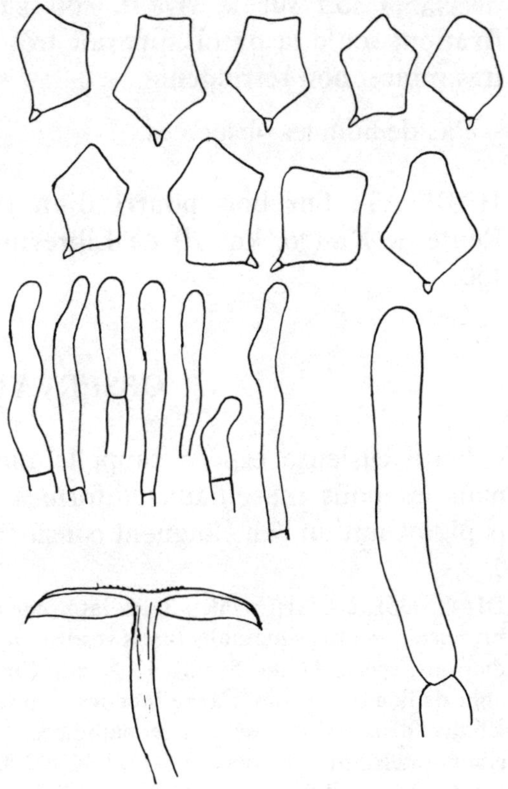

Fig. 50: *Rh. cilifer*: Spores, poils marginaux, coupe d'un carpophore et une hyphe cuticulaire

parois épaisses et réfringentes, terre cuite, presque rouge orangé en masse (proches de S 158).

Basides 20-30 × 10-12 μ.

Poils marginaux denses, cylindriques, plus ou moins sinueux, obtus, 32-80 × 5-7,5-(9) μ.

Trame encombrée de granules sur le frais (nous n'en avons aperçu sur le sec que dans la zone hypophyllique dans NH^4OH à froid; après ébullition aussi dans le médiostrate); quelques laticifères dans la chair piléique; les hyphes du médiostrate mesurent 6-11,5 μm de diamètre. Cuticule filamenteuse, à hyphes assez amples, 8,5-16 μ; les superficielles complètement incolores, celles du subcutis jaunâtre clair vues en masse, mais, même au disque, sans pigment vacuolaire décelable soit sur le vivant, soit sur le sec dans le chloral après fixation; seule la paroi apparaît très légèrement paille, mais elle est très mince, non réfringente.

Pas de boucles observées.

HABITAT: Sur bois pourri d'un tronc abattu depuis longtemps. Route de Kango, km 20 de Libreville (Gabon), le 8.XII.1968, n° G 130.

OBSERVATIONS

Cette curieuse espèce rappelle macroscopiquement les *Leptonia,* mais les poils marginaux ciliformes et surtout les particularités de la pigmentation l'en éloignent considérablement.

DIAGNOSE LATINE: Pileo 3 cm lato, convexo, vix medio depresso, pallidissime brunneolo, multis squamulis fuscis vestito, in medio obscurioribus, in margine pallidioribus, specie *Plutei.* Stipite 40 × mm (imo 4 mm), sursum albido ac pruinoso, alibi pallide brunneolo. Carne inodora. Lamellis substipatis, adnatis vel subliberis, albidis, dein vivide roseis, acie pallidiore. — Sporis symmetris-elongatis simplicibus, interdum cuboideis, 8,5-11,2 × 6,7-8,5 μ. Basidiis 20-30 × 10-12 μ. Pilis marginalibus ciliformibus, 32-80 × 5-7,5-(9) μ. Trama in vivo granulis repletis, nonnulllis laticiferis. Cute filamentosa, hyphis pariete luteola, sine pigmento vacuolari manifesto. Fibulis non observatis. — In trunco dejecto putridissimo. — Typus in Herb. Romagn. n° G 130.

Rhodophyllus flexuosipes Romagn.-Gilles

(Fig. 51)

CARACTERES MACROSCOPIQUES: Chapeau large de 3,5 cm et haut de 1,2 cm, tronconique, à petite dépression centrale, à marge plus ou moins relevée et onduleuse, strié-cannelé sur les lamelles, brun rosé argenté très clair (M 6 A 2 plus pâle), avec le centre nettement plus foncé (M 6 A 2), très luisant-soyeux, de texture

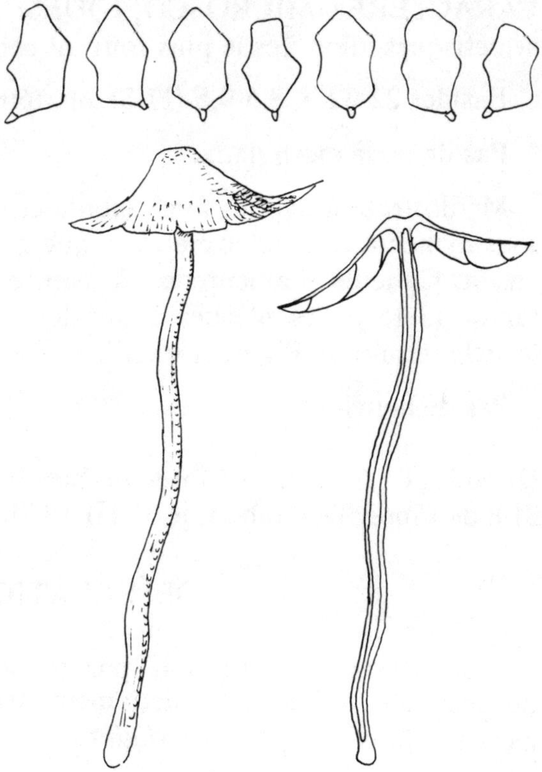

Fig. 51: *Rh. flexuosipes:* spores et carpophore

très fine, à cuticule déviée radialement, glabre, seulement au voisinage du sommet avec quelques méchules ou squamules plus foncées bien apprimées, denses dans la dépression.

Stipe 7 cm × 2 mm, atteignant 3 mm en haut et en bas, fistuleux, blanchâtre dans le tiers supérieur, à peine brunissant progressivement pour atteinde M 5 B 2 vers la base, juste au dessus de mycélium blanc, glabre, très finement strié longitudinalement.

Chair pelliculaire, translucide, concolore dans le chapeau, blanchâtre dans le stipe douce, inodore.

Lamelles moyennement serrées, avec 3 longueurs de lamellules, larges de 4 mm au milieu, blanches, puis rose pâle, adnexées au stipe par une courte dent, à arête concolore et très lisse à la loupe binoculaire.

CARACTERES MICROSCOPIQUES: Spores 7,5-9,5 × 5-6-(6,5) µ, symétriques allongées le plus souvent complexes.

Basides 22-32 × 8,5-9,5-(11,5) µm, tétrasporiques.

Pas de poils marginaux.

Médiostrate à hyphes fondamentales de (7)-10-16-(20) µ de largeur; sous-hyménium celluleux étroit; quelques granules tramaires sur le vivant. Cuticule filamenteuse, à hyphes hypodermiques tantôt 5-7 µ, tantôt 13-15 µ, les mèches à articles volumineux, 40-90 × 18-30 µ (article terminal). Pigment invisible.

Pas de boucles.

HABITAT: A terre, en forêt ombrophile, forêt de la Mondah, km 31,8 de Libreville (Gabon, le 31.III.1975, n° G 543).

OBSERVATIONS

Espèce assez remarquable par le port et la couleur très claire du chapeau, qui tranche nettement avec le centre foncé. Peut-être à classer dans le *Leptonia Fuliginosi:*

DIAGNOSE LATINE: Pileo 3,5 mm lato, truncato-conico, medio umbilicato, margine repanda ac undata, super lamellas sulcato-striato, pallido, praeter umbilicum obscure fuscum, glabrum, nisi in medio flocculoso. Stipite 70 × 2-3 mm, fistuloso, sursum pallido, vix alibi brunnescente, glabro, haud striato. Carne tenui, translucida, in pileo concolore, in stipite albida. Lamellis mediocriter stipatis, 4 mm latis, albis dein pallide roseis, brevi dente adnexis, acie concolore et levi. — Sporis 7,5-9,5 × 5-6-(6,5) µ, symmetris elongatis plerumque complexis. Basidiis 22-32 × 8,5-9,5-(11,5) µm, tetrasporis. Pilis marginalibus nullis. Granulis paucis in trama. Cute hyphis 5-7 µ vel 13-15 µ latis, in squamulis 40-90 × 18-30 µ. Fibulis nullis. — Humi in silva umbrosa. Typus in Herb. Romagn. n° G 543.

Rhodophyllus hyalodepas (Bk.Br.) Romagn.-Gilles n.c.

(Fig. 52,53,54)

Basionyme: *Agaricus hyalodepas* Bk.-Br. : J. Linn. Soc. 11 : 540, 1871.

CARACTERES MACROSCOPIQUES: Chapeau large de 1 à 3,2 cm, haut de 2 à 5 mm, d'abord convexe surbaissé puis étalé avec une

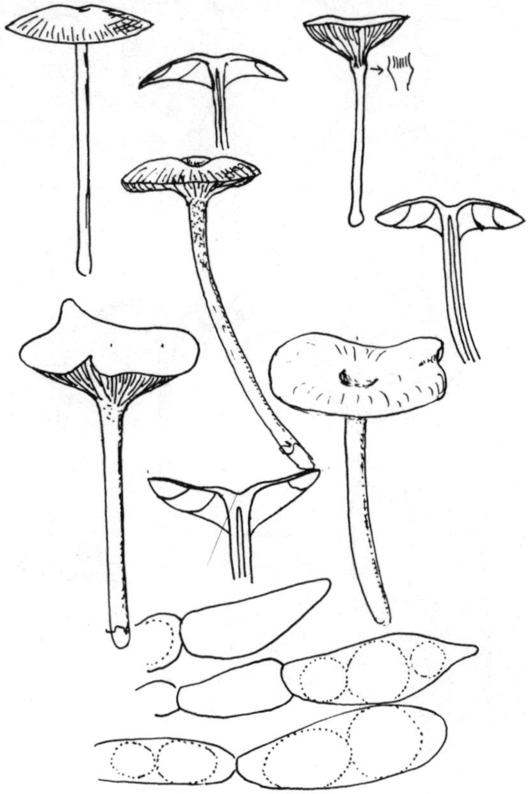

Fig. 52: *Rh. hyalodepas:* carpophores (G 238, en haut) G 581 au milieu, C.I. 090 en bas) et hyphes cuticulaires

petite dépression centrale, à marge droite ou légèrement gondolée, strié par transparence et parfois sillonné-gaufré face aux lames, hygrophane, entièrement blanc pur à la récolte chez les jeunes exemplaires, puis devenant blanc rosé à maturité des lames. Cuticule plus ou moins mate, sèche, déviée radialement, glabre, à texture très ténue, finement cotonneuse par le sec et alors pailletée de minuscules points brillants. Quand il n'est pas franchement convexe, les lames se voient de profil sous la marge.

Stipe long de 1,5 à 3 cm, diamètre 1 à 3 mm, la base parfois renflée en un petit bulbe immarginé, entièrement blanc, d'abord couvert de haut en bas d'une fine pruine caduque, puis glabre, luisant, finement strié longitudinalement à la loupe; fistuleux.

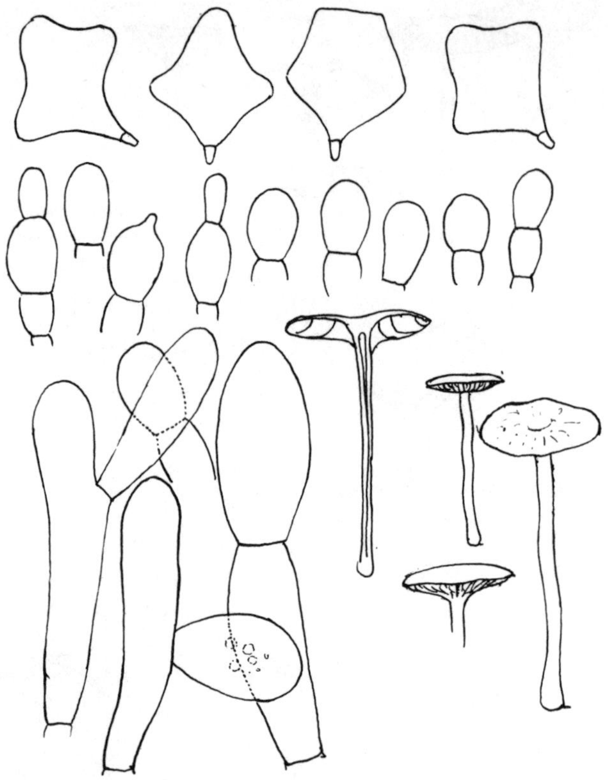

Fig. 53: *Rh. hyalodepas:* spores, poils marginaux, hyphes cuticulaires et carpophores (C.I. 003)

Chair pelliculaire, translucide, blanche, inodore, douce.

Lames peu serrées, parfois relativement espacées, avec 2-3 longueurs de lamellules, larges jusqu'à 5 mm au milieu, souvent un peu arrondies à la marge, plus ou moins franchement décurrentes et se prolongeant sur 1-2 mm sur le haut du stipe, blanches puis roses, pâle. Arête concolore, denticulée s.l.

CARACTERES MICROSCOPIQUES: Spores 9,5-13 × 9-12 μ, cubiques, à parois épaisses, à arêtes droites ou à peine concaves.

Basides 40-52 × 12-15 μ, claviformes ou elliptiques, fragiles, à 4 spores.

Poils marginaux volumineux, claviformes renflés, obtus, en bouquets, à article terminale de 17-35-85 × 10-15 μ.

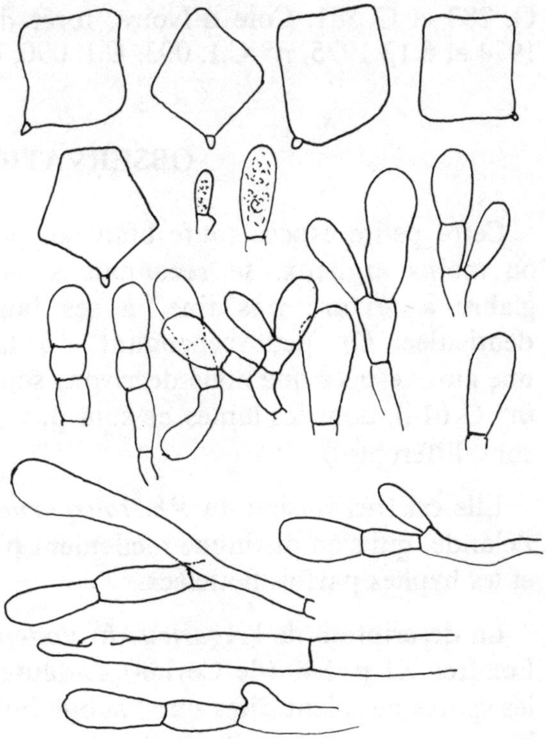

Fig. 54: *Rh. hyalodepas*: spores, basidioles, poils marginaux et hyphes cuticulaires (G 238)

Médiostrate à hyphes fragiles, de 7-14 μ; sous-hyménium très étroit, subcelluleux, à peine visible; granules inconstants (non observés dans une récolte; localisés dans quelque hyphes dans l'autre). Cuticule filamenteuse, à hyphes couchées, les unes assez grêles, larges de 5-10 μm, les autres plus volumineuses, 10-14 μm de largeur, et même jusqu'à 25 μm, la longueur de l'article terminal variant de 40 à 90 μm. Pas de pigment visible, mais des gouttes assez grosses dans les hyphes cuticulaires.

Boucles non observées aux basides ni aux cloisons des hyphes.

HABITAT: A terre dans l'humus et les feuilles mortes en terrain argileux. Gabon, dans un lambeau de forêt secondaire à l'Est de Libreville, le 4.12.1969 et forêt de la Mondah le 19.5.1975, n°

G. 283 et G 581, Cote d'Ivoire, forêt du Téké les 14.10.1973, 24.II. 1974 et 6.12.1975, n° C.I. 003, C.I. 090, C.I. 093.

OBSERVATIONS

Cette petite espèce toute blanche, pas rare dans les terrains plus ou moins argileux, se reconnaît à sa couleur, à sa cuticule très glabre à texture très fine, à ses lames décurrentes et à l'arête denticulée. On peut cependant , à la récolte, la confondre avec une autre espèce que nous décrivons sous le nom de *Rh. subalbidulus* (n° G 614), dont les lames ne sont pas décurrentes (et dont les spores sont différentes).

Elle est très voisine du *Rh. talisporus* (Corner-Horak) de Nouvelle-Zélande, qui s'en distingue facilement par ses petites spores de 6-8 μm et les hyphes parfois bouclées.

La description de l'*Agaricus hyalodepas* Bk.-Br., Journ. Linn. Soc. Londres XI p. 540 (de Ceylan) s'adapte bien à notre espèce, quoique les spores ne soient dites que "subglobuleuses" mais Horak les donne bien comme cubiques (8-10 μ).

DIAGNOSE LATINE. — Pileo 10-20 mm lato, primum plano, dein breviter convexo, anguste medio depresso, toto transluciditate striato, margine sulcata, candido, sicco, subtilissime radiatim gausapato. Stipite 20-35 × 1-1,5 mm, imo usque ad 2,5 mm lato, bulbilloso, candido, primum tenuissime pruinoso, dein glabro. Carne tenuissima, inodora. Lamellis comparate distantibus, usque ad 5 mm latis, manifeste decurrentibus, candidis, dein roseis, acie concolore, denticulata. — Sporis cubicis, 9,5-13 × 9-12 μm. Basidiis 40-52 × 9-12 μm, 4-sporis. Pilis aciei grandibus, obtusis, claviformibus, articulo extremo 17-85 × 10-15 μ. Cute filamentosa, hyphis alteris 5-10 μm, alteris 10-25 μm latis. Fibulis carentibus. — Humi, in terra, in silva umbrosa. — Typus in Herb. Romagn. n° G 238.

2°) Description d'une récolte leptonioïde.

(Fig. 55)

CARACTERES MACROSCOPIQUES: Chapeau large de 2 cm, convexe-plan, légèrement déprimré an centre, blanchâtre légèrement beige (dans la nuance de S 705 plus pâle), un peu plus foncé

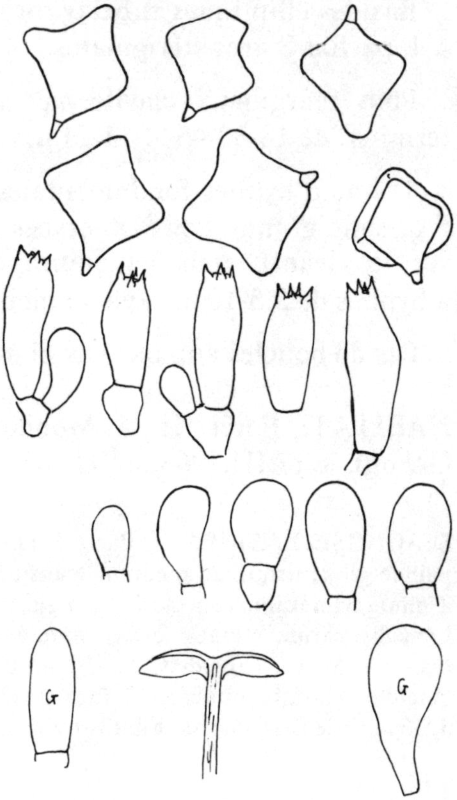

Fig. 55: *Rh.* cf. *hyalodepas:* spores, basides, poils marginaux et coupe d'un carpophore (G 005)

au disque (S 705), finement strié jusqu'au milieu par transparence des lamelles et lamellules.

Stipe 2,5 cm × 1,5 mm, atteignant en bas 2 mm, mais sans bulbe, cylindrique, concolore au chapeau, finement pruineux de haut en bas.

Chair très mince. inodore.

Lamelles peu serrées, légèrement sinuées-uncinées à subdécurrentes, un peu arrondies à la marge, rosées par les spores (sporée proche de S 130).

CARACTERES MICROSCOPIQUES: Spores cubiques, 8,5-10 μ, à parois épaisses.

Basides elliptiques subclaviformes, grosses, 30-45 × 12,5-15-(18) μ, à 4, parfois 2 gros stérigmates.

Poils marginaux claviformes à subcylindriques, obtus, à article terminal de 18-30-45 × 11-21 μ.

Trame d'hyphes fondamentales de 11-17 μ, les connexives de 3,5-5 μ, sans granulations observées à l'état sec (caractère non contrôlé sur le vivant); sous-hyménium celluleux. Cuticule mal conservée, à hyphes de 3,5-10 μ, sans pigment apparent.

Pas de boucles aux basides ni aux cloisons des hyphes (H.R.)

HABITAT: Forêt de la Mondah (km 16 au nord de Libreville, Gabon), le 17.III.1968, n° G 005.

DIAGNOSE LATINE. — Pileo 2 cm lato, convexo, paulum medio depresso, pallide gilvo, usque ad medium transluciditate striato. Stipite 25 × 1,5 mm (imo 2 mm), cylindrato, concolore, toto subtiliter pruinoso. Carne tenuissima, inodora. Lamellis parum stipatis leviter sinuato-uninatis vel subdecurrentibus, antice obtusis. — Sporis cuboideis, 8,5-10 μ. Basidiis 30-45 × 12,5-15(18) μ. Pilis marginalibus clavatis, obtusis, 18-45 × 11-21 μ. Trama hyphis alteris 11-17 μ, alteris 3,5-5 μ. Cute filamentosa. Fibulis nullis. — Typus in Herb. Romagn. n° G 005

3° Récolte à arête des lames lisse et pratiquement homomorphe

(Fig. 56)

CARACTERES MACROSCOPIQUES: Chapeau large d'1 cm et haut d'1,5 mm, étalé plan, peu distinctement déprimé au centre, entièrement blanc à la récolte, devenant blanc rosé à la maturité des lames et cannelé-gaufré sur leur dos plus que strié par transparence, un peu hygrophane, à cuticule déviée radialement, de texture fine.

Stipe 1,2 × 0,75 mm, atteignant 1 mm en haut, à base non distinctement renflée, probablement fistuleux, entièrement blanc, un peu luisant, peigné de stries longitudinales très fines s.l., se retroussant souvent, d'où un aspect poudré de haut en bas.

Chair pelliculaire, translucide, blanche, inodore.

Lamelles peu serrées, avec 2-3 longueurs de lamellules (3-5 intercalaires, y compris les ébauches marginales) larges, d' 1,5 mm, hori-

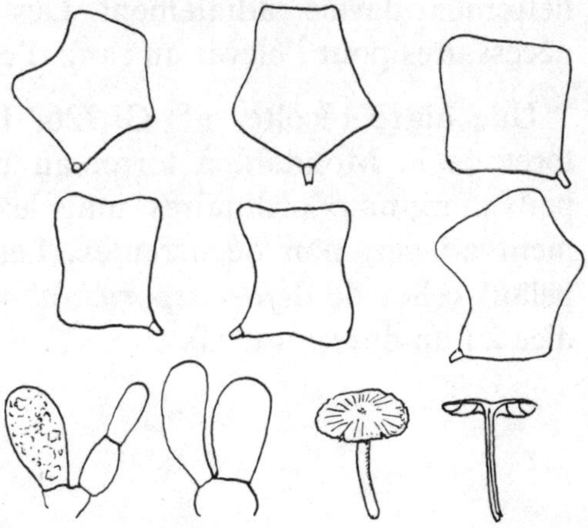

Fig. 56: *Rh.* cf. *hyalodepas*: spores, poils marginaux et carpophore (G 56)

zontales, puis adnexées au stipe par une minuscule dent, arrondies à la marge, à arête concolore et lisse s.l.

CARACTERES MICROSCOPIQUES: Spores cubiques, évoluant parfois vers le type symétrique allongé simple, (9)-10-13 × 8,5-11,5 μ, à parois épaisses et réfringentes.

Basides grosses, 25-37-(45) × 11,5-13-(15-17) μ, à 4, parfois 2 stérigmates.

Arête fertile, mais pouvant montrer çà et là quelques cellules courtement elliptiques-subglobuleuses optiquement vides.

Médiostrate à hyphes assez grosses; sous-hyménium à amples cellules. Quelques granules tramaires. Cuticule à hyphes 8-14-(18) μ, le dernier article long de 35-100 μ.

Pas de boucles.

HABITAT: Sur la terre argileuse, en forêt ombrophile. Forêt du Téké, près d'Abidjan (Côte d'Ivoire), le 30.XI.1974, n° CI 091.

OBSERVATIONS

Cette récolte diffère des autres par les lames seulement adnées, non décurrentes, l'absence de gros poils d'arête et la cuticule plus nettement déviée radialement. Des récoltes plus nombreuses seraient nécessaires pour l'élever au rang d'espèce.

Une autre récolte, n° G 726, faite sur la route militaire de la forêt de la Mondah, à terre, au bord d'un marigot, présentait les poils marginaux ordinaires, mais les lames étaient ventrues et simplement adnées, non décurrentes. Les spores étaient irrégulières, rappelant celles de *deformisporus*, et parfois prismatiques (avec appendice à l'un des sommets).

Rhodophyllus leucocephalus Romagn.-Gilles

(Fig. 57)

CARACTERES MACROSCOPIQUES: Chapeau 1,3-2,2 cm de large, haut de 3-5 mm, convexe plus ou moins surbaissé, puis presque plan, non ou à peine déprimé, ni strié, ni hygrophane, blanc, à cuticule finement pelucheuse s.l. vaguement déviée radialement, à marge non laineuse.

Stipe 20 × 1-1,2 mm (un peu plus épais en haut et en bas), fistuleux, blanchâtre, concolore au chapeau, d'abord entièrement et finement floconneux, puis seulement en haut sur 2 mm, ailleurs glabre, luisant, strié longitudinalement.

Chair pelliculaire, vaguement translucide seulement à la marge, blanche, à odeur fruitée plus ou moins marquée.

Lamelles assez serrées, avec 2-3 longueurs de lamellules, larges d'1,5-3 mm au milieu, faiblement arquées, sinuées ou simplement adnées, blanches, puis rosées, à arête concolore, denticulée s.l.

CARACTERES MICROSCOPIQUES: Spores 8-10 × (5,5)-6-6,5-(7) µm, symétriques allongées simples à complexes, bien anguleuses, à parois assez épaisses.

Basides 18-29 × 8-10,5-(11,5) µm, en général plus ou moins cylindriques-étranglées et tétrasporiques.

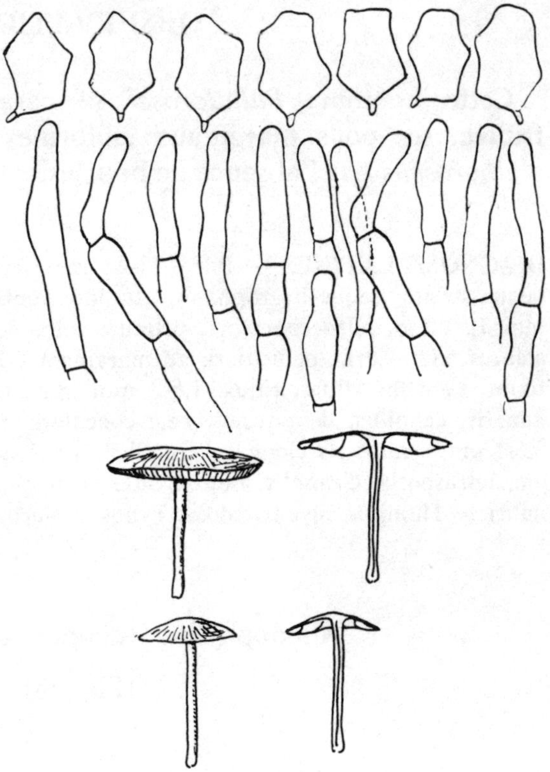

Fig. 57: *Rh. leucocephalus*: spores, poils marginaux et carpophore (G 712); en bas, carpophore (G 722)

Poils marginaux ciliformes ou cylindriques, obtus, rarement utriformes, septés, à article terminal de 22-65 × 6-10-(13) µm (jusqu'à 95 µm au total).

Médiostrate à hyphes fondamentales à parois rigides, × 5,5-12 µm; sous-hyménium celluleux, à articles de 5-6,5 µm environ, avec hyménopode assez distinct, filamenteux. Nombreux granules tramaires. Cuticule d'hyphes couchées, 80-150 × (2,5)-6-12 µm, sans pigment.

Pas de boucles observées.

HABITAT: A terre, dans l'humus ou parmi les feuilles mortes, en forêt ombrophile. Forêt de la Mondah, près de Libreville (Gabon) (route militaire), les 11 et 17.IV1976, n° G 712 et 722.

OBSERVATIONS

Cette Leptonie *Pallidorosei* se caractérise par sa forte odeur fruitée, ses poils marginaux ciliformes et septés; elle se distingue d'*alboroseus* par l'absence de boucles.

DIAGNOSE LATINE. — Pileo 13-22 mm lato, e plano convexo, vix depresso neque striato, neque hygrophano, candido, subtiliter fibrilloso. Stipite 20 × 1-1,2 mm, fistuloso, pileo concolore, primum toto, dein solum sub lamellis flocculoso, glabrescente. Carne pelliculari, ad marginem solum translucida, gravi odore fructuum. Lamellis stipatioribus, 1,5-3 mm latis, leviter arcuatis, sinuatis vel solum adnatis, candidis, dein roseis, acie concolore, s.l. denticulata. — Sporis 8-10 × 5,5-7 μm, symmetris elongatis simplicibus vel complexis. Basidiis 18-29 × 8-11,5 μm, tetrasporis. Granulis multis. Cute en hyphis 80-150 × (2,5)-6-12 μm. Fibulis nullis. — Humi, in silva frondosa. Typus in Herb. Romagn. n° G 712.

Rhodophyllus leucopus Romagn.-Gilles

(Fig. 58)

CARACTERES MACROSCOPIQUES: Chapeau large de 1,5 cm, très étalé avec une faible dépression centrale de 5 mm de diamètre et de moins d'un mm de profondeur, haut de 3 mm, entièrement strié par transparence, brun rosé très pâle (dans le tons de S 705), pâlissant au point de devenir blanchâtre deux heures après la récolte, peigné de très fines fibrilles radiales soyeuses.

Stipe 2 cm × 1 mm, cylindrique, fistuleux, blanc, luisant, très finement fibrilleux sous une forte loupe.

Chair extrêmement mince, inodore.

Lamelles moyennement espacées, avec 3 longueurs de lamellules, atteignant 2 mm au milieu, adnexées par une courte dent, blanches, puis d'un rose assez franc, à arête pâle et très finement denticulée sous une forte loupe.

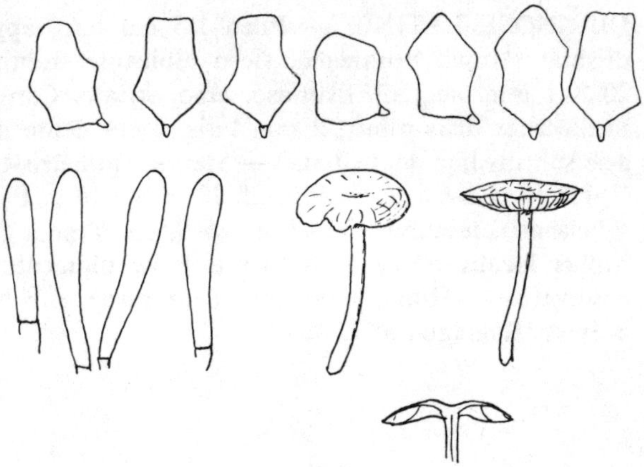

Fig. 58: *Rh. leucopus*: spores, poils marginaux et carpophores

CARACTERES MICROSCOPIQUES: Spores symétriques-allongées simples, assez rarement complexes, (7)-8,5-10 × 6-6,5 μ, rarement cubiques, à parois assez réfringentes.

Basides 25-30 × 8,5-10 μm, à 4 stérigmates.

Poils marginaux ciliformes à subclaviformes, étroits, parfois arqués, 35-48 × 5,5-8,5 μ.

Trame à hyphes de 5-13 μ de large, à granules hyalines rares; sous-hyménium étroit, celluleux. Cuticule filamenteuse, à hyphes à articles de 50-70 × 8-10,5 μ, sans pigment discernable.

Pas de boucles observées au pied des basides ni aux cloisons des hyphes.

HABITAT: A terre, dans un sentier forestier assez éclairé, sous fougères (*Nephrolepis biserrata*). Forêt de la Mondah (km 30 de Libreville, Gabon), le 19.III.1972, n° G 454.

DIAGNOSE LATINE. — Pileo 1,5 cm lato, applanato, leviter depresso, pallidissime e roseo brunneolo, sicco albicante, subtiliter radiatim fibrilloso. Stipite 20 × 1 mm, aequali, fistuloso, albo, striato. Carne tenuissima, inodora. Lamellis mediocriter distantibus, 2 mm latis, tenui dente decurrentibus, albis dein roseis, acie subtilissime denticulata. — Sporis symmetris-elongatis plerumque simplicibus, (7)-8,5-10 × 6-6,5 μ. Basidiis 25-30 × 8,5-10 μ. Pilis marginalibus ciliformibus vel subclavatis, tenuibus, 35-48 × 5,5-8,5 μ. Trama granulis raris. Cute filamentosa, hyphis loculis 50-70 × 8-10,5 μ latis, pigmento haud manifesto. Fibulis non observatis. — Humi, in semita silvae rarae, sub Nephrolepidas biserratas. Typus in Herb. Romagn., n° G 454

Rhodophyllus margaritifer Romagn.-Gilles

(Fig. 59 et 60)

CARACTERES MACROSCOPIQUES: Chapeau atteignant 6 mm de large et 2 mm de haut, presque plan, faiblement déprimé au centre et vaguement lobulé au bord vu en plan, entièrement strié par transparence, mais ne semblant pas hygrophane, en entier blanc jaunâtre (un peu plus pâle que Methuen 3 A 2), à cuticule déviée radialement, mate, mais sablée à la loupe de méchules blanchâtres qui lui donnent un aspect très finement floconneux-pelucheux.

Stipe atteignant 1,5 cm × 1 mm, cylindrique, relativement robuste par rapport à la petitesse du chapeau, ferme, farci, d'abord un peu plus jaune que le chapeau (Methuen 3 A 3) en haut sur 3 mm, puis concolore au chapeau, présentant sur toute sa longueur de minuscules peluches ou méchules floconneuses comme sur le chapeau, fixé à la terre par un peu de mycélium blanc.

Chair très mince, concolore, inodore.

Lamelles assez espacées (3 longueurs de lamellules, à grandes lames peu nombreuses), atteignant 2 mm de large au milieu, assez franchement décurrentes, d'abord concolores au chapeau, puis saumon très pâle (Methuen 7 A 2), à arête concolore, lisse à la loupe.

CARACTERES MICROSCOPIQUES: Spores polymorphes, originellement cubiques, mais évoluant vers le type subglobuleuses ou courte-

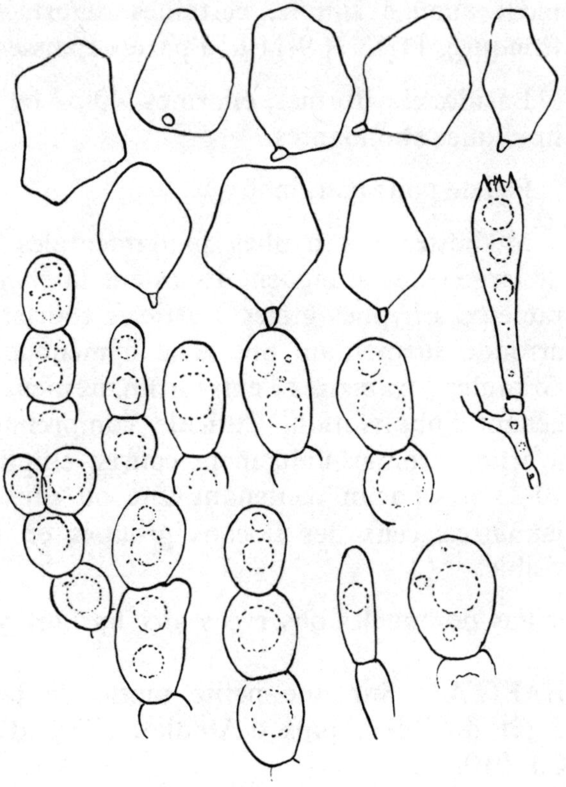

Fig. 59: ***Rh. margaritifer***: spores, baside et cellules cuticulaires

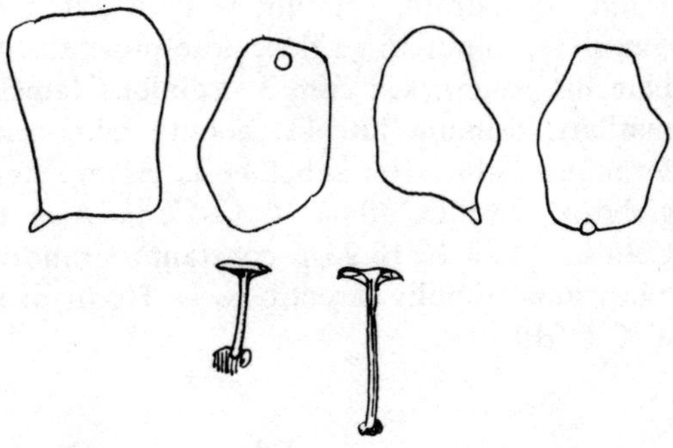

Fig. 60: ***Rh. margaritifer:*** spores et carpophore

ment allongé simple, certaines déformées et bosselées ou à base tronquée, 11-13 × 9-11 μ, à parois épaisses et réfringentes.

Basides claviformes, énormes, 40-57-60 × 13-15,5-(17) μ, à guttules lipidiques abondantes.

Pas de poils marginaux.

Médiostrate à hyphes fondamentales ne dépassant guère 10 μ de large (elles atteignent 16 μ dans la chair piléique); sous-hyménium rameux, à hyphes grêles à articles courts, le dernier souvent presque arrondi, surmontant une zone hyménopodiale de connexives grêles. Granules tramaires extraordinairement abondants, volumineux, gênant l'observation. Cuticule comprenant des chapelets d'hyphes à articles remarquablement courts, elliptiques à globuleux 14-38 × 10-23 μ, chacun contenant une ou plusieurs sphérules lipoïdiques jaunâtres, ceux des flocons groupés en bouquets. Pas de pigment visible.

Pas de boucles observées aux basides ni aux cloisons des hyphes.

HABITAT: Sur une petite motte de terre, en forêt ombrophile. Forêt du Téké, près d'Abidjan (Côte d'Ivoire), le 10.III.1974, n° C.I. 010.

DIAGNOSE LATINE. — Pileo usque ad 6 mm lato, subplano, leviter medio depresso, e luteolo albido, floccis albidis s.l. toto punctato. Stipite usque ad 15 × 1 mm, cylindrato, primum summo paulo magis luteo quam pileus, alibi pileo concolore, minutissime flocculoso-punctato. Carne tenuissima, concolore, inodora. Lamellis paucis, sed cum 3 ordinibus lamellarum, medio ad 2 mm latis, decurrentibus, primum luteolis, deinde salmoneis, acie integra. — Sporis saepe deformibus, cubicis vel subglobosis vel breviter elongatis simplicibus, interdum fere gibbosis. Basidiis 40-60 × 13-17 μ. Acie fertili. Cute ex hyphis articulis subglobosis 14-38 × 10-23 μ constante, grandibus guttulis lipoideis repletis, sicut in tota trama. Fibulis carentibus. — Humi in silva umbrosa. Typus Herb. Romagn. n° C.I. 010.

Rh. nudus Romagn.-Gilles

(Fig. 61)

CARACTERES MACROSCOPIQUES: Chapeau large d'1,2 cm et haut de 4 mm, convexe surbaissé avec une minuscule dépression centrale, strié par transparence mais non hygrophane, rosâtre (M 6

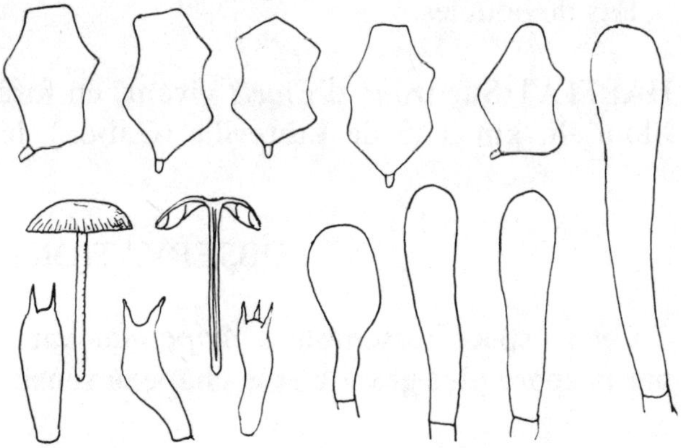

Fig. 61: *Rh. nudus:* spores, carpophore, basides et poils marginaux

A 2), à peine plus foncé au centre (M 6 B 2), à cuticule luisante, glabre, déviée radialement, de texture très fine, unie-veloutée au centre.

Stipe 2 cm × 0,75 mm, cylindrique, probablement fistuleux, concolore au chapeau dans la moitié supérieure, plus pâle en haut sur 2 mm, plus foncé dans la moitié inférieure (M 6 A 3), de texture très fine, non strié longitudinalement s.l.

Chair pelliculaire, translucide, concolore aux surfaces, inodore.

Lamelles moyennement serrées, avec 2 longueurs de lamellules, larges de 2 mm au milieu, ascendantes, un peu ventrues, adnexées au stipe par une très courte dent, rosâtres, à arête pâle et denticulée-cristulée par de points brillants épars s.l.

CARACTERES MICROSCOPIQUES: Spores 10-12 × 7-7,5-(9) μ, symétriques allongées généralement complexes, à parois assez épaisses.

Basides (18)-24-28 × 8,5-10-(11,5) μ, à 2, souvent 3, rarement 1 ou 4 longs stérigmates coniques.

Poils marginaux clavulés, 40-85 × 12-18 μ.

Médiostrate à hyphes de 10-14 μ de diamètre; sous-hyménium celluleux. Nombreux granules tramaires. Cuticule à hyphes plus ou moins cylindriques et rétrécies aux cloisons, larges de 10-15 μ, à articles terminaux de 70-135 μ.

Pas de boucles.

HABITAT: Sur tronc d'*Elaeis* vivant, en forêt ombrophile, forêt de la Mondah, km 31,5 de Libreville (Gabon), le 13.IV.1975., n° G 562.

OBSERVATIONS

Cette espèce ressemble à *Aripoanus* var. *africus*, mais s'en écarte par la spore plus grande et le chapeau sensiblement glabre.

DIAGNOSE LATINE. — Pileo 12 mm lato, e plano convexo, angustissime depresso, transluciditate striato, sed non hygrophano, roseolo, lucido, glabro medio velutino. Stipite 20 × 0,7 mm, summo pallidiore, imo pileo concolore, haud striato. Carne pelliculari, translucida, concolore, inodora. Lamellis mediocriter stipatis, 2 mm mediis latis, paulum ventricosis, brevi dente decurrentibus, roseolis, acie pallida atque micacea denticulataque. — Sporis 10-12 × 7,7-9 μm, symmetris, plerumque complexis. Basidiis (18)-24-38 × 8,5-10-(11,5) μm, saepius 2-3 sporis, rarius 1 vel 4. Pilis marginalibus clavatis, 40-85 × 12-18 μm. Cute hyphis cylindratis, articulis 70-135 × 10-15 μm. Granulis multis. Fibulis nullis. — In tunco vivo Elaeidis. — Typus in Herb. Romagn. n° G 562.

Rhodophyllus pallidior Romagn.-Gilles

(Fig. 62)

CARACTERES MACROSCOPIQUES: Chapeau large de 2 cm, très mince, convexe plan, légèrement déprimé au centre, entièrement strié par transparence, blanchâtre, dans la nuance de S 705, qu'il n'atteint que dans la dépression, sensiblement glabre.

Stipe 2,5 cm × 1,5 mm, un peu plus large (2 mm) mais non bulbeux en bas, concolore au chapeau, finement pruineux de haut en bas.

Chair mince.

Lamelles peu serrées, un peu arrondies à la marge, légèrement sinuées-uncinées à subdécurrentes, pâles.

CARACTERES MICROSCOPIQUES: Spores régulièrement cubiques, 8,5-10 μm, à parois épaisses et réfringentes.

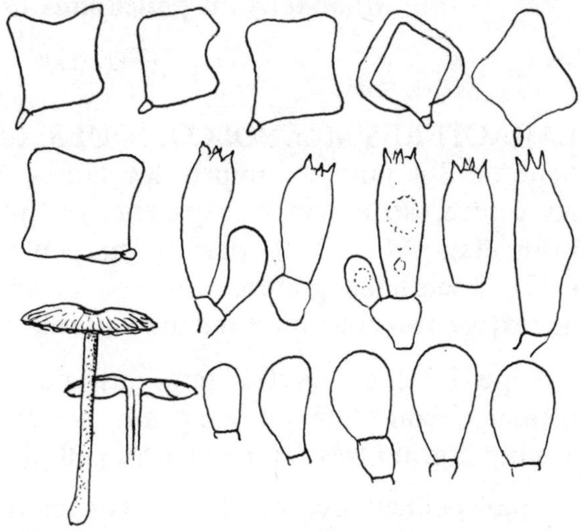

Fig. 62: *Rh. pallidior:* spores, basides, carpophore et poils marginaux

Basides subclaviformes, de grande taille, 30-42 × 12,5-15 µm, à 4, parfois 2 gros stérigmates, parfois à parois épaissies et sclérifiées.

Poils marginaux très courtement claviformes, elliptiques ou subglobuleux, 18-30 × 11-18 µm.

Trame à hyphes fondamentales de 10-17 µm, avec connexives de 3,6-5 µm; sous-hyménium celluleux sous les basides. Sur le sec, dans NH^4OH bouillant, nous n'avons pas vu de granules. Cuticule à hyphes couchées, grêles, 3,5-10 µm, sans pigment décelable.

Pas de boucles observées.

HABITAT: Sur la terre boueuse et humide en terrain plus ou moins siliceux, forêt de la Mondah, près de Libreville (Gabon), le 17.III.1968, n° G 005.

DIAGNOSE LATINE. — Pileo 2 cm lato, e plano convexo, vix depresso, pallido, transluciditate striato, glabro. Stipite 25 × 1,5-2 mm, concolore, toto subtiliter pruinoso. Carne tenui. Lamellis parum stipatis, leviter sinuatis-uncinatis vel subdecrrentibus, paulum ventricosis, pallidis. — Sporis cubicis, 8,5-10 µm. Basidiis grandibus, 30-42 × 12,5-15 µm, 4, interdum 2 sporis. Pilis marginalibus brevissime clavatis, ellipsoideis vel subglobosis, 18-30 × 11-18 µm. Cute hyphes jacentibus, 3,5-10 µm. Fibulis absentibus. — In solo lutoso ac acido. — Typus in Herb. Romagn. n° G 005.

Rhodophyllus paucifolius Romagn.-Gilles

(Fig. 63)

CARACTERES MACROSCOPIQUES: Chapeau large de 8-10 mm et haut de 3-4 mm, y compris les lames, convexe-surbaissé, déprimé au centre, strié par transparence et plus ou moins hygrophane, brun clair (M 5 B 3), parfois un peu plus foncé au centre (M 5 C 3), à cuticule glabre, luisante, courtement déviée radialement, de texture très fine, unie-veloutée au centre.

Stipe 1,3-2 cm × 0,7 mm, jusqu'à 1 mm en haut et en bas, fistuleux, concolore au chapeau, poudré en haut, ailleurs glabre, luisant, à grain très fin, parfois un peu plus coloré vers le bas.

Chair pelliculaire, translucide, concolore au chapeau, inodore.

Lamelles très espacées, avec une seule longueur de lamellules parfois réduites à une minuscule ébauche, arquées, puis fortement décurrentes, concolores au chapeau, à arête concolore, lisse s.l.

CARACTERES MICROSCOPIQUES: Spores (7,2)-8,5-10,5 × (5,7)-6-7 μm, symétriques allongées simples, parfois complexes, à parois assez épaisses et assez réfringentes.

Basides 23-32 × 10,5-11,7-(13) μm, courtes, à la fin claviformes, à 3-4 spores.

Pas de poils marginaux différenciés.

Médiostrate à hyphes de 8,5-17 μm; sous-hyménium épais d'environ 15 μm, à articles de 6-10 μm sous les basides. Pas de laticifères ni de granules tramaires. Cuticule à hyphes volumineuses, à article de (35)-60-200 × 10-17-30 μm, à pigment indiscernable.

Pas de boucles observées.

HABITAT: Sur un petit talus de terre, le long d'un sentier, en forêt ombrophile. Forêt de la Mondah, près de Libreville (Gabon) km 27,5, les 9 et 16.V.1976, n° G 734 et 737.

DIAGNOSE LATINE. — Pileo 8-10 mm lato, e plano convexo, medio depresso, transluciditate striato et magis minusve hygrophano, pallide brunneolo, glabro. Stipite 13-20 × 0,7-1 mm, pileo concolore, summo pruinoso, alibi glabro, lucido.

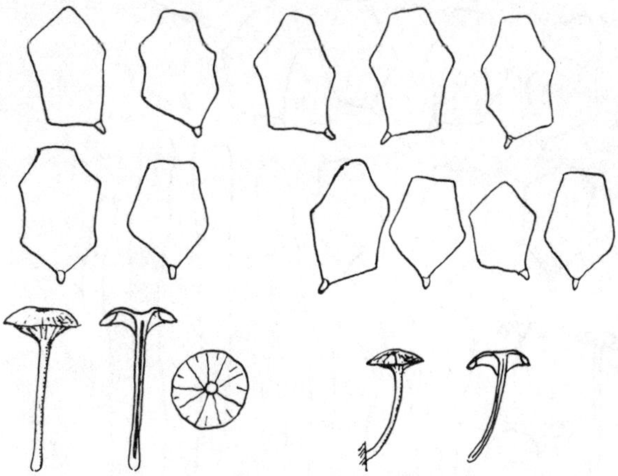

Fig. 63: *Rh. paucifolius*: en haut et à gauche, spores et carpophore (G 734); à droite, spores et carpophore (G 737)

Carne pelliculari, translucida, concolore, inodora. Lamellis paucis, una lamellula intermixtis, concoloribus, arquatis, dein decurrentibus, acie concolore et levi s.l. — Sporis symmetris elongatis simplicibus vel complexis. Basidiis 23-32 × 10,5-13 μm, 3-4 sporis. Pilis marginalibus et granulis nullis. Cute hyphis obtusis, articulis 35-200 × 10-30 μm. Pigmento invisibili. Fibulis nullis. — Humi, praeter semitam. — Typus in Herb. Romagn. n° G 734.

Rhodophyllus pilosellus Romagn.-Gilles

(Fig. 64)

CARACTERES MACROSCOPIQUES: Chapeau large de 6 mm et haut de 3 mm, convexe, un peu déprimé au centre, à marge sinueuse, se fendant radialement, très pâle, d'un beige rosé plus clair que S 205, assez grossièrement peigné de fibrilles et méchules blanches, soyeuses, retroussées, formant de minuscules flocons disséminés un peu partout, plus denses à la marge qu'au centre, qui est blanc soyeux et hérissé de nombreuses mèches retroussées.

Stipe relativement robuste et long, 4 cm × 1 mm, atteignant 1,5 mm à la base, flexueux, reux, entièrement blanc, glabre, luisant, un peu fibrilleux, sauf en haut où il est pruineux sur 2 mm.

Chair blanche, inodore.

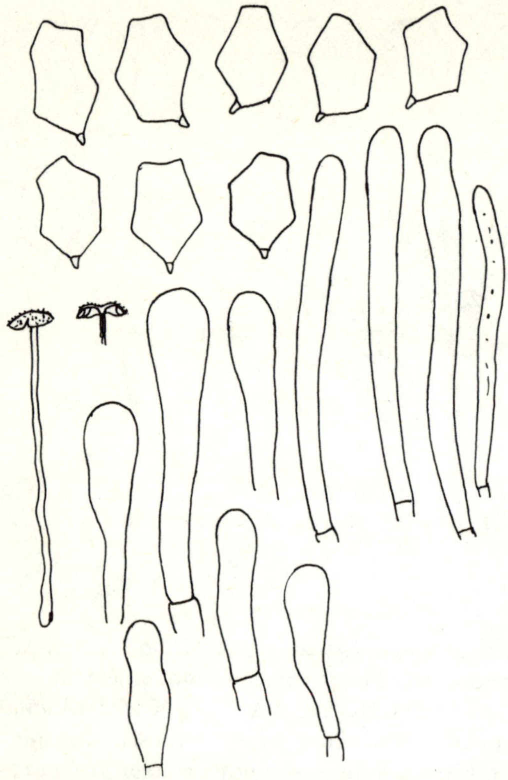

Fig. 64: *Rh. pilosellus*: Spores, carpophore et poils marginaux

Lamelles assez peu serrées, avec 3 longueurs de lamellules, les plus longues égalant presque les lames, ventrues, adnées à échancrées, blanches, puis roses, à arête blanchâtre, relativement très denticulée s.l.

CARACTERES MICROSCOPIQUES: Spores symétriques-allongées le plus souvent simples, 8-9-(10,5) × 6-7,2 μ, à parois assez épaisses et assez réfringentes.

Basides 26-30 × 9-10 μ, à 3-4 stérigmates.

Poils marginaux claviformes, 38-80 × 11-17 μ (enduits au sommet sur le vivant d'une substance résineuse hyaline G.).

Trame à hyphes de 5-14 μ de diamètre, paraissant sur exsiccata regonflés par NH^4OH bouillant, comme inégalement vitrifiées çà et là par un enduit cristallin incolore, les rendant un peu rugueuses (mais non granuleuses); d'autres hyphes sont ramifiées; soushyménium à cellules irrégulières, d'aspect amiboide, également vitrifiées. Cuticule d'hyphes grêles, subcylindriques à subclaviformes, larges de 8,5-10 μ.

Boucles non observées au pied des basides ni aux cloisons des hyphes.

HABITAT: Libreville (Pisciculture), le 8.XI.1968, n° G 126.

DIAGNOSE LATINE. — Pileo 6 mm lato, convexo, paulum medio depresso, margine undulata et fissa, pallidisime e brunneolo roseo, fibrilloso ac parvis squamis recurvis albis ubique vestito. Stipite 40 × 1 mm (imo 1,5 mm) flexuoso, cavo, albo, sub lamellis pruinoso. Carne alba, inodora. Lamellis parum stipatis, ventricosis, adnatis vel sinuatis, albis, dein roseis, acie denticulata. — Sporis symmetris elongatis simplicibus, 8-9-(10,5) × 6-7,2 μm. Basidiis 26-30 × 9-10 μm. Pilis marginalibus claviformibus, 38-80 × 11-17 μm. Trama ex hyphis substantia resinosa in NH^4OH collinitis. Gute filamentosa, hyphis gracilibus, subcylindratis, 8,5-10 μm. — Typus in Herb. Romagn. n° G 126.

Rhodophyllus pseudodochmiopus Romagn.-Gilles

(Fig. 65)

CARACTERES MACROSCOPIQUES: Chapeau atteignant 6 mm de large et 2-3 mm de hauteur, convexe, paraissant à première vue et à l'état adulte fixé sur le côté (mais voir plus loin), vaguement strié cannelé au-dessus des lames, mais ni strié par transparence ni hygrophane, blanc, roussissant un peu avec l'âge, à cuticule pelucheuses, à vague orientation radiale; vers l'arrière, le mycélium blanc forme des mailles très remarquables.

Stipe 1-3 × 0,7-1 mm, d'abord central, et ne croissant ensuite presque plus, tantôt restant plus ou moins droit et portant un chapeau convexe, puis plan, enfin en cupule (ces spécimens restent très petits, même après sporulation), tantôt se recourbant, et s'oblitérant progressivement, le chapeau étant d'abord en un plan parallèle au support, puis se redressant en devenant vertical, enfin s'étalant en devenant convexe surbaissé, parfois légèrement umboné, blanc, pelucheux s.l., avec un réseau mycélien blanc sur le support.

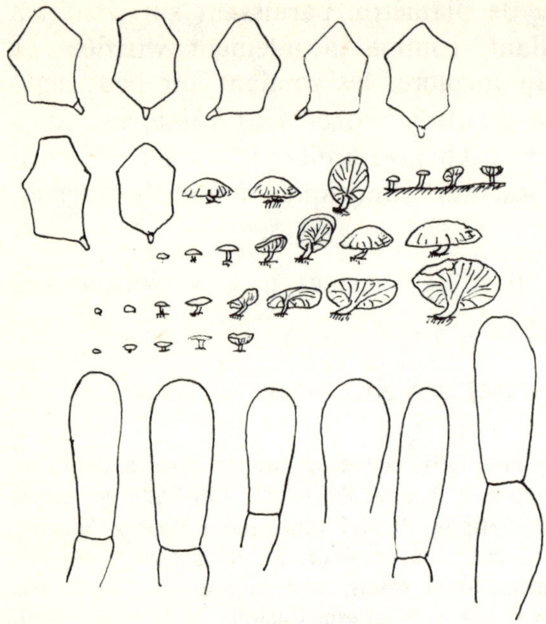

Fig. 65: *Rh. pesudodochmiopus*: spores, carpophores de tous âges et poils marginaux

Chair pelliculaire, translucide, blanche, à odeur de farine fraîche ou subspermatique à l'écrasement.

Lamelles peu serrées, avec 2-3 longueurs de lamellules (les grandes lames sont très peu nombreuses), blanches, puis rosissantes, adnées à sublibres, à arête concolore, bassement denticulée-floconneuse s.l., un peu comme chez *aripoanus* var. *africus*.

CARACTERES MICROSCOPIQUES: Spores 8-9-(10) × (5,5)-7-7,2 µm, généralement symétriques allongées complexes, mais parfois à dièdre basal obtus ou tronqué.

Basides 22-32 × 8,5-11 µm, tétrasporiques.

Poils marginaux septés, le dernier article obtus, subclaviforme, 25-50 × (6)- 12-19 µm.

Médiostrate à hyphes de 8-13 µm, avec connexives de 5-6 µm; sous-hyménium principalement celluleux, à articles de 5-8 µm environ. Innombrables granules tramaires comme chez les Leptonies les plus typiques. Cuticule à hyphes couchées, cylindriques, larges de 6-10 μm, bourrées de granules, à article terminal à peine renflé, 40-90 × 12-14 μm. Pas de pigment.

Pas de boucles observées.

HABITAT: Sur l'écorce d'une branche morte à moitié pourrie et humide, en forêt ombrophile, forêt de la Mondah, près de Libreville (Gabon), route militaire, le 30.VI.1976, n° G 746.

OBSERVATIONS

Cette espèce est macroscopiquement tout à fait semblable à *dochmiopus,* même par un caractère aussi rare chez les Rhodophylles trop i caux que l'odeur de farine, mais s'en éloigne beaucoup microscopiquement par les spores clairement symétriques et les innombrables granules leptonioides de la trame. On vérifie ainsi la corrélation que nous (H.R.) avons jadis signalée entre la symétrie sporale et ce dernier caractère. On ne connaît pas d'espèces à spores sans dièdre basal qui présente de façon typique de tels granules. Les gros poils marginaux sont également une différence notable avec *Rh. dochmiopus.*

DIAGNOSE LATINE. — Pileo usque ad 6 mm lato, convexo, subtiliter super lamellas sulcato, sed nec transluciditate striato, nec hygrophano, candido, aetate paulum rufescente, tenuiter gausapato. Stipite primum centrali, dein laterali, brevissimo, 1-3 × 0,7-1 mm, atque interdum obliterato, candido, subtiliter flocculoso; mycelio reticulato, candido. Carne pelliculari, translucida, candida, odore farinaceo vel subspermatico. Lamellis parum stipatis (majoribus raris, 3-4 minoribus), adnatis vel subliberis, acie concolore, tenuiter denticulata-floccosa. — Sporis 8-10 × 5,5-7,2 μm, symmetris elongatis plerumque complexis. Pilis marginalibus septatis, summo articulo subclavato, obtuso, 25-50 × 12-19 μm. Granulis plurimis. Cute ex hyphis 6-10 μm latis, summo articulo vix inflato, 40-90 × 12-14 μm. Fibulis nullis. — In cortice rami emortui uvidique, semiputridi, in silva umbrosa. Typus in Herb. Romagn. n° G 746.

Rhodophyllus pseudotruncatus Romagn.-Gilles

(Fig. 66)

CARACTERES MACROSCOPIQUES: Chapeau atteignant 3 cm (mais déformé elliptique, × 1,5 cm), et 1 cm en hauteur, en cloche pliée, brun clair (M 5 B 3), luisant, glabre, à cuticule déviée radialement et de texture très fine (un peu comme chez *polyphyllus).*

Stipe jusqu'à 4,5 cm × 2,5 (en haut sur 5 mm), 2 ailleurs, sauf en bas, 3 mm, ferme, fistuleux, droit ou légèrement courbé, relativement robuste, finement poudré de blanc en haut sur 1 cm puis brun rosé (M 6 B 3), ailleurs glabre, avec du mycélium blanc à la base.

Chair très mince, translucide, blanchâtre dans le chapeau, blanche dans le stipe. Odeur à la fois fruitée et un peu spermatique.

Lamelles moyennement serrées, avec 2 longueurs de lamellules (3-5 intercalaires), larges de 4 mm au milieu, adnexées au stipe par une courte dent, brun rosé très pâle, puis M 5 B 2, sur exemplaires jeunes, à arête pâle, sublisse à la loupe.

CARACTERES MICROSCOPIQUES: Spores (7)-8,2-9-(10) × 5,5-6,5 μ, symétriques allongées simples ou complexes, à parois assez minces, à angles assez émoussés.

Basides 25-32 × 8,5-10 μ, tétrasporiques.

Cellules marginales claviformes, très denses et plus ou moins couchées, 30-40 × 8-11 μ.

Médiostrate à hyphes fragiles, mal regonflées au sec, environ 5-8,5-(14?) μ de large avec sur le frais de nombreuses granulations tramaires très gênantes; sous-hyménium à petites cellules irrégulières, étroit et serré. Cuticule d'hyphes couchées banales, larges de 8-17 μ, avec quelques hyphes grêles de 2-3 μ. Pas de pigment décelable, même sur le sec.

Pas de boucles observées.

HABITAT: A terre, en forêt ombrophile. Forêt du Téké, Côte d'Ivoire, le 29.IX.1974 (n° C.I. 40)

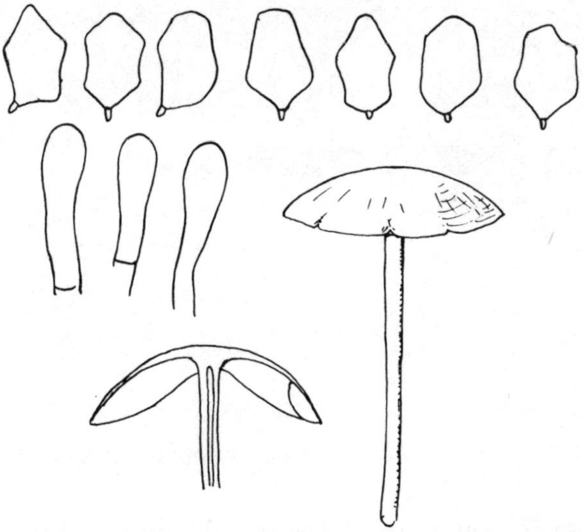

Fig. 66: *Rh. pseudotruncatus:* Spores, poils marginaux et carpophore

OBSERVATIONS

Espèce banale, voisine de *truncatus* Romagn.

DIAGNOSE LATINE. — Pileo usque ad 3 cm lato, deformi, compresso, campanulato, pallide brunneolo, lucido, glabro. Stipite usque ad 45 × 2-3 mm, firmo, fistuloso, sursum albo ac pruinoso, ailibi e roseolo brunneo, glabro. Carne tenuissima, albida. Lamellis mediocriter stipatis, inaequalibus, 4 mm latis, adnexis ac dente decurrentibus, pallidissime e roseolis brunneis, acie sublevi, concolore. — Sporis (7)-8,2-9-(10) × 5,5-6,5 μ, symmetris elongatis simplicibus vel complexis. Basidiis 25-32 × 8,5-10 μ, tetrasporis. Pilis marginalibus clavatis, 30-40 × 8-11 μ. Cute filamentosa, hyphis 8-17 μm latis, nonnullis 2-5 μm. Granulis plurimis. Pigmento non viso. Fibulis carentibus. — Humi, in silva umbrosa. — Typus in Herb. R. Romagn. n° C.I. 40.

Rhodophyllus pudicus Romagn.-Gilles

(Fig. 67)

CARACTERES MACROSCOPIQUES: Chapeau large d'1,5 cm et haut de 5 mm y compris les lames vues de profil, franchement infundibuliforme, à marge légèrement enroulée, strié par transparence,

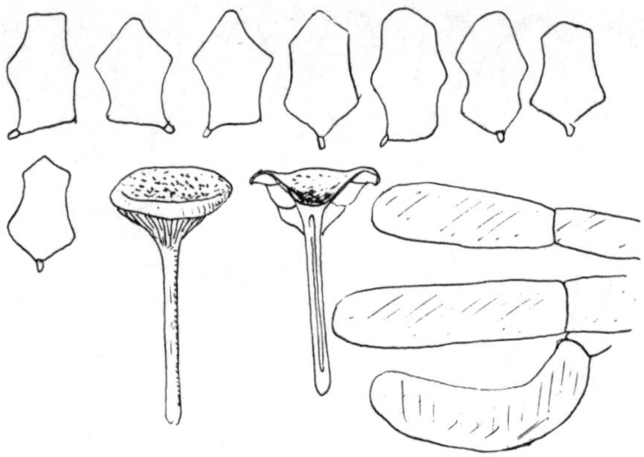

Fig. 67: *Rh. pudicus:* spores, carpophore et hyphes cuticulaires

mais non hygrophane, entièrement d'un joli rose (M 8 A 3 au bord, un peu plus pâle, 8 A 2 dans toute la coupe,) glabre, à cuticule parsemée s.l. de minuscules méchules floconneuses denses, bien apprimées, à peine plus foncées que le fond qui est presque blanc, d'où la couleur d'ensemble, présentes seulement sur les 2/3 de la coupe, absentes sur la marge enroulée et nue.

Stipe 2 cm × 1,5 mm, cylindrique, fistuleux, blanc rosé, plus pâle que M 8 A 2, luisant, très glabre, de texture très fine et non strié longitudinalement s.l.

Chair pelliculaire, translucide, blanc rosé dans le chapeau, concolore dans le stipe, inodore.

Lamelles peu serrées, avec 2 longueurs de lamellules, larges de 2 mm au milieu, très décurrentes, adnées au stipe par une courte dent qui s'y prolonge sur 1 mm, blanc rosé comme lui, à arête concolore et lisse s.l.

CARACTERES MICROSCOPIQUES: Spores 8-10,2 × 5,5-6,5 μ, symétriques allongées généralement complexes, très anguleuses (subétoilées).

Basides 28-33 × 8,5-10,5 μ, tétrasporiques.

Pas de poils marginaux.

Médiostrate à hyphes régulières, cylindriques, larges de 6,5-10 μ; sous-hyménium étroit, celluleux. Petits granules tramaires abondants.

Cuticule à hyphes de 6-13 μ de diamètre, les articles terminaux mesurant 60-100 × 10-18 μ, à petits granules près des cloisons, à léger pigment vacuolaire.

Pas de boucles.

HABITAT: Dans du sable mêlé à l'humus, en forêt ombrophile. Forêt de la Mondah, km 31,8 de Libreville (Gabon), le 6.IV.1976, n° G 545.

OBSERVATIONS

Cette jolie espèce rose a un port tout à fait eccilioide, mais il se peut qu'on doive la classer dans les Leptonies du groupe *Queletii*. Elle ressemble énormément à *Rh. rhodanthes* Romagn., de Madagascar; toutefois, sa taille est plus grande, ses lames beaucoup plus décurrentes, et la spore montre un dièdre basal très marqué, alors que jadis, H.R. a interprété les spores de sa *rhodanthes* comme asymétriques; de fait, les dessins montrent bien sur les spores une base à angle obtus; mais il n'est pas impossible du tout que H.R. ait commis la même erreur d'interprétation que pour les *Luctuarii* et son *Rh. pulcherrimus,* qu'il considère maintenant comme ayant des spores symétriques, quoique à dièdre obtus et passant à une face.

DIAGNOSE LATINE. — Pileo 1,5 cm lato, infundibuliformi, margine involuta, lepide roseo, minutissime s.l. flocculoso, transluciditate striato, sed non hygrophano. Stipite 20 × 1,5 mm, terete, fistuloso, e roseola albo, glaberrimo, haud striato. Carne tenui, pelliculari, e roseola alba vel in stipite concolore. Lamellis parum stipatis, 2 mm latis, valde decurrentibus, stipite concoloribus, acie concolore et levi. — Sporis 8-10,2 × 5,5- ,5 μ, manifeste symmetris elongatis plerumque complexis. Basidiis 28-33 × 8,5-10,5 μ, tetrasporis. Granulis in trama parvis. Cute ex hyphis 6-13 μ latis, extremo articulo 60-100 × 10-18 μ. — In arena humo mixta, in silva frondosa. Typus in Herb. Romagn. n° G 545. — Similis *Rh. rhodanthi* Romagn., sed major, pileo infundibuliformi, lamellis valde decurrentibus ac sporis manifeste symmetris.

Rhodophyllus sabulosus Romagn.-Gilles

(Fig. 68 et 69)

CARACTERES MACROSCOPIQUES: Chapeau large de 1 à 3 cm, généralement 1,5 à 2,5 cm, haut de 5 à 7 mm, convexe surbaissé

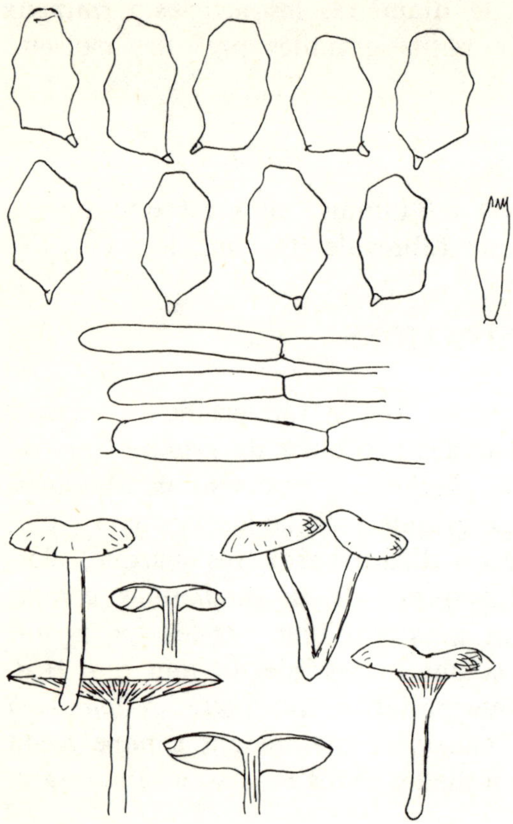

Fig. 68: *Rh. sabulosus*: baside, spores, hyphes cuticulaires et carpophores (G 239)

à pulviné puis vite étalé et déprimé au centre, souvent franchement ombiliqué, hygrophane, rarement et alors courtement strié par transparence à la marge, entièrement blanchâtre devenant crème rosé, parfois alutacé pâle avec l'âge jusqu'à Methuen 4 A 2 ou mieux Munsell 10 YR 8/2. Cuticule vaguement déviée radialement, à texture fine, généralement finement pelucheuse à la loupe.

Stipe long de 1 à 3 cm, diamètre de 1,5 à 3 mm, pouvant atteindre 4 mm à la base, central ou légèrement excentrique, cylindrique ou un peu comprimé, concolore au chapeau avec du mycélium blanchâtre en bas chez les jeunes exemplaires, glabre, à peine luisant, à grain très fin ou peu distinctement strié longitudinalement à la loupe, fistuleux.

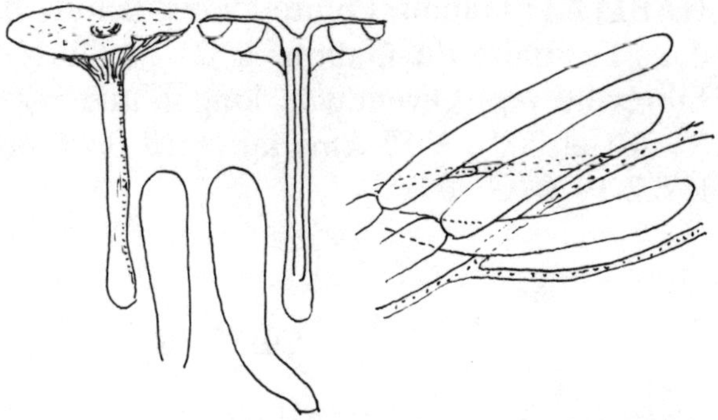

Fig. 69: *Rh. sabulosus*: carpophore, poils marginaux et hyphes cuticulaires (G 701)

Chair très mince, concolore au chapeau, translucide, douce, à agréable odeur fruitée.

Lamelles moyennement serrées avec 2-3 longueurs de lamellules, larges jusqu'à 6 mm, plus souvent 4-5 mm au milieu, un peu ventrues, uncinées ou plus franchement décurrentes et alors formant un court filet en relief sur le haut du stipe, blanches puis roses. Arête blanche, bassement denticulée à la loupe.

CARACTERES MICROSCOPIQUES: Spores symétriques-allongées complexes, 10-12 × 7-8,2 μ (le plus souvent 11,5 × 7,5 μ), souvent très anguleuses-gibbeuses, mais à parois pâles et relativement minces.

Basides 30-42-(55) × 10-11,5-(14) μ, à 4 stérigmates.

Arête comportant tout au plus de petites cellules basidioliformes stériles, très peu différenciées.

Trame d'hyphes fondamentales de 7-18 μ dans le chapeau, de 8,5-10 μ dans la chair, à parois minces et fragiles, à nombreux et souvent volumineux granules (de 4-7 μ de diamètre), très abondants dans le médiostate, qu'ils encombrent et rendent difficile à déchiffrer, beaucoup moins dans le chapeau, ne se répandant pas dans la préparation; sous-hyménium étroit, irrégulièrement celluleux, à petits articles à parois très minces et très fragiles; cuticule filamenteuse, à hyphes de 4-8,5 μ, celles du subcutis de 10-13 μ, beaucoup moins granuleuses que dans les lames, mais à parois assez réfringentes, sans pigment discernable.

Pas de boucles observées au pied des basides ni aux cloisons des hyphes.

HABITAT: Gabon, Pointe-Denis, le long d'une petite rivière se jetant dans l'estuaire du Gabon, le 21.I.1970 (G.239), à 8 kms au Sud de Libreville vers Owendo le long d'une mangrove, les II et 18.I.1976 (G 701 et 702), à 15 kms au Nord de Libreville vers le Cap Esterias, le 8.2.1976 (G.704).

OBSSERVATIONS

Cette espèce, poussant isolée ou en petites troupes ou même connée par 2-3-4-, relativement abondante de la mi-décembre à février, vient toujours dans les prairies à sable blanc, entre les touffes de graminées distantes de 10 à 50 cm, généralement contre ces touffes à l'ombre relative des feuilles filiformes mais denses. Les jours ensoleillés, elle se dessèche vers midi et on ne la retrouvre plus dans l'après-midi. Les graminées typiques de ces sols sont *Rhynchelytrum nerviglume* et *Ctenium newtonii,* et les petites Cypéracées, *Cyperus tenax, Cyperus tenuiculmis* et *Bulbostylis capillaris.*

Les prairies où se récolte *Rh. sabulosus* sont proches de la mer ou du large estuaire du Gabon ou des rivières adjacentes, parfois le long des mangroves. Il est possible qu'elle soit liée aux sables lessivés où se produisent des infiltrations d'eau saumâtre, mais la récolte G.704, à plus d'un kilomètre de la mer, derrière le bush littoral, permet d'en douter.

Elle est certainement proche du *Rh. tortilis* Romagn., de Madagascar, notamment par la couleur et le port typiquement eccilioide. Nous n'osons cependant les réunir, car de sérieuses divergences existent: le champignon malgache a une marge très onduleuse-lobée, est de taille un peu plus faible, et ses spores sont plus petites (9-10-(11) × 6,5-7,5 μm). Le collecteur n'a pas été frappé par un habitat aussi particulier que celui de *sabulosus,* puisqu'il signale seulement "Sur la terre, en troupe, Fort-Dauphin, 6.V.1932." L'identité est donc très incertaine.

DIAGNOSE LATINE. — Pileo 1-3 cm lato, convexo vel pulvinato, dein expanso atque medio depresso, saepe manifeste umbilicato, hygrophano et striato, toto albido, dein e reoso cremeo vel pallide alutaceo, plerumque minutissime s.l. gausapato. Stipite 1-3 cm × 1,5-3 (inferne 4) mm, cylindrato vel paulum compresso, pileo concolore, glabro, vix lucido. Carne tenuissima, pileo concolore. Lamellis mediocriter stipatis, 4-5-(6) mm, paulum ventricosis, uncinatis vel manifestius decurrentibus, albis, dein roseis, acie leviter denticulata. — Sporis 10-12 × 7-8,2 μm, symmetris elongatis complexis. Basidiis 30-42-(55) μm, tetrasporis. Cellulis marginalibus vix distinctis, basidioliformibus. Granulis in trama permultis. Cute filamentosa, hyphis 4-8,5 μm, in subcute 10-13 μm. Fibulis nullis. — In arena, inter gramina. — Typus in Herb. Romagn. n° G 701.

Rhodophyllus stylobates Romagn.-Gilles

(Fig. 70 et 71)

Chapeau large de 0,6 à 2,4 cm, haut de 3 à 6 mm, y compris les lames ressortant dessous de profil, d'abord conique ou conico-convexe puis s'étalant, ou convexe surbaissé dès le jeune âge, légèrement déprimé au centre ou au contraire avec un très faible mamelon central, ni strié par transparence ni hygrophane, entièrement blanc, quelquefois teinté de jaunâtre au milieu, devenant blanc rosé à maturité des lames, luisant. Cuticule assez grossièrement peignée de fibrilles radiales plus ou moins emmêlées qui rendent la marge courtement laineuse.

Stipe long de 1,5 à 3,5 cm, diamètre 0,75-2 mm, légèrement dilaté en haut et en bas, poudré sous les lames puis strié longitudinalement de fibrilles relativement grossières bien apprimées, luisantes, entièrement blanc, fistuleux.

Chair pelliculaire, translucide, blanche, inodore, douce.

Lames généralement peu serrées avec 2-3 longueurs de lamellules, larges jusqu'à 3 mm au milieu, décurrentes par une courte dent, blanches puis rosissant. Arête pâle, denticulée à la loupe.

CARACTERES MICROSCOPIQUES: Spores 8-11,5 × 6,5-7,2-(8) μm, symétriques-allongées simples à complexes, à dièdre basal évident, très anguleuses, à arêtes souvent concaves et à angles assez aigus, à membrane mince.

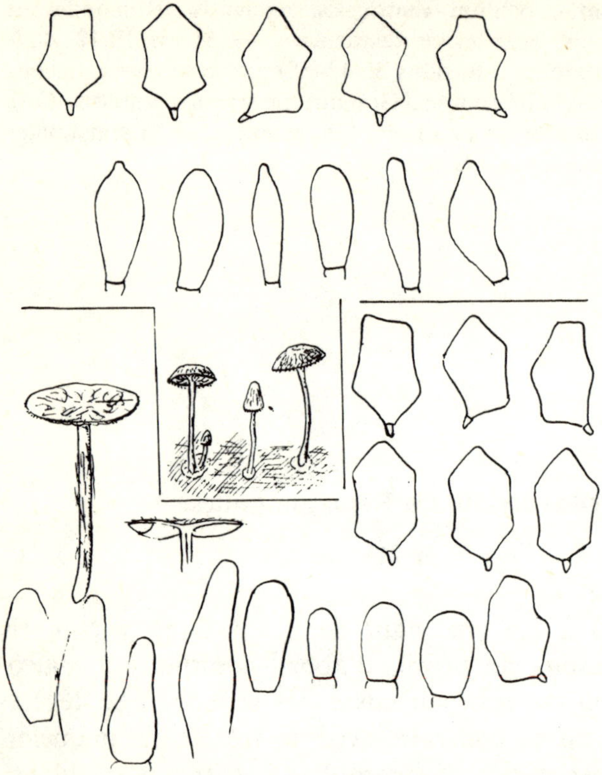

Fig. 70: ***Rh. stylobates***: en haut, spores, poils marginaux et carpophores (C.I. 006); en bas, carpophore, spores et poils marginaux (C.I. 013)

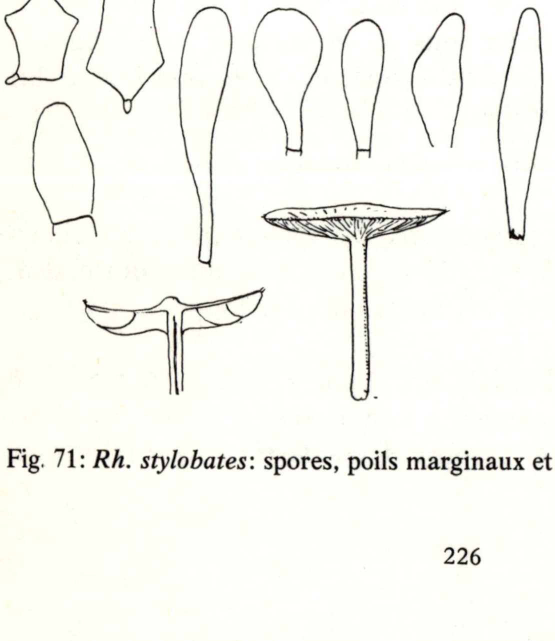

Fig. 71: ***Rh. stylobates***: spores, poils marginaux et carpophore (C.I. 066)

Basides courtes, claviformes, 21-30 × 8,5-12 μm, à 4 fins stérigmates.

Poils marginaux courtement claviformes, parfois atténués mais restant obtus au bout, rarement avec un col court ou grossièrement ramifiés, 28-65-(80) × 8,5-19 μm.

Médiostrate à hyphes fondamentales cylindriques, × 6-16 μm, avec connexives plus grêles, avec rares granules; elle atteignent 17 μm dans la chair; sous-hyménium celluleux. Cuticule filamenteuse, à hyphes rigides, larges de 6-16 μm, groupées par paquets de 5 à 30, l'article terminal mesurant 20-250 × 11-20 μm, un peu étranglées aux cloisons.

Boucles non observées ni aux basides ni aux cloisons des hyphes.

HABITAT: Sur la terre nue en forêt ombrophile. Côte-d'Ivoire, forêt du Téké, les 1.II.1973, 10.III.1974 et 27.X.1974, n° C.I. 006, 008, 013 et 066.

OBSERVATIONS:

Cette petite espèce toute blanche se reconnaît sur le terrain à sa cuticule irrégulièrement peignée de fibrilles radiales assez grossières et à sa marge laineuse. *Rh. Aripoanus* (Dennis) lui ressemble mais s'en distingue par sa cuticule plus régulière, sa marge non laineuse et par l'arête floconneuse de ses lames. *Rh. alboroseus* que l'on peut confondre à la récolte avec *Rh. Aripoanus* s'en sépare donc par les mêmes caractères.

DIAGNOSE LATINE. — Pileo 6-24 mm lato, primum conico vel e conico convexo, dein expanso et solum convexo, minimo umbone in medio leviter depresso, pelliculari, sed haud hygrophano, candido, dein leviter roseolo, radiatim lanoso-fibrilloso, margine breviter fimbriata. Stipite usque ad 15-35 × 0,75-2 mm (1 mm sursum ac deorsum), candido, subtiliter sursum pruinoso, glabrescente ac striato, e parvo disco mycelioso ad terram adpresso (2,5 mm lato) oriente. Carne tenuissima, inodora. Lamellis paucis, mediis 1,5-2 mm latis, minimo dente adnexis, candidis, dein pallide roseis, acie concolore, breviter denticulata. — Sporis symmétris elongatis simplicibus vel complexis, maxime angulosis, 8-11,5 × 5,5-7,2-(8) μ. Basidiis brevibus, 21-30 × 8,5-12 μm, tetrasporis. Pils aciei breviter claviformibus, interdum paulum summis attenuatis, rare parvo collo praeditis, 28-80 × 8,5-18 μ. Cute filamentosa, hyphis 20-250 × 6-16 μ. Pigmento fibulisque carentibus. — Humi, in silva umbrosa. Typus in Herb. Romagn. n° C.I. 006.

Rhodophyllus subalbidulus Romagn.-Gilles

(Fig. 72)

CARACTERES MACROSCOPIQUES: Chapeau large de 8 mm et haut de 2 mm, convexe surbaissé avec une petite, mais nette dépression centrale (ombiliqué), strié par transparence et hygrophane, blanc pur, devenant blanc rosé à la maturité des spores, à cuticule glabre, déviée radialement, luisante, de texture fine.

Stipe 18 × 1 mm, fistuleux, blanc entièrement revêtu d'une pruine fugace, luisant après manipulation, de texture très fine.

Chair pelliculaire, translucide, blanche, inodore.

Lamelles moyennement serrées, avec 3 longueurs de lamellules, larges d'1,5 mm au milieu, horizontales, puis uncinées, blanches, puis rose pâle, à arête blanche, denticulée cristulée s.l.

CARACTERES MICROSCOPIQUES: Spores symétrique allongées presque toujours simples, 7-8,7 × 5,5-6,5 μ, à parois minces, peu réfringentes.

Basides 21-30 × 8,5-10 μ, tétrasporiques.

Poils marginaux denses, claviformes, 20-50 × 9-14 μ (article terminal).

Médiostrate à hyphes très longues, régulière, à parois assez réfringentes, larges de 7-17,5 μ; sous-hyménium celluleux, étroit. Granules tramaires abondants. Cuticule à hyphes couchées, larges de 8-12 μ.

Pas de boucles observées.

HABITAT: Sur sable humide, le long d'un marigot asséché. Forêt de la Mondah, route militaire, km 27,5 de Libreville (Gabon), le 15.VIII.1975, n° G 614.

OBSERVATIONS

Cette espèce ressemble beaucoup macroscopiquement à *hyalodepas,* mais s'en écarte par la nature du revêtement.

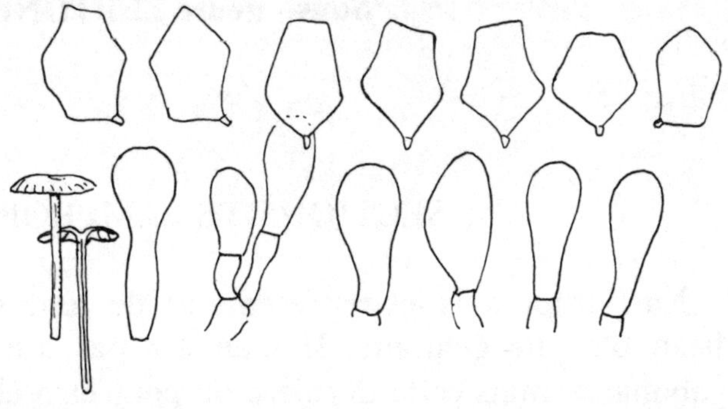

Fig. 72: *Rh. subalbidulus*: spores, carpophore et poils marginaux

DIAGNOSE LATINE. — Pileo 8 mm lato, e subplano convexo, umbilicato, transluciditate striato ac hygrophano, candido, dein roseolo, glabro. Stipite 18 × 1 mm, candido, primum toto minutissime pruinoso, dein glabrescente. Carne pelliculari, translucida, candida, inodora. Lamellis mediocriter stipatis, 1,5 mm latis, horizontalibus, uncinatis, candidis, dein pallide roseis, acie alba, denticulato-cristata. — Sporis 7-8,7 × 5,5-6,5 μ, symmetris elongatis simplicibus, tunica tenui, parum refringenti. Basidiis 21-30 × 8,5-10 μ, tetrasporis. Pilis marginalibus claviformibus, 20-50 × 9-14 μ. Granulis in trama multis. Cute hyphis 8-12 μ latis. Fibulis non observatis. — In arena uvida, prope paludem adsiccatum, in silva umbrosa. — Typus in Herb. Romagn. n° G 614.

Sous - genre LEPTONIA

SECTION DES LAMPROPODES

En Europe tous les représentants de cette section ont le stipe d'un beau bleu de gentiane. Il n'en est pas ainsi pour la seule espèce gabonaise, mais cette dernière ne peut être éloignée du *Rh. dichrous* (Fr.) Q. européen, dont elle a le port souvent tricholomoide et le stipe hérissé de mèches colorées.

Rhodophyllus dichrooides Romagn.-Gilles

(Fig. 73, 74)

CARACTERES MACROSCOPIQUES: Chapeau large de 3 à 5 cm, épais de 0,7 à 1,5 cm, généralement massif, convexe surbaissé avec souvent, — mais pas toujours —, un vague mamelon bas et obtus au centre, à la marge plus ou moins enroulée (sur une récolte par temps relativement sec, la marge au contraire est un peu débordante et récurvée), ni strié par transparence ni hygrophane, brun fuligineux ou gris jaunâtre foncé ou même presque noirâtre (M 4 E 2 à 7 D 2, plus souvent 5 E 2), au sommet concolore ou à peine plus foncé, assez luisant. Cuticule fibrilleuse couvertes de squamules brun foncé, denses partout formant parfois de petites chinures en zigzags laissant alors apparaître la chair piléique brun jaune pâle, donnant à la loupe un aspect pelucheux et un profil bassement hérissé; chez les très jeunes exemplaires, la marge, fortement enroulée, est festonnée et plus foncée entre les grandes lames, face aux lamellules.

Stipe long de 3,5 à 6 cm, diamètre de 0,4 à 1 cm, généralement robuste, cylindrique ou un peu comprimé ou même rétréci vers le milieu, central ou légèrement excentrique, parfois nettement renflé en bas, jaune pâle M 3 A 3 et alors poudré sous les lames, puis rapidement concolore au chapeau, densément couvert de méchules ou de fibrilles longitudinales assez grossières plus ou moins mal apprimées, brun foncé; ferme, farci, devenant lacuneux avec l'âge.

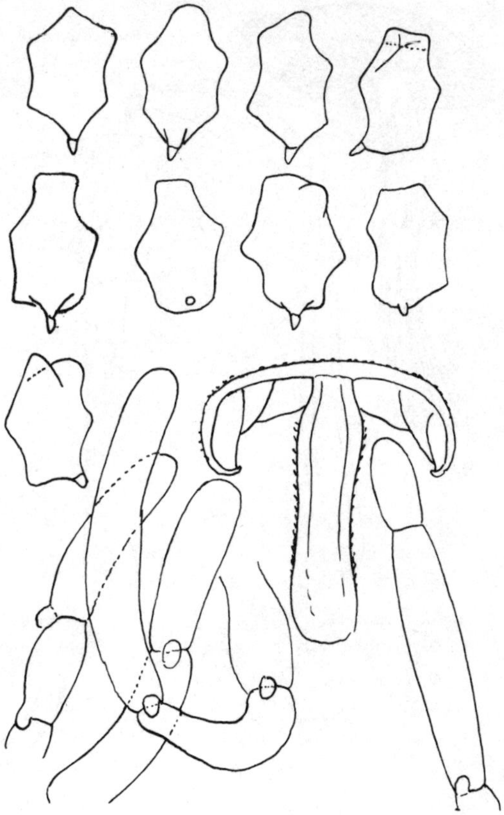

Fig. 73: *Rh. dichrooides*: spores, poils cuticulaires et hyphes cuticulaires (G 132)

Chair relativement épaisse, environ 1-2 mm à mi-rayon, vaguement translucide à la marge, blanchâtre à brun jaunâtre pâle, à forte odeur de pomme de terre crue à laquelle se superpose une légère odeur spermatique; saveur nauséeuse.

Lamelles plus ou moins serrées avec 2-3-4 longueurs de lamellules, arquées ou un peu ventrues selon la forme du chapeau, adnées ou plus généralement uncinées, larges jusqu'à 1 cm au milieu, plus sou-5-6 mm, longtemps jaune pâle M 2 A 3 ou 3 A 2 puis devenant saumon pâle vers M 5 A 4 chez les exemplaires âgés; arête concolore, lisse ou sinuée mais non denticulée à la loupe.

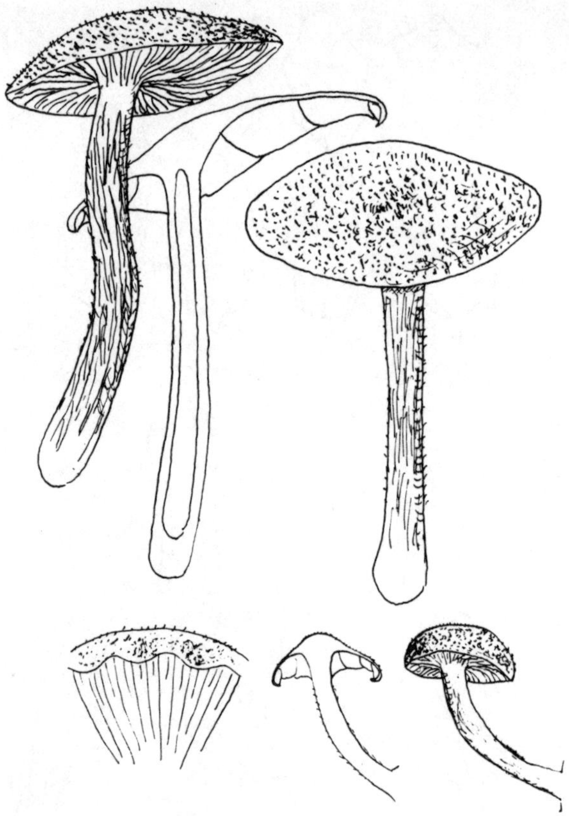

Fig. 74: *Rh. dichrooides:* carpophores (G 589)

CARACTERES MICROSCOPIQUES: Spores symétriques allongées complexes, (8,5)-10-12,5 × 6,5-8,5-(10) μ, d'aspect bosselé, à dièdre basal parfois obtus ou tronqué.

Basides 40-67 × 10-12,5-(15) μ, claviformes, à 4 stérigmates.

Pas de cystides ni poils marginaux.

Trame d'hyphes de 5-14 μ dans le médiostrate; sous-hyménium filamenteux à hyphes d'environ 4 μ de diamètre. Pas de granules. Cuticule à énormes hyphes en boudin, très cloisonnées (l'article terminal est parfois court, 20-115 × (8)-12,5-22 μ), à pigment vacuolaire brun.

Boucles très nombreuses, sans doute constantes, aux basides et aux cloisons des hyphes.

HABITAT: A terre parmi les feuilles mortes ou sur les talus de terre. Gabon, forêt de la Mondah, les 25.12.1968, 27.4.,Ier., 22. VI. et 13.7.1975, n° G 132, G 571, G 589, G 603 et G 608.

OBSERVATIONS

Cette curieuse espèce dont le port rappelle parfois celui des Tricholomes du groupe *terreum* est assez variable de forme mais toujours bien reconnaissable à son port plus ou moins massif, à sa couleur brun jaune foncé, à sa cuticule, à son stipe pelucheux et à sa forte odeur caractéristique.

DIAGNOSE LATINE. — Tricholomat is habitu. Pileo 3-5 cm, pulvinato, margine involuta, atrobrunneo, opaco, fibrilloso, floccis obscuris tigrino. Stipite 35-60 × 4-10 mm, luteolo, floccis obcurissimis, haud tigrinis, vestito, dein pileo concolore. Carne 2 mm lata, albida, super lamellas flavida, odore gravi. Lamellis parum stipatis, adnatis, flavidis, dein roseis tinctis. — Spores symmetris-elongatis complexis, 11-12,5 × 8-10 μ, specie gibberosa. Basidiis 48-62 × 11,5-12,5 μ. Cystidiis nullis. Trama haud granulosa. Cute magnis hyphis 25-90 × 12,17 μ, pigmento vacuolari. Fibulis permultis sub basidiis ac ad septa hypharum. — In trunco dejecto putridissimo. Typus in Herb. Romagn. n° G 132.

SECTION DES HIRTELLI

Nous avons fondé cette section sur notre *Rh. hirtellus* Romagn., de Madagascar, malheureusement décrit à une époque où l'on ne prêtait pas d'attention aux boucles des hyphes et des basides, et nous ne les avons ni signalées ni figurées sur la récolte type: elle n'a pas été retrouvée dans les collections du Muséum de Paris, où nous l'avions déposée, et un contrôle n'a pas été possible. C'est pourquoi la perte de ce type nous amène à penser qu'il serait bon de le remplacer par l'espèce suivante, qui est bouclée, et que nous nommons *Rh. inodes* Romagn.-G.

Chez l'*hirtellus* malgache, et chez une seule des récoltes d'*inodes*, nous avons observé que quelques basides demeuraient stériles, et émettait au sommet un petit appendice lui donnant l'aspect d'une cystidiole, mais qui pouvait s'allonger indéfiniment en un filament flexueux qui paraît de nature mycélienne. Ce phénomène est sûrement inconstant et doit dépendre de conditions extérieures, car nous n'avons pu le retrouver sur les autres récoltes d'*inodes* faites par G.G.

Rhodophyllus inodes Romagn.-Gilles

(Fig. 75,76 et 77)

CARACTERES MACROSCOPIQUES: Chapeau large de 1,2 à 3 cm, haut de 0,4 à 1 cm, convexe surbaissé, plus rarement subhémisphérique ou presque, puis devenant étalé avec les bords tendant à se relever et alors formant coupe, la marge plus ou moins nettement enroulée chez les jeunes exemplaires, au sommet légèrement saillant et obtus, non strié par transparence ni hygrophane, brun jaune plus ou moins pâle en moyenne M 4 B 4 ou 5 C 5, un peu plus foncé au centre. Cuticule couverte partout de fibrilles brun jaune assez foncé, généralement bien apprimées, droites ou plus fréquement flexueuses faisant une marge laineuse chez les très jeunes carpophores.

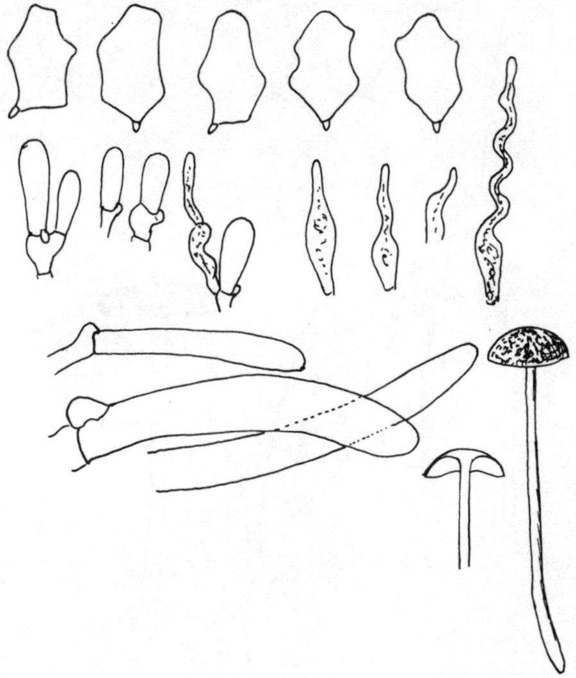

Fig. 75: *Rh. inodes:* spores, basidioles, cellules cystidioliformes, hyphes cuticulaires et carpophore (G 408)

Stipe long de 3 à 6 cm, diamètre 2-3 mm, parfois élargi à la base jusqu'à 5 mm, blanchâtre et poudré en haut sur quelques millimètres puis blanc jaunâtre ou M 2 A 3, luisant, glabre avec de courtes fibrilles plus foncées peu denses et bien apprimées, strié longitudinalement à la loupe. Un peu de mycélium blanc à la base. Fistuleux.

Chair très mince, translucide, jaunâtre, à forte odeur rappelant celle de *Lepiota cristata,* rarement un peu fruitée; saveur désagréable.

Lamelles assez serrées avec 2-3 longueurs de lamellules, larges jusqu'à 4 mm au milieu, simplement adnées ou adnexées au stipe par une courte dent, jaune pâle M 3 A 3 ou 2 A 4 devenant saumon pâle jusqu'à M 6 A 3. Arête pâle sublisse à la loupe.

CARACTERES MICROSCOPIQUES: Spores 9-10 × 6,7 μm, généralement symétriques-allongées complexes, de contour souvent irrégulier, bosselé, à parois réfringentes, mais minces.

Fig. 76: *Rh. inodes*: spores, basidioles plus ou moins cystidioliformes (G 501); en bas, à gauche carpophore (G 511), au centre et à droite, hyphes cuticulaires et carpophore (G 501)

Basides 27-42 × 9,5-12 μ, claviformes à 4 stérigmates.

Sur une récolte, nous avons observé quelques basides évoluant en cystidioles par formation et allongement d'un col plus ou moins flexueux, 30-80 × 3,5-8 μ. Elles manquent totalement sur les autres.

Médiostrate à hyphes fondamentales d'environ 7-13 μ; sous-hyménium serré, étroit plutôt filamenteux-rameux; pas de laticifères; pas de granules. Cuticule à hyphes obtuses, à articles de 50-200 × 7-14-(20) μ, à pigment vacuolaire.

Boucles nombreuses (mais parfois imparfaites) aux cloisons des hyphes cuticulaires et aux basides.

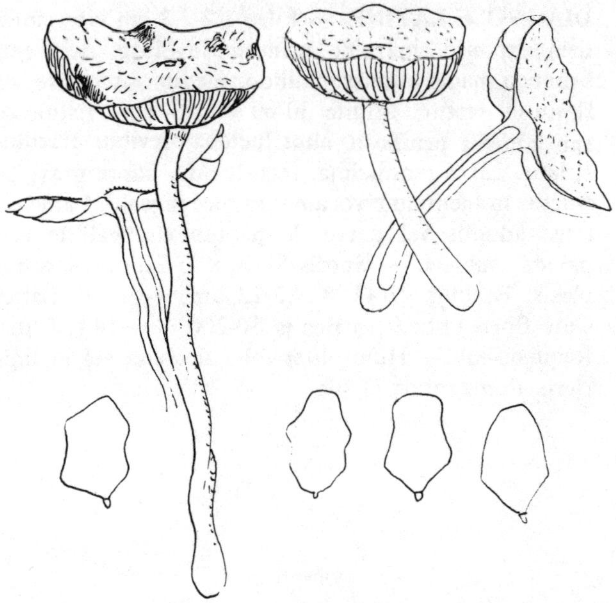

Fig. 77: *Rh inodes*: spores (G 535); à gauche, carpophores (G 535) et à droite (G 548)

HABITAT: A terre dans les feuilles mortes ou à la base des grands arbres à quelques décimètres du sol, Gabon, forêt de la Mondah, les 21.II.1971, 5.I.1975, 30.3.1975, 6.4.1975, et 1.5.1975, n° G 408, G 501, G 511, G.535, G 535, G 548 et G 576.

OBSERVATIONS

Cette espèce se reconnaît à son chapeau brun jaune pâle couvert de fibrilles peu denses plus foncées, généralement flexueuses, à ses lames jaunes devenant saumon et son odeur forte.

Peut-être n'est-elle pas très éloignée du *Rh. hirtellus* Romagn., de Madagascar, bien que l'un de nous (H.R.) n'ait ni signalé ni figuré de boucles aux hyphes cuticulaires.

DIAGNOSE LATINE. — Pileo 1,2-2,3 cm lato, convexo, rarius subhemisphaerico, dein expanso, margine primum involuta, dein reflexa, obtuso, opaco, e flavo brunneo magis minusve pallido, medio obscuriore, undique fibrillis adressis, saepe flexuosis vestito. Stipite 30-60 × 2(3 mm, fistuloso, albido, dein e luteolo albo, sub lamellis pruinoso, alibi lucido, brevibus fibrillis obscurioribus, parum densis striato. Carne tenuissima, translucida, odore gravi *Lepiotae cristatae*, raro paulum fructus in mentem revocante; sapore ingrato. Lamellis stipatioribus, usque ad 4 mm latis, adnatis vel parvo dente adnexis, pallide luteolis, deinde salmoneis, acie pallida, sublevi. — Sporis 9-10 × 6-7 μm, plerumque symmetris elongatis complexis. Basidiis 27-42 × 9,5-12 μm, 4-sporis. Laticiferis granulisque absentibus. Cute fibris obtusis, articulis 50-200 × 7-14-(20) μm, pigmento vacuolari. Fibulis frequentibus. — Humi inter folia decidua vel in imis magnis arboribus. Typus in Herb. Romagn. n° G 408.

SECTION DES GRISEORUBIDI

Nous rangeons ici les *Leptonia* brunes, bouclées et sans granules. Certaines espèces dont le type européen *griseorubidus* Kühn.-Rom. ont sur l'arête de véritables cystides fusiformes ou lagéniformes. Par là elle touche aux *Nolanea Dryophiloides,* qui s'en distinguent par le chapeau toujours glabre et hygrophane, à hyphes cuticulaires grêles, au moins en majorité, et le port non leptoniode.

1 Pas de poils marginaux distincts des basidioles 2

1 Arête couverte de poils marginaux claviformes, fusiformes ou cylindriques 3

1 Arête couverte de véritables cystides, lagéniformes ou fusiformes à col bien différencié **5**

2 Chapeau 7 mm et stipe brun roussâtre. Spores irrégulières, cubiques, souvent avec faces triangulaires, ou évoluant vers le type subglobuleux simple., (7)-8,2-11,7 × 6-8,2 µm .... *Rh. variesporus* R.-G.

2 Chapeau 2 cm, gris brun foncé. Stipe brun jaune clair. Spores symétriques allongées simples à complexes, 9-11,5 × 6,2-7,7 µm..... *Rh. phaeoxanthus* R.-G.

3 Spores cubiques, 8,5-11 µm. Chapeau 16-2,3 mm, tronconique, ombiliqué, brun bistre .... *Rh. subrhombospermus* R.-G.

3 Spores symétriques allongées, ou assez rarement cubiques **4**

4 Chapeau 1,2 cm, opaque, gris brun foncé; stipe gris jaunâtre. Spores 7,2-10 × 6-8,5 µm, parfois cubiques .... *Rh. opacus* R.-G.

4 Chapeau 3 cm, strié par transparence, gris bistré. Stipe blanchâtre en haut, gris paille ailleurs. Spores 10-11,7 × 7-7,5 µm, symétriques allongées complexes.. .... *Rh. myochrous* R.-G.

5 Spores petites, fréquemment cubiques, 7-8,5 × 6-7 µm. Chapeau 1 cm, tronconique, strié par transparence, brun rosé clair. Lames largement adnées uncinées. Cystides 42-70 × 8,5-16-(26) µm .... *Rh. pseudorrhombosporus* R.-G.

5 Spores symétriques, plus grandes 6

6 Spores subglobuleuses, parfois cubiques, 10-12 × 8,5-10 µm. Chapeau brun, soyeux-glabre .... *Rh. fusifer* R.-G.

6 Spores 10-12,5 × 7,7-9,5 µm, nettement allongées **7**

7 Chapeau blanc brunâtre à brun clair, finement fibrilleux méchuleux. Stipe pruineux.. *Rh. pallidissimus* R.-G.

7 Chapeau brun clair, grisâtre ou roussâtre, couvert partout de petites squames sensiblement concolores, opaque. Stipe couvert de peluches caduques .... *Rh. vestipes* R.-G.

Rhodophyllus fusifer Romagn.-Gilles

(Fig. 78)

CARACTERES MACROSCOPIQUES: Chapeau large de 2,2 cm et haut de 4 mm, bassement convexe avec une molle mais assez profonde dépression centrale, strié par transparence à l'état imbu, mais non hygrophane, brun (M 5 D 4), plus foncé dans la dépression (M 5 E 4), luisant, à cuticule déviée radialement, de texture très fine, relativement lisse s.l. au centre.

Stipe élancé, 6 cm × 2,5 mm, à peine renflé en haut, atteignant 3,5 mm à la base, brun très pâle en haut et poudré de blanchâtre sur 1 cm, puis concolore au chapeau et à sa dépression dans le quart inférieur, ferme, étroitement fistuleux, strié s.l. de fibrilles longitudinales pâles et soyeuses, avec du mycélium blanc à la base.

Chair brun pâle, translucide dans le chapeau, concolore à la surface dans le stipe, inodore.

Lamelles moyennement serrées, avec 2 longueurs de lamellules (3-5 intercalaires y compris les ébauches de lames), parfois 3 longueurs (7-9 intercalaires), larges de 3 mm vers le stipe, adnexées au stipe par une courte dent, d'aspect vaguement échancré, blanchâtres, puis rosâtres (M 9 A 2), à arête pâle, concolore, denticulée s.l.

CARACTERES MICROSCOPIQUES: Spores 10-12 × 8,5-10 μ, subglobuleuses simples, parfois cubiques, très anguleuses, à arêtes souvent concaves, à angles obtus et saillants, à parois très épaisses et réfringentes.

Basides 35-46-(50) × 11-12,5-(14) μ, à 4 gros stérigmates.

Cystides marginales lagéniformes, à col étroit, ou fusiformes, 60-98 × 10-18,5-(28) μ, à parois minces.

Médiostrate à hyphes de 8,5-15 μ, sans granules tramaires; sous hyménium assez développé, subfilamenteux sauf souvent immediattement sous la baside (un peu gélifié ?); les hyphes fondamentales atteignent 18-25 μ dans la chair. Pas de granules tramaires. Cuticule à amples hyphes à article terminal obtus ou un peu attérné, 80-200-(300) × 15-35-(40) μ, à pigment vacuolaire.

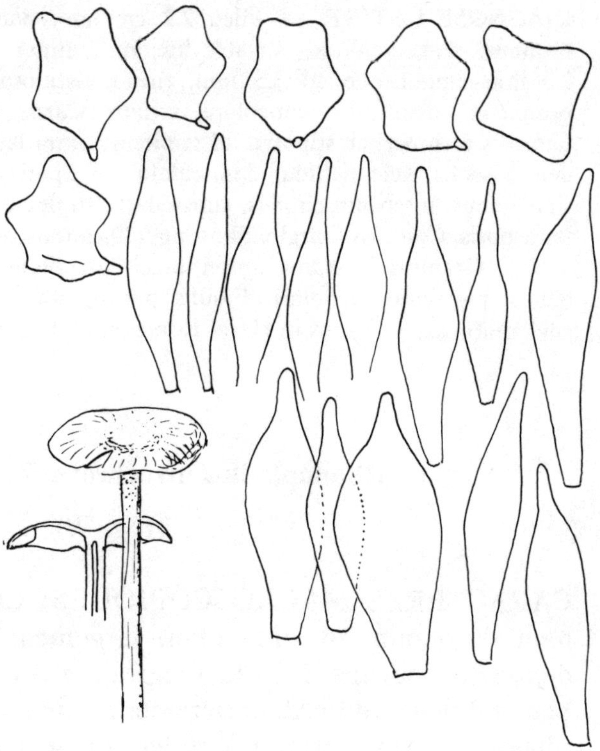

Fig. 78: *Rh. fusifer:* spores, cystides marginales et carpophore

Boucles présentes au pied des basides et à certaines cloisons des hyphes.

HABITAT: A terre sur bois mort, en forêt ombrophile. Forêt du Téké (Côte d'Ivoire), le 19.X.1974, n° C.I. 59.

OBSERVATIONS

Par les cystides marginales et les boucles, cette espèce ressemble aux *Eccilia Cheilocystidiati,* mais la forme du chapeau et l'insertion des lames la rapprochent davantage du *Rh. griseorubidus* d'Europe, à spores plus allongées.

DIAGNOSE LATINE. — Pileo 2,2 cm lato, paulum convexo, medio depresso, brunneo, transluciditate striato, lucido, tenuiter fibrilloso-glabro. Stipite 60 × 2,5 mm, imo usque ad 3,5 mm, firmo, fistuloso, primum summo pallidissime brunneolo, dein pileo concolore, striato. Carne translucida, brunnea, inodora. Lamellis mediocriter stipatis, ad stipitem 3 mm latis, brevi dente adnexis, albidis, dein roseolis, acie pallida, denticulata. — Sporis 10-12 × 8,5-10 μ, subglobosis simplicibus, interdum cubicis, substellatis, tunica crassa. Basidiis 35-50 × 11-14 μ, tetrasporis. Cystidiis marginalibus lageniformibus vel fusiformibus, 60-98 × 10-18,5 -(28) μ. Granulis in trama absentibus. Cute filamentosa, hyphis 80-300 × 15-35-(40) μ, pigmento vacuolari. Fibulis praesentibus. — Humi, in ligno mortuo, in silva umbrosa. — Typus in Herb. Romagn. n° C.I. 59.

Rhodophyllus myochrous Romagn.-Gilles

(Fig. 79)

CARACTERES MACROSCOPIQUES: Chapeau large de 3 cm et haut de 8 mm, presque plan, largement déprimé au centre (cette dépression occupe 1/3 du chapeau et est profonde de 3 mm), un peu onduleux au bord, entièrement strié par transparence, non hygrophane, d'un gris moyen à reflets un peu bistres (M 6 E 2), soyeux, entièrement peigné de fibrilles radiales, et avec au fond e la dépression de petites écailles gris très foncé, denses.

Stipe long de 5 cm et épais en haut de 2 mm sur 0,5 mm, ailleurs de 1,5 mm, dur au toucher, quoique farci d'une moelle blanche et compacte, blanchâtre et strié en haut, gris pâle ailleurs, sauf au niveau du coton mycélien.

Chair très mince, blanche, inodore.

Lamelles assez serrées, avec 4 longueurs de lamellules, assez ventrues, larges de 5 mm au milieu, décurrentes par une fine dent qui se prolonge par une strie en relief sur le stipe, blanches, puis rose brique, avec l'arête blanche et très nettement denticulée.

CARACTERES MICROSCOPIQUES: Spores symétriques-allongées complexes, 10,5-11,7 × 7-7,5 μ, de contour bosselé, à parois épaisses et réfringentes.

Basides 32-40 × 9,5-11 μm, claviformes, à 4 stérigmates (NH^4OH bouillant fait apparaître de tout petits grains jaunes).

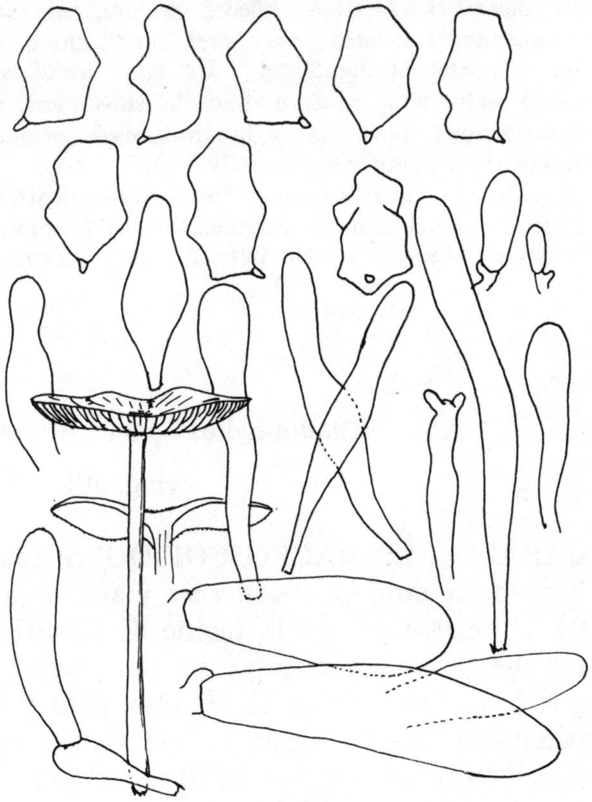

Fig. 79: *Rh. myochrous*: spores, poils marginaux, hyphes cuticulaires et carpophore

Poils marginaux claviformes à utriformes, souvent cylindracés, 52-125 × 10-16 μ volumineux et très apparents.

Trame à hyphes dépourvues de granulations; sous-hyménium rameux, à articles à parois très minces. Cuticule à hyphes les unes obtuses (article terminal claviforme), les autres fusiformes et assez aiguës en haut, larges de 10-26 μ (article terminal atteignant 130 μ), à suc vacuolaire gris bleu.

Boucles inconstantes, et souvent imparfaites à la base des basides, observées assez fréquemment aux cloisons des hyphes connexives, fondamentales et cuticulaires.

HABITAT: A l'intérieur d'une souche pourrie d'*Elaeis Guineensis*, à forêt de la Mondah (km 31,5 de Libreville, Gabon) n° G 412.

DIAGNOSE LATINE. — Pileo 3 cm lato, fere plano, late medio depresso, toto transluciditate striato, griseo, radiatim fibrilloso, medio squamulis obscure griseis praedito. Stipite 50 × 1,5-2 mm, farcto, sursum albido, pallide griseo. Carne tenui, alba, inodora. Lamellis substipatis, ventricosis, 5 mm latis, dente decurrentibus, albis, dein e lateritiis roseis, acie alba et denticulata. — Sporis symmetris-elongatis complexis, 10,5-11,7 × 7-7,5 μ, specie gibberosa. Basidiis 32-40 × 10,5- 11,7 μ. Pilis marginalibus clavatis, utriformibus vel cylindratis, 52-125 × 10-16 μ. Trama granulis carente. Cute filamentosa, pigmento vacuolari. Fibulis inconstantibus. — In stirpe putrida *Elaeidis*. Typus in Herb. Romagn. n° G 412.

Rhodophyllus opacus Romagn.-Gilles

(Fig. 80)

CARACTERES MACROSCOPIQUES: Chapeau large de 1,2 cm et haut de 3 mm, plan-convexe, mais largement déprimé au centre (la dépression occupe la moitié de la surface du chapeau), à profil pulviné, bassement tronqué, ni hygrophane, ni strié par transparence, gris brun foncé (M 6 E 2), plus pâle à la marge, à cuticule entièrement constituée par de minuscules méchules imbriquées, disposées en cercles vaguement concentriques.

Stipe 3,2 cm × 1,5 mm, très progressivement renflé en haut et en bas où il atteint 3 mm, ferme, farci, entièrement gris jaunâtre pâle (à peine plus pâle que Methuen 4 B 3), couvert en haut sur 1 cm d'une pruine blanchâtre, ailleurs glabre et luisant, avec très peu de mycélium blanc à la base.

Chair mince, mais ferme, gris brun assez foncé (M 6 D 2), à nette odeur spermatique.

Lamelles moyennement serrées, avec 2 longueurs de lamellules, larges de 2 mm contre le stipe, segmentiformes, horizontalement adnées, brunâtres (M 6 C 2), devenant par les spores brun rosâtre rosâtre sale (8 C 5), à arête denticulée-érodée.

CARACTERES MICROSCOPIQUES: Spores subglobuleuses simples à cubiques, certaines déformées et d'aspect gibbeux, 7,2-10 × 6-8,5 μ, à parois épaisses et réfringentes.

Basides courtes, 32-35 × 10-12,5 μ, à 4 stérigmates triangulaires.

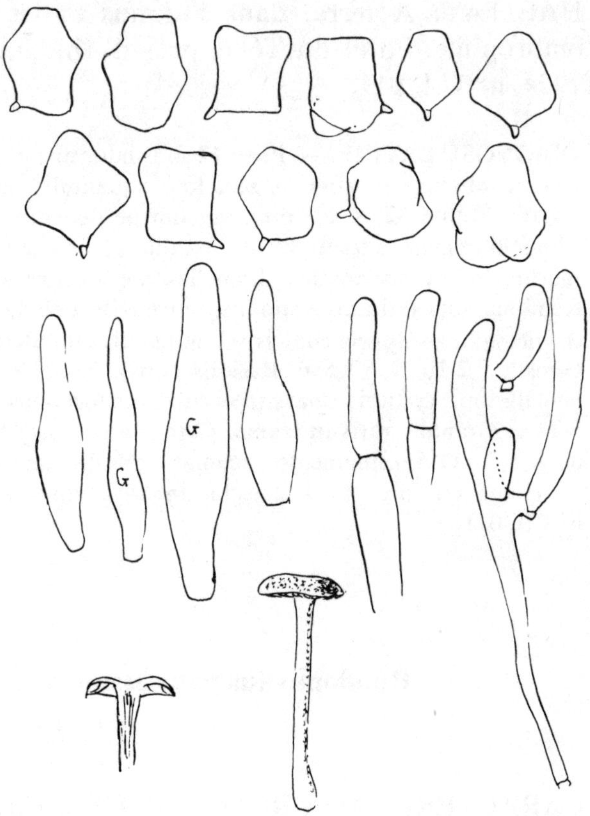

Fig. 80: *Rh. opacus:* spores, cellules marginales (G d'après G. Gilles), hyphes cuticulaires et carpophore

Cystides éparses sur l'arête, nulles sur les faces, fusiformes plus ou moins obtuses ou lagéniformes, à parois minces, 45-90 × (5)-10-18-(23) μ au niveau du ventre.

Médiostrate à hyphes fondamentales d'environ 5,7-10 μ, la plupart optiquement vides; sous-hyménium serré, à petits articles. Granules tramaires peu typiques, épars et peu abondants dans certains articles. Cuticule à hyphes subcylindriques, obtuses, parfois ramifiées dichotomiquement, à articles de 35-62 × 5,7-11,5 μ, à pigment vacuolaire brun.

Boucles (parfois imparfaites) abondantes au pied des basides et aux cloisons des hyphes.

HABITAT: A terre, dans l'humus et les feuilles mortes, en forêt ombrophile. Forêt du Téké, près d'Abidjan (Côte d'Ivoire), le 10.III. 1974, n° C.I. 011.

DIAGNOSE LATINE. — Pileo 12 mm lato, plano, pulvinato, medio late depresso, e fusco obscure murino, opaco, toto squamulis minimis, imbricatis, concentricis vestito. Stipite 32 × 1,5 mm, sursum ac deorsum usque ad 3 mm dilatato, toto e luteolo murino, sursum pruinoso, alibi glabro ac lucido. Carne firmula, obscurius murina, odore spermatico. Lamelles mediocriter stipatis, 2 mm latis, segmentiformibus, tota latitudine adnatis, murinellis, deinde e roseis brunneolis, acie erosa-denticulata. — Sporis cubicis vel subglobis simplicibus, interdum deformibus, gibberosis, 7,2-10 × 6-8,5 μ. Basidiis curtis, 32-35 × 10-12,5 μ, tetrasporis. In acie lamellarum, cystidiis sparsis, obtuse fusiformibus vel lageniformibus, 45-90 × 5-23 μ. Granulis raris in trama. Cute filamentosa, hyphis cylindratis, articulis 35-62 × 5,7 - 11,5 μ, pigmento vacuolari. Fibulis, interdum imperfectis, frequentibus. — Humi vel inter folia dejecta, in silva umbrosa. Typus in Herb. Romagn. n° C.I. 011.

Rhodophyllus pallidissimus Romagn.-Gilles

(Fig. 81,82,83)

CARACTERES MACROSCOPIQUES: Chapeau large de 1,7-2,2 cm et haut de 6 mm, obtusément convexe puis largement étalé et mollement déprimé au centre, strié par transparence et même un peu cannelé, mais non hygrophane, blanc brunâtre à brun clair (S 705 un peu plus blanchâtre par endroits, ou MS 10 YR 6/4), concolore ou à peine plus coloré dans le fond de la dépression, à cuticule glabre ou finement fibrilleuse s.l., les parties blanchâtres étant constituées par des fibrilles cotonneuses dont la couche est très mince et s'interrompt par places pour laisser apparaître un fond brunâtre, à centre uni-velouté.

Stipe 4,5-6 cm × 2-3 mm, mais atteignant 4 mm en bas, où il peut former un petit bulbe submarginé, plein ou fistuleux, blanc ou concolore au chapeau et haut et un peu plus coloré en bas, strié longitudinalement, poudré au moins en haut (il l'est sans doute totalement tant qu'il est intact), avec à la base du mycélium blanc.

Chair extrêmement mince, translucide, concolore au chapeau, inodore, ou à légère odeur de *Pelargonium* sur le frais.

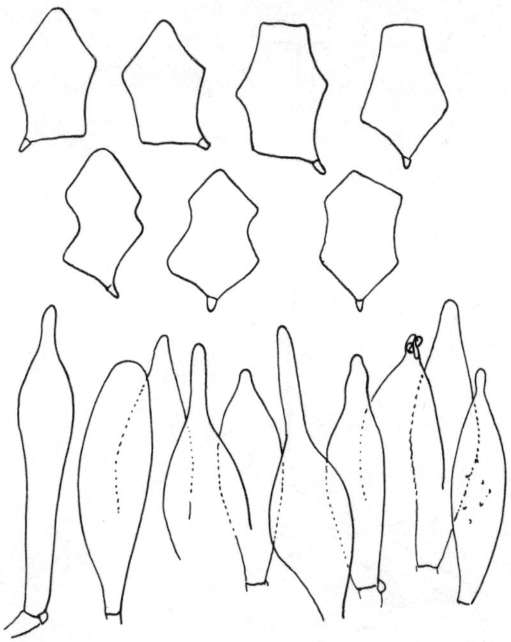

Fig. 81: *Rh. pallidissimus*: spores, cystides marginales. (G 235)

Lamelles moyennement serrées (2-3 longueurs de lamellules), relativement épaisses, larges de 3 mm, arquées uncinées à subdécurrentes, parfois fourchues près du stipe (en 2 endroits), blanches puis brun rosé, à arête finement denticulée s.l.

CARACTERES MICROSCOPIQUES: Spores symétriques-allongées généralement simples, 10-12,5 × 7,7-9,5 μ, à parois épaisses et réfringentes.

Basides 30-48 × 11-13,5 μ, à 4, parfois 2 stérigmates, claviformes, quelquefois nécropigmentées.

Cystides marginales 50-80 × 12-23 μ, fusiformes à sublagéniformes, obtiquement vides.

Trame à hyphes fondamentales en fuseau, larges de 10-24 μm, à parois légèrement paille, et certaines criblées (comme d'ailleurs les basides et les cystides) de minuscules ponctuations brunâtres; soushyménium très étroit, surtout filamenteux à la fin, d'aspect un peu gélifié (20-25 μm). Cuticule à mèches constituées par des hyphes

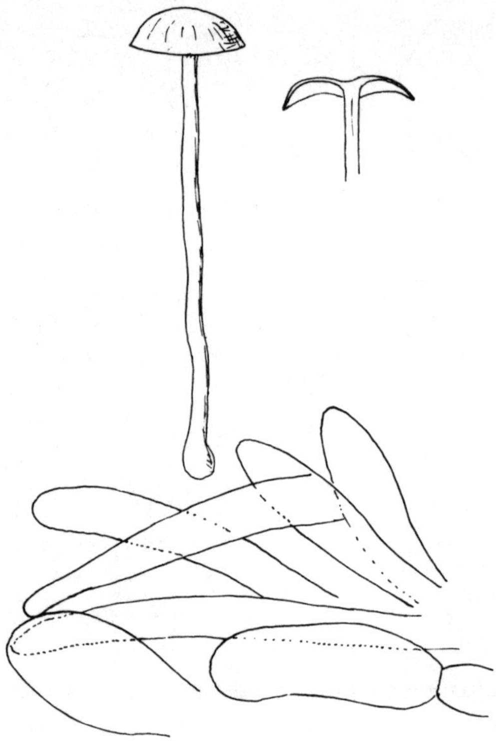

Fig. 82: *Rh. pallidissimus:* carpophore et hyphes cuticulaires (G 235)

hyalines en surface, larges de 11,5-14 μ, renflées jusqu'à 25 μ, reposant sur une couche radiale d'hyphes peignées de 5,7-20-(23) μ, très légèrement colorées vues en masse, probablement sur la membrane(?).

Boucles pratiquement constantes au pied des basides et aux cloisons des hyphes. (R.K).

HABITAT: Dans la forêt secondaire, très dégradée, route de Kango (km 16,5 de Libreville, Gabon), le 9.XI.1969, n° G 235. Forêt de la Mondah, (km. 31,8 de Libreville), le 27.IV.1975, n° G 573.

OBSERVATIONS

Cette espèce, qui fait penser à *vestipes* s'en éloigne cependant par la forme du chapeau et le profil des lames. Nos deux récoltes

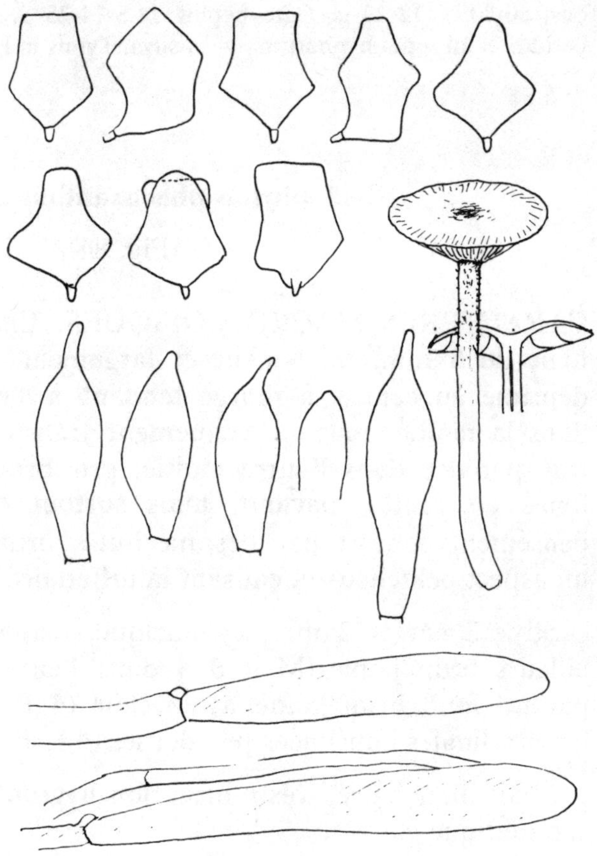

Fig. 83: *Rh. pallidissimus:* spores, cystides marginales, carpophore et hyphes cuticulaires (G 573)

présentaient quelques petites différences (odeur, couleur, aspect du revêtement piléique, plus glabre sur le spécimen de la forêt de la Mondah), mais trop légères pour qu'on puisse tenter une distinction même variétale.

DIAGNOSE LATINE. — Pileo 1,7-2,2 cm lato, convexo, vel expanso, paulum depresso, ex albido brunneolo, passim candidiore, toto transluciditate striato, minute fibrilloso, partibus candidioribus fibrillis gausapatis vestitis. Stipite 45-60 × 2-3 mm, bulbilloso, pleno, albo, vel pileo concolore, striato, summo saltem pruinoso, Carne tenuissima, albida, levi odore Pelargonii. Lamellis mediocriter stipatis, 3 mm latis, arcuatis, uncinatis vel subdecurrentibus, interdum prope stipitem furcatis, albis, deinde roseolis, acie minute denticulata. — Sporis symmetris-elongatis, plerumque simplicibus, 10-12,5 × 7,7-9,5 μ. Basidiis 30-48 × 11-13-5 μ, tetrasporis, interdum bisporis. Cystidiis marginalibus sublageniformibus vel fusiformibus, 50-80 × 12-23 μ. Cute hyphis 11,5-14-25 μ. Fibulis fere constantibus sub basidiis et ad septa hypharum. — In silva. Typus in Herb. H.R., n° G 235.

Rhodophyllus phaeoxanthus Rom.-Gilles

(Fig. 84)

CARACTERES MACROSCOPIQUES: Chapeau large de 2 cm et haut de 6 mm, mollement et largement, mais peu profondément déprimé au centre, à marge tendant à s'enrouler un peu, opaque dans la moitié centrale, vaguement translucide, mais non strié par transparence dans l'autre moitié, gris brun foncé (M 5 E 2), plus foncé au centre, partout, mais surtout dans la moitié centrale, densément couvert par des méchules brun foncé, lui donnant s.l. un aspect pelucheux et causant la différence de teinte.

Stipe 3 cm × 2 mm, cylindrique, fistuleux, blanchâtre en haut, ailleurs brun jaune (M 4 B 4 dans l'ensemble), à l'oeil nu formé par un fond brun jaune assez clair (4 B 3) et peigné de fibrilles longitudinales apprimées peu denses (4 E/F 4).

Chair blanchâtre, très mince, non hygrophane, à odeur vaguement spermatique.

Lamelles assez serrées, avec 2-3 longueurs de lamellules (3 lamellules intercalaires ou plus, mais jamais 7), ventrues vers le tiers extérieur, d'aspect subéchancré, non adnexées par une petite dent, larges de 4 mm, jaunes (M 3 A 4), puis saumonées, à arête concolore et lisse s.l.

CARACTERES MICROSCOPIQUES: Spores 9-11,5 × 6,2-7,7 μ, symétriques-allongées complexes, à parois assez épaisses et réfringentes, nettement anguleuses.

Basides claviformes, 35-57 × 11-14 μ, tétrasporiques.

Pas de poils marginaux différenciés des basidioles.

Médiostrate à hyphes fondamentales à parois minces et très fragiles, environ 8,5-12,5-(17) μ, accompagnées de connexives grêles. Pas de granules tramaires ni de laticifères. Cuticule à belles et grosses

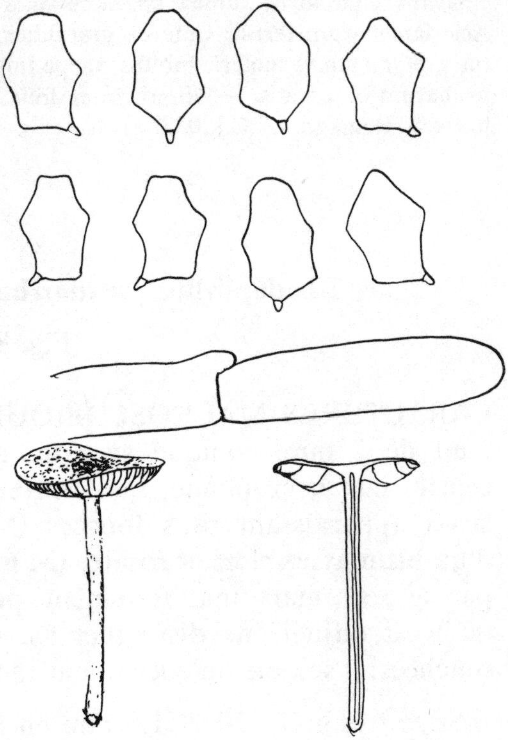

Fig. 84: *Rh. phaeoxanthus:* spores, hyphe cuticulaire et carpophore

hyphes à articles en boudin, très obtuses au bout, remplies d'un pigment vacuolaire, chaque article mesurant (58)-90-180-(250) × (9)-12-20-(33) μ.

Boucles souvent imparfaites observées au pied des basides et aux cloisons des hyphes (surtout cuticulaires; les autres sont en médiocre état sur l'exsiccatum).

HABIAT: A terre, dans l'humus et les feuilles mortes, en forêt ombrophile. Forêt du Téké, près d'Abidjan (Côte d'Ivoire), le 26 mai 1974, n° C.I. 033.

DIAGNOSE LATINE. — Pileo 2 cm lato, late, nec alte medio depresso, medio opaco, in ambitu translucido, sed haud striato, saturate murino, medio obscuriore, dense squamuloso, praesertim in disco. Stipite 30 × 2 mm, cylindrato, sursum albido, alibi flavo-brunneolo, fibrilloso. Carne albida, tenuissima, odore debili (subspermatico ?). Lamellis stipatioribus, 4 mm latis, ventricosis, subsinuatis, luteis, dein salmoneis, acie concolore et s.l. levi. — Sporis 9-11,5 × 6,2-7,7 μ, symmetris-elongatis complexis, tunica crassiore ac refringenti. Basidiis 35-57 × 11-14 μ. Acie lamellarum fertili. Cute ex grandibus hyphis, 58-250 × 9-33 μ, summis obtusis, pigmento vacuolari. Fibulis, saepe imperfectis, sub basidiis atque ad parietes hypharum observatis. — Humi, inter folia emortua, in silva umbrosa. — Typus in Herb. Romagn. n° C.I. 033.

Rhodophyllus pseudorrhombosporus Romagn.-Gilles

(Fig. 85)

CARACTERES MACROSCOPIQUES: Chapeau large de 1 cm et haut de 7 mm, conique avec un assez large umbo tronquant au centre, non hygrophane, mais fortement strié par transparence, les stries apparaissant plus foncées (M 6 E 6) que le fond qui est d'un brun assez clair et rosâtre (M 6 C 3), à cuticule un peu luisante par le sec, mais manifestement pas veloutée, de texture si fine qu'il est difficile de distinguer s.l. dans quel sens les hyphes sont couchées; il semble qu'elles soient radiales, mais très courtes.

Stipe très grêle, 20 × 1,5 mm en haut, puis rapidement 0,75 mm, non distinctement renflé en bas, probablement fistuleux, concolore au chapeau, mais très finement poudré en haut de blanc sur 2 mm, glabre ailleurs.

Chair extrêmement mince, pelliculaire, brun pâle, inodore.

Lamelles espacées (8 lames), avec 2 longueurs de lamellules (3 intercalaires), franchement décurrentes sur le stipe et y faisant des stries en relief dans la zone poudrée, rosâtres, à arête concolore et bassement denticulée s.l.

CARACTERES MACROSCOPIQUES: Spores le plus souvent cubiques, mais tendant vers le type symétrique allongé simple qu'elle atteint parfois, 7-8,5 × 6-6,7(7) μ.

Basides 23-28-(32) × 10-11,5 μ, elliptiques, puis subclaviformes, tétrasporiques.

Cystides marginales fusiformes à lagéniformes, 42-70 × 8,5-16-(26) μ, à parois minces, mêlées à des basides. Présence possible de rares cystides faciales.

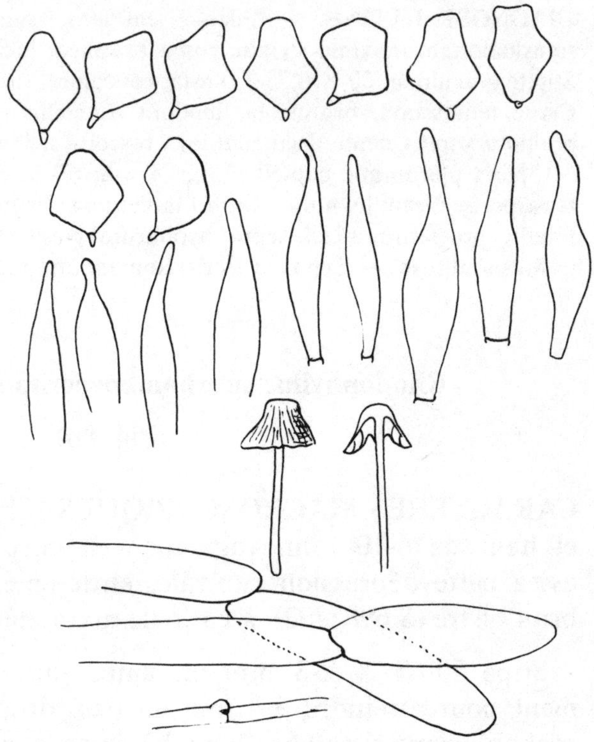

Fig. 85: ***Rh. pseudorrhombosporus:*** spores, cystides marginales, carpophore et hyphes cuticulaires

Médiostrate à hyphes de 6-14 μ, atteignant 17-25 μ dans la chair piléique, sans granules; sous-hyménium irrégulièrement celluleux. Cuticule à hyphes banales de 10-16 μ, assez volumineuses, à pigment vacuolaire.

Boucles observées à certaines cloisons des hyphes (connexives) et aux basides.

HABITAT: A terre en forêt ombrophile. Forêt du Téké (Côte d'Ivoire), le 5.X.1974, n° C.I. 42.

OBSERVATIONS

Cette espèce et assez proche de *Rh. rhombisporus* Kühner, mais s'en distingue par un port plus franchement leptonioide (chapeau tronqué et lames décurrentes) et une spore plus petite.

DIAGNOSE LATINE. — Pileo 1 cm lato, conico, medio truncato-umbonato, transluciditate maxime striato, roseo brunneo, lucido, glabro, textura tenuissima. Stipite gracillimo, 20 × 0,75-1,5 mm, concolore, subtilissime sursum albo-pruinoso. Carne tenuissima, brunneola, inodora. Lamellis distantibus, manifeste in parte pruinosa stipitis dente decurrentibus, roseolis, acie concolore humiliter denticulata. — Sporis plerumque cubicis, 7-8,5 × 6-6,7(7) μ. Basidiis 23-28-(32) × 10-11,5 μ, tetrasporis. Granulis nullis. Cute filamentosa, hyphis 10-16 μ, pigmento vacuolari. Fibulis praesentibus ad septa hypharum connexivarum ac sub basidiis. Humi in silva umbrosa. — Typus in Herb. Romagn. n° C.I. 42.

Rhodophyllus subrhombospermus Romagn.-Gilles

(Fig. 86)

CARACTERES MACROSCOPIQUES: Chapeau large de 1,6-2,3 cm et haut de 6-10 mm, vaguement hémisphérique-tronqué avec une assez nette dépression centrale, entièrement strié par transparence, brun bistre (S 698/702), à cuticule mate, déviée radialement.

Stipe 50-65 × 2-3 mm en haut, puis s'épaississant progressivement pour atteindre 5-6 mm en bas, droit, plus ou moins torsadé, probablement fistuleux, blanchâtre soyeux en haut sur 10 mm, ailleurs concolore au chapeau, à coton mycélien blanc à la base sur 10 mm, entièrement rayé de fibrilles longitudinales.

Chair très mince, non hygrophane, blanchâtre à brun très pâle, inodore.

Lamelles moyennement serrées, relativement larges (3-6 mm au milieu), plus ou moins nettement échancrées, tantôt d'abord jaune pâle comme chez *Marasmius dryophilus* var. *funicularis*, puis saumon, tantôt brun pâle, puis brun rosé, à arête concolore, distinctement denticulée.

CARACTERES MICROSCOPIQUES: Spores 8,5-11 μ, cubiques, à arêtes concaves.

Basides 38-50 × 11,5-14 μ, à 2-4 stérigmates, volumineuses, mêlées à des basidioles très étroites, cylindriques ou subclaviformes, paraphysoïdes.

Poils marginaux assez longuement claviformes, obtus, 50-80 × 7-9-(11,5) μ.

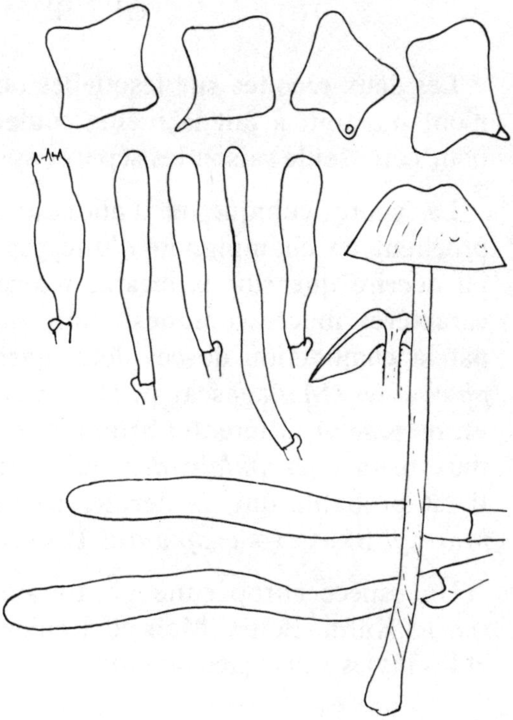

Fig. 86: *Rh. subrhombospermus*: spores, poils marginaux, carpophore et hyphes cuticulaires

Hyhpes fondamentales atteignat 14-17 μ dans le chapeau, un plus étroites dans le médiostrate, accompagnées d'innombrables laticifères larges de 6-10 μ. Cuticule filamenteuse, à hyphes couchées, larges de 6-12,5 μ, cylindriques, obtuses, à articles assez longs, à pigment vacuolaire.

Boucles présentes au pied des basides, des poils marginaux mais inconstantes aux cloisons des hyphes.

HABITAT: A terre, dans l'humus et les feuilles mortes, en forêt ombrophile. Forêt de la Mondah, km 31,6 Nord, les 20.X et 1.XI. 1969, n° G 111 et 120.

OBSERVATIONS

Les deux récoltes sur lesquelles nous avons fondé notre description n'ont pas tout à fait la même couleur de lames, mais on ne saurait, pour cette seule raison les séparer spécifiquement.

La spore cubique et l'abondance des laticifères tramaires raprochent ce champignon d'une espèce malgache que nous n'avons pu décrire que sur exsiccata, n'ayant aucun renseignement sur ses caractères macroscopiques, mais que nous croyions caractéristique par la conjonction de ces deux particularités; il s'agit de notre *Rh. phleboides* (Madagascar p. 109). Cependant, la couleur des exsiccata est nettement différente: brun bistre sombre chez *subrhombospermus*, roux brun chez *phleboides* qui a en outre le chapeau mamelonné. Il est probable que ce dernier se rapproche beaucoup plus de *Rh. Murrayi* Bk.-C. (= *cuspidatus* Peck) dont il est peut-être synonyme.

Un espèce européenne parait aussi très proche, le *Rh. rhombisporus* Kühn.-Bours. Mais ce dernier a des poils marginaux différents et les lames sans trace de jaunâtre.

DIAGNOSE LATINE. — Pileo 16-23 mm lato, subhemisphaerico-truncato, medio depresso, toto transluciditate striato brunneo, obnubilo, fibris innatis radiatim sub lente fibroso. Stipite 50-65 × 2-3 mm, imo usque ad 5-6 mm, recto, magis minusve torto, sursum albido, alibi pileo concolore, striato, acie denticulata. Carne tenuissima, albida vel pallidissime brunneola, inodora. Lamellis mediocriter stipatis, 3-6 mm mediis latis, magis minusve sinuatis, modo primum luteolis, deinde salmoneis, modo pallide brunneolis, dein e roseis brunneis. — Sporis 8,5-11 μ, cubicis. Basidiis 30-50 × 11,5-14 μ, angustioribus, basidiolis intermixtis, 2-4 sporis. Pilis aciei longe claviformibus, obtusis, 50-80 × 7-11,5 μ. Trama laticiferis 6-10 μ repleta. Cute filamentosa, hyphis obtusis, cylindratis, 6-12,5 μ latis, pigmento vacuolari. Fibulis frequentibus. — Humi, in terra, inter folia emortua, in silva umbrosa. Typus in Herb. Romagn. n° 111.

Rhodophyllus variesporus Romagn.-Gilles.

(Fig. 87)

CARACTERES MACROSCOPIQUES: Chapeau large de 7 mm et haut de 3,5 mm y compris les lames vues de profil, convexe surbaissé, tronqué au sommet par une faible dépression centrale, strié par transparence, mais non hygrophane, brun roussâtre (M 6 C 3),

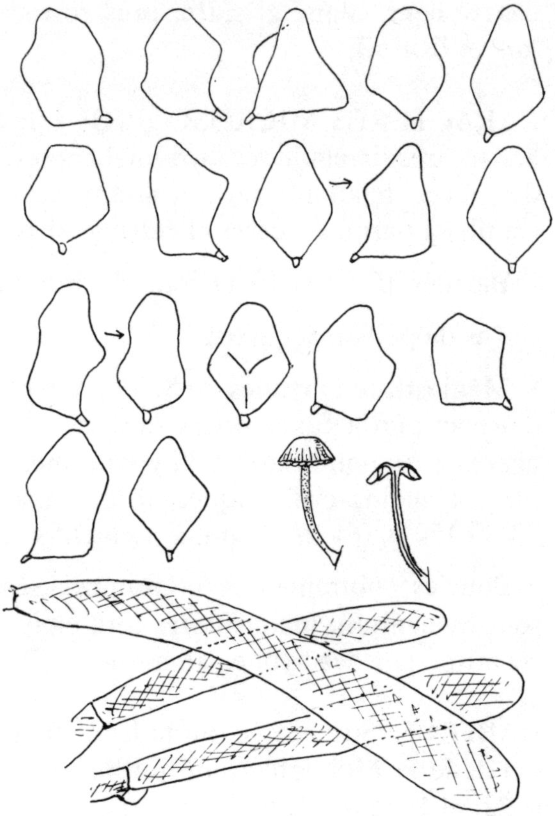

Fig. 87: *Rh. variesporus*: spores, carpophore et hyphes cuticulaires

plus foncé au centre (M 6 E 3), glabre, luisant, à cuticule déviée radialement, de texture très fine, unie-veloutée au centre, avec, sur le pourtour de la dépression, quelques méchules concolores au centre, disposées radialement et bien apprimées.

Stipe 1,6 cm × 1 mm, cylindrique, étroitement fistuleux, concolore au chapeau, luisant, subtilement poudré de haut en bas, mais on distingue s.l. de très fines stries longitudinales, avec du mycélium blanc à la base.

Chair pelliculaire, translucide, concolore aux surfaces, inodore.

Lamelles moyennement serrées, avec 2 longueurs de lamellules (parfois 3 en comptant les minuscules ébauches marginales), larges de 2 mm au milieu, ascendantes, puis adnexées au stipe par une courte dent, blanc grisâtre, puis rosissant faiblement, à arête concolore et lisse s.l.

CARACTERES MICROSCOPIQUES: Spores (7)-8,2-11,7 × (6)-6,5-8,2 μ, très irrégulières, originellement cubiques (mais parfois avec des faces triangulaires) évoluant vers le type symétrique allongé simple, à parois épaisses et réfringentes.

Basides 35-50 × 10-11,5 μ, claviformes, à 4, parfois 2 stérigmates.

Pas de poils marginaux.

Médiostrate à hyphes de 5,7-9 μ (et plus?) de large; sous-hyménium d'aspect plutôt filamenteux-rameux. Pas de granules tramaires. Laticifères peu nombreux à l'hypoderme. Cuticule à hyphes à articles plus ou moins cylindriques, le terminal obtus, parfois subelliptique, 20-85-150 × (8)-10-26 μm, à pigment vacuolaire.

Boucles volumineuses et nombreuses au pied des basides et au sous-hyménium, inconstantes aux cloisons des hyphes. Poils du stipe constitué par des hyphes allantoides, filiformes larges de 3-4 μ.

HABITAT: Sur écorce humide de bois mort, en forêt ombrophile. Forêt de la Mondah, route militaire, km 27,5 de Libreville (Gabon), le 22.VI.1975, n° G 605.

OBSERVATIONS

C'est un *Griseorubidi* assez remarquable par l'arête des lames homomorphe.

DIAGNOSE LATINE. — Pileo 7 mm lato, humiliter convexo, medio leviter depresso, transluciditate striato, sed haud hygrophano, e rufulo brunneo, medio obscuriore, lucido glabro, circum medium velutinum nonnullis squamulis variegato. Stipite 16 × 1 mm, terete, anguste fistuloso, pileo concolore, toto subtilissime pruinoso, sed striato s.l. Carne pelliculari, translucida, concolore, inodora. Lamellis mediocriter stipatis, 2 mm latis, ascendentibus, dein brevi dente adnexis, e cinereis albis, dein roseolis, acie concolore, levi s.l. — Sporis irregulariter cubicis vel symmetris elongatis simplicibus, interdum faciebus triangulis, (7)-8,2-11,7 × (6)-6,5-8,2 μ, tunica crassa et refringenti. Basidiis 35-50 × 10-11,5 μ, (2)-4-sporis. Pilis marginalibus nullis. Granulis in trama absentibus; nonnullis sub cute laticiferis. Cute ex hyphis 20-150 × (8)-10-26 μ, obtusis. Fibulis multis sub basidiis, sparsis ad septa hypharum. — In cortice ligni emortui, in silva umbrosa. — Typus in Herb. Romagn. n° G 605.

Rhodophyllus vestipes Romagn.-Gilles

(Fig. 88,89,90)

CARACTERES MACROSCOPIQUES: Chapeau large de 2,5 à 4 cm, haut de 6 à 11 mm, généralement convexe surbaissé avec une large et molle dépression centrale, parfois plus franchement infundibuliforme, à la marge plus ou moins incurvée, ou étalé plan avec les bords se relevant un peu, ni strié par transparence ni hygrophane mais ayant tendance à devenir strié-cannelé face aux lames en séchant ou même à la récolte chez les exemplaires bien développés, brun clair grisâtre ou roussâtre M 5 B 2/5 B 3, centre concolore ou légèrement plus foncé jusqu'à M 5 D 4. Cuticule sèche, luisante, déviée radialement, couverte à tous les niveaux de petites squamules concolores ou à peine plus colorées, légèrement retroussées, disposées parfois concentriquement.

Stipe long de 4 à 8 cm, diamètre de 2 à 5 mm, droit ou un peu arqué, central ou légèrement excentrique, blanc mat de haut en bas chez les jeunes exemplaires et alors vêtu d'un pelucheux ras, caduc. Avec l'âge ou après manipulation, ce pelucheux disparaît et la couleur devient grisâtre ou brun jusqu'à M 4 B 3 ou même 7 E 5 et il est alors luisant; farci puis fistuleux. Un peu de mycélium blanc à la base.

Chair mince, vaguement translucide, blanche, à odeur généralement fruitée, plus rarement inodore, douce.

Lamelles moyennement serrées avec 2-3 longueurs de lamellules, larges jusqu'à 5 mm au milieu, uncinées à décurrentes, blanc grisâtre puis M 6 B 3, restant parfois blanches même chez les exemplaires bien développés (dans ce cas elles noircissent en séchant et l'on observe au microscope la présence d'un abondant nécropigment). Arête pâle, denticulée à la loupe.

CARACTERES MICROSCOPIQUES: Spores 10-12 × 6,7-8-(9,5) μ, symétriques allongées simples parfois complexes, à parois épaisses et réfringentes très anguleuses.

Basides 36-50 × 10-13,5 μ, tétrasporiques.

Cystides rares sur les faces (seulement près de l'arête), abondantes sur l'arête, fusiformes ou contractées en haut en un col court, 52—100 × 10-22,5 (33) μm.

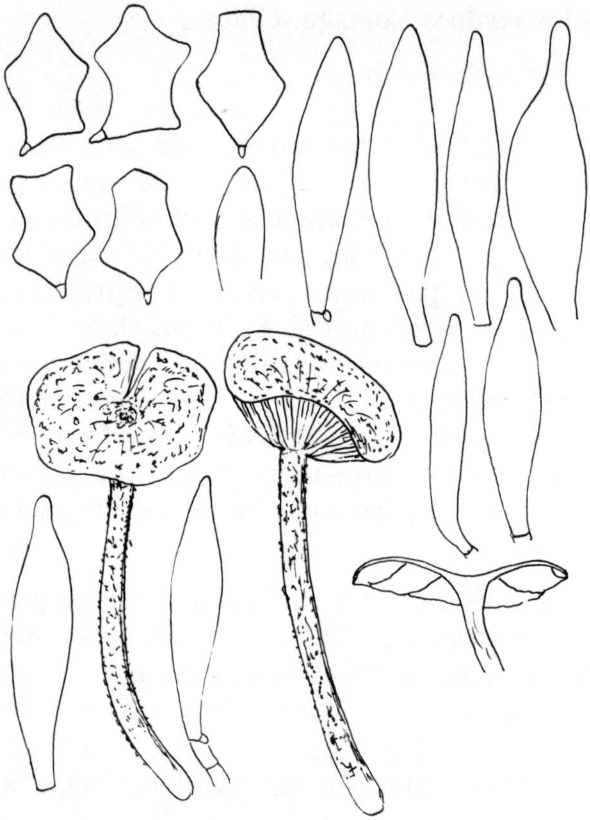

Fig. 88: *Rh. vestipes:* spores, cystides marginales et carpophores (C.I. 021)

Médiostrate à hyphes fondamentales de (7)-14-18 μ, entremêlées de connexives plus grêles; sous-hyménium bien distinct, filamenteux-rameux, subgélifié-aérifère. Pas de granules tramaires. Sur le frais, quelques laticifères. Cuticule à hyphes raides, cylindriques, larges de (5)-7-24 μ, à article terminal de 75-250 μ, à pigment vacuolaire pâle.

Boucles (parfois imparfaites) au pied des basides et aux cloisons de certaines hyphes.

HABITAT: Sur le bois, tronc d'arbre abattu dans les souches, ou à la terre dans les feuilles mortes, en forêt ombrophile. Côte d'Ivoire, forêt du Téké, les 30.3, 19., 23., 29., 5., 19., 20., 9. et 10. XI. et 6. XII. 1974, n° C.I. 021, 030, C.I. 034, C.I. 038, C.I. 044, C.I. 060, C.I. 062, C.I. 073, C.I. 089, C.I. 092 et C.I. 094.

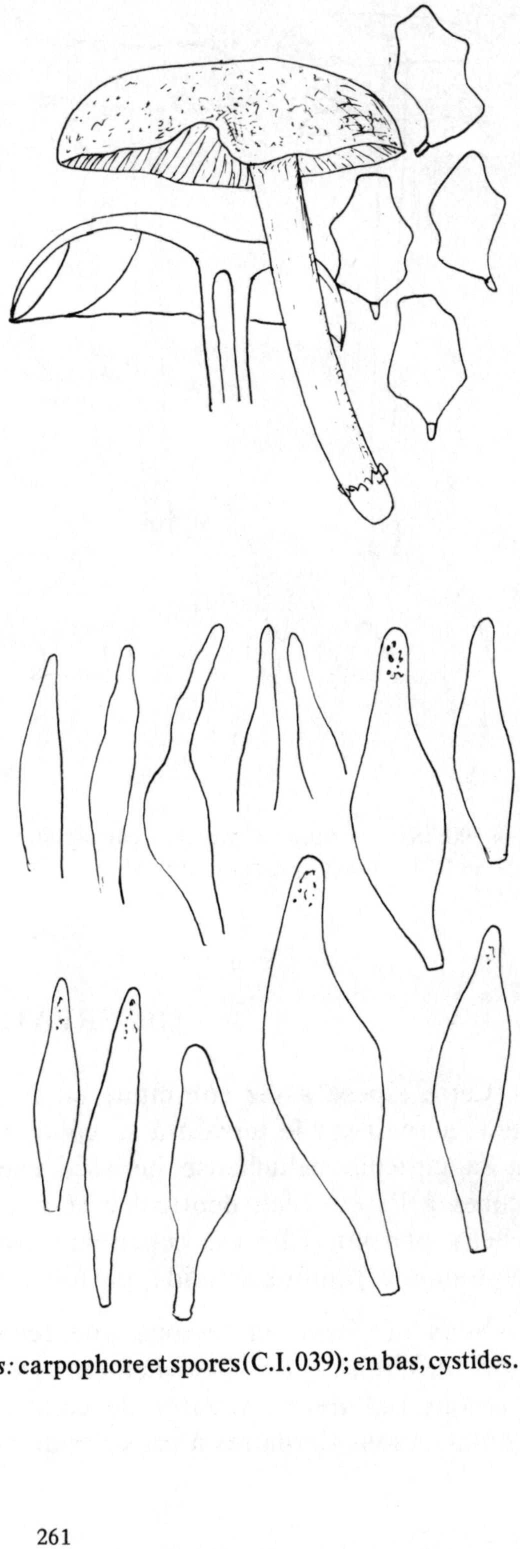

Fig. 89: *Rh. vestipes:* carpophore et spores (C.I. 039); en bas, cystides.

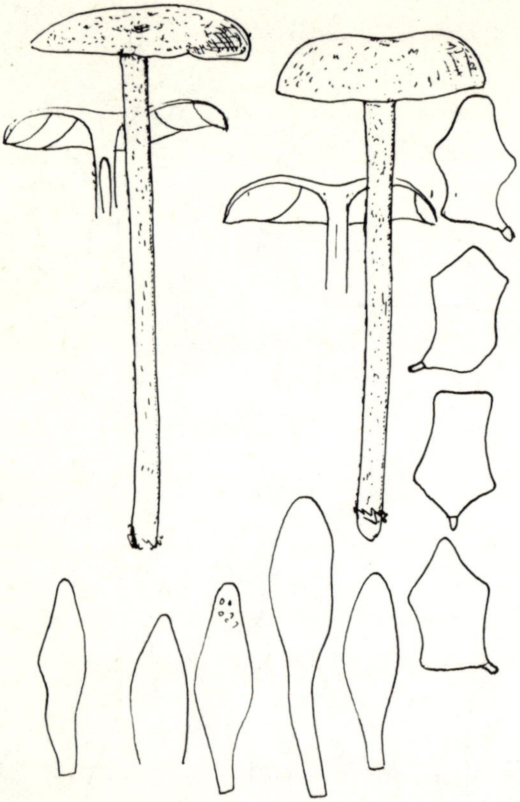

Fig. 90: *Rh. vestipes:* à gauche, carpophore (C.I. 038), à droite, carpophore et spores (C.I. 044) et cystides marginales

OBSERVATIONS

Cette espèce assez commune en forêt du Téké en saison humide se reconnaît sur le terrain à sa couleur généralement brun gris clair, à sa cuticule pelucheuse hérissée vue de profil à la loupe, à ses lames à l'arête bien denticulée et à son stipe blanc finement pelucheux partout. Elle est cependant assez variable de forme, tantôt leptonioïde, tantôt eccilioïde, parfois même entomoloïde.

Nous décrivons ci-dessous une récolte dont le carpophore a un port différent, plus franchement entomoloïde mais que nous ne pensons pas devoir séparer de cette espèce. Les caractères microscopiques sont similaires à ceux des autres récoltes (Fig. 89).

Chapeau hémisphérique tronqué par une très faible dépression centrale, à marge subverticale, diamètre 4,5 cm, hauteur 1,8 cm, gris brun roussâtre S 504, peu luisant, presque mat, translucide à la marge seulement. Cuticule assez pelucheuse par de petites fibrilles concolores un peu retroussées, centre plus franchement pelucheux et plus coloré (M 5 C 6).

Stipe un peu excentré, robuste, long de 5 cm, diamètre 7 mm en haut puis 6 mm constant, non distinctement renflé à la base, blanchâtre et poudré en haut puis gris brun jaunâtre M 4 B/C 3, peigné de fibrilles brun jaune se retroussant çà-et-là surtout dans la moitié inférieure.

Chair brun jaune M 4 B 3, relativement épaisse (1 mm à mi-rayon), à odeur fruitée, douce.

Lames moyennement serrées avec 3 longueurs de lamellules, larges jusquà 11 mm au milieu, brun rosé M 6 B 3, sublibres. Arête pâle, denticulée à la loupe.

A terre dans les feuilles mortes, Côte d'Ivoire, forêt du Téké le 29.9.1974, n° C.I. 039.

DIAGNOSE LATINE. — Pileo 2,5-4 cm lato, expanso, leviter depresso, brunneolo, haud hygrophano, e roseo brunneolo, radiatim fibrilloso, atque minutissimis squamulis obscurioribus punctato. Stipite 40-80 × 2-5 mm, fistuloso, sursum candido, alibi albido, vel griseolo, humillime fibrillis longitudinalibus parum adpressis, gausapato. Carne tenuisima, albida, dulci, odore nullo vel fructus. Lamellis mediocriter stipatis, mediis 3-5 mm, uncinatis subdecurrentibus, vel manifeste decurrentibus albis, deinde roseis, acie concolore, s.l. denticulata. — Sporis 10-12 × 6,7-9,5 μ, symmetris elongatis simplicibus complexisve, maxime angulatis. Basidiis 36-50 × 10-13,5 μ. Cystidiis in lateribus lamellarum rarissimis, in acie permultis, fusiformibus vel sursum brevi collo, 56-120 × 10-33 μ. Granulis in trama absentibus. Cute hyphis rigidis, cylindratis, 7-24 μm latis, pigmento vacuolari pallido. Fibulis praesentibus. — In trunco dejecto vel humi, inter folia, in silva umbrosa. — Typus in Herb. Romagn. n° C.I. 021.

SECTION LEPTONIA OU DES CYANULI

Cette section est très abondamment représentée sur la terre entière là où des végétaux peuvent se développer. Ses caractères physionomiques et surtout microscopiques sont très monotones, et leur constance incertaine. Les difficultés de la spécification et le peu de confiance qu'on peut accorder à la couleur exacte, surtout des lamelles et à leur liseré coloré, même peut-être à la présence ou l'absence de poils marginaux, à leur morphologie, font que nous n'avons pas osé rapporter nos espèces africaines à celles d'Europe, bien que des synonymies ne soient pas impossibles.

1 Chapeau violet, gris noirâtre violacé, brun violacé, ... 2

1 Chapeau franchement bleu (cf aussi *cristallifer*, §15) 3

1 Chapeau d'une autre couleur, au plus gris un peu lilacin 6

2 Petits poils marginaux serrés, basidiformes, 16-48 × 5-7-(9) µm. Chapeau noir violacé, bassement hérissé .... *Rh. ianthomelas* R.-G.

2 Cellules marginales fusiformes, souvent atténués en un petit col étroit, bien différencié, et alors cystidiformes. Chapeau brun violacée à brun vineux, finement squamuleux .... *Rh. griseovioleus* R.-G.

3 Spores cubiques. Lames bordées de bleu .... *Rh. caeruleoniger* R.-G.

3 Spores non cubiques 2

4 Chapeau en forme de calice profond. Lames bordées de bleu .... *Rh. cyanocalix* R.-G.

4 Chapeau d'une autre forme 5

5 Chapeau 6 mm, convexe déprimé .... *Rh. ionocyanus* R.-G.

5 Chapeau 10 mm, convexe, papillé .... var. *parvipapillosus* R.-G.

6 Cuticule à éléments en majorité redressés en trichoderme presque palissadique, au point de faire penser aux *Inopilus Callidermi* 7

6 Cuticule d'hyphes plus ou moins couchées ou en trichoderme emmêlé 9

7 Basides le plus souvent bisporiques. Chapeau brun un peu bleuté ou rosâtre vineux, hérissé de squamules bien visibles. Stipe gris bleu foncé, gris violacé ou subconcolore au chapeau. Arête des lames à la fin liseré grisâtre. Poils marginaux plus ou moins longs .... *Rh. callidermoides* R.-G.

7 Basides le plus souvent tétrasporiques. Chapeau à minuscules méchules lui donnant un aspect très subtilement craquelé. Arête des lames concolore. Poils marginaux courts 8

8 Chapeau gris brun. Stipe sans trace de jaune à la base...... *Rh. vallicutis* R.-G.

8 Chapeau gris violacé. Stipe jaunâtre à la base......... *Rh. xanthocnemis* R.-G.

9 Chapeau gris violacé à reflet jaune verdâtre, avec le centre de la dépression pruineux et blanchâtre et bordé de jaune d'or, ailleurs à très fines fibrilles brunes apprimées. Stipe gris bleuté .... *Rh. pluricolor* R.-G.

9 Pas ces colorations 10

10 Chapeau pâle, gris brunâtre à blanc jaunâtre, avec au centre un ocelle noirâtre ou brun foncé brusquement contrasté 11

10 Pas ces caractères 12

11 Pas de poils marginaux. Spores 9-12,2 × 6-7 μm, symétriques allongées complexes. Chapeau blanc jaunâtre ou gris jaunâtre clair.... *Rh. mediofuscus* R.-G.

11 Poils marginaux longuement claviformes. Spores 8,5-10,2 × 6-7,2 μm, symétriques allongées simples. Chapeau gris brun ou brunâtre pâle................ .... *Rh. fuscoocellatus* R.-G.

12 Cuticule couverte de squames retroussées ou plus ou moins dressées......... 13

12 Cuticule fibrilleuse-peignée, déviée radialement ou subglabre, au moins dans la moitié marginale 14

13 Chapeau gris bleuté, noirâtre dans la dépression. Pas de poils marginaux. Spores 10-11,5 × 6,7-7 μm..

Chapeau gris brun assez foncé. Poils marginaux claviformes ou obtusément fusiformes. Spores 8,5-10,7 × 6-7,5 μm .... *Rh. caesiomurinus* R.-G.

14 Pas de poils marginaux... 15

14 Des poils marginaux.. 17

15 Hyphes cuticulaires renfermant sur le vivant des cristaux bleu noir, bien que le chapeau ne paraisse pas bleu à l'oeil nu, mais gris brun pâle, plus foncé au centre (âge du sujet?). Spores 11-14 × 8-9,2 μm... *Rh. cristallifer* R.-G.

15 Pas de cristaux bleus. Chapeau gris bleuté 16

16 Chapeau 4-10 mm; stipe 15-20 × 0,5-1 mm, gris foncé. Basides le plus souvent bisporiques. Spores 9-12,5 × 6-8 μm .... *Rh. modestissimus* R.-G.

16 Chapeau 1,4-2,5 cm; stipe 35-60 × 1-3 mm. Basides généralement tétrasporiques. Spores 7,5-10,5 × 5,7-7 μm.................. *Rh. Staudtii* (Henn.)

17 Lamelles fortement interveinées. Chapeau brun pâle au bord, finement écailleux. Spores 9,5-12 × 6,7-7,5 μm .... *Rh. intervenosus* R.-G.

17 Lamelles non interveinées... 18

18 Arête des lames colorée 19

18 Arête des lames concolore ou plus pâle 21

19 Spores cubiques, 5,5-8,5 × 5-8 µm. Chapeau gris brun rosâtre au bord. Stipe gris un peu brunâtre. Arête des lames brun foncé...... *Rh. roseomurinus* R.-G.

19 Spores normalement non cubiques. Arête des lames grisâtre 20

20 Chapeau gris brunâtre au bord. Poils marginaux volumineux, 80-110 × 7-19 µm.. *Rh. megalothrix* R.-G.

20 Chapeau brun rosâtre. Poils marginaux petits, 21-45 × 8-21 µm .... *Rh. caesiolimbatus* R.-G.

21 Basides en majorité bisporiques 22

21 Basides normalement tétrasporiques 24

22 Spores 7-8,5-(10) × 5-6,5-(7) µm. Poils marginaux 40-90 × 7-20 µm. Chapeau d'un brun assez foncé.................................. *Rh. griseipes* R.-G.

22 Spores 10-12 × 7-9 µm. Poils marginaux 28-50 × 7-16 µm 23

23 Chapeau brun rosé très pâle, presque blanchâtre. Stipe gris .... *Rh. sclerobasidiatus* R.-G.

23 Chapeau et stipe gris bleuté.............................. *Rh. bisporifer* R.-G.

24 Spores 6,5-9 × 5-7 µm. Chapeau 7 mm, gris brun rosâtre assez clair. Stipe court, 7 × 0,7 mm, concolore en haut, grisâtre ailleurs ... *Rh. curtissimus* R.-G.

24 Spores plus grandes. Taille plus élevée en général 25

25 Stipe allongé, 35-70 × 1-3 mm. Chapeau gris brun plus ou moins pâle, un peu rosé. Spores 8,5-10-(12,5) × (5,7)-6-8-(8,5) µm *Rh. brunneoloroseus* R.-G.

25 Stipe court et arqué, 6-30 × 0,5-1,5 mm. Spores 9-11,5 × 7-8,5 µm.. var. *curvipes* R.-G.

Rhodophyllus bisporifer Romagn.-Gilles

(Fig. 91)

CARACTERES MACROSCOPIQUES: Chapeau large de 1,8 cm, haut de 3-4 mm, presque plan, avec au centre une petite dépression de 2 mm de diamètre, gris bleuté (S 554), sauf dans la dépression où il est plus foncé, entièrement strié cannelé par transparence jusqu'aux abords du centre, très finement soyeux-fibrilleux, avec dans la dépression de denses méchules plus foncées.

Stipe 3,5 cm × 1,5 mm, à minuscule bulbe basal de 2 mm, probablement étroitement fistuleux, concolore au chapeau, sauf 1 mm sous les lames et à l'extrême base où il est blanchâtre, luisant.

Chair pelliculaire, blanche, inodore.

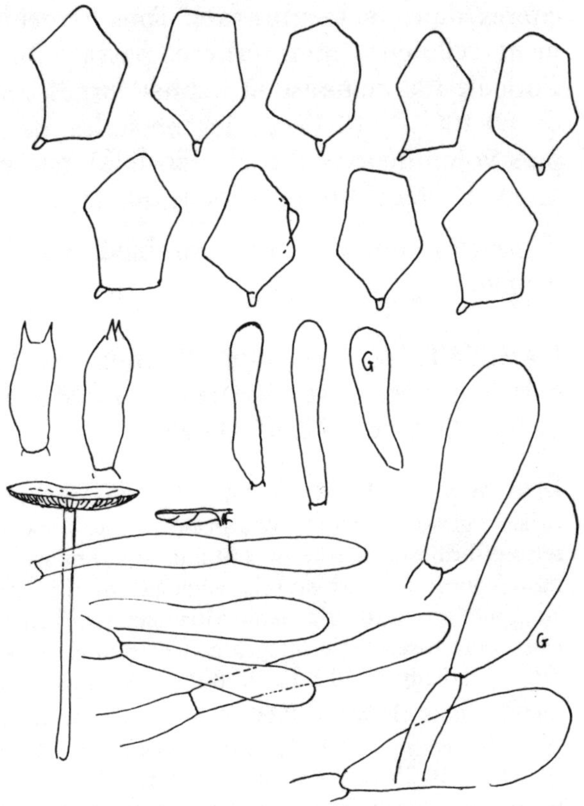

Fig. 91: *Rh. bisporifer:* spores, basides, poils marginaux (en G selon G. Gilles), carpophore et hyphes cuticulaires

Lamelles moyennement serrées, avec 4 longueurs de lamellules, larges de 3 mm au milieu, subadnées ou adnexées par une minuscule dent, blanches, puis roses, à arête concolore, entière même à la loupe.

CARACTERES MICROSCOPIQUES: Spores symétriques allongées simples, parfois assez courtes, évoluant rarement vers le type complexe, 10,5-12 × 8-9 μ, à parois épaisses et réfringentes.

Basides 23-36 × 9-12,5 μ, trapues, cylindriques étranglées, bisporiques.

Poils marginaux clavulés, hyalins, 40-50 × 7-10 μ.

Trame sans granules (on en observe cependant dans les basides, d'où ils peuvent se répandre hors de la cellule), avec quelques laticifères dans le médiostrate; sous-hyménium très étroit, irrégulièrement celluleux, non aérifère, passant brusquement au médiostrate. Cuticule filamenteuse, à hyphes larges de 10/12 μ, à article terminal de 60-100 × 10-17 μ, le méchules de la dépression du chapeau plus volumineuses (article terminal par exemple 100 × 25 μ), et à pigment vacuolaire plus foncé que les autres.

Boucles non observées au pied des basides ni aux cloisons des hyphes.

HABITAT: A terre, dans l'humus, en forêt, probablement sur du bois pourri recouvert. Forêt de la Mondah (km 31,5 de Libreville, Gabon), le 5.II.1972, n° G 428.

DIAGNOSE LATINE. — Pileo 1,8 cm lato, plano, medio anguste depresso, e caesio griseo, medio obscuriore, toto transluciditate striato, subtilissime sericeofibrilloso, minute in umbilico squamuloso. Stipite 35 × 1,5 mm, bulbilloso, pileo concolore, nisi sub lamellis et inferne, ubi albus est. Carne pelliculari, alba, inodora. Lamellis mediocriter stipatis, 3 mm latis, minimo dente subadnatis, albis, dein roseis, acie integra concoloreque. — Sporis plerumque symmetris elongatis simplicibus, 10,5-12 × 8-9 μ. Basidiis 23-36 × 9-12,5 μ, bisporicis. Pilis marginalibus clavatis, 40-50 × 7-10 μ. Trama nonnullis laticiferis praedita, sine granulis (nisi in basidiis). Cute filamentosa, hyphis 10-12 μ latis, loculo terminali 60-100 × 10-25 μ, pigmento vacuolari. Fibulis non observatis. — Humi in silva, verisimiliter super lignum putridissimum coopertum — Typus in Herb., n° G 428.

Rhodophyllus brunneoloroseus Romagn.-Gilles

(Fig. 92,93,94)

CARACTERES MACROSCOPIQUES: Chapeau large de 1,1-4,2 cm et haut de 4-10 mm, généralement convexe avec une petite dépression centrale, plus rarement conique tronqué, puis plus ou moins étalé, ou conique largement tronqué à subcylindrique de profil et avec une nette dépression au sommet, entièrement strié par transparence, gris brun plus ou moins pâle, un peu rosé (S 705, à 233, parfois plus clair) général plus foncé au centre (S 701-702), à cuticule luisante, déviée radialement par des fibrilles et de fréquentes méchules plus foncées et apprimées, en général plus denses au disque et très denses dans la dépression, qui tend souvent à se craqueler et à laisser voir avec l'âge la chair piléique sous-jacente.

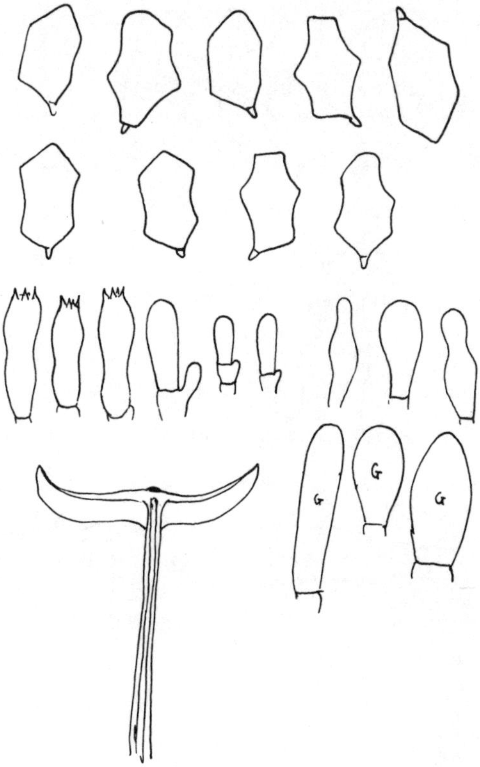

Fig. 92: *Rh. brunneoloroseus:* spores, basides, basidioles, poils marginaux (trois selon G. Gilles) et carpophore (G 003)

Stipe atteignant 7 cm × 1-3 mm, élargi à la base jusqu'à 2-4 mm, fistuleux, blanchâtre et pruineux sur 1-5 mm au-dessous des lames, ailleurs généralement gris bleuté ou gris brunâtre (S 450, 493, 523, 533) ou un peu violacé (S 660), plus rarement un peu plus foncé et jaunâtre (S 310), ou franchement brun (S 493 ou 553 en plus gris), blanc à la base sur 4-10 mm, luisant, à grain très fin s.l. (une seule récolte, n° G 003, à courtes fibrilles longitudinales).

Chair extrêmement mince, blanc ou blanc grisâtre, non hygrophane, généralement inodore, parfois avec une très légère odeur fruitée.

Lamelles moyennement à assez serrées, avec 3-4 longueurs de lamellules, relativement larges (2-4 mm au milieu), en général adnexées au stipe par une minuscule dent qui se prolonge sur le stipe

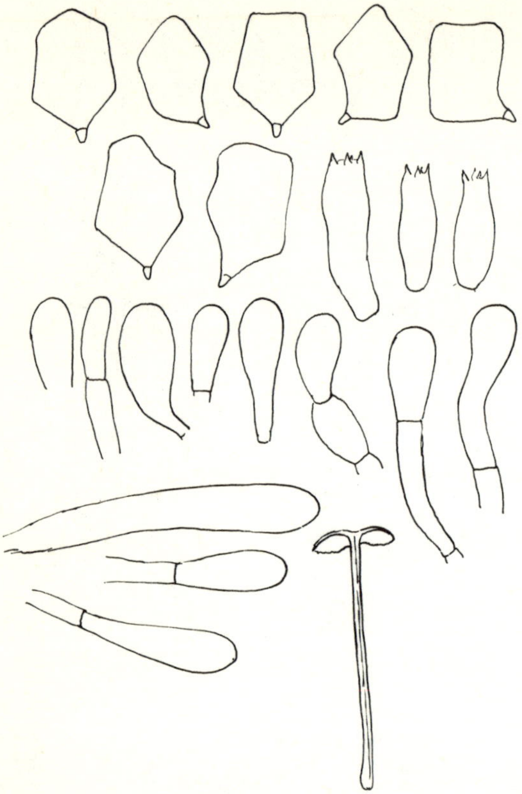

Fig. 93: *Rh. brunneoloroseus:* spores, basides, poils marginaux, hyphes cuticulaires et carpophore (G 137)

sur 1-5 mm, rarement arquées-décurrentes, blanches ou blanchâtres, puis roses, à arête concolore, tantôt lisse, tantôt plus nettement denticulée.

CARACTERES MICROSCOPIQUES: Spores 8,5-10-(12,5) × (5,7)-6,-8,5 μ, symétriques allongées simples à complexes, à parois assez pâles.

Basides 25-33-45 × (7,5)-10-13 μ, claviformes ou subcylindriques, généralement tétrasporiques.

Poils marginaux claviformes, 30-50-(80) × 7-17 μ.

Médiostrate à hyphes fondamentales de (6)-12-21(25) μ de diamètre; sous-hyménium filamenteux à subcelluleux. Granules tramaires plus

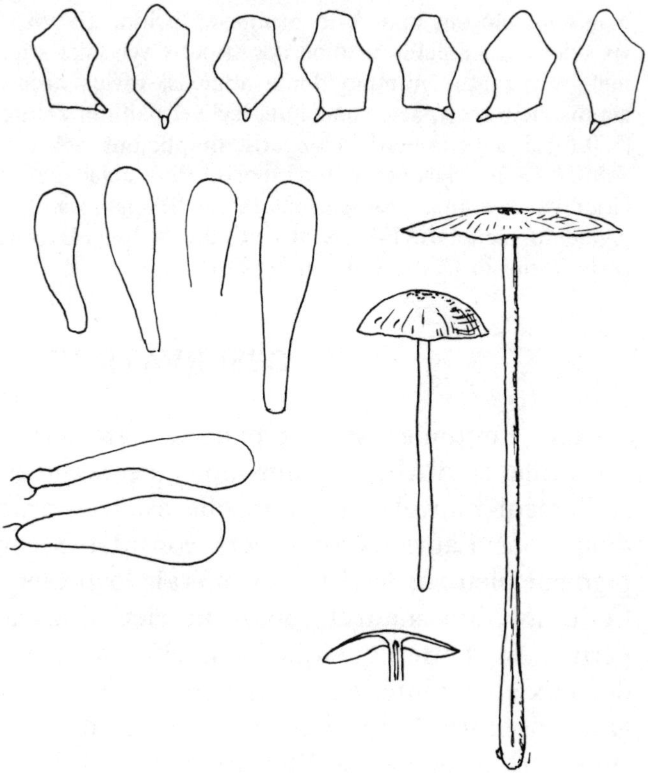

Fig. 94: *Rh. brunneoloroseus:* spores, poils marginaux, hyphes cuticulaire et carpophores (G 451)

ou moins abondants. Cuticule filamenteuse, à hyphes de 12-20 μ, à terminaison claviforme, obtuse, à pigment vacuolaire.

Pas de boucles.

HABITAT: A terre, dans les zones boisées, isolé ou en petites groupes. Commun aux environs de Libreville (Gabon). Nombreuses récoltes: n° G 000, 003, 011, 109, 128, 129, 137, 139, 144, 205, 404, 432, 451, etc...

DIAGNOSE LATINE. — Pileo 1,1-4,2 cm, plerumque convexo, anguste medio de presso, rarius truncato conico, cum in summo parvo umbilico, toto per transluciditatem striato, magis minusve pallide e brunneolo griseo, paulum roseolo, fibrilloso ac minute squamuloso. Stipite usque ad 7 cm × 1-3 mm, imo usque ad 2-4 mm, e caeruleo vel brunneolo griseo, interdum paulum violaceo, rarius magis luteolo vel manifeste brunneo, lucido, glabro. Carne tenuissima, non vel vix odorata. Lamellis mediocriter stipatis vel satis stipatis, latiusculis (mediis 2-4 mm), plerumque minimo dente adnexis, rarius arcuato-decurrentibus, albis vel albidis, dein rosis, acie concolore, levi vel paulum denticulata. — Sporis 8,5-12,5 × (5,7)-6-8,5 μ, symmetris elongatis simplicibus vel complexis. Basidiis 25-45 × (7,5)-10-13 μ, plerumque tetrasporis. Pilis aciei claviformibus, 30-80 × 7-17 μ. Granulis in trama praesentibus. Cute filamentosa, hyphis obtusis, 12-20 μ latis, pigmento vacuolari. Fibulis absentibus. — Singularis vel gregarius, in silvis. Vulgaris. Typus in Herb. Romagn. n° G 137.

OBSERVATIONS

Cette Leptonie est si répandue dans les forêts des environs de Libreville et d'Abidjan que nous ne sommes pas sûrs qu'elle soit réellement nouvelle. De fait, elle est très proche de *Staudtii* Henn., dont nous l'aurions volontiers considérée comme une variété sans pigment bleu sur le chapeau, n'était la présence de poils marginaux. Cette solution n'aurait pourtant rien d'invraisemblable, car il est permis de douter quelque peu, chez les *Leptonia,* de la constance de ceux-ci à l'intérieur d'une même espèce, comme l'examen d'un grand nombre de récoltes européennes de ce sous-genre le donnerait volontiers à penser à l'un de nous (H.R.). Cependant, comme il existe aussi une différence de couleur, nous ne pouvons négliger la coexistence de ces deux différences.

Quoi qu'il en soit, notre Leptonie est voisine de celle que nous avons décrite du Congo belge sous le nom de *Rh. asprellus* var. *gracilis* Romagn., mais cette dernière est beaucoup plus foncée et hérissée de squames sur le chapeau. Parmi les espèces d'Europe, elle fait penser à *Rh. poliopus* Vel., qui s'en écarte par le port plus robuste et le chapeau plus brun. Elle rappelle beaucoup plus par le port et la couleur de *Rh. lividocyanulus* Kühn.-Romagn. (= *griserubellus* sensu Lange) mais celui-ci manque de poils marginaux.

2°) Description d'un individu à arête des lames partiellement fertile.

(Fig. 95)

CARACTERES MACROSCOPIQUES: Chapeau large de 18 mm, assez plat, légèrement ombiliqué au centre (ombilic de 2 mm de largeur), entièrement strié par transparence, brun pâle (X 705), brun foncé dans la dépression (mais non noirâtre) en raison de l'abondance de méchules plus sombres, qui débordent sur son pourtour en se dispersant et y deviennent concolores au fond, à cuticule un peu luisante, très finement déviée radialement.

Stipe 42 × 1,5 mm, un peu épaissi à 3 mm de la base, fistuleux, blanchâtre et poudré en haut sur 1 mm, ailleurs gris bleuté (S 495) dans la moitié supérieure, assez brusquement S 493 dans la moitié inférieure, blanc en bas sur 5 mm.

Chair extrêmement mince, brun pâle (S 705) dans le chapeau, inodore.

Lamelles moyennement serrées, avec 4 longueurs de lamellules, atteignant 2,5 mm de large, adnées uncinées, relativement ventrues, blanches, puis roses, à arête sublisse.

CARACTERES MICROSCOPIQUES: Spores 8-11-(11,5) × 5,7-7 μm, symétriques allongées le plus souvent complexes, à parois assez minces et assez pâles, de profil un peu gibbeux.

Basides 26-38 × 7,5-10 μm, tétrasporiques.

Arête des lames en partie fertile, ne présentant que des poils courtement claviformes ou cylindracés, à article terminal de 20-35 × 7-11 μm, optiquement vides, épars ou groupés en quelques points parmi les basides.

Médiostrate à hyphes fondamentales de 10-14 μm, avec nombreuses connexives; sous-hyménium subcelluleux. Quelques laticifères; nombreux granules tramaires sur le vivant. Cuticule filamenteuse, à hyphes couches larges de 8-20-27 μm, mêlées à d'autres très grêles; pigment vacuolaire très pâle.

Pas de boucles.

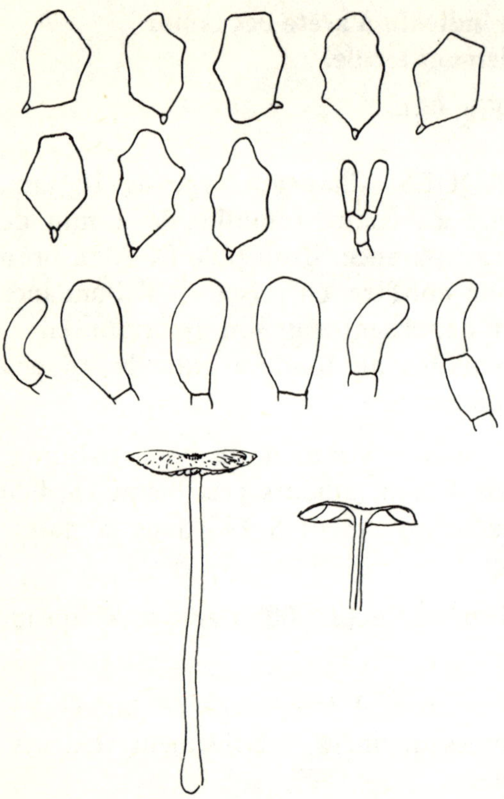

Fig. 95: *Rh.* aff. à *brunneoloroseus*: spores, basidioles, poils marginaux et carpophore (G 230)

HABITAT: A terre, Environs de Libreville (Gabon) (Eaux et Forêts), le 15.X.1969, n° G 230.

Rhodophyllus brunneoloroseus var. **curvipes** Romagn.-Gilles

(Fig. 96, 97)

CARACTERES MACROSCOPIQUES: Chapeau large de 9-20 mm, haut de 2-3 mm, y compris les lames vues de profil, étalé, et même en coupe par relèvement des bords, sur la récolte du Gabon d'un brun proche de S 704, en moins violacé, plus gris près de la marge, puis fonçant jusqu'à S 503 (gris bleuté assez foncé), plus pâle sur la

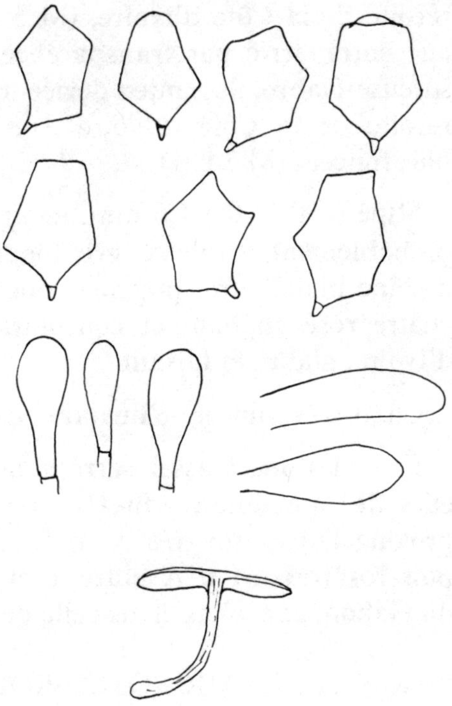

Fig. 96: *Rh. brunneoloroseus* v. *curvipes:* Spores, poils marginaux, extrémité d'hyphes cuticulaires et carpophore. (G 143)

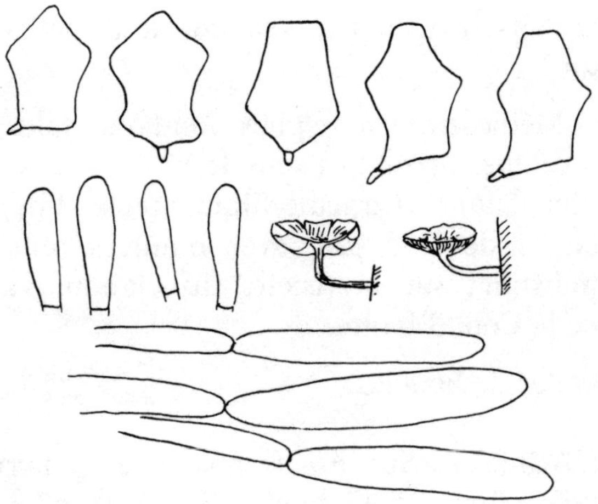

Fig. 97: *Rh. brunneoloroseus* v. *curvipes:* spores, poils marginaux, carpophores et hyphes cuticulaires

récolte de la Côte d'Ivoire, (M 5 B entre 1 et 2), à peine plus foncé au centre, strié par transparence, mais non hygrophane, à cuticule soyeuse-glabre, luisante, déviée radialement, avec au centre (sur la récolte de la Côte d'Ivoire) sur 0,5 mm des méchules apprimées plus foncées (M 5 C 1).

Stipe 6-30 × 0,5-1,5 mm, incurvé tortueux, (support vertical), égal, probablement fistuleux, gris bleuté (S 522) sur la récolte du Gabon, à peine blanchâtre, presque concolore en bas sur cette récolte, blanchâtre rosé en haut et concolore au chapeau sur celle de la Côte d'Ivoire, glabre et luisant.

Chair très mince, pelliculaire, douce et inodore.

Lamelles peu à assez serrées, larges d'environ 2 mm, avec 2 longueurs de lamellules, adnexées au stipe par une minuscule dent se prolongeaut en un très court filet en relief (sur 1 mm), blanchâtres, puis rosâtres (M 6 A entre 1 et 2), à arête brunie dans la récolte du Gabon, concolore dans celle de la Côte d'Ivoire.

CARACTERES MICROSCOPIQUES: Spores (9)-10-11,5 × 7-8,5 μm, le plus souvent symétriques allongées simples, bien anguleuses, à parois assez réfringentes et assez épaisses.

Basides 21-38 × 11-12,5 μm, claviformes à subcylindriques, à 2-4 stérigmates.

Poils marginaux claviformes, petits, basidioliformes, 7-14-(16) μm.

Médiostrate à hyphes fondamentales de 8-18 μ; sous-hyménium à cellules arrondies sous le basides, assez amples. Quelques granules non gênants. Cuticule filamenteuse d'hyphes plus ou moins couchées, larges de 8-25 μm, avec d'autres plus grêles vers 5 μm; pigment indistinct sur la récolte du Gabon, vacuolaire très pâle sur celle de la Côte d'Ivoire.

Pas de boucles.

HABITAT: Sur *Elaeis* abattu et pourrissant, forêt de la Mondah, près Libreville (Gabon) le 5.I.1969, n° G 143. Sur tronc vivant d'un *Protomegabaria stapfiana* (Euphorbiacée) en forêt ombrophile. Forêt du Téké, près d'Abidjan (Côte d'Ivoire), 1.9.1974, n° C.I. 071.

OBSERVATIONS

Les deux récoltes ne sont par parfaitement concordantes par la couleur et les caractères de l'arête des lames, mais sont trop voisines pour être encore séparées. Le type de *brunneoloroseus* s'en sépare par la taille plus élevée et le port plus svelte, les spores plus petites.

DIAGNOSE LATINE. — A typo differt statura minore arque stipite incurvo, comparate breviore, sporis majoribus, 10-11,5 × 7-8,5 μm, symmetris elongatis simplicibus. Pilis marginalibus claviformibus, 7-14-(16) μm latis. — In truncis. Typus in Herb. Romagn. n° C.I. 071.

Rhodophyllus caeruleoniger Romagn.-Gilles

(Fig. 98)

CARACTERES MACROSCOPIQUES: Chapeau large de 10 mm et haut d'1 mm, convexe-plan, un peu ombiliqué au centre, bleu foncé (S 487), entièrement strié par transparence, à cuticule un peu luisante, fibrilleuse radialement, devenant rose poupre (S 16) à SO^4H^2.

Stipe filiforme, 20 × 1 mm, gris bleu un peu plus gris que le chapeau (S 492), luisant et glabre.

Chair extrêmement mince, inodore, grise (S 494).

Lamelles moyennement espacées, avec 3 longueurs de lamellules, concolores à la chair (S 494), adnées à décurrentes par une fine dent, à arête ponctuée de granulations bleu foncé.

CARACTERES MICROSCOPIQUES: Spores cubiques, 7-8,5 × 6,5-7,5 μ, très rarement symétriques allongées simples.

Basides 32-38 × 10-12 μ, claviformes.

Poils marginaux claviformes, obtus, généralement à une cloison et mesurant en tout 50-70 × 8,5-12,5 μ, à pigment vacuolaire gris bleu, pâlissant par NH^4OH.

Trame d'hyphes à parois minces, très fragiles, larges de 10-17 μ, avec des granulations; sous-hyménium subcelluleux, très confus. Cuticule d'hyphes, à article terminal de 50-70 × 12-18, à suc vacuolaire gris bleu, et présentant sur le vivant et dans l'eau des cristaux

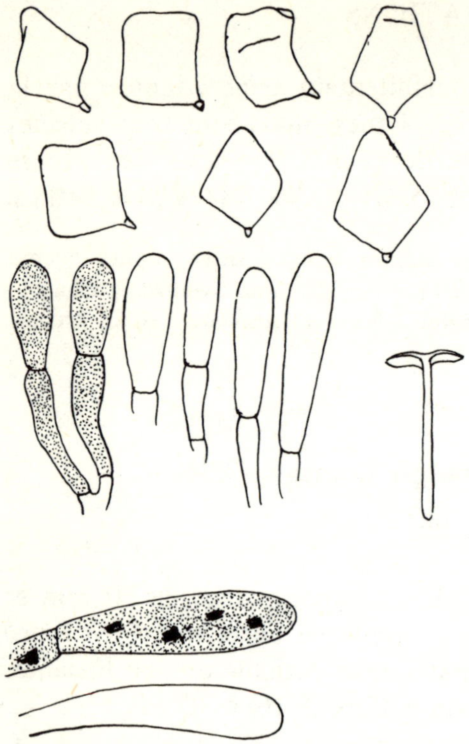

Fig. 98: *Rh. caeruleoniger:* Spores, poils marginaux, carpophore et hyphes cuticulaires

bleus, mais ils disparaissent dans NH^4OH et sur le sec.

Pas de boucles aux basides ni aux cloisons des hyphes.

HABITAT: A terre, dans le sable. Forêt de la Mondah (km 31 de Libreville, Gabon), le 4.X.1969, n° G 217.

DIAGNOSE LATINE. — Pileo 10 mm lato, e convexo plano, umbilicato, caeruleo, transluciditate striato, radiatim fibrilloso. Stipite 20 × 1 mm, e griseo caeruleo, glabro, lucido. Carne grisa, tenuissima, inodora. Lamellis modice stipatis, adnatis, griseis, aciei caeruleis punctis praedita. — Sporis cuboideis, 7-8,5 × 6,5-7,5 μ. Basidiis 32-38 × 10-12 μ. Pilis marginalibus clavatis, 50-70 × 8,5-12,5 μ, coloratis. Trama granulosa. Cute ex hyphis claviformibus, obtusis, pigmento vacolari e griseo caeruleo ac cristallis caeruleis praeditis, constante. Fibulis nullis. — Humi in arena. Typus in Herb. Romagn. n° G 217.

Rhodophyllus caesiolimbatus Romagn.-Gilles

(Fig. 99)

CARACTERES MACROSCOPIQUES: Chapeau large de 2,2 cm, haut de 4 mm y compris les lames vues de profil, avec une peu profonde, mais nette dépression centrale, nettement strié par transparence, mais non hygrophane, brun rosâtre assez foncé (M 8 C 2), plus sombre au centre (M 8 E 1), légèrement luisant, à cuticule déviée radialement, sauf au centre qui est craquelé, de texture fine, parsemé de minuscules méchules foncées comme le centre, mais bien apprimées (non hérissé s.l. de profil).

Stipe 2,5 cm × 2 mm en haut, puis 1,5 mm et 2,5 mm à la base, fistuleux, gris bleu foncé (M 19 E 3) dans l'ensemble, mais plus gris et plus pâle en haut (M 19 B 2), très glabre, sauf en haut dans la partie claire où il est finement poudré, très finement strié longitudinalement s.l., mais de texture très fine, avec un peu de mycélium blanc à la base.

Chair très mince, translucide, grisâtre, douce, inodore.

Lamelles moyennement serrées, avec 2-3 longueurs de lamellules, arrondies à la marge, larges de 3 mm au milieu, grisâtres, puis gris rosé (M 7 B 2), adnexées au stipe par une courte dent, à arête soulignée d'un très fin liseré gris bleuté, mais sublisse s.l.

CARACTERES MICROSCOPIQUES: Spores 9-11 × 7-8,5 μ, symétriques allongées simples, parfois complexes, bien anguleuses, à parois épaisses et réfringentes.

Basides 21-40 × 10-11,5-(13,5) μ, tétrasporiques.

Poils marginaux denses, claviformes, obtus 21-45 × 8-21 μ, à suc gris pâle.

Médiostrate à grosses hyphes de 11,5-16-(27) μ, à parois très minces; quelques granules tramaires; sous-hyménium très étroit, peu distinct, irrégulièrement celluleux. Cuticule d'amples hyphes de 14-25 μ (dernier article assez court, 50-90), seulement 5-12 μ en profondeur, à pigment vacuolaire.

Pas de boucles.

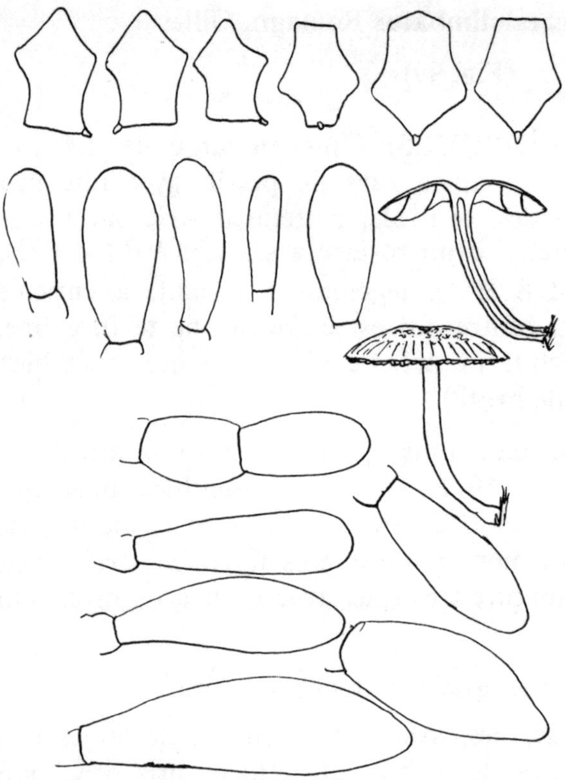

Fig. 99: *Rh. caesiolimbatus:* spores, poils marginaux, carpophore et hyphes cuticulaires

HABITAT: Sur le contrefort d'un gros arbre en forêt ombrophile. Forêt de la Mondah (Gabon) le 23.II.1975, n° G 521.

OBSERVATIONS

Leptonie banale, de couleur foncée, ombiliquée et à lames bordées.

DIAGNOSE LATINE. — Pileo 2,2 cm lato, umbilicato, transluciditate striato, e roseolo saturatius brunneo, minimis squamulis obscurioribus, medio rimuloso. Stipite 25 × 2 mm, fistuloso, magis minusve obscure e caeruleo griseo, glabro, summo pruinoso. Carne tenuissima, translucida, grisea. Lamellis mediocriter stipatis, 3 mm latis, griseolis, dein e roseis griseolis, brevi dente adnexis, acie e caesia grisea, sublevi. — Sporis 9-11 × 7-8,5 μ, symmetris elongatis simplicibus, interdum complexis, tunica crassa. Basidiis 21-40 × 10-11,5-(13,5) μ, tetrasporis. Pilis marginalibus clavatis, 21-45 × 8-21 μ, succo caesio. Granulis in trama paucis. Cute ex grandibus hyphis obtusis, extremo articulo 50-90 × 14-25 μ, pigmento vacuolari. Fibulis nullis. — In fultura grandis arboris, in silva umbrosa. — Typus in Herb. Romagn. n° G 521.

Rhodophyllus caesiomurinus Romagn.-Gilles

(Fig. 100)

CARACTERES MACROSCOPIQUES: Chapeau large de 2,2 cm et haut de 5 mm, conique étalé, déprimé au centre par un petit ombilic, entièrement strié par transparence, mais non hygrophane, gris brun assez foncé proche de M 7 E D, à cuticule déviée radialement, se résolvant s.l. en de très petites mèchules rayonnantes un peu plus foncées et ayant tendance à se retrousser un peu.

Stipe 2 cm × 2 mm atteignant 3 mm en haut et en bas, étroit, fistuleux, gris bleuâtre foncé (M 21 D 3), glabre, luisant, poudré en haut de blanchâtre sur 2 mm et muni en bas sur 1 mm de mycélium blanc, puis très finement strié longitudinalement.

Chair pelliculaire, translucide, blanchâtre dans le chapeau, grisâtre pâle dans le stipe, douce, inodore.

Lamelles assez serrées, avec 3 longueurs de lamellules (7 intercalaires), larges de 2 mm au milieu, ascendantes, puis adnexées au stipe par une courte dent, grisâtre très pâle, puis rosées (M 5 A 3 à 6 A 3), à arête pâle, denticulée s.l.

CARACTERES MICROSCOPIQUES: Spores (8,5)-9-10-(10,7) × 6-7-(7,5) μ, symétriques allongées complexes ou simples, bien anguleuses, à parois minces, mais réfringentes.

Basides 20-28 × 10-12 μ, courtes, tétrasporiques.

Poils marginaux plus ou moins longuement claviformes, 50-90 × 7-13 μ, parfois septés et à article terminal court (par exemple 22 μ).

Médiostrate à hyphes larges de 10-18 μ; sous-hyménium assez amplement celluleux; granules tramaires peu abondants. Cuticule à hyphes cylindriques, de 10-14 μ, de large, à article terminal faiblement clavé, long de 60-110 μ en moyenne.

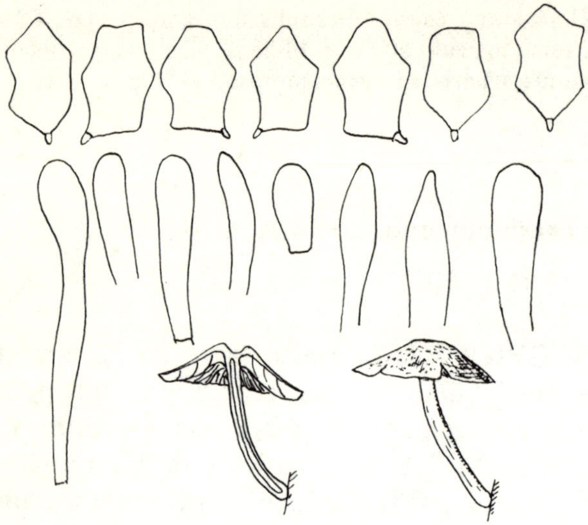

Fig. 100: *Rh. caesiomurinus*: spores, poils marginaux, carpophore

Pas de boucles observées.

HABITAT: Sur tronc d'arbre abattu en forêt ombrophile. Forêt du Téké (Côte d'Ivoire), le 10.XI.1974, n° C.I. 78.

DIAGNOSE LATINE. — Pileo 2,2 cm, e conico expanso, umbilicato, toto translucididitate striato, obscurius murino, s.l. tenuissime flocculoso. Stipite 20 × 2-3 mm, e caeruleo griseo, glabro, lucido, sed summo subtiliter pruinoso, dein striato. Carne pellliculari, in pileo albida, in stipite subconcolore, inodora. Lamellis substipatis, 2 mm latis, ascendentibus, minimo dente adnexis, pallidissime murinellis, dein roseolis, acie pallida, denticulata. — Sporis (8,5)-9-10-(10,7) × 6-7-(7,5) μ, symmetris elongatis complexis vel simplicibus. Basidiis brevibus, 20-28 × 10-12 μ, tetrasporis. Pilis marginalibus longe claviformibus, 50-90 × 7-13 μ. Granulis paucis. Cute ex hyphis 10-14 μ, articulo extremo 60-110 μ longo, obtuso. — In trunco dejecto in silva umbrosa. — Typus in Herb. Romagn. n° C.I. 78.

Rhodophyllus caesiopileus Romagn.-Gilles

(Fig. 101)

CARACTERES MACROSCOPIQUES: Chapeau large de 1,5 cm et haut de 6 mm, fortement convexe, déprimé au centre, entièrement strié par transparence et finement cannelé, gris brun bleuté (entre S

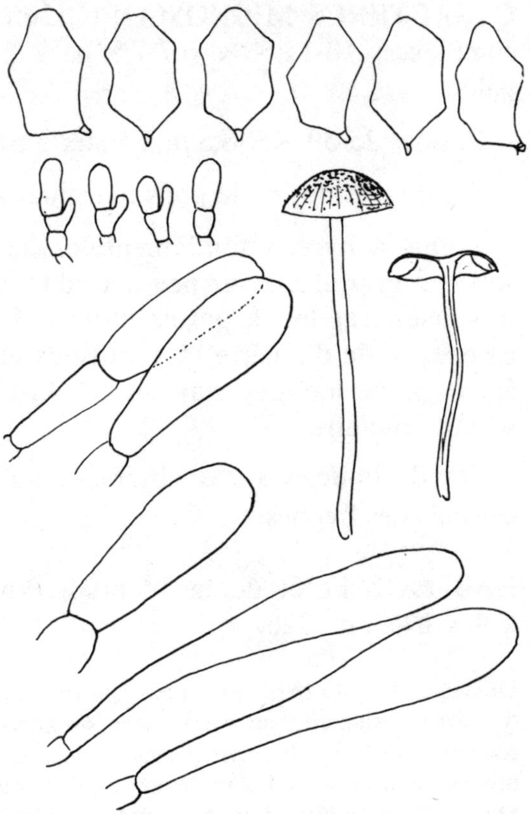

Fig. 101: ***Rh.*** *caesiopileus*: spores, basidioles et hyphes cuticulaires

705 et 555), brun noirâtre dans la dépression, recouvert de méchules retroussées, d'un bleu noir très foncé, moins denses sur les bords que vers le centre.

Stipe 4,5 cm × 2 mm en haut, 1 mm plus bas, concolore au chapeau et à la chair sur 1 cm à partir du haut, puis gris bleu assez foncé proche de S 544, glabre, luisant, non fibrilleux, à contexture très fine s.l.

Chair extrêmement mince, gris bleuté comme le chapeau, inodore.

Lamelles moyennement serrées, avec 3 longueurs de lamellules, relativement larges (jusqu'à 3 mm), segmentiformes, adnées décurrentes par une fine dent qui se prolonge sur le stipe sur 3 mm par une strie, grisâtres, puis gris rosé clair, à arête entière, même sous la loupe binoculaire.

CARACTERES MICROSCOPIQUES: Spores symétriques-allongées complexes, 10-11,5 × 6,7-7,5 μ, à parois réfringentes, mais assez pâles.

Basides 25-30 × 7-8,5 μ, à 4 stérigmates.

Pas de cystides ni de poils marginaux.

Trame à hyphes fondamentales larges de 8-15 μ dans le médiostrate, à granules assez peu abondants; sous-hyménium subcelluleux, à articles fragiles, à parois minces. Cuticule filamenteuse, à hyphes de 6-9 μm de diamètre et à cloisons assez rapprochées en profoneur, émettant de longues clavules de 40-120 × (10)-15-22-(30) μ, à pigment vacuolaire.

Pas de boucles sûres observées au pied des basides; nulles aux cloisons des hyphes.

HABITAT: Forêt de la Mondah (km 31,4 de Libreville, Gabon), le 4.X.1969, n° 220.

DIAGNOSE LATINE. — Pileo 1,5 cm lato, valde convexo, medio depresso, toto per transluciditatem striato, e caesio griseobrunneolo, medio obscuriore, parvis squamulis reflexis, obscurissime caeruleis, medio densioribus, vestito. Stipite 45 × 2 mm sursum, inferius 1 mm, superne pileo concolore, inferne obscurius e caeruleo griseo, glabro, lucido. Carne tenuissima, pileo concolore, inodora. Lamellis mediocriter stipatis, usque ad 3 mm latis, tenui dente decurrentibus, griseolis, dein roseo tinctis, acie integra. — Sporis symmetris elongatis complexis, 10-11,5 × 6,7-7,5 μ. Basidiis 25-30 × 7-8,5 μ. Trama paucis granulis praedita. Cute filamentosa, hyphis loculo terminali longe clavato, 40-120 × 10-30 μ, pigmento vacuolari. Fibulis non observatis. — Typus in Herb. Romagn. n° G 220.

Rhodophyllus callidermoides Romagn.-Gilles

(Fig. 102, 103)

CARACTERES MACROSCOPIQUES: Chapeau large de 1,2 à 2 cm, haut de 3 à 6 mm, convexe subhémisphérique à nettement surbaissé, avec généralement une faible dépression centrale, plus rarement à centre plat, strié par transparence à la marge mais non hygrophane, brun vaguement bleuté ou brun rosâtre ou un peu vineux M 7 D 2, 7 D 4, 8 D 2 ou 8 D 3, centre toujours plus foncé, mat. Cuticule finement veloutée-craquelée à la loupe par de très petites et denses

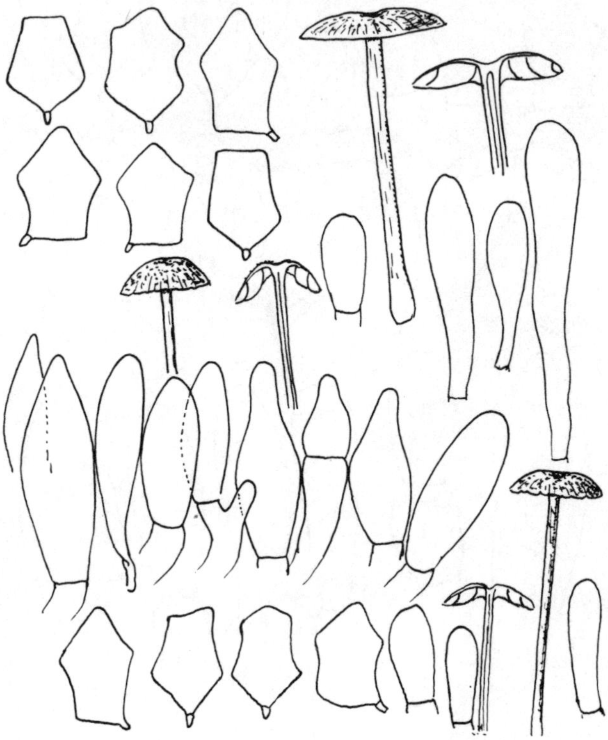

Fig. 102: *Rh. callidermoides:* en haut, spores, carpophore et poils marginaux (G 510); à gauche, carpophore, cuticule et spores (G 531) en bas à droite, carpophore et poils marginaux (G 530)

squamules plus ou moins retroussées donnant un profil bassement hérissé, centre pelucheux.

Stipe long de 1,8 à 4 cm, diamètre 1 à 2 mm, gris bleu foncé ou un peu violacé, ou brun rosâtre subconcolore au chapeau, M 18 ou 19 E 2 ou 18 F 2 ou 7 D 4, pâle et finement poudré en haut puis glabre, luisant, à grain très fin ou peu distinctement strié longitudinalement à la loupe, parfois un peu plus foncé dans la moitié inférieure, avec un peu de mycélium blanchâtre en bas. Fistuleux.

Chair mince, plus ou moins nettement translucide à la marge, blanchâtre à grisâtre, douce, inodore.

Lames généralement assez serrées avec 2-3 longueurs de lamellules, larges de 2 à 3 mm au milieu, faiblement ventrues, souvent adnexées

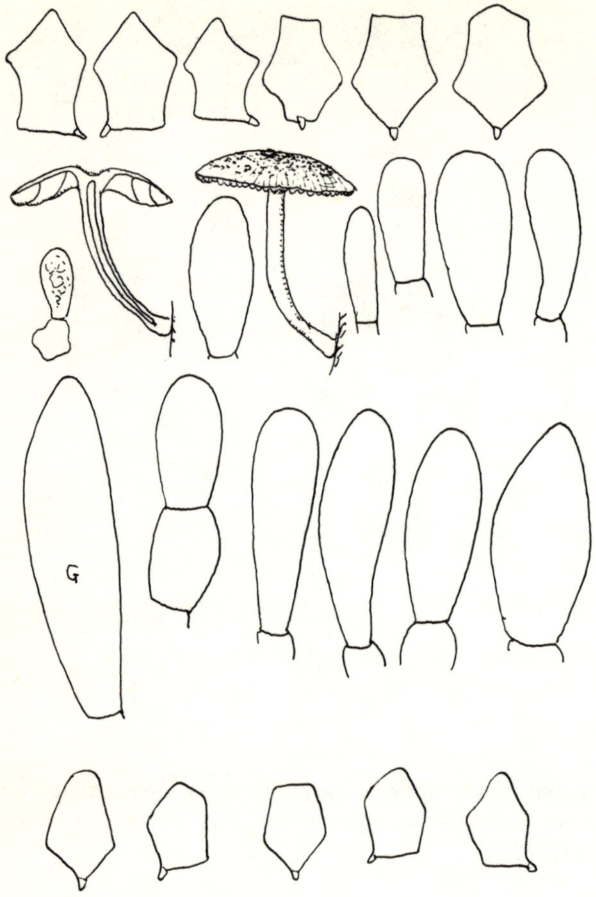

Fig. 103: *Rh. callidermoides:* spores, basidiole, poils marginaux et cuticule (G 521); en bas, spores (G 729)

au stipe par une courte dent, parfois sublibres, blanchâtres ou gris bleuâtre très pâle, devenant gris rosâtre vers M 6 B 2 à 7 B 2 ou 3. Arête concolore ou vaguement soulignée d'un liseré gris très pâle, sublisse ou bassement denticulée à la loupe.

CARACTERES MICROSCOPIQUES: Spores (7,5)-8-10,2-(11,5) × (5,5)-6,2-8-(8,5) μm, symétriques allongées simples à complexes, très anguleuses, à parois épaisses et réfringentes.

Basides 21-38 × (8,7)-10-12 μm, 4-sporiques, à nombreuses enclaves lipidiques.

Poils marginaux claviformes, à article terminal de 18-36-(90) × (5,5)-9-15 μm, à pigment indiscernable.

Médiostrate à hyphes de 8,5-17 μm; sous-hyménium souvent celluleux immédiatement sous la baside, filamenteux rameux plus bas; quelques granules tramaires, surtout au niveau de l'hyménopode. Cuticule à gros éléments elliptiques ou linguiformes, 37-80 × 10-23 μm, ayant tendance à se redresser jusqu'à former parfois presque une disposition palissadique, à pigment vacuolaire.

Pas de boucles observées.

HABITAT: Au pied des *Elaeis* ou sur bois pourri, en forêt ombrophile. Forêt de la Mondah, près de Libreville (Gabon), les 2. et 23.II. et 30.III.1975, et 24.IV.1976, n° G 510, 521, 530, 531 et 729.

DIAGNOSE LATINE. — Pileo 1-1,2 cm lato, humiliter convexo, manifeste depresso, transluciditate striato, nec hygrophano, e caeruleo vel vinoso brunneo, medio atro, minutissime rimosulo, praeter umbilicum velutinum. Stipite 18-40 × 1-3 mm, fistuloso, e griseo caeruleo, vel e roseo brunneolo, glabro, sursum pruinoso, haud striato. Carne tenuissima, translucida, pallidius e caeruleo grisea, inodora. Lamellis substipatis, horizontalibus, dein breviter decurrentibus, pallide e caeruleis griseis, dein e roseis griseis, acie subtilissime colorata, leviter denticulata. — Sporis 7,5-11,5 × 5,5-8,5 μm, symmetris elongatis simplicibus vel complexis, tunica crassa. Basidiis 21-38 × (8,7)-10-12 μ, tetrasporis. Pilis marginalibus claviformibus, 18-90 × (5,5)-9-15 μ. Cute ex articulis erectis constante, magis minusve valliformibus, 37-60 × 10-21 μ, fere ad instar *Callidermorum*, pigmento vacuolari. Fibulis absentibus. — Humi ad radices *Elaeidis*, vel in ligno putrido, in silva umbrosa. — Typus in Herb. Romagn. n° G 510.

OBSERVATIONS

La cuticule, d'apparence craquelée, au moins au centre, rappelle celle des *Callidermi;* mais ici, ce sont de petites et denses squamules qui donnent cette apparence, alors que chez ces derniers, la cuticule, d'abord très unie et veloutée se craquèle par développement du chapeau. La récolte G 521 est un peu aberrante, car l'aspect caractéristique n'existe qu'au centre du chapeau.

La récolte faite le 24.IV.1976, n° G 729, présentait des spores plus petites que les autres (7-8,5 × 5,5-6,5 μm), issues de basides de 24-32 × 7,5-9,5 μm, mais les autres caractères concordent, notamment la couleur brun rosâtre, un peu vineuse, du chapeau.

Rhodophyllus cristallifer Romagn.-Gilles

(Fig. 104)

CARACTERES MACROSCOPIQUES: Chapeau large de 2 cm et haut de 4,5 mm, convexe, peu bombé, avec au centre un ombilic de 5 mm de diamètre, à marge ayant tendance à se crevasser radialement, strié par transparence, brun pâle (à peu près entre S 705 et 495), plus foncé (vers S 492) dans la dépression, finement fibrilleux, craquelé au centre et laisant apercevoir une couche sous-jacente gris brun pâle comme le reste de la surface à travers les crevasses.

Stipe court, 1,6 cm × 2 mm en haut, 1,5 mm vers le milieu et 3 mm à la base un peu renflée, entièrement blanchâtre, à peine lavé de brun très pâle, glabre, fibrilleux, poudré de blanc sur 5 mm sous les lames.

Chair gris brun pâle (plus clair que S 705), inodore.

Lamelles moyennement serrées, avec lamellules, assez ventrues, sublibres, atteignant 4,5 mm de large, blanches, puis brun rosâtre, à arête entière et lisse.

CARACTERES MICROSCOPIQUES: Spores symétriques-allongées simples, parfois complexes, 11-12,5-(14) × 8-9,2 μ, très anguleuses, mais à parois minces et fragiles.

Basides larges de 11-11,5 μ, claviformes.

Trame bourrée de granulations qui gênent l'observation, à hyphes fondamentales d'environ 6-14 μ de large (mal conservées sur les exsiccata). Cuticule filamenteuse, à hyphes en boudin, à article terminal très obtus, large de 10-18 μ, à pigment vacuolaire, et dans l'ombilic contenant des cristaux bleu très foncé non solubles dans NH^4OH, mais disparaissant sur le sec.

Pas de boucles observées au pied des basides ni aux cloisons des hyphes (mais les exsiccata ne sont pas en très bon état).

HABITAT: Sur *Elaeis* abattu et pourrissant. Forêt de la Mondah (km 31,8 de Libreville, Gabon), le 29.XII.1968, n° 136.

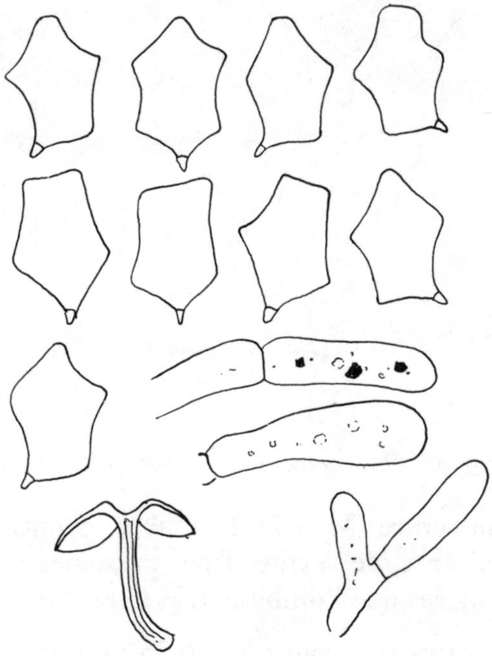

Fig. 104: *Rh. cristallifer:* spores, hyphes cuticulaires et carpophore

DIAGNOSE LATINE. — Pileo 2 cm lato, convexo, umbilicato, transluciditate striato pallide e griseo brunneo, medio paulo obscuriore, subtiliter fibrilloso, medio rimosulo. Stipite brevi, 16 × 2 mm sub lamellis, medio 1,5 mm, imo 3 mm, toto albido, glabro, fibrilloso, sursum pruinoso. Carne pallide brunneola, inodora. Lamellis mediocriter stipatis, ventricosis, usque ad 4,5 mm latis, subliberis, albis, dein e roseis brunneis. — Sporis symmetris-elongatis simplicibus, interdum complexis, 11-12,5-(14) × 8-9,2 μ, pariete tenui, pallida. Basidis 11-11,5 μ latis. Trama granulis repleta. Cute filamentosa, hyphis × 10-18 μ, pigmento vacuolari, in medio pilei hyphis loculo terminali claviformi, obtuso, cristallis obscure caeruleis praedito. Fibulis non observatis. — In trunco dejecto ac putrido *Elaeidis.* Typus in Herb. Romagn. n° G 136.

Rhodophyllus curtissimus Romagn.-Gilles

(Fig. 105)

CARACTERES MACROSCOPIQUES: Chapeau large de 7 mm et haut de 3 mm y compris les lames vues de profil, étalé plan avec une minuscule dépression centrale, strié par transparence, mais non hygrophane, gris brun rosâtre assez clair (M 5 C 2), plus foncé

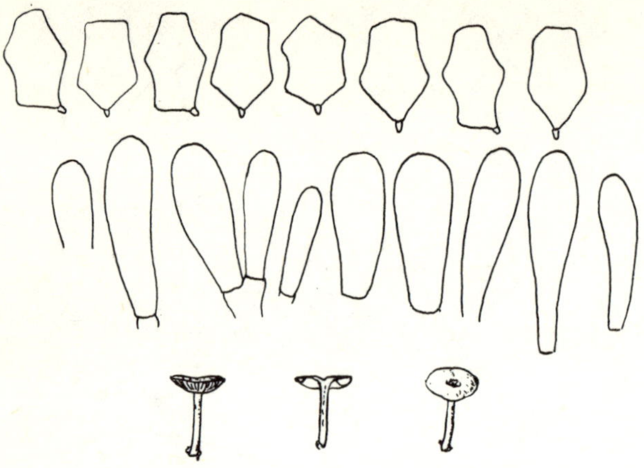

Fig. 105: *Rh. curtissimus:* spores, poils marginaux et carpophore

au centre (M 5 D 2), glabre, à cuticule déviée radialement, un peu luisante, de texture fine, parsemée s.l. de minuscules méchules aussi foncées que l'ombilic, très apprimées, invisibles à l'oeil nu.

Stipe très court, 7 × 0,75 mm, cylindrique, probablement fistuleux, concolore au chapeau dans la moitié supérieure, un peu plus gris (M 5 C 1) dans la moitié inférieure, luisant, poudré en haut, à grain très fin, strié s.l. par des fibrilles longitudinales.

Chair pelliculaire, translucide, concolore au chapeau, inodore.

Lamelles moyennement serrées, avec 2, parfois 3 longueurs de lamellules (3-7 intercalaires), larges vers le stipe de 1,5 mm, relativement ventrues, adnexées par une minuscule dent, à arête plus pâle, bassement denticulée s.l.

CARACTERES MICROSCOPIQUES: Spores (6,5)-7,2-8,5-(9) × (5)-5,5-6,2-(7) μ, symétriques allongées le plus souvent simples, à parois minces, peu réfringentes.

Basides 20-30 × 8,5-10 μ, à 4, rarement 2 stérigmates.

Poils marginaux assez courtement claviformes, obtus, 32-52 × 7-15 μ.

Médiostrate à hyphes de 6-13-(16) μ, avec quelques connexives; granules tramaires pas très abondants. Cuticule à hyphes de 8-13 μ de diamètre, à article terminal pas très long, 30-70 × 14-22 μ, à pigment vacuolaire.

Quelques fausses boucles possibles au pied de rares basides, mais nulles aux hyphes connexives.

HABITAT: Sur un tronc d'arbre très pourri en forêt ombrophile. Forêt du Téké (Côte d'Ivoire), le 20.X.1974, n° C.I. 61.

OBSERVATIONS

Cette Leptonie diffère de *modestissimus* par sa coloration non bleuâtre, ses poils marginaux et la dimension des spores. Elle ressemble à un *Staudtii* en miniature, mais est sans doute plus proche de *brunneoloroseus*, à spores nettement plus grosses.

DIAGNOSE LATINE. — Pileo 7 mm lato, plano, angustissime umbilicato, e roseo brunneolo, transluciditate striato, haud hygrophano, s.l. subtilissime fibrilloso. Stipite 7 × 0,75 mm, terete, summo pileo concolore, imo magis griseo, superne pruinoso, striatulo. Carne pelliculari, concolore, inodora. Lamellis mediocriter stipatis, 1,5 mm latis, comparate ventricosis, minutissimo dente adnexis, acie pallidiore, levissime denticulata. — Sporis parvis, (6,5)-7,2-8,5-(9) × (5)-5,5-6,2-(7) μ, symmetris elongatis simplicibus, tunica tenui. Basidiis 20-30 × 8,5-10 μ, 4, raro 2 sporis. Pilis marginalibus breviter claviformibus, obtusis, 35-52 × 7-15 μ. Granulis in trama praesentibus. Cute hyphis 8-13 μ latis, summo articulo 30-70 × 14-22 μ, pigmento vacuolari. Fibulis veris absentibus. — In trunco putrido in silva umbrosa. — Typus in Herb. Romagn. n° C.I. 61.

Rhodophyllus cyanocalix Romagn.-Gilles

(Fig. 106)

CARACTERES MACROSCOPIQUES: Chapeau large de 1 cm, en forme d'entonnoir très ouvert, entièrement d'un bleu assez foncé (S 482) et strié par transparence.

Stipe 2 cm × 1-1,2 mm, mais renflé à la base en un bulbe ellipsoïdal, ailleurs cylindrique et très grêle, entièrement bleu comme le chapeau, glabre, un peu luisant.

Chair très mince, inodore.

Lamelles assez espacées (une dizaine seulement de grandes lames), avec une seule lamellule intercalaire, longuement décurrentes, grisâtres (vers S 495), avec un liseré bleu comme le chapeau.

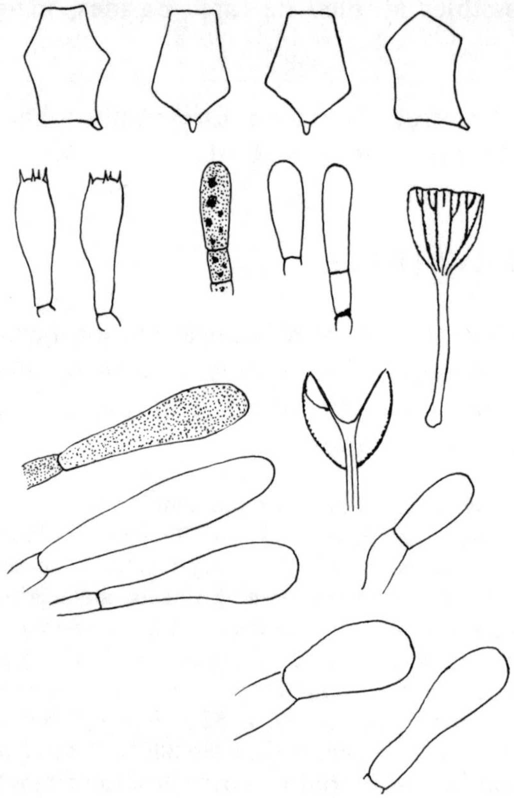

Fig. 106: *Rh. cyanocalix:* spores, basides, poils marginaux, carpophore, hyphes cuticulaires

CARACTERES MICROSCOPIQUES: Spores symétriques-allongées simples, 10-11 × 7-8,5 μ, bien anguleuses, à parois très réfringentes.

Basides 30-36 × 10-11,5 μ, à 4 stérigmates.

Poils marginaux courtement clavulés, obtus, 25-50 × 8,5-11,5 μ, septées, denses, contenant un suc vacuolaire bleu foncé, et sur le vivant de petits cristaux très sombres (on en voit collés à la paroi interne de la cellule).

Trame à hyphes de 6-8,5 μ, de diamètre dans le médiostrate; sous-hyménium subcelluleux, étroit. Cuticule filamenteuse d'hyphes à article terminal claviforme, obtus, 25-56 × 11,5-19 μ, à pigment vacuolaire.

Pas de boucles observées au pied des basides ni aux cloisons des hyphes.

HABITAT: A terre, dans l'humus et les feuilles mortes, en forêt humide. Forêt de la Mondah (km 31,8 de Libreville, Gabon) le 27.X. 1968, n° 118.

DIAGNOSE LATINE. — Pileo 1 cm lato, alte infundibuliformi, toto caeruleo et transluciditate striato. Stipite 20 × 1-1,2 mm, cylindrato, bulbilloso, concolore, glabro. Carne tenuissima, inodora. Lamellis satis distantibus, una lamellula intermixtis, decurrentibus, griseolis, acie obscure caerulea. — Sporis symmetris-elongatis simplicibus, 10-11 × 7-8,5 μ. Basidiis 30-36 × 10-11,5 μ. Pilis marginalibus clavatis, obtusis, 25-50 × 8-11,5 μ, septatis, succo caeruleo ac crystallis obscuris repletis (in vivo). Cute filamentosa, hyphis obtusis, 11,5-19 μ latis. Fibulis non observatis. — Humi, inter folia emortua, in silva uvida. Typus in Herb. Romagn., N° G 118.

Rhodophyllus fuscoocellatus Romagn.-Gilles

(Fig. 107, 108)

CARACTERES MACROSCOPIQUES: Chapeau large de 2,2-2,6 cm et haut de 3-12 mm, convexe surbaissé, ombiliqué ou seulement déprimé au centre, entièrement strié par transparence, mais non hygrophane, gris brun, gris beige ou brunâtre pâle (S 495, 705 ; M 4 B 2) avec un ocelle brun foncé ou noirâtre sur 2-3 mm au centre, tranchant fortement avec le reste de la surface, à cuticule peignée de fibrilles ou squamules allongées, vaguement triangulaires, orientées plus ou moins radialement, plus foncées que le fond et plus denses au centre.

Stipe 3,5-6 cm × 1-3 mm, cylindrique ou comprimé, gris bleu ou gris un peu jaunâtre (S 310, 450, 553; M 4 C 1,5/1), glabre, luisant, à légère pruine blanche en haut sur 2-5 mm, blanchâtre à la base.

Chair extrêmement mince, translucide, blanchâtre à brunâtre (S 705 dans le chapeau), inodore, douce.

Lamelles moyennement à assez serrées, avec 2-3 longueurs de lamellules, larges de 2-2,5 mm, horizontales ou plus ou moins ascendantes, parfois arquées uncinées et pouvant se prolonger sur le stipe

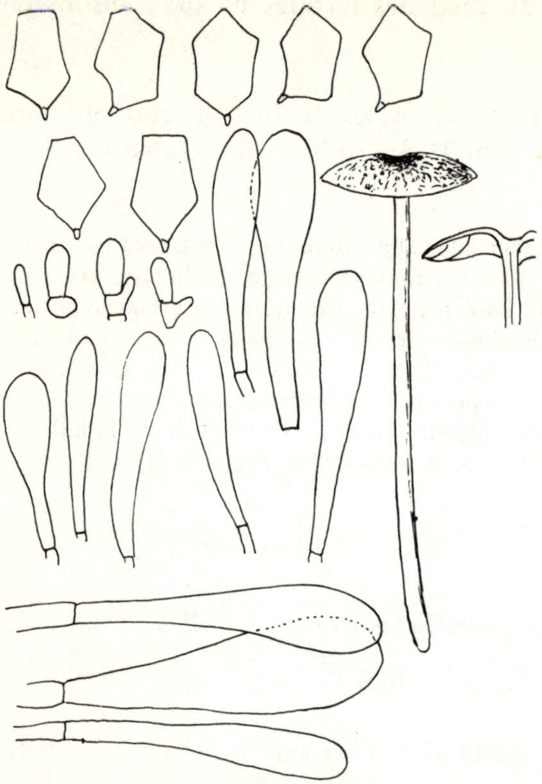

Fig. 107: *Rh. fuscoocellatus:* spores, basidioles, poils marginaux, carpophore et hyphes cuticulaires. (G 223)

par une courte dent, blanchâtres, puis rosâtres, à arête concolore ou à peine grisâtre, denticulées s.l.

CARACTERES MICROSCOPIQUES: Spores 8,5-10,2 × 6-7,2 μm, symétriques allongées simples évoluant vers le type complexe.

Basides 22-36 × 8,5-11 μm, tétrasporiques.

Poils marginaux claviformes, volumineux, 42-120 × (8,5)-11,5-21 μm.

Médiostrate à hyphes fondamentales de 10-25 μm, avec connexives de 4-5 μm; sous-hyménium plus ou moins celluleux sous les basides. Quelques laticifères; granules surtout dans le haut de la chair piléique, rares ailleurs notamment dans le médiostrate. Cuticule à hyphes plus ou moins couchées, à terminaison claviformes, 90-110 × 10-25 μm, à pigment vacuolaire.

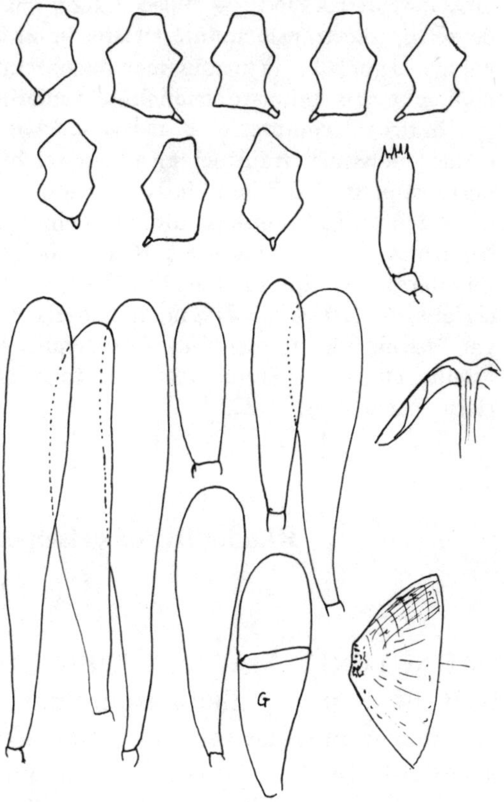

Fig. 108: *Rh. fuscoocellatus:* spores, baside, poils marginaux (en G selon G. Gilles) et hyphes cuticulaires (G 232)

Pas de boucles observées.

HABITAT: Dans l'humus et les feuilles mortes, en forêt ombrophile. Forêt de la Mondah, près de Libreville (Gagon), les 12 et 17.X. 1969 et le 1.VIII.1976, n° G 223, 224, 232 et 752.

OBSERVATIONS

Cette espèce est proche de *mediofuscus,* qui manque cependant de poils marginaux et présente une cuticule d'aspect différent, à courts filaments flexueux et peu denses, foncés, sur toute la surface sauf au centre.

DIAGNOSE LATINE. — Pileo 2,2-2,6 cm lato, e plano convexo, umbilicato vel depresso, toto transluciditate striato, haud hygrophano, murino, e gilvo griseo vel pallide brunneolo, in medio macula obscurissima, nigra vel fusca, fibrillis squamulisve magis minusve triangulis, radiatim dispositis. Stipite 35-60 × 1-3 m, cylindrato vel compresso, e caesio cinereo vel e luteolo cinereo, glabro, lucido. carne tenuissima, translucida, albida vel brunneola, inodora. Lamellis magis minusve stipatis, 2-2,5 mm latis, horizontalibus vel arcuatis, uncinatis, interdum brevi dente decurrentibus, albidis, dein roseolis, acie concolore vel vix griseola, denticulata s.l. — Sporis 8,5-10,2 × 6-7,2 μm, symmetris elongatis simplicibus vel interdum complexis. Basidiis 22-36 × 8,5-11 μm, tetrasporis. Pilis marginalibus clavatis, 42-120 × 8,5-21 μm. Laticiferis paucis; granulis praesertim in superiore parte carnis pilei praesentibus. Cute hyphis 90-110 × 10-25 μm, pigmento vacuolari. Fibulis nullis. — Humi vel inter folia emortua, in silva umbrosa. Typus in Herb. Romagn. n° G 223.

Rhodophyllus griseipes Romagn.-Gilles

(Fig. 109)

CARACTERES MACROSCOPIQUES: Chapeau large de 1,4 cm et haut de 5 mm, subhémisphérique, largement déprimé au centre et à marge presque verticale, unicolore, brun assez foncé, (M 6 C 3), à cuticule brillante et glabre, même au centre, déviée radialement, de texture assez grossière donnant l'apparence de striation par transparence due à des hyphes cohérentes, plus foncées alternant avec des interstices plus clairs.

Stipe grêle, 2,5 cm × 2 mm en haut, puis rapidement 1 mm, à peine renflé à la base, étroitement fistuleux, gris foncé (M 5 E 1) un peu plus pâle en haut sur 3 mm (5 D 1) et finement poudré de blanchâtre.

Chair très mince, brun pâle, douce, inodore.

Lamelles moyennement serrées, avec 2 longueurs de lamellules (parfois 4-5 intercalaires), larges de 2 mm au milieu, arquées, un peu adnexées par une courte dent, brun pâle, puis M 7 B 4, à arête floconneuse et pâle, irrégulièrement et assez hautement denticulée, même sur exsiccata.

CARACTERES MICROSCOPIQUES: Spores 7-8,5 -(10) × 5-6,5-(7) μ, symétriques allongées le plus souvent simples, bien anguleuses, à parois réfringentes.

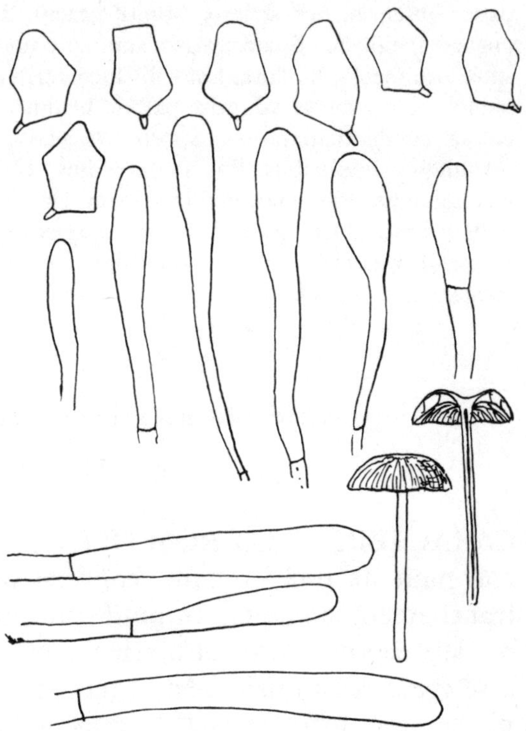

Fig. 109: *Rh. griseipes:* spores, poils marginaux, carpophore et hyphes cuticulaires

Basides courtes, 22-28 × 9-12 μ, à 2, mais parfois 3 ou même 4 stérigmates.

Poils marginaux longuement claviformes, 46-90 × 7,5-14-(20) μ, en bouquets denses de 30-50 clavules, espacés.

Médiostrate à hyphes atteignant 17 μ de large, avec connexives d'environ 5 μ; granules présents, mais peu gênants; sous-hyménium celluleux, à articles assez amples. Cuticule d'hyphes couchées, serrées, larges de (4-5)-7-16 μ, l'article terminal des mèches rappelant les poils marginaux. Pigment vacuolaire.

Pas de boucles observées.

HABITAT: A terre un forêt ombrophile. Forêt du Téké, (Côte d'Ivoire), le 29.IX.1974, n° C.I. 036.

DIAGNOSE LATINE. — Pileo 1,4 cm lato, subhemisphaerico, medio late depresso, margine abrupta, uniformiter brunneo, lucido glabroque, fibris radiatis paulo obscurioribus striato. Stipite gracili, 25 × 2-2,5 mm, vix imo incrassato, anguste fistuloso, obscure griseo, summo paulo pallidore ac pruinoso. Carne tenuissima, brunneola, inodora. Lamellis mediocriter stipatis, mediis 2 mm latis, arcuatis, paulum brevi dente adnexis, pallide brunneolis, dein e roseo brunneis, acie flocculosa ac denticulata. — Sporis 7-8,5-(10) × 5-6,6-(7) μ, symmetris elongatis plerumque simplicibus. Basidiis brevibus, 22-28 × 9-12,2, 2 interdum 3 etiamque 4 sterigmatis. Pilis marginalibus longe claviformibus, 46-90 × 8,5-14-(20) μ. Granulis praesentibus in trama. Cute filamentosa, hyphis (4-5)-7-17 μ latis, obtusis. Pigmento vacuolari. Fibulis absentibus. — Humi in silva umbrosa. Typus in Herb. Romagn. n° C.I. 36.

Rhodophyllus griseovioleus Romagn.-Gilles

(Fig. 110, 111, 112)

CARACTERES MACROSCOPIQUES: Chapeau large de 1,5 à 3,2 cm, haut de 6 à 10 mm, convexe ou campanulé-convexe ou plus franchement conique, tronqué par une petite dépression centrale, ou aux bords fortement relevés et alors formant coupe, tendant à se crevasser radialement, guère strié par transparence, non hygrophane, gris brun violacé parfois un peu rougeâtre ou pourpre, S. 566, M 8 E 3, 9 D 3, 9 E 8 ou 17 D 2, le centre plus foncé soit S 666, M 8 F 3, 9 F 3 ou 17 E 2. Cuticule déviée radialement à texture fine, couverte de minuscules squamules concolores à peine ou plus foncées, plus ou moins retroussées. Rougit à SO4H2.

Stipe long de 3 à 5 cm, diamètre 2-3 mm, s'épaississant légèrement vers la base, fistuleux, violacé pâle et poudré de blanchâtre en haut puis rapidement concolore au chapeau ou gris bleuâtre M 19 D 3, luisant, finement strié longitudinalement, glabre, rougissant à l'acide sulfurique comme le chapeau. Un peu de mycélium blanc à la base.

Chair pelliculaire, translucide, gris bleuâtre très pâle ou lilacine, inodore, douce.

Lames serrées avec généralement 3 longueurs de lamellules, larges jusqu'à 4 mm au milieu, sublibres ou adnexées au stipe par une courte dent, blanches ou blanc grisâtre puis M 5 B 2 à 8 A 2, à arête pâle denticulée à la loupe.

CARACTERES MICROSCOPIQUES: Spores 7-9,5-(11) × 5-7,2 μ, symétriques allongées simples, parfois complexes à parois épaisses et réfringentes.

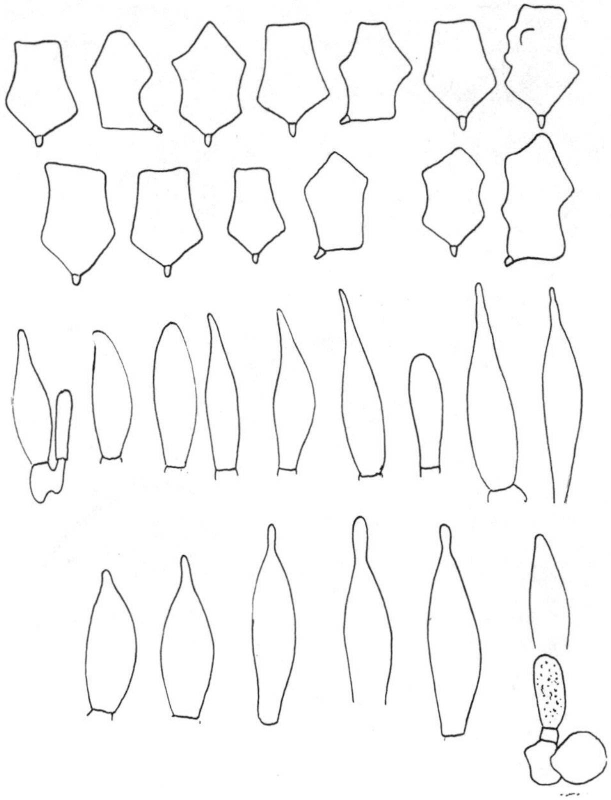

Fig. 110: *Rh. griseovioleus*: en haut et au milieu, spores et cystioles marginales (G 079)

Basides 22-32 × 8-11 μ, claviformes, à 4 stérigmates.

Cheilocystides fusiformes, souvent acuminées par une pointe progressivement différenciée et assez aiguë, longues de 29-65 μ, tantôt étroites, 5-9,5-(11,5), tantôt plus larges et ventrues, 8-16 μ.

Médiostrate à hyphes fondamentales de 6,5-14 μ; sous-hyménium irrégulièrement celluleux (articles parfois amiboïdes). Granules tramaires plus ou moins abondants, parfois rares; quelques laticifères. Cuticule filamenteuse, à hyphes de 7-12 μm de diamètre, à article terminal de 40-130 × 12-15 μm, claviforme, obtus, à pigment vacuolaire.

Pas de boucles.

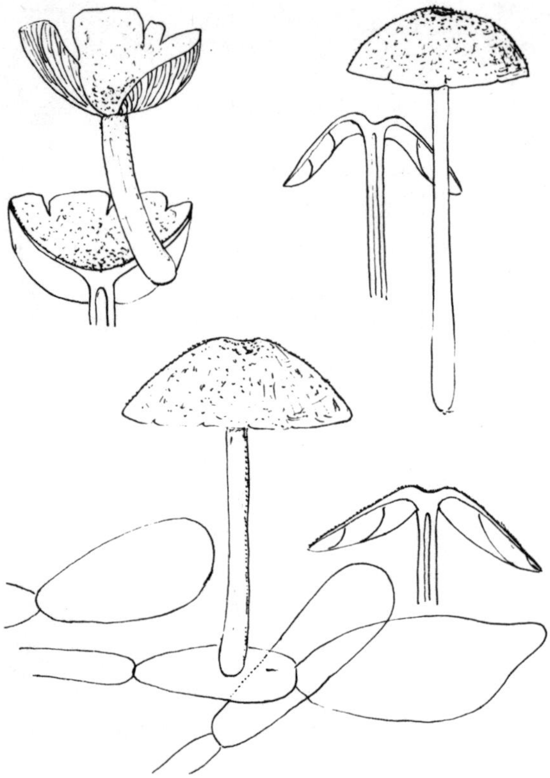

Fig. 111: *Rh. griseoviolens:* en haut à gauche, carpophore (C.I. 079), à droite, carpophore (C.I. 082); en bas, carpophore et hyphes cuticulaires (C.I. 085)

HABITAT: Dans un petit bois de *Sclerosperma Mannii* (Palmacée), route de Kango (km 20 de Libreville, Gabon), le 16.III.1969; forêt de la Mondah, le 6.IV.1975, n° G 150, 549 et 555. A terre, forêt du Téké, côte d'Ivoire, près d'Abidjan, les 10-16 et 17.II.1974, n° C.I. 079, 082, et 085.

OBSERVATIONS

Par l'arête des lames présentant de vraies cystides et son chapeau souvent obtus et non déprimé, cette espèce est probablement un *Inopilus;* mais sa pigmentation violette, inconnue chez les autres *Inocephali*, nous incite à la maintenir provisoirement dans les *Leptonia.*

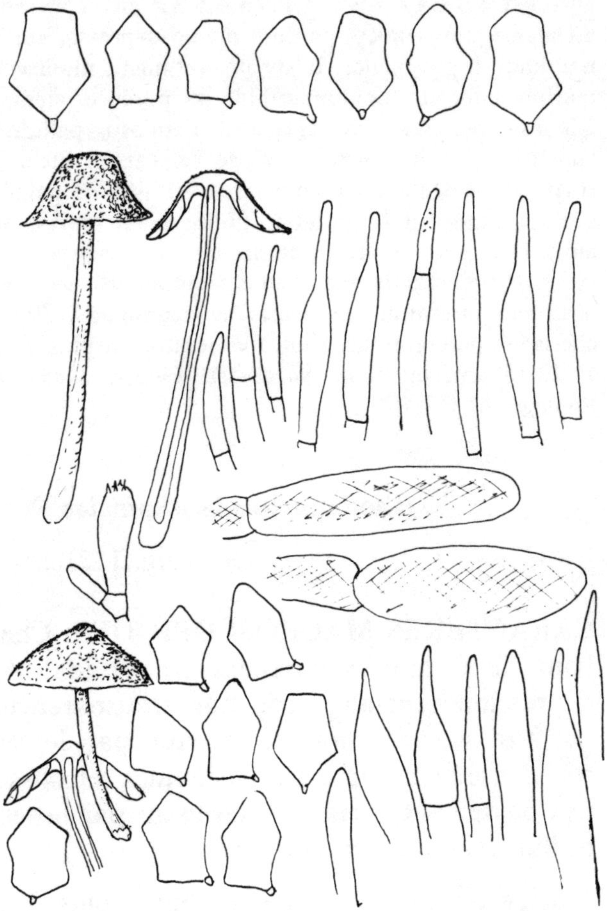

Fig. 112: *Rh. griseovioleus:* en haut et au milieu, spores, carpophore, cystidioles marginales et hyphes cuticulaires (G 549); en bas, carpophore, spores et cystidioles marginales (G 555)

Le *Rh. iodes* (Pat.) Romagn., de Madagascar est peut-être identique et aurait la priorité. Cependant, c'est un champignon beaucoup plus petit, où aucune cystide n'a été signalée: il est vrai que l'exemplaire que nous avons examiné ne laissait guère voir que les spores, et ces organes peuvent nous avoir échappé. Cependant comme Patouillard indique que le carpophore est entièrement violacé pâle (Klincksieck-Valette 521), cette notation concerne aussi les lamelles, et le champignon ci-dessus décrit ne présente pas ce caractère.

DIAGNOSE LATINE. — Pileo 1,5-3,2 cm, convexo vel e campanulato convexo, vel manifestius conico, paulum medio depresso, aut margine revoluta atque cupulari, haud hygrophano, vix striato, vel magis minusve radiatim rimuloso, e violaceo murino, interdum paulum rubido purpureove, medio obscuriore. Stipite 30- 50 × 2-3 mm, paulo interne crassiore, fistuloso, pallide violaceo, albo pruinoso sub lamellis, dein cito pileo concolore vel caesio, lucido, glabro, striato. Carne pelliculari, translucida, e caesio cinereo vel lilacina, pallidissima. Odore nullo. Lamellis stipatis, usque ad 4 mm latis, subliberis vel brevi dente adnexis, albis vel e cinereis albis, dein roseolis, acie pallida, s.l. denticulata. — Sporis 7-9,5-(11) × 5-7 μm, symmetris elongatis saepissime simplicibus, pariete crassa. Cheilocystidiis fusiformibus, interdum ventricosis ac acuminatis, 29-65 × 5-16 μm. Granulis laticiferisque praesentibus. Cute filamentosa, hyphis 7-12 μ, articulis extremis 40-130 × 12-15 μm, pigmento vacuolari. Fibulis absentibus. — Humi. Typus Herb. Romagn. n° C.I. 079.

Rhodophyllus ianthomelas Romagn.-Gilles

(Fig. 113)

CARACTERES MACROSCOPIQUES: Chapeau large de 2,6 cm et haut de 6 mm, vaguement trapézoidal de profil, avec une large dépression centrale, strié par transparence, mais non hygrophane, noirâtre violacé, non changeant par le sec (M 17 F 1), luisant, très densément couvert de méchules retroussées lui donnant un aspect très bassement hérissé et devenant par le sec de minuscules paillettes brillantes, donc non craquelé.

Stipe 3,5 cm × 4 mm en haut, puis 3 mm et enfin 5 mm à la base, fistuleux, un peu arqué à cause de sa position sur le support, gris violacé foncé (M 18 E 1), luisant, velouté subcraquelé en haut sur 1 cm, ailleurs de texture très fine.

Chair mince, presque translucide, gris violeté (M 18 B 1) dans le stipe, douce, inodore.

Lamelles assez serrées, avec 3 longueurs de lamellules, larges de 3 mm au milieu, arquées, ascendantes, puis décurrentes sur le stipe (où il a été observé une furcation), grisâtre lavé de violacé (M 18 C 1), puis plus foncées (9 C 2), à arête subtilement soulignée de gris violacé (M 18 C 2).

CARACTERES MICROSCOPIQUES: Spores 8,7-10-(11,5) × 6-6,7-(7,5) μ, symétriques allongées complexes, moins souvent simples, de contour bien anguleux.

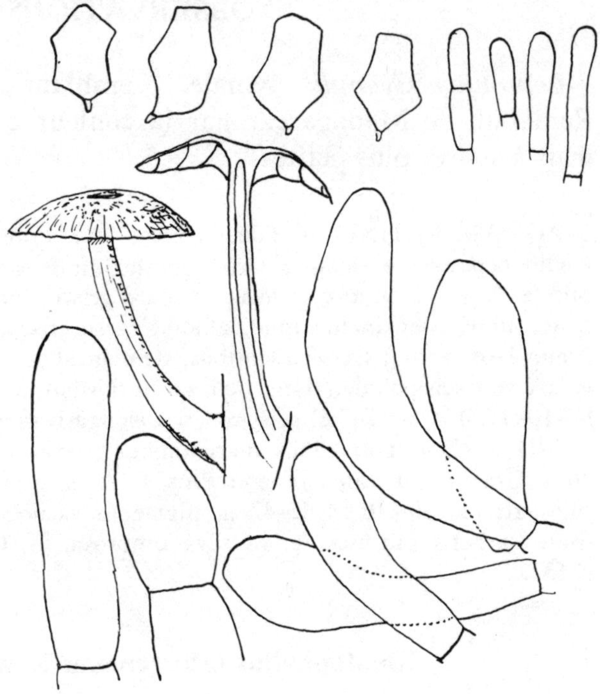

Fig. 113: ***Rh. ianthomelas:*** **spores, poils marginaux, carpophore et hyphes cuticulaires**

Basides 32-41 × 9-11 μ, à 4, parfois 2 stérigmates.

Poils marginaux petits, étroitement claviformes, serrés, 16-48 × 5-7-(9) μ (article terminal parfois court).

Médiostrate à hyphes fondamentales de 8,5-12 μ de diamètre, les connexives de 3-4 μ sous-hyménium à cellules irrégulières, arrondies sous la baside, parfois subfilamenteux plus bas; granules tramaires nombreux. Cuticule à hyphes couchées, 7-17 μ en profondeur, à articles terminaux volumineux, elliptiques, peu allongés, 30-110 × 15-27-42 μ, à pigment vacuolaire gris bleuâtre assez abondant.

Pas de boucles.

HABITAT: Sur tronc d'arbre abattu pourrissant, en forêt ombrophile, forêt de la Mondah, km 31,5 de Libreville (Gabon), le 30.III. 1975, n° G 532.

OBSERVATIONS

Leptonia Cyanuli banale, semblant proche d'*atroviolaceus* Romagn., de Madagascar par la couleur et les petits poils d'arête, mais à spores plus petites.

DIAGNOSE LATINE. — Pileo 2,6 cm lato, humiliter et late truncato-conico, medio depresso, e violaceo atro, transluciditate striato, densissime squamuloso. Stipite 35 × 3-5 mm, e violaceo obscure griseo, lucido, superne pruinoso. Carne tenui, subtranslucida, in stipite pallide e caesia grisea, inodora. Lamellis substipatis, 3 mm latis, arcuatis, ascendentibus, dein in stipite decurrentibus, furcatis semel visis, e violaceis pallide griseis, dein saturatioribus, acie subtiliter colorata. — Sporis 8,7-10-(11,5) × 6-6,7-(7,5) μ, symmetris elongatis saepius complexis. Basidiis 32-41 × 9-11 μ, (2)-4 sporis. Pilis marginalibus parvis, anguste clavatis, 16-48 × 5-7-(9) μ. Granulis in trama praesentibus. Cute ex grandibus hyphis constante, articulo extremo 30-110 × 15-42 μ, pigmento vacuolari. Fibulis absentibus. — In trunco arboris putrescente, in silva umbrosa. — Typus in Herb. Romagn. n° G 532.

Rhodophyllus intervenosus Romagn.-Gilles

(Fig. 114)

CARACTERES MACROSCOPIQUES: Chapeau large de 2,2 cm, à peu près plan, légèrement ombilique, à marge un peu onduleuse, strié jusqu'au centre, brun pâle (S 705) sur les bords, fonçant progressivement et brun assez foncé au milieu (S 706), où il présente de petites écailles brun foncé visibles s.l.

Stipe 5 cm × 2 mm en haut, atteignant 3 mm en bas, où il est légèrement renflé, autrement cylindrique, gris bleuté avec une légère nuance de vert (à peine plus foncé que S 449), glabre et lisse, avec un peu de coton mycélien à la base.

Chair mince, blanche.

Lamelles assez serrées, onduleuses vues par dessous, subdécurrentes, d'abord blanches, puis brun rosé, assez nettement interveinées, à arête concolore.

CARACTERES MICROSCOPIQUES: Spores symétriques-allongées le plus souvent simples, 9,5-11,5-(12) × 6,5-7,5 μ, à parois épaisses et réfringentes.

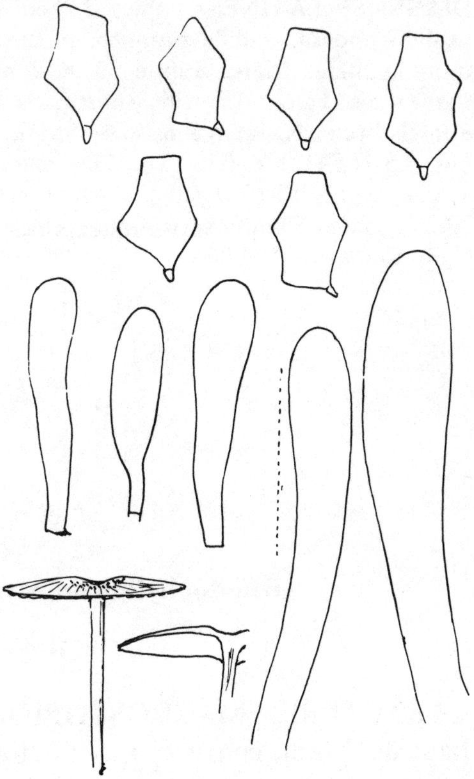

Fig. 114: *Rh. intervenosus:* spores, poils marginaux (à gauche) et cuticulaires (à droite) et carpophore

Basides toutes collapsées, l'exemplaire étant en très mauvais état.

Poils marginaux généralement claviformes, à pédoncule plus ou moins long, 50-70 × 9-13 μ (G.)

Trame à hyphes fondamentales de 10-15 μ de diamètre, bourrées de granules. Cuticule filamenteuse, à hyphes obtuses, claviformes, larges de 10-25 μ, avec pigment vacuolaire.

Boucles probablement absentes (2 cloisons des hyphes vues sans boucle), mais l'état de l'échantillon, qui s'est liquéfié avant de sécher, ne permet pas d'être affirmatif.

HABITAT: A terre, en terrain argileux. Route de Lambaréné, à 25 km à l'est de Libreville, Gabon, le 16.III.1968, n° G 004.

DIAGNOSE LATINE. — Pileo 2,2 cm lato, plano, leviter umbilicato, margine paulum undosa, pallide brunneo, medio obscuriore ac minute squamuloso, toto transluciditate striato. Stipite 50 × 2 mm, imo 3 mm, caesio, glabro et levi. Carne tenui, alba. Lamellis substipatis, undulosis, subdecurrentibus, albis dein e roseis brunneis, intervenosis. — Sporis symmetris-elongatis plerumque simplicibus, 9,5-11,5-(12) × 6,5-7,5 μ. Pilis marginalibus claviformibus, 50-70 × 9-13 μ. Trama hyphis 10-15 μ latis, plurimis granulis repletis. Cute filamentosa, hyphis 10-25 μ latis. Fibulis verisimiliter absentibus. — In terra argillacea. Typus in Herb. Romagn. n° G 004.

Rhodophyllus ionocyanus Romagn.-Gilles

(Fig. 115)

CARACTERES MACROSCOPIQUES: Chapeau large de 6 mm et haut de 2 mm, convexe, assez nettement déprimé au centre, à marge striée-cannelée sur 2 mm, entièrement strié par transparence, et d'un gris bleu assez foncé un peu violacé, (S 488) plus sombre, presque noirâtre au disque (S 486), à cuticule fibrilleuse, luisante, marqué au milieu de minuscules et denses méchules noirâtres.

Stipe 1,6 cm × 0,5 mm, élargi en bas où il atteint 1,5 mm, très grêle, entièrement bleu gris (S 570 dans la moitié supérieure et 567 dans la moitié inférieure), un peu luisant, lisse, sans traces de fibrilles, même à la loupe binoculaire.

Chair très mince, inodore.

Lamelles moyennement serrées, avec 3 longueurs de lamellules, relativement larges (2 mm) décurrentes par une minuscule dent, blanc un peu lavé de bleu violacé pâle (un peu plus bleuté que S 680 ou un peu plus pâle que M 22 A 2), se lavant de violet (S 560) du fait de la maturité des spores, à arête soulignée d'un trait bleu (S 475) très étroit, invisible de profil, observable seulement en surplombant l'arête.

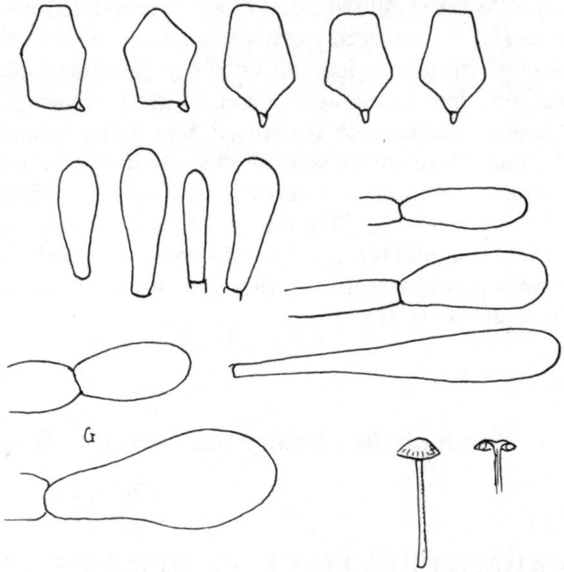

Fig. 115: *Rh. ionocyanus:* spores, poils marginaux, hyphes cuticulaires (en G d'après G. Gilles) et carpophore

CARACTERES MICROSCOPIQUES: Spores symétriques-allongées simples, 8,5-9,5 × 6,5-7 μ, à parois assez réfringentes, mais pas très épaisses.

Basides courtes, 25-35 × 8,5-10 μ, à 4 longs stérigmates.

Poils marginaux claviformes, obtus, 25-45 et plus × 7-13-(15 G.) μ, sans pigment visible.

Trame à hyphes bourrées de granules, celles du médiostrate larges de 8-12 μ; sous-hyménium irrégulièrement rameux. Cuticule filamenteuse, à hyphes cylindriques, mais resserrées aux cloisons, larges de 5-16 μ, à article terminal de 60-100 × 12-24 μ, celui des mèchules plus courts, 30-60 × 15-26 μ, à pigment vacuolaire net et foncé.

Pas de boucles observées au pied des basides ni aux cloisons des hyphes.

HABITAT: Dans l'anfractuosité d'un talus surplombant un marigot, en forêt. Forêt de la Mondah (km 31,5 de Libreville Gabon), le 19.XII.1971, n° 416.

DIAGNOSE LATINE. — Pileo 6 mm lato, convexo, medio depresso, margine sulcata, e violaceo griseocaeruleo, medio obscuriore, toto transluciditate striato, fibrilloso, lucido, in disco minimis squamulis punctato. Stipite 16 × 0,5 mm, imo usque ad 1,5 mm, e griseo caeruleo, lucido, glabro. Carne inodora. Lamellis mediocriter stipatis, 2 mm latis, minimo dente decurrentibus, e pallidissime caeruleoviolaceis albidis, dein sporis magis violaceis, acie subtilissime caerulea. — Sporis symmetris-elongatis simplicibus, 8,5-9,5 × 6,5-7 μ. Basidiis 25-35 × 8,5-10 μ. Pilis marginalibus claviformibus, obtusis, 25-45 × 7-13-(15) μ. Trama granulis repleta. Cute filamentosa, hyphis 5-26 μ latis, pigmento vacuolari. Fibulis non observatis. — In anfractu lateris fossae super paludem. Typus in Herb. Romagn. n° G 416.

Rhodophyllus ionocyanus var. **parvipapillosus** Romagn.-Gilles

(Fig. 116)

CARACTERES MACROSCOPIQUES: Chapeau large de 1 cm, plan, avec au centre un petit mamelon situé au milieu d'une faible dépression, entièrement strié par transparence et bleu S 477.

Stipe 2,5 cm × 1 mm, cylindrique, gris bleu sur 2 mm à partir de lames, plus-bas concolore au chapeau, glabre, un peu luisant.

Chair très mince, inodore, grise.

Lamelles peu serrées, avec 2 longueurs de lamellules, adnées, décurrentes par la dent, grises, puis gris rosé, à arête bordée d'un liseré bleu comme le chapeau.

CARACTERES MICROSCOPIQUES: Spores symétriques-allongées simples, 8,5-10,5 × 7-8,7 μ.

Basides 28-30 × 10-12 μ.

Poils marginaux claviformes, obtus, à article terminal court, 20-28 × 8,5-12,5 μ, contenant un suc bleu gris et des cristaux sombres (bleu très foncé) comme *cyanocalyx.*

Trame à hyphes fondamentales atteignant 12,5-28 μ dans le chapeau, plus étroites dans le médiostrate; sur le sec, nous n'avons vu de granules que dans le revêtement du chapeau.

Cuticule filamenteuse, à hyphes endommagées sur l'exsiccatum, à terminaisons claviformes, larges de 12-16 μ, à suc vacuolaire bleu foncé.

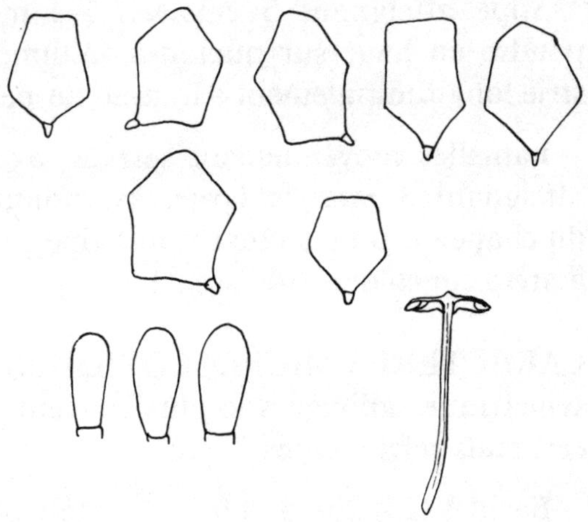

Fig. 116: *Rh. ionocyanus* v. *parvipapillosus:* spores, poils marginaux et carpophore

Pas de boucles observées au pied des basides et aux cloisons des hyphes.

HABITAT: Isolé dans l'humus, le long d'un sentier, en forêt pas très humide. Forêt de la Mondah (km 31,8 de Libreville, Gabon), le 3.X.1968, n° 124.

DIAGNOSE LATINE. — A typo differt pileo minute papillato, caeruleo, trama granulis raris et pilis marginalibus crystallis obscure caeruleis repletis, sicut apud *Rh. cyanocalycem.* — Humi, in limite silvae parum uvidae. Typus in Herb. Romagn., n° G 124.

Rhodophyllus mediofuscus Romagn.-Gilles
(Fig. 117)

CARACTERES MACROSCOPIQUES: Chapeau atteignant 3 cm de large et 1,5 cm de haut, d'abord convexe hémisphérique, puis campanulé convexe ou tronconique avec une légère dépression centrale, faiblement strié par transparence, mais non hygrophane, très pâle, blanc jaunâtre ou gris jaunâtre très clair (S 235 à 236), noirâtre au centre sur un diamètre de 2-3 mm, luisant, peigné de longues fibrilles radiales assez foncées, peu denses, visibles seulement s.l., droites ou un peu flexueuses, sur les jeunes exemplaires uni-velouté au centre, mais craquelé dans la vieillesse.

Stipe atteignant 5 cm × 1,5-2 mm, fistuleux, gris (M 5 B 1), poudré en haut sur quelques millimètres, ailleurs luisant, finement strié longitudinalement s.l., avec un peu de mycelium blanc à la base.

Lamelles moyennement serrées, avec 2-3 longueurs de lamellules, atteignant 3 mm de large, ascendantes ou arquées selon la forme du chapeau, puis adnexées au stipe par une très petite dent, rosâtres, à arête concolore, sublisse s.l.

CARACTERES MICROSCOPIQUES: Spores 9-10-(11-12,2) × 6-7 μ, symétriques allongées le plus souvent complexes, à parois assez minces, mais réfringentes.

Basides (24)-28-38 × 9,5-11 μ, tétrasporiques.

Pas de poils marginaux distincts des basidioles.

Médiostrate à hyphes de 7-14 μ, parfois renflées jusqu'à 25 μ; sous-hyménium celluleux, à articles de 6-7 μ. Granules tramaires abondants. Cuticule à hyphes couchées, l'article terminal mesurant 50-90 × 12-22 μ, à pigment vacuolaire.

Pas de boucles observées.

HABITAT: Sur la terre humide, parmi les feuilles mortes, parfois fixé aux débris végétaux. Forêt de la Mondah (souces de l'Abaga), km 27,5 de Libreville (Gabon), 16 17.VIII.1976 n° G 619.

OBSERVATIONS

Cette Leptonie est bien caractérisée par son chapeau gris jaunâtre très pâle, presque blanchâtre, avec un ocelle très foncé au centre, contrastant fortement avec la reste, d'aspect écailleux craquelé. Elle est très proche de *fuscoocellatus* (G 223, 224, 232), mais l'arête des lames est dépourvue de poils marginaux nettement différenciés, l'aspect de la cuticule à la loupe est différent, et les spores sont plus complexes.

DIAGNOSE LATINE. — Pileo usque ad 3 cm lato, primum ex hemisphaerico convexo, dein e campanulato convexo vel truncato conico, leviter transluciditate striato, sed haud hygrophano, pallidissimo, e luteolo albido griseove, in umbilico nigello, lucido, fibris obscurioribus radiatim striato, rectis vel paulum flexuosis

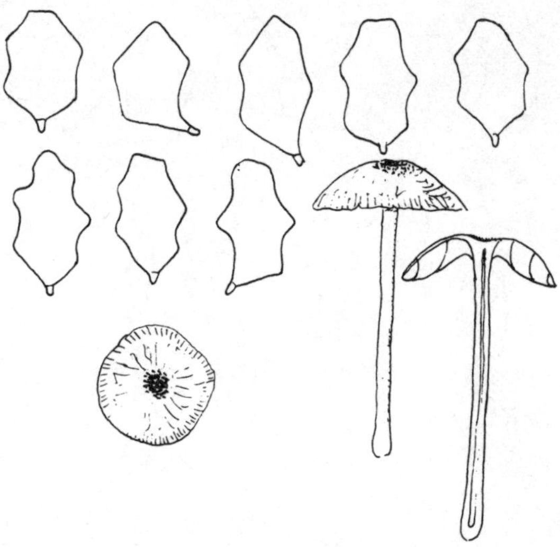

Fig. 117: *Rh. mediofuscus:* spores et carpophore

(s.l. visis), medio in juventute velutino, dein rimuloso. Stipite usque ad 50 × 1,5-2 mm, fistuloso, sursum pruinoso, alibi lucido, cinereo, striato. Carne tenuissima, translucida, concolore, inodora. Lamellis substipatis, horizontalibus, usque ad 5 mm latis, longiore dente in stipite decurrentibus, roseolis, acie concolore, sublevi s.l. — Sporis 9-10-(11,12,2) × 6-7 μ, symmetris elongatis complexis. Basidiis (24)-28-38 × 9,5-11 μ, tetrasporis. Granulis in trama multis. Pilis marginalibus basidiolis similibus. Cute hyphis extremo articulo 50-90 × 12-22 μ, pigmento vacuolari. Fibulis non observatis. — In terra uvida, inter folia emortua, interdum frustulis platarum haerens. Typus in Herb. Romagn. n° G 619.

Rhodophyllus megalothrix Romagn.-Gilles
(Fig. 118)

CARACTERES MACROSCOPIQUES: Chapeau large d'1 cm et haut de 3 mm, bassement convexe avec une petite dépression centrale, strié par transparence mais non hygrophane, gris brunâtre (M 6 C 1), plus foncé au centre (M 6 D/E 1), à cuticule glabre, luisante, déviée radialement, de texture fine, unie-veloutée au centre.

Stipe 1 cm × 0,9 mm, probablement fistuleux, un peu plus gris que le chapeau, glabre et luisant, de texture très fine, non strié longitudinalement s.l.

Chair pelliculaire, translucide, concolore aux surfaces, inodore.

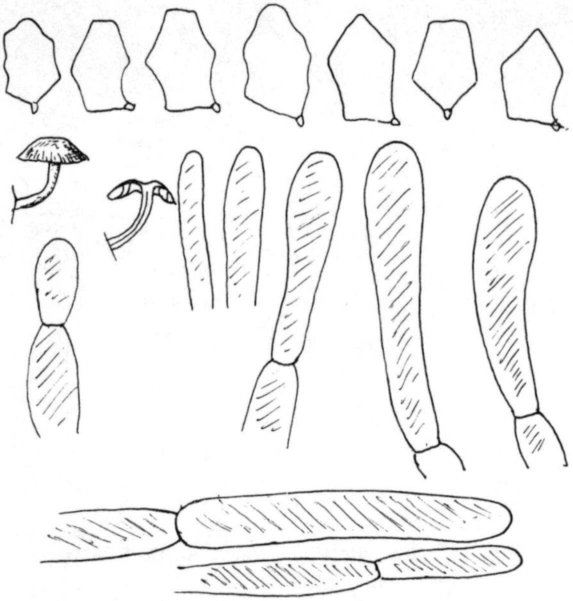

Fig. 118: *Rh. megalothrix*: spores, carpophore, poils marginaux, hyphes cuticulaires

Lamelles moyennement serrées, avec 2 longueurs de lamellules, larges d'1 mm au milieu, ventrues, adnées par une courte dent, grisâtres (M 6 B 1), puis un peu plus saturées et un peu rosies, à arête denticulée grisâtre s.l.

CARACTERES MICROSCOPIQUES: Spores 7,7-10 × 5,5-6,5-(7,5) μ, symétriques allongées complexes, parfois simples, à membranes minces, pâles, mais assez réfringentes.

Basides courtes, 16-25 × 8,5-10 μ, subelliptiques, tétrasporiques.

Poils marginaux, claviformes, volumineux, 80-110 × 7-19 μ, à suc gris.

Médiostrate à hyphes de 7-18 μ de diamètre; sous-hyménium celluleux. Granules tramaires présents, mais assez peu abondants. Cuticule à hyphes de 7-12 μ de large, à derniers articles long de 40-90, à pigment vacuolaire.

Pas de boucles.

HABITAT: Sur stipe d'*Elaeis* en forêt ombrophile. Forêt de la Mondah, km 31,9 de Libreville (Gabon), le 13.IV.1975, n° G 557

OBSERVATIONS

Leptonia surtout remarquable par ses volumineux poils marginaux colorés.

DIAGNOSE LATINE. — Pileo 1 cm lato, humiliter convexo, medio paulum depresso, transluciditate striato, sed haud hygrophano, murino, medio obscuriore, subglabro. Stipite 10 × 0,9 mm, magis griseo quam pileus, glabro et lucido, haud striato. Carne pelliculari, translucida, concolore, inodora. Lamellis mediocriter stipatis, ventricosis, brevi dente adnatis, griseolis, acie denticulata s.l. — Sporis 7,7-10,5 × 5,5-5,5-(7,5) μ, symmetris elongatis complexis, interdum simplicibus, tunica tenui, pallida, sed refringenti. Basidiis 16-25 × 8,5-10 μ, tetrasporis. Pilis marginalibus claviformibus, grandibus, 80-110 × 7-19 μ, succo griseo. Granulis in trama praesentibus. Cute hyphis 40-90 × 7-12 μ, pigmento vacuolari. Fibulis nullis. — In stipite *Elaeidis* in silva umbrosa. — Typus in Herb. Romagn. n° G 557.

Rhodophyllus modestissimus Romagn.-Gilles

(Fig. 119)

CARACTERES MACROSCOPIQUES: Chapeau large de 0,4 à 1 cm, haut de 2 à 3 mm, convexe à conico-convexe tronqué au sommet par une petite dépression centrale au fond de laquelle on observe parfois un minuscule mamelon, à marge quelquefois un peu récurvée, strié par transparence, non hygrophane, gris un peu bleuté ou un peu rosâtre M 9 D I à 20 C 2, centre un peu plus foncé; cuticule déviée radialement, luisante, généralement glabre, parfois avec de très petites squamules bien apprimées au voisinage du centre, veloutée dans la dépression centrale.

Stipe long de 1,5 à 2 cm, diamètre 0,5 à 1 mm, légèrement dilaté en bas, gris assez foncé vers M 6 E I ou 8 E I ou 19 E 2, glabre, luisant, fistuleux, à grain très fin ou très finement strié longitudinalement à la loupe, base pâle.

Chair pelliculaire, translucide, grisâtre, inodore, douce.

Lamelles moyennement à assez serrées avec 2-3 longueurs de lamel-

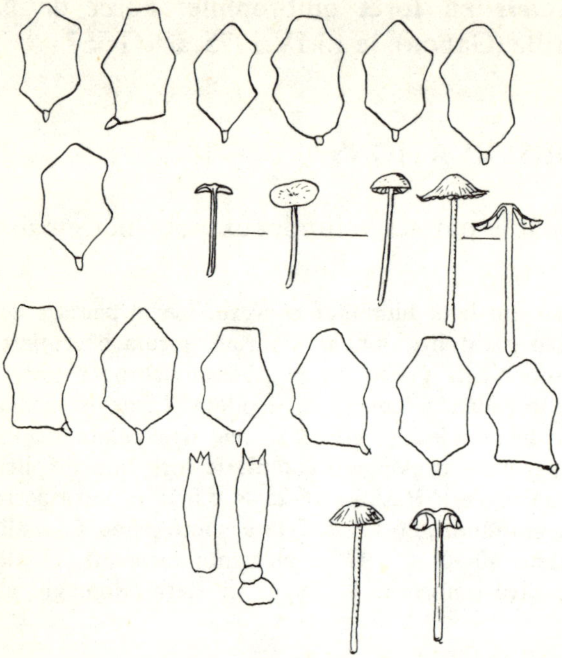

Fig. 119: *Rh. modestissimus*: spores, trois carpophores (C.I. 029), carpophore (G 544); en bas, spores, basides et carpophore (G 808)

lules, larges jusqu'à 3 mm au milieu, faiblement ventrues, adnexées au stipe par une minuscule dent, blanchâtres puis rosissant vers M 7 B 3. Arête concolore, lisse.

CARACTERES MICROSCOPIQUES: Spores 9-11,5-(12,5) × 6-7-(8) μ, symétriques allongées complexes, à parois assez minces et assez réfringentes, mais bien anguleuses.

Basides claviformes ou cylindriques étranglées vers la base, 25-35 × 9-11,5 μ, normalement à 4, mais parfois 1,2 ou 3 fins stérigmates.

Pas de poils marginaux.

Médiostrate et chair à hyphes assez grêles, les fondamentales 8-14 μ, les connexives 3-4 μ; sous-hyménium filamenteux-rameux, sauf directement sous la baside. Laticifères et granules observés sur le vivant, mais ces derniers tout à fait disparus sur le sec. Cuticule filamenteuse, à hyphes couchées, cylindriques, obtuses au bout, larges de 8-12 μ; pigment vacuolaire.

Pas de boucles observées.

HABITAT: A terre, sur un petit talus argileux, en forêt ombrophile, forêt du Téké, près d'Abidjan (Côte d'Ivoire), n° C.I. 029. Sur spathe pourrissant à terre entourant les jeunes feuilles de Parasolier (*Musanga cecropioides*, Moracée), en forêt ombrophile. Forêt de la Mondah, près Libreville (Gabon), le 31.III.1975.

OBSERVATIONS

Cette très petite espèce rappelle sur le terrain *brunneoloroseus*, mais, outre sa taille, elle s'en distingue par l'arête lisse et homomorphe de ses lamelles.

DIAGNOSE LATINE. — Pileo 4-10 mm lato, convexo, truncato, leviter depresso ac interdum minima papilla in medio praedito, transluciditate striato, e caesio brunneo, medio obscuriore, lucido, glabro, sericeo. Stipite filiformi, 15-20 × 0,5-1 mm, sursum subtiliter pruinoso, saturatius griseo, glabro, interdum subtiliter striato. Carne pelliculari, translucida, inodora. Lamellis parum stipatis, 1-2 mm mediis latis, ascendentibus, dein minimo dente decurrentibus, albidis, dein roseolis, acie complexis. Basidiis 25-35 × 9-11,5 μ, 1-4 tenuibus sterigmatis. Pilis marginalibus absentibus. Laticiferis ac granulis in trama in vivo solum praesentibus. Cute filamentosa, hyphis 8-12 μ latis, pigmento vacuolari. Fibulis non observatis. — Humi, in sol argillaceo, in silva umbrosa. Typus in Herb. Romagn. n° C.I. 029.

Rhodophyllus pluricolor Romagn.-Gilles

(Fig. 120)

CARACTERES MACROSCOPIQUES: Chapeau large de 3,6 cm et haut de 6 mm, plan, déprimé sur 12 mm au centre, entièrement strié par transparence, même au milieu, gris violacé à reflets jaune verdâtre (vers S 495 en un peu plus jaunâtre) du fait des lamelles qui transparaissent, avec le centre de la dépression blanchâtre bordé de jaune d'or et la zone qui l'entoure couverte d'une pruine blanche, le reste de la surface étant très finement peigné de fibrilles brunâtres très courtes (sous une forte loupe); en séchant, la zone blanchâtre s'étend.

Stipe 4,2 cm × 4 × 1,5 mm, comprimé, atteignant 6 mm à

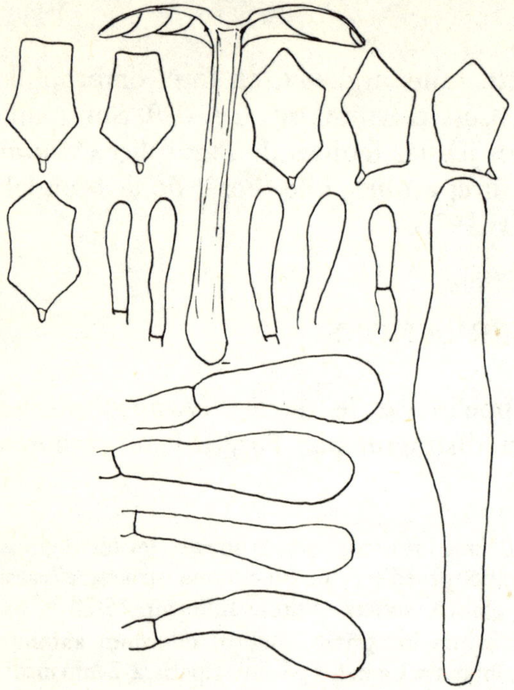

Fig. 120: ***Rh. pluricolor:*** spores, carpophore, poils marginaux et hyphes cuticulaires

la base où il est subbulbeux, gris bleuté (S 494), sauf en haut sur 2 mm où il est plus pâle et grisâtre, (S 305), et en bas sur 6 mm, où il est blanc.

Chair très mince, inodore.

Lamelles moyennement serrées (une lame seulement tous les cm va jusqu'au stipe), avec 4 longueurs de lamellules, qui sont au nombre de 12-14 entre deux grande lames, arrondies obtuses en avant, horizontales, décurrentes par une dent qui se prolonge sur le stipe par une strie de 3 mm environ, blanc un peu grisâtre, un peu tachées par endroits de brun jaune, mais de façon assez diffuse, rosissant à maturité, à arête sensiblement lisse, mais liserée de gris bleu très pâle.

CARACTERES MICROSCOPIQUES: Spores symétriques-allongées simples ou complexes, 10-11,5 × 7-7,7 μ, bien anguleuses.

Basides 30-40 × 10-11 μ, à 4 stérigmates.

Poils marginaux claviformes, souvent arqués, assez réguliers, 22-40 × 7-10 μ, sensiblement hyalins.

Trame à hyphes fondamentales de 7-14 μ dans le médiostrate, beaucoup optiquement vides sur exsiccata, certaines avec quelques gouttes éparses, avec des connexives à contenu guttulé sur le vivant. Cuticule filamenteuse d'hyphes à éléments terminaux clavulés ou rarement utriformes ou bifurqués, de 50-80 × 12-20 μ de large, les éléments de la pruine blanche du centre du chapeau étant plus larges et plus courts, plus ou moins ovoides ou subglobuleux, de 40-50 μ de diamètre; pigment vacuolaire brun jaunâtre visible seulement après plasmolyse.

Pas de boucles observées au pied des basides ni aux cloisons des hyphes.

HABITAT: Sur bois très pourri. Forêt de la Mondah (km 31,5 de Libreville, Gabon), le 11.1.1969, n° 147.

DIAGNOSE LATINE. — Pileo 3,6 cm lato, plano, medio depresso, toto transluciditate striato, e violaceo griseo, propter transluciditatem repercussu e viridulo flavido, in medio loci depressi macula alba zona aurea circumdata, et in ora illius pruina alba vestito, alibi subtilissime brevissimis fibrillis brunneis pectinato, sicco albicante. Stipite 42 × 4 × 1,5 mm, compresso, imo usque ad 6 mm lato ac subbulboso, e caesio griseo, sub lamellis striato et pallidiore, et inferne albo. Carne tenuissima, inodora. Lamellis mediocriter stipatis, maximis raris, lamellulis permultis, antice obtusis, horizontalibus, dente decurrentibus, e griseolis albis, dein roseis, passim paulum flavidis maculis variegatis, acie integra ac anguste e caesia grisea. — Sporis symmetris-elongatis simplicibus vel complexis, 10-11,5 × 7-7,7 μ. Basidiis 30-40 × 10-11 μ. Pilis marginalibus claviformibus, 22-40 × 7-10 μ. Trama hyphis connexivis guttulatis. Cute filamentosa, hyphis loculo terminali 50-80 × 12-20 μ, breviore et latiore in media parte pilei, 40-50 μ lato, pigmento vacuolari. Fibulis non observatis. — In ligno putrido. Typus in Herb. Romagn., n° G 147.

Rhodophyllus roseomurinus Romagn.-Gilles

(Fig. 121)

CARACTERES MACROSCOPIQUES: Chapeau large de 1,2 cm, haut de 3 mm (lames de profil comprises), étalé-plan, étroitement ombiliqué au centre, strié par transparence à la récolte, gris brun rosâtre assez foncé (M 8 D 3), plus sombre dans l'ombilic (M 8

E 3), translucide vu la minceur de la chair, à cuticule déviée radialement et de texture très fine, glabre, presque mate, mais à centre très finement flocculeux.

Stipe grêle, 2 cm × 1,2 mm en haut, 0,75 plus bas et 1 mm à la base, probablement fistuleux, gris un peu brunâtre foncé (M 8 D 1), un peu plus pâle en haut sur 3 mm, glabre et luisant.

Chair pelliculaire, douce, inodore.

Lamelles assez serrées, avec 2 longueurs de lamellules (3 intercalaires), larges au milieu de 1,5 mm, courtement décurrentes et se prolongeant un filet en relief long de 1 mm, concolores au chapeau, bordées d'un fin liseré très étroit brun foncé.

CARACTERES MICROSCOPIQUES: Spores généralement cubiques (5,5)-7-8,5 × (5)-7-8 μ, parfois à arêtes bombées.

Basides 24-33 × 9-11,5 μ, claviformes, tétrasporiques.

Cellules marginales 25-45 × 8,5-14 μ, claviformes, brun pâle.

Médiostrate à hyphes de 4-10 μ, avec granules peu gênants; sous-hyménium très étroit, à petites cellules. Cuticule d'hyphes couchées, banale, à hyphes les unes de 8-16 μ, les autres de 5-8 μ, à pigment vacuolaire brun.

Pas de boucles observées.

HABITAT: A terre en forêt ombrophile. Forêt du Téké (Côte d'Ivoire), le 29.IX.1974, n° C.I. 037.

OBSERVATIONS

Cette espèce pourrait être regardée comme une *Eccilia*, mais les granules tramaires et les poils marginaux claviformes à suc coloré, ainsi que l'absence de boucles suggèrent plutôt un *Leptonia*.

DIAGNOSE LATINE. — Pileo 1,2 cm lato, plano, medio umbilicato, translucididitate striato, saturatius e brunneoloroseo murino, in umbilico obscuriore, tenui, glabro, sed medio subtiliter flocculoso. Stipite 20 × 0,75-1 mm, obscure murino glabro, nitido. Carne pelliculari, inodora. Lamellis satis stipatis, 1,5 mm latis,

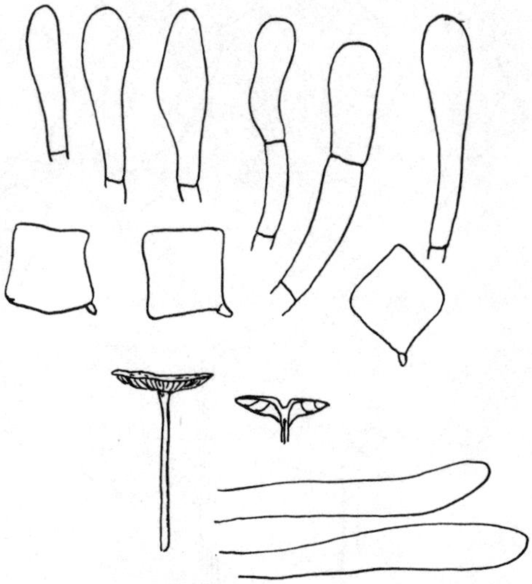

Fig. 121: *Rh. roseomurinus:* poils marginaux, spores, carpophore et extrémité d'hyphes cuticulaires

breviter decurrentibus, pileo concoloribus, acie obscuriore. — Sporis cubicis, (5,5)-8,5 × (5)-7-8 μ. Basidiis 24-33 × 9-11,5 μ, tetrasporis. Pilis marginalibus 25-45 × 8,5-14 μ, claviformibus. Granulis in trama praesentibus. Cute filamentosa, hyphis 5-16 μ, pigmento vacuolari. Fibulis nullis. — Humi, in silva umbrosa. — Typus in Herb. Romagn. n° C.I. 37.

Rhodophyllus sclerobasidiatus Rom.-Gilles

(Fig. 122)

CARACTERES MACROSCOPIQUES: Chapeau large de 2-2,5 cm et haut de 5-7 mm y compris les lames vues de profil, plan avec la marge tendant à se retrousser un peu, entièrement strié par transparence, brun rosé très pâle, presque blanchâtre, nettement plus pâle que M 5 B 2, avec le centre grisâtre (proche de 5 B 1) sur 2 mm de diamètre, à cuticule glabre, luisante, déviée radialement.

Stipe 5 cm × 2 mm, sauf en haut et à la base où il atteint 3 mm, fistuleux, gris (M 20 C 1), blanchâtre en haut (et pruineux sur 5 mm) et en bas (du fait d'un peu de coton mycélien), glabre, luisant.

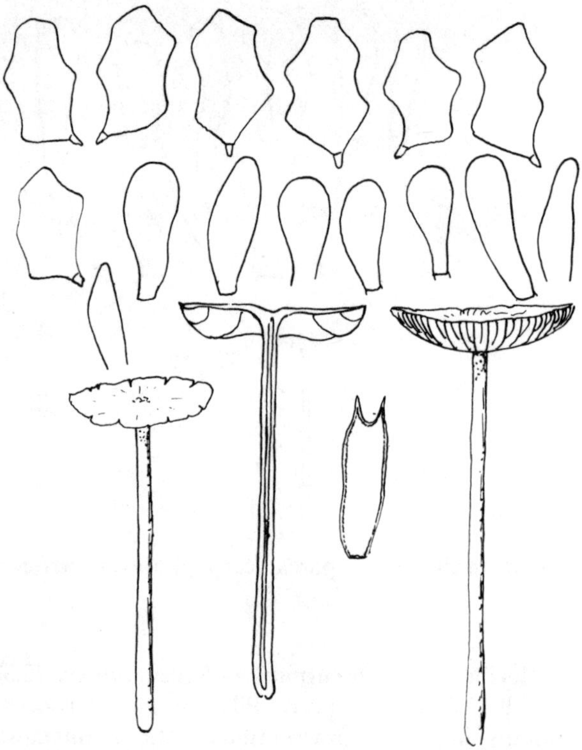

Fig. 122: *Rh. sclerobasidiatus*: spores, poils marginaux et carpophores

Chair pelliculaire, blanchâtre, inodore, douce.

Lamelles peu serrées, avec 2 longueurs de lamellules, larges au milieu jusqu'à 4 mm, adnexées au stipe par une dent minuscule, blanches, puis rosé sale (M 7 A/B 3), à arête concolore, bassement denticulées s.l.

CARACTERES MICROSCOPIQUES: Spores 10-12 × 7-7,5 μ, symétriques-allongées complexes, souvent assez étroites, de contour gibbeux, à membrane réfringente, peu épaisse.

Baside 30-48 × 9-12,5(14) μ, d'abord claviformes, puis subcylindriques, à (1)-2-3) stérigmates épais, à paroi très souvent remarquablement épaissie et réfringentes (y compris les stérigmates), d'aspect comme sclérifié.

Poils marginaux claviformes ou linguiformes, plus rarement subcylindracés, 28-50 × 7-13,5-16 μ.

Médiostrate à hyphes fondamentales de 8-17-(23) μ, à parois fragiles et facilement froissées (elles atteignant 30 μ dans le haut de la chair), accompagnées d'hyphes connexives grêles, ramifiées (× 5-7 μ). Granules tramaires abondants sur le vivant, mais disparus entièrement sur le sec. Cuticule d'hyphes cylindracées, couchées, larges de 8-12 μ, reposant sur un hypoderme à articles beaucoup plus volumineux, à pigment indistinct.

Boucles non observées au pied des basides et aux cloisons des hyphes connexives; quelques proiférations latérales aux cloisons de quelques hyphes fondamentales, mais pas de boucles typiques.

HABITAT: A terre, parmi les feuilles mortes, en forêt ombrophile. Forêt du Téké, près d'Abidjan (Côte d'Ivoire), le 19.V. 1974, n° C.I. 031.

OBSERVATIONS

Cette espèce est très proche de *brunneoloroseus* par son aspect extérieur, mais en diffère par les basides 1-3 sporiques, à parois ayant tendance à s'épaissir et à se scléroser (mais nous ne pouvons garantir la constance de ce caractère relevé sur tous les carpophores d'une récolte unique) et les spores plus longues, de forme plus compliquée, d'aspect souvent presque gibbeux. Macroscopiquement, le chapeau fibrilleux-glabre est caractéristique.

DIAGNOSE LATINE. — Pileo 2-2,5 cm lato, plano, margine leviter reflexa, e roseo pallide brunneolo, medio murinello, sericeo-glabro, lucido. Stipite 50 × 2-3 mm, fistuloso, murino, praeter deorsum et sursum, ubi pruinosus est, glabro, lucido. Carne pelliculari, albida, inodora Lamellis parum stipatis, mediis usque ad 4 mm latis, minuto dente adnexis, albis, dein sordide roseis, acie concolore et s.l. subtiliter denticulata. — Sporis 10-12 × 7-7,5 μ, symmetris elongatis complexis, plerumque specie gibbosa. Basidiis 30-48 × 9-12-(14) μ, plerumque bisporis, pariete saepe incrassata ac refringenti. Pilis marginalibus claviformibus vel linguiformibus, 28-50 × 7-16 μ. Granulis in trama in vivo praesentibus. Cute hyphis cylindraceis, 8-12 μ latis, pigmento indistincto. Fibulis non observatis. — Humi, inter folia emortua, in silva umbrosa. Typus in Herb. Romagn. n° C.I. 031.

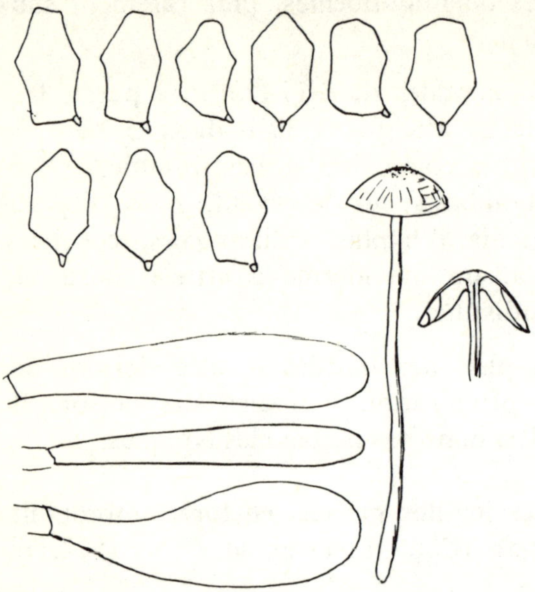

Fig. 123: *Rh. Staudtii*: spores, hyphes cuticulaires et carpophore (G 227)

Rhodophyllus Staudtii (Hennings) Romagn.-Gilles

(Fig. 123, 124)

CARACTERES MACROSCOPIQUES: Chapeau large de 1,4-2,5 cm et haut de 4-10 mm, convexe, faiblement ombiliqué, puis étalé et légèrement déprimé au centre ou simplement hémisphérique, entièrement strié par transparence, gris bleuté assez clair (S 529 à 555 M 22 B 1) ou gris clair légèrement bistre, à cuticule luisante, déviée radialement par de fines fibrilles, avec des méchules gris foncé ou noirâtres dans l'ombilic ou la dépression centrale, qui se craquèle avec l'âge laissant apparaître un fond blanchâtre.

Stipe atteignant 6 cm de long, de diamètre constant de 1-2,5 mm, à base renflée jusqu'à 3 mm, droit ou un peu flexueux, entièrement tubuleux, dans l'ensemble concolore au chapeau, parfois légèrement plus foncé dans la moitié inférieure, blanchâtre en haut sur 2-3 mm, glabre, luisant, à grain très fin s.l. (pas de fibrilles longitudinales).

Chair extrêmement mince, blanc grisâtre, inodore, non hygrophane.

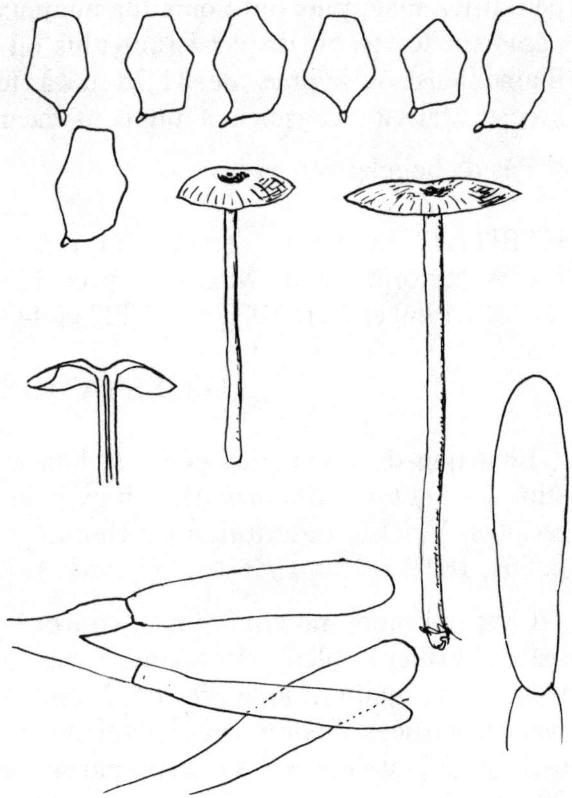

Fig. 124: *Rh. Staudtii*: spores, carpophores et hyphes cuticulaires. (G 443)

Lamelles moyennement espacées, avec 2-3 longueurs de lamellules, larges au milieu de 2-3 mm, parfois sublibres, plus souvent adnexées au stipe par une minuscule dent, blanc grisâtre, puis rosissant, à arête concolore, lisse même s.l.

CARACTERES MICROSCOPIQUES: Spores 7,5-10,5 × 5,7-7 μ, symétriques allongées simples à complexes, à paroi assez mince et assez pâle.

Basides 21-40 × 8,5-11 μ, claviformes, tétrasporiques.

Pas de poils marginaux ni de cystides.

Médiostrate à hyphes fondamentales de 6,5-10-24 μ, avec quelques laticifères, qui se retrouvent plus nombreux dans la chair piléique, où ils sont sinueux et ramifiés (récolte n° G 443); sous-hyménium peu différencié, plus ou moins filamenteux; granules tramaires abondants sur le vivant, disparaissant plus ou moins sur le sec. Cuticule filamenteuse à hyphes de 11-28 μ, à terminaison obtuse, parfois avec de fausses cloisons, à pigment vacuolaire pâle, peu apparent.

Pas de boucles observées.

HABITAT: En petite troupe ou isolé, sur la terre nue. Eaux-et Forêts et forêt de la Mondah, près Libreville (Gabon), km 31,8, les 13.X.1969 et 5.III.1972 n° G 227 et 443.

OBSERVATIONS

Bien que de taille plus petite si l'on en juge par la longueur du stipe, la *Leptonia Staudtii* Hennings peut être rapportée à ces deux récoltes. Voici la description de Hennings (Engl. Bot. Jahrb. XXIII, p. 554, 1897).

Chapeau membraneux, mince, convexe plan, strié-sillonné radialement, fibrilleux, bleu grisonnant. Stipe cartilagineux, un peu creux, bleuâtre et glabre, long de 1,5-2 cm. Lamelles adnées, ventrues, serrées, carnées. Spores irrégulièrement ellipsoïdes, à 5 ou 6 angles, 6-10 × 5-7 μ. — Sur la terre parmi les pierres. Cameroun, leg. Staudt.

La concordance est donc satisfaisante dans l'ensemble, malgré l'écart sensible dans les dimensions du stipe, qui est trois fois plus court dans la récolte camerounaise.

On peut rapporter à la même espèce une récolte faite dans la forêt du Téké, près d'Abidjan (Côte d'Ivoire), n° C.I. 009, qui en est macroscopiquement très voisine, mais où nous avons observé sur le sec d'importantes masses de pigment bleu foncé, cristallisé, dans toute la cuticule; l'exsiccatum était en médiocre état. Voici une description de ces sujets.

Chapeau large de 1,6 cm et haut de 1 cm, plan, ombiliqué, puis à marge relevée en soucoupe, non hygrophane, mais pelliculaire, subtranslucide et entièrement strié par transparence, gris bleuté très pâle (M 22 B 1), nettement plus foncé au centre (22 C 4), à cuticule luisante, déviée radialement et très finement s.l., même au disque où les fibrilles sont tout aussi fines et non méchuleuses-

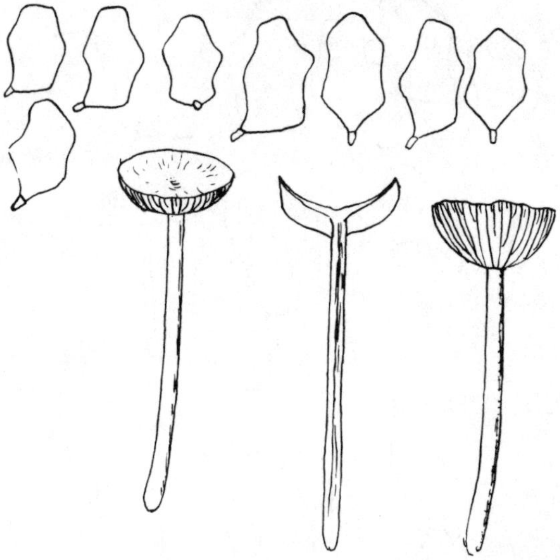

Fig. 124 bis: *Rh. Stavdtii*: spores et carpophores (C.I. 009)

écailleuses. Stipe 4 cm × 2 mm, fistuleux, mou, cylindrique, gris très pâle (M 22 A/B 1) dans la moitié supérieure, un peu plus foncé (22 B 1) dans la moitié inférieure, peigné s.l. de fibrilles longitudinales soyeuses extrêmement fines. Chair extrêmement mince, blanchâtre, inodore. Lamelles peu serrées à relativement espacées, avec 2 longueurs de lamellules, larges au milieu de 3 mm, nettement décurrentes, blanchâtres, puis roses, à arête concolore et lisse.

Spores 7,5-10 × 5,7-6,2 μ, symétriques allongées complexes, à contours obtusément anguleux, à parois minces, pâles. Basides elliptiques puis subcylindriques, 21-25 × 8,5-10 μ, tétrasporiques. Pas de poils marginaux. Médiostrate à hyphes fondamentales de 7-14 μ. Granules tramaires abondants sur le vivant, disparaissant plus ou moins sur le sec. Cuticule filamenteuse, couchée, à hyphes de 10-15 μ en profondeur, avec peut-être en surface des hyphes plus grêles (4-7 μ), les articles mesurant environ 60-120 μ. Des grosses masses (atteignant 14 × 7 μ) cristallisées de pigment bleu sombre dans toute la cuticule, indépendamment d'un vacuolaire probable. Pas de boucles observées. — En forêt ombrophile, sur petits morceaux de bois mort, Côte d'Ivoire, n° C.I. 009

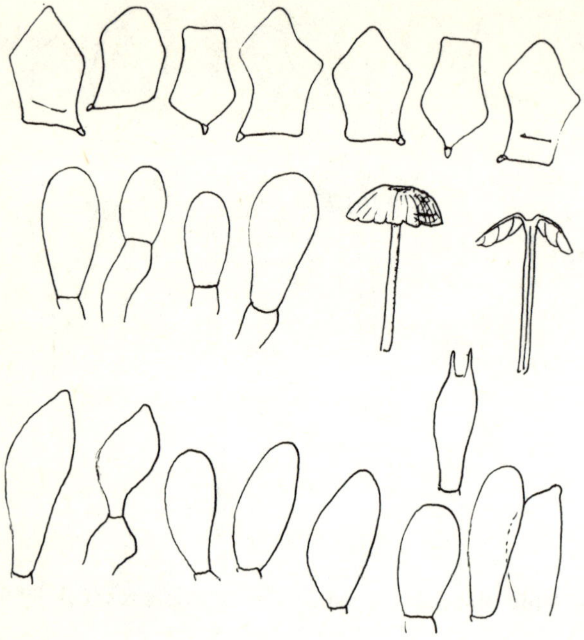

Fig. 125: *Rh. vallicutis:* spores, poils marginaux, carpophore, baside et cuticule

Rhodophyllus vallicutis Romagn.-Gilles

(Fig. 125)

CARACTERES MACROSCOPIQUES: Chapeau large d'1,3 cm, haut de 5 mm, bassement convexe, tronqué ombiliqué au sommet, entièrement strié par transparence mais non hygrophance, gris brun (M 8 C 1), plus foncé au centre (M 8 D 1), couvert s.l. de tout à fait minuscules méchules plus ou moins bien apprimées donnant à la surface une apparence très finement, à peine distinctement craquelée.

Stipe 2 cm × 1 mm, fistuleux, gris bleuté assez foncé (M 23 D 3), luisant, glabre, de texture très fine, poudré et plus pâle en haut sur 3 mm et avec du mycelium blanc à la base sur 1 mm.

Chair pelliculaire, translucide, blanchâtre, inodore.

Lamelles assez serrées, avec 3 longueurs de lamellules, larges de 3 mm au milieu, grisâtres, puis rosissant (M 7 B 2), simplement adnées, à arête concolore, sublisse s.l.

CARACTERES MICROSCOPIQUES: Spores 8-11,5 × 6,5-8 μ, symétriques allongées généralement simples, bien anguleuses, à parois réfringentes.

Basides 25-35-(42) × 10-12-(13) μ, généralement bisporiques, mais parfois tri- ou tétrasporiques.

Poils marginaux denses, claviformes, courts, 18-40 × 8-18 μ.

Médiostrate à hyphes de 7-14 μ, à parois assez réfringentes, les connexives de 3-6 μ, avec petits granules tramaires sur le vivant; sous-hyménium étroit, celluleux. Cuticule à hyphes couchées de 8-13 μ, les derniers articles souvent courtement ogivaux, et tendant à former un soupçon de protubérance au sommet, rappelant les *Callidermi* quand ils se redressent, 25-70 × 12,5-23 μ, à pigment vacuolaire.

Pas de boucles.

HABITAT: Dans une souche d'*Elaeis* en forêt ombrophile. Forêt de la Mondah (Gabon), km 31,5, n° C.I. 525

OBSERVATIONS

Leptonie très voisine de *brunneoloroseus*, de *sclerobasidiatus*, que l'on peut regarder comme simple variété de la première. Elle n'est pas non plus sans faire penser au *Rh. sodalis* européen (*lampropus* ss. Bres. nec Fr.)

DIAGNOSE LATINE. — Pileo 1,3 cm lato, paulum convexo, truncato umbilicato, murino medio obscuriore, transluciditate striato, minutissimis squamulis operto. Stipite 20 × 1 mm, caesio, glabro, praeter summam partem pruinosam. Carne pelliculari, albida, inodora. Lamellis substipatis, 3 mm latis, e roseolis caesiis, adnatis, acie concolore, levi. — Sporis 8-11,5 × 6,5-8 μ, symmetris elongatis plerumque simplicibus. Basidiis 25-35-(42) × 10-12-(13) μ, 2, interdum 3-4 sporis. Pilis marginalibus breviter clavatis, 18-40 × 8-18 μ. Granulis in trama parvis. Cute ex hyphis jacentibus 8-13 μ, extremo articulo breviusculo, 25-70 × 12,5-23 μ, pigmento vacuolari. Fibulis nullis. — In stipite *Elaeidis* in silva umbrosa. — Typus in Herb. Romagn. n° G525 — Ce type a été accidentellement détruit.

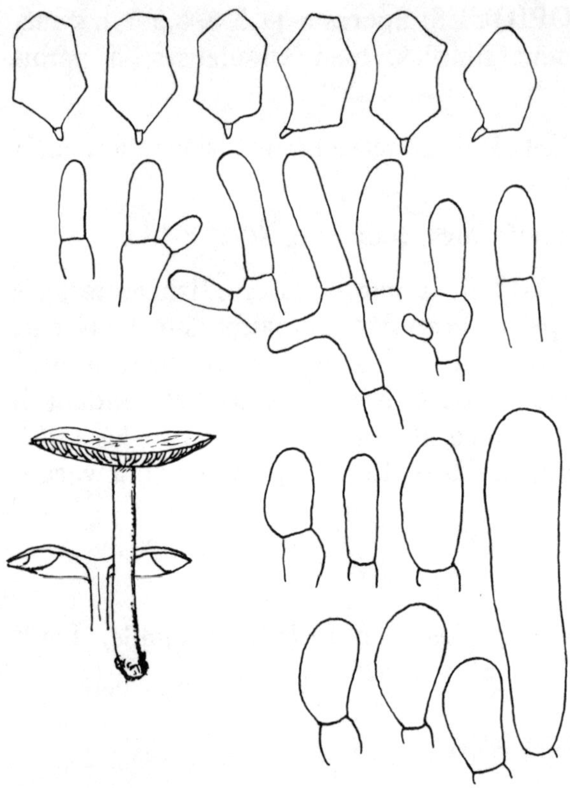

Fig. 126: *Rh. xanthocnemis*: spores, poils marginaux, carpophore et hyphes cuticulaires

Rhodophyllus xanthocnemis Romagn.-G.

(Fig. 126)

CARACTERES MACROSCOPIQUES: Chapeau large de 2,6 cm, épais de 5 mm, aplani, à dépression centrale de 8 mm, assez profonde, entièrement strié par transparence, bleu violacé (un peu plus gris jaunâtre que S 566), à cuticule finement veloutée et se craquelant en faisant apparaître sous une forte loupe un fond gris bleuâtre pâle (S 565).

Stipe 3 cm × 3 mm, entièrement bleuâtre clair (S 449), glabre et mat, avec l'extrême base touchée de blanc jaunâtre par le mycélium.

Chair mince.

Lamelles étroites du côté de la marge, puis sinuées et décurrentes par une petite dent qui se prolonge sur le stipe sur 8 mm.

CARACTERES MICROSCOPIQUES: Spores 9-10,5 × 6,7-7,2 µ, symétriques allongées le plus souvent complexes, bien anguleuses.

Basides 35-42 × 11-12 µ.

Poils marginaux nombreux, articulés, cylindriques et obtus, à article terminal de 20-60 × 7-12,5 µ, parfois géminés.

Trame à hyphes larges de 10-20 µ, bourrées de gros granules. Cuticule à articles dressés, l'article terminal court et large, rarement plus long, 22-35-(90) × 10-23 µ, arrondis obtus au sommet, ou faiblement obovoïdes, à pigment vacuolaire.

Pas de boucles aux basides ni aux cloisons des hyphes.

HABITAT: Sur bois pourri. Forêt de la Mondah (km 31,6 de Libreville (Gabon), le 12.1. 1969, n° 148.

DIAGNOSE LATINE. — Pileo 2,6 cm, medio depresso, toto transluciditate striato, e violaceo caeruleo, tenuiter velutino ac rimosulo. Stipite 30 × 3 mm, toto pallide caesio, imo mycelio luteolo. Carne tenui. Lamellis ad marginem pilei angustis, sinuatis et dente decurrentibus. — Sporis 9-10,5 × 6,7-7,2 µ, symmetris elongatis complexis. Pilis marginalibus articulatis, cylindratis, aequalibus, 20-60 × 7-12,5 µ. Cute ex hyphis obtusis, brevibus, erectis, 22-35-(90) × 10-23 µ. Fibulis nullis. — In ligno putrido. Herb. Romagn. n° G 148. — Ce type a été accidentellement détruit.

SECTION DES FRAGILES

Cette section se caractérise uniquement par la pigmentation verte ou jaune vert; elle est donc artificielle, mais commode et facile à limiter.

1 Carpophore se maculant quelques heures après la récolte de taches d'un beau vert, qui peuvent parfois disparaître à la longue. Chapeau brun jaune clair à jaune. Petits poils marginaux courtement claviformes ou obovoides. Spores 11,5-13 × 9,5-10 µm . . . . *Rh. chlorospilus* R.-G.

1 Carpophores ne se maculant pas 2

2 Pas de poils marginaux. Spores grandes, 9,7-12,5 × 7-9,5 µm. Chapeau vert pâle. Stipe blanc verdâtre à gris verdâtre . . . . *Rh. cinereovirens* R.-G.

2 Poils marginaux présents. Spores inférieures à 10 µm 3

3 Lames liserées de gris foncé par des poils marginaux pigmentés de 22-52 × 8,5-11,7 μm. Pied long (50-55 × 1-2 mm pour un chapeau de 1-2,5 cm) .... *Rh. longipes* R.-G.

3 Arête des lames brun verdâtre, à poils marginaux de 50-75 × 10-18 μm. Stipe 40-80 × 2 mm pour un chapeau de 1-3 cm............. *Rh. euchloroides* R.-G.

Rhodophyllus chlorospilus Romagn.-Gilles

(Fig. 127, 128)

Chapeau large de 2 à 4 cm, haut de 3 à 6 mm, y compris les lames ressortant dessous, convexe surbaissé ou étalé plan avec un petit ombilic central généralement bien marqué, d'un brun jaune clair ou ocre jaune S 325 à la marge passant progressivement à S 225 ou M 2 B 4 à 4 B 6, le fond de l'ombilic olivâtre M 4 E 5 ou 2 C 6 suivant les récoltes, non strié par transparence ni hygrophane, plus ou moins luisant, tendant à se crevasser radialement. Cuticule déviée radialement à texture relativement grossière couverte de fibrilles foncées, olivâtres M 4 E 5, bien apprimées, très denses vers le centre. Quelques heures après la récolte, — de deux à six heures —, on voit apparaître des taches d'un beau vert érugineux S 383 ou M 26 D 5. Ce verdissement caractéristique disparait parfois à la longue.

Stipe long de 2 à 5 cm, diamètre 2-3 mm, légèrement dilaté en haut, élargi à la base jusqu'à 5-6 mm, parfois nettement comprimé, jaune pâle M 2 A 5 en haut et alors pruineux, puis concolore au chapeau ou moins foncé, M 3 ou 4 B 5 en moyenne. Coton mycélien blanc à la base en général assez abondant. Le verdissement par taches jusqu'à M 28 A 8 commence par le mycélium basal puis remonte progressivement. Luisant, peigné de fibrilles longitudinales. Fistuleux.

Chair très mince, translucide, blanchâtre ou jaune très pâle tendant à verdir, inodore ou à très légère odeur fruitée, douce.

Lamelles moyennement serrées avec 2-3 longueurs de lamellules, larges jusquà 5 mm au milieu, simplement adnées ou uncinées, blanchâtres ou plus fréquement jaune très pâle, devenant rose briqueté à saumon jusqu'à M 5 ou 6 A 3, verdissant à la longue comme le reste du carpophore en commençant généralement par l'arête, celle-ci

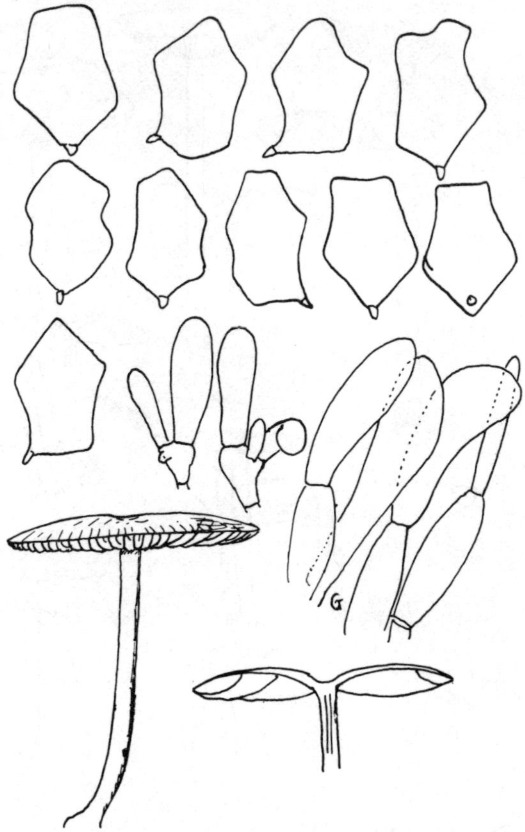

Fig. 127: *Rh. chlorospilus*: spores, basidioles, carpophore et hyphes cuticulaires (d'après G. gilles) (G 242)

étant concolore ou parfois soulignée de jaune franc et sublisse à la loupe.

CARACTERES MICROSCOPIQUES: Spores symétriques-allongées, le plus souvent simples, 11,5-13 × 8,5-10 μ, bien anguleuses, à parois pâles, mais épaisses et bien réfringentes.

Basides 35-45 × 10-14 μ, à 4, rarement 2 stérigmates grêles et longs (par ex. 7 μ), claviformes.

Poils marginaux à articles courts (le dernier 13-36 × 7-9 μ), en bouquets, claviformes, obtus.

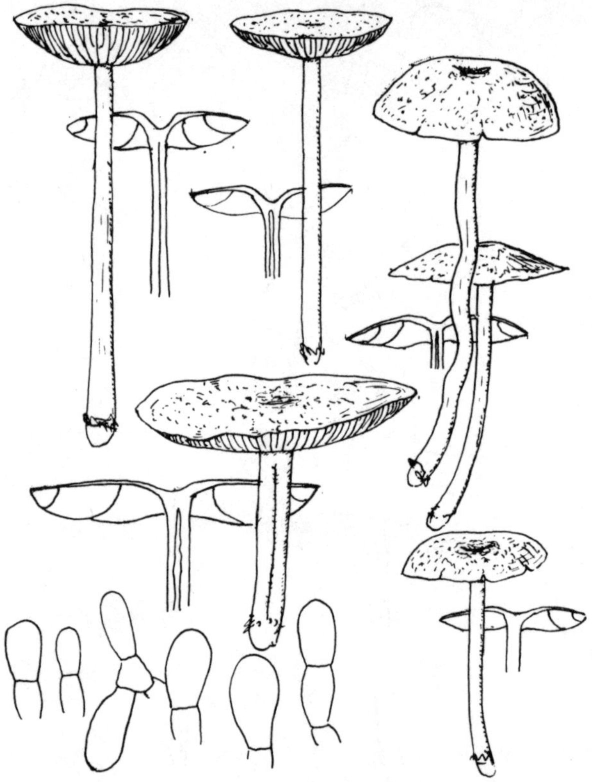

Fig. 128: *Rh. chlorospilus*: en haut à gauche, carpophore (C.I. 049) au milieu (C.I. 058) à droite (C.I. 081) en bas, à gauche, carpophore (C.0. 069) et poils marginaux (C.I. 081); à droite, carpophore (C.I. 086)

Trame à hyphes fondamentales à parois très minces, larges de 10-14 μ dans le médiostrate; granules très abondants, atteignant 10 μ de diamètre, flottant dans la préparation et gênant l'observation, présents surtout dans le chapeau (une coupe fine nous a montré un médiostrate légèrement coloré, et sans granules très nets). Cuticule filamenteuse à hyphes à articles larges de 10-16 μ, le terminal claviforme, quelquefois de diamètre inférieur à celui qui le précède, 20-50 $\times$ 6-25 μ, à abondant pigment vacuolaire.

Pas de boucles observées au pied des basides ni aux cloisons des hyphes.

HABITAT: A terre dans les sols argileux ou sur les souches pourrissantes, parfois fixé par une plaque de mycélium blanc aux végétaux vivants à quelques décimètres du sol (sur palmes d'*Elaeis* ou sur limbe de *Mapania* par exemple). Gabon, dans un lambeau de forêt secondaire dégradée à l'Est de Libreville le 22.3.1970 n° G. 242; Côte d'Ivoire, forêt du Téké les 6. et 17.10.1974, 17.11.1974, 3.II.1974 n° C.I. 049, C.I. 058, C.I. 069, C.I. 081 et C.I. 086.

OBSERVATIONS

Cette jolie espèce récoltée d'abord au Gabon, puis retrouvée en Côte d'Ivoire, toujours en terrain argileux, se reconnaît à la récolte à sa couleur jaune un peu olivâtre et, quelques heures plus tard, à l'apparition de taches vertes caractéristiques. Il semble que ces taches vertes soient liées à la dessiccation de la chair car elles disparaissent généralement quand on réhumidifie le carpophore. D'autre part, le chapeau et le stipe se décolorent à SO4H2 et, pendant la dessiccation à la chaleur, ces zones décolorées rougissent.

DIAGNOSE LATINE. — Pileo 3,5 cm lato, transluciditate striato, fere plano, umbilicato, e viridulo flavobrunneo, medio paulo intensiore, tactu maculis viridibus variegato, fibrilloso, in umbilico minutissime squamuloso. Stipite 45 × 3 mm, bulboso (5 mm), in parte superiore fistuloso, pileo concolore, tactu viridi maculato, fibrilloso. Carne albida, odore grato. Lamellis médiocriter stipatis, 4-5 mm latis, adnatis haud uncinatis, albis, dein e testaceis roseeis, tactu viridantibus, acie levi, subtilissime crenulata. — Sporis symmetris-elongatis plerumque simplicibus, 11,5-13 × 8,5-10 μ. Basidiis 35-45 × 10-14 μ, 2-4 sporis. Trama hyphis granulis majoribus repletis (praesertim in pileo ?). Cute filamentosa, hyphis 10-16 μ latis, pigmento vacuolari. Fibulis non observatis. — Humi vel in stirpibus putrescentibus. Typus in Herb. Romagn., n° G 242.

Rhodophyllus cinereovirens Romagn.-Gilles

(Fig. 129, 130)

CARACTERES MACROSCOPIQUES: Chapeau large de 2 à 3,2 cm haut de 5 à 8 mm y compris les lames ressortant dessous, convexe tronqué au sommet par une petite dépression centrale ou étalé plan avec la marge onduleuse ou même parfois relevée presque verticalement, strié par transparence, non hygrophane, gris vert pâle M 25 B 2 ou avec une légère nuance jaunâtre vers M 28 B 2,

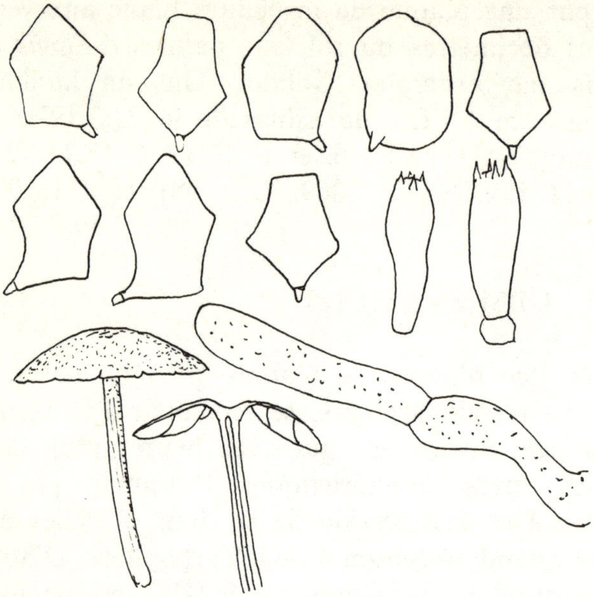

Fig. 129: *Rh. cinereovirens:* spores, carpophore et hyphe cuticulaire (G 540)

centre plus foncé M 25 D 2 ou très foncé M 28 F 2. Cuticule luisante, déviée radialement couverte partout, mais de plus en plus densément vers le centre, de méchules squamuleuses bien apprimées sauf au milieu, flexueuses et disposées radialement en faisceaux la pointe dirigée vers la marge. Centre uni-velouté parfois un peu craquelé.

Stipe long de 2 à 3,5 cm, diamètre 2 à 3 mm, un peu dilaté en haut et en bas, blanc verdâtre et finement poudré au sommet puis gris verdâtre M 25 A 2 à 28 B 2, glabre, luisant, subtilement strié longitudinalement, fistuleux. Un peu de mycélium blanc à la base.

Chair très mince, translucide, verdâtre pâle, inodore, douce.

Lamelles assez serrées avec 2-3 longueurs de lamellules, larges jusqu'à 5 mm au milieu, un peu ventrues puis sublibres à uncinées, blanchâtres puis rosissant. Arête concolore, sinuolée mais non denticulée à la loupe.

CARACTERES MICROSCOPIQUES: Spores 9,7-12,5 × 7-9,5 μ,

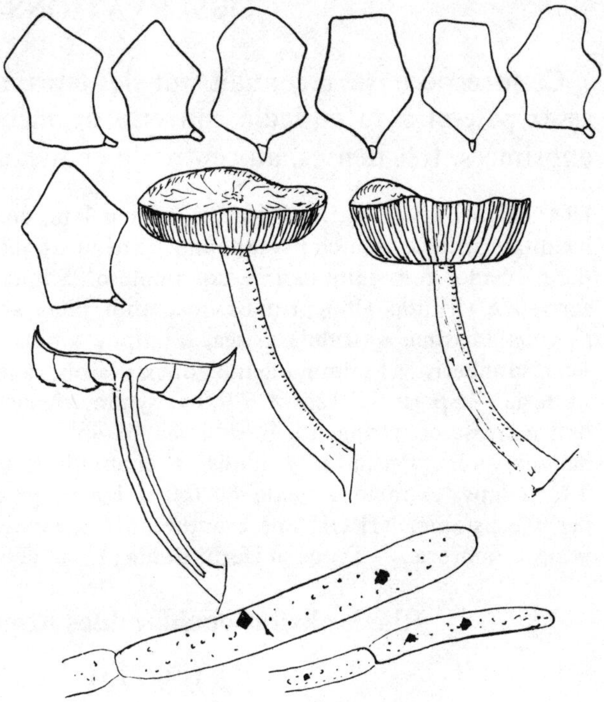

Fig. 130: *Rh. cinereovirens*: spores, carpophores et hyphes cuticulaires (G 563)

symétriques allongées généralement simples, à parois épaisses et réfringentes, très anguleuses.

Basides 25-40-(45) × 11-14 μ, à 4 gros stérigmates.

Pas de poils marginaux.

Médiostrate à hyphes fondamentales de 7-12 μm environ (jusqu'à 22 μm dans le chapeau); sous-hyménium subcelluleux, étroit; quelques laticifères, et très nombreux granules dans la trame. Cuticule d'hyphes couchées de 4,7-9-16 μm de largeur, à dernier article long de 80-160 μm; pigment en granules solidifiés noir olivâtre (non bleu) soluble dans l'ammoniaque.

Pas de boucles.

HABITAT: Sur le terre nue ou parmi les feuilles mortes ou fixé à la base des grands arbres, Gabon, forêt de la Mondah, les 31.3. et 13.4.1975 et 12.3.1977, n° G 540, G 563 et G 814.

OBSERVATIONS

Cette espèce se reconnaît sur le terrain à sa couleur gris vert assez pâle et à sa cuticule couverte de méchules squamuleuses bien apprimées, très denses, au centre du chapeau.

DIAGNOSE LATINE. — Pileo 2,5-3,2 cm lato, convexo, medio depresso, transluciditate striato, sed non hygrophano, e viridulo pallide griseo, medio paulo saturatiore, lucido, toto minutissime squamuloso. Stipite 20-35 × 2-3 mm fistuloso, summo e viridulo albo pruinosoque, alibi pileo subconcolore, striato. Carne in pileo pallidissime e viridula grisea, in stipite albida. Lamellis substipatis, 3-5 mm latis, subliberis, vel minimo dente adnexis, albis, dein pallide roseis, acie concolore, s.l. levi. — Sporis 9,7-12,5 × 7-9,5 μ, symmetris elongatis plerumque simplicibus, tunica crassa et refringenti. Basidiis 33-40-(45) × 11-14 μ, tetrasporis. Pilis marginalibus nullis. Permultis granulis et nonnullis laticiferis in trama. Cute hyphis 9-13 μ latis, extremo articulo 80-160 μ longo, pigmento e granulis ex olivaceis nigris constante, NH^4OH ope evanescentibus. Fibulis nullis. — In ligno putrido, in silva umbrosa. — Typus in Herb. Romagn., n° G 540.

Rhodophyllus euchloroides Romagn.-Gilles

(Fig. 131)

CARACTERES MACROSCOPIQUES: Chapeau large de 1-3 cm, haut de 0,5-1 cm, subtrapézoidal, assez plat (tronqué) sur les jeunes exemplaires, un peu ombiliqué au centre, à marge onduleuse avec un liseré brunâtre, vert jaunâtre pâle (S 209) vers le périphérie, progressivement plus foncé vers le haut (S 310) et franchement foncé au centre (S 306), non hygrophane, mais strié par transparence, couvert de fibrilles radiales plus foncées (S 310), devenant presque alutacé après la sporulation, avec vers le milieu de fines écailles brunâtre verdâtre (S 306).

Stipe 4-8 cm × 2 mm en haut, s'élargissant très progressivement jusqu'à 3-3,5 mm à la base, non séparable, creux, cylindrique sur une grand hauteur, recourbé inférieurement, d'un jaune verdâtre brunâtre (S 276), plus jaune en haut (S 278), lisse, finement strié de raies subconcolores, avec du coton mycélien blanc sur 5-10 mm.

Chair mince (inférieure à 1 mm), inodore.

Lamelles serrées, accompagnées de lamellules, assez étroites, adnées-uncinées, un peu jaunâtres au début, à arête irrégulière, finement crénelée et colorée de brun verdâtre.

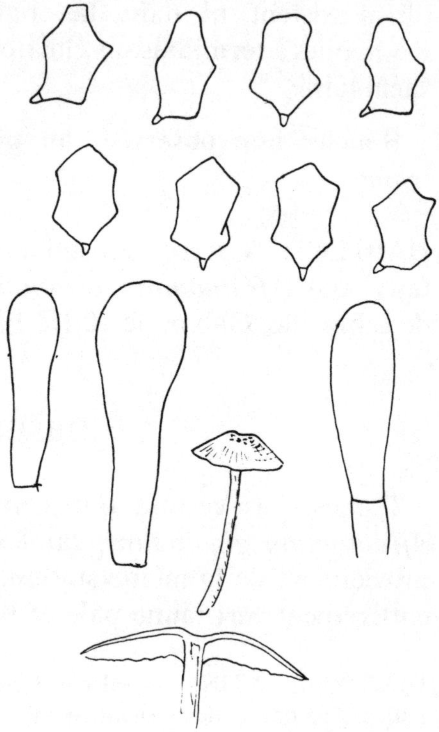

Fig. 131: *Rh. euchloroides*: spores, poils marginaux et carpophores

Sporée entre S 203 et 202.

CARACTERES MICROSCOPIQUES: Spores symétriques-allongées simples à complexes, 7,7-9 × 5,7-6,5 μ, bien anguleuses, à parois pâles.

Basides 25-33 × 9-10 μ, elliptiques, peu claviformes, à 4 stérigmates.

Poils marginaux claviformes, très obtus, 50-75 × 10-18 μ, à parois très minces et hyalines, mais à contenu gris bleuâtre sur le frais.

Trame d'hyphes fondamentales de 13-18 μ de diamètre dans le médiostrate, où l'on observe parfois en certaine zones quelques granules, alors qu'elles sont totalement hyalines dans la chair du chapeau; sous-hyménium serré, à petite hyphes. Cuticule dans sa couche profonde consituée par des hyphes cylindriques, bourrées de granules (ils n'existent ni dans la chair, ni dans l'épicutis qui présente des hyphes à terminaisons claviformes larges de 14-23 μm), et à pigment vacuolaire.

Boucles non observées au pied des basides ni aux cloisons des hyphes.

HABITAT: A terre, sur sol argileux et sur de petits débris végétaux sous *Aframomum giganteum*. Route de Lambaréné, à 18 km de Libreville, Gabon, le 10.III.1968, n° G001.

OBSERVATIONS

Il n'est pas certain que cette espèce soit liée à la Zingibéracée *Aframomum giganteum*, car les trois récoltes qui en ont été faites proviennent de la même station. Elle est remarquable par sa couleur entièrement vert jaune pâle et l'arête des lames bordée de brun vert.

DIAGNOSE LATINE. — Pileo 1-3 cm lato, truncato, paulum umbilicato, margine undosa, pallide e flavo viridi, medio obscuriore, haud hygrophano, sed transluciditate striato, radiatim fibrilloso, minutis squamulis obscuris medio operto. Stipite 40-80 × 2 mm (deorsum usque ad 3-3,5 μ), cavo, e brunneoviridi flavo, superne magis flavo, levi, striato. Carne tenui, inodora. Lamellis stipatis, angustioribus, adnatis uncinatis, primum luteolis, acie sinuosa et e viridi brunnea. — Sporis symmetris-elongatis simplicibus vel complexis, 7,7-9 × 5,7-6,5 μ. Pilis marginalibus claviformibus, 50-75 × 10-18 μ, succo e caeruleo griseo repletis. Granulis permultis in subcute, raris in mediostrato, nullis in carne pilei. Cute filamentosa, hyphis 14-23 μ latis, pigmento vacuolari. Fibulis non observatis. — In solo argillaceo vel in frustulis plantarum, sub *Aframomo giganteo.* Typus in Herb. Romagn. n° G 001.

Rhodphyllus longipes Romagn.-Gilles

(Fig. 132)

CARACTERES MACROSCOPIQUES: Chapeau large d'1-2,5 cm et haut de 4-6 mm, convexe, plus ou moin surbaissé, avec une faible dépression centrale, strié par transparence mais non hygrophane, gris jaunâtre un peu verdâtre (M 3 B ou C 2), un peu plus foncé au centre (M 3 C 2, E 3) à cuticule luisante, déviée radialement,

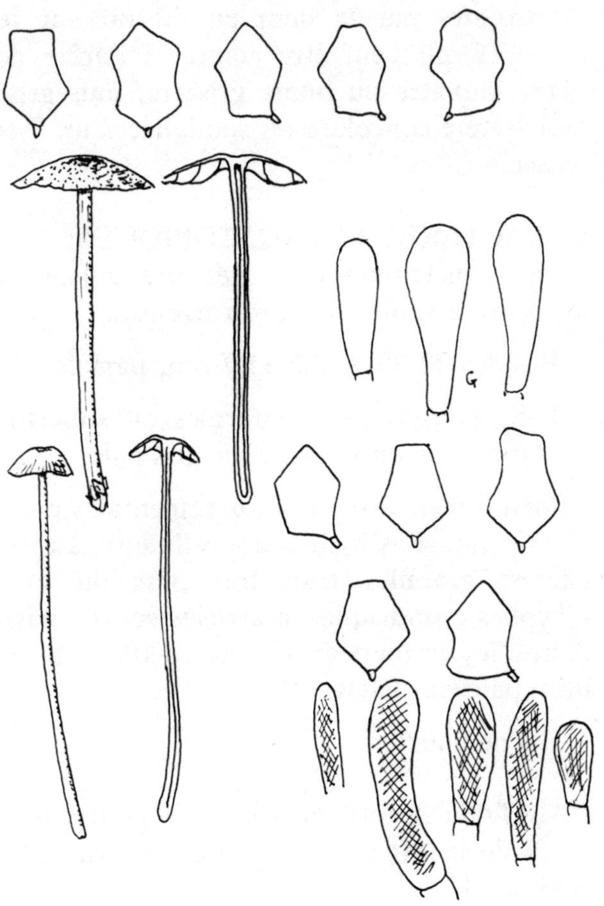

Fig. 132: *Rh. longipes*: spores, carpophore, poils marginaux (G 542); en bas, carpophore, spores et poils marginaux (G 541)

couvert partout, mais plus densément au centre, de courtes méchules radiales (M 3 E 3), bien apprimées.

Stipe 5-5,5 cm × 1-2 mm, égal ou légèrement épaissi en haut et en bas, fistuleux, concolore au chapeau, très glabre, luisant, de texture très fine, non strié longitudinalement, avec un peu de mycélium blanc vers la base.

Chair pelliculaire, translucide, concolore à la surface dans le chapeau et le stipe, douce, inodore.

Lamelles plus ou moins serrées, avec 2-3 longueurs de lamellules, larges d'1,5-2,5 mm au milieu, ascendantes ou horizontales, puis décurrentes par la dent en faisant sur le haut du stipe un filet en relief qui peut être coloré si l'arête des lames l'est elle-même, blanc jaunâtre ou blanc grisâtre, puis gris rosâtre (M 5 A 3, B 2), avec l'arête concolore ou soulignée d'un liseré gris foncé et persistant au sec.

CARACTERES MICROSCOPIQUES: Spores (7,5)-8-9,5 × (5,5)-6-7 µm, symétriques allongées très souvent simples à parois pâles et assez minces, mais bien réfringentes.

Basides 22-35 × 8,5-11,7 µm, parfois pédonculées, tétrasporiques.

Poils marginaux claviformes ou subcylindriques, obtus, 22-52 × 8-18 µm, avec ou sans un suc gris pâle.

Médiostrate à hyphes fondamentales cylindriques, larges de (7)-12-20-(27) µm; sous-hyménium celluleux, à articles courts. Quelques laticifères; granules tramaires plus ou moins abondants. Cuticule d'hyphes cylindriques, à articles courts, parfois avec septations secondaires, les derniers articles de 18-100 × 8-23 µm, à pigment vacuolaire brun pâle (sur le vivant).

Pas de boucles.

HABITAT: A terre ou sur bois pourri tombé, en forêt ombrophile. Forêt de la Mondah, près de Libreville (Gabon), le 31.III.1975, n° G 541 et 542.

OBSERVATIONS

Espèce intermédiaire entre les *Pallidorosei* et les *Fragiles*; ces derniers ont cependant une spore plus grosse. Mais les colorations un peu verdâtre peuvent l'y faire admettre.

DIAGNOSE LATINE. — Pileo 1-2,5 cm lato, convexo, paulum depresso, transluciditate striato, non hygrophano, pallide e luteo et viridulo griseo, minute fibrilloso-squamoso. Stipite 50-55 × 1-2 mm, fistuloso, pileo concolore, glaberrimo, lucido, non striato. Carne pelliculari, translucida, concolore, inodora, dulci. Lamellies mediocriter stipatis, 1,5-2,5 mm latis, ascendentibus, dein dente decurrentibus, ex albis griseis, dein e roseis griseis, acie saepe grisea. — Sporis (7,5)-8-9,5 × (5,5)-6-7 µ, symmetris elongatis simplicibus, tunica pallida, tenui, sed refringente. Basidiis 22-35 × 8,5-11,7 µ, tetrasporis. Pilis marginalibus claviformibus vel subcylindratis, 22-52 × 8-16 μ, saepe succo griseo; granulis in trama praesentibus. Cute hyphis 18-100 × 8-23 μ, pigmento in vivo vacuolari (haud manifesto in siccis speciminibus). Fibulis nullis. — Humi vel in ligno putrido, in silva umbrosa. — Typus in Herb. Romagn. n° G 541.

SECTION DES RUFOCARNEI

Nous réunissons dans cette section des espèces à colorations assez insolites pour le sous-genre, tirant sur le roux, le rougeâtre, le vineux ou le roussâtre. Elles sont proches des *Fuliginosi*, surtout *denticulatus.*

1 Chapeau mamelonné ou papillé (port de *Nolanea*, atypique pour un *Leptonia*) . . 2

1 Chapeau obtus ou déprimé 3

2 Chapeau brun roussâtre avec un petit mamelon arrondi brun roux, glabre. Arête des lames bordée de brun par des poils marginaux à pigment vacuolaire de 40-70 × 7-11 μm . . . . *Rh. titthiophorus* R.-G.

2 Chapeau conique à convexe, à petite papille un peu plus colorée, brun roussâtre, fibrilleux. Arête des lames concolore ou plus pâle, denticulée à poils marginaux hyalins, 28-120 × 9-15 μm . . . . *Rh. denticulatus* R.-G.

3 Spores variant de cubiques (fréquement) à subglobuleuses simples. Chapeau 1,3 cm, brun rougeâtre, glabre. Stipe un peu plus brun gris le chapeau. Pas de poils marginaux . . . . *Rh. latisporus* R.-G.

3 Spores symétriques allongées 4

4 Pas de poils marginaux. Basides tétrasporiques. Chapeau d'un brun rougeâtre un peu vineux rappelant *Inocybe Jurana* . . . . *Rh. vinosulus* R.-G.

4 Poils marginaux 22-55 × 10-16 μm, claviformes. Basides le plus souvent à 2-3 spores. Chapeau brun rougeâtre . . . . *Rh. lateritius* R.-G.

Rhodophyllus denticulatus Romagn.-Gilles

(Fig. 133,134,135)

CARACTERES MACROSCOPIQUES: Chapeau large de 0,8 à 2,2 cm, haut de 3 à 9 mm, convexe plus ou moins surbaissé, non ou à peine déprimé au centre ou très faiblement mamelonné avec la marge tendant à se relever à la fin, ni strié par transparence ni hygrophane, brun assez pâle généralement teinté de roussâtre

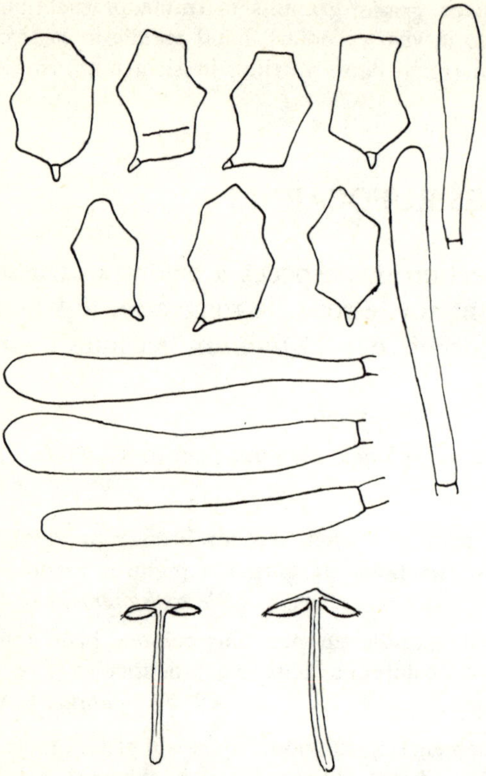

Fig. 133: *Rh. denticulatus:* spores, poils marginaux, hyphes cuticulaire et carpophore (G 106)

proche de M 6 A 3 ou 7 A 3, le centre plus foncé soit M 7 B 6 ou brun un peu plus pâle que S 695. Cuticule déviée radialement, à texture assez grossière constituée le plus souvent par de longues fibrilles plus ou moins flexueuses bien apprimées et bien colorées, plus rarement de fibrilles courtes formant sur toute la surface des méchules écailleuses colorées comme le centre. Marge courtement laineuse chez les jeunes exemplaires.

Stipe long de 2 à 5 cm, diamètre plus ou moins 1 mm, blanc roussâtre très pâle M 6 A 2 à 7 A 2, finement poudré en haut sur 2-3 mm puis glabre, luisant, peigné à la loupe de fibrilles longitudinales argentées extrêmement fines ou à grain très fin, fistuleux, chair concolore. Un peu de mycélium blanc à la base fixant le carpophore aux débris végétaux.

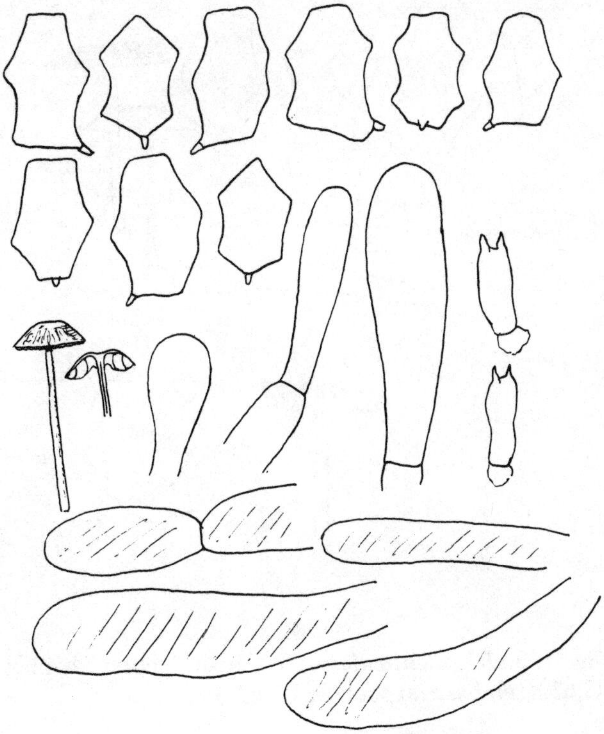

Fig. 134: *Rh. denticulatus:* spores, carpophore, poils marginaux, basides et hyphes cuticulaires (G 553)

Chair pelliculaire, translucide, blanchâtre à roussâtre très pâle, inodore, douce.

Lames moyennement serrées avec 2-(3) longueurs de lamellules, larges jusqu'à 5 mm au milieu, un peu ventrues, adnexées au stipe par une courte dent, blanchâtres ou pâles puis M 7 A 2 à 8 A 3. Arête concolore, nettement denticulée à la loupe.

CARACTERES MICROSCOPIQUES: Spores symétriques-allongées complexes, plus rarement simples, 10-12,5 × 7-8,5 μ, très anguleuses, à parois épaisses et réfringentes.

Basides 18-32 × 9,5-11,7 μ, elliptiques dans la jeunesse, à 2 ou 4 stérigmates.

Poils marginaux plus ou moins étroitement claviformes, (28)-42-120 μ de longueur sur 9-15 μ de largeur.

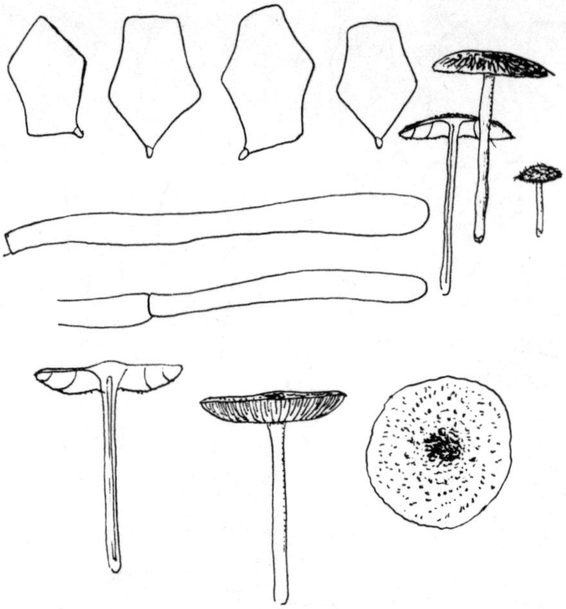

Fig. 135: *Rh. denticulatus*: en haut, spores, hyphes cuticulaires et carpophores (G 620); en bas, carpophore (G 621)

Trame à hyphes fondamentales de 12-16-(25) μ dans le médiostrate des lames, les connexives seulement de 3-6 μ, lesquelles peuvent parfois contenir quelques granules (rarement abondants); sous-hyménium à cellules courtes, à cloisons rapprochées. Cuticule d'hyphes à article terminal assez long, claviforme, de 7-16 μ de diamètre, quelques-unes à contenu mordoré, mais sans l'abondant vacuolaire typique des *Leptonia*.

Pas de boucles observées au pied des basides ni aux cloisons des hyphes.

HABITAT: Sur la terre humide parmi les feuilles mortes. Gabon, Forêt de la Mondah, les 13.10.968, 2.3., 3.4. et 17. et 24. 8. 1975, n° G. 106, G. 523, G.553, G. 620 et G 621.

OBSERVATIONS

Cette petite espèce se reconnaît bien sur le terrain à sa couleur roussâtre, à sa cuticule assez grossièrement déviée radialement et à l'arête des lames fortement denticulée.

DIAGNOSE I ATINE. — Pileo 8-22 mm lato, applanato, mamillato, in ambitu paulum revoluto, non striato, e rufulo brunneo, medio obscuriore, margine breviter fimbriata, alibi tenuiter squamuloso. Stipite 20-50 × 1 mm, usque ad 3 mm inferne, gracili, pallido, glabro, nisi sub lamellis. Carne tenui, inodora. Lamellis mediocriter stipatis, ventricosis, adnexis subliberis, roseis, acie denticulata. — Sporis symmetris-elongatis plerumque complexis 10-12,5 × 7-8,5 μ. Basidiis 18-32 × 95- 11,7 μ. Pilis marginalibus claviformibus, usque ad 120 × 9-15 μ. Trama granulis raris. Cute ex hyphis claviformibus, 10-16 μ latis, pigmento parum distincto. Fibulis non observatis. — Humi inter folia emortua. Typus in Herb. Romagn. n° G 106.

Rhodophyllus lateritius Romagn.-Gilles
(Fig. 136)

CARACTERES MACROSCOPIQUES: Chapeau large de 4-12 mm, hémisphérique, puis étalé et plan, obtus, ni mamelonné ni ombiliqué, d'un brun rougeâtre assez pâle, exactement S 345, avec le centre nettement plus foncé (exactement S 342/343), peigné de fines fibrilles radiales s.l., le centre étant couvert de minuscules méchules apprimées S 342.

Stipe 1,5-2 cm × 0,7-1 mm, atteignant en bas 1,5 mm, courbé lorsqu'il est fixé sur le côté du support, semblant farci, concolore aux lames, (un peu plus pâle que S 345), luisant, très finement strié de fibrilles longitudinales visibles seulement s.l., avec à la base du mycélium blanc.

Chair du stipe concolore à l'extérieur, inodore.

Lamelles moyennement serrées, avec 2 longueurs de lamellules, sublibres, subconcolores au bord du chapeau (à peine plus pâles que S 345), puis fonçant légèrement et atteignant S 344/345, à arête plus pâle et nettement denticulée s.l.

CARACTERES MICROSCOPIQUES: Spores symétriques-allongées complexes, 9,5-11,5 × 7-9 μ, anguleuses-bosselées, à parois réfringentes.

Basides 21-28 × 9,5-11,5 μ, d'abord elliptiques, puis cylindriques-étranglées, à 2, 3 ou rarement 4 stérigmates volumineux.

Poils marginaux claviformes, 25-55 × 10-16 μ, claviformes, obtus.

Trame d'hyphes à granules peu abondants, larges de 18-35 μ dans le médiostrate; sous-hyménium à amples cellules. Cuticule d'hyphes à amples articles, le terminal de 50-80 × 9-11 μ vers les bords, les méchules étant constituées par des hyphes plus volumineuses à articles de 80-120 × 12-15-(18) μ; au centre, dans les endroits non méchuleux, à articles plus courts et plus gros, parfois ellipsoïdaux, 30-80 × (12)-15-22-(25) μ; abondant pigment vacuolaire rougeâtre s.m.

Pas de boucles observées aux basides ni aux cloisons des hyphes.

HABITAT: Sur un tronc abattu très pourri, dans un petit bois à *Pentaclethra macrophylla.* Environs de Libreville, Gabon (Eaux et Forêts / Pisciculture), le 19.III.1972, n° G456.

DIAGNOSE LATINE. — Pileo 4-12 mm lato, hemisphaerico, dein plano, e rubido pallidius brunneo, radiatim subtiliter fibrilloso, medio minimis squamulis adpressis vestito. Stipite 15-20 × 0,7-1 mm, lamellis concolore, minutissime s.l. striato. Carne inodora, concolore. Lamellis mediocriter stipatis, subliberis, pileo subconcoloribus, acie pallidiore et denticulata. — Sporis symmetris elongatis complexis, 21-28 × 9,5-11,5 μ, 2,3 vel 4 sterigmatis. Pilis marginalibus claviformibus, 25-55 × 10-16 μ. Cute filamentosa, hyphis articulatis, terminali loculo 30-120 × 12-25 μ, pigmento vacuolari rubido. Fibulis non observatis. — In ligno putridissimo. Typus in Herb. Romagn. n° G 456.

Rhodophyllus latisporus Romagn.-Gilles

(Fig. 136 bis)

CARACTERES MACROSCOPIQUES: Chapeau large d'1,3 cm et haut de 5 mm conique, tronqué au sommet par une petite dépression centrale, strié par transparence, mais non hygrophane, brun rougeâtre (M 7 C 3), à peine plus foncé au centre, à cuticule glabre, luisante, déviée radialement, de texture très fine.

Sipe 2 cm × 1 mm, cylindrique, fistuleux, un peu plus brun gris que le chapeau (M 6 C 2) glabre, luisant, de texture très fine.

Chair pelliculaire, translucide, concolore aux surfaces, inodore.

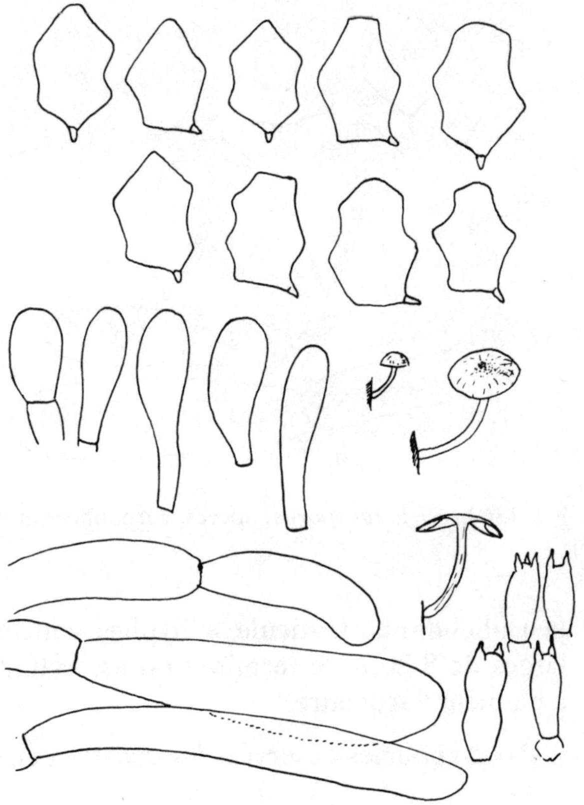

Fig. 136: *Rh. lateritius*: spores, poils marginaux, carpophores, hyphes cuticulaires et basides

Lamelles assez serrées, 2-3 longueurs de lamellules, larges de 3 mm au milieu, ventrues ascendantes, adnexées au stipe par une courte dent, blanchâtres, puis rosées (M 7 A 2), à arête concolore et lisse s.l.

CARACTERES MICROSCOPIQUES: Spores (7)-7,5-10,5 × (6)-7-7,5 μ, assez souvent cubiques, subglobuleuses à presque symétriques allongées simples, à parois épaisses.

Basides courtes, trapues, 22-30 × 9-14 μ, tétrasporiques.

Pas de poils marginaux.

Médiostrate mal conservé, à hyphes fondamentales semblant mesurer vers 8-16 μ, atteignant 20 μ dans le chapeau. Granules tramaires

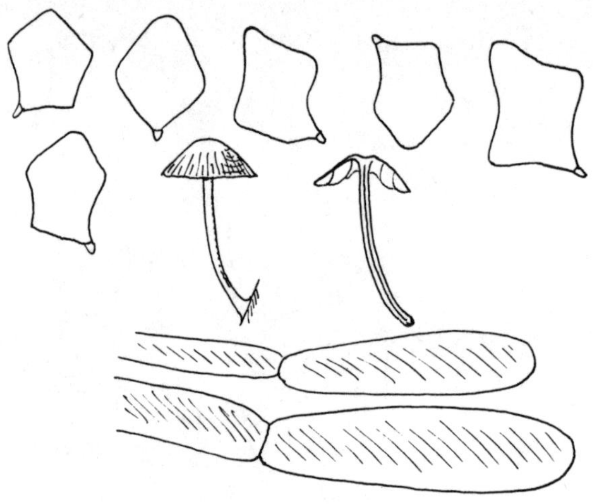

Fig. 136 bis: *Rh. latisporus*: spores, carpophore et hyphes cuticulaires

peu abondants. Cuticule à hyphes couchées, à articles cylindriques larges de 8-20 μ, le terminal obtus, cylindrique ou faiblement clavé, à pigment vacuolaire.

Pas de boucles observées (exsiccatum en mauvais état).

HABITAT: Sur un petit tronc d'arbre abattu pourrissant, en forêt ombrophile. Forêt de la Mondah, km 31,5 de Libreville (Gabon), le 22.VI.1975, n° G 606.

OBSERVATIONS

C'est une Leptonie banale, sauf par les spores.

DIAGNOSE LATINE. — Pileo 1,3 cm lato, conico, summo truncato depressoque, transluciditate striato, sed non hygrophano, e rubido brunneo, vix medio obscuriore, glabro, lucido. Stipite 20 × 1 mm, terete, magis e griseo brunneo quam pileus, glabro, lucido. Carne pelliculari, translucida, concolore, inodora. Lamellis substipatis, 3 mm latis, ventricosis ascendentibus, brevi dente adnexis, albidis, dein roseis, acie concolore ac levi. — Sporis (7)-7,5-10,5 × (6)-7-7,5 μ, cubicis vel subglobosis (vel paulum symmetris elongatis) simplicibus, tunica crassa. Basidiis brevibus, 22-30 × 9-14 μ, tetrasporis. Pilis marginalibus nullis. Granulis in trama paucis. Cute hyphis 8-20 μ latis, extremo articulo obtuso, pigmento vacuolari. Fibulis non observatis. — In parvo trunco demisso et putrido, in silva umbrosa. Typus in Herb. Romagn., n° G 606.

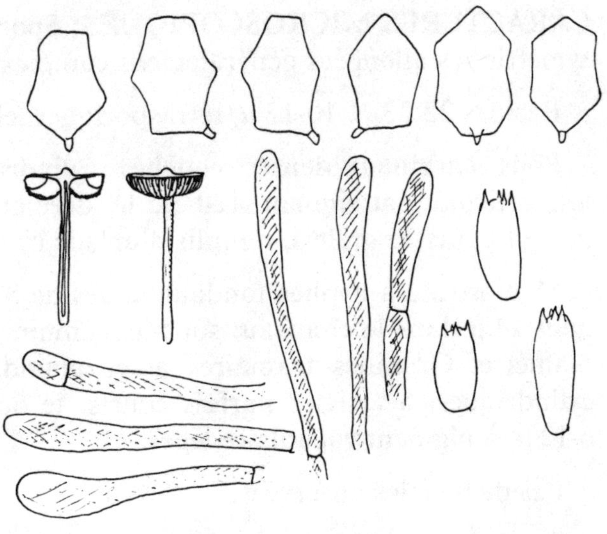

Fig. 137: *Rh. titthiophorus*: spores, carpophore, poils marginaux, hyphes cuticulaires et basides

Rhodophyllus titthiophorus Romagn.-Gilles

(Fig. 137)

CARACTERES MACROSCOPIQUES: Chapeau large d'1 cm et haut de 3 mm y compris les lames vues de profil, étalé-plan avec une petite papille sphérique d'1 mm de diamètre au centre, strié par transparence mais non hygrophane, brun très pâle (M 6 B 3) avec la papille relativement foncée et brun roux, glabre, à cuticule déviée radialement et de texture très fine.

Stipe 2 cm × 0,75 mm, cylindrique, fistuleux, jaunâtre plus pâle que M 4 A 2, plus foncé à la base (M 4 A 3), luisant et glabre, de texture très fine.

Chair pelliculaire, translucide, concolore dans le pied, blanchâtre dans le chapeau, inodore.

Lamelles peu serrées, avec le longueur de lamellules, larges de 3 mm au milieu, adnexées au stipe par une courte dent, fortement semiventrues blanchâtres, puis rosissant, à arête brun foncé et dentelée s.l.

CARACTERES MICROSCOPIQUES: Spores (9)-9,5-11,7 × 6,5-8 μ, symétriques allongées généralement complexes, bien anguleuses.

Basides 22-33 × 10-12 μ, tétrasporiques, elliptiques.

Poils marginaux denses, couchés, cylindracés ou faiblement clavulés, articulés, atteignant 120 μ, le dernier article mesurant 40-70 × 7-11 μ, (assez grêles), remplis d'un suc brun.

Médiostrate à hyphes fondamentales de 8-10 μ en moyenne; atteignant 14 μ dans le chapeau; sous-hyménium à cellules de 6,5-7,5 μ de diamètre. Granules tramaires assez abondants. Cuticule à hyphes cylindriques, à articles parfois courts, le dernier mesurant 40-90 × 8-12 μ, à pigment vacuolaire léger.

Pas de boucles observées.

HABITAT: A terre, sur débris végétaux, en forêt ombrophile. Forêt de la Mondah, km 31,8 de Libreville, (Gabon), le 1.VI.1975, n° G 584.

OBSERVATIONS

Ce Rhodophylle diffère un peu de *glaucogilvus* (C.I. 077) par la présence d'un mamelon arrondi et les poils marginaux plus septés mais en est très voisin. Très proche aussi est le *Rh. denticulatus* (G 106), dont le chapeau est plus foncé, les lames beaucoup plus étroites et à arête non colorée.

DIAGNOSE LATINE. — Pileo 1 cm lato, expanso plano, parva papilla semiglobata, transluciditate striato, sed non hygrophano, pallidissime brunneolo, in papilla e rufo brunneo, glabro. Stipite 20 × 0,75 mm, terete, fistuloso, pallide luteolo, lucido, glabro. Carne pelliculari, translucida, in pileo albida, in stipite concolore, inodora. Lamellis paucis, cum una lamellula, latis (3 mm), semiventricosis, brevi dente adnexis, albis, deinde roseolis, acie brunnea et dentata. — Sporis, (9)-9,5-11,7 × 6,5-8 μ, symetris elongatis plerumque complexis. Basidiis ellipsoideis, 22-33 × 10-12 μ. Pilis marginalibus densis, jacentibus, cylindratis vel leviter clavatis, articulatis, 120 × 7-11 μ, succo brunneo. Granulis in trama pluribus. Cute ex hyphis cylindratis, articulo extremo 40-90 × 8-12 μ, pigmento vacuolari. Fibulis non visis. — Humi, in frustulis plantarum, in silva umbrosa. — Typus in Herb. Romagn. n° G 584.

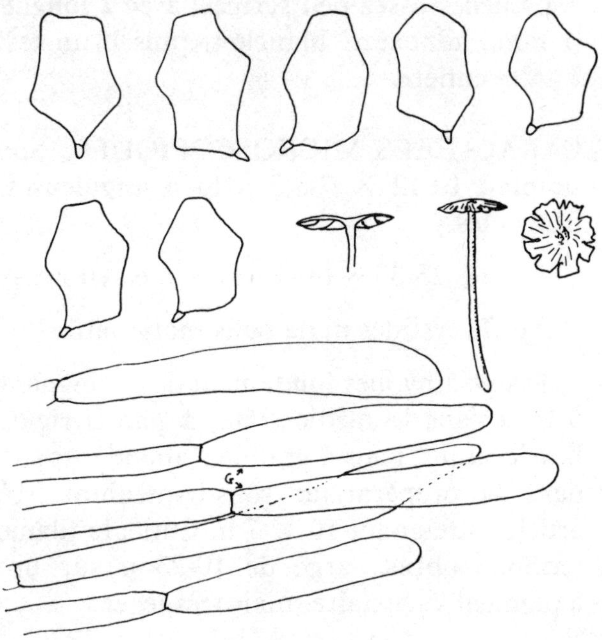

Fig. 138: *Rh. vinosulus*: spores, carpophore et hyphes cuticulaires (d'après G. Gilles)

Rhodophyllus vinosulus Romagn.-Gilles

(Fig. 138)

CARACTERES MACROSCOPIQUES: Chapeau large de 1,2 cm, haut de 1-2 mm, aplani, faiblement déprimé, non ombiliqué au centre, entièrement strié par transparence, mais non hygrophane, se crevassant radialement au bord, d'un brun rose un peu vineux (rappelant *Inocybe Jurana*), entre S 705 et 695 en un peu plus vineux, assez proche de S 148, peigné de fibrilles brun roux grossières, d'aspect luisant.

Stipe filiforme, 2,5 cm × 1 mm sur 3 mm à partir du haut, puis 0,5 mm, enfin 2 × 1 mm à l'extrême base, brun pâle (S 705) sous les lames, ailleurs plus foncé (S 132), mat, sans coton mycélien à la base.

Chair extrêmement mince, inodore.

Lamelles assez peu serrées, avec 2 longueurs de lamellules, étroites (1 mm), adnexées, blanches, puis brun testacé assez vif, S 187/188, à arête entière.

CARACTERES MICROSCOPIQUES: Spores symétriques-allongées simples, 10-12 × 7-8,5 μ bien anguleuses, à parois épaisses et réfringentes.

Basides 25-30 × (8)-10-11,5 μ, claviformes, à 4 stérigmates.

Pas de cystides ni de poils marginaux.

Trame à hyphes fondamentales atteignant 20-23 μ dans le chapeau, 6-14 μ dans le médiostrate, à parois rigides, optiquement vides sur l'exsiccatum, mais à granules abondants sur le vivant, et se répandant dans la préparation; sous-hyménium irrégulièrement celluleux, à articles atteignant 10 × 7 μ. Cuticule filamenteuse, à hyphes à article terminal obtus, large de 10-23 μ sur une longueur de 70-120 μ, à pigment vacuolaire, mais très léger.

Pas de boucles observées au pied des basides ni aux cloisons de hyphes.

HABITAT: A terre en forêt, dans les feuilles mortes. Forêt de la Mondah (km 31,5 de Libreville, Gabon), le 29.I.1972, n° G423

DIAGNOSE LATINE. — Pileo 1,2 cm lato, applanato, medio leviter depresso, haud umbilicato, toto transluciditate striato, non hygrophano, in margine radiatim fisso, vinosobrunneo, fibrilloso, lucido. Stipite filiformo, 25 × 1 m, paulo medio angustiore, et imo latiore, pallide brunneolo, impolito. Carne tenuissima, inodora. Lamellis parum stipatis, 1 mm latis, adnexis, albis, deinde e testaceis roseis, acie integra. — Sporis symmetris-elongatis simplicibus, 10-12 × 7-8,5 μ. Basidiis 25-30 × (8)-10-11,5 μ. Trama in vivo granulis repleta. Cute filamentosa, hyphis loculo terminali 70-120 × 10-23 μ, pigmento vacuolari. Fibulis non observatis. — Humi, inter folia emortua. Typus in Herb. Romagn., n° G 423.

SECTION DES FULIGINOSI

Cette section touche aux *Alboleptonia Pallidorosei*; la plupart de ses représentants nous ont montré des pigments vacuolaires, souvent très pâles, mais cependant décelables sur le vivant par plasmolyse. Il se peut que les caractères chimiques découverts par Largent chez ses *Alboleptonia* permettent une meilleure distinction, mais il est difficile de l'affirmer a priori. Les limites avec les *Inopilus*, qui ont le même type de spores, de pigmentation et souvent aussi des granules tramaires (qui, cependant, peuvent être en coexistence avec des boucles), ne sont pas trop difficiles à tracer, la forme du chapeau étant assez différente, ainsi que la consistance (non cartilagineuse) du stipe.

1 Chapeau conique-mamelonné ou papillé, et port rappelant un peu par là les *Nolanea* 2

1 Chapeau obtus ou déprimé 4

2 Pas de poils marginaux. Lamelles souvent fourchues, avec de côtes saillantes perpendiculaires à l'arête, d'aspect, interveinées. Chapeau 2,5 cm, aplani, papillé. Stipe brun rosâtre un peu jaunâtre .... *Rh. lamellirugus* R.-G.

2 Poils marginaux présents (46-95 × 6-14 μm). Lamelles non interveinées. Chapeau 7-18 mm 3

3 Chapeau 18 mm, brun très pâle, presque blanchâtre au bord, à cuticule de texture très fine. Spores 7-9 × 4,5-5,7 μm .... *Rh. gilvus* R.-G.

3 Chapeau 7 mm, gris rosâtre, un peu moucheté au centre. Spores 7-10 × 6,2-7 μm .... *Rh. griseoroseus* R.-G.

4 Spores en majorité cubiques 5

4 Spores généralement non cubiques 7

5 Cellules marginales lagéniformes ou fusiformes, à col obtus et parfois un peu dilaté, souvent toruleux, insolite chez un *Leptonia*. Spores évoluant assez souvent vers le type subglobuleux simple, 7-10 × 6,2-7 μ .... *Rh. fusicystis* R.-G.

5 Cellules marginales différentes ou nulles 6

6 Pas de poils marginaux. Basides le plus souvent tétrasporiques. Spores d'aspect étoilé comme une spore prismatique, 7-9 × 6-8 μm. Chapeau 7 mm, brun clair. Lames simplement adnexées ou adnées. .... *Rh. inocybospermus* R.-G.

6 Poils marginaux claviformes. Basides le plus souvent bisporiques. Spores non étoilées, 6,5-9 × 6,2-8 μm. Chapeau jusqu'à 15 mm, à stipe court, ne dépassant pas beaucoup le diamètre du chapeau. Lames subdécurrentes .... *Rh. dicubospermus* R.-G.

7 Petites espèces (chapeau inférieur à 15 mm) et en même temps stipe court (arqué en position oblique), ne dépassant pas beaucoup le diamètre du chapeau, qui est souvent de couleur assez claire 8

7 Espèces ou plus grandes ou à stipe très long 13

8 Basides le plus souvent bisporiques. 9

8 Basides normalement tétrasporiques 10

9 Spores 7-8,5 × 5-6,7 μm .... *Rh. planoconvexus* R.-G.

9 Spores 9,5-12,5 × 7-8 μm .... *Rh. nudipileus*

10 Spores grandes, supérieures à 10 μm. Chapeau convexe, à cuticule d'aspect velouté du fait d'une couche superficielle d'articles courts, 40-60 × 17-27 μm, de disposition plus ou moins palissadique .... *Rh. nanus* R.-G.

10 Spores plus petites 11

11 Lames à arête denticulée du fait de longs poils atteignat 120 × 18 μm. Chapeau soyeux glabre. Pas d'odeur nette ...... *Rh. pseudodenticulatus* R.-G.

11 Lames à arête homomorphe. Chapeau finement fibrilleux ou squamuleux ... 12

12 Odeur plus ou moins spermatique. Chapeau 5-15 mm, brunâtre pâle; stipe 0,7-1 mm .... *Rh. spermaticus* R.-G.

12 Pas d'odeur particulière. Chapeau 7 mm, gris brun pâle, plus foncé au centre où il présente de petites squames foncées et dressées ...... *Rh. effugiens* R.-G.

13 Petites espèces (chapeau 5-12 mm) à stipe long, × 0,7-1 mm 14

13 Espèces plus grandes; chapeau 15-35 mm; stipe × 1,5-3 mm 17

14 Lames à arête concolore ou plus pâle, à poils hyalins 15

14 Lames à arête colorée et poils marginaux à pigment vacuolaires 16

15 Chapeau conique obtus, brun pâle, glabre. Spores 6,5-8 × 4,5-5,5 μm, à dièdre souvent très obtus, peu net. Petit poils marginaux sphéropédonculés ou subclaviformes, 12,5-21 × 5-15 μm, parfois septés .... *Rh. ambiguus* R.-G.

15 Chapeau, franchement pelucheux au milieu. Stipe pruineux en haut. Poils marginaux claviformes. Spores 8,5-11,5 × 7-8,5 μm ...... *Rh. pulveripes* R.-G.

16 Chapeau beige jaunâtre pâle. Stipe intact entièrement poudré. Lames largement adnées. Poils marginaux 40-90 × 5-11,5 μm ...... *Rh. glaucogilvus* R.-G.

16 Chapeau gris brun très pâle, un peu plus foncé au centre. Stipe glabre. Lames étroites, falciformes .... *Rh. albomurinus* R.-G.

17 Chapeau gris fulgineux, profondément déprimé. Lamelles arquées décurrentes (port eccilioïde). Pas de poils marginaux distincts des basidioles .... *Rh. capnoides* R.-G.

17 Des poils marginaux (s'ils sont ciliformes, voir *Alboleptonia Pallidorosei*) 18

18 Chapeau de couleur foncée, noirâtre au centre, méchuleux. Basides petites, 25-35 × 8-11 μm. Poils marginaux 30-40 × 8-11 μm 19

18 Chapeau plus pâle 20

19 Arête des lames concolore. Spores 8,5-11-(14) × 6-7 μm .. *Rh. tristissimus* R.-G.

19 Lames bordées de brun foncé. Spores 10-11,5 × 6-8 μm .... var. *brevibasidiatus* R.-G.

20 Lames bordées de brun foncé. Chapeau 3,5 cm, d'un brun assez clair, plus

gris au disque, à cuticule fibrilleuse, tendant à se crevasser radialement et méchuleux dans un ombilic plus foncé. Lames falciformes, larges d'environ 4 mm. Poils marginaux 30-40 × 8-11 µm .... *Rh. arcuatus* R.-G.

20 Arête des lames concolores. Poils marginaux petits, 18-40 × 4,5-11 µm 21

21 Cuticule piléique entièrement glabre, seulement déviée radialement s.l. Stipe à peu près concolore au chapeau, fibrilleux. Odeur faible. Poils marginaux subcylindriques, parfois légèrement fusiformes, obtus, 30-40 × 8-11 µm........ .... 21 *Rh. sublatifolius* R.-G.

21 Cuticule plus ou moins méchuleuse ou fibrilleuse s.l..................... 22

22 Stipe brun jaune (rappelant *Mycena inclinata*) farineux en haut. Odeur forte, terreuse ou un peu d'*Inocybe piriodora* .... var. *castaneipes* R.-G.

22 Stipe grisâtre, fuligineux en bas. Chapeau gris un peu rosé.................. .... *Rh. truncatus* Romagn.

Rhodophyllus albomurinus Romagn.-Gilles

(Fig. 139)

CARACTERES MACROSCOPIQUES: Chapeau large de 6 mm et haut de 2 mm, convexe surbaissé avec une légère dépression centrale, strié par transparence, mais non hygrophane, gris brun très pâle, presque blanchâtre (M 5 A 2), un peu plus grisâtre au centre (M 5 B 2), glabre, à cuticule déviée radialement, de texture très fine, unie-veloutée au centre.

Stipe 20 × 0,75 mm, cylindrique, blanc jaunâtre, de texture très fine.

Chair pelliculaire, translucide, concolore aux surfaces, inodore.

Lamelles moyennement serrées, avec 2 longueurs de lamellules, larges d'1,5 mm, au milieu, faiblement ventrues, adnexées au stipe par une courte dent, blanches, puis rosissant, à arête denticulée et soulignée de brun.

CARACTERES MICROSCOPIQUES: Spores symétriques allongées complexes, 10-11-(12) × 7-8-(8,7) µ, à parois épaisses et réfringentes.

Basides 29-36 × 10,5-12-(14) µ, à 4, parfois 2 stérigmates.

Poils marginaux claviformes, 36-55 × 7-12 µ, dressés, en touffes, bourrées de granules, à pigment vacuolaire brun jaunâtre.

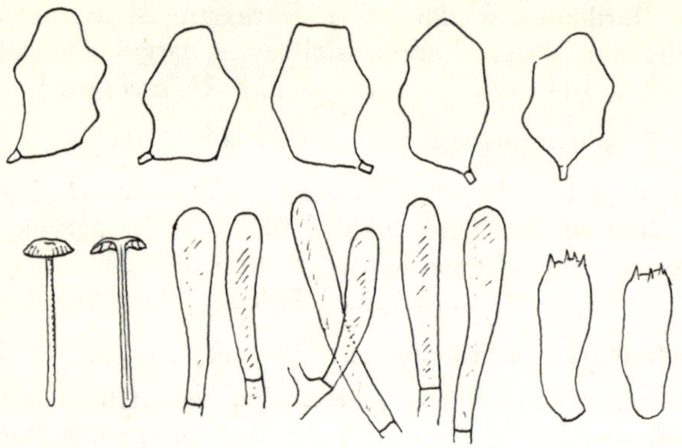

Fig. 139: *Rh. albomurinus*: spores, carpophore, poils marginaux et basides

Médiostrate à hyphes approximativement de 6-13 μ de large (mal conservé); sous-hyménium peut-être plutôt rameux. Nombreux granules tramaires. Cuticule à hyphes cylindriques, de 8-13 μ de diamètre, à pigment indiscernable.

Boucles non observées.

HABITAT: Sur bois pourrissant en forêt ombrophile. Forêt de la Mondah, km 31,5 de Libreville, le 20 avril 1975, n° G 567.

OBSERVATIONS

Espèce qui serait banale sans ses poils d'arête colorés et son chapeau pâle. Peut-être mieux placée dans les *Pallidorosei.*

DIAGNOSE LATINE. — Pileo 6 mm lato, humiliter convexo, medio leviter depresso, transluciditate striato, sed non hygrophano, pallidissime murinello, fere albido, glabro. Stipite 20 × 0,75 mm, terete, e luteolo albo, glabro. Carne pelliculari, translucida, concolore, inodora. Lamellis mediocriter stipatis, leviter ventricosis, brevi dente adnexis, albis, dein roseis, acie denticulata, brunnea. — Sporis 10-11-(12) × 7-8-(8,7) μ, symmetris elongatis complexis, tunica crassa. Basidiis 29-36 × 10,5-12-(14) μ, (2)-4 sporis. Granulis in trama permultis. Pilis marginalibus clavatis, guttulatis, succo brunneo. Cute hyphis 8-13 μ latis, pigmento vacuolari. Fibulis non visis. — In ligno putrescente. — Typus in Herb. Romagn. n° G 567.

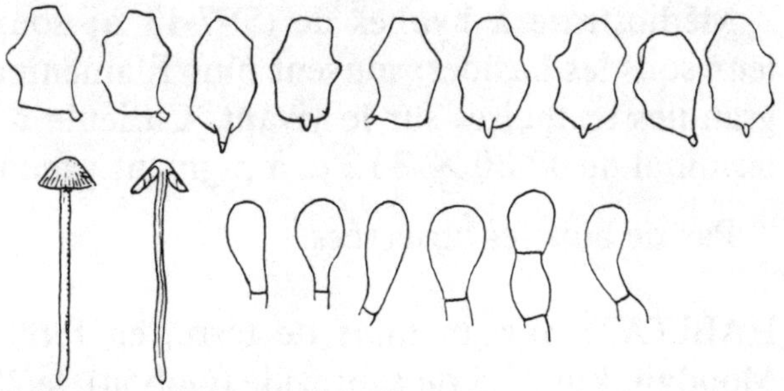

Fig. 140: *Rh. ambiguus*: spores, carpophore et poils marginaux

Rhodophyllus ambiguus Romagn.-Gilles
(Fig. 140)

CARACTERES MACROSCOPIQUES: Chapeau large de 6 mm et haut de 3 mm, conique obtus, non déprimé, strié par transparence, guère hygrophane, brun clair (M 5 B 3), très pâle, presque blanchâtre à la marge, à cuticule glabre, luisante, de texture si fine qu'on ne la voit pas distinctement déviée radialement.

Stipe 2,2 cm × 0,75 mm, cylindrique, fistuleux, blanchâtre dans le tiers supérieur, puis progressivement concolore au chapeau, poudré de haut en bas de minuscules paillettes brillantes.

Chair pelliculaire, translucide, concolore aux surfaces, inodore.

Lamelles assez serrées, avec 2 longueurs de lamellules, larges d'1 mm, ascendantes puis adnées, blanches, puis rosissant à peine, à arête pâle, denticulée s.l.

CARACTERES MICROSCOPIQUES: Spores 6,5-8 × 4,5-5,5 μ, d'aspect gibbeux, à parois minces, plus ou moins tronquées ou à angle obtus à la base, probablement à dièdre obtus et passant à une face (symétriques allongées complexes ?).

Basides 22-32 × 8,5-10,5 μ, tétrasporiques.

Poils marginaux courtement claviformes, généralement à deux articles superposés, le terminal de 12,5-21 × (5)-8-15 μ.

Médiostrate à hyphes de (5)-7-13 μ; sous-hyménium étroit, celluleux sous les basides, souvent plus filamenteux en dessous. Nombreux granules tramaires sur le vivant. Cuticule à hyphes banales, à article terminal de 40-80 × 7-12 μ, à pigment vacuolaire très pâle.

Pas de boucles observées.

HABITAT: Sur un talus de terre, en forêt ombrophile. Forêt de la Mondah, km 27,5 de Libreville (Gabon), le 25.V.1975, n° G 583.

OBSERVATIONS

Malgré sa silhouette nolanéoide et sa spore à base difficile à interpréter, cette espèce semble se rattacher plutôt aux *Leptonia* par ses granules tramaires abondants et ses poils marginaux.

DIAGNOSE LATINE. — Pileo 6 mm lato, obtuse conico, haud depresso, translucíditate striato, sed parum hygrophano, pallide brunneolo, in margine fere albido, glabro, lucido. Stipite 22 × 0,75 mm, summo albido, alibi pileo concolore, minutissime pruinoso-atomato. Carne pelliculari, translucida, concolore, inodora. Lamellis substipatis, 1 mm latis, adnatis, albis, dein roseolis, acie pallida, denticulata s.l. — Sporis 6,5-8 × 4,5-5,5 μ, gibbosis, tunica tenui, verisimiliter symmetris elongatis complexis (sed basi obtusa vel ad faciem vergente). Basidiis 22-32 × 8,5-10,5 μ, tetrasporis. Pilis marginalibus breviter claviformibus, plerumque 2 articulis superpositis, 12,5-21 × 5-15 μ. Granulis in trama multis. Cute hyphis extremo articulo 40-80 × 7-12 μ, pigmento vacuolari. Fibulis non visis. — In terra valli, in silva umbrosa. — Typus in Herb. Romagn. n° G 583.

Rhodophyllus arcuatus Romagn.-Gilles

(Fig. 141)

CARACTERES MACROSCOPIQUES: Chapeau large de 3,5 cm, haut de 1 cm, convexe, ombiliqué au centre (ombilic 5×2 mm), fortement strié par transparence, à bord presque cannelé, d'un brun assez clair (S 703) sur les 2/3 à partir de la marge, le tiers central étant plus gris (vers S 494 en moins bleu), fibrilleux, tendant à se crevasser radialement, et avec dans l'ombilic des méchules d'un brun très foncé.

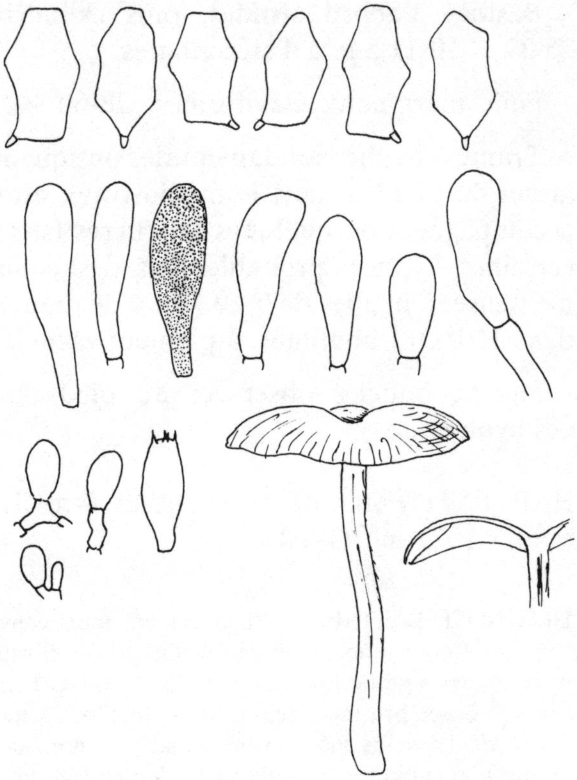

Fig. 141: *Rh. arcuatus:* spores, poils marginaux, basidioles et baside, carpophore

Stipe 4,5 cm × 3 × 1 mm, comprimé et atteignant en bas 4 mm, sinueux, brun gris, pâle et un peu farineux en haut sur 5 mm, puis gris souris, S 493 en plus brun, dans les tons de M 8 E 3, luisant, à grain très fin s.l., avec en bas du coton mycélien sur 2 cm.

Chair très mince (0,6 mm), brun pâle dans le chapeau, à odeur faible d'*Inocybe Bongardi.*

Lamelles moyennement serrées, avec 4 longueurs de lamellules, minces, larges au milieu de 4 mm, arquées, décurrentes par une fine dent, ocre rougeâtre à maturité (S 193), à arête denticulée et soulignée par une ligne brun relativement foncé, vers S 703.

CARACTERES MICROSCOPIQUES: Spores symétriques-allongées complexes, nettement oblongues, 10-12 × 6-6,5 μ, à parois assez pâles.

Basides d'abord ovoïdes, puis cylindriques-pédonculées, courtes, 25-37 × 10-11,5 μ, à 4 stérigmates.

Poils marginaux claviformes, 28-60 × 10-14-(18) μ, à suc brun.

Trame à hyphes fondamentales optiquement vides sur l'exsiccatum, larges de 10-12 μ dans le médiostrate, atteignant 18 μ dans la chair, accompagnées de quelques laticifères (sur le frais, des granules dans certaines hyphes, probablement des connexives, G.). Cuticule filamenteuse, à hyphes de 6-10-(18) μ de diamètre, avec quelques guttules dans NH^4OH bouillant, à pigment vacuolaire.

Pas de boucles observées au pied des basides ni aux cloisons des hyphes.

HABITAT: Forêt de la Mondah (km 31,8 de Libreville, Gabon), le 24.X.1971, n° G403

DIAGNOSE LATINE. — Pileo 3,5 cm lato, convexo, umbilicato, transluciditate valde striato, brunneo, magis in medio griseo, fibrilloso, paulum radiatim rimuloso, in umbilico squamuloso. Stipite 45 × 3 × 1 mm, compresso, imo usque ad 5 mm, e griseo brunneo, dein murino, lucido. Carne tenuissima, odore levi *Inocybae Bongardi.* Lamellis mediocriter stipatis, 4 mm latis, arcuatis, tenui dente decurrentibus, e rubidis ochraceis, acie denticulata ac brunnea. — Sporis symmetris-elongatis complexis, 10-12 × 6-6,5 μ. Basidiis 25-37 × 10-11,5 μ. Pilis marginalibus claviformibus, 28-60 × 10-14-(18) μ, succo brunneo. Trama laticiferis praedita. Cute filamentosa, hyphis 6-10-(18) μ latis, pigmento vacuolari. Fibulis non observatis. — Typus in Herb. Romagn., n° G 403.

Rhodophyllus capnoides Romagn.-Gilles

(Fig. 142)

CARACTERES MACROSCOPIQUES: Chapeau large d'1,8 cm et haut de 4 mm y compris les lames, étalé subplan, ombiliqué, strié par transparence, mais non hygrophance, gris fuligineux, (vers M 5 E 1, ou mieux MS 7,5 YR 4/0), parsemé de squames noirâtres bien apprimées commençant vers le tiers marginal, et alors peu denses, mais le devenant de plus en plus vers le centre, assez luisant, remarquablement mince-pellucide pour sa taille.

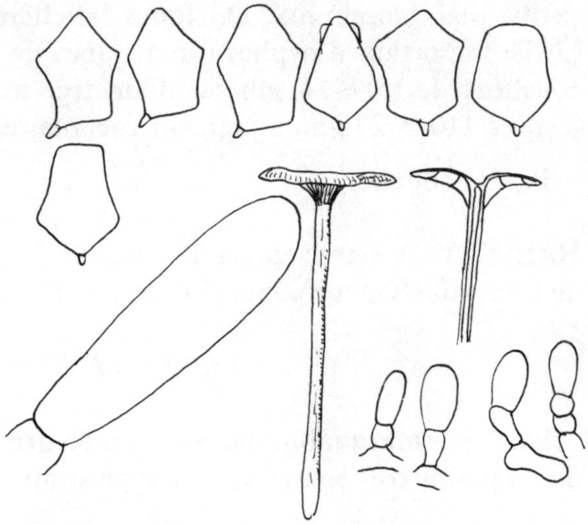

Fig. 142: *Rh. capnoides*: spores, hyphe cuticulaire, carpophore et basidioles

Stipe 4,5 cm × 2 mm en haut, 1,5 mm au milieu et 2 mm en bas, fistuleux, gris assez foncé, presque aussi coloré que le chapeau, luisant, très finement strié longitudinalement s.l.

Chair pelliculaire, autant que chez les espèces les plus petites, translucide, concolore dans le chapeau, blanchâtre dans le stipe, inodore, douce.

Lamelles moyennement serrées, avec 2-3 longueurs de lamellules, larges de 2 mm, arquées, bien décurrentes et formant un filet en relief sur le stipe, gris assez clair, M 5 C 1, sans traces de rose, à arête concolore et lisse s.l.

CARACTERES MICROSCOPIQUES: Spores 9-11-(12) × 6,7-8-(9,5) µm, symétriques allongées simples, rarement cubiques ou complexes, à parois épaisses et réfringentes.

Basides 29-35 × 11-15 µm, d'abord elliptiques, tétrasporiques.

Pas de poils marginaux différenciés des basidioles.

Médiostrate à hyphes fondamentales d'environ 10-15 µm, les connexives très grêles; sous-hyménium à articles arondis, elliptiques ou obpiriformes, filamenteux rameux plus bas. Granules tramaires petits, mais nombreux. Quelques laticifères dans le subcutis. Hypophylle important d'hyphes cylindriques de 5-6 μm. Cuticule à hyphes couchées de (5)-8-14 μm de diamètre, à article terminal mesurant jusqu'à 110 × 24 μm, à pigment vacuolaire gris abondant.

Pas de boucles.

HABITAT: A terre, en forêt ombrophile. Forêt de la Mondah, près de Libreville (Gabon), km 31,8, le 1.V.1977, n° G 733.

OBSERVATIONS

Espèce remarquable par sa couleur gris noirâtre, ses spores grandes, à parois très épaisses, d'un type simple.

DIAGNOSE LATINE. — Pileo 18 mm lato, expanso subplano, umbilicato, translucriditate striato, non hygrophano, obscure fuliginoso, squamulis nigris vestito. Stipite 45 × 1-2 mm, fistuloso, pileo subconcolore, striato, glabro. Carne tenuissima, pelliculari, translucida, in pileo concolore, in stipite albida, inodora. Lamellis mediocriter stipatis, 2 m latis, arcuatis, dente decurrentibus, griseis, acie concolore, levi s.l. — Sporis 9-11-(12) × 6,7-8-(9,5) μ, symmetris elongatis simplicibus, raro cubicis vel complexis. Basidiis 29-35 × 11-15 μm. Acie fertili. Laticiferis granulisque praesentibus. Cute hyphis summo articulo usque ad 100 × 24 μm, pigmento vacuolari. Fibullis nullis. — Humi in silva umbrosa. Typus in Herb. Romagn. n° G 737.

Rhodophyllus dicubospermus Romagn.-Gilles

(Fig. 143)

CARACTERES MACROSCOPIQUES: Chapeau large de 1-2,5 cm et haut de 3-7 mm y compris les lames de profil, convexe surbaissé, puis étalé, avec la marge légèrement enroulée, assez largement et profondément creusé au centre, strié par transparence mais non hygrophane, brun roussâtre (M 5 B 3 à C 5, 6 D 4 ou 5; mieux MS 5 YR 4,5/3 ou 5,5/3), souvent plus foncé au fond et la dépression (M 5 C 3 ou 6 D 3; mieux MS YR 4,5/3), à cuticule mate, couverte partout, mais plus densément au centre, de méchules plus ou moins retroussées donnant s.l. un profil bassement, mais densément hérissé, parfois disposées radialement.

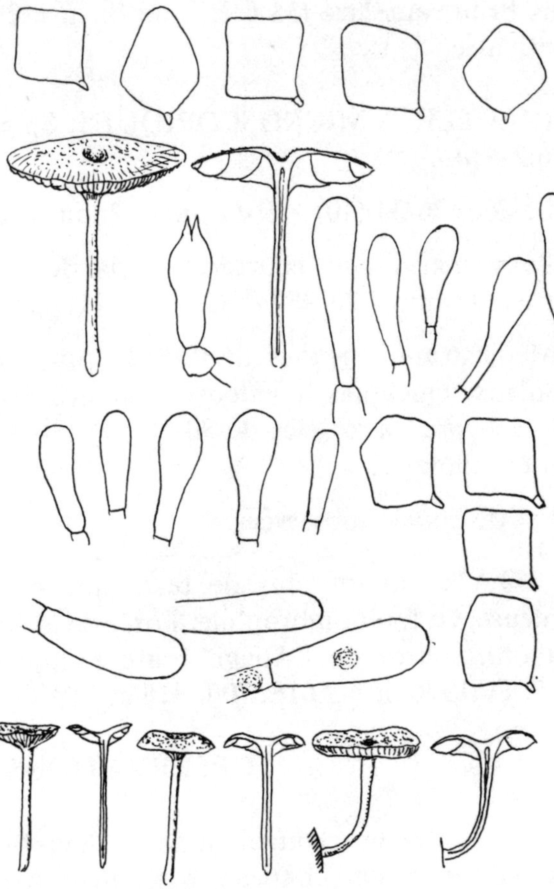

Fig. 143: ***Rh.*** *dicubospermus*: en haut, spores, carpophore, baside et poils marginaux (G 618); au milieu, poils marginaux, hyphes cuticulaires et spores (G 709); en bas, carpophores (de gauche à droite, G 709, 715 et 719)

Stipe 1,5-2,5 cm × 1-1,5 mm, parfois un peu plus épais en haut, fistuleux, blanchâtre en haut, ailleurs beige grisâtre à brun jaunâtre pâle (plus clair que M 5 B 2 ou 3; mieux MS 10 YR 7/1), assez luisant, finement strié longitudinalement s.l.

Chair pelliculaire, translucide, concolore aux surfaces, inodore.

Lamelles moyennement à assez serrées, avec 2-3 longueurs de lamellules, larges de 2-5 mm, horizontales et sinuées subéchancrées, mais un certain nombre sont nettement décurrentes, blanc brunâtre, puis brun roussâtre (M 6 B 2 ou 3), à arête concolore et bassement denticulée.

CARACTERES MICROSCOPIQUES: Spores cubiques, petites, 6,5-9 × 6,2-8 μm.

Basides 26-34-(40) × 9-11 μm, à 2 longs stérigmates.

Poils marginaux courtement claviformes, non ou peu septés, l'article terminal 25-48-(75 G.) × 6-11,7 μm.

Médiostrate à hyphes de (5)-6-15 μm; sous-hyménium amplement celluleux. Quelques laticifères; granules tramaires inconstants. Cuticule à hyphes à articles de 30-100 × (8)-10-22 μm, bourrées de pigment vacuolaire.

Pas de boucles observées.

HABITAT: Sur un talus de terre nue ou la terre bouense, sablo-argileuse, en forêt ombrophile. Forêt de la Mondah, près de Libreville (Gabon), source de l'Abaga route militaire, 18.VIII.1975 et 3, 11 et 17. IV.1976, n° G 618, 709, 715 et 719.

OBSERVATIONS

Cette espèce se reconnaît à sa couleur brun roussâtre, à son port eccilioïde et à son chapeau bassement hérissé; microscopiquement à ses basides portant deux petite spores cubiques. Les granules tramaires caractéristiques des Leptonies n'ont été observés que sur la récolte n° G 618; mais on sait que leur nombre peut varier dans des proportions considérables selon les récoltes, et devant la concordance des autres caractères, il n'est pas possible de faire ici une distinction spécifique.

DIAGNOSE LATINE. — Pileo 10-25 mm lato, applanato, medio depresso, transluciditate striato, sed haud hygrophano, e rufulo brunneo, densissime squamulis obscuris hirsuto. Stipite 15-25 × 1-1,5 mm, fistuloso, sursum albido, alibi e murino gilvo vel e luteo brunneolo, lucido, tenuiter striato. Carne pelliculari, translucida, concolore, inodora. Lamellis mediocriter vel satis stipatis, horizontalibus et sinuatis, vel manifeste decurrentibus, 2-5 mm latis, e brunneolis albis, dein e rufulis brunneolis, acie concolore et s.l. denticulata. — Sporis cubicis, 6,5-9 × 6,2-8 μm. Basidiis 26-34-(40) × 9-11 μm, bisporis. Pilis marginalibus clavatis, 25-48-(75) × 6-11,7 μm. Laticiferis raris, granulis inconstantibus. Cute hyphis obtusis, 30-100 × (8)-10-22 μm, pigmento vacuolari. Fibulis nullis. — Humi, ad parietem fossarum. Typus in Herb. Romagn. n° G 709.

Rhodophyllus effugiens Romagn.-Gilles

(Fig. 144)

CARACTERES MACROSCOPIQUES: Chapeau large de 7 mm et haut de 2 mm y compris les lames vues de profil, convexe surbaissé avec une très faible dépression centrale, strié par transparence mais non hygrophane, gris brun pâle (M 5 B 2), plus foncé au centre (M 5 D 2), à cuticule glabre, déviée radialement, de texture fine, avec au centre des squames foncées et dressées.

Stipe 1,2 cm × 0,75 mm, cylindrique, fistuleux, concolore au chapeau, de texture très fine, avec un peu de mycélium blanc à la base.

Chair pelliculaire, translucide, concolore aux surfaces, inodore.

Lamelles moyennement serrées, avec 1-2 longueurs de lamellules, larges de 2 mm au milieu, un peu ventrues, adnées un peu échancrées, grisâtres, subconcolores au chapeau, puis rosissant un peu, à arête concolore et lisse s.l.

CARACTERES MICROSCOPIQUES: Spores 7-9-(10) × 5,5-6,5-(7) μ, symétriques allongées presque toujours simples, à parois bien réfringentes.

Basides 22-29 × 8,5-11,5 μ, tétrasporiques.

Pas de poils marginaux.

Médiostrate à hyphes d'environ 4-12 μ de large; sous-hyménium celluleux. Nombreux granules dans la trame. Cuticule à hyphes de 8-20 μ de diamètre, à dernier article faiblement clavé ou non, rarement très court, 30 × 20 μ, généralement 90-130 × 15-22 μ, à pigment vacuolaire.

Pas de boucles.

HABITAT: Sur bois mort pourissant en forêt ombrophile. Forêt de la Mondah, km 31,8 de Libreville (Gabon) n° G565.

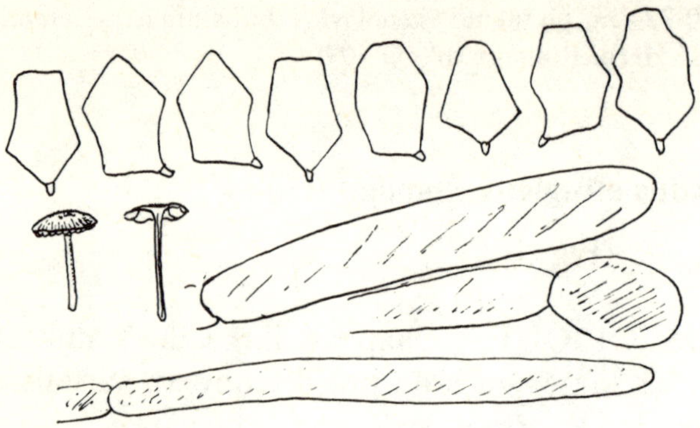

Fig. 144: *Rh. effugiens*: spores, carpophore et hyphes cuticulaires

OBSERVATIONS

Espèce d'aspect banal, de couleur pâle, hérissé au disque, sans poils marginaux.

DIAGNOSE LATINE. — Pileo 7 mm lato, humiliter convexo, leviter depresso, transluciditate striato, sed haud hygrophano, pallide murino, medio paulo obscuriore, glabro, praeter discum squamis obscuris hirtellum. Stipite 12 × 0,75 mm, pileo concolore, glabro. Carne pelliculari, translucida, concolore, inodora. Lamellis mediocriter stipatis, 2 mm latis, paulum ventricosis, adnexis sinuatis, murinellis, dein paulum roseis, acie concolore ac levi. — Sporis 7-9-(10) × 5,5-6,5-(7) μ, symmetris elongatis fere semper simplicibus, tunica refringenti. Basidiis 22-29 × 8,5-11,5 μ, tetrasporis. Pilis marginalibus nullis. Granulis in trama praesentibus. Cute hyphis (30)-90-130 × 15-22 μ, pigmento vacuolari. Fibulis nullis. — In ligno putrescente, in silva umbrosa. Typus in Herb. Romagn. n° 565.

Rhodophyllus fusicystis Romagn.-Gilles

(Fig. 145)

CARACTERES MACROSCOPIQUES: Chapeau large de 1,5 cm et haut de 7 mm, convexe, tronqué par une faible dépression, strié par transparence quand il est imbu, mais ne semblant pas hygrophane, gris brun, (M 5 C 3), luisant soyeux par le sec, à cuticule déviée radialement et de texture très fine.

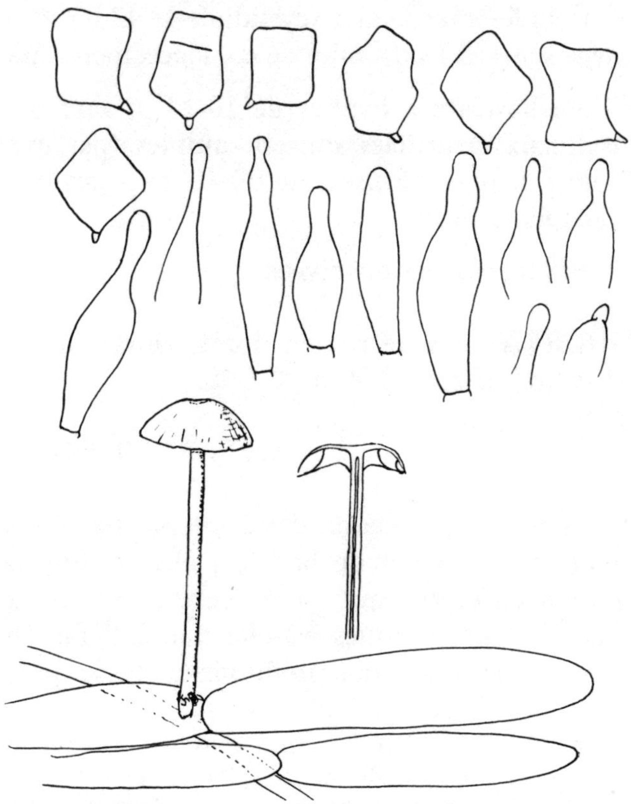

Fig. 145: *Rh. fusicystis*: spores, poils marginaux, carpophore et hyphes cuticulaires

Stipe assez grêle, 4 cm × 2 mm, à peine renflé en bas et en haut, concolore au chapeau, un peu plus pâle et poudré de blanc en haut sur 5 mm, glabre et luisant.

Chair très mince, brun pâle, douce, à légère odeur spermatique.

Lamelles assez serrées, avec 2 longueurs de lamellules (3 intercalaires), larges de 3 mm au milieu, adnexées au stipe par une dent qui se prolonge en relief en haut du stipe sur 2 mm, brun pâle, puis M 7 B 3, à arête pâle et denticulée s.l.

CARACTERES MICROSCOPIQUES: Spores le plus souvent cubiques, 7-10 × 6,2-7 μ.

Basides 28-33 × 10-11,5-(12,5) μ, un peu utriformes, à stérigmates assez fins.

Cellules marginales (cystidioles), 42-65 × 11,5-16 μ, lagéniformes, avec souvent l'extrémité de col légèrement dilatée, parfois bifides.

Médiostrate à hyphes de 10-14 μ, sans granules; sous-hyménium celluleux, à articles souvent amples (par exemple 10 × 7 μ). Cuticule à hyphes obtuses, de (6)-10-23 μ (article de 40-80 μ), à pigment vacuolaire brun.

Pas de boucles observées.

HABITAT: A terre, en forêt ombrophile. Forêt du Téké (Côte d'Ivoire), le 5.X.1974, n° C.I.45.

OBSERVATIONS

Cette espèce s'écarte des *Leptonia* par l'absence conjuguée de granules tramaires et de boucles; elle se rapproche un peu des *Eccilia Cheilocystidiati,* qui sont cependant toutes bouclées. Peut-être l'absence de granules est-elle due à l'état du sujet. C'est pourquoi, pour le moment, nous préférons la classer parmi les *Leptonia.*

DIAGNOSE LATINE. — Pileo convexo, paulum medio depresso, 1,5 cm lato, murino, transluciditate striato, glabro, textura tenuissima. Stipite 40 × 2 mm terete, pileo concolore, paulo sursum pallidiore ac pruinato, glabro, lucido. Carne tenuissima, pallide brunneola, odore spermatico. Lamellis stipatioribus, 3 mm latis, adnexis ac dente decurrentibus, pallide brunneolis, dein e roseis brunneolis, acie pallida ac denticulata. — Sporis plerumque cubicis, 7-10 × 6,2-7 μ. Basidiis 28-33 × 10-11,5-(12,5) μ, tetrasporis. Cystidiolis in acie lamellarum lageniformibus, interdum bifidis, 42-65 × 11,5-16 μ. Granulis in trama nullis (semper?). Cute filamentosa hyphis (6)-10-23 μ latis, pigmento vacuolari. Fibulis non visis. — Humi in silva umbrosa. Typus in Herb. Romagn. n° C.I. 45.

Rhodophyllus gilvus Romagn.-Gilles

(Fig. 145)

CARACTERES MACROSCOPIQUES: Chapeau large de 1,8 cm et haut de 5 mm y compris les lames vues de profil, conique, largement étalé, à marge un peu retroussée, strié par transparence, mais non hygrophane, brun très pâle (M 5 B 3), à peine plus foncé au centre et plus pâle, presque blanchâtre au bord, à cuticule déviée radialement, de texture très fine, unie-veloutée au centre.

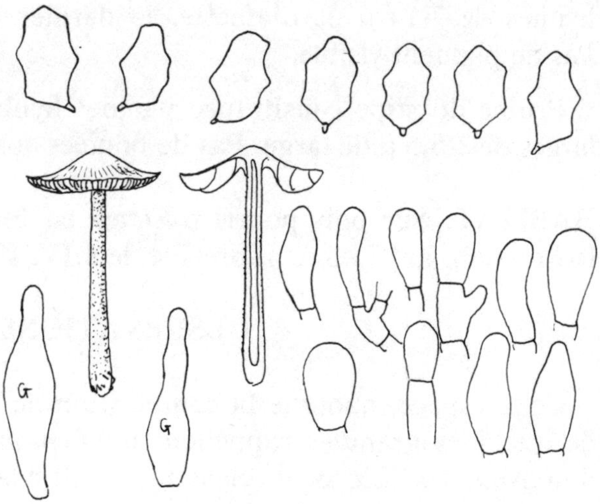

Fig. 146: *Rh. gilvus*: spores, carpophore, à droite poils marginaux d'après H. Romagnesi, à gauche selon G. Gilles

Stipe 3 cm × 2 mm en haut, s'épaississant progressivement pour atteindre 3 mm en bas, roux jaunâtre très pâle (un peu plus pâle que M 4 B 2), entièrement poudré, presque mat, avec à la base du mycélium blanc sur 1 cm.

Chair pelliculaire, translucide, concolore au chapeau, inodore.

Lamelles assez serrées, avec 3 longueurs de lamellules, larges de 3,5 mm au milieu, arrondies à la marge, adnexées au stipe par une courte dent, rosées, à arête concolore et denticulée s.l.

CARACTERES MICROSCOPIQUES: Spores 7-8,5-(9) × 4,5-5,7 μ, probablement symétriques allongées complexes, de contours gibbeux ou anguleux, à base difficile (dièdre obtus ou obsolète), à parois minces.

Basides 23-34 × 8,5-10,5 μ, tétrasporiques.

Poils marginaux courtement clavulés ou parfois rétrécis au sommet et lagéniformes ou utriformes, 15-28 (article terminal de poils clavés) ou 45-60 (G) × 6-15 μ.

Médiostrate à hyphes larges de 7-13-(17) μ; sous-hyménium celluleux. Quelques granules tramaires, très peu abondants. Cuticule à hyphes de 7-14 μ de diamètre, le dernier article long de 80-130 μ. Pas de pigment visible.

Pruine du stipe consitutuée par des hyphes allantoides très grêles, larges de 3-5,5 μ de large. Pas de boucles observées.

HABITAT: Sur bois pourri d'*Elaeis* en forêt ombrophile. Forêt de la Mondah, km 31,8 de Libreville, le 6.IV. 1975, n° G 552.

OBSERVATIONS

Cette espèce, quoique la composition de la cuticule et la présence de quelques granules rappellent un *Leptonia,* a plutôt la silouhette d'un *Nolanea.* Elle est de classement difficile.

DIAGNOSE LATINE. — Pileo 1,8 cm lato, conico, late expanso, margine paulum repanda, transluciditate striato, sed non hygrophano, pallidissime brunneolo, vix medio obscuriore, in margine fere albido, subglabro. Stipite 30 × 2 mm en haut, inferne usque ad 3 mm, e flavido pallidissime rufulo, toto pruinoso. Carne pelliculari, translucida, concolore, inodora. Lamellis substipatis, 3,5 mm latis, minimo dente adnexis, roseolis, acie concolore et denticulata s.l. — Sporis 7-8,5-(9) × 4,5-5,7 μ, versimiliter symetris elongatis complexis, basi saepe obtusa vel truncata, tunica tenui. Basidiis 23-34 × 8,5-10,5 μ, tetrasporis. Pilis marginalibus modo breviter clavatis (15-28 μ longis), modo lageniformibus utriformibusve (46-60 μ longis), 6-15 μ latis. Granulis in trama raris. Cute hyphis 7-14 μ latis, pigmento haud manifesto. Fibulis nullis. — In ligno emortuo *Elaeidis* in silva umbrosa. — Typus in Herb. Romagn. n° G 552.

Rhodophyllus glaucogilvus Romagn.-Gilles

(Fig. 147)

CARACTERES MACROSCOPIQUES: Chapeau atteignant 5 mm de large et 2 mm de haut y compris les lames de profil, étalé subplan, à peine un peu déprimé, entièrement strié par transparence mais non hygrophane, beige jaunâtre pâle (un peu plus clair que M 4 B 3) de cette dernière teinte sur 1 mm au centre, ou seulement 4 B 1, glabre, luisant, à cuticule déviée radialement, de texture très fine, même au milieu non méchuleux.

Stipe 18 × 0,75 mm, à peine élargi en haut (1 mm) et en bas, élancé, un peu arqué, probablement fistuleux (?), subtilement poudré

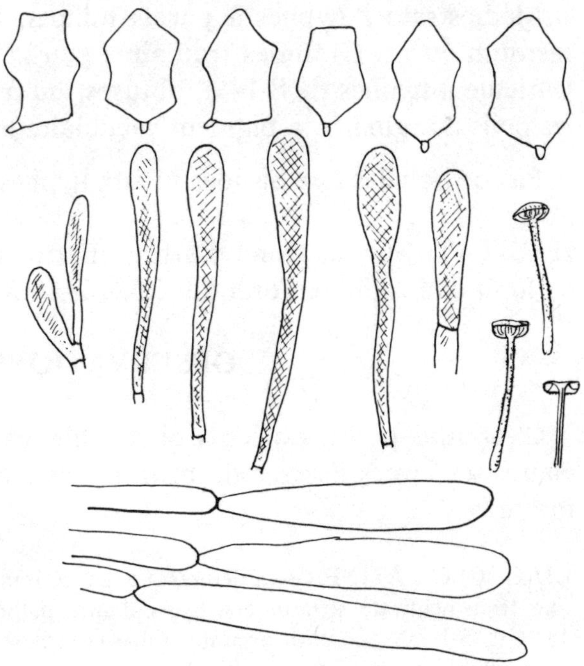

Fig. 147: ***Rh. glaucogilvus:*** spores, poils marginaux, carpophores et hyphes cuticulaires

en entier quand il est intact, concolore au chapeau, à grain très fin s.l. et non strié longitudinalement, avec sur 1 mm du mycélium blanc à la base, d'aspect luisant et glabrescent.

Chair pelliculaire, translucide, concolore aux surfaces, inodore.

Lamelles assez espacées, avec 1-2 longueurs de lamellules (1-3 intercalaires), larges au milieu de 1,5 mm, ventrues, arrondies à la marge, adnexées au stipe par une courte dent, blanchâtres à gris jaunâtre très pâle, à arête brune et bassement denticulée.

CARACTERES MICROSCOPIQUES: Spores (8,5)-10-11,5 × (6,7)-7-8-(8,5) μ, symétriques allongées généralement complexes, parfois simples, à contours très anguleux, à arêtes concaves, à parois épaisses et réfringentes.

Basides 25-36 × 9,5-11,5-(12) μ, tétrasporiques.

Poils marginaux longuement et étroitement claviformes, 40-70-90 × 5-11,5 μ, à suc brun.

Médiostrate à hyphes à parois minces, large de 10-13 μ; sous-hyménium étroit. Granules tramaires peu abondants. Rares laticifères. Cuticule à hyphes de 8-14 μ, obtuses, ou à article terminal rappelant les poils marginaux, à pigment vacuolaire brun pâle.

Pas de boucles aux basides ni aux hyphes.

HABITAT: Sur un tronc d'arbre abattu très humide et très pourri, en forêt ombrophile. Forêt du Téké, le 10.XI.1974, n° CI 77.

OBSERVATIONS

C'est une petite espèce qui semble caractérisée par sa couleur claire, ses lames liserées de brun et ses longs poils marginaux claviformes.

DIAGNOSE LATINE. — Pileo usque ad 5 mm lato, subplano, vix depresso, toto transluciditate striato, nec hygrophano, pallide gilvo, glabro, lucido. Stipite 18 × 0,75-1 mm, paulum arcuato, pileo concolore, intacto subtilissime toto pruinoso, glabrescente. Carne pelliculari, inodora. Lamellis paulum distantibus, 1,5 mm latis, ventricosis, minimo dente adnexis, albidis vel e luteolis murinellis, acie brunnea ac denticulata. — Sporis (8,5)-10-11,5 × (6,7)-7-8-(8,5) μ, symmetris elongatis plerumque complexis, interdum simplicibus, tunica crassa. Basidiis 25-36 × 9,5-11,5-(12) μ, tetrasporis. Pilis marginalibus longe clavatis, 40-90 × 5-11,5 μ, succo brunneolo. Cute hyphis 10-13 μ latis, obtusis, pigmento vacuolari. Fibulis absentibus. — In trunco dejecto uvidissimo ac putrido, in silva umbrosa. — Typus in Herb. Romagn. n° C.I. 77.

Rhodophyllus griseoroseus Romagn.-Gilles

(Fig. 148)

CARACTERES MACROSCOPIQUES: Chapeau large de 7 mm et haut de 3 mm y compris les lames vues de profil, conique largement étalé, à centre non déprimé, au contraire légèrement mamelonné, strié par transparence, mais non hygrophane, brun gris rosâtre (M 7 C 2), plus foncé au centre (M 7 E 2), à cuticule déviée radialement, de texture très fine, mouchetée près du centre de minuscules méchules bien apprimées, veloutée au centre.

Stipe 1 cm × 1 mm, cylindrique, fistuleux, concolore au chapeau, luisant, de texture très fine et non strié longitudinalement s.l.

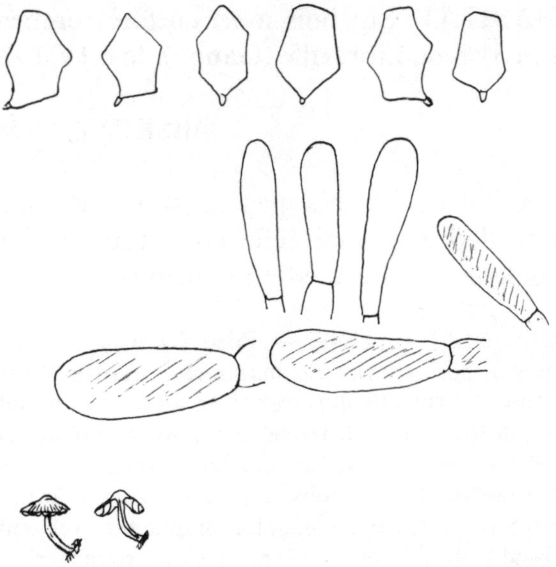

Fig. 148: *Rh. griseoroseus*: spores, carpophore, poils marginaux et hyphes cuticulaires

Chair pelliculaire, translucide, un peu plus pâle que la surface dans le chapeau, concolore dans le stipe, inodore.

Lamelles moyennement serrées, avec 2 longueurs de lamellules (plus parfois 1 ou 2 ébauches), larges de 1,5 mm au milieu, arrondies, adnexées par une minuscule dent, grisâtre très pâle, puis brun rosé clair (M 5 B 3), à arête concolore, bassement denticulée s.l.

CARACTERES MICROSCOPIQUES: Spores 6,5-9 × 5-6,5 μ, symétriques allongées simples ou complexes, à parois minces et pâles.

Basides 18-36-(39) × (7)-8,5-10,5 μ, tétrasporiques.

Poils marginaux claviformes, parfois avec 1-2 cloisons, 35-45 × 9-14 μ.

Médiostrate à hyphes de 7-14 μ de large; sous-hyménium étroit, surtout filamenteux. Granules tramaires abondants. Cuticule à hyphes couchées de 7-12 μ de diamètre, à derniers articles clavulés, larges et courts, 30-55 × 12-25 μ, à pigment vacuolaire.

Pas de boucles.

HABITAT: Sur bois mort en forêt ombrophile. Forêt de la Mondah, km 31,8 de Libreville (Gabon), le 6.IV.1975, n° G 546.

OBSERVATIONS

Cette espèce n'a pas la forme d'une Leptonie par son chapeau non déprimé, mais elle en a tous le caractères microscopiques. Sa couleur est intermédiaire entre celle des *Fuliginosi* et des *Rufocarnei.*

DIAGNOSE LATINE. — Pileo 7 mm lato, late conico expanso, medio haud depresso, potius levissime mammoso, transluciditate striato, sed haud hygrophano, e roseo murino, medio obscuriore, ad discum minutissime flocculoso, medio velutino. Stipite 10 × 1 mm, terete, fistuloso, concolore, glaberrimo, haud striato. Lamellis mediocriter stipatis, 1,5 mm latis, rotundatis, minimo dente adnexis, pallidissime murinellis, dein roseolis, acie concolore et leviter denticulata. — Sporis 6,5-9 × 5-6,5 μ, symmetris elongatis simplicibus vel complexis, tunica tenui ac pallida. Basidiis 18-36-(39) × (7)-8,5-10,5 μ, tetrasporis. Multis granulis in trama. Cute hyphis 7-12 μ, articulo extremo clavato, 30-55 × 12-25 μ, pigmento vacuolari. Fibulis nullis. — In ligno emortuo, in silva umbrosa. Typus in Herb. Romagn. n° G 546.

Rhodophyllus inocybospermus Romagn.-G.

(Fig. 149)

CARACTERES MACROSCOPIQUES: Chapeau large de 7 mm et haut de 3 mm, convexe subhémisphérique, tronqué au sommet par une faible et minuscule dépression centrale, entièrement strié par transparence (la chair est si mince que le chapeau est gaufré par les lames et lamellules), brun assez clair de fond (M 6 C 4, avec le centre et les stries M 6 D/E 4), à cuticule mate, très finement et très courtement déviée radialement (les faisceaux d'hyphes sont très courts s.l.)

Stipe filiforme, 1,5 cm × à peine 1 mm en haut, puis 0,5 mm, à base non distinctement renflée, fistuleux (?), brun clair, concolore au chapeau, luisant, glabre, sauf dans le tiers supérieur où il est subtilement poudré.

Chair pelliculaire, translucide, à peu près concolore aux surfaces, inodore.

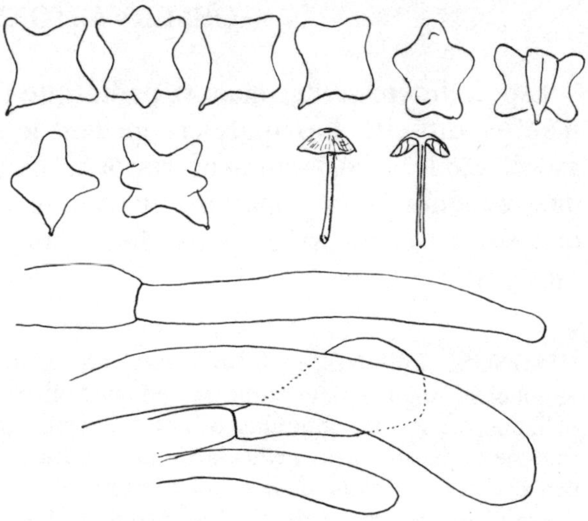

Fig. 149: *Rh. inocybospermus*: spores, carpophore et hyphes cuticulaires

Lamelles assez espacées, avec 2 longueurs de lamellules (3 intercalaires), larges au milieu de 2 mm, adnexées au stipe par une minuscule dent, blanchâtre, puis M 7 A 2, à arête concolore et lisse s.l.

CARACTERES MICROSCOPIQUES: Spores étoilées, vraisemblablement cubiques, mais avec parfois des faces triangulaires, 7-9 × 6-8 μ.

Basides 22-28 × (10)-11-11,5-(12) μ, subelliptiques, à 2 ou 4 strigmates.

Pas de poils d'arête bien différenciés.

Médiostrate à hyphes de dimensions moyennes (mal conservées), sans granules sur le frais; sous-hyménium non gélifié, à articles serrés, confus et plus ou moins froissés, d'aspect rameux à subcelluleux. Cuticule à grosses hyphes obtuses, à articles de 50-112 × (6)-10-25 μ, à pigment vacuolaire.

Boucles probablement absentes, ou alors très petites (l'état de l'échantillon se prête mal à leur diagnostic).

HABITAT: A terre en forêt ombrophile. Forêt du Téké (Côte d'Ivoire), le 6.X.1974, n° C.I.047.

OBSERVATIONS

Espèce intéressante, mais si petite que l'étude microscopique s'est montrée difficile. Les spores rappellent le type *staurosporus* par leur aspect étoilé, mais semblent ressortir plutôt au type cubique, bien que certaines faces apparaissent comme triangulaires. L'absence de boucles n'est pas sûre. Sans doute un *Leptonia* accidentellement sans granules?

DIAGNOSE LATINE. — Pileo 7 mm lato, convexo subhemisphaerico, paulum umbilicato, angustissime truncato, transluciditate striato atque radiatim sulcato, pallidius brunneolo, obnubilo. Stipite filiformi, 15 × 0,5-1 mm, pileo concolore, superne pruinoso. Carne pelliculari, inodora. Lamellis satis distantibus, 2 mm latis, dente adnexis, albidis, dein e roseis brunneolis, acie concolore levique. — Sporis stellatis, verisimiliter cubicis, 7-9 × 6-8 μ. Basidiis 22-28 × (10)-11-12 μ, 2-4 sporis. Acie lamellarum fertili. Trame sine granulis (semper ?). Cute hyphis grandibus, articulis 50-112 × (6)-10-25 μ, pigmento vacuolari. Fibulis verisimiliter nullis (non tute visis). — Humi, in silva umbrosa. — Typus in Herb. Romagn., n° C.I. 47.

Rhodophyllus lamellirugus Romagn.-Gilles

(Fig. 150)

CARACTERES MACROSCOPIQUES: Chapeau large de 2,5 cm, haut de 4 mm y compris les lames, étalé-plan avec le centre légèrement saillant, apparemment non hygrophane, mais translucide et strié par transparence, brun rosé (M 6 B 3), à cuticule mate, de texture très fine, non distinctement déviée radialement à l'état humide, mais en séchant, la direction radiale des hyphes se devine, et il apparaît des paillettes luisantes; centre velouté lisse, non squamuleux.

Stipe 3 cm × 2 mm, épaissi jusqu'à 3 mm à la base, fistuleux, brun rosâtre un peu jaune, plus pâle que M 6 B 3, finement strié longitudinalement s.l., luisant.

Chair pelliculaire, rosâtre très pâle dans le chapeau, concolore dans le stipe, inodore, douce.

Lamelles serrées, avec 2-3 longueurs de lamellules, obtuses et arrondies près de la marge piléique, larges de 2-3 mm au milieu, arrondies

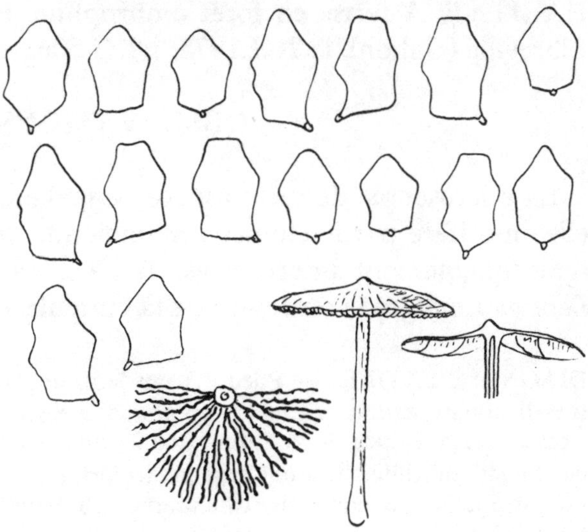

Fig. 150: *Rh. lamellirugus*: spores, surface hyménifère et carpophore

(légèrement) et sublibres ou adnexées au stipe par une fine dent en prolongement des lames, souvent fourchues, et présentant sur les faces des côtes saillantes et perpendiculaires à l'arête ou un peu obliques, ce qui donne un aspect interveiné, rosâtres à maturité, à arête concolore et sublisse s.l.

CARACTERES MICROSCOPIQUES: Spores 7-9-(10,5) × 5,5-6,2-(7,5) µm, symétriques allongées complexes, mais à dièdre obtus et passant à une face bombée sur quelques-unes, à parois assez minces.

Basides 23-31 × 7-10 µm, claviformes, 4-sporiques.

Pas de poils d'arête bien différenciés.

Médiostrate à hyphes fondamentales de 7-18 µm de diamètre, un peu atténuées aux extrémités; sous-hyménium étroit, plus ou moins filamenteux, peu différencié, mais facilement séparable du médiostrate, dont, en certains points, il paraît séparé par une esquisse d'hyménopode d'hyphes connexives parallèles à celles du médiostrate; quelques laticifères; quelques granules sur le vivant. Cuticule à amples hyphes de 5-18 µm de diamètre, les superficielles à articles plus courts et volumineux, larges de 12-32 µm; pigment indistinct.

Pas de boucles observées.

HABITAT: A terre, en forêt ombrophile. Forêt de la Mondah, près Libreville (Gabon), le 26.I.1975, n° G 506.

OBSERVATIONS

La microscopie de cette espèce rappelle celle de *spermaticus*, mais elle en diffère par le chapeau mamelonné, les colorations et les lames remarquablement interveinées. Il n'est pa sûr que ce soit un vrai *Leptonia* malgré la structure de la cuticule. (*Nolanea*?)

DIAGNOSE LATINE. — Pileo 2,5 cm lato, applanato, medio leviter mammoso, transluciditate striato, sed non hygrophano, e roseo brunneo, cute impolita, glabra, sicca micacea. Stipite 30 × 2 mm, imo 3 mm, e roseo atque paulum luteo brunneolo, lucido, subtiliter striato. Carne pelliculari, pallidissime roseola, inodora. Lamellis substipatis, 2-3 mm latis, rotundatis, subliberis vel brevi dente decurrentibus, furcatis eximie in lateribus rugosis, roseolis, acie concolore, sublevi. — Sporis 7-9-(10,5) × 5,5-6,2-(7,5) µm, symmetris elongatis complexis, sed saepe basi obtusa. Basidiis 23-31 × 7-10 µm, tetrasporis. Pilis marginalibus nullis. Nonnullis laticiferis granulisque rarioribus. Cute grandibus hyphis, extremo articulo 12-32 µm lato, pigmento haud manifesto. Fibulis non visis. — Humi, in silva umbrosa. Typus in Herb. Romagn. n° G 506.

Rhodophyllus nanus R.-G.

(Fig. 151)

CARACTERES MACROSCOPIQUES: Chapeau petit, large de 12 mm, subhémisphérique, haut de 5 mm, soit gris brun assez foncé, soit gris souris un peu bistré, entièrement strié par transparence par des lignes brun foncé, correspondant aux lamelles à cuticule très finement fibrilleuse, au point qu'on a du mal à discerner les fibrilles même sous la loupe, et en même temps d'aspect presque velouté.

Stipe 18 × 1-1,5 mm, cylindrique, entièrement gris un peu brunâtre, assez foncé, plus gris, moins bistre que le chapeau, luisant, sublisse à la loupe, avec à l'extrême base, sur 1 mm, quelques traces de mycélium blanc.

Chair mince, inodore.

Lamelles moyennement serrées, avec deux longueurs de lamellules

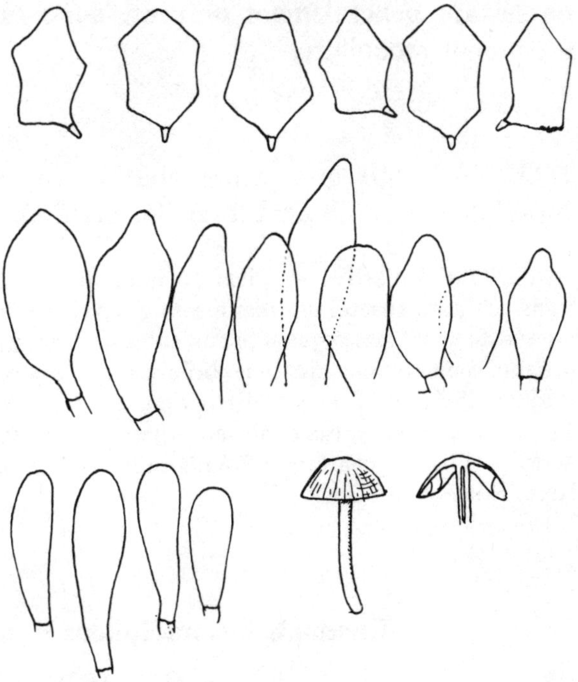

Fig. 151: *Rh. nanus:* spores, hyphes cuticulaires, hyphes poils marginaux et carpophore

seulement, adnexées par un petite dent, gris brun pâle au début, à arête soulignée par un fin trait brun gris foncé quand on les regarde de face (ce liseré est invisible de profil).

CARACTERES MICROSCOPIQUES: Spores 9-11 × 7-8,5 μ, symétriques-allongées simples à complexes, à dièdre évident et à parois assez épaisses, bien anguleuses.

Basides courtes, 25-32 × 10-13 μ.

Poils marginaux claviformes, très obtus, 30-60 × 10-11,5-(13) μ, à pigment vacuolaire brun pâle.

Trame de lamelles à hyphes fondamentales de 8-13 μ, sous hyménium très étroit, subcelluleux; pas de granulations ni de laticifères le vivant. Cuticule constituée par une couche profonde d'hyphes cylindriques grêles, larges de 3-8 μ, couchées, ce qui explique l'aspect fibrilleux sous la loupe du revêtement, mais surmonté par une assise de cellules courtes 40-60 × 17-27 μ, ventrues, rétrécies vers le haut en restant généralement obtuses, donc fusiformes sublagéniformes, à pigment vacuolaire.

Pas de boucles.

HABITAT: Sur gros arbre abattu non encore pourri, forêt de la Mondah (km. 31,8 de Libreville, Gabon), le 13.III.1972. n° G 450.

DIAGNOSE LATINE. — Pileo 12 mm, hemisphaerico, griseo vel murino, toto transluciditate striato, subtilissime fibrilloso ac velutino. Stipite 18 × 1-1,5 mm, cylindrato magis griseo quam pileus, sublevi. Carne inodora. Lamellis modice stipatis, primum pallide murinis, acie brunnea. — Sporis 9-11 × 7-8,5 μ, symmetris. Basidiis 25-32 × 10-13 μ. Pilis marginalibus obtusis, claviformibus, 30-60 × 10-13 μ. Cute inferne filamentosa, superne e cellulis clavatis vel lageniformibus, 40-60 × 17-27 μ, constante. Fibulis nullis. — In arbore dejecta nondum putrida. Herb. Romagn. n° G 450.

Rhodophyllus nudipileus Romagn.-Gilles

(Fig. 152)

CARACTERES MACROSCOPIQUES: Chapeau large de 9 mm et haut de 2,5 mm y compris les lames vues de profil, convexe très surbaissé, légèrement déprimé au centre, strié par transparence, mais non hygrophane, brun clair (M 5 B 2), un peu plus foncé au centre et sur les stries (M 5 C 3), à cuticule glabre, déviée radialement, luisante, de texture très fine, unie-veloutée au milieu.

Stipe 1 cm × 0,5 mm, arqué, probablement fistuleux, gris brun clair, subconcolore au chapeau, luisant, glabre, de texture très fine.

Chair pelliculaire, translucide, concolore aux surfaces, inodore.

Lamelles peu serrées, avec 1-2 longueurs de lamellules y compris alors les minuscules ébauches marginales (souvent à 2 lamellules intercalaires), inégales, larges de 2 mm au milieu, un peu arrondies, adnexées par une minuscule dent, grisâtre pâle, puis gris rosâtre (M 6 B 2), à arête concolore, bassement denticulée s.l.

CARACTERES MICROSCOPIQUES: Spores 9,5-12,5 × 7-8 μ, symétriques allongées généralement complexes, très anguleuses, à parois épaisses et réfringentes.

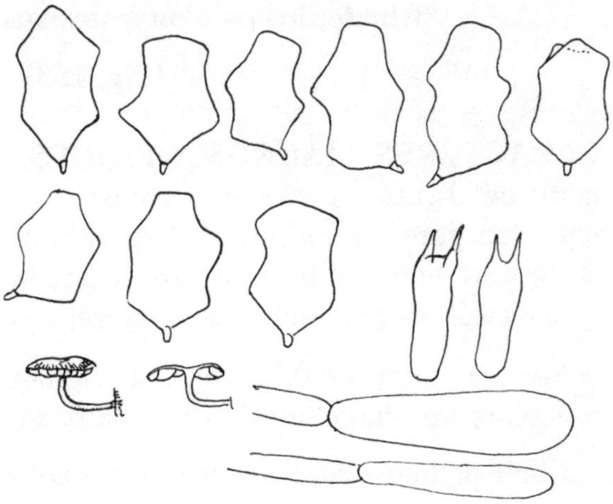

Fig. 152: *Rh. nudipileus*: spores, basides, carpophore et hyphes cuticulaires

Basides 19-30 × 8,5-10,5 μ, à 4, souvent aussi 1, 2 ou 3 stérigmates.

Poils marginaux plus ou moins largement claviformes, 28-35 × 10-16 μ.

Médiostrate à hyphes de 10-20-(23) μ, brusquement constrasté avec un sous-hyménium très étroit, réduit à 1-3 couches de cellules plus ou moins arrondies. Granules tramaires peu abondants. Cuticule à hyphes de 8-14 μ de diamètre, à dernier article faiblement clavulé, 70-100 × 12-18 μ, à pigment vacuolaire.

Pas de boucles.

HABITAT: Sur écorce de bois mort, en forêt ombrophile. Forêt de la Mondah, km 31,8 de Libreville (Gabon), le 8.VI.1975, n° G 594.

DIAGNOSE LATINE. — Pileo 9 mm lato, humiliter depresso, transluciditate striato, sed non hygrophano, pallide brunneolo, paulo medio ac in striis obscuriore lucido, glabro. Stipite 10 × 0,5 mm terete, pallide murinello, pileo subconcolore, glabro. Carne pelliculari, translucida, concolore, inodora. Lamellis parum stipatis, 2 mm latis, minimo dente adnexis, pallide cinereis, dein e roseis murinellis, acie concolore, denticulata. — Sporis 9,5-12,5 × 7-8 μ, symmetris elongatis complexis, tunica crassa ac refringenti. Basidiis 19-30 × 8,5-10,5 μ. Pilis marginalibus clavatis, 28-35 × 10-16 μ. Granulis in trama paucis. Cute hyphis 8-14 μ latis, articulo extremo 70-100 × 12-18 μ, pigmento vacuolari. Fibulis nullis. — In cortice ligni emortui, in silva umbrosa. — Typus in Herb. Romagn. n° G 594.

Rhodophyllus planoconvexus Romagn.-Gilles

(Fig. 153)

CARACTERES MACROSCOPIQUES: Chapeau large d'1,2 cm et haut de 3 mm, convexe surbaissé, non déprimé au centre, strié par transparence mais non hygrophane, gris brun très clair (M 5 B 2), nettement plus foncé au centre sur 2 mm (M 5 F 2), à cuticule déviée radialement, de texture très fine, veloutée au centre s.l.

Stipe 1,3 cm × 0,75 mm, atteignant 1 mm en haut, fistuleux, concolore au chapeau (M 5 B 2), luisant, glabre, de texture très fine.

Chair pelliculaire, translucide, concolore, inodore.

Lamelles assez serrées, avec 2-3 longueurs de lamellules (y compris les minuscules ébauches de lamellules à la marge), larges de 2 mm au milieu, sublibres, blanchâtres, puis rosissant, à arête pâle, nettement denticulée s.l.

CARACTERES MICROSCOPIQUES: Spores 7-8,5 × 5-6,7 μ, symétriques allongées généralement complexes, à parois minces et pâles.

Basides 19-24 × 8-10,5 μ, à 2, parfois 3 ou 4 stérigmates.

Poils marginaux claviformes, 40-70 × 8,5-15 μ.

Médiostrate à hyphes cylindriques, de 5-10-(17) μ de diamètre; sous-hyménium subcelluleux. Nombreux granules tramaires. Cuticule à hyphes de 7-15 μ en profondeur, le dernier article clavulé ou ellipsoïde, souvent gros, 40-80 × 15-35 μ, à pigment vacuolaire.

Pas de boucles observées.

HABITAT: Sur *Elaeis* abattu pourrissant en forêt ombrophile. Forêt de la Mondah, km 31,5 de Libreville (Gabon), le 27.IV.1975, n° G 574.

OBSERVATIONS

Cette espèce n'a guère de caractères frappants, mais son chapeau pâle et glabre, sa petite spore et ses basides souvent bisporiques permettront de la reconnaître.

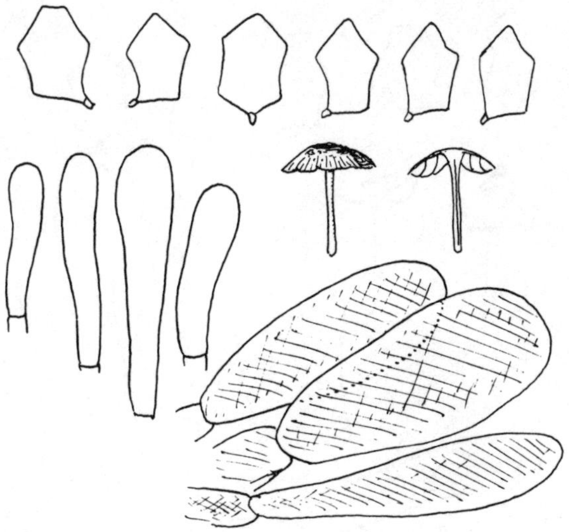

Fig. 153: *Rh. planoconvexus*: spores, poils marginaux, carpophore et hyphes cuticulaires

DIAGNOSE LATINE. — Pileo 12 mm lato, humiliter convexo, haud depresso, pallidissime murinello, glabro, lucido. Stipite 13 × 0,75-1 mm, concolore, glabro. Carne pelliculari, translucida, concolore, inodora. Lamellis substipatis, 2 mm latis, subliberis, albidis, dein roseis, acie pallida, manifeste denticulata s.l. — Sporis 7-8,5 × 5-6,7 μ, symmetris elongatis complexis, tunica tenui. Basidiis 19-24 × 8-10,5 μ, 2, interdum 3-4 sporis. Pilis marginalibus clavatis, 40-70 × 8-15 μ. Granulis in trama plurimis. Cute hyphis 7-15 μ, articulo extremo grandi, clavato vel ellipsoideo, 40-80 × 15-35 μ, pigmento vacuolari. Fibulis non visis. — In trunco dejecto *Elaeidis* in silva frondosa. — Typus in Herb. Romagn., n° G 574.

Rhodophyllus pseudodenticulatus Romagn.-Gilles

(Fig. 154)

CARACTERES MACROSCOPIQUES: Chapeau large de 1,3 cm et haut de 4 mm, étalé gondolé, strié par transparence jusqu'au centre, mais non hygrophane, gris brun pâle (M 5 B 2), plus foncé au centre (M 5 C 3), à cuticule luisante, glabre, déviée radialement, de texture très fine, à centre uni velouté.

Stipe 1,5 cm × 0,75 mm, cylindrique, à peine élargi en haut et en bas, fistuleux, concolore au chapeau, luisant et strié longitudinalement de très courtes fibrilles bien apprimées s.l.

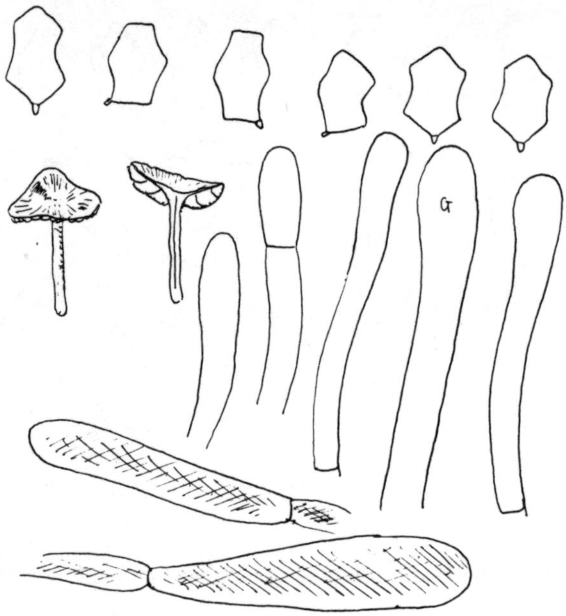

Fig. 154: *Rh. pseudodenticulatus*: spores, carpophore, poils marginaux et hyphes cuticulaires

Chair pelliculaire, translucide, concolore aux surfaces, douce, inodore.

Lamelles assez serrées, avec 2-3 longueurs de lamellules, larges d'1,5 mm au milieu, adnexées au stipe par une minuscule dent, blanchâtres, puis rosissant, à arête pâle, nettement denticulée. s.l.

CARACTERES MICROSCOPIQUES: Spores 7-8,5 × 5-6 μ, symétriques allongées généralement complexes, à parois peu épaisses, mais bien réfringentes.

Basides 22-27 × 7,2-10 μ, tétrasporiques.

Poils marginaux longuement claviformes ou cylindracés, 90-120 × 8,5-18 μ.

Médiostrate à volumineuses hyphes fondamentales, de 11-25 μ de diamètre; sous-hyménium très étroit, celluleux. Granules tramaires peu abondants. Cuticule à hyphes de 8-12 μ de diamètre, le dernier article mesurant 50-90 × 13-18 μ, clavulé, à pigment vacuolaire.

Boucles non observées.

HABITAT: A terre, dans le sable humide, en forêt ombrophile. Forêt de la Mondah, km 31,8 de Libreville (Gabon), le 8.VI.1975, N° G 598.

OBSERVATIONS

Petite espèce qui diffère de *denticulatus* et de *cilifer* par la couleur, la cuticule glabre de texture très fine et la spore plus petite.

DIAGNOSE LATINE. — Pileo 3 cm lato, expanso, montuoso, transluciditate striato usque ad medium, sed haud hygrophano, pallide murinello, medio obscuriore, glabro, medio velutino. Stipite 15 × 0,75 mm, fistuloso, concolore, lucido, striato. Carne pelliculari, translucida, concolore, inodora. Lamellis substipatis, 1,5 mm latis, minimo dente adnexis, albidis, dein roseolis, acie pallida, denticulata. — Sporis 7-8,5 × 5-6 μ, symmetris elongatis plerumque complexis. Basidiis 22-27 × 7,2-10 μ. Pilis marginalibus longe clavatis vel cylindratis, 90-120 × 8·5-18 μ. Granulis in trama paucis. Cute hyphis 8-12 μ latis, articulo extremo 50-90 × 13-18 μ, pigmento vacuolari. Fibulis non observatis. — In arena uvida, humi, in silva umbrosa. Typus in Herb. Romagn. n° G598.

Rhodophyllus pulveripes Romagn.-Gilles

(Fig. 155)

CARACTERES MACROSCOPIQUES: Chapeau large de 12 mm, haut de 5 mm, subhémisphérique, ni déprimé ni ombiliqué au centre, entièrement strié par transparence, d'un brun rappelant *Collybia platyphylla*, entièrement et assez grossièrement peigné de fibrilles brunes (M 6 E 4), avec le centre plus foncé sur un diamètre de 2-3 mm (M 6 F 5) et finement pelucheux.

Stipe 2,5 cm × 1 mm, grêle, à peine fistuleux en haut sur quelques mm, plein plus bas, brun très pâle en haut sur 5 mm, ((M 5 B 2), puis rapidement plus foncé (5 C 3) enfin 5 D 2 à l'extrême base, qui n'est pas renflée, poudré en haut sur 5 mm.

Chair extrêmement mince, brun un soupçon plus pâle que 5 B 2 dans le chapeau, concolore aux surfaces dans le stipe, à odeur spermatique.

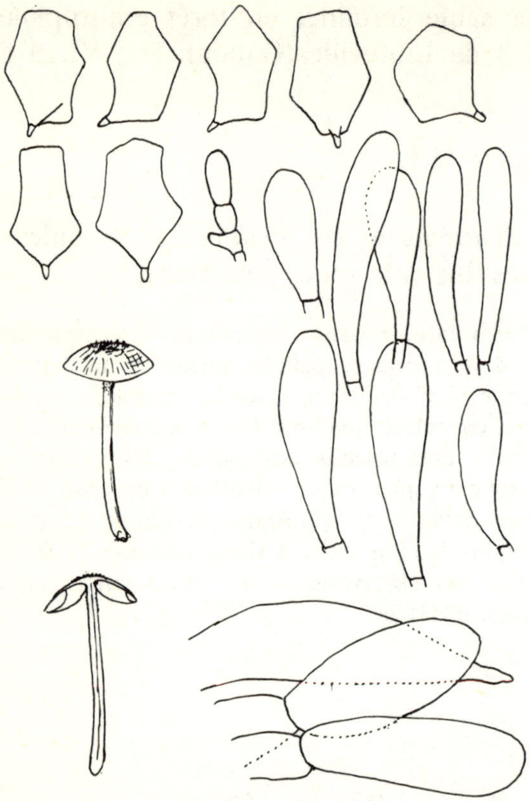

Fig. 155: *Rh. pulveripes*: spores, basidiole, poils marginaux, carpophore et hyphes cuticulaires

Lamelles moyennement serrées, avec 3 longueurs de lamellules, larges de 2-2,5 mm, franchement adnées, mais non uncinées, non débordantes, d'abord d'un blanc lavé de brunâtre (entre blanc et M 5 B 2), puis se teintant de rose pâle, à arête visiblement hérissée.

CARACTERES MICROSCOPIQUES: Spores symétriques-allongées simples évoluant parfois vers le type complexe, (8,5)-9,7-11,5 × 7-8,5 μ, à dièdre basal quelquefois étroitement tronqué sur l'arête, à parois assez épaisses et réfringentes.

Basides 30-38 × 10-11,7 μ, claviformes, à 4 stérigmates.

Poils marginaux claviformes, 26-65 × 8,5-14-(17) μ.

Trame à hyphes fondamentales atteignant 17 μ, avec granules épars dans certaines, mais la plupart sont optiquement vides, larges de 14 μ au plus dans le médiostrate; sous-hyménium étroit, irrégulièrement celluleux, peu différencié. Cuticule filamenteuse, cylindriques et larges de 10-18 μ, celles du centre à terminaisons clavulées et assez courtes, 60-80 × 16-30 μ, à pigment vacuolaire.

Pas de boucles observées au pied des basides ni aux cloisons des hyphes.

HABITAT: Dans l'humus d'un petit bois humide. N'koltang, à 30 km à l'Est de Libreville, Gabon, le 15.III.1970, n° 241.

DIAGNOSE LATINE. — Pileo 12 mm lato, subhemisphaerico, non depresso, toto transluciditate striato, brunneo, fibrilloso, medio obscuriore ac gausapato. Stipite 25 × 1 mm, brunneo, inferne obscuriore, sursum pulverulento. Carne brunneola, odore spermatico. Lamellis mediocriter stipatis, 2-2,5 μ latis, adnatis, haud uncinatis, primum e brunneolis albis, deinde roseo tinctis, acie fimbriata. — Sporis symmetris-elongatis plerumque simplicibus, 9,7-11,5 × 7-8,5 μ. Basidiis 30-38 × 10-11,7 μ. Pilis marginalibus claviformibus, 26-65 × 8,5-17 μ. Trama granulis sparsis. Cute filamentose, hyphis 10-30 μ latis, pigmento vacuolari. Fibulis non observatis. — Humi. Typus in Herb. Romagn., n° G 241.

Rhodophyllus spermaticus Romagn.-Gilles

(Fig. 156)

CARACTERES MACROSCOPIQUES: Chapeau large de 5-15 mm (généralement 1 cm), haut de 1-3 mm, peu convexe, vite plan et même à marge un peu relevée, dans la jeunesse avec au centre un petit ombilic d' 1 mm de diamètre, cet ombilic persistant plus ou moins par la suite, à marge un peu onduleuse et même festonnée, brun pâle (un peu plus clair que S 705), d'une couleur très proche de celle de la peau de la main, l'ombilic étant, sur les jeunes exemplaires d'un brun plus foncé (S 703), mais il devient ensuite concolore au reste de la surface, entièrement strié par transparence, à cuticule peignée par de minuscules fibrilles soyeuses-argentées.

Stipe 0,8-1,5 cm × 0,7-1,2 mm, à peine renflé en bas sur 1 mm par un byssus blanc de 3 mm, droit ou courbé suivant la position du support, fistuleux, concolore au chapeau ou à peine

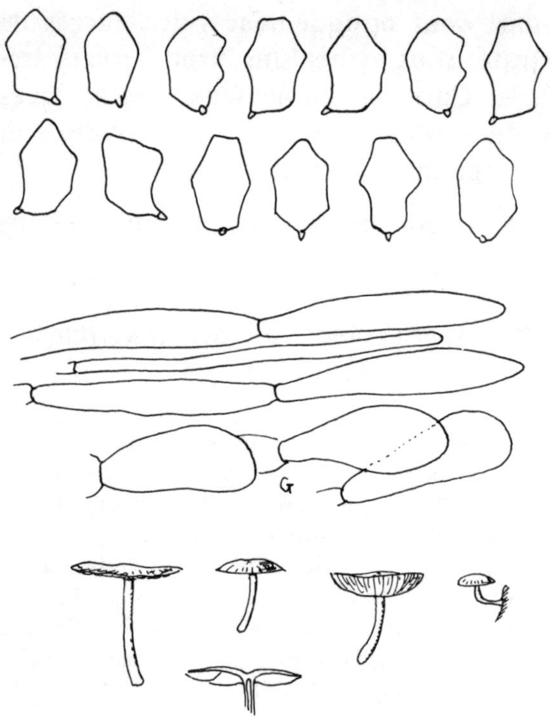

Fig. 156: *Rh. spermaticus*: spores, hyphes cuticulaires (celles du bas d'après G. Gilles) et carpophores

plus foncé, peigné s.l. de minuscules fibrilles soyeuses-argentées qui le rendent brillant à l'oeil nu.

Chair extrêmement mince, concolore au chapeau, à odeur légère, spermatique.

Lamelles moyennement espacées, avec 4 longueurs de lamellules, atteignant 1,5 mm de large au milieu, decurrentes par une fine dent, se colorant à maturité, par traînées irrégulières, de rouge brique (sporulation faible?), à arête entière et concolore.

CARACTERES MICROSCOPIQUES: Spores symétriques-allongées le plus souvent complexes, parfois simples, très rarement cubiques, 7,2-9 × 5,5-5,7 μ, à dièdre parfois très obtus ou même semblant passer à une face, mais parfois aussi bien formé.

Basides 24-34 × 8,5-10-(11,5) μ, assez trapues, à 4 stérigmates.

Pas de cystides ni de poils marginaux.

Trame à hyphes fondamentales de 15-22 μ dans le chapeau, de 7-11,5 μ dans le médiostrate, à granules peu abondants sur le vivant, nuls sur le sec, à parois minces; sous-hyménium subcelluleux, très étroit. Cuticule peu différenciée de la chair, à hyphes très étranglées aux cloisons, à article terminal de 60-120 $\times$ 10-18 μ, en général atténué fusiforme, accompagnées de quelques hyphes très grêles (3-4 μ), à pigment indistinct (vacuoles incolore.)

Pas de boucles observées au pied des basides ni aux cloisons des hyphes.

HABITAT: En forêt ombrophile, sur les berges sableuses d'un marigot, adhérant à du bois et à des brindilles carbonisées, et s'étendant aux alentours sur le sable terreux, apparemment non brûlé. Forêt de la Mondah (km 31,5 de Libreville, Gabon), le 35.XII.1971, n° G418.

DIAGNOSE LATINE. — Pileo 5-15 mm lato, parum convexo, cito plano atque in ambitu paulum reflexo, angustissime in juventute umbilicato, margine paulum undulata et crenata, pallide brunneolo, toto transluciditate striato, primum in umbilico obscuriore, deinde concolore, minute fibrillis argenteis pectinato. Stipite 8-15 $\times$ 0,7-1,2 mm, paulum imo crassiore, fistuloso, pileo subconcolore, fibrillis argenteis lucido. Carne tenuissima, pileo concolore, odore levi spermatico. Lamellis mediocriter distantibus, 1,5 mm latis, minuto dente decurrentibus, maturis testaceis, acie integra et concolore. — Sporis symmetris elongatis, saepius complexis, 7,2-9 $\times$ 5-5,7 μ, basi saepe obtusa. Basidiis 24-34 $\times$ 8,5-10-(11,5) μ. Trama paucis granulis in vivo praedita, in sicco nullis. Cute parum distincta, filamentosa, hyphis loculo terminali 60-120 $\times$ 10-18, saepe fusiformi. Fibulis non observatis. — In silva umbrosa, in ripa rivuli, in ligno ac ramulis ambustis, et terram sabulosam circum petens. Typus in Herb. Romagn. n° G 418.

Rhodophyllus sublatifolius Romagn.-Gilles

(Fig. 157)

CARACTERES MACROSCOPIQUES: Chapeau large de 1-3,5 cm et haut de 5-7 mm, convexe, assez plat, obtus, à marge nette, à peine sinueuse, de couleur brunâtre (S 705 un peu plus grisâtre) très finement fibrillé-radié sous une forte loupe, non strié.

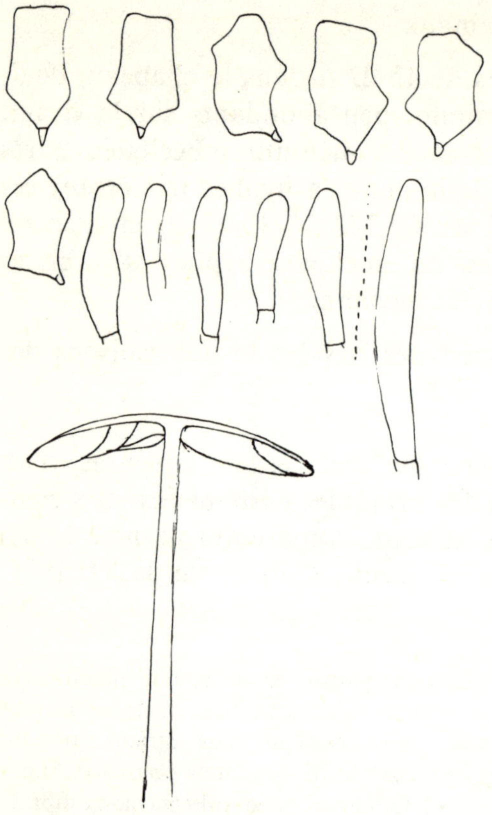

Fig. 157: *Rh. sublatifolius*: spores, poils marginaux, hyphes cuticulaire et carpophore (G 002);

Stipe 5-7 cm × 2-2,5 mm en haut, s'épaississant vers le bas jusqu'à 3-4 mm et un coton mycélien formant une sorte de palette lisse, large de 5-8 mm et appliquée sur le support, brun très pâle, subconcolore au chapeau, du fait de fibrilles qui le strient, lisse et pruineux au sommet sur 2 mm environ.

Chair assez mince, à odeur faible et indéfinissable.

Lamelles moyennement serrées, adnées, un peu sinuées, d'abord blanches, puis brun rose, à arête concolore.

Sporée terre cuite, proche de S 201.

CARACTERES MICROSCOPIQUES: Spores 9,2-11,5 × 7-7,5 μ,

symétriques-allongées souvent simples, à arêtes concaves, très anguleuses, à parois assez épaisses.

Basides 30-40 × 10-12,5 μ, claviformes.

Poils marginaux subcylindriques, rarement fusiformes obtus, 30-40 × 8-11 μ, peu remarquables.

Trame présentant sur le frais des granules réfringents. Cuticule filamenteuse à hyphes généralement larges de 7-11,5-(21) μ, cylindracées à obtusément fusiformes. Pigment vacuolaire brun.

Boucles probablement absentes, mais l'hyménium est en mauvais état.

HABITAT: Sur souche pourrie, en terrain argileux. A 18 km de Libreville, sur la route de Lambaréné (Gabon), le 10.III.1968, n° G 002.

OBSERVATIONS

Cette espèce est proche de l'*Entoloma latifolium* Hesler, qui semble toutefois en différer par le chapeau strié, plus mince, les lames beaucoup plus larges (jusqu'à 8 mm) et les poils marginaux plus claviformes et plus larges.

DIAGNOSE LATINE. — Pileo 1-3,5 cm lato, .convexo, margine vix sinuosa, haud striato, brunneolo, tenuissime radiatim s.l. fibrilloso. Stipite 50-70 × 2-2,5 mm, imo usque ad 5-8 mm propter discum myceliosum in ligno adpressum, pileo subconcolore, sursum pruinoso, alibi fibrillis striato. Odore debili. Lamellis mediocriter stipatis, adnatis, paulum sinuatis, primum albis, dein e roseis brunneolis, acie concolore. — Sporis 9,2-11,5 × 7-7,5 μ, symmetris-elongatis saepe simplicibus. Basidiis 30-40 × 10-12,5 μ. Pilis aciei parvis, cylindratis vel obtuse fusiformibus, 30-40 × 8-11 μ. Granulis in trama praesentibus. Cute filamentosa, hyphis 7-21 μ latis, pigmento vacuolari. Fibulis videlicet absentibus. — In stirpe putrida. Typus in Herb. Romagn. n° 002.

Rhodophyllus sublatifolius var. **castaneipes** Romagn.-Gilles

(Fig. 158)

CARACTERES MACROSCOPIQUES: Chapeau large de 2,2 cm, haut de 1,2 cm, subhémisphérique, à marge striée obtus au centre, brun (un peu plus clair et un peu moins rougeâtre que S 134),

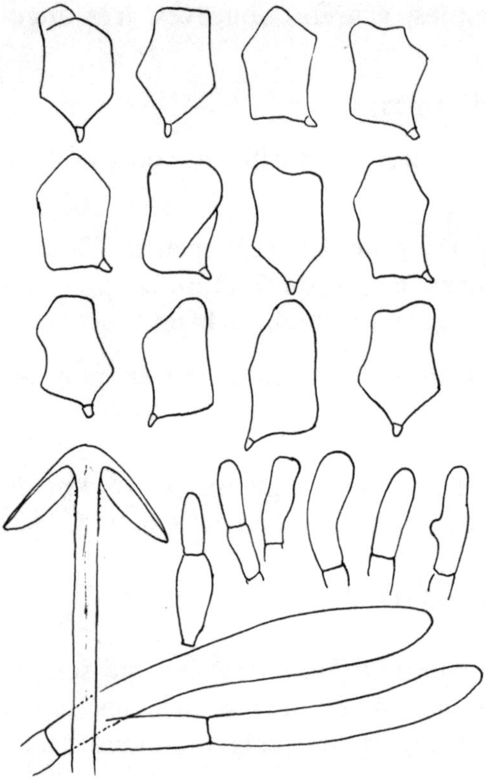

Fig. 158: *Rh. sublatifolius* v. *castaneipes*: spores, carpophore, poils marginaux et hyphes cuticulaires (G 138)

plus foncé au centre (à peu près S 702), à cuticule fibrilleuse, à méchules plus ou moins imbriquées, rappelant un peu *Marasmius peronatus.*

Stipe ferme, 5 cm × 3 mm en haut, 2,5 mm au milieu et 3 mm en bas, d'un brun jaune, un peu comme celui de *Mycena inclinata,* mais farineux et blanchâtre en haut sur près de 10 mm, glabre et luisant.

Chair assez mince, à odeur forte, un peu terreuse, plutôt désagréable, faisant penser à celle de certains Inocybes du groupe *pyriodora*, à saveur comparable, mais douce.

Lamelles assez serrées, avec des lamellules, assez étroites, sublibres, brun pâle, puis terre cuite assez foncé (entre S 158 et 162), à arête concolore et lisse.

CARACTERES MICROSCOPIQUES: Spores 9-11,5 × 7-7,7 μm, symétriques-allongées le plus souvent simples, bien anguleuses, à parois épaisses et réfringentes.

Basides 28-38 × 9-12 μ, tétrasporiques.

Poils marginaux cylindracée, obtus, rarement lagéniformes-fusiformes, denses, 18-40 × 4,5-10 μ.

Médiostrate à hyphes fondamentales de 7-14 μ, régulières, à parois fragiles et minces; atteignant 17 μ dans le chapeau; sous-hyménium étroit, filamenteux. Granules tramaires parfois abondants, mais disparaissant au sec. Cuticule filamenteuse, à hyphes couchées larges de 7-14 μ, cylindriques, obtuses, à parois rigides. Pas de pigment décelable sur le sec (noté comme membranaire sur le frais par G.Gilles).

Boucles probablement absentes, mais hyménium en médiocre état.

HABITAT: Sur bois pourrissant d'*Elaeis*. Route de Libreville à Kango (Gabon), le 29.XII.1968 n° 138.

OBSERVATIONS

Il est probable que cette récolte est spécifiquement différente du type à cause de son chapeau moucheté et de son pied coloré, mais les caractères microscopiques sont sensiblement les mêmes, sauf peut-être la localisation du pigment, que nous n'avons pu exactement observer sur la variété: s'il s'avérait qu'il fût membranaire, il faudrait l'élever au rang d'espèce, car cette pigmentation est rarissime chez les Rhodophylles gabonais, et la classer parmi les *Nolanea*.

DIAGNOSE LATINE. — Pileo 2,2 cm lato, subhemisphaerico, margine striata, obtuso, brunneo, medio obscuriore, tenuiter fibrilloso, squamulis magis minusve imbricatis. Stipite firmo, 50 × 2,5-3 mm (latiore imo ac summo), e flavo brunneo, in mentem *Mycenam inclinatam* revocante, glabro ac lucido. Odore gravi, paulum terrae. Lamellies stipatioribus, satis angustis, subliberis, pallide brunneolis, dein rubiginosis, aice concolore ac levi. — Sporis 9-11,5 × 7-7,7 μ, symmetris elongatis plerumque simplicibus. Basidiis 28-38 × 9-12 μ, tetrasporis. Pilis aciei cylindratis, parvis, 18-40 × 4,5-10 μ. Trama granulis fugacibus praedita. Cute filamentosa, hyphis 7-14 μ latis; pigmento non viso. Fibulis videlicet absentibus. — In ligno putrido *Elaeidis*. Typus in Herb. Romagn. n° 138.

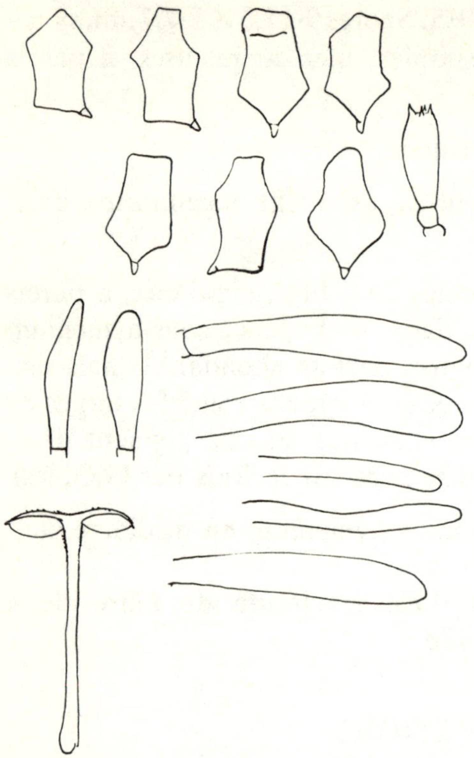

Fig. 159: *Rh. tristissimus*: spores, poils marginaux, hyphes cuticulaires et carpophore

Rhodophyllus tristissimus Romagn.-Gilles
(Fig. 159)

CARACTERES MACROSCOPIQUES: Chapeau large de 1,7 cm, aplani, avec une petite dépression au centre, à marge un peu onduleuse, entièrement gris fuligineux, noirâtre au centre, un peu moins foncé vers les bords, entièrement strié par transparence en majeure partie recouvert de minuscules méchules retroussées, très denses au milieu, de moins en moins vers la marge qui est très légèrement débordante sous une forte loupe.

Stipe 3 cm × 2 mm, un peu renflé en bas et sous les lames jusqu'à 3 mm, concolore au chapeau, avec une pruine noirâtre, sauf en haut où il est poudré de blanc, et en bas où il est recouvert sur 2 mm de mycélium blanc.

Lamelles assez serrées (une lame va au stipe chaque millimètre), à lamellules de longueurs variées, un peu ventrues, sublibres, brun rosé, à arête concolore.

CARACTERES MICROSCOPIQUES: Spores symétriques-allongées le plus souvent simples, 8,5-11-(14) × 6-7 μ, à parois minces et pâles.

Basides 23-35 × 8-11 μ, à 4 stérigmates.

Poils marginaux souvent fusiformes, parfois mucronés ou au contraire un peu resserrés près du sommet avant de s'élargir faiblement, 30-40 × 9-12 μ (G).

Trame à hyphes fondamentales de 14-17 μ dans le médiostrate, à granules nombreux; sous-hyménium irrégulièrement celluleux. Cuticule filamenteuse, à hyphes à articles allongées, souvent assez ventrues, larges 5-15 μ (et plus?), à pigment vacuolaire bleu foncé.

Boucles non observées au pied des basides ni aux cloisons des hyphes.

HABITAT: A terre, sur bois mort humide. Route de Lambaréné (km 20 de Libreville. Gabon, le 7.IV.1968, n° G 007.

DIAGNOSE LATINE. — Pileo 1,7 cm lato, applanato, leviter depresso, toto transluciditate striato fuliginoso, medio atro, minute suamulis reflexis vestito. Stipite 30 × 2 mm, summo et imo usque ad 3 mm, pileo concolore, sub lamellis alba pruina, alibi atra vestito. Lamellis substipatis, paulum venticosis, subliberis, e roseis brunneis, acie concolore. — Sporis symmetris elongatis plerumque simplicibus, 8,5-11-(14) × 6-7 μ. Basidiis 23-35 × 8-11 μ. Pilis marginalibus saepe fusiformibus, rarius mucronatis vel subcapitatis, 30-40 × 9-12 μ. Trama granulis repleta. Cute filamentosa, hyphis 5-15 μ latis, pigmento vacuolari obscure caeruleo. Humi in ligno emortuo uvido. Fortasse inter *Cyanulos* collocandus. — Typus in Herb. Romagn. n° G 007.

Rhodophyllus tristissimus var. **brevibasidiatus** Romagn.-Gilles

CARACTERES MACROSCOPIQUES: Chapeau large de 1,5 cm, abruptement ombiliqué au sommet et à marge tendant à se retrousser, entièrement strié par transparence brun fuligineux, noirâtre au centre, un peu moins foncé sur les bords, couvert de petites mèches retroussées, noirâtres, denses au sommet, de moins en moins vers la périphérie, tendant à se crevasser radialement.

Stipe 5 cm × 2-3 mm, presque partout comprimé, grêle, de la même couleur que le bord du chapeau, sauf en bas sur 1 cm où il est revêtu de mycélium blanc, lisse et glabre, mais pruineux en haut sur 2 mm.

Chair à odeur légère de *Pelargonium.*

Lamelles assez serrées, assez ventrues, sublibres, brun rosâtre, à arête marquée d'un liseré brun assez foncé (comme le bord du chapeau et le stipe).

CARACTERES MICROSCOPIQUES: Spores symétriques-allongées simples à complexes, 10-11,5 × 6-8 μ.

Basides courtes, non pédonculées, 24-30 × 9-11 μ, à gros stérigmates en nombre variable (1-4), d'abord elliptiques, puis subcylindriques-étranglées.

Poils marginaux claviformes, 30-40 × 8-10 μ, à 1 ou 2 cloisons, à suc vacuolaire brun.

Trame sans granules (au moins sur le sec); sous-hyménium plutôt filamenteux, à hyphes de 5-6,5 μ. Cuticule à longues cellules claviformes, à article terminal d'environ 70-100 × 6-15 μ, à pigment vacuolaire brun.

Pas de boucles observées aux basides ni aux cloisons des hyphes.

HABITAT: Sur bois. Route de Lambaréné (km 20 de Libreville, Gabon), le 7.IV.1968, n° G008.

DIAGNOSE LATINE. — Pileo 1,5 cm lato, abrupte umbilicato, margine reflexa, toto transluciditate striato, e fuliginoso fusco, medio obscuriore, parvis squamulis reflexis vestito, radiatim rimoso. Stipite 50 × 2-3 mm, compresso, pileo concolore, imo mycelio albo, glabro, sub lamellis anguste pruinoso. Carne odore obsoleto *Pelargonii.* Lamellis substipatis, satis ventricosis, subliberis, acie fuscidula. — Sporis symmetris-elongatis simplicibus complexisve, 10-11,5 × 6-8 μ. Basidiis brevibus, 24-30 × 9-11 μ, 1-4 sporis. Pilis marginalibus claviformibus, 30-40 × 8-10 μ. Trama sine granulis. Cute filamentosa, hyphis loculo terminali 70-100 × 6-15 μ, pigmento vacuolari brunneo. Fibulis non observatis. — In ligno. Typus in Herb. Romagn. n° G 008.

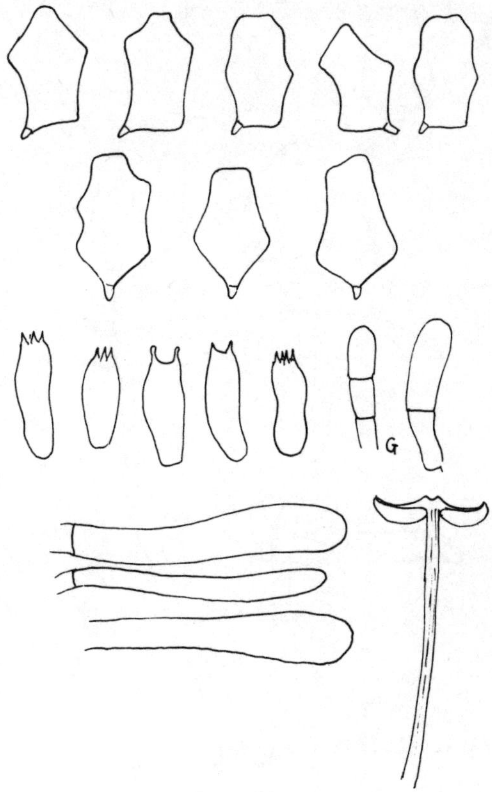

Fig. 159 bis: *Rh. tristissimus* var. *brevibasidiatus* spores, basides, poils marginaux, hyphes cuticulaires et carpophore

Rhodophyllus truncatus Romagn.

(Fig. 160)

Romagnesi: Madagascar, p. 127, fig. 34 (1941)

CARACTERES MACROSCOPIQUES: Chapeau large de 3,3 cm et haut de 7 mm au maximum, peu convexe, plan à la maturité, très légèrement déprimé sur 3 mm au centre, mais non ombiliqué, strié par transparence, gris brun un peu rosé (très proche de S 705), d'un brun plus foncé au centre (vers S 703) du fait de petits flocons colorés, ailleurs fibrilleux.

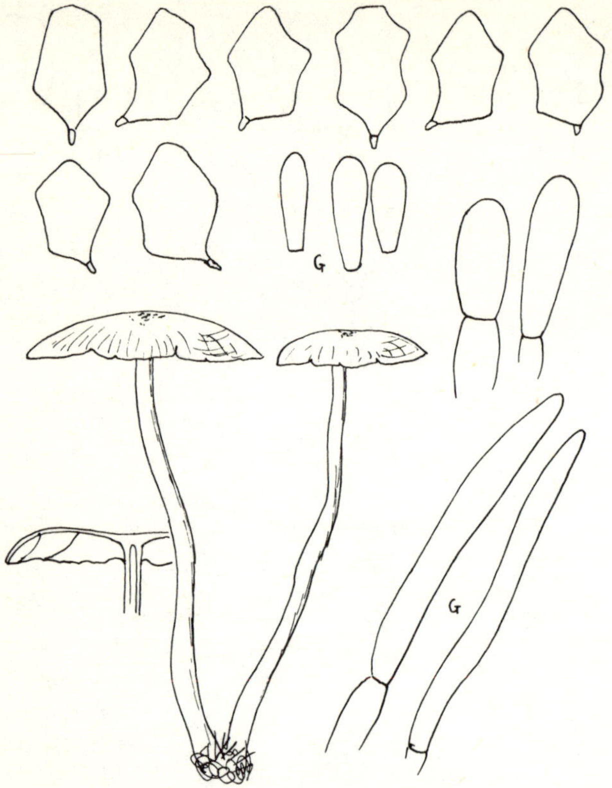

Fig. 160: *Rh. truncatus*: spores, poils marginaux (au milieu selon G. Gilles), carpophores et hyphes cuticulaires

Stipe légèrement excentrique, jusqu'à 6 cm × 2-2,5 mm en haut, dans les 2 derniers cm épaissi et comprimé (4 × 3 mm), creux, gris brun pâle dans la moitié supérieure (S 703), puis plus fuligineux dans la moitié ou les deux tiers inférieurs (M 6 D 2), finement strié s.l. de fibrilles soyeuses blanches, présentant à la base un coton mycélien soudant les deux carpophores et formant une sorte de socle.

Chair très mince, brun pâle, à agréable odeur fruitée.

Lamelles assez serrées, avec 3 ou 4 longueurs de lamellules, atteignant 4 mm de large au milieu, décurrentes par une fine dent, brun très pâle (plus pâles que S 705), puis brun rose (presque S 695), à arête très finement denticulée s.l.

CARACTERES MICROSCOPIQUES: Spores symétriques-allongées complexes, rarement simples, 9-11,5 × 7,2-8 μ, à parois assez minces, peu réfringentes et peu colorées.

Basides 30-40 × 9-11,5 μ, claviformes, à 4 ou assez souvent 2 stérigmates.

Poils marginaux peu différenciés, claviformes, 25-30 × 7-9 μ.

Trame à hyphes fondamentales larges de 10-17 μ, optiquement vides dans la chair du chapeau et dans le médiostrate, mais contenant dans la zone sous-cuticulaire de grosses gouttes réfringentes, éparses, souvent se répandant à l'extérieur, mais sans laticifères propement dits; sous-hyménium d'aspect très celluleux. Cuticule filamenteuse, à énormes hyphes à article terminal souvent court, 50-70 × 8-25 μ, à pigment vacuolaire.

Pas de boucles observées au pied des basides ni aux cloisons des hyphes.

HABITAT: A terre parmi les feuilles mortes, en forêt. Forêt de la Mondah, (km 31,8 de Libreville, Gabon), le 21.XI.1971, n° G 409.

OBSERVATIONS

Cette récolte ne diffère que très peu de celle de Madagascar (couleur peut-être légèrement plus foncée, spores un peu larges, granules peu abondants), et ne saurait à notre avis en être séparée spécifiquement.

DIAGNOSE LATINE. — Pileo 3,3 cm lato, mox plano, levissime depresso, haud umbilicato, transluciditate striato, e roseolo murino, medio flocculis brunneis obscuriore, alibi fibrilloso. Stipite gemino, 60 × 2-2,5 mm, imo usque ad 4 × 3 mm, cavo, pallide murino, imo paulo obscuriore, striato, e copioso mycelio albo orto. Carne tenuissima, pallide brunneola, odore fructus. Lamellis substipatis, 4 mm latis, tenui dente decurrentibus, pallidissime brunneolis, dein e roseis brunneis, acie subtiliter denticulata. — Sporis symmetris elongatis complexis, raro simplicibus, 9-11,5 × 7,2-8 μ. Basidiis 30-40 × 9-11,5 μ, 2-4 sporis. Pilis marginalibus parum manifestis, clavatis, 25-30 × 7-9 μ. Trama sub cute granulis oleaginosis praedita. Cute filamentosa, hyphis loculo terminali 50-70 × 8-25 μ, pigmento vacuolari. Fibulis non observatis. — Humi inter folia emortua, in silva.

Sous-genre INOPILUS

Ce sous-genre présente des points communs avec les *Leptonia,* spores toujours symétriques, le plus souvent à dièdre basal très net, pigments vacuolaires (sauf chez les *Versatiles* ou il y a double pigmentation), granules tramaires fréquents (mais ici ils peuvent aussi se rencontrer chez des espèces bouclées). Cependant, leur port est très différent, avec leur stipe plus épais et plus charnu, leur chapeau très rarement déprimé, presque toujours conique ou mamelonné, leur lames jamais adnées décurrentes, ce qui leur donne une physionomie plutôt entolomoide ou nolanéoide. Mais, en règle générale, ils ne sont pas hygrophanes, souvent fibrilleux ou squamuleux, à cuticule d'hyphes plus volumineuses, parfois même en trichoderme palissadique. Leurs spores sont souvent subglobuleuses, ce qui ne se produit pas chez les *Leptonia* (à spores non cubiques).

SECTION DES PSITTACINI

Cette section remarquable par ses magnifiques couleurs et sa spore cubique est facilement reconnaissable par sa physionomie d'Hygrocybe. Elle fait un peu difficulté pour être classée dans ce sousgenre, si on interprète le changement de couleurs que présentent ses représentants quand il sèchent comme une hygrophanéité. Mais on ne voit guère où l'on pourrait les mettre ailleurs, les *Nolanea* et les *Entoloma* ayant une cuticule de structure assez différente.

Chapeau 2,5-6 cm, conique obtus, puis étalé, sans mamelon (au contraire de *virescens* Bk. - C.), d'abord bleu, puis prenant des tons jaune verdâtre ou vert en séchant, à minuscule flocons jaune verdâtre pâle au sommet.................. .... ***Rh. holocyaneus*** Romagn.

Chapeau 1,3-3,2 cm, conique, avec un long mucron obtus de 3-5 × 1-1,5 mm, vert jaune, glabre .... ***Rh. chloroconus*** R.-G.

Rhodophyllus chloroconus Romagn.-Gilles

(Fig. 161,162,163)

CARACTERES MACROSCOPIQUES: Chapeau large de 1.3 à 3,2 cm, haut de 1 à 2,5 cm y compris la papille aiguë longue de 3-5 mm qui le surmonte, papille large à la base de 1-1,5 mm, générale-

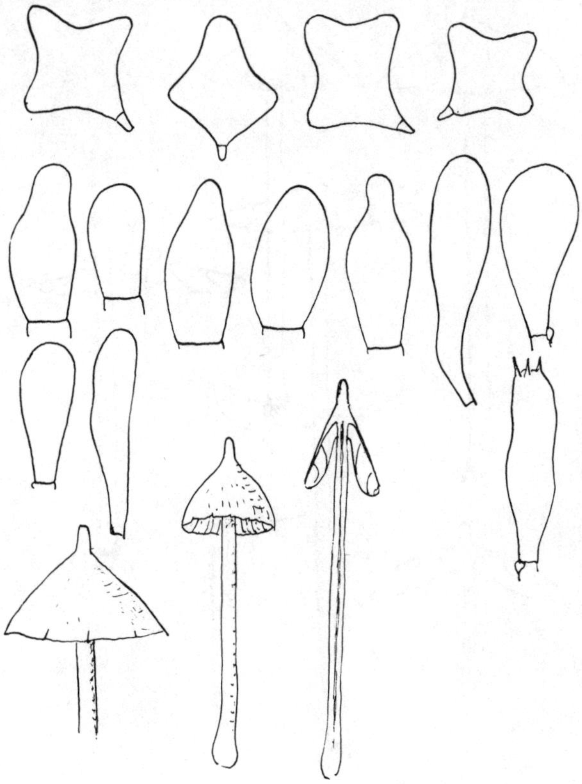

Fig. 161: *Rh. chloroconus*: spores, poils marginaux, carpophores et baside (C.I. 004)

ment bien conique, plus rarement conique assez largement étalé ou subconvexe, à la marge tendant à se crevasser, vert jaune "pois cassés" S 281 ou plus brun jaune soit 4 C 5, la papille toujours plus foncée soit S 276 ou M 4 D 5. Après sporulation, il pâlit fortement pour devenir gris jaune M 2 ou 3 ou 4 B 2. Strié par transparence, vaguement hygrophane, luisant un peu gras par temps humide. Cuticule déviée radialement, glabre, à texture très fine.

Stipe long de 4 à 8 cm, diamètre 2-3 mm, s'épaississant en général pour atteindre 5 mm en bas, jaune pâle S 318 ou M 3 A 4 ou 4 A 4, luisant, glabre strié longitudinalement à la loupe. Un peu de mycélium jaune pâle ou beige verdâtre (S 220 ou M 2 B 4) à la base; fistuleux.

Chair très mince, translucide, jaunâtre, inodore, douce.

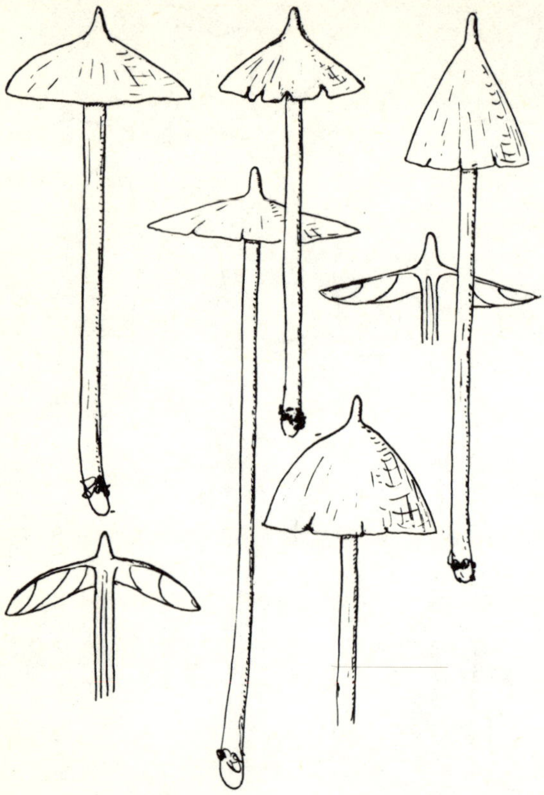

Fig. 162: *Rh. chloroconus*: carpophores (C.0. 043 et 088)

Lamelles assez serrées avec 2-3 longueurs de lamellules, larges jusquà 5 mm au milieu, ascendantes, tantôt simplement adnées, tantôt adnexées au stipe par une minuscule dent, d'abord jaunes S 271 ou M 4 A 3 ou 4 A 5 puis saumon S 211 ou 203 ou M 5 B 4. Arête pâle, bassement denticulée à la loupe.

CARACTERES MICROSCOPIQUES: Spores cubiques, 9,5-11,5-(13) × 8-11 μ, à parois épaisses.

Basides subcylindriques, 40-57 × 11,5-13,5-15 μ, à 4 stérigmates. Quelques pseudocystides (ou laticifères) entre les basides.

Poils marginaux elliptiques ou atténués vers le haut mais toujours obtus, rarement avec un col gros et court, 30-63-85 × (10)-11,5-24 μ.

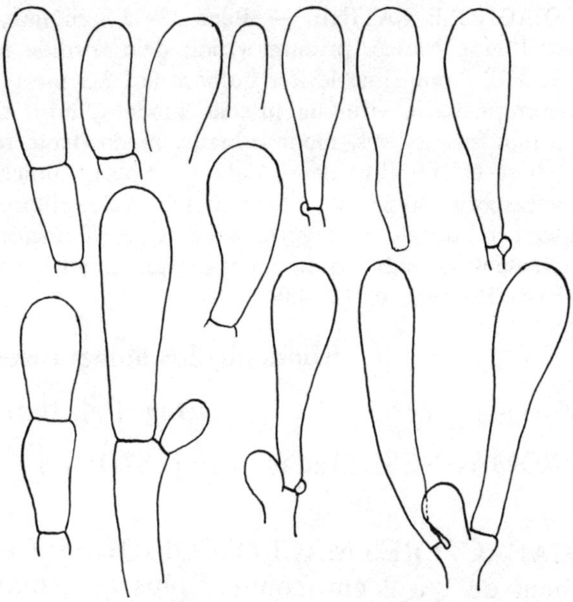

Fig. 163: *Rh. chloroconus*: poils marginaux (C.I. 080)

Médiostrate à hyphes fondamentales larges en moyenne de 11-15-(21) µ, la plupart sans granules; sous-hyménium assez différencié, lâche, aérifère, à hyphes grêles, certaines gutulées, mais la cellule sous-basidienne est souvent arrondie; hyphes de la chair piléique de 8-17 µ, certaines guttulées. Cuticule filamenteuse, à hyphes couchées, de 4-10 µ de diamètre, à extrémités cylindriques et obtuses, quelques-unes dilatées en un article terminal claviforme atteignant 13 µ de large sur 30-90 µm, guttulées, à pigment verdâtre intracellulaire.

Boucles présentes au pied des basides, et aux cloisons de certaines hyphes.

HABITAT: A terre, généralement sur les talus. Côte d'Ivoire forêt du Téké les 21.10.1973, 5.10.1974, 10.11.1974 et 23.II.1974, n° C.I. 004, CI 043, CI 080 et CI 088.

OBSERVATIONS

Cette espèce, assez commune en forêt du Téké en octobre/novembre se reconnaît aisément sur le terrain à son chapeau conique, à sa papille constante, à sa couleur jaune vert à ses lames jaunes.

DIAGNOSE LATINE. — Pileo 13-32 mm lato, 10-12 mm alto sine papilla 3 × 1 mm, conico, primum viridi, dein sordide luteolo, lucido. Stipite usque ad 50 × 2,5 mm, imo leviter bulboso (ad 3,5 mm), luteo, striato. Carne tenuissima, hygrophana, e virudula luteola, inodora, miti. Lamellis satis stipatis, usque ad 3 mm mediis latis, modo adnatis, modo dente minimo adnexis, luteis, acie pallidiore et subtiliter denticulata. — Sporis cubicis, 9,5-11,5 × 8,5-11 μ. Basidiis tetrasporis, 40-57 × 11,5-15 μ. Pilis aciei ellipsoideis vel sursum attenuatis, sed semper obtusis, raro curto collo. Cute filamentosa, pigmento vacuolari. Fibulis praesentibus sub basidiis et inconstanter ad hyphas. — Humi, in silva umbrosa, Herb. Romagn. n° C.I. 004.

Rhodophyllus holocyaneus Romagn.

(Fig. 164, 165)

ROMAGNESI: Madagascar, p. 87 (1941)

CARACTERES MACROSCOPIQUES: Chapeau large de 2,5 à 6 cm, haut de 1 à 2 cm, conique plus ou moins étalé avec la marge tendant parfois à se relever, ou convexe hémisphérique, plus rarement subplan et alors avec un mamelon saillant et obtus au centre, la marge assez fréquemment un peu débordante, hygrophane mais non strié par transparence, d'abord bleu S 466 à 468 ou M 24 B 5 à 7, ou légèrement jaune verdâtre vers S 437, vite maculé çà-et-là de vert un peu rouillé S 422 à 437 ou plus franchement vert olive M 28 D 8, prenant cette teinte au froissement ou spontanément à la longue généralement à partir du sommet, le tiers marginal restant souvent — mais pas toujours — bleu assez franc plus longtemps, devenant à la fin entièrement S 424/425, à cuticule sèche, peigné de fibrilles radiales assez grossières, constellé chez les exemplaires très jeunes de minuscules flocons jaune verdâtre pâle S 334, ayant tendance à se crevasser radialement par la marge ou par le sommet.

Stipe robuste, long de 3,5 à 10 cm, diamètre 3-6 mm en haut, presque étalé surtout chez les jeunes carpophores ou, s'épaississant progressivement vers le bas où il atteint 8-12 mm chez les plus grands, souvent torsadé, concolore au chapeau et maculé comme lui çà et là d'olive rouillé, peigné de fibrilles longitudinales grossières lui donnant un aspect vaguement strié-sillonné.

Chair assez mince, un peu translucide à la marge, probablement bleu vif mais verdissant instantanément à l'air, douce, inodore. Pas de réaction à NH^4OH ni à SO^4H^2.

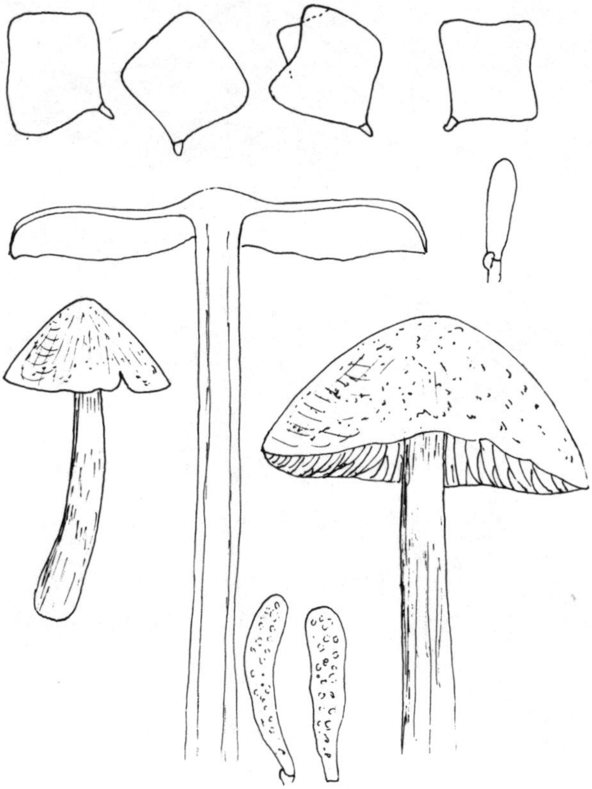

Fig. 164: *Rh. holocyaneus*: spores, basidiole, carpophores et poils marginaux (G 402)

Lamelles assez serrées avec 3-(4) longueurs de lamellules, assez épaisses, plus ou moins fragiles, atteignant 10 mm de large au milieu, uncinées, bleu vif S 451/452, maculées aux blessures de vert jaune rouillé, devenant à maturité bleu violacé M 18 C 5 ou mieux S 561/563. Arête concolore, non denticulée mais sinuolée-érodée.

CARACTERES MICROSCOPIQUES: Spores 10-11,5 × 8,5-10 (11) μ, cubiques, à parois épaisses et réfringentes.

Basides 30-52 × 11-14 μ, claviformes, tétrasporiques, très guttulées.

Poils marginaux peu différenciés, claviformes, 50-90 × 8-11 μ. Parfois de très rares hyphes saillantes, cylindriques ou un peu étranglées çà et là saillent entre les basides.

Médiostrate à hyphes de 5-17 μ, accompagnées surtout dans le

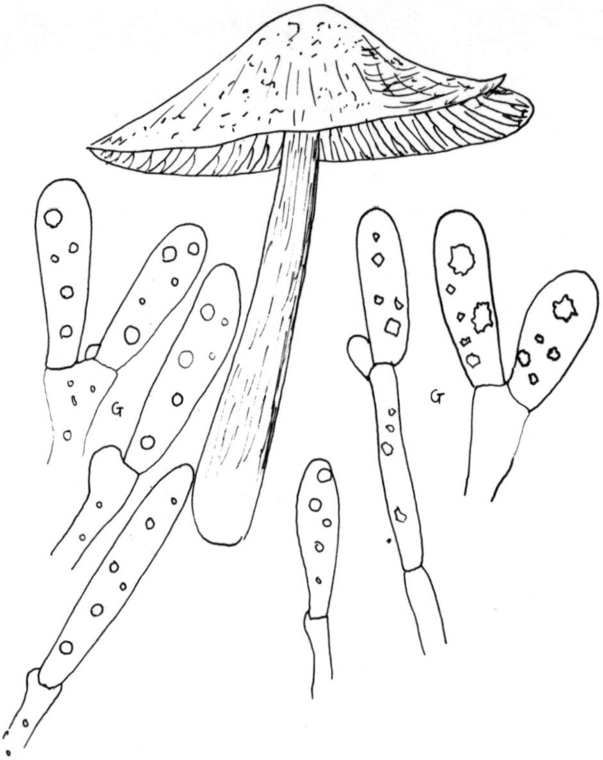

Fig. 165: *Rh. holocyaneus*: carpophore et poils marginaux (d'après G. Gilles).

chapeau par des laticifères sinueux, densément guttulés; sous-hyménium étroit, filamenteux. Cuticule filamenteuse, à hyphes les une de 8,5-20 μ de diamètre, les autres grêles (3,5-5 μ), bourrées sur le sec de pigment intracellulaire; sur le frais, les flocons jaune vert des très jeunes sujets sont constitués par des hyphes à articles assez courts, à contenu uniformément jaune vert, et comportant des cristaux irréguliers, d'un vert plus foncé; ils disparaissent par la dessiccation.

Boucles présentes au pied des basides et aux cloisons de nombreuses hyphes.

HABITAT: A terre, dans l'humus et les feuilles mortes, Gabon, forêt de la Mondah, les 24.X.1971, 29.I, 6 et 13.II.1977, n° G 402, G 422, G 429, et G 804. Décrit initialement de Madagascar.

OBSERVATIONS

Nous avons dans le mémoire de l'un de nous sur les Rhodopyhlles de Madagascar, posé la question de savoir si le *Rh. cubisporus* (Pat.), *psittacinus* Romagn. et *holocyaneus* Romagn. ne s'appliquaient pas à une même espèce polychrome. Les exemplaires gabonais ont initialement une couleur bleue, puis se colorent partiellement de vert olive; ils ne s'adapent donc exactement ni à *holocyaneus,* dont le collecteur n'a signalé qu'une coloration bleu vert (Klincksiek-Valette 351) uniforme (teinte qui correspond à peu près à S 461 en moins vert), ni à *psittacinus*, qui n'aurait pas de couleur bleue, et se décolore en jaune vert ou même en jaune d'oeuf. Quant à *cubisporus*, il serait "bleu indigo", et de taille plus petite.

Il est donc difficile de conclure fermement: tout ce que l'on peut dire, c'est que le champignon gabonais, intermédiaire par son carpophore bleu se tachant de vert olive ou de vert rouillé, rend un peu plus probable la monospécificité du groupe. Mais de nouvelles observations sont nécessaires pour trancher.

Stevenson (1962) a replacé avec raison parmi les Rhodophylles une espèce que Reichardt en 1866 (Vehr. Zool. Bot. Ges. Vienne, 16 : 273) avait décrite de Nouvelle-Zélande comme *Cortinarius Hochstetteri* et qui avait été en 1870 versée dans le *Hygrophorus.* C'est évidemment un *Psittacini,* et à son propos, le même problème se pose que pour les champignons africains. Il semble en différer, encore une fois, par la couleur, nettement moins vive: d'après Horak, qui l'a retrouvé, il a en outre un chapeau à mamelon aigu "bleu clair tournant au bleu verdâtre et finalement coloré d'ochracé au sommet", les lamelles seulement bleuâtres dans la jeunesse, puis brun rougâtre bleuâtre à brun rose, un stipe épais seulement de 3-5 mm, concolore au chapeau, tournant au brunâtre, blanchâtre à la base, fistuleux, fragile. La potasse colore le chapeau en brun rougeâtre clair, l'acide chlorhydrique en jaunâtre; la réaction est negative à l'ammoniaque. La spore cubique mesure 11-15 × 11-14 μm, et surtout les cellules marginales sont cystidioïdes, fusiformes, atténuées en col au sommet, 40-60 × 8-14 μ. Comme d'autre part il s'agit d'un champignon néo-zélandais (et japonais), donc propre à un climat beaucoup plus tempéré que celui de Madagascar et du Gabon (on trouve dans cette région du *Nothofagus*) l'identité n'est pas très probable.

Plus récemment Horak a rapporté ce *Rh. Hochstetteri, cyaneus* Bk. in Hooker, *aeruginosus* Hiroe et notre *holocyaneus* Romagn. de Madagascar à l'*Ag. virescens* Bk.-Curtis. Nous ferons seulement remarquer que les cellules marginales du champignon conique-pointu étudié par Horak sont, comme nous l'avons dit, fusiformes-lagéniformes, alors que l'espèce malgache et gabonaise a des poils marginaux claviformes, obtus au bout et sans col. Cette différence est un peu inquiétante, et tout en considérant les synonymies proposées par notre confrère comme parfaitement possibles, nous préférons pour l'instant conserver le nom d'*holocyaneus* comme plus adéquat.

SECTION INOPILUS OU DES INOCEPHALI

Cette section, où les rapports des *Inopilus* avec les *Leptonia* sont les plus sensibles à cause de la cuticule squamuleuse, l'absence de boucles et la fréquence des granules tramaires, s'en distingue cependant très facilement, non seulement par le port, mais surtout par la présence constante des grandes cystides, très souvent à contenu guttulé, et la spore subglobuleuse. La plupart de ses composants ont un chapeau qui rappelle celui des Inocybes, surtout lorsqu'il est mamelonné. Les *Versatiles,* uniquement européens à ce jour, s'en séparent par la présence d'un abondant pigment incrustant, en plus du vacuolaire ordinaire.

Certaines *Nolanea* ont aussi de telles cystides. Mais leur chapeau est plus ou moins campanulé ou conique, le pied en général plus grêle, la cuticule glabre, seulement peignée radialement, et à épicutis d'hyphes grêles. Quant aux *Eccilia Cheilocystidiati,* leurs lames décurrentes et leur chapeau très déprimé les distinguent sans difficulté.

1 Spores la plupart cubiques.. 2

1 Spores plus ou moins subglobuleuses, rarement cubiques 3

2 Cystides aciculaires, étroites, × 4-10 μm............... *Rh. aciculocystis* R.-G.

2 Cystides volumineuses, × 11-24 μm. Chapeau moucheté d'écailles, foncées .... *Rh. Heimii* Romagn.

3 Poils marginaux très différents des cystides faciales, longuement cylindriques ou claviformes, à suc brun, visibles s.l. sous la forme d'un liseré coloré sur l'arête des lames. Chapeau plan, légèrement déprimé, brun grisâtre, squamuleux .... *Rh. dimorphocystis* R.-G.

3 Cellules marginales peu différentes des cystides faciales 4

4 Spores assez petites, 7,2-10 × 6,5-8 μm, quelquefois cubiques. Chapeau d'un brun roux; odeur cyanique (cf. *Clitocybe infundibuliformis*)................ .... *Rh. xanthophaeus* R.-G.

4 Spores plus grosses. Pas ces caractères................................ 5

5 Cuticule remarquable par ses hyphes à articles souvent courts, en tonnelets, à cloisons rapprochées, rendant le chapeau méchuleux .... *Rh. callithrix* R.-G. et var. *lasiopus* R.-G.

5 Cuticule plus banale, à hyphes à articles plus ou moins allongés............ 6

6 Chapeau mamelonné ou papillé 7

6 Chapeau obtus, tronqué ou un peu déprimé 8

7 Chapeau brun roux, à papille brun noirâtre ...... *Rh. nigropapillatus* Romagn.

7 Chapeau brun bistré, plus ou moins mamelonné .... *Rh. speciosus* (Romagn.) Romagn.

8 Chapeau aplani, beige roussâtre au bord avec l'extrême marge liserée de brun et le centre plus gris brun, tranchant nettement (rappelant *Clitocybe infundibuliformis*), finement fibrilleux s.l. Stipe un peu bulbeux. Lames denticulées, à petits points brun pâle dispersés. Cystides × 10-15 μm, souvent longuement pédonculées... *Rh. subbulbosus* R.-G.

8 Pas ces caractères 9

9 Spores un peu allongées, 9-11 × 7-7,5-(9) μm. Lamelles adnexées ou sublibres. Odeur cyanique (comme *Clitocybe infundibuliformis*).... *Rh. punctipileus* R.-G.

9 Spores franchement subglobuleuses, 8,5-11,5 × 7,5-10 μm 10

10 Chapeau luisant, peigné de fibrilles brunes, plan, un peu déprimé, 3,2 cm...... .... *Rh. longissimus* var. *depauperatus* R.-G.

10 Chapeau plus grossièrement fibrilleux ou d'une autre forme............... 11

11 Chapeau d'abord tronconique ou campanulé, à fibrilles très fines et méchules minuscules .... *Rh. longissimus* R.-G.

11 Chapeau plus vite étalé, rayé de grossiers faisceaux fibrilleux, peu nombreux .... var. *rugatus* R.-G.

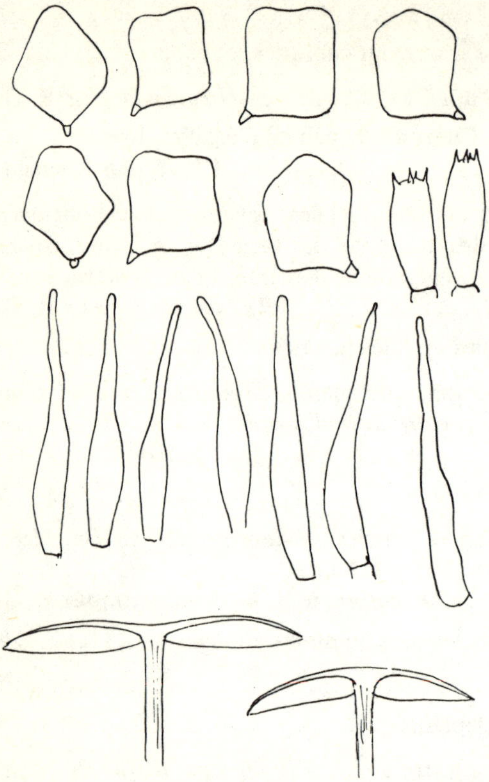

Fig. 166: *Rh. aciculocystis*: spores, basides, cystides et carpophore

Rhodophyllus aciculocystis Romagn.-Gilles

(Fig. 166)

CARACTERES MACROSCOPIQUES: Chapeau atteignant 4 cm de large, et haut de 5-8 mm, convexe, peu bombé, puis s'étalant, à marge un peu striée-cannelée sur 5 mm, et ayant tendance à se fendre radialement, entièrement peigné de fibrilles radiales qui lui donnent une teinte générale beige un peu olivâtre, à peine plus foncé au centre où se trouvent des mèchules retroussées.

Stipe atteignant 7 cm, large en haut de 2 mm et jusqu'à 4 mm en bas, tendant à se comprimer, brun très pâle un peu jaunâtre, plus pâle et un peu plus jaune que S 705, avec sur 1 cm à partir de la base du coton mycélien.

Chair à très fine odeur de *Rhodopaxillus irinus*, et en outre un peu d'amandes amères si le carpophore a séjourné en boîte close.

Lamelles étroites, sublibres, parfois décurrentes par une fine dent, brun rosé.

CARACTERES MICROSCOPIQUES: Spores cubiques, 8-10 × 7-8,5 μ, parois épaisses et réfringentes.

Basides 28-35 × 11,5-13 μ, à 4 stérigmates.

Cystides étroitement fusiformes ou aciculaires, 35-75 × (5)-8-10 μ, bourrées sur le vivant de granulations jaunâtres.

Poils marginaux d'observation difficile (mal observés sur le sec), peu émergents, allongés et plus ou moins sinueux, obtus, mêlés à des basides, 35 × 5-7 μ environ (basidioles stériles?).

Trame d'hyphes à nombreuses granulations, les fondamentales 8,5-24 μ, les connexives 5-6 μ, raides, incolores dans le médiostrate, mais le sous-hyménium étroit, subcelluleux, est un peu jaunâtre s.m. Cuticule filamenteuse, à hyphes de 7,5-14 μ, cylindriques ou un peu clavées, obtuses, bourrées de pigment vacuolaire brun, mais il n'est pas exclu que la membrane soit aussi légèrement teintée (mais non incrustée !).

Pas de boucles observées (H.R.)

HABITAT: Forêt de la Mondah (km 31.5 de Libreville, Gabon), n° G 116, 216.

DIAGNOSE LATINE. — Pileo usque ad 4 cm, convexo, deinde expanso, margine paulum sulcata-striata, toto fibrillis radialibus gilvis pectinato, medio squamulis paulo obscurioribus, suberectis, praedito. Stipite 70 × 2 mm (imo 4 mm), pallidissime e luteolo brunneolo. Carne odore *Rhodopaxilli irini,* paulum amygdalino cum fungus in theca clausa mansit. Lamellis angustis, subliberis, interdum minimo dente decurrentibus. — Sporis cuboideis, 8-10 × 7-8,5 μ. Basidiis 28-35 × 11,5-13 μ. Cystidiis angustis, fusiformibus vel acuformibus, granulosis 35-75 × (5)-8-10 μ. Pilis marginalibus parum manifestis 35 × 5-7 μ, basidiis comitatis. Trama granulosa. Cute filamentosa, pigmento vacuolari. Fibulis non visis. — Typus in Herb. Romagn. n° G 116.

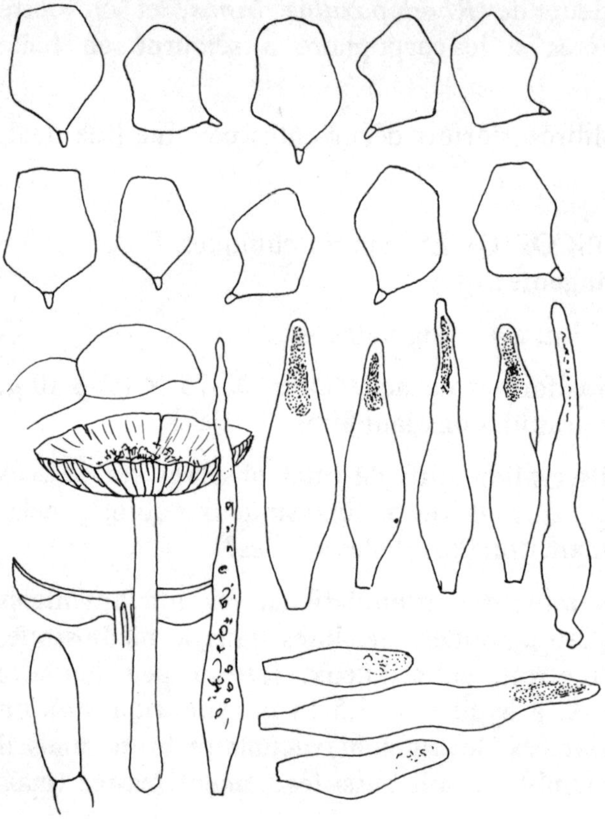

Fig. 167: *Rh. callithrix*: spores, carpophore, cystides (en bas cystides marginales) et extrémité de deux hyphes cuticulaires

Rhodophyllus callithrix Romagn.-Gilles (Fig. 167, 168)

CARACTERES MACROSCOPIQUES: Chapeau large de 2,5-3 cm, convexe surbaissé, puis étalé et à bords un peu relevés et plus ou moins finement déchiquetés, non ombiliqué, parfois même à gros mamelon obtus, brun, entre S 162 et 336, ou M 5 D 5 à 6 D 6, avec le centre plus foncé (plus noirâtre que S 701 ou M 5 E 5 ou 6 F 8), parfois strié par transparence, mais non hygrophane, à cuticule présentant dans la région centrale des méchules retroussées, plus rapprochées au disque sur 4 mm, la zone la plus sombre

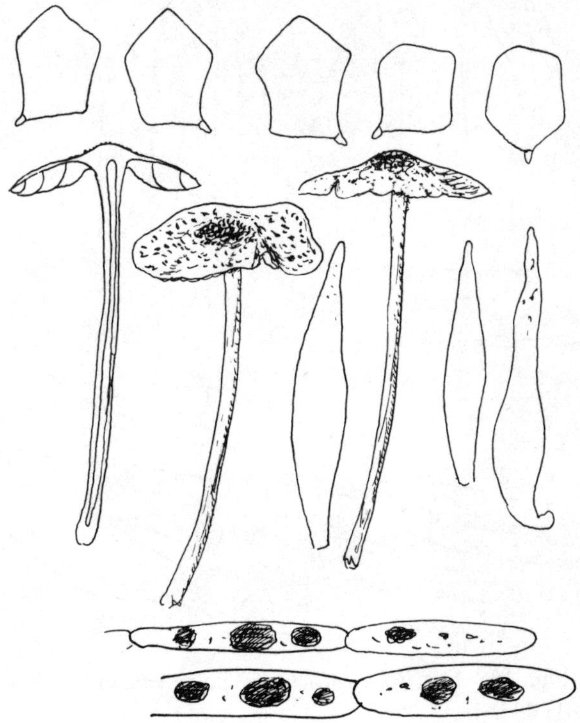

Fig. 168: *Rh. callithrix*: spores, carpophores, cystides et hyphes cuticulaires

fibrilleuse mate, ou unie veloutée, avec en outre parfois quelques crevasses radiales à la périphérie.

Stipe 4,5-5 cm × 2,5-3,5 mm, fistuleux, un peu élargi à la base (4-4,5 mm), blanchâtre ou jaunâtre pâle en haut sur par exemple 5 mm, ailleurs un peu plus clair que le chapeau, gris brun pâle (M 5 B 3) par des fibrilles longitudinales que le peignent, avec du mycélium blanc à la base.

Chair extrêmement mince, lavée de brun, inodore ou à nette et agréable odeur fruitée.

Lamelles assez à moyennement serrées, avec (2)-3-4 longueurs de lamellules, décurrentes par la dent, larges de 3-5 mm, blanc à peine lavés de brun, puis brun rougeâtre pâle (M 7 B 4), nettement hérissées s.l. par les cystide sur les faces, à arêt courtement hérissée ou sublisse.

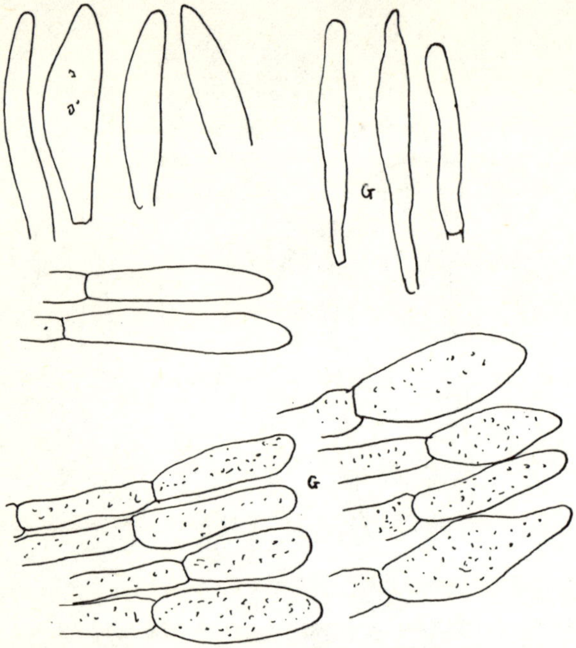

Fig. 168 bis: *Rh. callithrix*: poils marginaux (à droite selon G.G.) et cuticule (G 443)

CARACTERES MICROSCOPIQUES: Spores 8,5-11,5 × 7-8,7 μ, symétriques courtement allongées simples, à parois épaisses et réfringentes, rarement plus complexes ou cubiques.

Basides 33-45 × 11,5-12,5-14 μ, claviformes, à 2,3 ou 4 stérigmates.

Cystides 40-90-130 × 7-19 μ, fusiformes-lagéniformes, à inclusions jaunâtres surtout vers le sommet, peu nombreuses sur les faces, mais serrées sur l'arête.

Médiostrate à hyphes fondamentales de 10-17 μ, à parois solides, avec connexives ramifiées grêles (5-7 μ); sous-hyménium celluleux, étroit; granules moyennement abondants. Cuticule filamenteuse, à articles variant de 6-16-(20) μ, le plus souvent courts (30-90 μ), à parois assez réfringentes, et à abondant suc vacuolaire brun.

Pas de boucles observées.

HABITAT: Dans l'humus, en forêt ombrophile. Forêt de la Mondah, prus Libreville (Gabon), km. 31,5, le 18.X.1970, n° 301, et route militaire, le 6.II.1977, n° G 803.

DIAGNOSE LATINE. — Pileo 2,5-3 cm, expanso, interdum mammoso, paulum in margine lacera resimo, brunneo, medio obscuriore, transluciditate striato, fibrilloso, squamulis resimis medio praedito, in margine passim rimuloso. Stipite 45-50 × 2-3,5 mm, imo paulum dilatato, sursum albido, alibi pallide brunneo, fibrilloso-striato. Carne tenuissima, brunneolo colore tincta, odore grato. Lamellis mediocriter stipatis, 3-5 mm latis parvo dente decurrentibus, albidis, vix brunneolo colore tinctis, dein e rubidus brunneis, acie breviter hirta. — Sporis 8,5-11,5 × 7,2-8,7 μ, symmetris breviter elongatis simplicibus. Basidiis 33-45 × 11,5-14 μ, 2-4 sporis. Cystidiis fusiformibus vel lageniformibus, 40-130 × 7-19 μ in acie plurimis, in lateribus paucis. Cute filamentosa, hyphis eximie articulatis, 16-20 μ latis, saepe articulis brevibus (30-90 μ), pigmento vacuolari copioso. Fibulis absentibus. — Humi, in silva umbrosa. Typus in Herb. Romagn. n° G 301.

OBSERVATIONS

Nous croyons devoir décrire séparément une récolte voisine par la couleur et les caractères microscopiques, (à part la spore légèrement plus allongée) mais bien différente par le port (Fig. 169):

Chapeau large de 17 mm et haut de 11 mm, conique, non hygrophane, mais presque entièrement strié par transparence, brun (entre S 132 et 337, soit M 6 E 5) près du bord, fonçant progressivement pour atteindre M 6 E 5 au sommet à marginale noirâtre, à cuticule déviée radialement, parsemée de méchules plus foncées de la marge au sommet, de plus en plus denses, ce qui explique que celui-ci soit plus foncé. Stipe court, 25 × 1,5 mm, à peine élargi à l'insertion (2 mm), entièrement fistuleux, blanchâtre en haut, brun très pâle ailleurs, ailleurs (moitié inférieure) nettement teinté de brunâtre par les fibrilles qui le strient. Chair pelliculaire, d'un brun très pâle, inodore. Lamelles serrées, avec 4 longueurs de lamellules, atteignant 3 mm de large, blanchâtres, puis d'un rose assez clair, à arête denticulée s.l. — Spores 11-12,5 × 8-8,2 μ, symétriques allongées complexes, à parois épaisses et réfringentes. Basides (30)-35-45 × 10-12,5 μ, tétrasporiques. Cystides sur l'arête des lames fusiformes, acuminées, aiguës au sommet, 64-82 × 12-23 μ, souvent granuleuses vers le haut, faciales et marginales. Médiostrate à hyphes fondamentales de 12-15 μ, avec des connexives grêles, atteignant 17 μ dans le chapeau; sous-hyménium celluleux; granules abondants; des laticifères dans les lames. Cuticule filamenteuse, à hyphes à articles 30-85 × (8,5)-11,5-20 μ, à abondant pigment vacuolaire brun. Pas de boucles observées. — Sur bois pourri, en forêt ombrophile, par temps pluvieux. Forêt de la Mondah, près de Libreville (Gabon), km 31,5, n° G 411.

Nous ne savons si cette récolte doit être regardée comme une simple variété de *callithrix* ou s'il s'agit d'une espèce indépendante. De nouvelles récoltes seraient nécessaires pour en décider.

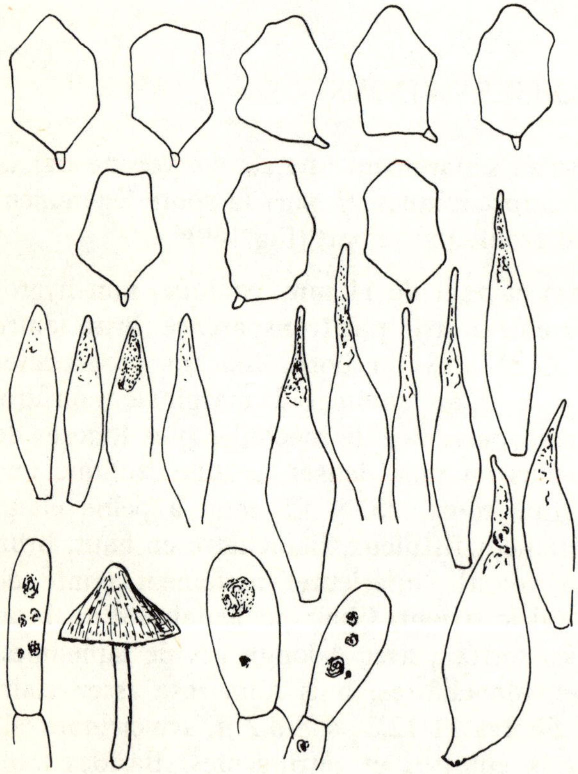

Fig. 169: *Rh.* cf. *callithrix:* spores, cystides, carpophore et hyphes cuticulaires

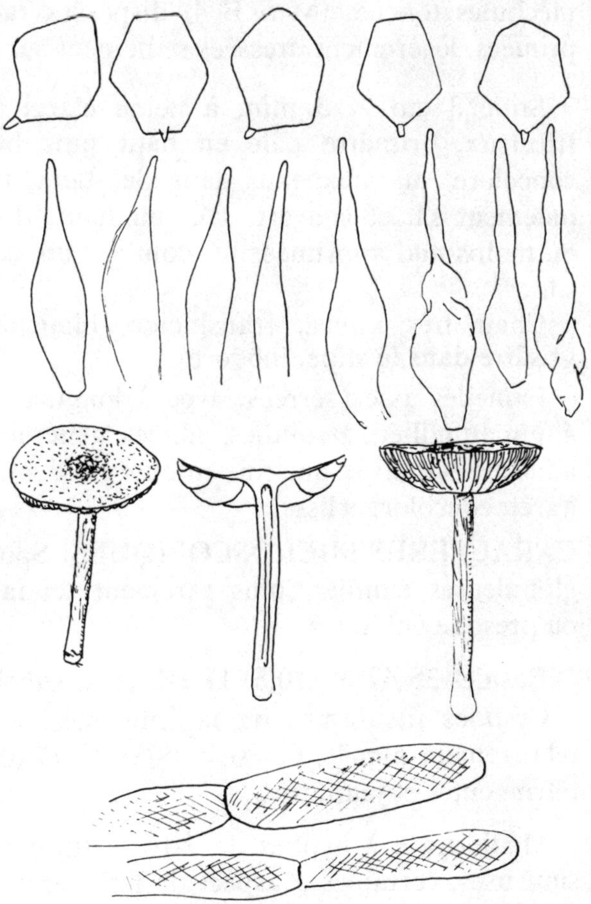

Fig. 170: *Rh. callithrix* v. *lasiopus:* spores, cystides, carpophores et hyphes cuticulaires

3°) **Récolte à stipe plus fibrilleux:** var. **lasiopus** Romagn.-Gilles (Fig. 170)

CARACTERES MACROSCOPIQUES: Chapeau large de 2,2 cm, haut de 6 mm y compris les lames vues de profil, étalé légèrement relevé sur les bords et faiblement saillant au centre, ni strié par transparence, ni hygrophane, brun (M 5 C 4), un peu plus foncé au centre (M C E 4), à cuticule luisante, déviée radialement, couverte partout, mais de plus en plus densément vers le centre, de minuscules méchules foncées (M 5 E 4) disposées radialement, assez bien apprimées, légèrement dressées seulement sur le disque.

Stipe 3 cm × 3 mm, à peine élargi au sommet et à la base, fistuleux, brunâtre pâle en haut puis brunissant jusqu'à devenir concolore au chapeau dans le tiers inférieur, strié longitudinalement s.l. et couvert, sauf en haut, de fibrilles brun foncé plus ou moins mal apprimées lui donnant un aspect bassement pelucheux s.l.

Chair très mince, translucide, blanchâtre dans le chapeau et grisâtre dans le stipe, inodore.

Lamelles assez serrées, avec 3 longueurs de lamellules, larges de 4 mm au milieu, arrondies, adnées, généralement avec quelques lames adnexées au stipe par une minuscule dent, blanches, puis rose pâle, à arête concolore et lisse.

CARACTERES MICROSCOPIQUES: Spores 9-10,7 × 7,5-9 μ, subglobuleuses simples, plus rarement tendant vers le type complexe ou presque cubiques.

Basides 35-47 × (10,5)-11,7-13,5 μ, subclaviformes, tétrasporiques.

Cystides fusiformes ou lagéniformes, à col assez allongé, grêle, relativement aiguës, 60-80 × (8,5)- 12-17-(20) μ, souvent à inclusions réfringentes et jaunâtres.

Médiostrate à hyphes de 7-16 μ, les connexives de 5-6 μ, molles, sinueuses, certaines à aspect de laticifères colorés; sous-hyménium à cellules de 7-10 μ. Nombreux granules tramaires. Cuticule à hyphes de 6-16-(22) μ, à article terminaux volumineux, 20-70 × 10-22 μ, à pigment vacuolaire.

Pas de boucles.

HABITAT: Sur bois mort, à terre, en forêt ombrophile. Forêt de la Mondah, le sources de l'Abaga, km 27,5 de Libreville (Gabon), le 8.VI.1975, n° G 590.

OBSERVATIONS

Ce Rhodophylle diffère de *subbulbosus* n° G 433 par les revêtement plus squamuleux ou fibrilleux, les cystides à col plus étroit et plus aigu; il ne s'écarte guère de la recolte type (G 301) que par le stipe plus pelucheux.

DIAGNOSE LATINE: A. typo praecipue differt stipite magis floccoso. - Humi, in ligno emortuo, in silva umbrosa. Typus in Herb. Romagn., n° G 590.

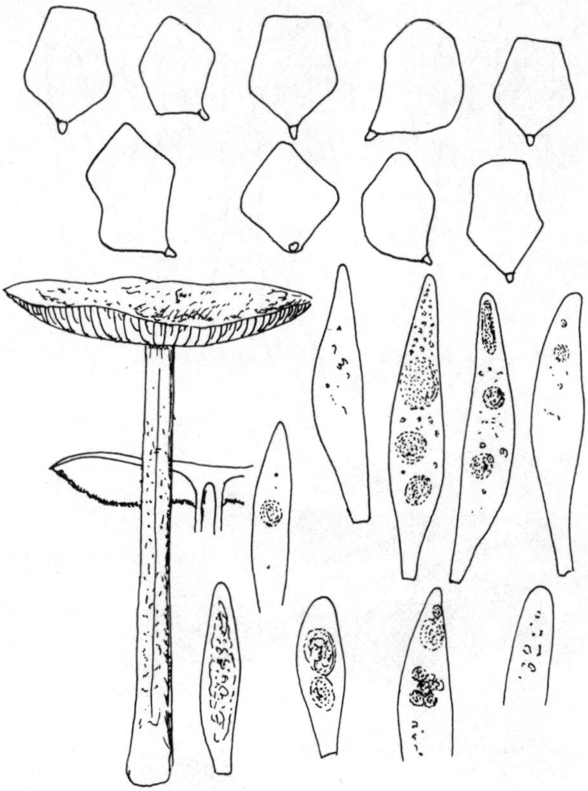

Fig. 171: *Rh. dimorphocystis*: spores, carpophore et cystides

Rhodophyllus dimorphocystis Romagn.-Gilles

(Fig. 171, 172)

CARACTERES MACROSCOPIQUES: Chapeau large de 4,2 cm et haut de 6-8 mm, plan, plus ou moins gondolé sur les bords, déprimé subombiliqué au centre et à marge irrégulièrement déchiquetée-denticulée, entièrement brun comme *Collybia platyphylla* par temps humide, non hygrophane, ponctué de méchules se présentant à l'oeil nu sous la forme de taches plus ou moins serrées (au centre, qui tend à se crevasser, ces méchules, à peine plus foncées que le fond, sont contiguës); entre les méchules, la cuticule est d'un brun jaune assez clair; la marge est bordée de brun foncé, comme le centre du chapeau (vers S 705).

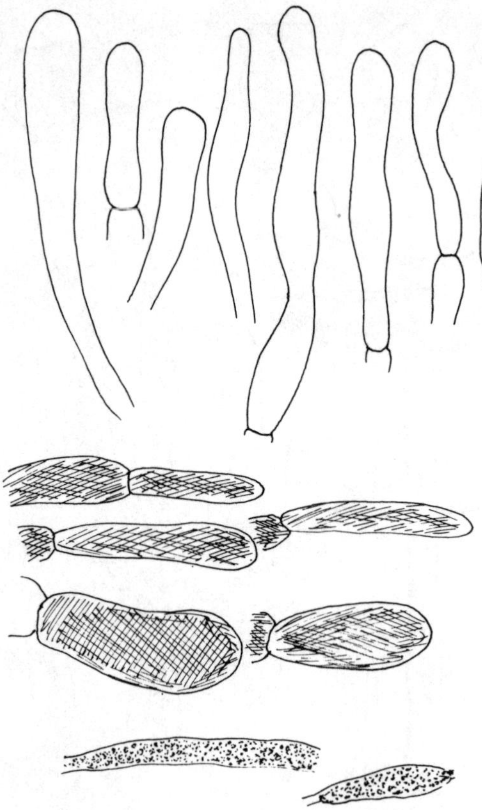

Fig. 172: *Rh. dimorphocystis*: poils marginaux, hyphes cuticulaires et laticifères

Stipe 6,5 cm × 4 mm en haut, puis vite s'aplatissant pour mesurer 5 × 2 mm, et même à la base 7 × 3 mm, entièrement creux, brun jaune pâle, fibrilleux dans le tiers supérieur, puis très densément couvert de minuscules flocons bruns, sauf à l'extrême base fibrilleuse.

Chair brun pâle, un peu jaunâtre que S 705, non hygrophane, concolore dans la caverne du stipe, inodore.

Lamelles moyennement à assez serrées, avec 5 longueurs de lamellules, assez épaisses, ventrues, larges de 6,5 mm au milieu, adnexées par une fine dent, brun jaune pâle comme la chair, puis brun pâle rosé, à arête bordée d'un gros liseré brun foncé (S 702) sur une largeur de 0,5 mm, continu, très visible à l'oeil nu.

CARACTERES MICROSCOPIQUES: Spores subglobuleuses ou symétriques faiblement allongées simples, 8,5-11,5 × 7,2-8,5 μ, très rarement cubiques, à parois réfringentes, mais pâles.

Basides 34-40 × 11-11,5-12 μ, à 4 stérigmates.

Cystides faciales fusiformes, 42-75 × (7)-11-14 μ, avec souvent un contenu granuleux jaune vers le haut.

Poils marginaux très longs subcylindriques à claviformes, parfois cloisonnés, à article terminal de 43-120 × 8-17 μ, mais pouvant atteindre au total 200-300 μ, et à contenu brun. Ces poils semblent se retrouver sur le stipe.

Trame d'hyphes dont certaines sont abondamment guttulées, d'autres optiquement vides, (souvent les guttules n'existent que sur une partie de leur longueur), mesurant 7-11 μ dans le médiostrate; sous-hyménium filamenteux non aérifère ni gélifié, bourré de granules. Cuticule d'hyphes cylindracées ou claviformes, les unes à article terminal de 50-130 × 7-11,5 μ, les autres larges de 12-25 μ, à pigment vacuolaire brun; des granulations brunâtres existent aussi dans la trame.

Pas de boucles véritables (R.K.)

HABITAT: En forêt, à terre dans un layon, dans les feuilles mortes. Forêt de la Mondah (km 29 de Libreville, Gabon), n° G 427

DIAGNOSE LATINE. — Pileo 4,2 cm lato, plano, depresso subumbilicato, in margine undulata atque lacera, toto brunneo, squamulis punctato. Stipite 65 × sursum 4 mm, alibi compresso (usque ad 7 × 3 mm in ima parte) cavo, pallide e flavido brunneolo, superne fibrilloso, inferne minimis floccis brunneis, densis punctato. Carne pallide brunneola, inodora. Lamellis mediocriter stipatis vel substipatis, crassiusculis, ventricosis, 6,5 mm latis, tenui dente adnexis, pallide e flavidulis brunneis, dein pallide e roseis brunneis, acie eximie fusca. — Sporis subglobosis vel symmetris-elongatis simplicibus, raro cuboideis, 8,5-11,5 × 7,2-8,5 μ. Basidiis 35-40 × 11-12 μ. Cystidiis facialibus fusiformibus, 42-75 × (7)-11-14 μ, saepe granulis flavis superne repletis. Pilis marginalibus cylindratis vel claviformibus, articulo terminali, 43-120 × 8-17 μ, brunneis. Trama hyphis saepe guttulatis. Cute filamentosa, hyphis articulo terminali 50-130 × 7-11,5 μ, copioso pigmento vacuolari brunneo. Fibulis nullis. — In silva, humi, inter folia emortua. Typus in Herb. Romagn. n° G 427.

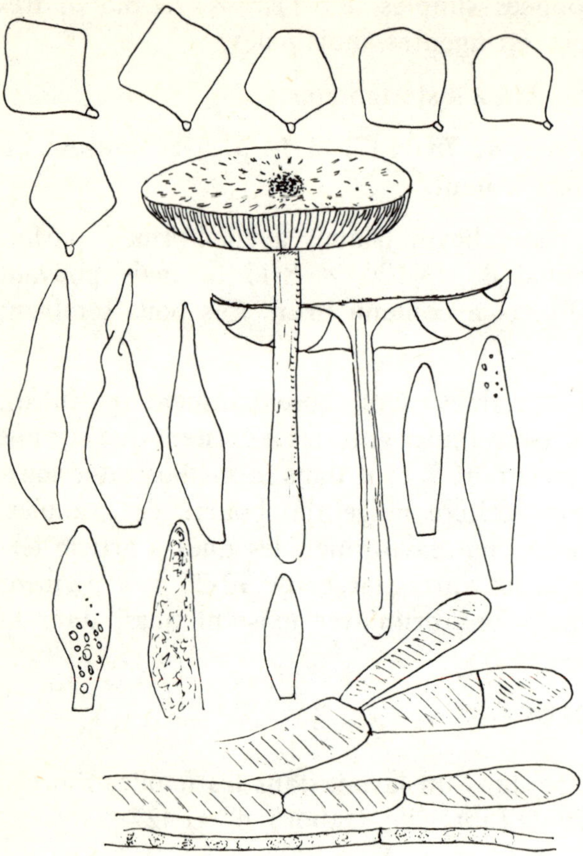

Fig. 173: *Rh. Heimii*: spores, carpophore, cystides et hyphes cuticulaires

Rhodophyllus Heimii Romagn.

(Fig. 173)

ROMAGNESI: Madagascar, p. 94 (1941)

CARACTERES MACROSCOPIQUES: Chapeau large de 4 cm et haut de 8 mm, étalé, avec la marge relevée en forme de soucoupe, ni strié par transparence ni hygrophane, brun clair (M 5 B 3), couvert partout d'écailles foncées (5 D 4) assez grossières, disposées radialement et colorant le centre.

Stipe 4 cm × 3 mm, s'épaississant progressivement dans la moitié inférieure pour y atteindre 4 mm à la base, fistuleux, concolore au chapeau (M 5 B 3), luisant, glabre, strié longitudinalement s.l.

Chair très mince, translucide, brunâtre très pâle, à légère odeur fruitée, douce.

Lamelles assez serrées, avec 3 longueurs de lamellules, larges de 5 mm au milieu, semiventrues, adnexées au stipe par une courte dent, brunâtre pâle, puis brun rosâtre (M 6 B 3), à arête concolore et sublisse s.l.

CARACTERES MICROSCOPIQUES: Spores cubiques, passant rarement au type subglobuleux simple, 7,5-9 × 7,2-8,2 μm, à parois assez épaisses.

Basides 25-40 × 11-14 μm, claviformes, tétrasporiques.

Cystides abondantes sur l'arête, rares sur les faces, fusiformes obtuses ou également a col assez aigu peu différencié, souvent à contenu granuleux jaunâtre, 33-65 × (11)-14-19-(24) μm.

Médiostrate mal conservé, à hyphes fondamentales d'environ 7-19 μm, avec connexives souvent ramifiées; sous-hyménium étroit, plus ou moins celluleux. Granules tramaires abondants sur le frais. Cuticule à hyphes cylindriques, de 6-13 μm de diamètre, à cloisons assez rapprochées, avec quelques cloisons secondaires, les derniers articles de 35-70 × (6)-9-15-(21) μm, à pigment vacuolaire brun abondant.

Pas de boucles observées.

HABITAT: A terre, dans les feuilles mortes, en forêt ombrophile. Forêt de la Mondah, près de Libreville (Gabon) (km 27,5), le 24. VIII.1975, n° G 623.

OBSERVATIONS

Cette récolte ne diffère pas sensiblement du type de Madagascar, bien que les spores soient peut-être plus constamment cubiques et le stipe un peu plus coloré, plus glabre.

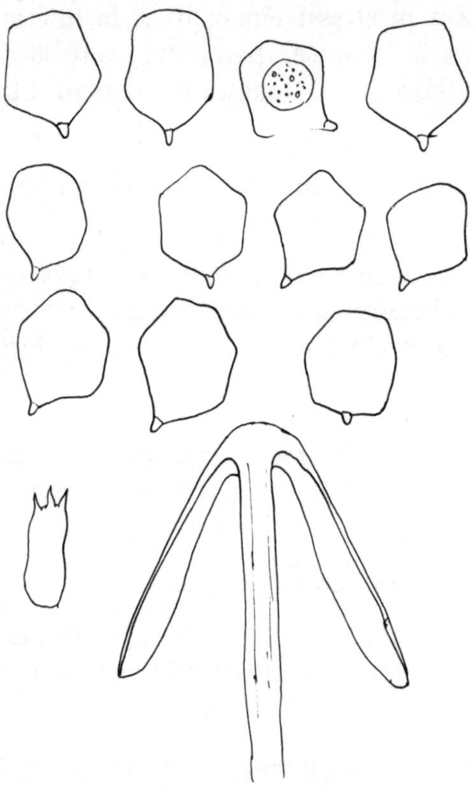

Fig. 174: *Rh. longissimus*: spores et carpophore (G 102)

Rhodophyllus longissimus Romagn.-Gilles

(Fig. 174 à 177)

CARACTERES MACROSCOPIQUES: Chapeau large de 3-7 cm et haut de 1-2 cm, conique, coprinoïde, ou plus ou moins largement étalé, et alors parfois bassement, mais nettement mamelonné, à marge parfois onduleuse, entièrement strié par transparence, d'un brun plus ou moins clair (S 705 à 134 selons les récoltes, ou M 4 A 2 à 5 A 2), un peu plus foncé au sommet (S 250 à 131 ou M 5 C 4, puis 5 E 4), à cuticule soyeuse déviée radialement, avec méchules retroussées au sommet, mouchetée sur les jeunes exemplaires, sur toute la surface, de denses et minuscules méchules également retroussées, tendant à se fendre radialement.

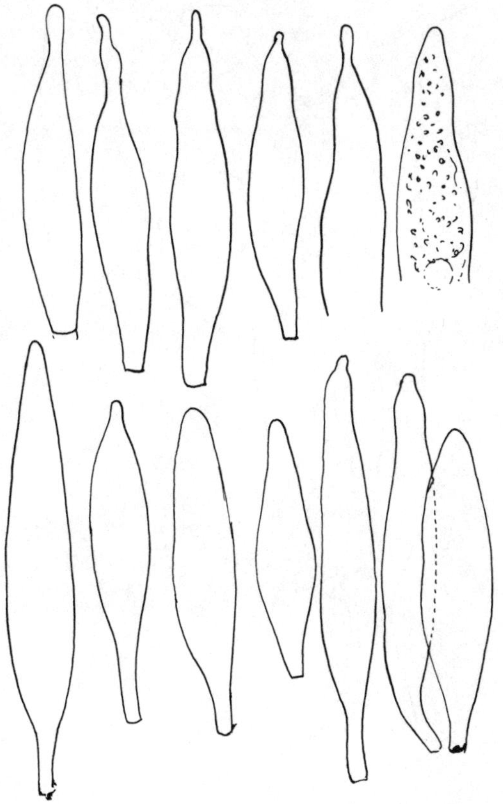

Fig. 175: *Rh. longissimus*: cystides (G 102)

Stipe en général très long, (3)-7-15 cm × 3-5 mm (diamètre constant), renflé en bas jusqu'à 6-7 mm, entièrement fistuleux, blanchâtre en haut sur 10-15 mm et velouté ou subfloconneux, ailleurs concolore au chapeau ou plus pâle, strié de fibrilles longitudinales, et enveloppé en bas sur 1 cm de coton mycélien blanc.

Chair très mince, blanche ou blanchâtre, douce, insipide, puis prenant un goût fade de champignon cru, à odeur légèrement fruitée (de feuilles froissées dans une récolte).

Lamelles assez serrées, avec 3-4 longueurs de lamellules, ascendantes, atteignant au milieu 3,5-5 mm de large, généralement adnexées par une courte dent, parfois simplement adnées ou sublibres, blanches, puis rosées, sablées-veloutées sur les faces, à arête concolore, nettement érodée.

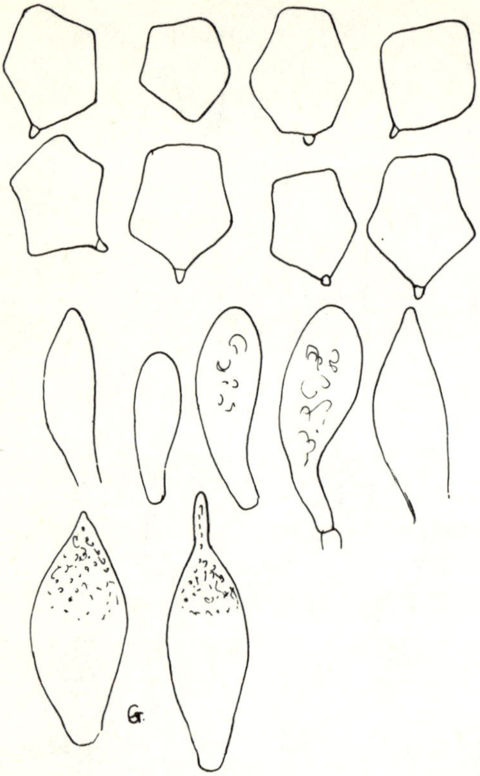

Fig. 176: *Rh. longissimus*: spores et cystides (en G d'après G. Gilles)

CARACTERES MICROSCOPIQUES: Spores 8,5-11,5 × 7,5-10 μ, subglobuleuses simples, bien anguleuses, mais à sommets obtus, à paroi épaisse et bien réfringente.

Basides 28-42 × 10-12-(14) μ, claviformes à cylindracées, à 4 gros stérigmates.

Cystides (35)-70-135 × (10)-12,5-18-(28) μ, fusiformes, parfois relativement obtuses, mais souvent différenciant à l'extrémité une pointe grêle ou acuminées, à contenu souvent granuleux, plus tard optiquement vides, faciales et marginales; une récolte a montré aussi des poils claviformes, 40-63 × 15-21 μ.

Médiostrate à hyphes fondamentales de 10-12,5 μ parfois jusqu'à 25 μ, (mais surtout dans le chapeau), à hyphes connexives de 6-15 μ,

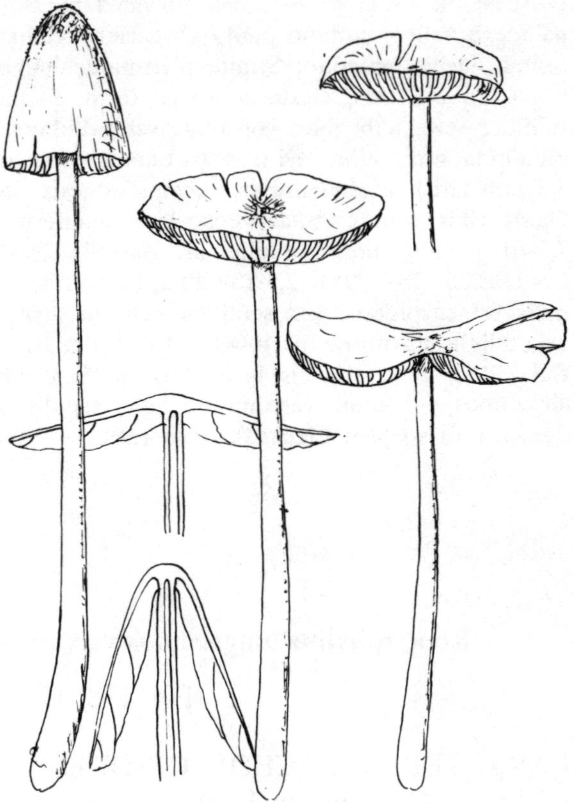

Fig. 177: *Rh. longissimus*: carpophores (C.I. 015)

avec abondants granules tramaires; sous-hyménium irrégulièrement subcelluleux. Cuticule d'hyphes radiales, volumineuses (13-25 μ en profondeur), plus grêles en surface (6-15 μ), à pigment vacuolaire.

Pas de boucles observées.

HABITAT: A terre, probablement en relation avec du bois enfoui ou sur du bois mort (une récolte à l'intérieur d'une souche d'*Elaeis*). Forêt de la Mondah, près Libreville (Gabon), km 30, 31,5, 31,6 et "Eaux-et-forêts", les 13. et 20.X.1968, 12.I.1969, 13.X.1968, 9.III. 1972 et 6.IV.1975, n° G 102, 113, 146, 226, 455 et 550. Forêt du Téké, près d'Abidjan (Côte d'Ivoire), le 23.III.1974, n° C.I. 015.

DIAGNOSE LATINE. — Pileo 3-6 cm lato, conico vel magis minusve expanso, pallide brunneo, summo paulo obscuriore, radiatim sericeo-fibrilloso, squamulis resimis medio praedito. Stipite plerumque longissimo, 70-130 × 3-5 mm, imo usque ad 6-7 mm, flexuoso, saepe torto, fistuloso, sursum albido ac velutino subfloccosove, alibi pileo concolore vel pallidiore, striato. Carne tenuissima, alba vel albida, miti, odore levi fructus. Lamellis substipatis plerumque angustis (mediis 3,5 mm latis), ascendentibus, saepius adnexis, interdum adnexis modo vel subliberis, albis, dein roseis, acie concolore, manifeste denticulata. — Sporis 8,5-11,5 × 7,5-10 μ, subglobosis simplicibus. Basidiis 28-42 × 10-11,5-(14) μ tetrasporis. Cystidiis 70-135 × (10)-12,5-15-(28) μ, fusiformibus, modo subobtusis, modo acuminatis vel cuspidatis, praesentibus cum in acie tum in lateribus; interdum in acie cellulis claviformibus 40-63 × 13-21 μ mixtis. Granulis in trama praesentibus. Cute filamentosa, hyphis jacentibus, 6-25 μ latis, pigmento vacuolari. Fibulis absentibus. — Humi, verisimiliter ligno sepulto adhaerens, vel in ligno emortuo (semel intra stirpem Elaeidis), haud rarus. — Typus in Herb. Romagn. n° 102.

Rhodophyllus longissimus var. **rugatus** Romagn.-Gilles

(Fig. 178, 179)

CARACTERES MACROSCOPIQUES: Chapeau plus petit (2-3 cm de large, 4-8 mm de haut), presque plan, faiblement convexe ou conique surbaissé, à cuticule beaucoup plus grossièrement peignée, les fibres radiales formant parfois à la loupe de véritables cordonnets brun roux, pelucheuse et nettement plus foncée au centre que le reste du chapeau.

Stipe souvent plus foncé, plus ferme, généralement farci.

Lames relativement plus larges (jusqu'à 5 mm au milieu)

CARACTERES MICROSCOPIQUES: Spores 7,5-11,5 × 7,5-9 μ, subglobuleuses simples, identiques à celles du type.

Basides 32-44 × 11,5-13,5 μ, tétrasporiques.

Cystides généralement plus courtes, plus trapues, 60-77 × 12-22 μ, ventrues, à col assez grêle, obtus ou acuminé, parfois ovoïdes elliptiques, à contenu souvent en partie guttulé, parfois rares sur les faces; l'arête montre des cystides plus petites, parfois claviformes, 32-60 × 9-16 μ.

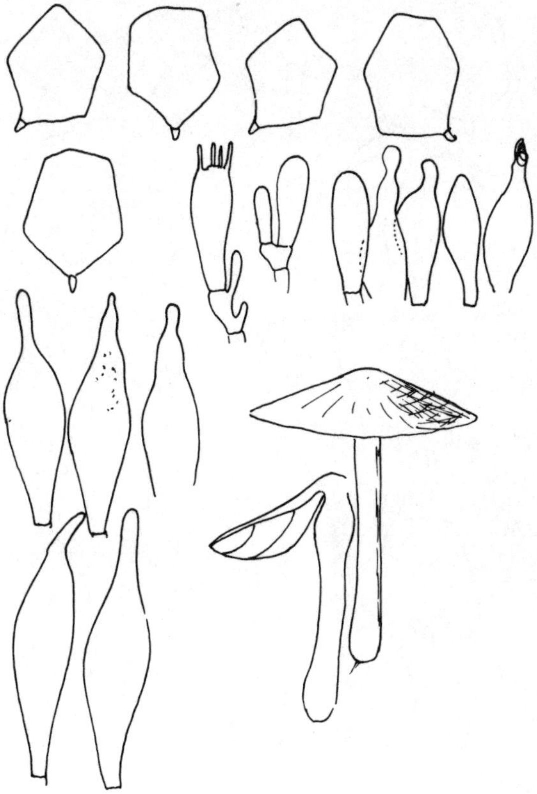

Fig. 178: ***Rh.*** *longissimus* v. *rugatus*: spores, basides, cellules marginales, cystides et carpophore (G 222)

Médiostrate à hyphes de 7-18 μ, régulières, avec granules plus ou moins abondants accompagnées de connexives plus guttulées; sous-hyménium non gélifié, plutôt filamenteux, guttulé; dans le chapeau, les hyphes ont un diamètre de 6,5-24 μ, certaines connexives prennent un aspect sinueux de laticifères, mais sans contenu bien caractérisé. Cuticule filamenteuse, à hyphes couchées, obtuses, de 7,5-16 μ de large, à pigment vacuolaire.

Pas de boucles observées.

HABITAT: A terre, dans l'humus humide. Forêt de la Mondah, près Libreville (Gabon) km 31, 31,5, 31, 8, n° G 222, 228, 438, 442, 446, 449.

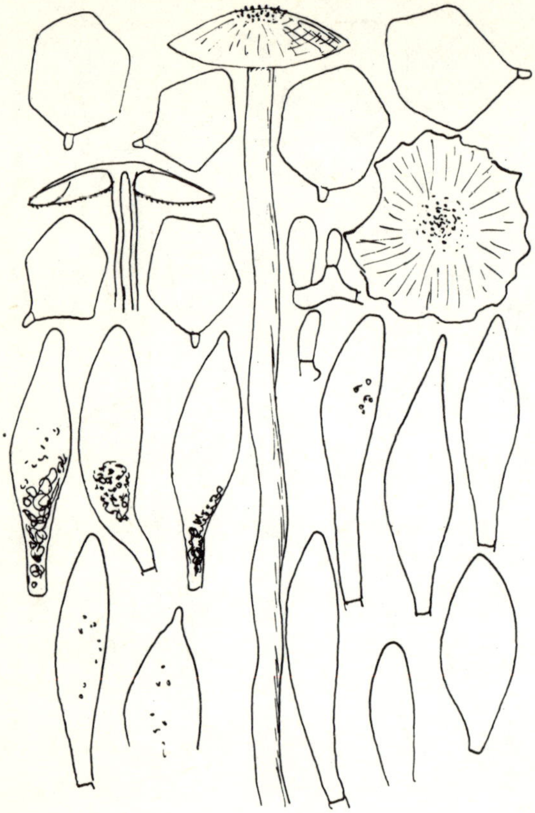

Fig. 179: *Rh. longissimus* v. *rugatus*: spores, carpophores, cystides (G 228)

OBSERVATIONS

C'est une espèce polymorphe, dont certaines récoltes paraissent intermédiaires entre le type et la variété, du moins macroscopiquement. Elle est assez commune dans les environs de Libreville, en forêt dense ou dans les lambeaux de forêt secondaire. Le type est en général de grande taille, bien reconnaissable à son chapeau conique, d'un brun plus ou moins pâle, à son long stipe clair, de couleur paille, relativement grêle et le plus souvent torsadé, ainsi qu'à son odeur fruitée. La varieté est bien différente par son aspect macroscopique, port, taille et couleur, mais présente des caractères microscopiques identiques, sauf pour la taille des cystides.

DIAGNOSE LATINE. — A typo haec varietas differt pileo minore, 2-3 cm, fere plano, multo crassius funiculis e rufis brunneis fibrilloso, stipite firmiore, saepe magis colorato, lamellis comparate latioribus (mediis usque ad 5 mm), et cystidiis brevioribus, magis ventricosis, 60-77 × 12-22 μ. — Typus in Herb. Romagn. n° 222.

Deux récoltes nous ont laissés perplexes, et, trop voisines pour être regardées comme des espèces ou variétés nouvelles, il nous semble bon de les décrire séparément.

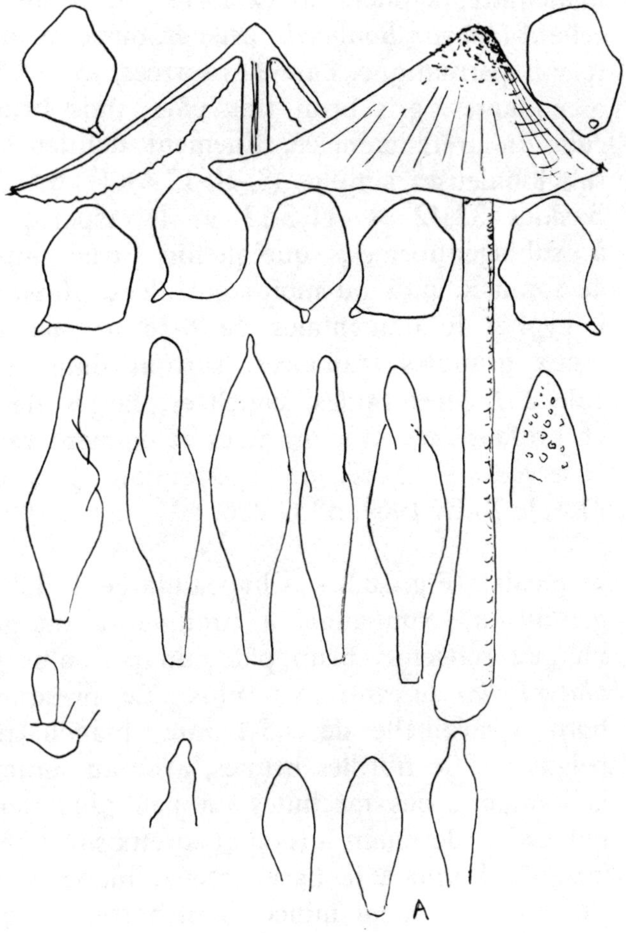

Fig. 180: *Rh.* cf. *longissimus*: spores, carpophore, cystides, basidiole et en bas cellules marginales (G 206)

1° récolte (Fig. 181) — Chapeau large de 5,5 cm et haut de 2 cm, conique, avec une marge un peu débordante et ayant tendance à se retrousser, peigné de fibrilles radiales d'un brun un peu roux, relativement proche de S 702 vers le sommet du chapeau et même à extrême pointe brun noirâtre, mais s'éclaircissant notablement vers les bords, à cuticule hérissée vers le centre sur 1 cm de méchules brunes retroussées, ailleurs laissant voir entre les fibrilles la chair piléique bien plus pâle (S 705 ou presque). Stipe 7 cm × 4 mm, atteignant 9 mm en bas, plein, ferme, brun gris par des fibrilles apprimées rappelant *Collybia platyphylla* (sans nuances roussâtres comme le chapeau), à coton mycélien à la base sur 2 cm. Chair blanchâtre, à odeur assez forte, rappelant un peu (en moins net) celle d'*Inocybe Bongardi*, avec en outre au niveau du stipe un léger relent spermatique. Lamelles serrées, avec 4 longueurs de lamellules, ascendantes, gris brun très pâle, puis brun rosâtre à brun terre cuite, à arête crénelée, finement denticulée de blanc. — Spores subglobuleuses simples (8)-10-12 × (7)-8,5-8,5 μ, à parois épaisses. Basides 32-42 × 11,5-13 μ, tétrasporiques. Cystides fusiformes à sublagéniformes, quelquefois avec une toute petite pointe au sommet, plus ou moins guttulées, 70-90 × 15-23 μ. Médiostrate à hyphes fondamentales de 8-18 μ; sous-hyménium serré. Nombreux granules tramaires, surtout dans le sous-hyménium. Cuticule à hyphes raides, couchées, larges de 10-25 μ (jusqu'à 32 μ en profondeur), avec granules et pigment vacuolaire. Pas de boucles observées. — Forêt de la Mondah, près Libreville (Gabon), km. 31,8, le 28.IX.1969, n° G 206.

2° récolte. (Fig. 182) — Chapeau large de 3,2 cm et haut de 2-2,2 cm, glandiforme-campanulé à conique, à marge très peu débordante un peu réfléchie, brun pâle, un peu plus foncé (comme *Collybia platyphylla)* au centre, vite plus pâle, presque blanchâtre à l'extrême bord, (marginelle de 0,5-1 mm, blanchâtre), assez grossièrement peigné s.l. de fibrilles brunes, avec au sommet (sur 1/3 environ de la hauteur), des méchules un peu plus foncées et plus ou moins redressées, devenant luisant et soyeux sur le sec. Stipe 9 cm × 3-4 mm (jusqu'à 5 mm à la base), creux, blanc, strié de fibrilles soyeuses. Chair extrêmement mince, blanchâtre, à légère odeur spermatique. Lamelles serrées, avec 3-(4) longueurs de lamellules, ascendantes, étroites (1-2 mm), sinueuses, à arête pâle et très finement denticulées

Fig. 181: *Rh.* cf. *longissimus*: spores, carpophore et cystides (G 209)

par les cystides. — Spores subglobuleuses simples à complexe, 9-11,5 × 8,5-10 μ, à dièdre basal parfois très obtus et peu net. Basides trapues, 24-30 × 10,5-12,5 μ. Cystides fusiformes très ventrues, 70-100 × 21-35 μ, un peu plus petites sur l'arête (× 14-22 μ). Médiostrate à hyphes fondamentales de 10-13 μ environ, atteignant 28 μ dans le chapeau; sous-hyménium subcelluleux. Nombreux granules tramaires. Cuticule à hyphes couchées de 6-14 μ, à pigment vacuolaire, plus abondant dans les hyphes grêles. Pas de boucles observées. — Forêt de la Mondah, près Libreville (Gabon), km 31,5, le 28.IX.1969 n° G 209.

Cette récolte diffère surtout de la précédente par la forme du chapeau et le stipe plus allongé, mais elle est très voisine. Les cystides ventrues sont assez remarquables.

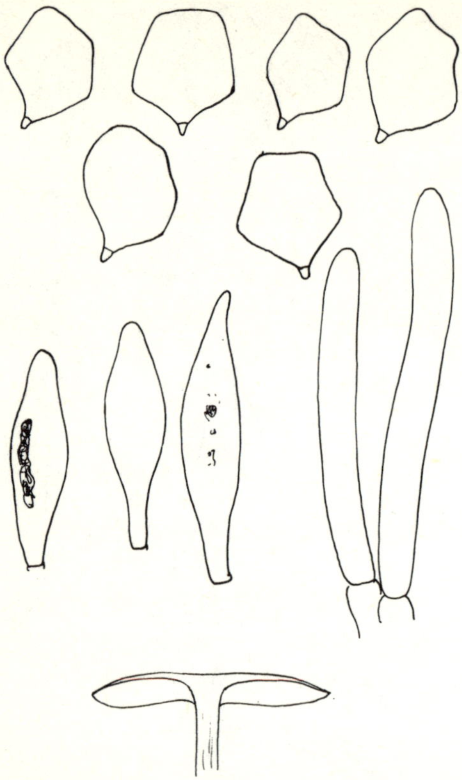

Fig. 182: *Rh. longissimus* v. *depauperatus:* spores, cystides, hyphes cuticulaires et carpophore

3°) **Rhodophyllus longissimus** var. **depauperatus** Romagn.-Gilles (Fig. 183)

CARACTERES MACROSCOPIQUES: Chapeau large de 3,2 cm plan et plus ou moins gondolé, à marge strié par transparence sur 1 cm, brun (S 131/132) au centre, puis S 134, un peu plus pâle sur les bords, peigné de fibrilles brunes, et méchuleux au milieu, d'aspect luisant par le sec.

Stipe 8 cm × 3-4 mm, cylindrique, brun jaunâtre très pâle (vers S 250 ou même encore plus pâle), à base blanchâtre sur 1 cm, fibrilleux.

Chair mince, inodore.

Lamelles assez serrées, avec lamellules, décurrentes par la dent, blanches puis rose vif, à arête finement denticulée et blanchâtre.

CARACTERES MICROSCOPIQUES: Spores subglobuleuses simples, 8,5-11 × 8-8,5 µ.

Basides 30-37 × 11,5-14 µ, à 2-4 stérigmates.

Cystides fusiformes, plus ou moins ventrues, 57-80 × 15-22 µ, avec traces de guttules, observées seulement sur l'arête (sans doute très rares sur les faces: exemplaire en médiocre état).

Trame à hyphes la plupart vides, quelques-unes cependant avec quelques guttules éparses. Cuticule filamenteuse, à hyphes de 7-14 µ de diamètre, à pigment vacuolaire brun foncé.

Pas de boucles (R.K.)

HABITAT: A terre dans un ravin humide. Forêt de la Mondah (km 31,5 de Libreville, Gabon), n° 103.

DIAGNOSE LATINE: — Pileo 3,2 cm lato, plano, magis minusve montuoso, margine transluciditate striata, brunneo, fibrilloso, medio flocculoso, sicco lucido. Stipite 80 × 3-4 mm, cylindrato, e favido pallidissime brunneo, fibrilloso. Carne tenui, inodora. Lamellis substipatis, dente decurrentibus, albis, dein vivide roseis, acie denticulata ac albida. — Sporis subglobosis simplicibus, 8,5-11 × 8-8,5 µ. Basidiis 30-37 × 11,5-14 µ, 2-4 stérigmatis. Cystidiis marginalibus fusiformibus, 57-80 × 15-22 µ, paulum guttatis. Cute filamentosa, pigmento vacuolari. Fibulis nullis. — Humi in praerupta eluvie uvida. Typus in Herb. Romagn. n° G 103.

4°) Récoltes aberrantes de Côte d'Ivoire

Dans la forêt du Téké, où *R. longissimus* typique est assez commun, G.G. a récolté des spécimens assurément très voisins, mais en différant par le port, l'arête des lames lisse l'odeur différente, les lames nettement émarginées-échancrées et l'absence de granules tramaires. Cette récolte fait aussi penser à *vestipes*, mais le stipe n'a pas le même revêtement. Voici une description séparée de ces sujets (Fig. 183).

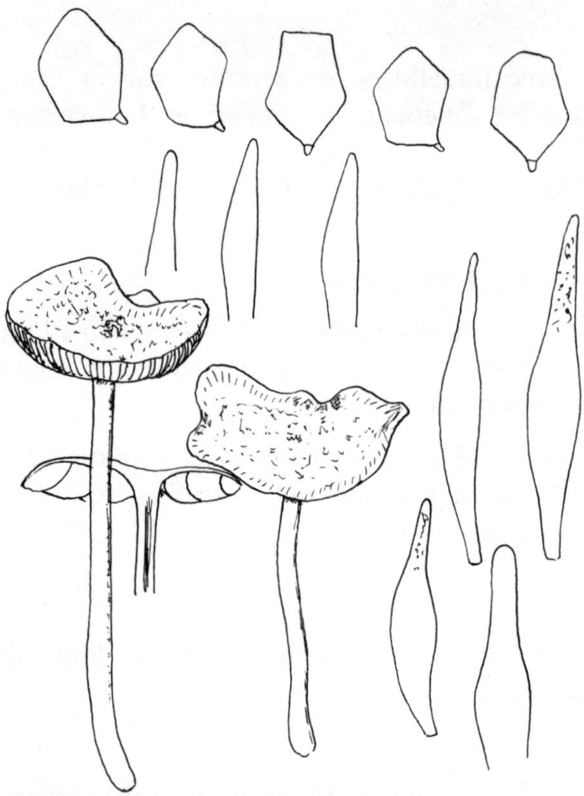

Fig. 183: *Rh.* cf. *longissimus*: spores, cystides et carpophores (C.I. 022)

Chapeau large de 2,8 cm et haut de 5 mm là où il n'est pas gondolé, avec les bords légèrement et irrégulièrement relevés, ce qui lui donne une fausse apparence d'être déprimé, non hygrophane, entièrement strié par transparence, à marge courtement sillonnée sur 1 mm, brunâtre (M 5 B 5 ou mieux MS 10 YR 6/4) avec le centre nettement plus foncé sur 2 mm de diamètre (M 5 E 4), à cuticule déviée radialement, mais parsemée de méchules plus ou moins apprimées plus foncées, très denses au centre, relativement mate ou peu luisante. Stipe 5 cm × 3 mm (2,5 mm à la base), fistuleux, brun jaune pâle (M 4 B 3), à peine plus pâle et non poudré en haut, mat, rayé de fibrilles longitudinales assez foncées, mais espacées. Chair extrêmement mince, blanc jaunâtre, pâle dans le stipe (M 3 A 2), inodore. Lamelles assez serrées, avec 3 longueurs de lamellules, assez ventrues, larges au milieu de 5 mm, échancrées, brun jaune très pâle (M 4 A/B 2), encore plus pâle), puis 5 A 3, à arête pâle et sublisse s.l., très finement veloutées sur les faces s.l. mais non hérissées comme chez *longissimus* type. — Spores 9-10,5 × 7-8,5 μ, symétriques allongées le plus souvent simples, à parois épaisses et réfringentes. Basides 30-45 × (9)- 11-12,5 μ, trapues, tétrasporiques. Cystides assez petites, uniquement vues sur les faces (mais leur présence sur larête, très éparse, est possible), fusiformes-lagéniformes, 50-90 × 8,5-14 μ. Médiostrate des lames à hyphes fondamentales de 7-16 μ; sous-hyménium subcelluleux, non aérifère; elles atteignent 16 μ dans la chair, où il y a de rares et gros laticifères, mais pas de granules tramaires. Cuticule d'hyphes cylindriques, larges de 6-12-(18) μ, serrées, à pigment vacuolaire brun sombre. Pas de boucles observées. — A terre, dans les feuilles mortes, en forêt ombrophile. Forêt du Téké, le 31.III.1974, n° C.I. 022.

Rhodophyllus nigropapillatus Romagn.

(Fig. 184, 184 bis)

ROMAGNESI: Madagascar, p. 114 (1941)

CARACTERES MACROSCOPIQUES: Chapeau atteignant 2,5 cm de large et 1 cm de haut, convexe subhémisphérique, avec une petite papille conique au centre de 3 mm de diamètre et de 1-1,5 mm de hauteur, entièrement strié par transparence, mais non hygrophane, d'un brun roux, assez proche de S 193 en moins rougeâtre et plus châtain, à mamelon d'un brun noirâtre assez nettement plus foncé que le reste de la surface sur la papille, peigné de fibrilles assez grosses à la loupe, et assez luisant par le sec.

Stipe 3,5 cm × 3 mm, cylindrique, un peu arqué en bas, plein, ferme, brun jaunâtre pâle, vers S 264, glabre, finement peigné de fibrilles colorées; pas de coton mycélien à la base, mais quelques fibrilles apprimées brun foncé, peu nombreuses; très finement poudré de blanc en haut sur 1-2 mm.

Chair très mince, beige brunâtre pâle (S 705), blanche dans le stipe, inodore.

Lamelles moyennement serrées, avec 3 longueurs de lamellules, ascendantes, larges de 5 mm, adnées, brun rosé, à arête finement denticulée.

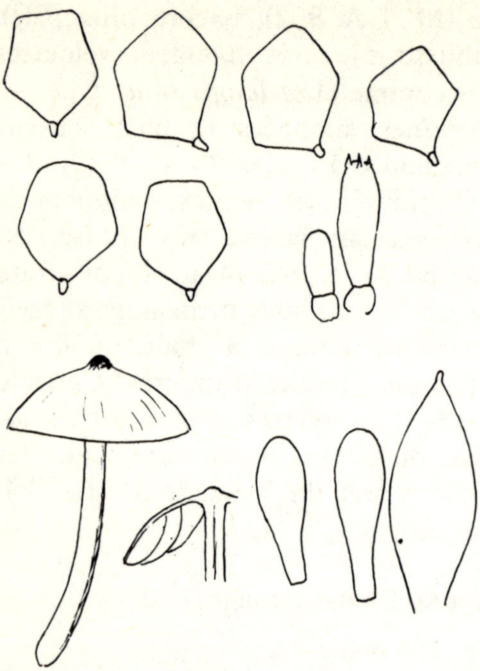

Fig. 184: *Rh. nigropapillatus*: spores, basides, carpophore et cystides

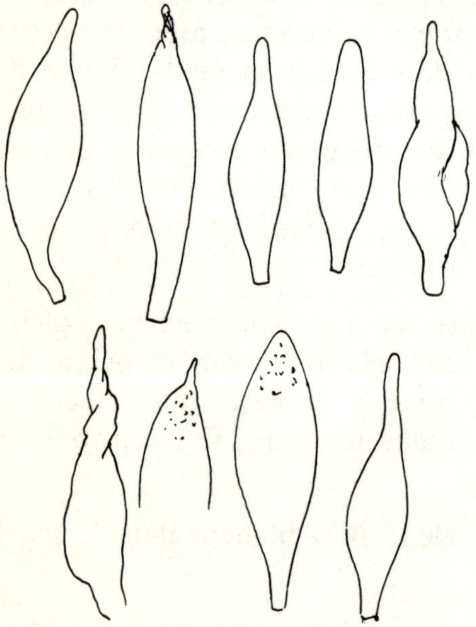

Fig. 184 bis: *Rh. nigropapillatus*: cystides

CARACTERES MICROSCOPIQUES: Spores subglobuleuses simples, 9-11,5 × 8-9 μ, bien géométriquement anguleuses, à parois épaisses et rigides.

Basides 28-36 × 10-13 μ, trapues, subcylindriques, à 2-4 stérigmates.

Cystides faciales dispersées, 58-78 × 14-22 μ, fusiformes ou ventrues.

Cystides marginales analogues, mais plus petites, souvent sans col et claviformes ou elliptiques, certaines identiques aux faciales, 40-100 × 12-25 μ.

Trame du chapeau à hyphes fondamentales de 7-22 μ, accompagnées de quelques laticifères, celles du médiostrate de 8-14 μ, à granules rares et peu frappants; sous-hyménium serré, non gélifié, sans granules. Cuticule d'hyphes de 5,7-12 μ, à article terminal assez long, cylindrique ou atténué, à pigment vacuolaire peu foncé.

Pas de boucles observées.

HABITAT: Forêt de la Mondah (km 31,8 de Libreville, Gabon), le 28.IX.1969, n° 210.

OBSERVATIONS

Ce champignon ne nous semble pas différent de l'espèce que nous avons très brièvement décrite dans nos "Rhodophylles de Madagascar", p. 114 sous le nom de *nigropapillatus,* et dont nous n'avions examiné qu'une sporée. C'est pourquoi, nous croyons bon de donner ici une diagnose latine plus complète.

DIAGNOSE LATINE. — Pileo 2,5 cm lato, ex subhemisphaerico convexo, papillato, toto transluciditate striato, castaneo, in papilla obscuriore, subtiliter fibrilloso. Stipite 35 × 3 mm, pallide e flavido brunneolo, glabro, fibrillis coloratis striato, minute sub lamellis pulverulento, alibi glabro. Carte pallide brunnea, inodora. Lamellis mediocriter stipatis, ascendentibus, adnatis, 5 mm latis, acie minute denticulata. — Sporis subglobosis simplicibus, 9-11,5 × 8-9 μ. Basidiis 28-36 × 10-13 μ, 2-4 sporis. Cystidiis fusiformibus, 58-100 × 12-25 μ (in lateribus et acie praesentibus). Trama granulis raris, cum paucis laticiferis. Cute filamentosa, pigmento vacuolari pallido. Fibulis nullis. — Herb. Romagn., n° G 210.

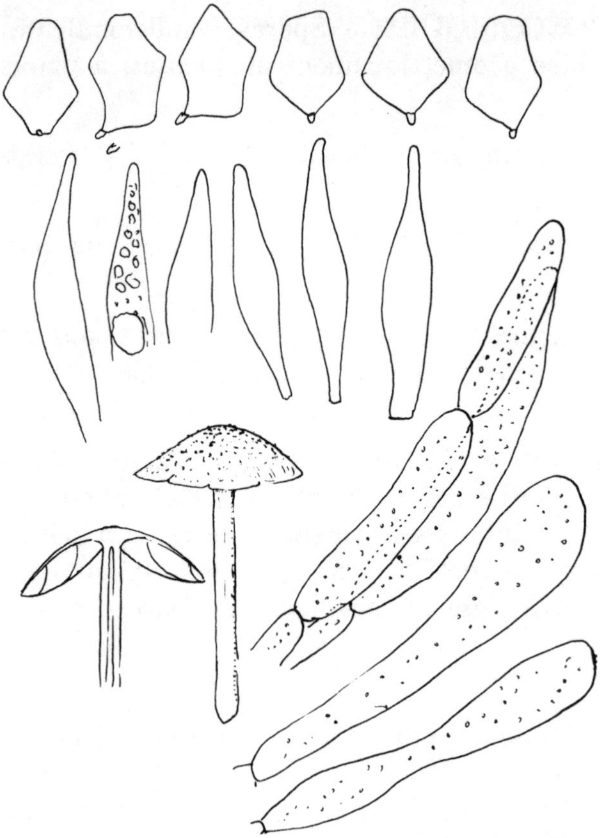

Fig. 185: *Rh. punctipileus*: spores, cystides, carpophore et hyphes cuticulaires

Rhodophyllus punctipileus Romagn.-Gilles

(Fig. 185)

CARACTERES MACROSCOPIQUES: Chapeau large de 2,8 cm et haut de 9 mm, conique étalé, légèrement bombé, ni hygrophane ni strié par transparence, brun (M 6 D 5), plus foncé au sommet (M 6 E/F 5), à cuticule assez luisante, même à l'état humide, déviée radialement, de texture fine, à minuscules mèches (M 6 E 5), rares à la marge, contiguës au sommet, devenant de plus en plus denses de la périphérie au centre, un peu retroussées, mais visibles seulement s.l.; un liseré marginal brun même sur les jeunes exemplaires.

Stipe 4 cm × 3 mm, cylindrique, fistuleux, brun jaune (entre M 4 B 3 et 5 B 3), même en haut où il est subtilement poudré, blanchâtre en bas sur 3-4 mm, assez luisant, strié de très fines fibrilles longitudinales, mais glabre ou presque s.l. (pas de méchules ni de flocons).

Chair très mince, translucide, brun jaunâtre très pâle dans le chapeau, concolore à la surface dans le stipe, douce, à très subtile odeur d'amandes amères comme chez *Clitocybe infundibuliformis,* mais plus faible (cyanique).

Lamelles assez serrées, avec 2-3 longueurs de lamellules (3-7 intercalaires), larges au milieu de 3 mm, libres, sublibres ou adnexées, brun pâle, puis M 6 B 3, à faces veloutées, à arête concolore bassement denticulée s.l.

CARACTERES MICROSCOPIQUES: Spores 9-11 × 7-7,5-(9) μ, généralement symétriques allongées simples, plus rarement complexes ou cubiques, à parois assez minces.

Basides 30-42 × 10-12 μ, tétrasporiques.

Cystides faciales et marginales fusiformes lagéniformes, à col souvent assez aigu, étroit, 64-100 × (5)-10-14 μ, avec souvent des inclusions jaunâtres vers le haut.

Médiostrate à hyphes de 7-10 μ, à nombreux granules tramaires; sous-hyménium étroit, serré, plutôt filamenteux. Cuticule à hyphes de 7-12-(20) μ, à articles irréguliers, rarement cylindriques, le dernier long de 40-120 μ, à pigment vacuolaire.

Pas de boucles observées.

HABITAT: A terre, en forêt ombrophile. Forêt du Téké (Côte d'Ivoire), le 12 octobre 1974, n° C.I. 53.

OBSERVATIONS

Cette espèce rappelle le type de *longissimus,* mais s'en écarte par le chapeau plus foncé et à méchules discolores par rapport au fond dès la jeunesse, le stipe court et plus coloré, les lames brun pâle et non blanches au début. Il est aussi voisin de *subbulbosus* qui en diffère par la spore plus isodiamétrique et un peu plus grosse, le chapeau plus pâle et le stipe subbulbeux.

DIAGNOSE LATINE. — Pileo 28 mm lato, e conico expanso, leviter gibboso, neque hygrophano, neque striato, brunneo, cute lucidiore, textura tenui, minute floccoso (floccis obscurioribus quam fundus). Stipite 40 × 3 mm, terete, e flavo brunneo, odore levissimo *Clitocybae infundibuliformis.* Lamellis satis stipatis, 3 mm latis, liberis, primum pallide brunneolis, dein e roseis brunneolis, acie concolore ac leviter denticulata. — Sporis 9-11 × 7-7,7-(9) μ, plerumque symmetris elongatis simplicibus. Basidiis 30-42 × 10-12 μ, tetrasporis. Cystidiis fusiformibus vel lageniformibus, saepe granulis luteolis, 64-100 × (5)-10-14 μ. Granulis praesentibus in trama. Cute ex hyphis irregularibus, raro cylindratis, 40-120 × 7-20 μ constante, pigmento vacuolari. Fibulis non visis. — Humi, in silva umbrosa. — Typus in Herb. Romagn. n° C.I. 53.

Rhodophyllus speciosus (Romagn.) Romagn.-Gilles n.c.

(Fig. 186)

Basionyme: *Rh. Peckianus* (Burt. in Peck) Romagn. var. *speciosus* Romagn.: Madagascar, p. 97 (1941)

CARACTERES MACROSCOPIQUES: Chapeau large de 1,5 cm et haut de 5 mm, conique, brun foncé au centre (S 696), plus pâle ailleurs, fibrilleux, recouvert de minuscules mèchules blanchâtres retroussées visibles seulement s.l.

Stipe 3 cm ; 3 mm, progressivement épaissi vers la base jusqu'à 4 mm, relativement robuste, droit, entièrement peigné de fibrilles brunes qui lui donnent une teinte générale brunâtre (S 705).

Chair inodore.

Lamelles serrées, à peu près libres, brun rosé, finement denticulées sur l'arête.

CARACTERES MICROSCOPIQUES: Spores subglobuleuses simples, 9,5-11 × 8-9 μ, à angles obtus, à parois épaisses et réfringentes.

Basides 27-35 × 13-13,5 μ.

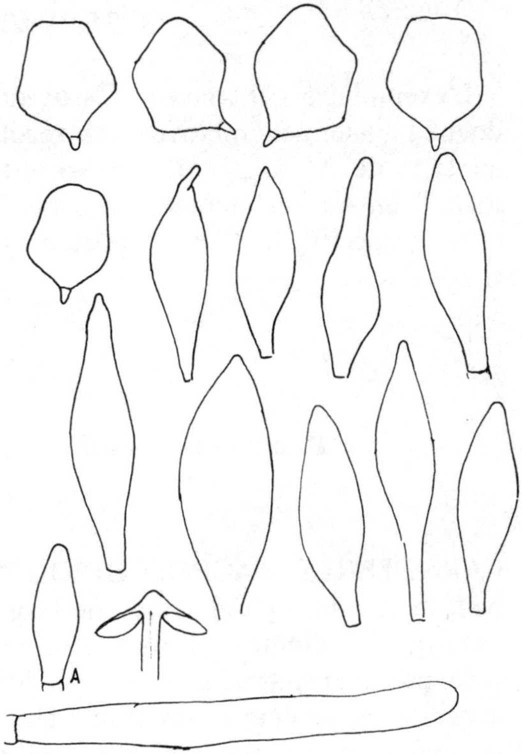

Fig. 186: *Rh. speciosus*: spores, cystides, en a cellule marginale, et une hyphe cuticulaire

Cystides fusiformes-ventrues, faciales et marginales, (35)-42-70 × 14-18-(28) μ, à pédoncule assez net.

Cuticule d'hyphes cylindriques, larges de 7,5-14 μ, bourrées d'un suc vacuolaire brun foncé.

Pas de boucles (K.)

HABITAT: Forêt de la Mondah (km 31,5 de Libreville, Gabon) le 13.X.1968, n° G 108.

OBSERVATIONS

L'exemplaire gabonais ci-dessus décrit, assez succinctement étant donné l'ancienneté relative de sa récolte, n'est peut-être pas identique au type de Madagascar, car les cystides sont bien moins aiguës, mais il en est certainement proche, et nous ne pouvons lui donner le rang spécifique. C'est pourquoi nous le décrivons provisoirement sous ce nom.

Rhodophyllus subbulbosus Romagn.-Gilles

(Fig. 187)

CARACTERES MACROSCOPIQUES: Chapeau large de 2,2 cm et haut de 4 mm, aplani, avec une large et progressive dépression centrale qui lui donne la forme d'un entonnoir très évasé, entièrement strié par transparence, beige (S 705, en un peu moins rosâtre), le centre de la dépression tranchant assez nettement sur 2 mm par sa couleur brun gris peu foncé (entre S 705 et 703), très légèrement hygrophane, avec un très étroit liseré brun (S 703) sur 0,5 mm, mais bien visible à la loupe, à cuticule fibrilleuse.

Stipe 4 cm × 1,5 mm en haut, raide et droit, progressivement épaissi de haut en bas jusqu'à 2-2,5 mm, farci, assez ferme, à base renflée en un petit bulbe submarginé de 3 mm, concolore au chapeau, peigné longitudinalement de fibrilles soyeuses-brillantes.

Chair extrêmement mince, concolore au chapeau, inodore.

Lamelles moyennement serrées (4 longueurs de lamellules), assez ventrues, larges au milieu de 3-4 mm, adnexées par une minuscule dent, blanc lavé de brun extrêmement pâle (plus que le chapeau), rosissant, veloutées par les cystides sur les faces, à arête denticulée s.l., formant des points brun pâle discontinus, mais visiblement colorée.

CARACTERES MICROSCOPIQUES: Spores 8,5-10-11,5 × 7,2-8,5 μ, subglobuleuses simples ou un peu allongées, à parois épaisses et réfringentes.

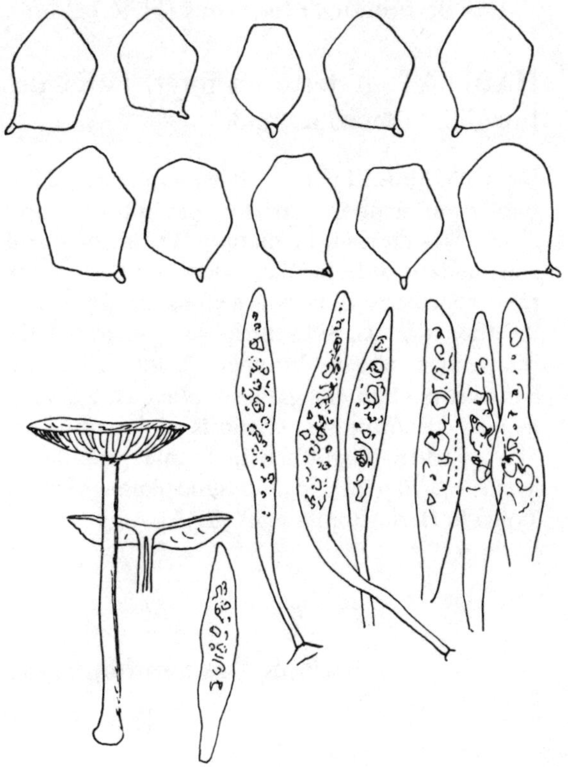

Fig. 187: *Rh. subbulbosus*: spores, carpophore et cystides

Basides 28-35 × 11,5-12,5 μ, claviformes, à 4 stérigmates.

Cystides faciales 58-98-(115) × 10-15 μ, fusiformes, souvent longuement pédonculées, à granulations un peu jaunâtres.

Cystides marginales fusiformes analogues, mais plus courtes, 50-70 × 10-14 μ.

Trame et sous-hyménium abondamment guttulés (mais contrairement aux guttules des cystides, les granules ne semblent pas lipoïdiques), à hyphes fondamentales de 8,5-16 μ dans le médiostrate; quelques laticifères (G.). Cuticule filamenteuse à hyphes subcylindriques, couchées, de 6,5-19 μ de diamètre (dernier article mesurant 50-70 μ), à pigment vacuolaire très pâle et à granulations faiblement colorées; au centre du chapeau, les articles terminaux sont souvent elliptiques ou sublagéniformes (rarement) et mesurent 40-50 × 10-20 μ.

Pas de boucles observées (H.R.)

HABITAT: A terre en forêt. Forêt de la Mondah (km 31,8 de Libreville, Gabon) n° 433.

DIAGNOSE LATINE. — Pileo applanato, 2,2 cm, late ac paulatim medio depresso, toto transluciditate striato, paululum hygrophano, brunneolo, medio macula 2 mm lata murina, in margine brunneo, fibrilloso. Stipite 40 mm longo, 1,5 mm sursum lato, inferne 2-2,5 mm, bulboso submarginato (3 mm), recto ac rigido, pileo concolore, fibrillis argenteis striato. Carne tenuissma, inodora. Lamellis mediocriter stipatis, subventricosis, 3-4 mm latis, albidis, paulum brunneolis, dein roseis, acie maculis brunneis passim coloratis ac denticulatis. — Sporis subglobosis vel paulum elongatis simplicibus, 8,5-11,5 × 7,2-8,5 μ. Basidiis 28-35 × 11,5-12,5 μ, claviformibus. Cystidiis in lateribus et acie lamellarum fusiformibus, 50-115 × 10-15 μ, guttulatis. Trama granulosa, laticiferis raris, cute filamentosa, hyphis 6,5-20 μ latis, pallidissimo pigmento vacuolari et guttulatis. Humi in silva. — Typus in Herb. Romagn. n° G 433.

Rhodophyllus xanthophaeus Romagn.-Gilles

(Fig. 188)

CARACTERES MACROSCOPIQUES: Chapeau large de 4,5 cm, haut de 1,8 cm, rappelant, comme la taille et le port du carpophore, *Inocybe Bongardi,* obtus, sans mamelon ni dépression ni ombilic, convexe, à marge striée-cannelée sur 1,5 cm, entièrement d'un brun roux proche de S 703, c'est-à-dire tirant sur S 336, à peu près entièrement strié par transparence, à cuticule fibrilleuse s.l., munie au centre de méchules éparses brun noirâtre formant un disque brun noirâtre de 7-8 mm de diamètre.

Stipe 8,5 cm × 4 mm en haut, atteignant 5 mm dans le tiers inférieur, fistuleux, mais assez coriace, brun pâle, presque blanchâtre en haut sur 5 mm, puis brun jaunâtre (un peu moins foncé que S 315), enfin pâlissant à partir au milieu pour devenir brun jaunâtre très pâle dans les 3 derniers cm; glabre, strié de longues fibres bistres (S 315).

Chair concolore aux lames dans le chapeau, brunâtre pâle dans le stipe, à odeur d'amandes amères, de flouve (mais moins forte que chez *Clitocybe infundibuliformis).*

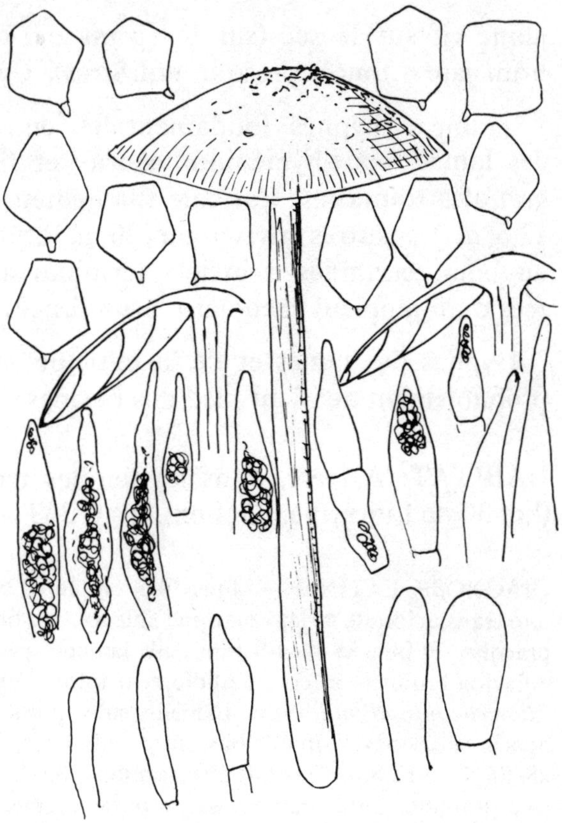

Fig. 188: *Rh. xanthophaeus*: spores, carpophore, cystides et en bas cellules marginales

Lamelles assez serrées, avec 4 longueurs de lamellules, larges de 6 mm, sublibres, d'un brun assez sombre (dans les tons de S 705 mais un peu plus foncé), puis brun rosé.

CARACTERES MICROSCOPIQUES: Spores subglobuleuses simples, rarement cubiques, 7,2-10 × 6,5-7,7-(8,5) μ, à arêtes assez droites.

Basides claviformes, 28-40 × 10-12,5 μ, à 4 stérigmates triangulaires, fragiles.

Cystides faciales fusiformes ou en alène (toutes collpasées froissées sur l'exsiccatum), 35-70 × 10-16 μ (G.) à contenu en partie brun jaune vif sur le sec (sur le vivant parfois remplies de granulations brun jaune foncé, presque noirâtres). Cystides analogues sur l'arête.

Trame à hyphes fondamentales de 7-18 μ dans le médiostrate des lames; sous-hyménium confus et flou sur l'exsicatum; pas de granules tramaires. Cuticule filamenteuse, à hyphes les unes de 6,5-12,5 μ, les autres atteignant 20 μ, obtuses ou rétrécies fusiformes au bout, certaines à article terminal assez court (40-80 μ), bourrées d'un pigment vacuolaire brun foncé.

Hyphes des lames et de la cuticule sans boucles; elles manquent probablement aussi au pied des basides.

HABITAT: A terre, dans les feuilles mortes et l'humus. N'Koltang (km 30 de Libreville, (Gabon), n° G233.

DIAGNOSE LATINE. — Pileo 4,5 cm lato, convexo, obtuso, e rufo brunneo, toto transluciditate striato margine sulcata, s.l. fibrilloso, squamulis obscuris medio praedito. Stipite 85 × 4-5 mm, sub lamellis pallide brunneolo, fere albido, dein e flavido brunneo, inferne pallidiore, fistuloso, lento, striato. Carne brunnea, odore *Clitocybe infundibuliformis*. Lamellis substipatis, 3 mm latis, e roseis brunneis. — Sporis subglobosis simplicibus, raro cuboideis, 7,2-10 × 6,5-7,7-(8,5) μ. Basidiis 28-40 × 10-12,5 μ. Cystidiis fusiformibus, 35-70 × 10-16 μ, flavobrunneis. Trama sine granulis. Cute filamentosa, copioso pigmento obscure fusco repleta. Fibulis nullis (saltem ad septa hypharum). — Humi inter folia emortua Typus in Herb. Romagn. n° G 233.

SECTION DES CALLIDERMI

Le trichoderme palissadique qui constitue le revêtement piléique de ces espèces leur donne à la loupe et même à l'oeil nu un aspect tout à fait caractéristique, soit uni-velouté, soit le plus souvent finement craquelé. Des structures voisines en trichoderme lâche existent chez certains *Leptonia*, mais l'aspect granulé-pelucheux est tout différent, et les confusions sont d'autant plus faciles à éviter que ces Leptonie manquent de boucles, n'ont jamais les spores subglobuleuses.

1 Chapeau uniformément velouté, ne se crevassant pas, de couleur brune........ 2

1 Chapeau se craquelant et laissant apercevoir la chair sous-cuticulaire sous la forme d'un très fin réseau blanc 3

2 Chapeau 1,8 cm, plan, obtus, sans mamelon. Cystides fusiformes ou lagéniformes sur l'arête (rares sur les faces). Spores 8,7-11 × 7-8,5 µm .... *Rh. velutipileus* R.-G.

2 Chapeau 3-10 cm, mamelonné. Pas de cystides, seulement de petits poils marginaux de 30-40 × 6-8 µm. Spores 7-8,5 × 6,5-8 µm .... *Rh. phaeus* R.-G.

3 Pas de colorations bleues sur le chapeau ni le stipe 4

3 Des colorations bleues ou violacées.. 6

4 Petite espèce à chapeau de 15 mm, papillé. Stipe blanchâtre. Spores peu allongées, 8-9 × 5,7-7 µm .... *Rh. obnubilus* R.-G.

4 Chapeau 2-3,5 cm, simplement bossu mamelonné. Spores subglobuleuses,...... 5

5 Stipe finement pointillé de minuscules flocons bruns sur fond brun gris. Spores 8-10 × 7-8 µm .... *Rh. rugifer* R.-G.

5 Stipe blanc ou roussâtre, non ponctué, satiné moiré...... *Rh. atrovelutinus* R.-G.

6 Cuticule à cellules claviformes, obtuses 7

6 Cuticule à cellules polymorphes, lagéniformes, fusiformes, coniques, cylindriques ou elliptiques 8

7 Des cystidioles fusiformes, parfois étranglées vers le milieu, cuspidées ou mucronées sur les faces des lames, et distincts des poils marginaux courtement claviformes ou obtus .... *Rh. microcystis* R.-G.

7 Pas de cystidioles. Stipe brun clair .... *Rh. tricolor* R.-G.

8 Chapeau bleu plus ou moins foncé, passant au bistre. Stipe rayé de bleu ou de bleu violacé .... *Rh. callidermus* Romagn.

8 Chapeau brun, à la fin irrégulier et à bord flexueux et retroussé. Stipe brun violacé.. *Rh. pluteicutis* R.-G.

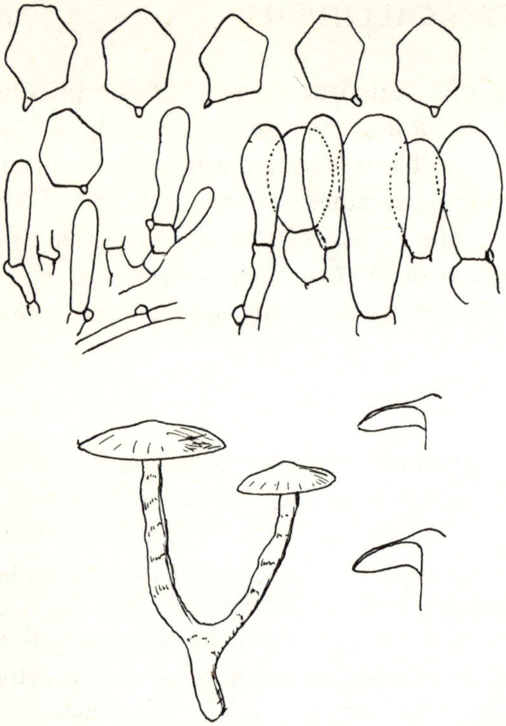

Fig. 189: *Rh. atrovelutinus*: spores, basidioles, cuticule et carpophores (G 212)

Rhodophyllus atrovelutinus Romagn.-Gilles

(Fig. 189)

CARACTERES MACROSCOPIQUES: Chapeau atteignant 2 cm de large et 4,5 mm de haut, convexe, à très léger mamelon obtus, brun (S 702), plus foncé (S 701) au centre sur une plage de 6 mm de diamètre, à cuticule veloutée s.l., très finement craquelée par endroits au bord et laissant apparaître la chair piléique sous la forme d'un réseau blanc très ténu s.l.

Stipe atteignant 3,5 cm × 3 mm en haut (mais un peu comprimé, 3 × 2 mm), ailleurs arrondi, blanc, mat et poudré en haut sur 5 mm, puis glabre, très lisse, brillant, plus ou moins bosselé, d'où un aspect moiré-ondoyant à la lumière, prenant dans les 2/3 inférieurs une teinte roussâtre clair, strié longitudinalement s.l.

Chair blanche, inodore.

Lamelles assez serrées, avec 3 longueurs de lamellules, atteignant 3,5 mm de largeur, non ventrues, décurrentes par une fine dent, à arête lisse s.l.

CARACTERES MICROSCOPIQUES: Spores 7-8,5 × 6,5-7 μ, subglobuleuses complexes, à dièdre basal parfois peu net, assez anguleuses, à parois d'épaisseur moyenne.

Basides 32-48 × 8,5-11,5 μ, claviformes, tétrasporiques.

Pas de poils marginaux.

Médiostrate à hyphes fondamentales de 10-20 de largeur, sans granules; sous-hyménium filamenteux rameux. Cuticule de structure palissadique, à articles de 25-55 × 8-21 μ, claviformes, obtus, bourrés d'un pigment vacuolaire brun.

Boucles fréquentes aux basides et aux cloisons des hyphes, mais inconstantes et parfois imparfaites.

HABITAT: Deux exemplaires connés par la moitié inférieure du stipe, forêt de la Mondah, près de Libreville (Gabon), km 31,8, le 28.VIII.1969, n° G 212.

OBSERVATIONS

Il est douteux que la gémination de nos deux sujets soit un caractère constant.

Une récolte voisine, qui en diffère essentiellement par le chapeau plus pâle et le stipe, long, non moiré, les spores légèrement plus petites, mérite d'être décrite à part, comme var. *leiopus* nov. var. (Fig. 190)

DIAGNOSE LATINE. — Pileo 2 cm lato, convexo, leviter mammoso, brunneo, medio obscuriore, velutino, tenuissime rimuloso. Stipite 35 × 3 mm, summo leviter compresso, albido ac pulverulento, imo pallide rufulo, sericeo-lucido, scabello. Carne albida, inodora. Lamellis substipatis, mediis usque ad 3,5 mm latis, tenui dente decurrentibus, roseolis, acie levi. — Sporis 7-8,5 × 6,5-7 μ, subglosis complexis. Basidiis 32-48 × 8,5-11,5 μ, tetrasporis. Cute articulis erectis, 25-55 × 8-21 μ, claviformibus, copioso pigmento vacuolari. Fibulis praesentibus. — Parte inferiore stipitis geminus. Typus in Herb. Romagn. n° G 212.

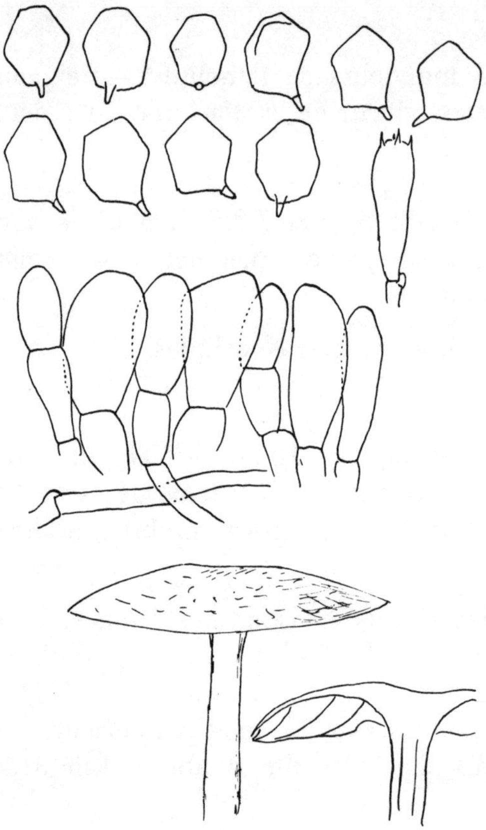

Fig. 190: *Rh. atrovelutinus* v. *leiopus*: spores, baside, cuticule et carpophore

Var. **leiopus** Romagn.-Gilles n. var.

Chapeau atteignant 4,3 cm de large et 8 mm de haut, déprimé au centre où il y a parfois un petit mamelon obtus, à marge légèrement débordante sur 0,5-1 mm, non strié par transparence, sinon près de la marge, brun pâle sur les 2/3 marginaux (S 705 pour l'intensité, mais moins rose, tirant un peu sur S 233), plus foncé dans la dépression, plus fauve dans le tiers central (vers S 134 un peu moins rougeâtre, plus jaune fauve), à cuticule veloutée et finement craquelée s.l. et laissant apparaître la chair sous la forme d'un fin réseau blanchâtre. Stipe atteignant 8 cm × 4 mm au milieu, mais dilaté jusqu'à 7 mm en haut et 8 mm en bas, fistuleux, sauf dans la partie élargie du haut, où il est extérieurement blanc, ailleurs brun clair un peu rougeâtre pâle, ou jusquà S 695 (plus rougeâtre que le chapeau), luisant et strié longitudinalement, à mycélium blanc à la base sur 2-3 cm. Chair mince, blanche, inodore. Lamelles assez serrées (5 longueurs de lamellules sur le plus grand exemplaire), échancrées (plus ou moins nettement) atteignant 7 mm de large, se prolongeant sur le stipe par de fines stries sur 1 mm en haut du stipe, brun rougeâtre briqueré, à arête sublisse s.l. — Spores 6,7-7,5 × 5,7-6,5 μ, subglobuleuses complexes ou un peu allongées, à dièdre très obtus, et même tronqué, à fort appendice hilifère. Basides 33-42-(50) × 9-11,5-14 μ, claviformes, tétrasporiques. Pas de poils marginaux. Médiostrate à hyphes fondamentales de 10-20 μ, à hyphes connexives grêles, environ 5 μ de large, avec laticifères de 4-6 μ. Cuticule de structure palissadique, à articles elliptiques ou claviformes, 22-55 × 10-22 μ, à suc vacuolaire brun pâle. Boucles présentes aux basides et à certaines cloisons des hyphes. — Environs de Libreville (Gabon) (Eaux-et-Forêts/Pisciculture), le 17.X. 1969, n° G 231.

DIAGNOSE LATINE. — A typo differt pileo et stipite majore, colore pallidiore, statura excelsiore, stipite nec lucido nec scabello, sporisque paulo minoribus. — Typus in Herb. Romagn. n° G 231.

Rhodophyllus callidermus Romagn.

(Fig. 191)

ROMAGNESI H. — Les Rhodophylles des Madagascar, p. 45, Paris 1941 (nomen nudum). Les Rhodophylles du Congo belge d'après les récoltes de Mme Goossens-Fontana. (Bull. du Jardin botanique de l'Etat, Y. XXVI (2), p. 163 sqq., f. 50-52, Bruxelles 1956.
Flore iconographique des champignons du Congo, sous la direction de W. Robyns. fasc. 6, p. 135, pl. XXII, f. 2, Bruxelles 1957.

CARACTERES MACROSCOPIQUES: Chapeau de 3,5-7,5 cm de large, haut de 6-10 mm, convexe, puis subplan, parfois avec les bords franchement relevés, mais à marge abrupte et plus ou moins nettement striée, d'un bleu gris plus ou moins foncé (S 566 à 493), se décolorant chez les exemplaires adultes et passant au bistre dans la moitié ou les 2/3 centraux (S 695, 6 B 2, puis 602) et alors avec le mamelon brun foncé (S 701, 6 F 8) non hygrophane ni strié par transparence, à cuticule séparable, veloutée s.l., méchuleuse

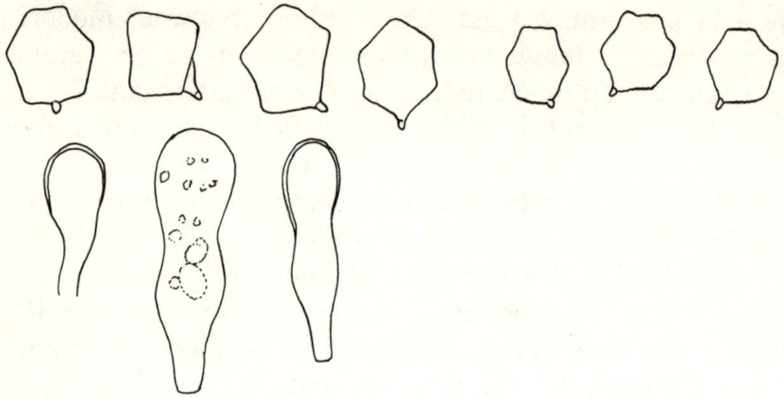

Fig. 191: *Rh. callidermus*: spores et basides stériles hypertrophiées (G 127)

sur le mamelon, se craquelant à la périphérie et laissant alors apparaître la chair piléique sous la forme d'un très fin réseau blanc; par temps sec, elle est parfois crispée radialement près de la marge.

Stipe 4-9 cm × 3-8 mm, renflé à la base jusqu'à 12 mm, ailleurs cylindrique, assez robuste, ferme, farci, blanchâtre ou violacé très pâle en haut sur 1-2 cm, (M 18 A 3) et couvert de méchules retroussées, puis violet (M 19 D 4) ou concolore au chapeau, avec la base couverte de mycélium blanc, peigné de fibrilles apprimées bleues ou bleu violacé.

Chair relativement épaisse, ferme, blanche, douce et inodore, non hygrophane.

Lamelles assez serrées, avec 4 ou 5 longueurs de lamellules, atteignant 7 mm de largeur, échancrées, blanches, puis brique, à arête concolore, non denticulée, mais plus ou moins grossièrement érodée.

CARACTERES MACROCHIMIQUES: Rougit faiblement à NH^4OH; presque instantanément rose pourpre (S 16) à SO^4H^2 (comme chez *madidus*, mais ici la réaction est beaucoup plus rapide et plus nette).

CARACTERES MICROSCOPIQUES: Spores 6,5-8,5 × 5,7-8 μ, subglobuleuses complexes, à dièdre basal souvent obtus et peu net.

Basides 30-38 × 10-11,5 μ.

Cuticule de structure palissadique, à articles claviformes, ou lagéniformes dressés, à suc vacuolaire bleu violacé.

Boucles présentes au pied des basides et à certaines cloisons des hyphes.

HABITAT: A terre, dans l'humus ou les feuilles mortes. Pas rare dans la forêt de la Mondah (Gabon) en septembre octobre. N° 112, 117, 127, 207, 435. Forêt du Téké, près d'Abidjan (Côte d'Ivoire), le 19.III.1974.

OBSERVATIONS

Cette espèce est assez répandue dans toute la zone intertropicale, puis qu'elle est aussi connue de l'ancienne Afrique occidentale française et du Zaïre, où il a été également fait plusieurs récoltes. Elle est très facile à reconnaître à sa couleur bleu violacé tendant à prendre une feuille morte au centre du chapeau, à ses lames d'abord blanches et nettement échancrées, et à l'aspect typique de *Callidermi* de sa cuticule.

Rhodophyllus microcystis Romagn.-Gilles

(Fig. 192)

CARACTERES MACROSCOPIQUES: Chapeau large de 35 mm, à peu près plan, un peu ombiliqué en centre, violacé (proche de S 26), avec vers le centre des tons bruns lui donnant l'aspect de *Rhodopaxillus nudus*, lilas très pâle (S 19) à l'extrême marge débordante des lames (sur 1 mm), à cuticule crevassée, faisant apparaître un réseau pâle.

Stipe 10 cm × 3 mm (4 en bas), blanc en haut sur 1 cm, puis peigné de fibrilles concolores au chapeau, pâlissant à la base où on observe sur 2 cm un coton mycélien.

Chair lilacin pâle, vers S 19, inodore.

Lamelles assez serrées, inégales, uncinées, s'arrêtant avant d'atteindre la marge, brun rosé.

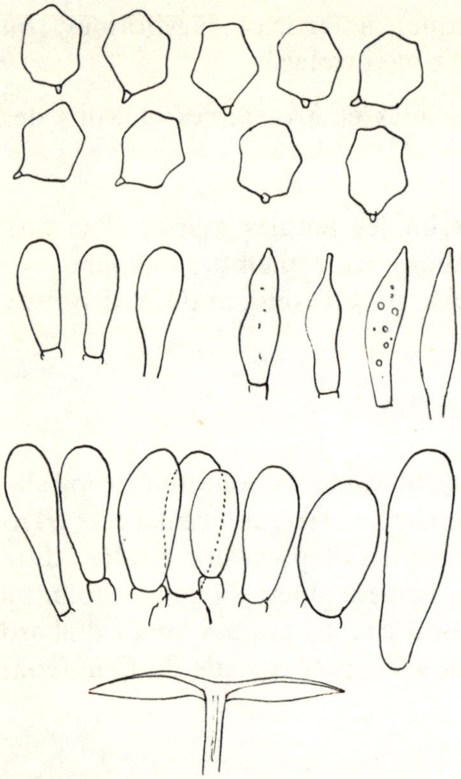

Fig. 192: *Rh. microcystis*: spores, poils marginaux, cystidioles, cuticule et carpophore

CARACTERES MICROSCOPIQUES: Spores subglobuleuses, mais à dièdre très obtus, 7-9 × 6,5-7,2 μ.

Basides 32-37 × 8,5-9, subcylindriques, à 4 stérigmates.

Cystidioles faciales à parois rigides et un peu réfringentes, fusiformes ou même parfois mucronées, 35-42 × 9-11 μ, à contenu parfois guttulé.

Poils marginaux claviformes ou elliptiques, 30-40 × 9-12,5 μ.

Trame à hyphes fondamentales amples, optiquement vides, 11-15 μ et plus de diamètre. Cuticule à cellules claviformes ou subelliptiques dressées, 30-85 × 13-22 μ, remplies d'un suc bleuâtre.

Boucles présentes au pied des basides, inconstantes aux cloisons des hyphes du chapeau et du stipe, 50%; 90% pour les lames et le sous-hyménium. (R.K.)

HABITAT: A terre parmi les feuilles. Forêt de la Mondah (km 31,5 de Libreville, Gabon). le 13.X.1968, n° G 109.

DIAGNOSE LATINE. — Pileo 35 mm, plano, paulum medio umbilicato, violaceo, medio magis fusco, margine pallidiore ac excedenti, subtiliter rimoso. Stipite 10 × 3-4 mm, sursum ac deorsum albido, alibi lilacino, fibrilloso. Carne pallide lilacina, inodora. Lamellis substipatis, uncinatis. — Sporis subglobosis, 7-9 × 6,5-7,2 μ. Cystidiolis in lateribus lamellarum fusiformibus, interdum mucronatis, 35-42 × 9-11 μm. Pilis marginalibus clavatis, obtusis, 30-40 × 9-12,5 μ. Cute e cellulis erectis claviformibus, obtusis, constante. Fibulis praesentibus. — Humi, inter folia. Typus in Herb. Romagn. n° G 104.

Rhodophyllus obnubilus Romagn.-Gilles

(Fig. 193)

CARACTERES MACROSCOPIQUES: Chapeau large de 15 mm, convexe plan, mamelonné au centre (très petit mamelon conique), brun (S 703, centre 702), lisse et mat, non fibrilleux, avec autour du mamelon quelques craquelures vaguement concentriques laissant apparaître la chair plus pâle (S 705).

Stipe grêle, environ 35 × 2 mm, blanchâtre, fibrilleux, sauf en haut où il est velouté sur 3-4 mm.

Chair sans odeur nette.

Lamelles serrées, avec de nombreuses lamellules, sublibres, faiblement ventrues, brun rosâtre.

CARACTERES MICROSCOPIQUES: Spores 8-9 × 5,7-7 μ, symétriques-allongées le plus souvent complexes, mais à dièdre parfois très obtus, quoique souvent évident, à parois assez réfringentes.

Basides 20-30 × 10-11,5 μ à 4 fins stérigmates.

Nous n'avons pu voir clairement la composition de l'arête des lames.

Médiostrate à hyphes optiquement vides de 8,5-14 μ. Cuticule palissadique, à éléments très divers, les uns obovoïdes, les autres en ogive, certains claviformes, obtusément fusiformes ou lagéniformes, longs de 40-70, larges les uns de 15-28 μ, les autres seulement de 8-9, à pigment vacuolaire brun.

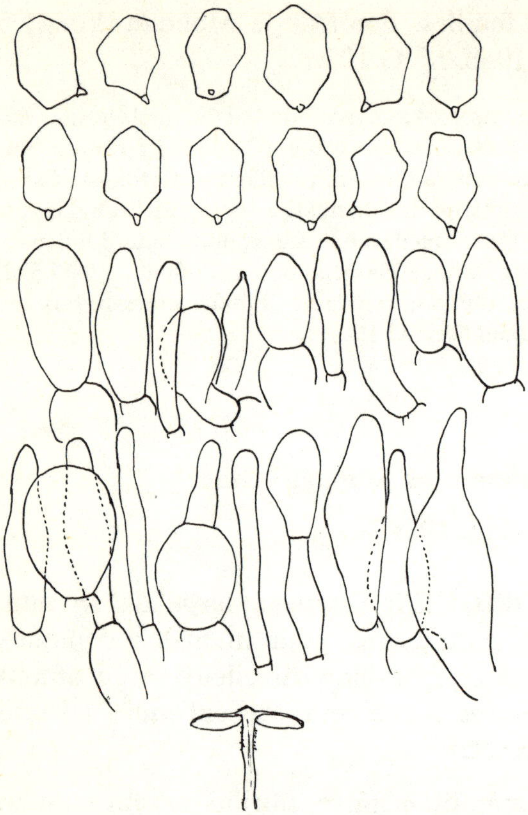

Fig. 193: *Rh. obnubilus*: spores, cuticule et carpophore

Boucles présentes au pied des basides, inconstantes aux cloisons des hyphes (observées sur la moitié des cloisons dans le chapeau, sur 40% des hyphes grêles et 20% des hyphes fondamentales du stipe. Marbrures signalées sur les grosses hyphes piléiques) (R.K.)

HABITAT: Forêt de la Mondah (kil. 31,5 de Libreville, Gabon), le 13.X.1968, n° 110.

DIAGNOSE LATINE. — Pileo 15 mm lato, e convexo plano, brunneo, impolito, medio subtiliter rimoso. Stipite 35 × 2 mm, albido, sursum velutino. Carne inodora. Lamellis stipatis, subliberis, roseolis. — Sporis 8-9 × 5,7-7 μ, symmetris elongatis complexis. Cute cellulis erectis, multiformibus, constante. Fibulis inconstantibus. — Typus in Herb. Romagn. n° G 110.

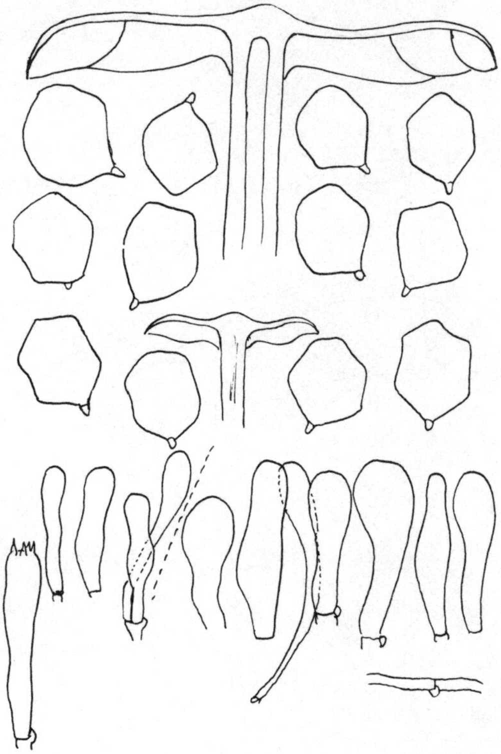

Fig. 194: *Rh. phaeus*: carpophores, spores, poils marginaux (à gauche), cuticule (à droite), baside et hyphe connexive bouclée. (G 006 et 022)

Rhodopyhllus phaeus Romagn.-Gilles
(Fig. 194, 195)

CARACTERES MACROSCOPIQUES: Chapeau large de 3-10 cm et haut de 1-2,8 cm, convexe, puis subplan avec un mamelon obtus, large et bas, au milieu d'une plus ou moins faible dépression centrale (jusqu'à 1 cm), avec la marge abrupte, un peu débordante, ferme, élastique, strié par transparence seulement au bord, brun jaune foncé par temps huide (S 315 plus clair, M 4 F 8, 5 F 8), par temps sec S 336, M 5 E 4 et 5 E 5 ou S 338, avec le mamelon plus foncé (jusqu'à S 314), à cuticule lisse, grasse et luisante par l'humi-

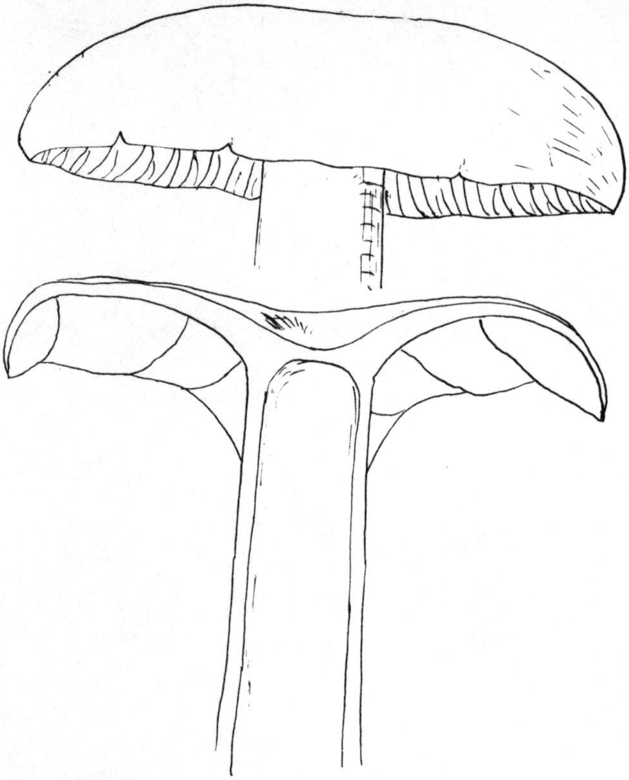

Fig. 195: *Rh. phaeus*: carrophore (C.I. 020)

dité, finement veloutée s.l. par le sec, recouverte chez les très jeunes exemplaires d'une pruine blanche, épaisse de 200 μ.

Stipe 6-13 cm × 6-17mm, cylindrique, droit, mais renflé à la base jusqu'à 22 mm, ferme, mais farci, puis fistuleux, blanchâtre ou blanc jaunâtre et pruineux en haut sur quelques cm, ailleurs concolore au chapeau, avec du mycélium blanc à la base sur 1 cm, extérieurement peigné de fines fibrilles longitudinales apprimées.

Chair mince, plus ou moins hygrophane, brunâtre assez foncé (M 4 D 4) sous la cuticule, puis blanc jaunâtre, inodore et douce.

Lamelles assez serrées, avec jusqu'à 5 longueurs de lamellules, larges au maximum d'1 cm au milieu, relativement ventrues, adnexées au stipe par une courte dent, parfois subdécurrentes, jaune pâle (S 270), puis saumon (S 345) ou rosâtres (M 5 B 3).

CARACTERES MICROSCOPIQUES: Spores 7-8,5 × 6,5-8 μ, subglobuleuses complexes, mais à dièdre obtus ou peu marqué, de contours peu anguleux.

Basides claviformes, 35-48-53 × 7-9,5 μ, tétrasporiques.

Poils marginaux claviformes, 30-40 × 6-8 μ, petits.

Médiostrate à hyphes de 6-14 μ, à parois rigides; sous-hyménium filamenteux. Cuticule de structure palissadique, à articles dressés, claviformes, utriformes ou très obtusément et légèrement fusiformes, 40-60 × 8-15 μ. Pigment vacuolaire brun.

Boucles présentes au pied des basides et à de nombreuses cloisons des hyphes.

HABITAT: A terre, parmi les feuilles et l'humus, en terrain siliceux. Est de Libreville (km 31), le 24 mars 1968 et forêt de la Mondah (Gabon) (km 31,8), le 31.XI.1968. N° G 006 et 122. Forêt du Téké, près d'Abidjan (Côte d'Ivoire) le 30.III.1979, n° C.I. 020.

OBSERVATIONS

Cette belle espèce se caractérise par son port généralement robuste, sa couleur brun jaune foncé, par sa cuticule grasse par temps humide mais, fait exceptionnel pour un *Callidermi*, non crevassée, et ses lames d'abord jaune pâle.

Elle est parfaitement reconnaissable sur le terrain, et doit être assez commune dans le forêts ombrophiles de climat guinéen-atlantique. G.G. l'a récoltée près de Libreville dans des forêts des types divers, et l'a retrouvée en Côte d'Ivoire, dans la forêt du Téké, en mars 1974.

DIAGNOSE LATINE. — Pileo 3-10 cm lato, convexo, dein subplano, obtuse mammoso, paulum depresso, margine abrupta, striata, e flavo obscure brunneo, dein pallidiore, levi, glabro, subtiliter velutino, in juventute levissime pruinoso. Stipite 60-130 × 6-12 mm, cylindrato, sed imo incrassato, firmo, farcto, dein fistuloso, sursum pruinoso ac albo, alibi pileo concolore, tenuibus fibrillis adpressis striato. Carne hygrophana, inodora, miti. Lamellis substipatis, 5-10 mm latis, subventricosis, dente parvo adnexis, interdum subdecurrentibus, pallide luteolis, dein salmoneis. — Sporis subglobosis complexis, parum angulosis, 7-8,5 × 6,5-8 μ.

Pilis aciei claviformibus, 30-40 × 6-8 μ. Cute articulis erectis, claviformibus, utriformibus vel obtusissime fusiformibus, 40-60 × 8-15 μ. Pigmento vacuolari. Fibulis praesentibus. — Humi, inter folia decidua vel in terra. Typus in Herb. Romagn. n° G 122.

Rhodophyllus pluteicutis Rom.-Gilles

(Fig. 196, 197, 198)

CARACTERES MACROSCOPIQUES: Chapeau large de (1)-3-4,5 cm, haut de 5-11 mm, conicoconvexe, puis aplani, sur une récolte tendant à se relever sur les bords en soucoupe et devenant très irrégulier, même lobé en certains points, avec ou sans un petit mamelon central, brun à brun chocolat (S 162, 701, 702; M 7 E 3) avec souvent le bord plus pâle (M 7 E 5), ni hygrophane, ni strié par transparence, à cuticule craquelée, faisant apparaître la chair sous-cuticulaire sous la forme d'un réseau blanc, parfois veiné radialement comme chez *Pluteus cinereus.*

Stipe assez grêle, 4-6 cm × 3-5 mm, cylindrique, à peine renflé en bas, fistuleux, d'un brun clair un peu violacé, (S 10, 669/670; M 16 A 2, puis 16 C 3, ou 12 C 3, ou tirant sur 12 B 3), blanchâtre et floconneux en haut sur environ 5-10 mm, et strié côtelé par la décurrence des lames, luisant, strié de courtes fibrilles longitudinales, se retroussant çà et là pour former de fines méchules plus ou moins abondantes, plus foncées (M 12 E 2).

Chair assez épaisse, brunâtre dans le chapeau (M 8 B 3), blanche dans le stipe, inodore, non hygrophane.

Lamelles assez à moyennement serrées, avec 3 longueurs de lamellules, larges de 5-8 mm, un peu sinueuses, simplement adnées ou parfois adnexées et décurrentes par une petite dent sur par exemple 5 mm, brun très pâle, presque blanchâtres, puis brun rosé (M 8 B 3), à arête blanchâtre, hérissée s.l.

CARACTERES MICROSCOPIQUES: Spores 8,5-10 × 7-7,5 μ, peu allongées, certaines assez courtes, symétriques allongées simples à complexes, à dièdre en général net, mais parfois très obtus, à membrane épaisse et bien réfringente, mais pâle.

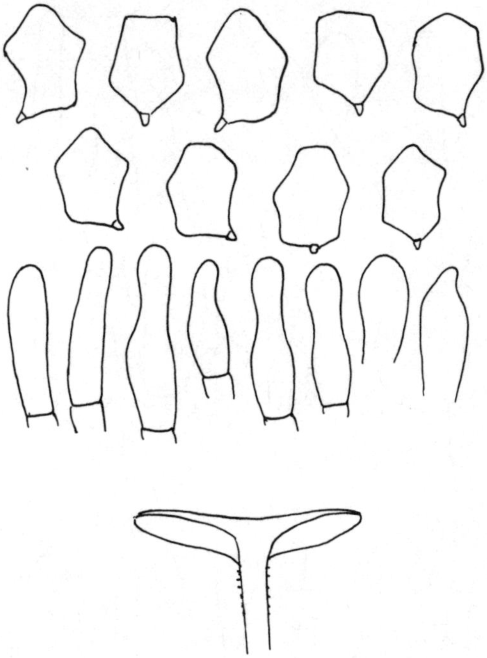

Fig. 196: *Rh. pluteicutis*: spores, poils marginaux et carpophore (G 101)

Basides 23-40 × 10-13 μ, à 4 stérigmates.

Poils marginaux cylindriques ou utriformes, parfois claviformes, rarement avec un col très court au sommet, 30-75 × (4)-6-14 μ.

Trame d'hyphes incolores, sans granules, à parois minces, mais rigides, larges en moyenne de 7-10 μ; sous-hyménium très étroit, cohérent, subcelluleux. Cuticule à articles plus ou moins dressés, les uns longs, 65-100 × 10-20 μ, les autres elliptiques et obtus, beaucoup plus courts, parfois superposés en chapelet, atteignant 28 μ de large, ou surmontés d'un article en bouteille, à pigment vacuolaire.

Boucles présentes au pied des basides, inconstantes aux cloisons des hyphes (95 à 72% selon la dimension des hyphes du chapeau, 55 à 60% dans le chapeau, 20 à 28% dans le stipe.

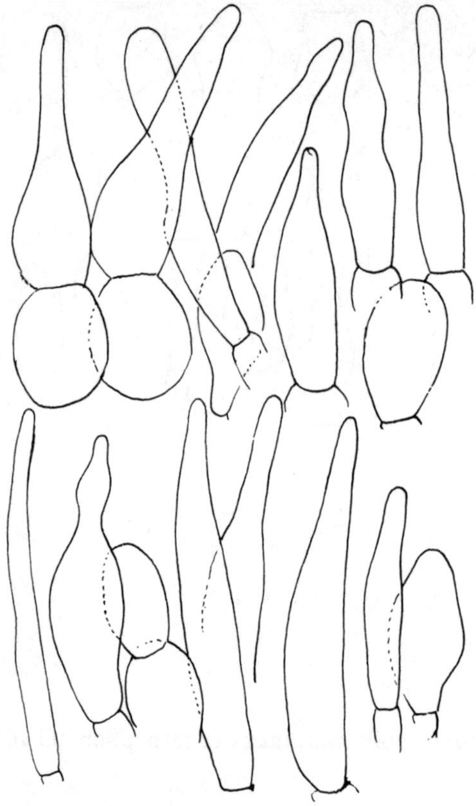

Fig. 197: *Rh. pluteicutis*: cuticule (G 101)

HABITAT: A terre, une fois sur un talus vertical de terre argileuse couvert d'Hépatiques, en forêt ombrophile, souvent en troupe. Forêt de la Mondah (km 31,5) Libreville (Gabon), le 6.VIII.1968, n° G 101. Forêt du Téké, près d'Abidjan (Côte d'Ivoire), le 24.III. et le 12.V.1974, n° C.I. 017 et 028.

OBSERVATIONS

Espèce bien caractérisée dans sa section par son chapeau brun, son stipe nuancé de violet et sa cuticule rappelant celle de certains *Pluteus*. Les deux récoltes ivoiriennes se singularisaient, l'une par le chapeau puissament retroussé et irrégulier au bord, l'autre par une cuticule nettement veinée radialement.

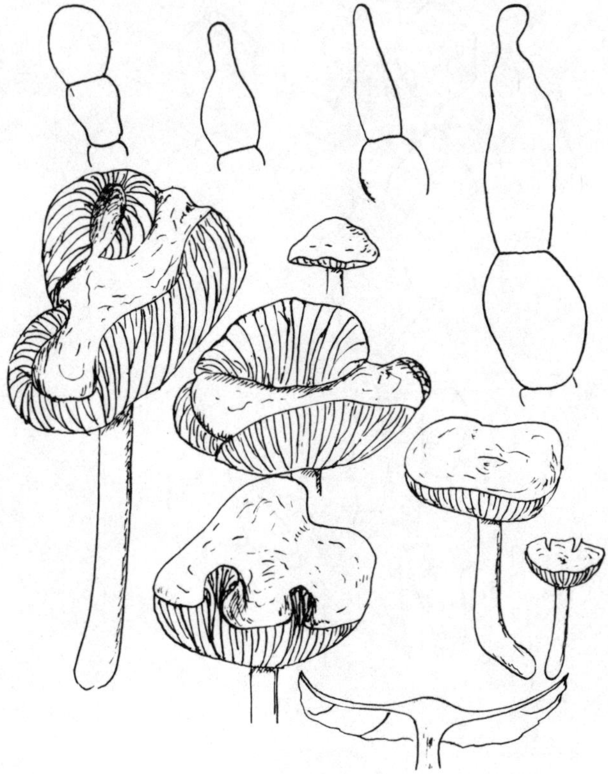

Fig. 198: *Rh. pluteicutis*: cellules cuticulaires et carpophores (C.I. 017)

DIAGNOSE LATINE. — Pileo (1)-3-4,5 cm lato, e conico convexo, deinde plano vel interdum margine eximie reflexa atque irregulari, cum vel sine parva papilla, brunneo, nec hygrophano, nec transluciditate striato, rimuloso, interdum radiatim venoso. Stipite 40-60 × 3-5 mm, cylindraceo, fistuloso, e violaceo brunneolo, sursum albido ac pruinoso, tenuiter fibrilloso, floccis obscurioribus, minimis punctato. Carne in pileo brunneola, in stipite alba, inodora. Lamellis substipatis, paulum sinuosis, 5-8 mm latis, adnatis vel adnexis, dente decurrentibus, pallidissime brunneolis, dein e roseis brunneis, acie pallida ac s.l. floccosa. — Sporis symmetris elongatis simplicibus vel complexis, 8,5-10 × 7-7,5 μ. Basidiiis 23-40 × 10-13 μ, tetrasporis. Pilis marginalibus cylindratis, utriformibus vel clavatis, 30-75 × (4)-6-14 μ. Trama granulis carente. Cute ex hyphis fusiformibus erectis, atque cellulis subclavatis ellipsoideisve, interdum lageniformibus, constante, 65-100 × 10-20 μ, pigmento vacuolari. Fibulis praesentibus. — Humi, in silvis. — Typus in Herb. Romagn. n° G101.

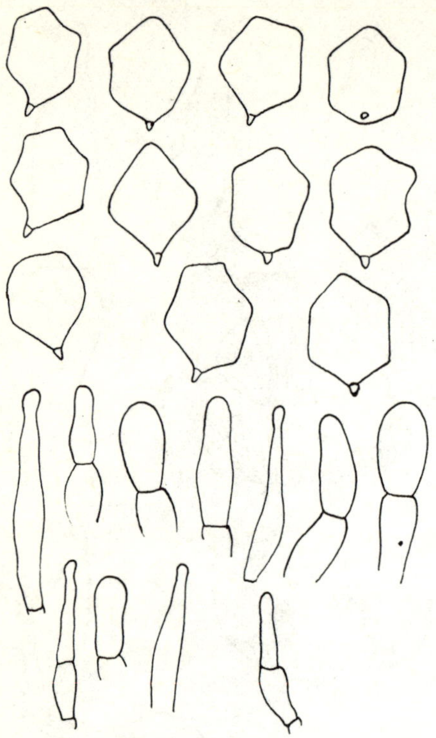

Fig. 199: *Rh. rugifer*: spores, poils marginaux (G 119)

Rhodophyllus rugifer Romagn.-Gilles

(Fig. 199, 200, 201)

CARACTERES MACROSCOPIQUES: Chapeau large 3-3,5 cm et haut de 5-6 mm, convexe plus ou moins étalé, vaguement et largement mamelonné au centre, à large tendant à se relever légèrement, strié par transparence seulement sur la moitié marginale, brun (S 703) à cuticule veloutée-ridulée s.l., se craquelant à la marge et laissant alors apparaître la chair piléique sous la forme d'un fin réseau blanchâtre.

Stipe relativement robuste, 3,5-5 cm × 2,5-3 mm, renflé jusqu'à 5 mm à la base, fistuleux, brun gris assez pâle, finement ponctué de minuscules flocons bruns (S 701) sur des fibrilles longitudinales, pâles.

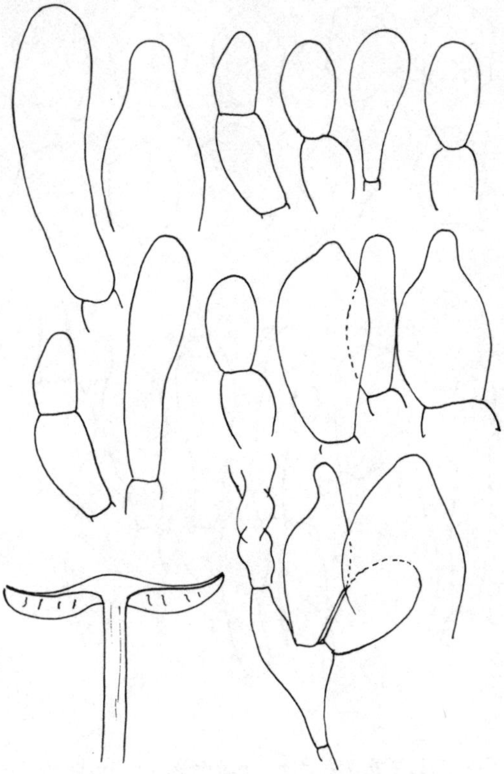

Fig. 200: *Rh. rugifer*: cuticule et carpophore (G 119)

Chair mince, blanche ou blanchâtre (dans le stipe), inodore.

Lamelles assez serrées, avec 4 longueurs de lamellules, assez épaisses, fragiles et se clivant parfois en deux suivant leur plan de symétrie, sublibres à uncinées, gris très pâle, puis gris rose, veinées sur les faces de plis saillants généralement perpendiculaires à l'arête et plus courts que la largeur des lames, à arête denticulée, blanchâtre.

CARACTERES MICROSCOPIQUES: Spores 8-10 × 7-8 μ, subglobuleuses complexes, parfois simples, très rarement cubiques, mais à dièdre basal souvent obtus, à parois pâles, peu épaisses.

Basides (25)-30-52 × 10-13 μ, tétrasporiques.

Poils marginaux polymorphes, les uns assez volumineux, elliptiques-ovoides ou subclaviformes au niveau de l'article terminal, 21-

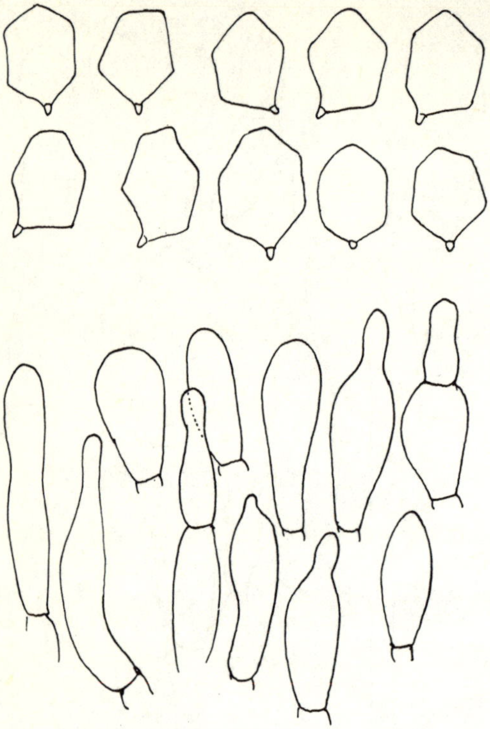

Fig. 201: *Rh. rugifer*: spores et cuticule

30 × 10-15 μ, les autres beaucoup plus grêles, aciculaires ou sublagéniformes avec l'extrémité légèrement capitée, 25-60 × 5,7-11 μ.

Médiostrate à hyphes fondamentales rigides, cylindriques, 10-17 μ; sous-hyménium très étroit, non gélifié, filamenteux, peu diférencié. Cuticule palissadique, à articles terminaux obtus, subclaviformes ou utriformes (contractés en une amorce de col obtus vers le haut), 20-75 × (8-10)-12-28-(35) μ. Pigment vacuolaire brun. Poils du stipe claviformes, courts, larges d'environ 10 μ.

Boucles présentes au pied des basides et rares aux cloisons des autres articles.

HABITAT: Dans le sable d'une clairière, dans la forêt, parmi de petites graminées. Forêt de la Mondah, dm 31,8, les 27.X.1968 et 5.X.1969, n° G 119 et 219.

OBSERVATIONS

Cette espèce est remarquable par son habitat ensoleillé pendant une grande partie de la journée (aux heures chaudes), sa cuticule ridulée et ses lames grises veinées sur les faces.

DIAGNOSE LATINE. — Pileo 3-3,5 cm lato, convexo, magis minusve expanso, leviter medio mammoso, margine striata, brunneo, subtiliter velutino-ruguloso, in ambitu tenuiter rimuloso. Stipite 35-50 × 2,5-3 mm, imo latiore (5 mm), pallidius murino, subtiliter flocculis fuscis punctato, striato. Carne tenui, alba, inodora. Lamellis stipatioribus, subliberis vel uncinatis, pallidissime griseis, dein e roseis griseis, in lateribus venosis, acie denticulata, albida. — Sporis 8-10 × 7-8 μ, subglobosis plerumque complexis, raro cuboideis. Basidiis (25)-30-32 × 10-13 μ. Pilis aciei multiformibus, alteris ellipsoideis-ovatis vel claviformibus, alteris acicularibus vel lageniformibus paulum capitatis, 21-30 × 10-15 μ vel 25-60 × 5,7-11 μ. Cute articulis erectis, subclaviformibus, vel utriformibus, 20-75 × (8)-12-28-(35) μ. Pigmento vacuolari. Fibulis sub basidiis praesentibus, rarioribus ad septa hypharum. — Loco aperto in silva, inter parva gramina in solo arenoso. Typus in Herb. Romagn. n° 119.

Rhodophyllus tricolor Romagn.-Gilles

(Fig. 202)

CARACTERES MACROSCOPIQUES: Chapeau large de 25 mm, étalé et plan, bien rond, mince, mais non translucide, d'un beau brun violacé uniforme (proche de S 597 ou de M 12 F 4), à peine moins foncé près de la marge, montrant quelques fissures radiales, velouté s.l., craquelé près de la marge ou la chair blanche apparaît entre les craquelures.

Stipe 23 × 2-2,5 mm, cylindrique, farci, puis fistuleux en haut, brun clair, un peu plus foncé dans la moitié inférieure, moiré, blanc soyeux et finement poudré en haut sur 3-4 mm, sans coton mycélien.

Chair mince, très blanche, à odeur légèrement fruitée.

Lamelles assez serrées, avec 4 longueurs de lamellules, légèrement débordantes de la marge, si bien qu'on les aperçoit en examinant le carpophore par dessus, atteignant 3 mm de large, complètement libres, blanches, puis rose brique.

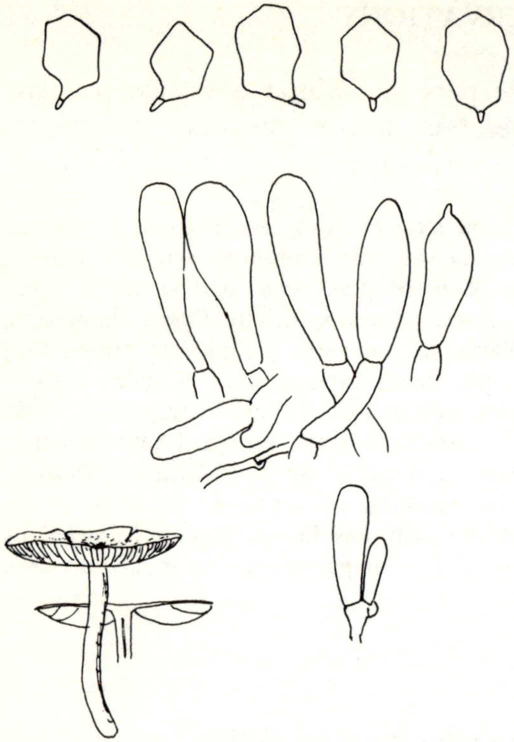

Fig. 202: *Rh. tricolor:* spores, cuticule, carpophore et basidioles

CARACTERES MICROSCOPIQUES: Spores subglobuleuses, 6,5-8,5 × 5,7-6,5 μ, pâles s.m.

Basides 35-44 × 8-10 μ, claviformes.

Cuticule de structure palissadique, à cellules claviformes ou parfois brièvement mucronées, (20)-42-55 × 6-18 μ, remplies d'un suc brunâtre. Sous-hyménium rameux.

Boucles observées aux basides et à certaines hyphes du subcutis.

HABITAT: Sur bois mort très pourri. Forêt de la Mondah (km 31,5 au Nord de Libreville, (Gabon), le 18.X.1970. n° 302.

DIAGNOSE LATINE. — Pileo 25 mm lato, plano, haud translucido, e violaceo brunneo, velutino, subtiliter rimoso. Stipite 23 × 2-2,3 mm, farcto, dein sursum fistuloso, pallide brunneolo, sub lamellis albo ac sericeo pulverulento. Carne candida, odore levi fructuum. Lamellis stipatis, remotis, albis, dein lateritiis. — Sporis subglobosis, 6,5-8,5 × 5,7-6,5 μ. Cute e cellulis erectis claviformibus vel brevissime mucronatis constante. Fibulis sub basidiis acie in hyphis subcutis observatis. — In ligno putridissimo. Typus in Herb. Romagn. n° G 302.

Rhodophyllus velutipileus Romagn.-Gilles

(Fig. 203)

CARACTERES MACROSCOPIQUES: Chapeau large d'1,8 cm, haut de 4 mm y compris les lames vues de profil, convexe très surbaissé, subplan, non déprimé au centre, ni strié ni hygrophane, brun assez clair (M 5 B 3), à peine plus foncé au disque, à cuticule très unie, absolument pas déviée radialement, d'aspect gras sur le frais, subveloutée, mais n'ayant pas tendance à se craqueler.

Stipe 3 cm × 2 mm, un peu excentrique, fistuleux, blanc, brunissant un peu à la base, luisant, finement strié longitudinalement.

Chair très mince, brunâtre très pâle dans le chapeau, blanche dans le stipe, inodore.

Lamelles assez serrées, avec 2 longueurs de lamellules, larges de 3 mm au milieu, arrondies, adnexées au stipe par une minuscule dent, blanches, puis roses (M 8 A 2), à arête pâle, sublisse s.l.

CARACTERES MICROSCOPIQUES: Spores 8,7-10-(11) × 7-8-(8,5) μ, subglobuleuses, (très probablement subglobuleuses-complexes, mais à base présentant un angle très obtus ou tronqué), à parois épaisses et réfringentes.

Basides 31-46 × 11,5-12-(14) μm subcylindriques, (3)-4 sporiques.

Cystides nombreuses sur l'arête, rares sur les faces, fusiformes ou lagéniformes, à col grêle, mais plus ou moins net, 50-75 × 7-18 μ.

Médiostrate à hyphes de 8-15 μ; sous-hyménium à grosses cellules (7-10 μ). Pas de granules tramaires; rares laticifères. Cuticule de structure palissadique, à articles dressés, 33-63 × (9)-13-22 μ, à pigment vacuolaire.

Quelques boucles observées (mais parfois imparfaites) au pied des basides.

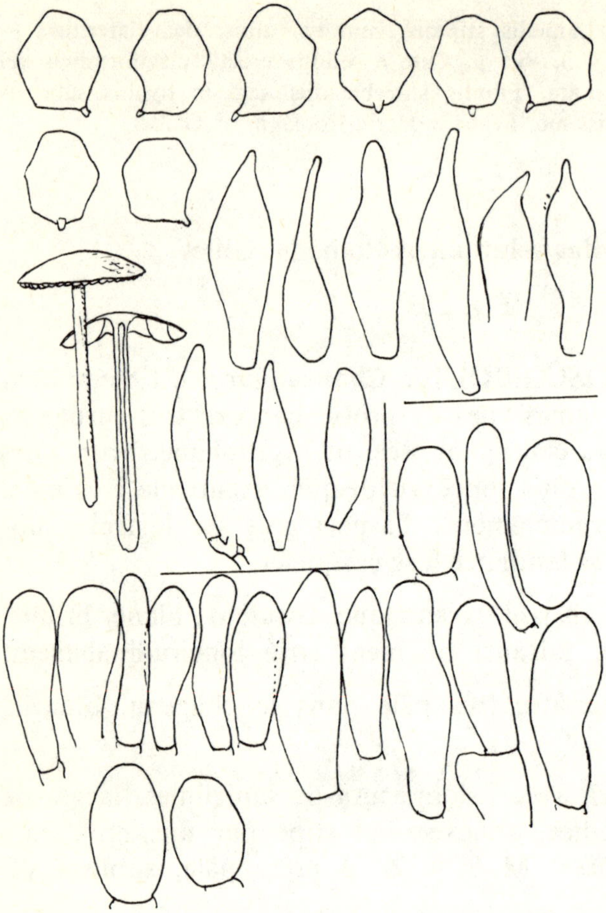

Fig. 203: *Rh. velutipileus*: spores, cystides, carpophore et cuticule

HABITAT: Sur un talus de terre et de sable, en forêt ombrophile. Forêt de la Mondah, km 27,5 de Libreville (Gabon), le 1.VI.1975, n° G 588.

OBSERVATIONS

Cette espèce a, comme *phaeus*, la cuticule veloutée, mais non craquelée, mais sa couleur et son aspect sont bien différents; la présence de cystides beaucoup plus grandes et évidentes que chez *microcystis* est également remarquable, et rappelle les *Inocephali* dont elle n'a toutefois pas les granules tramaires.

DIAGNOSE LATINE. — Pileo 1,8 cm lato, humillime convexo, subplano, medio haud depresso, neque striato neque hygrophano, pallidius brunneo, vix medio obscuriore, cute non radiatliter virgato, etiam s.l., subvelutino, sed non rimuloso. Stipite 30 × 2 mm, terete, fistuloso, albo, leviter inferne brunnescente, lucido, subtiliter striato. Carne tenuissima, pallidissime in pileo brunneola, in stipite alba, inodora. Lamellis substipatis, 3 mm latis, minimo dente adnexis, albis, dein roseis, acie pallida, sublevi. — Sporis 8,7-10-(11) × 7-8-(8,5) μ, subglobosis, basi obtusa vel truncata, tunica crassa ac refringenti. Basidiis 31-46 × 11,5-12-(14) μ (3)-4 sporis. Cystidiis fusiformibus vel lageniformibus, 50-75 × 7-18 μ. Granulis in trama nullis; raris laticiferis. Cute valliformi, cellulis erectis 33-63 × (9)-13-22 μ, pigmento vacuolari. Fibulis, interdum imperfectis, sub basidiis observatis. — In vallo terra arenaque mixto, in silva umbrosa. — Typus in Herb. Romagn. n° G 588.

SECTION DES LAETI

Cette section rappelle les *Psittacini* par les spores cubiques, mais tout en ayant des couleurs gaies ou vives, ses composants sont d'un aspect et d'une pigmentation bien différents, les lames et le stipe étant peu colorés.

1 Chapeau d'un brun roux. Spores énormes, 12-17 × 10-14 μm .... *Rh. rufus* R.-G.

1 Chapeau jaunâtre, gris jaune verdâtre, mastic, etc 2

2 Stipe entièrement pelucheux. Chapeau gris jaune verdâtre .. *Rh. chloroides* R.-G.

2 Stipe pruineux seulement en haut sur quelques millimètre. Chapeau de couleur mastic, comme le stipe .... *Rh. pallide-flavus* (Henn.)

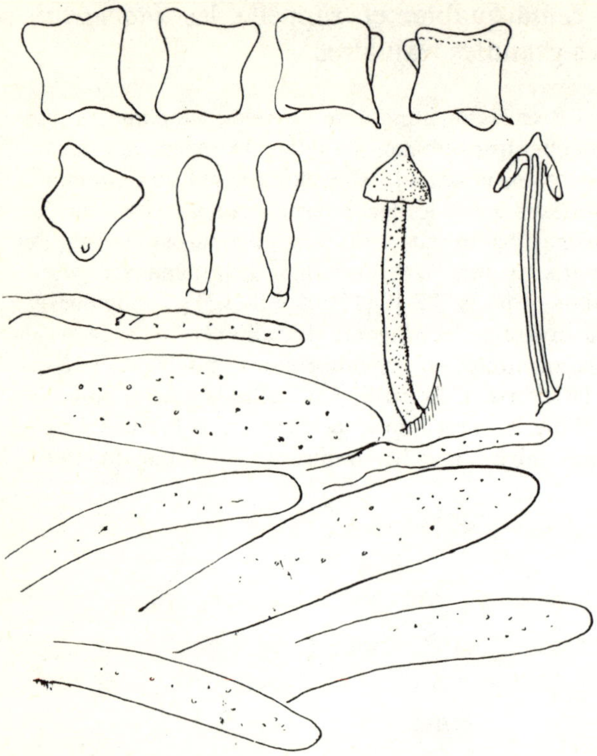

Fig. 204: *Rh. chloroides*: spores, poils marginaux, carpophore et hyphes cuticulaires

Rhodophyllus chloroides Romagn.-Gilles
(Fig. 204)

CARACTERES MACROSCOPIQUES: Chapeau large de 10 mm et haut de 8 mm, conique à sommet obtus, mais individualisé, par temps sec apparemment non strié par transparence ni hygrophane, gris jaune verdâtre un peu plus pâle que M 28 C 4, à cuticule vaguement déviée radialement, de texture très fine, luisante par le sec, mais non à la récolte, couverte s.l. à tous les niveaux, mais plus densément au centre, de minuscules flocons argentés constitués par de très petites méchules mal apprimées.

Stipe 3 cm × 2,5 mm, donc relativement robuste sur ce jeune carpophore, un peu arqué du fait de sa position, blanc pur à la récolte, peu luisant en tant que couvert d'un velouté pelucheux très fin (on dirait qu'il a été comme poudré de haut en bas, mais moins que chez *vestipes*); plusieurs heures après la récolte et après manipulation, il devient concolore au chapeau (plus pâle que M 28 C 4) avec la base brun jaune sur 2 mm (M 5 A 4), coloration qui provient probablement du contact avec le substrat.

Chair blanche, mince, translucide, inodore.

Lamelles moyennement serrées, avec 2 longueurs de lamellules, larges de 2 mm au milieu, ascendantes, adnexées au stipe par une minuscule dent, blanc pur, puis rosissant, à arête concolore, sublisse s.l., faiblement érodée-onduleuse.

CARACTERES MICROSCOPIQUES: Spores cubiques, 8-10,5 × 8-9,5 μ, à faces triangulaires rares.

Basides 43-57-(68 sec. G.) × 12,5-15-(19,5 sec. G.), claviformes renflées, à 4 gros stérigmates renflés dans la moitié inférieure.

Poils marginaux claviformes ou basidiformes, 35-85 × 12-20 μm.

Hyphes du médiostrate de 5-11,5 μm de diamètre; sous-hyménium étroit, peu différencié, plutôt filamenteux emmêlé; rares laticifères, mais nombreux granules tramaires. Cuticule à énormes hyphes bien plus grosses que celle de la chair, 60-150 × 11,5-30 μm, ponctuées de petites gouttes éparses, mais sans pigment apparent sur le sec. Sur le stipe, la pruine est constituée par des hyphes cylindriques, guttulées, flexueuses, obtuses, très longues, mais étroites (5-6 μm).

Boucles nombreuses aux basides et aux cloisons des hyphes surtout connexives.

HABITAT: A 50 cm du sol, dans la terre accumulée sur un *Elaeis* vivant, en forêt ombrophile. Forêt de la Mondah, km 31,5 de Libreville, le 17.III.1975, n° G 527.

OBSERVATIONS

Ce curieux champignon ne semble pas très éloigné de *pallide-flavus,* mais s'en distingue par la couleur assez différente, verdâtre, sa cuticule non glabre, méchuleuse, le stipe et les lames d'abord très blancs. Il peut aussi faire penser à *chloroconus,* mais ce n'est visiblement pas un *Psittacini.*

DIAGNOSE LATINE. — Pileo 10 mm lato, conico, vix ac obtusissime gibboso, non striato (tempore sicco), e viridulo luteoque griseo, sicco lucido, minimis floccis argenteis undique, sed densius in medio vestito. Stipite 30 × 2,5 mm, robustiore, primum candido, deinde pileo concolore, toto minutissime pruinoso. Carne candida, tenui, translucida, inodora. Lamellis mediocriter stipatis, 2 mm latis, ascendentibus, stipite brevissimo dente adenexis, candidis, dein roseis, acie concolore, sublevi, levissime erosa undata. — Sporis cubicis, 8-10,5 × 8-9,6 μm. Basidiis 43-57-(68) × 12,5-15-(19) μm, 4 sporis. Pilis marginalibus claviformibus vel basidiformibus, 35-85 × 12-20 μm. Cute ex maximis hyphis, 60-150 × 11,5-30 μ, pigmento invisibili constante. Granulis permultis, sed laticiferis raris. Fibulis nullis. — In terra, super solum ad basim *Elaeidis.* — Typus in Herb. Romagn. n° G 527.

Rhodophyllus pallide-flavus (Henn.-Nym.) Romagn.-Gilles

(Fig. 205 à 208)

Basionyme: *Leptonia pallide-flava* Hennings et Nyman (Monsunia 1: 18 (1900). *Entoloma pallide-flavum* Horak. Sydowia 38 (1-6): 178 (1976).

CARACTERES MACROSCOPIQUES: Chapeau large de 17 à 4,5 cm, haut de 6 à 20 mm, conique plus ou moins convexe avec une papille aiguë au sommet ou plus rarement un petit mamelon obtus central, courtement strié par transparence et légèrement hygrophane, couleur mastic ou blanc jaunâtre ou M 3 A 2, le sommet concolore ou brun jaune clair jusqu'à M 4 A 3 avec parfois une nuance verdâtre sur la papille proche de S 285 ou 295, généralement glabre très uni à cuticule déviée radialement à texture extrêmement fine peu distincte à la loupe par l'humidité, rarement avec quelques méchules plus colorées et peu denses éparses sur toute la surface et visibles seulement à la loupe. En séchant, il est ponctué de minuscules paillettes brillantes.

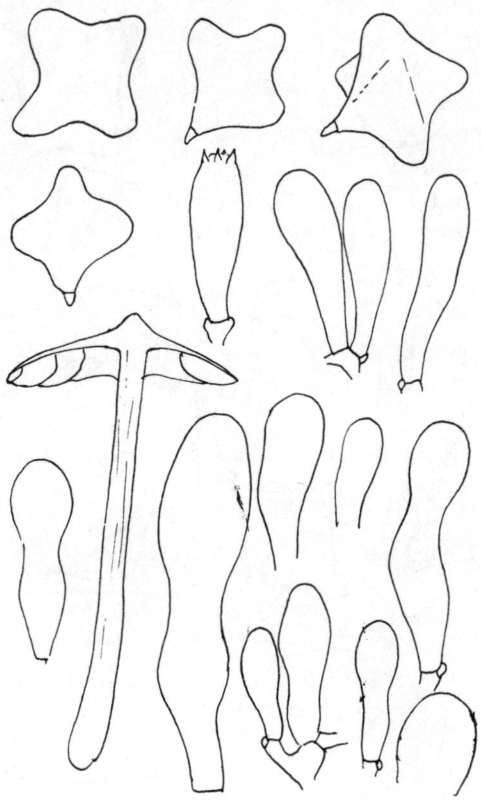

Fig. 205: *Rh. pallide-flavus*: spores, basides, carpophore et poils marginaux (G 145)

Stipe long de 3 à 6 cm, diamètre 2 à 5 mm, cylindrique ou un peu comprimé, blanchâtre et poudré en haut sur quelques millimètres, puis luisant, concolore au chapeau, à texture très fine; fistuleux.

Lames moyennement serrées avec (I)-2-3 longueurs de lamellules, larges jusqu'à 1 cm au milieu, plus souvent 4-5 mm, ascendantes puis adnexées au stipe par une courte dent, blanches ou blanc jaunâtre puis rosissant pour atteindre M 5 A 3. Arête concolore plus ou moins nettement denticulée, parfois floconneuse à la loupe.

CARACTERES MICROSCOPIQUES: Spores cubiques, de 8.5-12.5 × 8-11.5 μm, à arêtes souvent concaves et d'aspect un étoilé et sou-

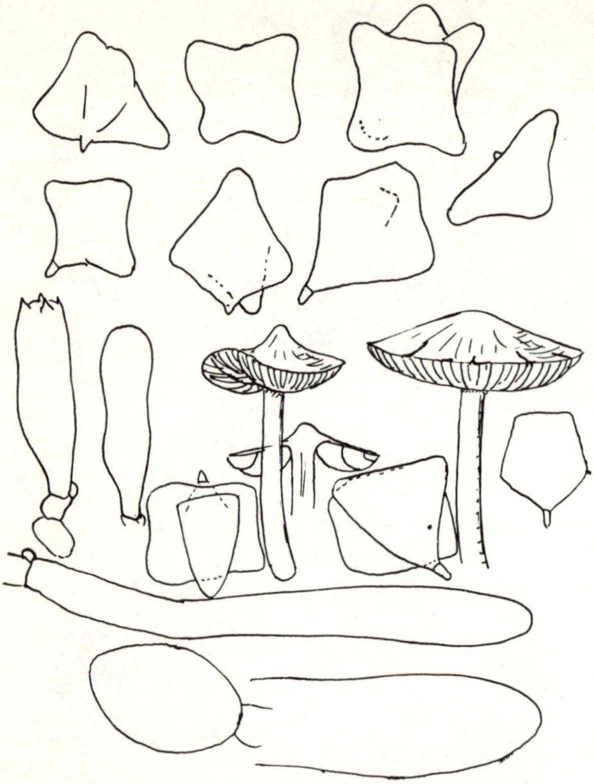

Fig. 206: *Rh. pallide-flavus*: spores, basides, carpophore et hyphes cuticulaires (G 448)

vent avec des faces triangulaires (prismatiques avec appendice à l'un des sommet).

Basides claviformes, volumineuses, 35-60 × 11,5-16 μ, à 4 gros stérigmates.

Poils marginaux nombreux, claviformes, très obtus, 37-100 × 11,5-25 μm, saillant de 20-30 μm, parfois avec un septation secondaire.

Médiostrate à hyphes régulièrement disposées, larges de 7-14 μm (atteignant 21 μm dans le chapeau); sous-hyménium filamenteux, rameux, aérifère, peut-être un peu gélifié. Hyphes connexives bourrées de granules, et passant à des laticifères à contenu homogène et jaunâtre rouillé, plus ou moins différenciés, mais abondants. Cuticule à hyphes couchées, obtuses, ou un peu clavées, de 7-14-(19) μm de

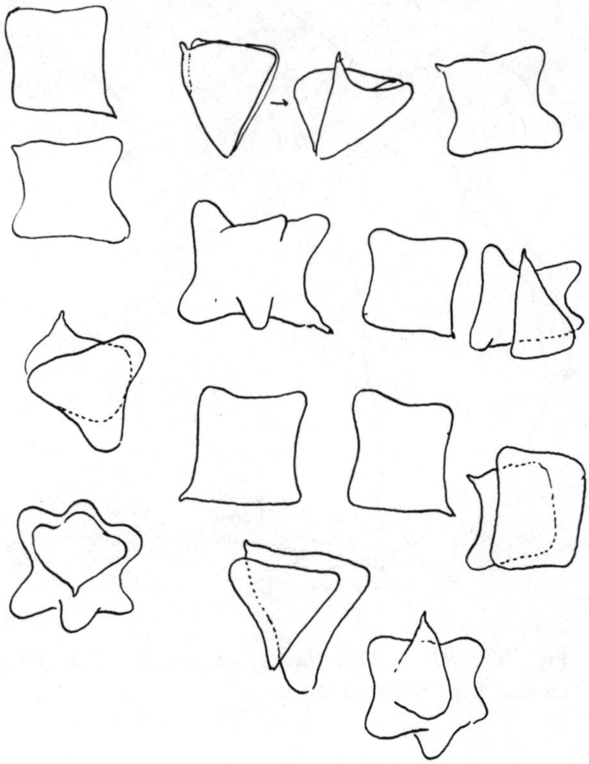

Fig. 207: *Rh. pallide-flavus*: spores (G 503, 504, 516)

diamètre, l'article terminal pouvant atteindre en surface 43-120 × 11,5-25 μm. Pigment vacuolaire.

Boucles nombreuses aux basides et aux cloisons des hyphes.

HABITAT: A terre, dans les feuilles mortes ou sur les talus sablonneux, forêt de la Mondah, près de Libreville (Gabon), les 2.1.1969, 2.III.1972, 27.I.,9.II.1975, n° G. 145, G. 448, G. 503 (?), 504 et 526.

OBSERVATIONS

Cette espèce, dans sa forme la plus courante, se reconnaît à sa couleur mastic, au mamelon plus ou moins marqué et la texture

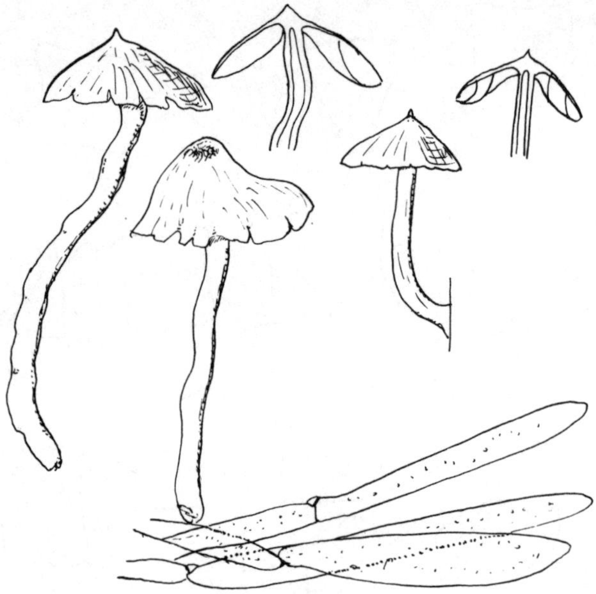

Fig. 208: *Rh. pallide-flavus*: carpophores, à gauche (G 503) et à droite (G 504); en bas, hyphes cuticulaires

extrêmement fine à la loupe de sa cuticule. Nous la rapportons à l'espèce que Heenings et Nyman ont décrite sous le nom de *pallide-flavum*, et qui est répandue en Insulinde et jusqu'en Nouvelle-Guinée, quoique sa taille soit un peu plus petite, des spores un peu plus grosses, sa couleur peut-être moins purement jaunâtre. La récolte G 504 présentait une petite papille aiguë qui fait penser à *Rh. cuspidatus* Peck, qu'on synonymise, peut-être a tort, à *Murrayi* Bk.-Curt., mais ces champignons ont une couleur franchement jaune, et surtout Horak n'a pas relevé de boucles sur le type de *Murrayi.* Cette même coloration vive nous a fait renoncer à rapporter l'espèce gabonaise au *Rh. luteus* (Peck).

La spore des sujets africains est intéressante à étudier, car si le type originel et dominant est bien le cube, il est fréquent qu'on observe des faces triangulaires, et même des volumes prismatiques où l'appendice est situé à l'un des sommets du polyèdre, et non au milieu d'une arête comme cela se produit chez *staurosporus* et autres. Des erreurs de diagnostic sont donc faciles à faire dans ce cas.

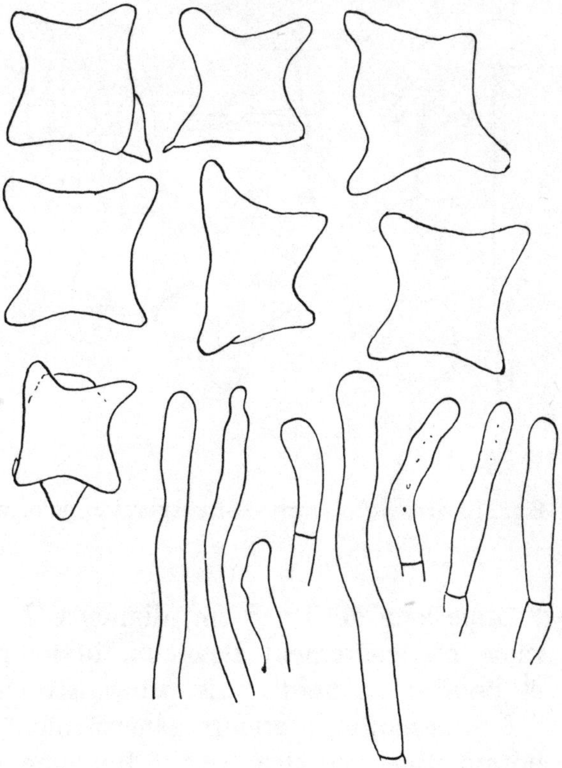

Fig. 209: *Rh. rufus*: spores et poils marginaux (C.I. 046)

Rhodophyllus rufus Romagn.-Gilles
(Fig. 209,210,211)

CARACTERES MACROSCOPIQUES: Chapeau large de 1 à 2 cm, haut de 3 à 6 cm, convexe subhémisphérique ou surbaissé, tronqué au sommet par un centre plat ou étalé plan et alors avec un étroit mamelon central et la marge se relevant un peu, brun roux assez vif M 6 C 7 à 7 C 7, centre plus foncé soit 6 E 7 à 7 E 7 ou mieux MS 5 YR 5/8, centre 5 YR 4/6, plus ou moins strié par transparence, non hygrophane. Cuticule déviée radialement couverte de fibrilles très fines sauf au centre qui est écailleux-pelucheux et bassement hérissé de profil à la loupe.

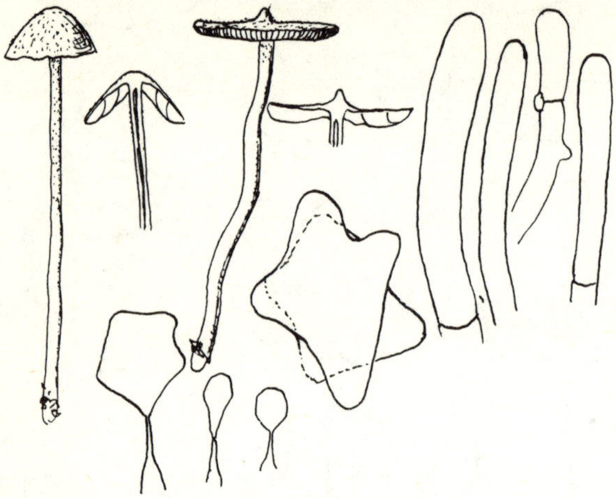

Fig. 210: *Rh. rufus*: carpophore, spores et poils marginaux (C.I. 084)

Stipe long de 3 à 5 cm, diamètre 2 mm, la base à peine dilatée, raide ou légèrement flexueux, blanc roussâtre ou blanc jaunâtre et poudré en haut, puis progressivement roux pâle M 5 A 4 à 5 B 5, la moitié inférieure généralement un peu plus colorée, glabre, luisant, finement strié longitudinalement à la loupe, fistuleux, chair blanc roussâtre.

Chair très mince, translucide, blanc roussâtre proche de MS 5 YR 8/2, inodore, douce.

Lamelles peu à moyennement serrées avec 2 longueurs de lamellules, ascendantes-ventrues dans les formes à chapeau convexe ou simplement ventrues dans les formes planes, puis adnexées au stipe par une courte dent, blanc lavé de roux devenant M 6 A 2. Arête concolore plus ou moins distinctement denticulée à la loupe.

CARACTERES MICROSCOPIQUES: Spores énormes, cubiques, d'aspect étoilé, 12-17 × 10-14 μm, à parois épaisses et réfringentes.

Basides 40-65 × 13-21 μm, le plus souvent à 4 stérigmates courts et épais.

Poils marginaux ciliformes, obtus, non capités, 30-80 × 6-12 μm.

Médiostrate à hyphes de taille moyenne, 6-17 μm de diamètre; sous-hyménium filamenteux, rameux, très aérifère, peut-être un peu

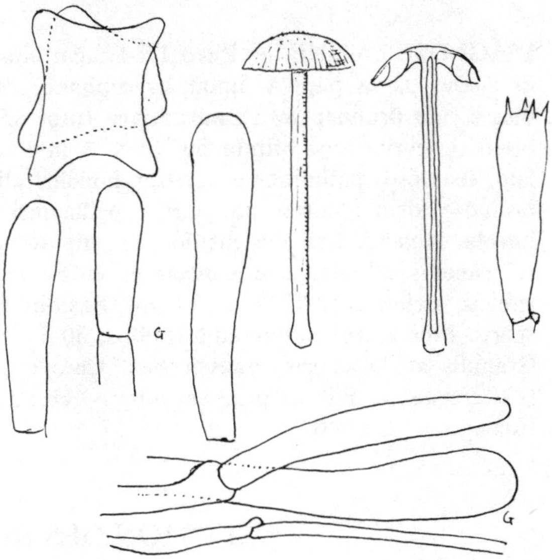

Fig. 211: *Rh. rufus*: spore, carpophores, baside, poils marginaux (d'après G. Gilles) et hyphes cuticulaires

gélifié. Nombreux granules tramaires, gênant l'observation; laticifères volumineux, parfois ramifiés, remplis de petites gouttes huileuses. Cuticule filamenteuse, à hyphes énormes, à article terminal de (40)-60-250 × (8)-15-45 μm, à pigment vacuolaire roux.

Boucles observées aux basides et sur des hyphes cuticulaires.

HABITAT: A terre, en forêt ombrophile. Forêt du Téké, près d'Abidjan, les 5.X. et 17.XI.1974, n° C.I. 046 et 084. Forêt de la Mondah, près de Libreville (Gabon), le n° G 703.

OBSERVATIONS

Ce champignon semble très proche de *Camaroensis* Bres. et de *phleboides* Romagn. (lequel, décrit sur exsiccatum, peut être identique à *luteus* Peck), mais présente des spores beaucoup plus volumineuses, une couleur un peu différente, et une cuticule squamuleuse. Sur le terrain, et à l'oeil nu cette petite espèce rousse ne ressemble guère à un Rhodophylle. Dans ses formes convexes, elle ressemblerait plutôt un *Marasmius* de la section des *Sicci* Sing. dont la teinte est identique et que l'on trouve fréquemment dans les forêts ombrophiles de Côte d'Ivoire et du Gabon.

DIAGNOSE LATINE. — Pileo 1,2-1,8 cm lato, conico, dein convexo vel expanso, in medio parva papilla, haud hygrophano, vel interdum levissime striato, vividius e rufo brunneo vel ex aurantiaco rufo, minute squamuloso fibrillis ad instar discfi obscurioribus. Stipite 50-55 × 2 mm, aequali, sed imo usque ad 3 mm lato, fistuloso, pallidissime sursum luteolo, alibi rufulo tincto, primum superne pruinoso, dein glabrescente. Carne pelliculari, in pileo pallide rufula, in stipite luteola, inodora. Lamellis mediocriter stipatis, brevi dente decurrentibus, e rufulis vel rubellis albidis, acie concolore, erosa vel denticulata. — Sporis maximis, cubicis, stellatis, 12-17 × 10-14 μm. Basidiis 40-65 × 13-21 μ, plerumque tetrasporis. Pilis marginalibus ciliformibus, 30-80 × 6-12 μm, obtusis, haud capitatis. Granulis ac laticiferis praesentibus. Cute e grandibus hyphis 40-250 × 8-5 μ latis constante. Fibulis praesentibus. — Humi in silva umbrosa. Typus in Herb. Romagn. n° C.I.046.

SECTION DES RIGIDULI

Cette section diffère des *Inocephali* par l'absence de cystides. Les *Nolanea* à pigmentation vacuolaire s'en écartent par le chapeau hygrophane, à hyphes cuticulaires grêles, jamais squamuleux méchuleux.

SOUS-SECTION DES EURIGIDULI

Les espèces que nous classons ici manquent de boucles et n'ont pas les spores cubiques.

1 Spores subglobuleuses, 9-12 × 8-10,5 μm. Petits poils marginaux claviformes, obtusément fusiformes ou avec un petit diverticule au sommet. Odeur d'iris. Chapeau opaque, paille avec une tache plus foncée, formée de minuscules mèches lancéolées, 3 cm, fendu au bord .... *R. irinus* R.-G.

1 Spores nettement allongées. Pas d'odeur d'iris 2

2 Cuticule constituée au moins au centre d'hyphes à articles courts, elliptiques ou en tonnelet, et présentant parfois des septations secondaires; chapeau plus ou moins fibrilleux-méchuleux 3

2 Cuticule banale, d'hyphes à articles plus ou moins allongés 5

3 Chapeau à cuticule déviée radialement, luisante, soyeuse, à fibrilles plus ou moins fines, noirâtre au centre, assez foncé. Sous-hyménium non gélifié.........
.... *Rh. bituminosus* R.-G.

3 Chapeau squamuleux et finement hérissé vu s.l. de profil, les méchules étant plus ou moins retroussées. Sous-hyménium (parfois ?) gélifié 4

4 Chapeau noirâtre au centre. Lamelles le plus souvent adnées échancrées ou adnexées.. *Rh. eudermus* R.-G.

4 Chapeau plus pâle, seulement brun plus foncé sur le mamelon. Lamelles profondément échancrées-libres, serrulées .... var. *prionophyllus* R.-G.

5 Chapeau brun bistré, plus foncé au centre, à cuticule déviée radialement par de fines fibrilles soyeuses et avec méchules retroussés sur le mamelon . . . *Rh. rigens* R.-G.

5 Chapeau blanc grisâtre, à mamelon alutacé pâle, resemblant à celui de *nidorosus*, mais peigné de fibrilles radiales qui s'écartent çà et là en lui donnant un aspect filamenteux cotonneux. Marge nettement débordante et incurvée...... .... *Rh. incurvus* R.-G.

Rhodophyllus bituminosus Romagn.-Gilles

(var. du suivant?)

(Fig. 212,213,214)

CARACTERES MACROSCOPIQUES: Chapeau large de 3,5-4,3 cm, haut de 1,2-1,4 cm, conique, largement étalé, umboné ou portant au sommet un mamelon aigu (l'umbo est parfois haut de 5 mm et large de 1 mm), strié par transparence, sauf au milieu, brun gris (proche de M 5 D 2), avec le mamelon noirâtre, d'aspect pâteux-bitumeux, parfois finement granuleux à la loupe, ailleurs à cuticule déviée radialement, luisante-soyeuse, à fibrilles plus ou moins fines.

Stipe relativement robuste, 5,5-6 cm × 2 mm, mais un peu élargi vers le haut (3 mm) et dilaté en bas jusqu'à 6 mm, farci, concolore au chapeau, sauf au sommet qui est plus pâle et à la base qui est enveloppée sur 3 mm de mycélium blanchâtre, entièrement strié par des fibres longitudinales longues et solides, qui tiennent le stipe quand il est cassé.

Chair mince, brun clair (S 705), inodore.

Lamelles serrées, avec 5 longueurs de lamellules, atteignant 5 mm de large au milieu, sublibres, brun pâle (S 705), puis brun rougeâtre (S 162), bassement veloutées sur les faces sous une forte loupe, à arête concolore, déchiquetée-érodée mais non denticulée.

CARACTERES MICROSCOPIQUES: Spores 8-11,5-(12,2) × 6-7,2

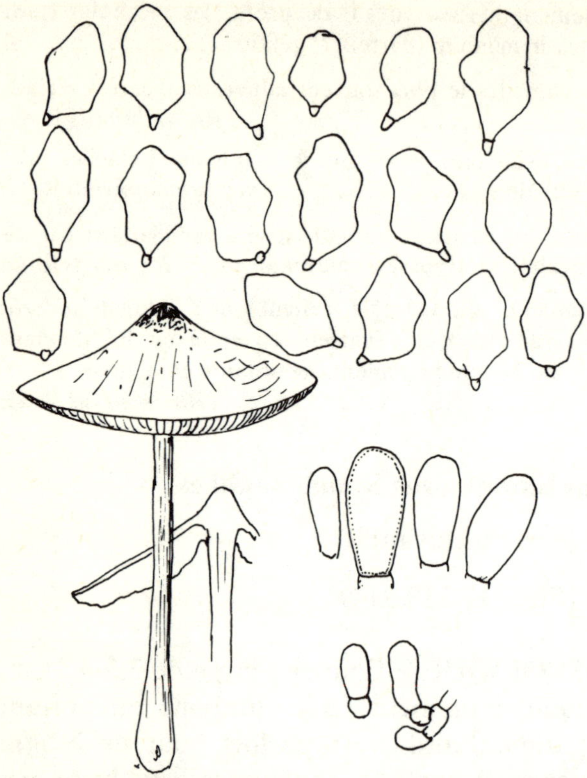

Fig. 212: *Rh. bituminosus*: spores, carpophore, poils marginaux et basidioles. (G 420)

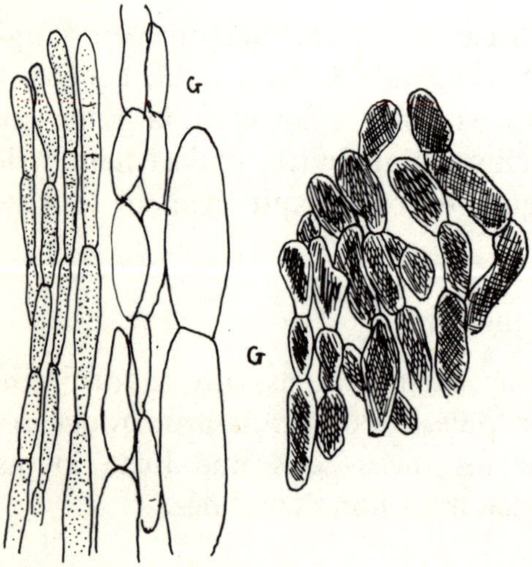

Fig. 213: *Rh. bituminosus*: cuticule (d'après G. Gilles) (G 420)

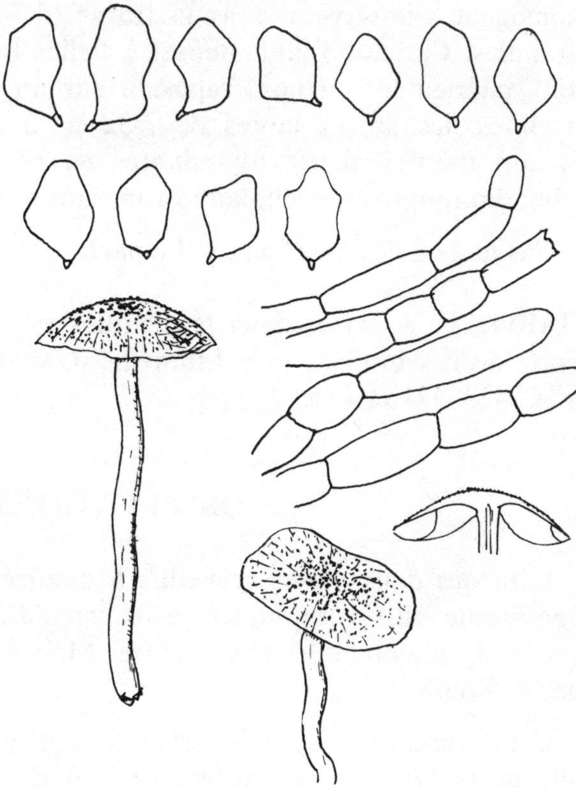

Fig. 214: *Rh. bituminosus*: spores, carpophores et hyphes cuticulaires (G 444)

µm, généralement symétriques-allongées complexes, assez polymorphes, à dièdre basal tantôt très net, tantôt obtus et passant presque à une face, le plus petites à angles assez obtus, les plus longues à contours plus irréguliers, bosselés et souvent comme étirées vers le hile, à parois pâles, mais épaisses et réfringentes, à appendice hilifère gros.

Basides 28-38 × 9,5-10-(12) µm, claviformes, tétrasporiques.

Arête sensiblement homomorphe, au plus avec quelques basidioles ou basides stériles à parois légèrement plus réfringentes.

Médiostrate à hyphes fondamentales de 14-27 µ, séparé par un hyménopode filamenteux assez distinct du sous-hyménium étroit (environ 18 µm) amplement celluleux; des laticifères à contenu huileux homogène s'observent dans la trame (3-7 µ), mais il n'y a pas de granules. Cuticule filamenteuse, à belles hyphes les unes grêles (4-7 µm), pigmentées ou non, reposant sur un subcutis d'amples hyphes hyalines, les autres larges de 7-32 µ, à articles assez courts (50-56 µm fréquemment), abondantes en particulier sur le mamelon. Abondant pigment vacuolaire brun dans tout le revêtement.

Pas de boucles observées nulle part.

HABITAT: A terre, dans les feuilles mortes, en forêt ombrophile. Forêt de la Mondah, près Libreville (Gabon), km. 31,5, le 23.I.1972, n° G 420, 421 et 444.

OBSERVATIONS

L'un des deux sujets recueillis a montré des spores évoluant vers une forme plus compliquée, plus irrégulière, alors qu'elles étaient beaucoup plus banales chez l'autre. Mais l'identité spécifique ne fait pas de doute.

Cette variabilité sporale est d'autant plus importante à relever que notre *bituminosus* diffère surtout du *Rh. metalis* Romagn. de Madagascar en ce qu'il n'a pas constamment la spore à base tronquée sur la vue de face; les autres caractères de *metalis* sont très voisins, les seules différences physionomiques étant le stipe blanc, bulbeux et le chapeau non strié par transparence. Si vraiment la spore est très variable de forme, on pourrait envisager l'identité. Il nous semble pourtant prématuré de la faire.

D'autre part, nous ne sommes pas sûrs que le champignon déterminé par Dennis comme *Rh. metalis* dans son travail sur les Agaricales de l'Ile de la Trinité, dans la zone néotropicale, soit réellement le même que celui de Madagascar, le port, d'après la figure, étant assez différent et, le chapeau fortement strié par transparence; les dessins de la spore ne permettent pas de se faire une idée exacte de ses caractères, et empêchent une conclusion catégorique.

Quoi qu'il en soit, notre *bituminosus* est bien caractérisé par sa taille moyenne et le mamelon assez volumineux et noirâtre de son chapeau, d'aspect pâteux.

DIAGNOSE LATINE. — Pileo 3,5-4,3 cm lato, conico, late expanso, umbonato mammosove, transluciditate striato, praeter in medio, murino, in umbone nigello ac specie bituminosa, alibi radiatim sericeo-fibrilloso. Stipite 55-60 × 2 mm (usque ad 3 mm in superiore, ac 6 mm in inferiore parte), pileo concolore, summo pallidiore, longis fibrillis striato. Carne tenui, pallide brunnea, inodora. Lamellis stipatis, usque ad 5 mm latis, pallide brunneolis, dein e rubidis brunneis, acie concolore, erosa, nec denticulata. — Sporis 8-11,5-(12,2) × 6-7,2 μ, symmetris plerumque complexis. Basidiis 28-38 × 9,5-10-(12) μ, tetrasporis. Acie fere homomorpha. Cute filamentosa, hyphis alteris 5-7 μ, alteris 7-32 μ, pigmento vacuolari copioso. Fibulis absentibus. — Humi, inter folia emortua, in silva umbrosa. — Typus in Herb. Romagn. n° 420.

Rhodophyllus eudermus Romagn.-Gilles

(Fig. 215, 216, 217)

CARACTERES MACROSCOPIQUES: Chapeau large de 2,5 à 4,5 cm, haut de 0,7 à 1,5 cm, y compris les lames qui ressortent parfois dessous de profil, généralement étalé ou bassement conique avec un assez gros mamelon obtus au centre, plus rarement un peu déprimé au milieu, à marge quelquefois débordante, ni strié par transparence ni hygrophane, luisant, brun comme *Collybia platyphylla* par temps humide ou M 5 C 4, 5 D 4 ou même 5 E 4, toujours nettement plus foncé au centre et alors presque noirâtre. Cuticule déviée radialement couverte à tous les niveaux de plus en plus densément vers le centre de squamules brun foncé plus ou moins mal apprimées donnant à la loupe un profil bassement hérissé. Le mamelon central est pelucheux-laineux à la loupe, avec les squamules très denses encore individualisées ou contigues suivant les récoltes.

Stipe long de 4 à 7 cm, diamètre de 2 à 4 mm, en général s'épaississant progressivement vers la base pour atteindre 5-6 mm, droit ou un peu flexueux, souvent légèrement torsadé, blanchâtre ou jaunâtre pâle en haut sous les lames et alors pruineux, puis concolore au chapeau ou un peu plus jaune, fréquemment plus foncé dans la moitié inférieure, peigné de longues fibrilles longitudinales. Un peu de mycélium blanc à la base; fistuleux.

Chair très mince, translucide à la marge, brun jaune pâle, inodore, douce.

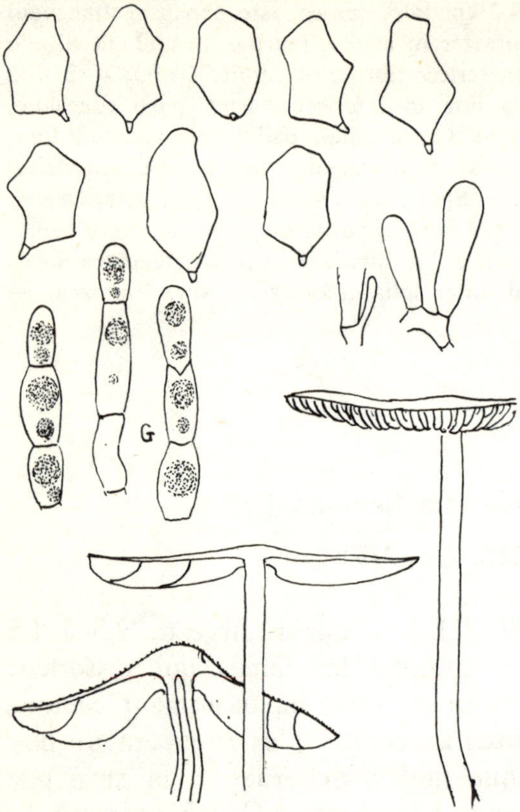

Fig. 215: *Rh. eudermus*: spores, hyphes cuticulaires (d'après G. Gilles), basidioles et carpophores (G 202), en bas, carpophore (G 515)

Lamelles généralement assez serrées, avec 2-3-(4) longueurs de lamellules, larges jusqu'à 9 mm au milieu, aiguës ou arrondies à la marge, parfois ventrues, souvent uncinées, quelquefois assez franchement échancrées, exceptionnellement bien écartées du stipe, brunâtre pâle puis brun rosé M 7 B 2 ou 6 B 3. Arête érodée mais non denticulée à la loupe.

CARACTERES MICROSCOPIQUES: Spores symétriques-allongées complexes, (6,7)-9-10,5 × 5,7-7 µm, parfois à angles assez obtus, à parois assez épaisses et réfringentes.

Basides 25-40 × 9-10-(12) µm, cylindracées, à 4 fins stérigmates, parfois mêlées à des basides hypertrophiées atteignant 60 × 15 µm

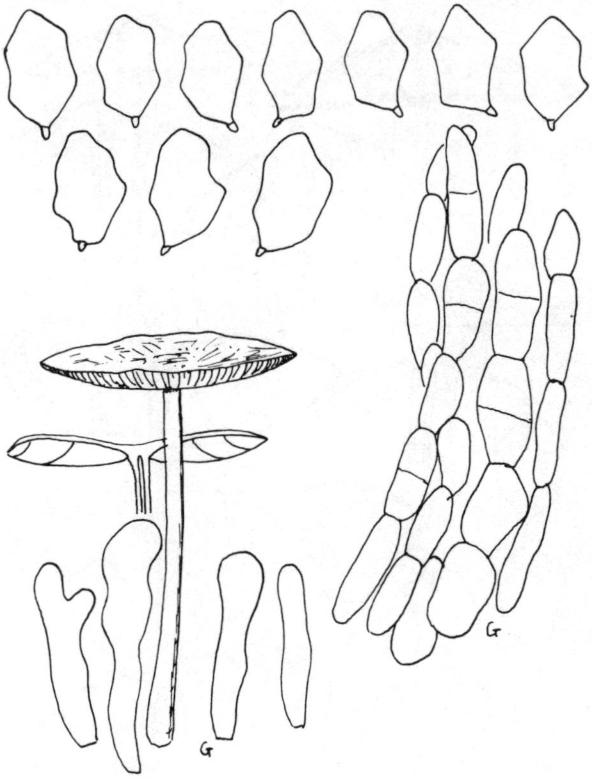

Fig. 216: *Rh. eudermus*: spores, carpophore, poils marginaux et hyphes cuticulaires (les deux dernières figures selon G. Gilles) (G 424)

d'après G. (sur le vivant; aucune cystide n'a été observée sur le sec par R.)

Quelques poils d'arête hyalins d'après G., 40-70 × 5-7 µm et jusqu'à 20 µm (basidioles déformées ?) d'après G. L'arête a paru à R. pratiquement homomorphe.

Trame à hyphes fondamentales à parois assez rigides, (20-60 µm), congophiles, régulières et mesurant 10-20-(28) µm dans le médiostrate; sous-hyménium bien différencié, hyalin, contrastant avec le médiostrate, d'aspect gélifié, épais de 7-15 µm, celluleux immédiatement sous les basides, plus bas à hyphes grêles (3-4,2 µm), plus ou moins distinctes; pas de granules, ni de laticifères. Cuticule

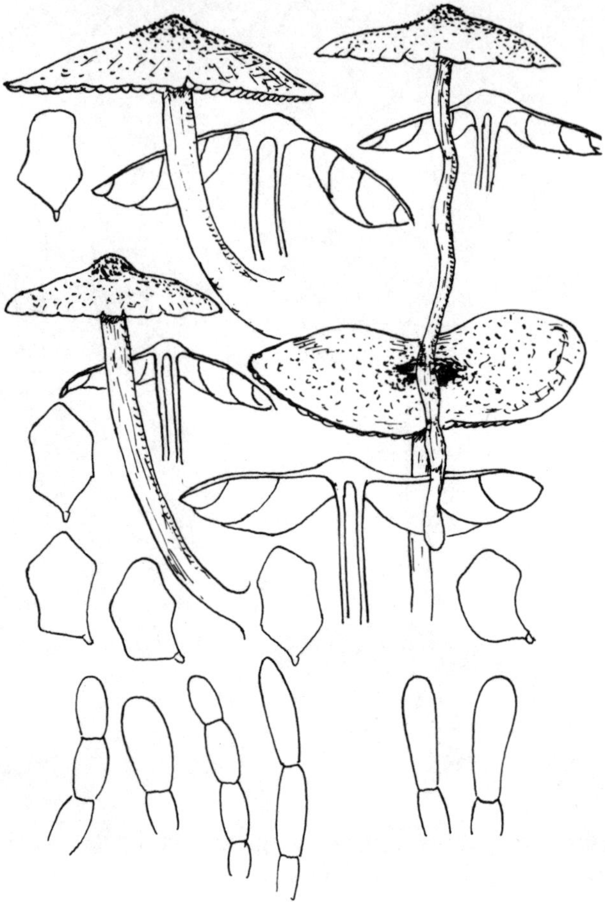

Fig. 217: *Rh. eudermus*: carpophores, en haut à gauche (G 533), à droite (G 534) et au milieu à gauche (G 593), spores (G 533) sauf en bas à droite (G 534), hyphes cuticulaires (G 533 à gauche et 534 à droite)

filamenteuse d'hyphes à articles en chapelet relativement courts, parfois avec de fausses cloisons, mais très resserrées aux cloisons normales; vers les bords les articles mesurent par exemple 40-80 × 8-10 μm; vers le centre, 20-40 × (5)-7-15 μm; abondant pigment vacuolaire brun.

Pas de boucles observées aux basides ni aux cloisons des hyphes.

HABITAT: A terre dans les feuilles mortes. Gabon, forêt de la Mondah les 20.IX.1969, 21.I.1972, 9.II, 2.6., 30.III., 2.5.1975, et 8.6.

1975, n° G 202, G 424, G 515, G 524, G 533, G 534, G 580 et G 593.

DIAGNOSE LATINE. — Pileo 3,5 cm lato, applanato, saepe umbonato, vix depresso, margine excedenti, murino, medio nigello, sericeo, lucido, fibrilloso, minimis contiguisque squamulis medio praedito. Stipite 50 × 2 m, imo usque ad 4 mm, anguste fistuloso, pileo concolore, lucido, striato, sub lamellis pruinoso, inferne squamulis nigellis punctato. Carne inodora. Lamellis substipatis, ventricosis, 4 mm latis, dente adnexis, pileo subconcoloribus, dein roseo colore tinctis, acie integra. — Sporis symmetris elongatis complexis, 9-10,5 × 5,5-7 µ, interdum angulis obtusis. Basidiis 25-32 × 9-10-(12) (raro sterilibus ac 60 × 15 µ). Acie partim fertili, raris cellulis sterilibus praedita, 40- 70 × 5-7-20 µ. Trama sine granulis nec laticiferis, hyphis pariete rigida, congophila; subhymenio hyalino, magis minusve collapso. Cute filamentosa, hyphis maxime articulatis in medio pileo loculis brevibus, 20-40 × 10-15 µ, alibi 40-80 × 8-10 µ, pigmento vacuolari copioso. Fibulis non observatis. — Humi, inter folia emortua, in silva umbrosa. Typus in Herb. Romagn., n° G 424.

OBSERVATIONS

Sur le terrain, cette jolie espèce se reconnaît à son chapeau brun jaune assez développé souvent umboné, couvert de méchules squamuleuses brun foncé plus ou moins retroussées partout mais surtout au centre et à ses lames devenant brun rosé.

Nous décrirons séparément la récolte G 202 sur laquelle nous n'avons pas remarqué de septations secondaires dans les hyphes cuticulaires. (Fig. 215)

Chapeau large de 4,5 cm, plan, à marge gondolée, tendant à se relever sur les bords, mince (0,5 mm), un déprimé, entièrement strié par transparence, d'un brun gris rappelant *Collybia platyphylla,* mais d'un brun très foncé, presque noir au disque, sur 5 mm de diamètre, à cause de la densité des mèches noirâtres, qui ailleurs sont réparties un peu partout mais si peu denses qu'elles ne modifient pas la couleur du fond. Stipe 7 cm × 3 mm en haut, atteignant 5 mm en bas, plein, un peu arqué, gris brun, concolore au chapeau ou à peine plus foncé (rappelant celui de *Pluteus cervinus)*, entièrement peigné de fibrilles brunes, avec un peu de coton mycélien à la base. Chair très mince, grisâtre, inodore. Lamelles assez serrées, avec 3 longueurs de lamellules, atteignant 4 mm de large, subéchancrées, gris pâle, puis gris rosé. — Spores 8,5-10-(11,7) × 6,5-7,2 μm, symétriques allongées complexes, rarement simples, bien anguleuses, à membranes bien réfringentes. Basides 35-45 × 10-12 μm, tétrasporiques. Pas de poils marginaux. Médiostrate à hyphes fondamentales régulières, raides, larges de 12-14 μm; sans granulations; sous-hyménium à petites hyphes ramifiées. Cuticule à hyphes articulées, en chapelet, à articles courts et resserrés aux cloisons, 15-30 × 8-14 μm, bourrées de pigment vacuolaire brun. Pas de boucles observées même aux basides. — A terre, dans l'humus et les feuilles mortes, probablement sur du bois très pourri enterré. Forêt de la Mondah, km 31,3 au nord de Libreville (Gabon), n° G 202.

2°) Récolte à chapeau strié par transparence

(Fig. 218)

CARACTERES MACROSCOPIQUES: Chapeau large de 4,5 cm et haut de 1,5 cm, étalé avec le centre fortement saillant et obtus, strié par transparence sur les 2/3 marginaux, mais non hygrophane, brun assez clair (M 5 C 4), nettement plus foncé vers le centre (M 5 E 4), à cuticule déviée radialement, couverte partout mais de plus en plus densément à mesure qu'on se rapproche du centre de minuscules méchules plus foncées (M 5 E 4) plus ou moins retroussées, d'où un profil hérissé s.l. surtout dans la moitié centrale.

Stipe 7 cm × 3,5 mm en haut, puis 3 mm, enfin 4 mm dans le quart inférieur et même 5 mm en bas, fistuleux, flexueux, un peu torsadé (passage à travers les feuilles mortes?), brun (M 4 C 3), plus foncé (M 4 D 3) dans le tiers inférieur, luisant, strié longitudinalement s.l., avec 1 cm de mycelium blanc à la base, ailleurs glabre mais avec de loin en loin s.l. de fibrilles brun foncé plus ou moins bien apprimées.

Chair mince, brunâtre (M 4 B 2), inodore, douce.

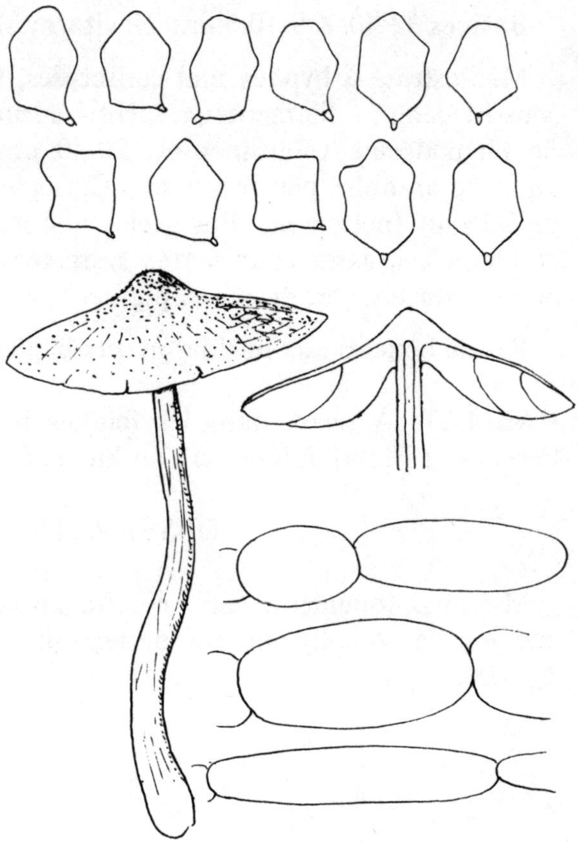

Fig. 218: ***Rh.*** cf. ***eudermus*** (var ?): spores, carpophore et hyphes cuticulaires (G 515)

Lamelles moyennement serrées, avec 2 longueurs de lamellules en général (les grandes lames sont rapprochées), parfois 3 longueurs en comptant de minuscules ébauches de lamellules, assez ventrues, arrondies obtuses à la marge, atteignant 7 mm de large au milieu, brunâtre pâle, puis rosé brunâtre sale (M 6 B 3), ascendantes, adnexées au stipe par une courte dent, à arête concolore, érodée à l'oeil nu, mais distinctement hérissée s.l.

CARACTERES MICROSCOPIQUES: Spores (6,7)-8-10 × 6-7,5 μm, symétriques allongées simples, quelquefois complexes, rarement cubiques, à angles émoussés, à parois épaisse et réfringente.

Basides 32-40 × 9-10,5 μm, claviformes, tétrasporiques.

Médiostrate à hyphes mal conservées, vers 10-17 μm de diamètre; sous-hyménium filamenteux, gélifié-aérifère; hyphes de la chair et de l'hypoderme volumineuses, 20-40 μm; çà et là quelques petits amas de granules peu frappants. Cuticule avec en surface des hyphes de 5-15 μm (nettement plus grêles que les hypodermiques), à articles en chapelets, assez courts, très resserrées aux cloisons, longs de 20-80 μm, souvent vers 40 μm, à pigment vacuolaire.

Pas de boucles aux basides ni aux hyphes.

HABITAT: A terre, dans les feuilles mortes, en forêt ombrophile. Forêt de la Mondah (Gabon), au km 31,5, le 9 février 1975, n° G 515.

OBSERVATIONS

Microscopiquement, cette récolte ne se distingue de *bituminosus* que par le sous-hyménium nettement gélifié, ce qui la rapproche d'*eudermus.*

3°) **Rhodophyllus eudermus** var. **prionophyllus** Romagn.-Gilles

(Fig. 219)

CARACTERES MACROSCOPIQUES: Chapeau large de 4 cm, haut de 1 cm, convexe-plan, avec au centre un mamelon obtus large de 6 mm et haut de 2 mm, à marge abrupte, transparent vu à travers une forte lumière (et alors strié), d'un brun beige assez pâle comme *Collybia platyphylla*, brun foncé sur le mamelon (à peu près M 5 E 4), non hygrophane, peigné par des fibrilles radiales dont les extrémités plus foncées parsèment densément la surface de mouchetures plus sombres (aussi foncées que S 701, mais plus grises), encore plus denses sur le mamelon.

Stipe 8 cm × 3 mm en haut, s'épaississant progressivement jusqu'à atteindre 5 mm en bas, presque droit, entièrement fistuleux, blanc lavé de brunâtre, presque blanc dans les 7-8 mm inférieurs, peigné

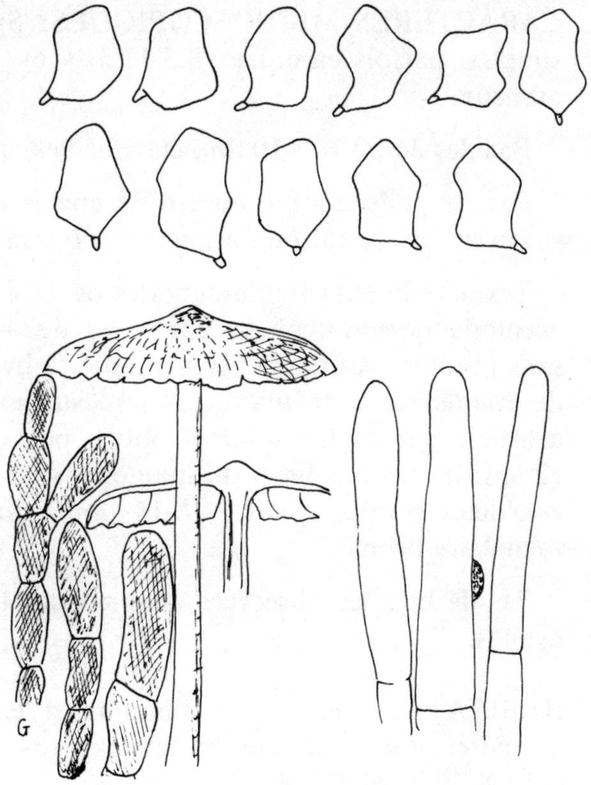

Fig. 219: *Rh. eudermus* v. *prionophyllus*: spores, carpophore et hyphes cuticulaires (à gauche d'après G. Gilles) (G 406)

s.l. de fibrilles brun clair un peu torsadées (faisant un demi-tour depuis le haut jusqu'en bas), à coton mycélien blanc sur 2 mm seulement.

Chair mince (2 mm), blanc lavé de brunâtre dans le chapeau, un peu plus foncée dans le stipe, inodore.

Lamelles assez serrées, avec 3-(4) longueurs de lamellules, complètement libres, presque écartées comme chez un *Pluteus*, assez larges (jusqu'à 5 mm), assez brusquement tronquées en arrière, blanches, puis rose brique peu vif, minces, avec l'arête grossièrement denticulée comme chez un *Lentinus*, mais lisse, même s.l.

CARACTERES MICROSCOPIQUES: Spores symétriques-allongées simples, parfois cubiques, 8,5-11,5 × 6-7,5 μm, d'aspect obtusément gibbeux.

Basides 36-50 × 8-10 μm, claviformes, à 4 stérigmates.

Pas de poils d'arête bien différenciés des basidioles (introuvables sur exsiccata en raison du mauvais état de l'échantillon).

Trame à hyphes fondamentales de 11,5-23 μm dans le médiostrate, accompagnées d'hyphes connexives de 4-6 μm, optiquement vides, sans granules. Cuticule filamenteuse, à hyphes à articles de 15-30 μm de diamètre et atteignant 150 μm, surmontées d'hyphes plus grêles, à article terminal à sommet obtus, peu ou pas élargi, larges de 8-12 μm; les flocons brun du mamelon sont constituées par des hyphes à articles courts, 15-50 × 8-14 μm, redressées; abondant pigment vacuolaire brun.

Pas de boucles observées au pied des basides ni aux cloisons des hyphes.

HABITAT: A terre, dans l'humus et les feuilles mortes, en forêt primaire. Route de Lambaréné (km 34 de Libreville, de Gabon), le 13.X.1971, n° G406.

OBSERVATIONS

Cette variété se distingue macroscopiquement par sa couleur plus claire et le mode d'insertion des lames, et microscopiquement par les spores de volume un peu plus simple.

Comme le fait remarquer G.G., il n'est pas impossible que *bituminosus* ne soit qu'une variété d'*eudermus,* car la récolte G 580 semble un peu intermédiaire.

DIAGNOSE LATINE. — Pileo 4 cm lato, convexo-plano, mammoso, margine abrupta, translucida brunneolo, in mamma obscuriore, non hygrophano, fibrillis radialibus pectinato, quarum extrema pars resurgit ac squamulis obscurioribus superficiem conspergit. Stipite 80 × 3 mm, inferne usque ad 5 mm, toto fistuloso, albido, brunneolo tincto, fibrilloso. Carne tenui, albido, brunneolo tincta, paulo in stipite obscuriore, inodora. Lamellis substipatis, liberis, fere remotis, usque ad 5 mm latis, postice truncatis, albis, dein e roseis testaceis, tenuibus, acie grosse denticulata. — Sporis symmetris elongatis simplicibus, interdum cuboideis, 8,5-

11,5 × 6-7,5 μ, specie obtuse gibbosa. Basidiis 36-50 × 8-10 μ. Acie verisimiliter sine pilis, solum basidiolis praedita. Trame sine granulis. Cute filamentosa, in inferiore strato 15-30 μ latis, in superiore 8-12 μ, in medio pileo loculis brevibus, 15-50 × 8-14 μ, pigmento vacuolari. Fibulis non observatis. — Humi ac inter folia emortua, in silva prisca. Typus in Herb. Romagn. n° G 406.

Rhodophyllus incurvus Romagn.-Gilles

(Fig. 220)

CARACTERES MACROSCOPIQUES: Chapeau atteignant 5 cm de diamètre, très mince, très plan, avec seulement au centre un petit mamelon peu saillant et la marge assez nettement débordante et un peu incurvée, entièrement strié par transparence, blanc grisâtre, peu luisant, rappelant en moins brillant celui de *Rh. nidorosus*, le mamelon tranchant avec le reste par sa couleur alutacé pâle, peigné radialement par des fibrilles qui, là où elles s'écartent, lui donnent un aspect filamenteux-cotonneux.

Stipe élancé, jusqu'à 9 cm × 2,5-3 mm, atteignant en bas 5-7 mm, farci, blanc, à peu près mat à la lumière, mais peigné s.l. de fibrilles soyeuses brillantes, avec à la base du coton mycélien sur 1 cm.

Chair très mince, blanche, inodore.

Lamelles serrées, avec 4 longueurs de lamellules, atteignant 7 mm, de large, semiventrues, subéchancrées, se prolongeant sur le stipe sur 1 mm par une strié, blanches, puis brun rosé, à arête sinueuse, mais lisse même à la loupe binoculaire.

CARACTERES MICROSCOPIQUES: Spores symétriques-allongées complexes, 9-12 × 6-7,2 μm, anguleuses-bosselées, à parois bien réfringentes.

Basides 30-45 × 9-12 μm, à 4 stérigmates, subclaviformes.

Pas de cystides ni de poils marginaux.

Trame à hyphes fondamentales de 14-25 μm dans le médiostrate, avec nombreuses hyphes connexives cylindriques, allantoides, grêles, accompagnées de quelques laticifères d'environ 5-6 μm dans le

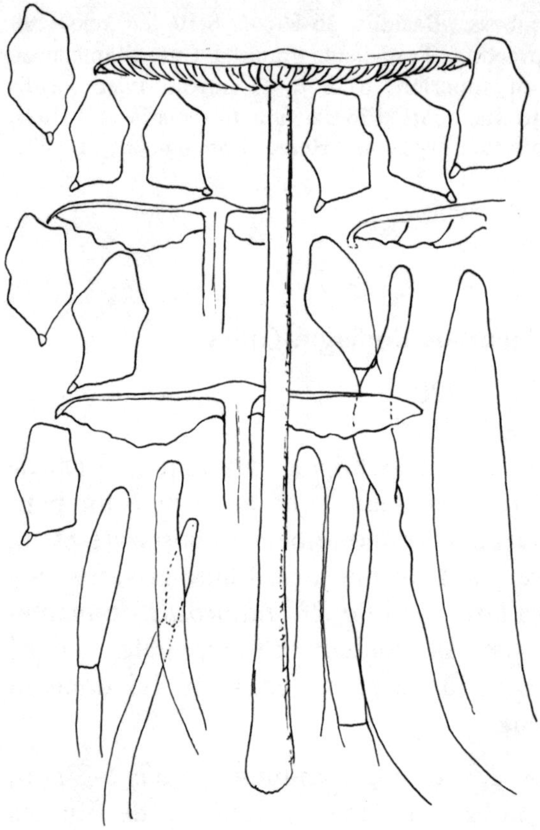

Fig. 220: *Rh. incurvus*: spores, cuticule et carpophore

chapeau; sur le sec, par regonflement au Bleu lactique, puis observation dans NH^4OH et Rouge Congo, il se forme de grosses gouttes huileuses dans le revêtement piléique, qui se raréfient dans la chair et sont nulles dans le médiostrate; sous-hyménium plus ou moins gélifié collapsé, très distinct du médiostrate. Cuticule à couche profonde d'énormes hyphes atteignant 25 μm de diamètre, surmontée d'un mélange de grandes hyphes fusiformes de 18-23 μm de large, et de mèches plus étroites (6-10 μm), à article terminal de 28-72 μm environ de long. Pas de pigment décelable.

Pas de boucles observées au pied des basides ni aux cloisons des hyphes.

HABITAT: A terre, dans l'humus, contre un tronc d'*Elaeis*. Forêt de la Mondah (km 31,8 de Libreville, Gabon), le 21.IX.1969, n° G 204.

OBSERVATIONS

Cette espèce ressemble extérieurement à *nidorosus*, mais elle est inodore, et surtout elle possède une cuticule plus différenciée, à hyphes plus amples, et des hyphes sans boucles.

DIAGNOSE LATINE. — Pileo usque ad 5 cm lato, plano, anguste mamillato, margine excedenti atque paulum involuta, e griseo albo, medio pallide alutaceo, *Rh. nidorosum* in mentem revocante, sed minus lucido, fibrilloso, inter fibris specie gausapata, toto transluciditate striato. Stipite 90 × 2,5-3 mm, imo 5-7 mm, albo, fibrilloso-striato. Carne tenuissima, alba, inodora. Lamellis stipatis, usque ad 7 mm latis, semiventricosis, subsinuatis, albis, dein roseis, acie sinuosa, sed integra. — Sporis symmetris elongatis complexis, 9-12 × 6-7,2 µm, specie gibbosa. Basidiis 30-45 × 9-12 µm. Trama nonnullis laticiferis praedita. Cute filamentosa, hyphis aliis 18-23 µm latis, fusiformibus, aliis angustioribus, articulo terminali 28-72 × 6-10 µm. Fibulis non observatis. — Humi, ad truncum putridum *Elaeidis*. Typus in Herb. Romagn. n° G 204.

Rhodophyllus irinus Romagn.-Gilles

(Fig. 221)

CARACTERES MACROSCOPIQUES: Chapeau large de 3 cm, plan, à marge se crevassant radialement comme chez certains Inocybes, non hygrophane, paille, présentant au milieu sur un diamètre d'environ 3 mm, une tache un peu plus foncée (un peu plus jaunâtre que S 695, formée de minuscules mèches lancéolées), ailleurs luisant et lisse, ni strié, ni transparent.

Stipe 5 cm × 3 mm, cylindrique, ferme, plein, blanc jaunâtre, peigné de fines lignes peu denses d'un brun jaune, avec très peu de coton mycélien à l'extrême base.

Chair très mince, blanc jaunâtre dans le chapeau, blanche dans le stipe, à fine et agréable odeur d'iris (comme *Rhodopaxillus irinus*).

Lamelles serrées, avec 3 longueurs de lamellules, atteignant 4 mm de large, sublibres, un peu jaunâtres, puis saumon.

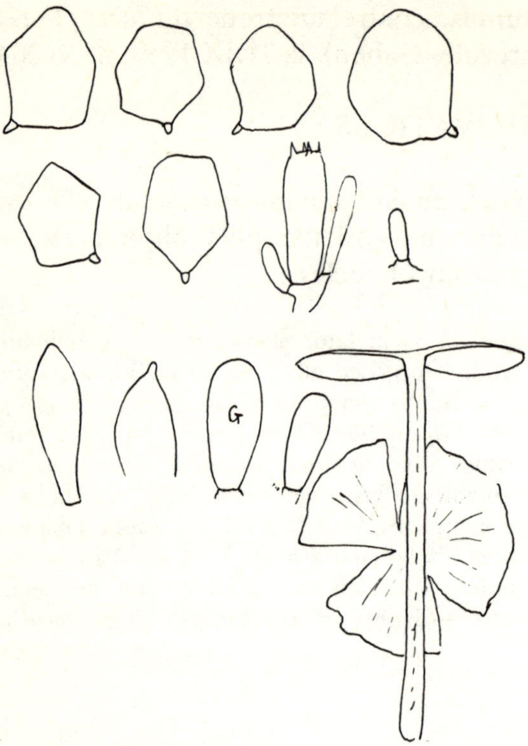

Fig. 221: *Rh. irinus*: spores, basides et basidioles, poils marginaux (en G selon G. Gilles) et carpophore

CARACTERES MICROSCOPIQUES: Spores subglobuleuses simples, tendant parfois vers le type complexe, 9-10,5-(12) × 8-9-(10,5) μm.

Basides trapues, 2835 × 11,5-13,2 μm, à 1-4 stérigmates.

Poils marginaux ovales elliptiques, à sommet parfois en ogive, 35-45 × 12-16 μm (G.)

Trame à hyphes fondamentales de 7-13 μm de diamètre dans le médiostrate, atteignant 18 μm dans le chapeau, à nombreux granules sur le frais gênant l'observation, mais presque disparus sur l'exsiccatum (vu quelques guttules dans certaines hyphes de la chair piléique et de la cuticule). Cuticule filamenteuse, à hyphes de 4-8,5-14 μm environ de diamètre, avec un léger pigment vacuolaire dans les hyphes les plus superficielles, à parois non incrustées, à peine paille très pâle s.m.

Pas de boucles observées au pied des basides ni aux cloisons des hyphes.

HABITAT: Forêt de la Mondah, même station que G 202, le 20.IX. 1969, n° 203.

DIAGNOSE LATINE. — Pileo 3 cm, plano, margine radiatim fissa, haud hygrophano nec striato, stramineo, medio paulo magis colorato ac minimis squamis lancoloatis praedito, alibi lucido levique. Stipite 50 × 3 mm, cylindrato, firmo, pleno, tenuibus parumque densis lineolis e flavidis brunneis striato. Carne tenuissima, e luteola alba in pileo, alba in stipite, odore irino. Lamellis stipatis, 4 mm latis, subliberis primum paulum luteolis, deinde salmoneis. — Sporis subglobosis plerumque simplicibus, 9-12 × 8-10,5 μm. Basidiis 28-35 × 11,5-13,2 μm, 1-4 sporis. Pilis marginalibus ovatis, 35-45 × 12-16 μm. Trama in vivo granulis repleta, in sicco iis fere carente. Cute filamentosa, hyphis 4-8,5-14 μm latis, levi pigmento vacuolari. Fibulis non observatis. — Typus in Herb. Romagn. n° G 203.

Rhodophyllus rigens Romagn.-Gilles

(Fig. 222, 223, 224)

CARACTERES MACROSCOPIQUES: Chapeau large de 3,5-8 cm et haut de 4-8 mm, presque plan avec un mamelon bas, conique ou obtus au centre d'une molle dépression, entièrement strié par transparence, brun pâle ou brun bistré clair (S 705 à 703), plus foncé au centre (S 701-702), rappelant parfois dans l'ensemble la couleur de *Collybia platyphylla* par temps humide, rarement aussi foncé près du bord qu'au centre, à cuticule déviée radialement par de fines fibrilles soyeuses, avec méchules retroussées sur le mamelon.

Stipe 6-9,5 cm × 4-5 mm en haut, puis s'épaississant progressivement pour atteindre 7-10 mm à la base, droit, parfois un peu courbé dans le quart inférieur, relativement robuste, ferme, farci, puis étroitement tubuleux, blanchâtre et floconneux en haut, ailleurs concolore au chapeau, peigné de fibrilles longitudinales luisantes, enveloppé à la base du mycélium blanc sur 1-2 cm.

Chair très mince, apparemment non hygrophane, blanchâtre, inodore ou à odeur très légèrement raphanoïde.

Lamelles moyennement serrées, avec 4 longueurs de lamellules, assez ventrues, atteignant au milieu 7 mm de large, plus ou moins

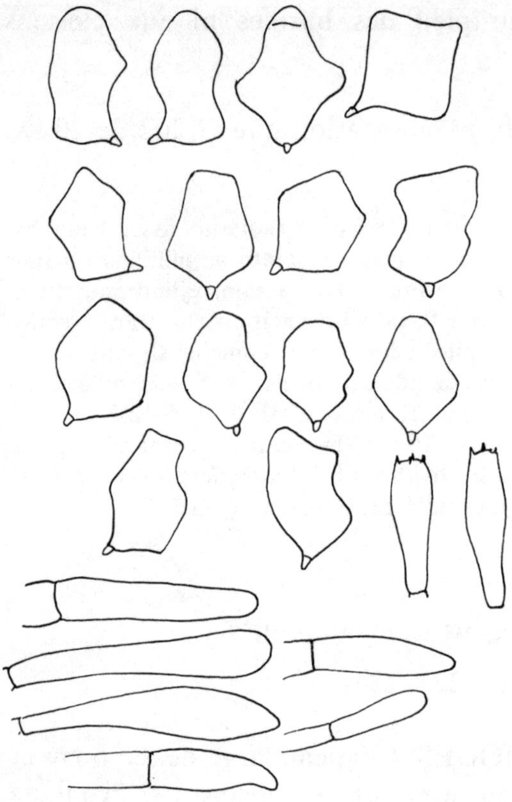

Fig. 222: *Rh. rigens*: spores, basides et hyphes cuticulaires (G 123)

nettement échancrées, blanchâtres, à arête concolore, généralement érodées-déchiquetées, mais non denticulées s.l.

CARACTERES MICROSCOPIQUES: Spores (8)-8,5-12,2-(14) × 6,5-7,5-(10) µm, généralement symétriques-allongées à subglobuleuses simples, rarement cubiques, parfois symétriques allongées complexes, souvent de forme bizarre, à parois épaisses et assez colorées.

Basides (28)-33-42-(58) × 11-12,5 µm, claviformes, tétrasporiques.

Pas de poils marginaux ni de cystides.

Médiostrate à hyphes fondamentales de 10-24 µm, à parois minces et fragiles, bien différencié d'un sous-hyménium d'aspect gélifié, à hyphes connexives très grêles (environ 3 µm), fragiles, emmêlées;

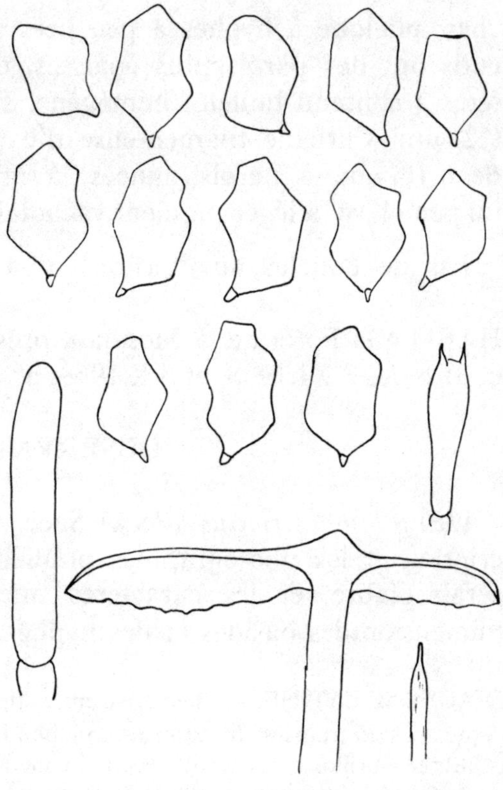

Fig. 223: *Rh. rigens:* spores, baside, hyphe cuticulaire et carpophore (G 205)

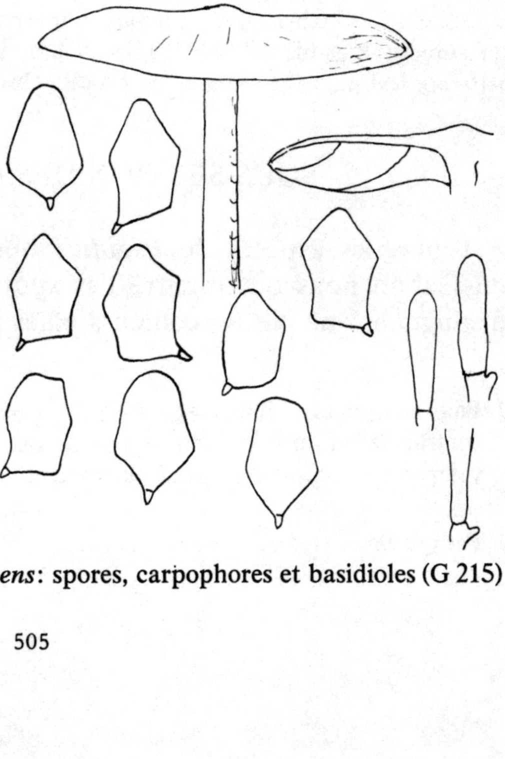

Fig. 224: *Rh. rigens*: spores, carpophores et basidioles (G 215)

chair piléique à hyphes à peu près semblables, mais celles du subcutis ont des parois plus épaisses, et sont accompagnées de laticifères à contenu huileux homogène, sinueux, ramifiés, larges de 4-7-(12) μm. Cuticule filamenteuse d'hyphes relativement grêles, larges de 6-16 μm, à parois minces, à article terminal obtus ou même un peu clavé, à léger pigment vacuolaire.

Pas de boucles aux basides ni aux cloisons des hyphes. (R.K.)

HABITAT: Forêt de la Mondah, près de Libreville (Gabon), km 31,5 et 31,8, les 3.XI.1968, et 5.X.1969, n° G123, 125, 215.

OBSERVATIONS

L'*Entoloma strictius* (Peck) Sacc. semble proche, d'après la description et les photographies publiées par Hesler, mais le chapeau serait glabre, et les caractères microscopiques un peu différents (dimension des basides et des hyphes, absence de laticifères, etc ....).

DIAGNOSE LATINE. — Pileo 3,5-8 cm, subplano, obtusissime mammoso, in medio depresso, toto transluciditate striato, pallide brunneo, plerumque medio obscuriore, subtiliter fibrilloso, squamulis rectis in medio praedito. Stipite 60-95 × 4-5 mm, paulatim in inferiore parte incrassato (7-10 mm), sursum albo ac floccoso, alibi pileo concolore, firmo, farcto, dein anguste fistuloso, fibrilloso. Carne albida, inodora vel raphanum in mentem revocante. Lamellis mediocriter stipatis, usque ad 7 mm mediis latis, magis minusve sinuatis, acie concore, plerumque erosa. — Sporis 8-14 × 6,5-10 μm, saepius symmetris simplicibus, interdum complexis vel cubicis. Basidiis 28-58 × 11-12,5 μm, tetrasporis. Cute filamentosa, hyphis 6-16 μm, levi pigmento vacuolari. Fibulis absentibus.— In silva. Typus n° G 215.

SOUS-SECTION DES PARARIGIDULI

Toutes les espèces de *Rigiduli* bouclés que nous avons étudiées du Gabon nous ont montré des spores cubiques. Les *Laeti* ne s'en distinguent que par les couleurs pâles ou gaies.

1 Poils marginaux ciliformes, 28-85 × 4-6,5-(14) μm, à extrémité généralement contractée en une portion flexueuse ou toruleuse. Chapeau brun rougeâtre, campanulé, rarement tronqué ou tronqué déprimé, fibrilleux .... *Rh. Colensoi* (Stev.) f. *afer* R.-G.

1 Pas ces caractères 2

2 Pas de poils marginaux. Entre les basides, des pseudocystides étroites, laticiféroides. Chapeau conique ou campanulé mamelonné, brun bistré, glabre, sauf au sommet finement pelucheux .... *Rh. pseudocystidiatus* R.-G.

2 Poils marginaux claviformes 3

3 Chapeau 2,2 cm, brun beige pâle, avec une papille de 1 × 2 mm tranchant par sa couleur brun foncé avec le reste de la surface. Stipe 50 × 3 mm, à peine lavé de brun jaune pâle dans la moitié inférieure, et touché de brun rougeâtre à la pointe. Spores 10-12 µm d'aspect assez étoilé... *Rh. ocellatus* R.-G.

3 Pas ces caractères 4

4 Rares cystidioles aciculaires, 40-55 × 4-8,5 µm parmi les basides sur les faces des lames. Chapeau conique, obtus, à cuticule finement déviée radialement. Stipe long (9 cm). Odeur de Bolet .... *Rh. acufer* R.-G.

4 Pas de cystidioles aciculaires. Chapeau fibrilleux 5

5 Chapeau profondément creusé en entonnoir, brun pâle, 3 cm, brun pâle, glabre, de texture fine. Stipe × 3 mm, remarquablement creux. Poils marginaux variant de claviformes à fusiformes ou même lagéniformes. Spores 6,5-9,5 × 5,7-9 µm, souvent avec des faces triangulaires .... *Rh. coelopus* R.-G.

5 Chapeau d'une autre forme. Poils marginaux claviformes. Spores plus grosses .. 6

6 Spores très étoilées, 11,5-14 × 10-12 µm. Chapeau brun marron, fibrilleux-vergeté .... *Rh. asterospermus* R.-G.

6 Spores cubiques, le plus souvent irrégulières et déformées, 8,5-14 × 7,5-11,5 µm. Chapeau extrêmement polymorphe, d'un brun jaune, peigné de fibrilles plus ou moins grossières, et à méchules retroussées au centre ou au sommet ....
.... *Rh. deformisporus* R.-G.

Rhodophyllus acufer Romagn.-Gilles
(Fig. 225)

CARACTERES MACROSCOPIQUES: Chapeau large de 2 cm et haut de 1,4 cm, conico-campanulé, à sommet obtus, brunâtre (un peu plus jaunâtre que S 694 et plus foncé, soit presque 162), non hygrophane, strié par transparence sur la moitié du rayon, à marge assez pâle sur 1 mm, à cuticule fibrilleuse, déviée radialement.

Stipe 9 cm × 3 mm en haut, progressivement épaissi vers la base où il atteint 5 mm, donc relativement robuste par rapport au chapeau, brun un peu rosé (nuance de S 695, mais plus pâle, donc entre 695 et 705), à base blanchâtre sur 3 cm, glabre, mais

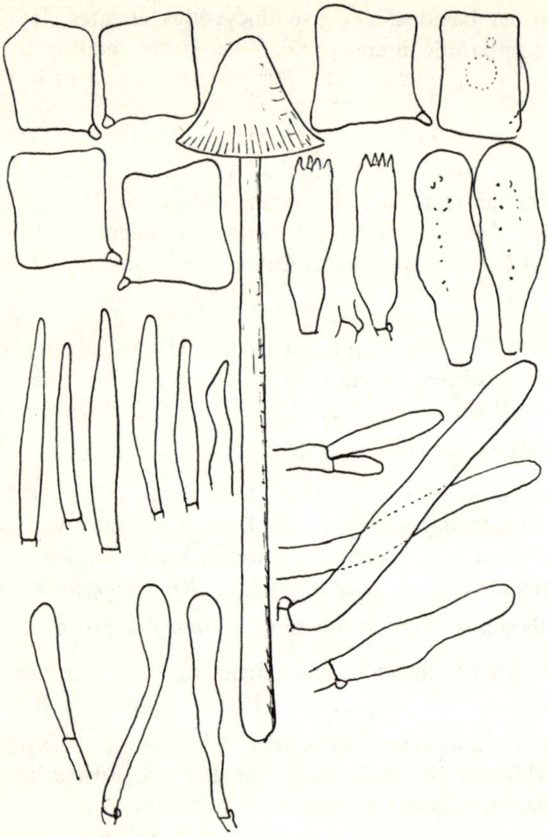

Fig. 225: *Rh. acufer*: spores, carpophore, basides, cystides faciales, en bas poils marginaux et à gauche hyphes cuticulaires

strié longitudinalement par d'imperceptibles fibrilles blanchâtres apprimées qui lui donnent un aspect argenté par endroits.

Chair très mince, brun jaunâtre pâle (vers S 265), à odeur assez agréable, rappelant celle de *Boletus edulis* ou *reticulatus*.

Lamelles assez serrées, avec 4 longueurs de lamellules, ascendantes, puis décurrentes par une minuscule dent, brun jaune presque cannelle (presque S 338/339), finement veloutées sur les faces sous une forte loupe, à arête pâle, finement denticulée.

CARACTERES MICROSCOPIQUES: Spores cubiques, 8,5-9,5-(11,5) × 8-9 μm, à arêtes assez droites, à parois épaisses et réfringentes.

Basides 42-62 × 11,5-13,5 μm, généralement à 4, rarement 1 ou 3 stérigmates.

Cystidioles faciales très rares, étroitement aciculaires ou fusiformes, 40-55 × 4-8,5 μm; quelques basides hypertrophiées s'observent aussi sur les faces des lames.

Poils marginaux claviformes, obtus, 35-60 × 8-10 μm.

Trame des lames à hyphes d'environ 8,5-12,5 μm de large, à parois minces; sous-hyménium épais de 20-30 μm, d'aspect collapsé-gélifié, aérifère, avec des laticifères simples sinueux dans la zone hyménopodiale. Cuticule filamenteuse, à hyphes couchées de 5,7-12 μm de diamètre, certaines à fausses cloisons, et subcutis d'hyphes rigides, larges de 7-17 μm, à parois réfringentes et un peu épaissies, avec laticifères atteignant 10 μm de large. Pigment vacuolaire.

Boucles fréquentes dans le sous-hyménium, et observées plusieurs fois aux cloisons des hyphes cuticulaires.

HABITAT: Sur la terre nue, pauvre en humus. Forêt de la Mondah (km 31 de Libreville, Gabon), le 23.XI.1969. n° G237.

DIAGNOSE LATINE. — Pileo metali, 2 cm alto, 1,4 cm alto, obtuso, brunneo, haud hygrophano, sed transluciditate striato, margine pallida, tenuiter sericeo. Stipite 90 × 3 mm (5 mm deorsum), paulum e roseo brunneolo, glabro, sed striato, passim argentato. Carne tenuissima, e flavida brunneola, odore fere Boleti edulis. Lamellis substipatis, ascendentibus, minimo dente decurrentibus, e flavidis brunneis, fere cinnamomeis, acie pallida, subtiliter denticulata. — Sporis cubicis, 8.5-11,5 × 8-9 μm. Basidiis 42-62 × 11,5-13,4 μm, plerumque 4, rarius 1 vel 3 sporis. Cystidiis laterum lamellarum rarissimis, anguste acicularibus fusiformibusve, 40-55 × 4-8,5 μm. Pilis marginalibus obtusis, claviformibus, 35-60 × 8-10 μm. Laticiferis praesentibus. Cute filamentosa, hyphis 7-17 μm. Fibulis frequentibus. Pigmento vacuolari. — In terra nuda, humo egente. Typus in Herb. Romagn. n° G237.

Fig. 226: *Rh. asterospermus*: spores (G 236)

Rhodophyllus asterospermus Romagn.-Gilles

(Fig. 226, 227)

CARACTERES MACROSCOPIQUES: Chapeau large de 3 cm et haut de 1 cm, à sommet tronqué sur 3 mm, un peu déprimé, mais non ombiliqué, entièrement strié par transparence, à marge ayant tendance à se fissurer, marron un peu luisant (à peine moins foncé que S 176), à cuticule fibrilleuse à la loupe.

Stipe 6,5 cm × 3 mm, cylindrique, atteignant 4 mm dans les 2 derniers centimètres, fistuleux, un peu plus clair que le chapeau, mais dans le même ton, avec en bas du mycélium blanc dans la partie élargie, luisant.

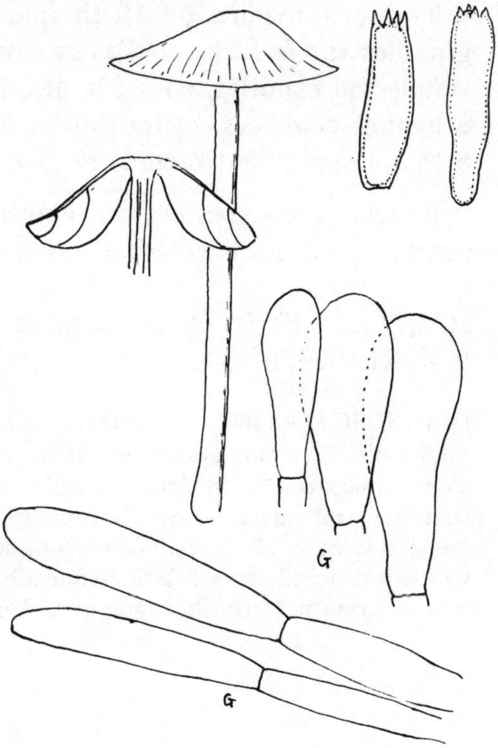

Fig. 227: *Rh. asterospermus:* carpophore, basides sclérifiées, poils marginaux et hyphes cuticulaire (selon G. Gilles)

Chair brun marron peu foncé (vers S 203 un peu moins orangée), inodore.

Lamelles moyennement serrées, avec 3 longueurs de lamellules, sublibres, larges de 7 mm, concolores à la chair, veloutées sur les faces et finement denticulées sur l'arête.

CARACTERES MICROSCOPIQUES: Spores d'aspect remarquablement étoilées, avec énormes bosses saillantes et les arêtes concaves, parfois avec faces triangulaires, mais à appendice hilifère inséré à un sommet, donc cubiques, (11,5)-12-14 × (10)-11-12 μm, à parois épaisses.

Basides 42-56 × 12-15 μm, certaines à parois rigidifiée et épaissie, subcylindriques.

Poils marginaux clavulés, 50-75 × 15-28 μm (G.)

Trame à hyphes de 10-18 μm, à parois minces, avec quelques granules sur le frais, et d'assez nombreux laticifères dans les lames, simples ou ramifiés, épars, larges de 3,5-7 μm. Cuticule filamenteuse, à hyphes couchées, cylindriques, à article terminal obtus, larges de 8-18 μm, à pigment vacuolaire.

Boucles inconstantes aux cloisons des hyphes, et probablement aussi au pied des basides (ex. en mauvais état). (K.)

HABITAT: Forêt de la Mondah (km 17,5 de Libreville, Gabon), le 15.XI.1969, n° 236.

DIAGNOSE LATINE. — Pileo 3 cm lato, truncato, badio, s.l. fibrilloso. Stipite 65 × 3 mm, cylindrato, paulo pallidiore quam pileus, fistuloso, lucido. Carne subconcolore, inodora. Lamellis substipatis, subliberis, concoloribus, acie subtiliter denticulata. — Sporis cuboideis, fere asteroideis, 11,5-14 × 10-12 μm. Basidiis 42-56 × 12-15 μm, nonnullis pariete refringenti ac incrassata, cylindratis. Granulis paucis, laticiferis satis frequentibus. Cute filamentosa. Fibulis inconstantibus. — Typus in Herb. Romagn., n° G 236.

Rhodophyllus Colensoi (Stevens.) Romagn.-Gilles, f. **Afer** Romagn.-Gilles

(Fig. 228,229,230)

Basionyme: *Entoloma Colensoi* Stevenson, Kew Bull. 16, p. 229 (1962). Horak. E.: Nov. Hedwigia. Fungi Agaricini Novaezelandiae I-V, 8, f. 7 (1973)

CARACTERES MACROSCOPIQUES: Chapeau large de 1 à 2,2 cm, haut de 0,6 à 1 cm, généralement campanulé-convexe, parfois assez largement étalé-surbaissé, à sommet obtus ou plus rarement à peine déprimé, courtement strié par transparence, non hygrophane, brun M 5 C 4 ou 5 devenant un peu rougeâtre vers M 7 D 5 avec l'âge, légèrement plus foncé au milieu. Cuticule déviée radialement à texture fine, le plus souvent couverte de minuscules fibrilles un peu plus foncées et bien apprimées.

Stipe long de 3,5 à 5 cm, diamètre 1,5 à 2,5 mm, en général raide, parfois un peu torsadé, fistuleux, pâle et poudré en haut

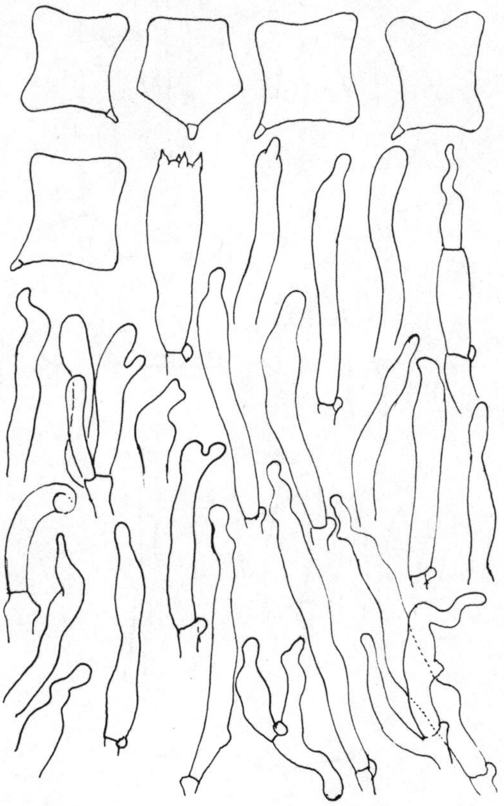

Fig. 228: *Rh. Colensoi*: spores et poils marginaux (G 149)

sur quelques millimètres puis glabre, luisant, strié longitudinalement, brun rougeâtre **M 7 D 5** même chez les exemplaires jeunes. Un peu de mycélium blanc à la base.

Chair très mince, translucide, brun pâle, inodore, douce.

Lames assez serrées avec 2-3 longueurs de lamellules, larges jusqu'à 4 mm au milieu, ascendantes un peu arrondies, adnexées au stipe par une courte dent, brun pâle M 5 A 2 puis devenant M 6 A 3 à 7 A 4. Arête pâle bien denticulée à la loupe.

CARACTERES MICROSCOPIQUES: Spores cubiques, 9-10-11,5 × 8-8,5 μm, à arêtes un peu concaves, à parois assez épaisses.

Basides 44-52 × 11,5-14-(17) μm, claviformes, à 4 gros stérigmates.

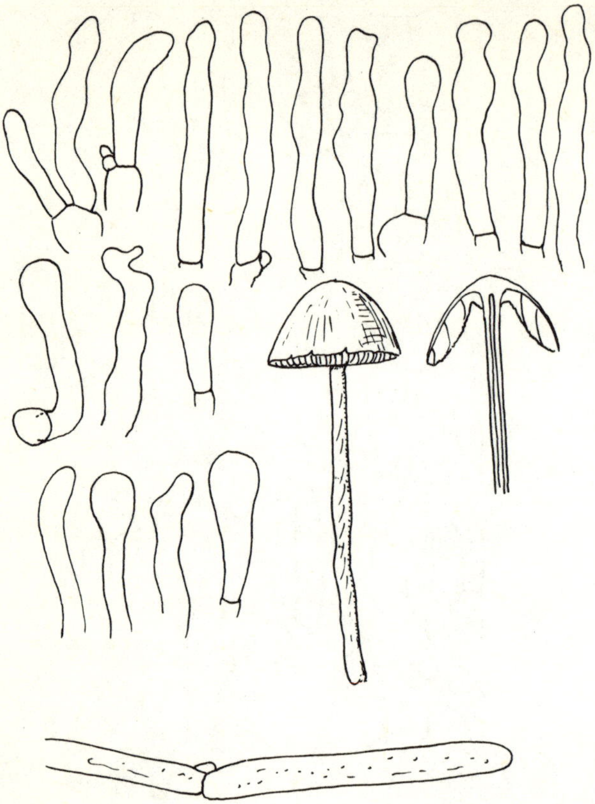

Fig. 229: *Rh. Colensoi*: poils marginaux, carpophore et hyphe cuticulaire (G 512)

Poils marginaux en forme de cils irréguliers, souvent flexueux, ou fourchus, parfois entièrement claviformes, souvent atténués en haut en une portion sinueuse, un appencice obtus ou en forme de tétine, quelquefois avec saillies latérales obtuses, 28-85 × 4-6,5-14 μm.

Médiostrate à hyphes fondamentales de 7-17 μm de diamètre, avec connexives plus grêles; sous-hyménium assez différencié, plutôt filamenteux; nombreuses hyphes bourrées de granules lipoidiques et passant aux laticifères. Cuticule couchée d'hyphes à article assez étroits, 60- 100 × (3,5)-5-12 μm, à pigment vacuolaire et à granules.

Boucles présentes au pied des basides, des poils marginaux et aux cloisons des hyphes, nombreuses (peut-être constantes).

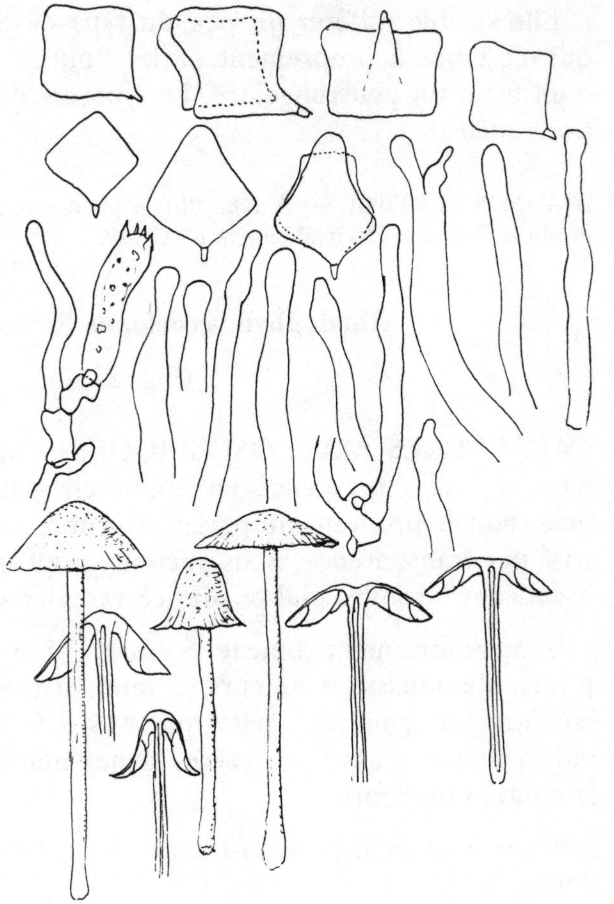

Fig. 230: *Rh. Colensoi*: spores, baside, poils marginaux (G 538), carpophores, à gauche (G 538), à droite (G 559)

HABITAT: A terre ou à la base des stipes d'*Elaeis* vivants ou sur Elaeis abattus pourrissants. Gabon, forêt de la Mondah, les 12.I. 1969, 2.2., 31.3 et 13.4.1975, n° G 149, G 512, G 538 et G 559.

OBSERVATIONS

Cette espèce se reconnaît macroscopiquement à son chapeau campanulé-convexe, sa couleur brun un peu rougeâtre, son stipe raide fortement coloré et l'arête denticulée des lames; microscopiquement à ses curieux poils marginaux et ses spores cubiques.

Elle semble différer un peu du type de Stevenson par la couleur, qui n'est pas à proprement parler "purple brown", mais seulement d'un brun un peu rougeâtre. Le type est décrit de Nouvelle-Zélande (forêt mêlée).

DIAGNOSE LATINE. — A typo differt pileo e rubido brunneo, nec e purpureo brunneo. Typus in Herb. Romagn. n° G 149.

Rhodophyllus coelopus Romagn.-Gilles

(Fig. 231)

CARACTERES MACROSCOPIQUES: Chapeau large de 3 cm et haut de 1,4 cm, creusé en entonnoir par relèvement des bords, mais non à proprement parler déprimé, à marge fortement lobée, strié par transparence, mais guère hygrophane, brun pâle (M 5 C 4), à cuticule luisante, glabre, déviée radialement, de texture très fine.

Stipe relativement robuste, 5 cm × 3,5 mm en haut, un peu comprimé, s'amincissant ailleurs (3 mm), fistuleux-creux, blanc un peu jaunâtre (un peu plus pâle que MS 2,5 Y 7,5/2), strié longitudinalement par d'assez grossières lignes blanchâtres pelucheuses dans la moitié supérieure.

Chair très mince, translucide, concolore au chapeau, inodore, douce.

Lamelles assez serrées, avec 3 longueurs de lamellules, larges au milieu de 3,5 mm, obliquement orientées du fait du relèvement du chapeau, adnexées au stipe par une dent, blanc grisâtre, puis rosissant (vers M 6 A/B 2), à arête pâle, assez grossièrement denticulée subfloconneuse.

CARACTERES MACROSCOPIQUES: Spores 6,5-9,5 × 5,7-9 μm, cubiques, évoluant vers le type subglobuleux simple.

Basides 33-40 × 11,5 μm, claviformes, tétrasporiques.

Poils marginaux volumineux, tantôt articulés (alors le dernier article peut être court: 30-42 × 10-14 μm), obtus, subclaviforme, tantôt longuement fusiformes, 80-130 × 9-22 μm, quelquefois un peu rétrécis en haut en col peu différencié, semblant (comme chez *Tricho-*

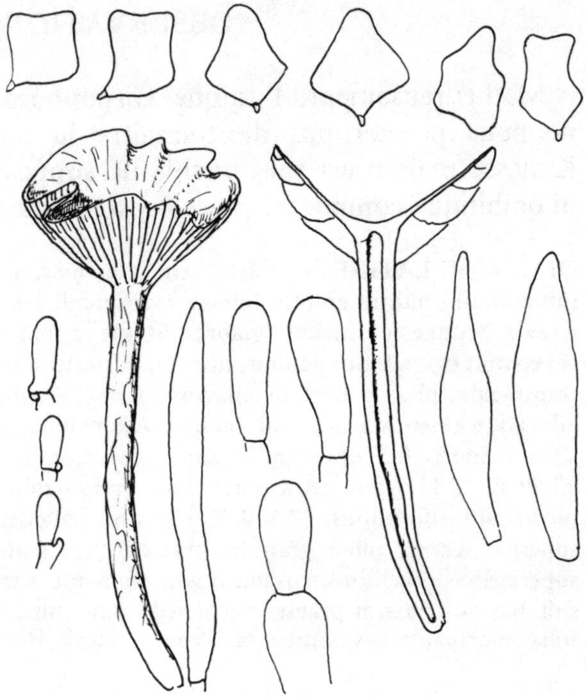

Fig. 231: *Rh. coelopus*: spores, basidioles, carpophore et poils marginaux

lompsis rutilans) n'être que le prolongement des hyphes du médiostrate.

Médiostrate à hyphes cylindriques, 8-16 μm, plutôt atténuées au bout, atteignant 19 μm dans le chapeau; sous-hyménium flou, assez épais, probablement filamenteux et peut-être un peu gélifié. Quelques laticifères sinueux (4-6 μm), surtout à proximité du sous-hyménium. Granules tramaires assez nombreux. Cuticule à hyphes couchées, 8-22 μm en profondeur, en surface grêles, plus ou moins 5 μm, à léger pigment vacuolaire probable.

Boucles inconstantes, et souvent imparfaites ou fausses au pied des basides.

HABITAT: A terre, dans les feuilles mortes, en forêt ombrophile. Forêt de la Mondah, près de Libreville (Gabon), route militaire, le 8.VIII.1976, n° G 754.

OBSERVATIONS

Malheureusement, l'unique carpophore adulte qui a été récolté ne nous permet pas de connaître la forme du chapeau dans la jeunesse mais il est raisonnable de supposer qu'il n'est pas déprimé ni ombiliqué comme celui des *Leptonia* ou des *Eccilia.*

DIAGNOSE LATINE. — Pileo 3 cm lato, margine sublime porrecta, eoque facto infundibuliformi, in ambitu lobato, transluciditate striato, sed parum hygrophano, pallide brunneolo, lucido, glabro. Stipite 5 cm × 3-3,5 mm, cavo, cylindrato vel compresso, albido, paulum luteolo, in parte superiore striato. Carne tenuissima, translucida, pileo concolore, inodora. Lamellis stipatioribus, 3,5 mm latis, dente adnexis, e cinereis albis, dein roseolis, acie pallida, manifeste denticulata et floccosa s.l. — Sporis 6,5-9,5 × 5,7-9 μm, cubicis, interdum magis complexis. Basidiis 33-40 × 10-11,5 μm, tetrasporis. Pilis marginalibus modo articulatis, subclavatis, modo subfusiformibus, 80-130 × 9-22 μm. Laticiferis sinuosis, praesertim in parte superiore carnis pilei; granulis praesentibus. Cute hyphis inferioribus 8-22 μm, superioribus gracilibus, circiter 5 μm, pigmento levi, verisimiliter vacuolari. Fibulis sub basidiis passim praesentibus, sed saepe imperfectis vel falsis. — Humi, inter folia emortua, in silva umbrosa. Typus in Herb. Romagn. n° G 754.

Rhodophyllus deformisporus Romagn.-Gilles

(Fig. 232 à 235)

CARACTERES MACROSCOPIQUES: Chapeau large de 1,8-4,2 cm, haut de 1-2 cm, de forme variable, généralement campanulé-tronqué, à marge onduleuse, avec un ombilic central, ou conique aigu, et même papillé tronconique avec ou sans légère dépression centrale, parfois simplement convexe et devenant presque plan avec un ombilic au milieu, strié par transparence, d'un brun jaune (S 338 ou encore M 5 D 4), souvent plus foncé dans la moitié ou le tiers supérieur, à cuticule luisante, peignée de fibrilles radiales plus ou moins grossières, avec au centre des méchules retroussées.

Stipe long et relativement grêle, 6-9 cm × 2-6 mm, s'élargissant jusqu'à 1 cm à la base, droit ou flexueux (ce qui soit s'expliquer par l'épaisseur de la couche de feuilles mortes qu'il doit traverser), cylindrique ou comprimé, le plus souvent nettement torsadé (jusqu'à deux tours), entièrement fistuleux, brun jaune clair (S 340), peigné de

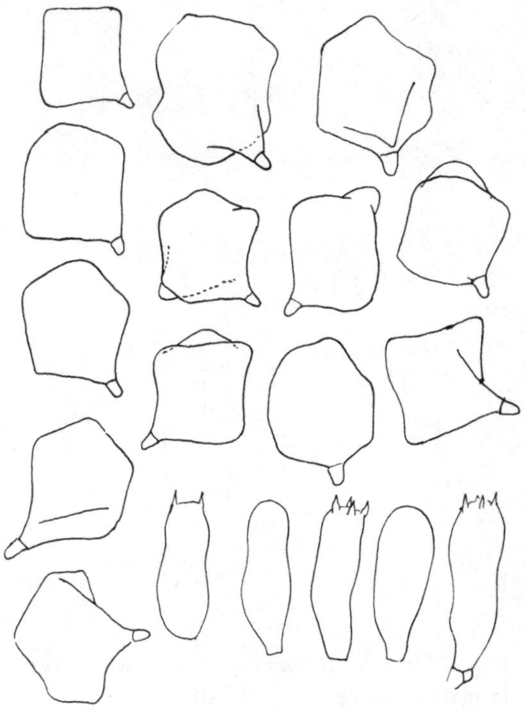

Fig. 232: *Rh. deformisporus*: spores, basides (G 140)

fibrilles longitudinales luisantes plus ou moins grossières, à base enveloppée de mycélium blanc sur 1-3 cm.

Chair très mince, un peu hygrophane (le chapeau peut sécher par la base, mais inconstamment), jaunâtre, en particulier dans le stipe, douce, insipide.

Lamelles moyennement serrées, avec 2-3 longueurs de lamellules, généralement sublibres, plus rarement adnexées au stipe par une minuscule dent, atteignant au milieu 1 cm de large, mais le plus souvent 4-6 mm, parfois blanchâtres, mais plus souvent brun jaune pâle (S 340) ou rappelant la couleur d'ensemble de *Russula fellea*, devenant saumon à maturité des spores (d'abord S 250, puis 204), ou M 6 A 2) à arête plus ou moins grossièrement érodée, bassement denticulée à la loupe.

CARACTERE MACROCHIMIQUE: La cuticule du chapeau réagit seule en rose rouge à SO^4H^2.

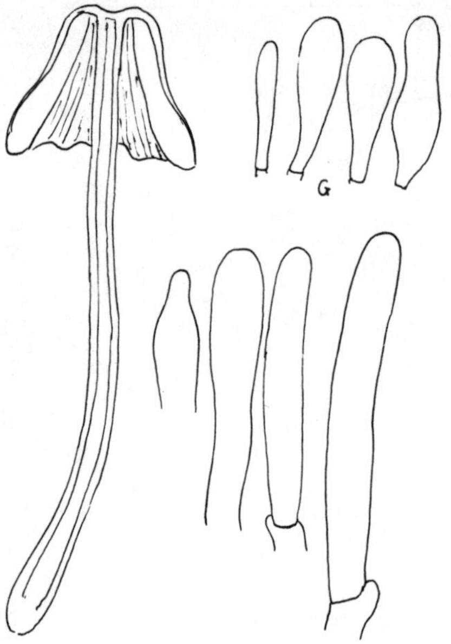

Fig. 233: *Rh. deformisporus*: carpophore, poils marginaux (d'après G. Gilles) et hyphes cuticulaires (G 140)

CARACTERES MICROSCOPIQUES: Spores fondamentalement cubiques, mais le plus souvent déformées, irrégulières, avec certaines faces triangulaires, ou évoluant vers un type plus complexe, 8,5-14 × 7,5-11,5 μm, à parois épaisses et bien réfringentes, de type très difficile à déterminer.

Basides cylindracées, un peu étranglées, 35-50-(60) × 11,5-15,5 μm, à 4 stérigmates assez gros, parfois brusquement resserrées en bas en un très bref pédoncule.

Poils marginaux claviformes, 30-70 × (5)-8-15 μm.

Médiostrate à hyphes fondamentales de 8-14 μm, avec connexives grêles (× 3-7 μm). Granules abondant dans toute la trame; des laticifères à contenu guttulé, ou à contenu huileux homogène, ramifiés, terminaison obtuse, larges de 7-11 μm. Cuticule filamenteuse, à hyphes en boudin, larges de 6-13 μm, à terminaisons obtuses, parfois bifurquées, à pigment vacuolaire brunâtre à brun foncé.

Boucles présentes au pied des basides et aux cloisons de certaines hyphes.

Fig. 234: *Rh. deformisporus*: spores (G 141)

HABITAT: A terre, parmi les feuilles mortes, en forêt ombrophile. Forêt de la Mondah près Libreville (Gabon), km 31,5 et 31,8, n° 140, 141, 142, 225, 410, 417, 513.

OBSERVATIONS

Nous rapportons à cette espèce une récolte (n° G 225) à chapeau convexe subhémisphérique, brun bistre clair proche de S 703, plus foncé au centre (S 702), large de 1,6 cm et haut de 8 mm, à cuticule déviée radialement. L'arête des lames, érodée-déchiquetée, est plus nettement denticulée s.l. Le stipe torsadé est long de 6 cm et large de 2-3 mm. Les caractères microscopiques et notamment les spores sont identiques; les poils d'arête sont plus développés et de forme plus tourmentée.

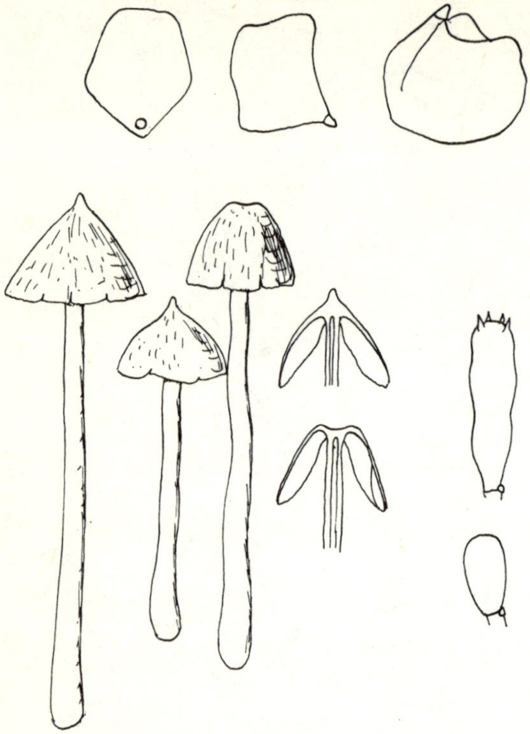

Fig. 235: *Rh. deformisporus*: spores, carpophores, baside et basidiole (G 417)

DIAGNOSE LATINE. — Pileo 1,8-4,2 cm lato, multiformi, plerumque truncato-campanulato vel truncato-conico, summo saepe umbilicato, et margine undulata, interdum acute conico, etiam papillato, vel solum convexo, e flavo brunneo, sursum obscuriore, lucido, radiatim magis minusve crasse fibrilloso, squamulis resimis medio praedito. Stipite longo et graciliore, 60-90 × 2-6 mm, imo usque ad 10 mm recto flexuosove, terete compressove, saepe torto, fistuloso, pallide e flavo brunneolo, fibrilloso. Carne tenuissima, paulum hygrophana, flavidula, inodora, miti. Lamelles medocriter stipatis, 4-6-(10) mm latis, subliberis, rarius adnexis, interdum albidis, sed saepius pallide e flavis brunneolis, maturis salmoneis, acie magis minusve crasse s.l. denticulata. — Sporis praecipue cubicis, sed deformibus et inconcinnis, 8,5-14 × 7,5-11,5 μm. Basidiis cylindratis, 34-46-(60) × 11,5-15,5 μm, tetrasporis. Pilis aciei claviformibus, 30-70 × (5)-8-15 μm. Hyphis granulatis, laticiferis praesentibus. Cute filamentosa, hyphis 6-13 μm latis, claviformibus, obtusis, pigmento vacuolari. Fibulis praesentibus. — Inter folia emortua, humi in silva umbrosa. — Typus in Herb. Romagn. n° 140.

Rhodophyllus ocellatus Romagn.-Gilles

(Fig. 236)

CARACTERES MACROSCOPIQUES: Chapeau large de 2,2 cm, haut de 1 cm, y compris une papille centrale assez aiguë, très nette, haute de 1 mm et large de 2 mm, d'un brun beige très pâle, un peu comme *Collybia platyphylla* sec (vers MS 104 R 7/4), sauf sur la papille brun foncé (S 701) qui tranche nettement avec le reste, entièrement strié par transparence (et peut-être hygrophane ?), déformé d'un côté.

Stipe 5 cm × 3 mm, comme écrasé vers le milieu (déformation naturelle et non écrasement accidentel), fistuleux, à peine lavé de brun jaune pâle dans toute la moitié inférieure, mais touché de brun rougeâtre (S 201) à l'extrême pointe, fibrilleux-soyeux, sans traces de coton mycélien.

Chair blanche dans le stipe, inodore.

Lamelles moyennement serrées, avec 3 longueurs de lamellules, assez ventrues, larges de 5 mm au milieu, ascendantes, puis décurrentes par une fine dent, blanches, puis roses, à arête très finement denticulée s.l.

CARACTERES MICROSCOPIQUES: Spores cubiques, 10-12 µm, à arêtes concaves et d'aspect plus ou moins étoilé, à parois épaisses.

Basides 40-56 × 11,5-14 µm, à 4 stérigmates.

Poils marginaux plus ou moins clavulés, assez polymorphes, 30-60 × 10-16(20) µm (G.).

Trame à hyphes bourrées de granules, et à laticifères à contenu huileux homogène. Cuticule à hyphes également granuleuses, obtuses, à article terminal de 50-80 × 8-13 µm, sur le mamelon un peu différentes, à article terminal plus court et tendant à se redresser, 40-75 × 10-23 µm, à pigment vacuolaire.

Boucles présentes au pied des basides, et très nombreuses aux cloisons des hyphes (K.).

HABITAT: A terre, dans les feuilles mortes. Forêt de la Mondah (km 31,8 de Libreville, Gabon) n° G 407.

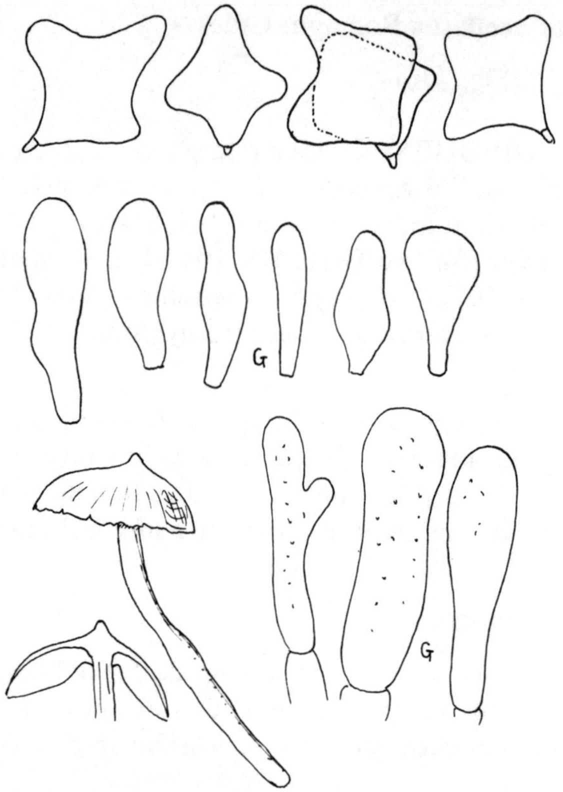

Fig. 236: *Rh. ocellatus*: spores, poils marginaux (d'après G. Gilles), carpophore et hyphes cuticulaires (d'après G. Gilles)

DIAGNOSE LATINE. — Pileo 2,2 cm lato, papillato, pallide brunneolo, praeter papillam fuscam, toto transluciditate striato. Stipite 50 × 3 mm, fistuloso, paene flavobrunneolo tincto, imo e rubido brunneo, fibrilloso. Carne alba, inodora. Lamellis substipatis, ventricosis, ascendentibus, dein dente decurrentibus, albis, dein roseis, acie subtilissime denticulata. — Sporis cuboideis, 10-12 µm. Basidiis 40-56 × 11,5-14 µm. Pilis marginalibus versiformibus, subclavatis, 30-60 × 10-20 µm. Trama granulis multis praedita, atque laticiferis. Cute filamentosa. Fibulis sub basidiis constantibus, permultis in septis hypharum. — Humi, inter folia emortua. Typus in Herb. Romagn. n° G 407.

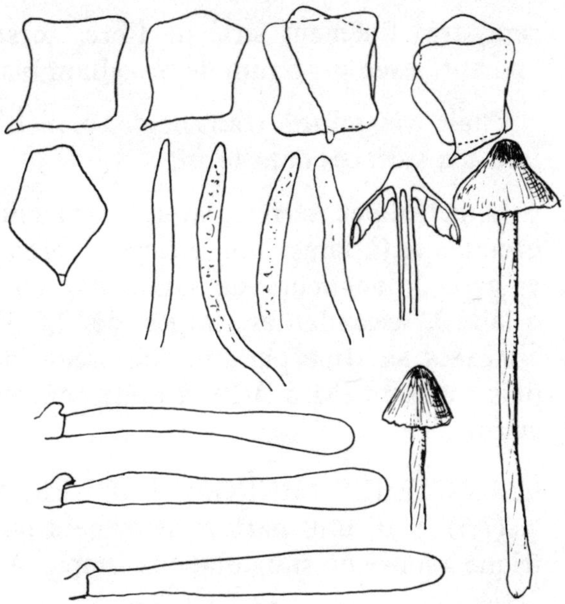

Fig. 237: *Rh. pseudocystidiatus*: spores, pseudocystides, hyphes cuticulaires et carpophore

Rhodophyllus pseudocystidiatus Romagn.-Gilles

(Fig. 237)

CARACTERES MACROSCOPIQUES: Chapeau large de 1,5 cm et haut de 1 cm, conique-campanulé, à sommet obtus umboné, (chez le plus grand exemplaire et alors à marge verticale), ou conique un peu arrondi (chez le plus petit), ni strié par transparence, ni hygrophane, brun (M 5 D 4) au sommet, puis rapidement éclairci jusquà M 5 C 3 et même 6 B 3 à la marge, luisant, à cuticule déviée radialement et de texture assez fine, glabre, sauf au sommet qui est finement pelucheux s.l.

Stipe 5,5 cm × 2 mm en haut, s'épaississant très progressivement jusqu'à 3 mm dans le tiers inférieur, et 4 mm à la base, fistuleux, cylindrique, élancé, blanchâtre en haut où il est poudré sur 5 mm, puis jaunâtre très pâle, fonçant très progressivement pour atteindre M 5 B 3 dans le tiers inférieur, devenant quelques heures après la récolte presque entièrement plus foncé (M 5 B/C 3), glabre, luisant, très finement strié de fibres torsadées (un demi tour de bas en haut), avec sur 5 mm de mycelium blanc à la base.

Chair très mince, translucide, blanchâtre dans le chapeau, concolore aux surfaces dans le stipe.

Lamelles peu serrées, avec 2 longueurs de lamellules sur le petit exemplaire (à lames non encore colorées par les spores), plus serrées et avec 3 longueurs de lamellules chez le plus grand (3-7 intercalaires), ascendantes, larges de 2,5-3 mm au milieu, arrondies, adnexées au stipe par une minuscule dent, d'abord blanc jaunâtre, puis rosissant (M 6 A 3), à arête concolore, érodée, mais non denticulée.

CARACTERES MICROSCOPIQUES: Spores cubiques, 9,5-12 × 5 × (7,5)- 9-10 µm, parfois déformées ou évoluant vers le type symétrique allongé ou subglobuleux simple, à parois épaisses.

Basides 38-55 × 11-12,5-(14) µm, à 4 gros stérigmates bulbilleux.

Pas de poils marginaux observés; même sur les faces, parmi les basides, on observe des laticifères (pseudocystides) larges de 5-6 µm, à contenu guttulé ou spumeux.

Médiostrate à hyphes de 10-16 µm, accompagnées d'innombrables laticifères guttulés, et de nombreux granules nageant hors des hyphes; sous-hyménium assez différencié, beaucoup moins congophiles que le médiostrate ou même non congophile, filamenteux, d'aspect flou (subgélifié ?). Cuticule à hyphes couchées, larges de 6-13 µm, le dernier article étant long de 80-180 µm, obtus, bourrées de granules et à léger pigment vacuolaire.

Boucles présentes au pied des basides et à de nombreuses cloisons des hyphes.

HABITAT: Greffé à la base d'un contrefort d'un gros arbre, en forêt ombrophile. Forêt de la Mondah (Gabon), le 19.I.1975, n° G 502.

OBSERVATIONS

Cette espèce ressemble à un petit *longissimus* par le port et l'aspect de la cuticule, mais rappelle davantage *acufer*, dont elle s'écarte par l'absence de poils marginaux et de cystidioles fusiformes.

DIAGNOSE LATINE. — Pileo 1,5 cm lato, conico campanulato, nec striato nec hygrophano, brunneo, ad marginem paulo pallidiore, glabro, excepto centro subtiliter flocculoso. Stipite 55 × 2-4 mm, terete, fistuloso, sursum albido pruinosoque, alibi brunneolo, aetate obscuriore, glabro, lucido, fibris longitudinalibus torquatis. Carne tenuissima, pellucida, in pileo albida in stipite concolore. Lamellis parum stipatis, ascendentibus, 2,5-3 mm latis, rotundatis, minimo dente adnexis, primum e luteolis albis, dein roseis, acie concolore, erosa, sed non denticulata. — Sporis plerumque cubicis, 9,5-12 × (7,5)-9-10 μm. Basidiis 38-55 × 11-12,5-(14) μm, 4 sporis. Pseudocystidiis (laticiferis) inter basidia permultis: granulis laticiferisque in trama abundantibus. Cute ex hyphis jacentibus constante, 6-13 μm latis. Fibulis praesentibus. — In ima fultura grandis arboris insiticius, in silva umbrosa. — Typus in Herb. Romagn. n° G 502.

Sous-genre POUZAROMYCES

C'est uniquement pour rendre plus claire la définition des *Nolanea,* réduites ainsi aux espèces hygrophanes ou glabres, le plus souvent en même temps à hyphes cuticulaires grêles, que nous élevons sous ce nom au rang de sous-genre notre section des *Luctuarii.* Mais elle leur est évidemment affine au niveau de leurs espèces à pigment incrustant. La singularité physionomique et microscopique de *Babingtonii* et voisins s'atténue considérablement chez certains des ses constituants africains, dont le fibrilles des revêtements sont beaucoup moins abondantes et moins frappantes, par exemple chez *rotula* Romagn. de Madagascar. De même, l'espèce que nous décrivons ici, sous une variété *intertropicalis,* présente un voile fibrilleux pâle, et surtout n'a pas les énormes spores gibbeuses dont Pilát avait fait un des caractères fondamentaux de son genre: les spores de cette dernière sont en effet beaucoup plus banales, et de taille médiocre, ce qui nous a permis de rectifier notre diagnostic sporal primitif, réalisé sur *dysthales,* type à nos yeux de ces *Luctuarii,* où la spore est de forme tellement compliquée et irrégulière que le dièdre basal n'y est plus perceptible, ce qui explique que Massee en ait fait un *Inocybe.*

Comme nous l'avons développé ci-dessus, nous ne croyons pas à l'étroite affinité de ce groupe avec les *Inopilus Versatiles* en raison de leurs caractères macroscopiques, de la forme simple de leurs spores et de leur double pigmentation.

SECTION UNIQUE POUZAROMYCES OU DES LUCTUARII

Une seule espèce gabonaise *Rh. Babingtonii* var. *intertropicalis* R.-G.

Rhodophyllus Babingtonii (Blox. ex Bk.-Br.) Quélet var. **intertropicalis** Romagn.-Gilles

(Fig. 238, 239)

CARACTERES MACROSCOPIQUES: Chapeau large de 1 à 1,6 cm, haut de 6 à 9 mm, conique à sommet relativement obtus, strié par transparence à la marge, non hygrophane, brun pâle M 5 A 2 à 5 C 3 sur le tiers côte marge, plus foncé en haut soit M 5 E 3, entièrement couvert de squamules dressées composés d'éléments très fins fasciculés un peu comme chez *Lycoperdon echinatum.*

Stipe long de 3 à 4,5 cm, diamètre 1,5 à 2 mmm, s'épaissant progressivement pour atteindre 3 mm à la base, brun très clair un peu jaunâtre M 4 B 2 sur les deux tiers supérieurs, un peu plus foncé soit M 5 C 3 plus bas, entièrement hérissé de minuscules poils assez denses et concolores. Fistuleux.

Chair très mince, translucide à la marge, brun jaunâtre très pâle, à légère odeur fongique, douce.

Lamelles moyennement serrées avec 2 longueurs de lamellules, larges jusqu'à 2 mm au milieu, ascendantes puis adnexées au stipe par une courte dent, brun jaune très pâle M 4 B 2 à 5 B 2 puis devenant 6 B 2. Arête concolore, lisse à la loupe.

CARACTERES MICROSCOPIQUES: Spores (8)-8,5-11,5-(12) × 6-7,2 μm, symétriques allongées complexes, le dièdre basal étant beaucoup plus évident que chez le type et surtout *dysthales,* à contours normalement anguleux. De très jeunes spores sur stérigmates nous ont montré le profil des crêtes, sous forme de petites pustules, la couche les englobant étant invisible.

Basides 29-42 × 10,5-13 μm, claviformes, tétrasporiques.

Pas de poils ni de cystides différenciés sur l'arête des lames.

Médiostrate à hyphes fondamentales de 8-14 μm, légèrement brunies, mais pas clairement incrustées (sans doute un membranaire uniforme et pâle); sous-hyménium assez épais, celluleux sous les basides (le plus souvent), filamenteux plus bas (où les hyphes connexives peuvent être très subtilement rugueuses). Les hyphes de la chair atteignant 18 μm; la cuticule proprement dite est faite d'hyphes

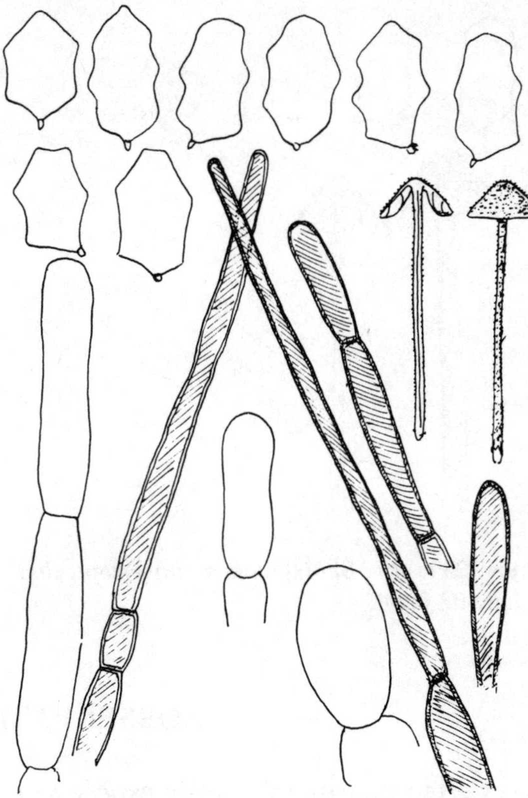

Fig. 238: *Rh. Babingtonii* v. *intertropicalis*: spores, carpophores et poils cuticulaires (G 522)

très colorées par un pigment incrustant, serrées, grêles (4-6 μm de diamètre), que surmonte un revêtement fait d'hyphes énormes, à article souvent relativement courts, 12-25 μm de diamètre, et de 40-70 μm en moyenne de longueur, dont certains, surtout au bord du chapeau, se terminent par un poil raide, grêle, à parois épaisses et colorées en brun vif, larges de 6-9 μm, très progressivement atténue, très rarement faiblement dilaté au bout.

Pas de boucles nulle part.

HABITAT: A terre, parmi les feuilles mortes ou dans le lit d'un marigot presque sec, mais encore boueux. Forêt de la Mondah, près de Libreville (Gabon), les 2.III. et 24.VIII.1975, n° G 522 et 625.

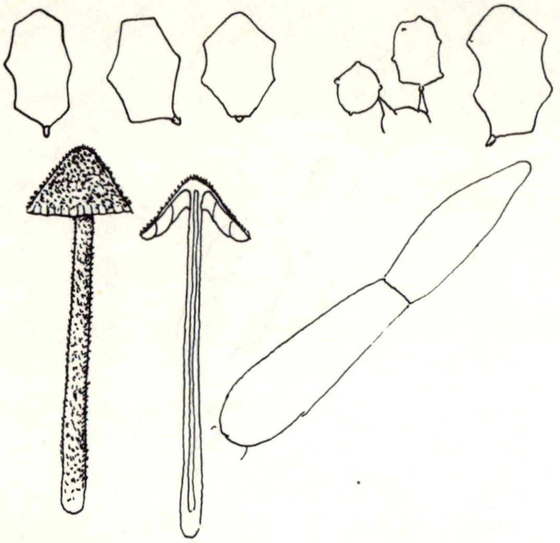

Fig. 239: *Rh. Babingtonii* v. *intertropicalis*: spores, carpophore et hyphe cuticulaire (G 625)

OBSERVATIONS

Cette remarquable petite espèce se reconnaît aisément sur le terrain à son chapeau conique, entièrement hérissé de squamules dressées, et à son stipe jaunâtre clair, couvert de haut en bas de minuscules poils pâles.

Par la nature des poils cuticulaires, raides, grêles, elle est proche de *Babingtonii*, mais s'en écarte par les spores plus petites et clairement symétriques, le stipe jaunâtre à poils concolores et l'absence de poils rouges à la marge; de *Dunstervillei* Dennis (Fungi Venezuelani, Kew. Bull. 15, 1 : 152, 1961) par le stipe pelucheux et le chapeau bien plus méchuleux.

A noter que cette espèce est une des rares trouvées au Gabon qui ait une pigmentation uniquement et nettement membranaire, et même incrustante.

DIAGNOSE LATINE. — Pileo 10-16 mm, conico, comparate obtuso, transluciditate striato, haud hygrophano, pallide brunneo, summo obscuriore, squamulis fasiculatis, tenuissimis toto hirsuto. Stipite 30-45 × 1,5-2 mm, fistuloso, pallidissime e luteolo brunneo, inferne obscuriore, toto minimis densioribusque pilis concoloribus hirtello. Carne tenuissima, translucida, pallidissime e luteola brunnea, leviter odorata, dulci. Lamellis mediocriter stipatis, usque ad 2 mm latis, ascendentibus, brevi dente adnexis, pallidissime e luteolis brunneis, dein e roseis brunneolis, acie levi, concolore. — Sporis (8)-8,5-11,5-(12) × 6-7,2 μm, symmetris elongatis complexis. Basidiis 29-42 × 10,5-13 μm, claviformibus, tetrasporis. Acie fertili. Cute hyphis 4-6 μm latis, superioribus 40-70 × 12-25 μm, quibusdam longo pilo 6-9 μm lato porrectis. Pigmento membranari, etiam saepe incrustanti. Fibulis nullis. — Humi. Typus in Herb. Romagn. n° G 532.

Sous-genre TRICHOPILUS

Nous créons ce nouveau sous-genre pour les Entolomes *Leptonidei* de Fries, ou du moins pour certains d'entre eux (groupe *jubatus-helodes*), qui se distinguent des vrais Entolomes par le chapeau à la fois pelucheux et opaque, à hyphes cuticulaires de fort diamètre, les spores asymétriques, les poils marginaux pour la plupart lécythiformes, et la physionomie générale, dont la singularité ne saurait échapper à un bon systématicien. Nous en retirons les *Erophili*, sans poils marginaux et à spores très probablement pseudo-asymétriques (mais de type difficile), car nous avons relevé chez au moins une espèce des granules lipoïdiques qui manquent chez les *Jubati*. Ils nous paraissent aujourd'hui mieux placés dans nos *Inopilus.**

Comme nous l'avons développé au début, il est parfaitement évident à nos yeux que, s'il est bien vrai que ces champignons ne sont pas des Entolomes, ils n'ont aucune affinité avec les *Leptonia*, contrairement à l'opinion de Largent.

SECTION DES PARASTAUROSPORI

Chapeau blanc rosé, strié par transparence, à grosses fibrilles soyeuses couchées concolores . . . . *Rh. capitatus* R.-G.

Chapeau opaque, brun jaune clair, couvert de minuscules méchules écailleuses denses, surtout au centre, brunes, rappelant une Lépiote . . . . . *Rh. lepiotoides* R.-G.

*Notre ami Kühner a eu la même idée que nous en créant (loc. cit.) un sous-genre *Leptonidium*, malheureusement sans en donner de diagnose latine, ce qui le prive d'une priorité méritée.

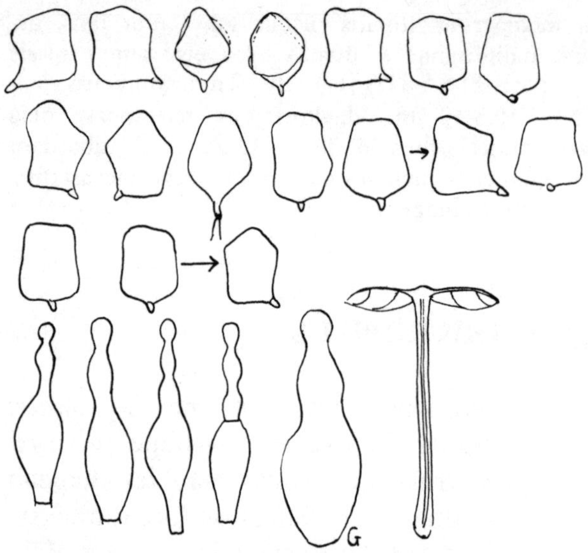

Fig. 240: *Rh. capitatus*: spores, poils marginaux (celui de droite d'après G. Gilles) et carpophore

Rhodophyllus capitatus Romagn.-Gilles

(Fig. 240)

CARACTERES MACROSCOPIQUES: Chapeau large de 18 mm, presque plan (hauteur 3 mm), avec le centre à peine saillant au milieu d'une très faible dépression, blanc rosé très pâle, entièrement strié par transparence, à cuticule sèche, déviée radialement, à grosses fibrilles couchées, soyeuses, luisantes.

Stipe 30 × 1,5 mm, plus large (3 mm) à la base, entièrement fistuleux, blanc lavé de jaunâtre, poudré de blanc sur 3 mm.

Chair pelliculaire, blanche, non hygrophane. Odeur nulle.

Lamelles moyennement espacées, avec 3 longueurs de lamellules, larges de 3 mm au milieu, ventrues-arrondies, adnées, blanches, puis roses, avec l'arête plus pâle et denticulée.

CARACTERES MICROSCOPIQUES: Spores petites, 7-7,7-(8,2) × 6-6,5 μm, la majorité prismatiques, mais évoluant assez souvent vers un type plus complexe, où elles semblent pouvoir acquérir un dièdre basal plus ou moins net, sans doute par affaissement de la face basale, à parois minces.

Basides elliptiques-subclaviformes, (18)-28-30-(37) × 10-13,5 µm, à 4 fins stérigmates.

Poils marginaux lagéniformes, capités, le renflement terminal soit succédant presque immédiatement au corps ventru, soit situé à l'extrémité d'un col plusieurs fois renflé, 30-60 × 10-14-20 µm.

Médiostrate à hyphes fondamentales de 12-14-(17) µm; sous-hyménium filamenteux, ou à cellules sous-basidiennes arrondies; le hyphes fondamentales atteignant 20 µm dans la chair piléique. Cuticule filamenteuse, à hyphes à parois rigides, plus ou moins cylindriques, larges de 8-15 µm, à sommet obtus, souvent atténué, l'article terminal mesurant de 80 à 250 µm de longueur, atteignant 20 µ dans la chair pileique. Pigment invisible.

Pas de boucles observées ni aux basides ni aux cloisons des hyphes.

HABITAT: A terre, dans l'humus et les feuilles mortes, en forêt ombrophile. Forêt du Téké, le 28.X.1973. n° C.I. 005.

DIAGNOSE LATINE. — Pileo 18 mm, plano, vix medio depresso ac subtilissime mammoso, e roseo candido, toto transluciditate striato, fibrilloso. Stipite 30 × 1,5 mm, imo latiore, e luteolo candido, sursum pruinoso. Carne pelliculari, inodora. Lamellis mediocriter stipatis, mediis 3 mm latis, ventricosis, adnatis, acie pallidiore ac denticulata. — Sporis plerumque prismaticis, interdum magis complexis, 7-8,2 × 6-6,5 µm. Basidiis 18-37 × 10-13,5 µm, tetrasporis. Pilis acie lageniformibus, capitatis, 30-60 × 10-20 µm. Cute filamentosa, hyphis 8-15 µm latis, obtuse clavatis. Pigmento nullo. Fibulis non observatis. — Humi et inter folia decidua, in silva umbrosa. Typus in Herb. Romagn. n° C.I. 005.

Rhodophyllus lepiotoides Romagn.-Gilles, nov. sp.

(Fig. 241)

CARACTERES MACROSCOPIQUES: Chapeau large de 1,2 à 2,2 cm, haut de 2 à 5 mm, d'abord convexe surbaissé puis rapidement en forme de cupule, plus rarement subplan, centre plat ou très légèrement saillant, nie strié par transparence ni hygrophane, brun

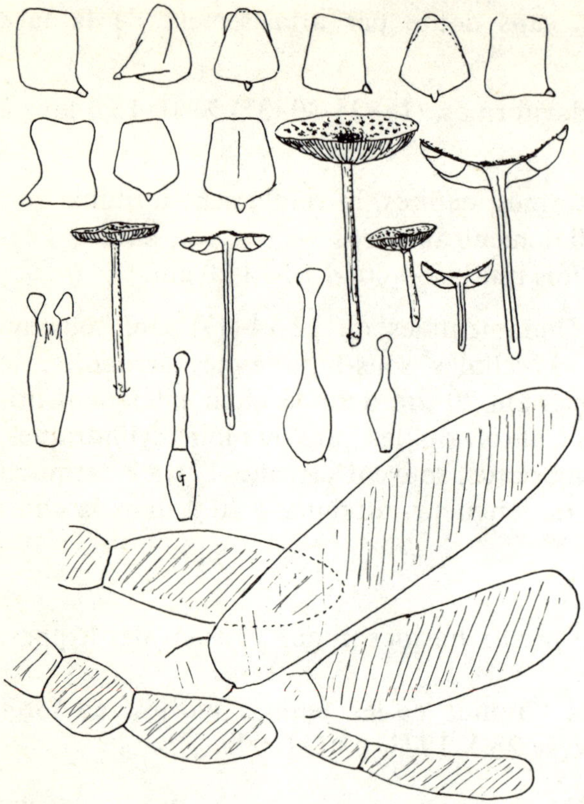

Fig. 241: *Rh. lepiotoides*: spores, baside, carpophores, poils marginaux (en G d'après G. Gilles) et hyphes cuticulaires

jaune clair M 5 B 3, couvert de minuscules méchules écailleuses denses, mais surtout au centre (couleur M 5 D 3).

Stipe long de 1,5 à 2,5 cm, diamètre 1 mm, blanchâtre et poudré en haut sur quelques millimètres puis blanc grisâtre ou concolore au chapeau, luisant, glabre, à grain très fin, fistuleux.

Chair pelliculaire, translucide, concolore au chapeau, inodore, douce.

Lames moyennement avec généralement 2 longueurs de lamellules, larges jusqu'à 3 mm au milieu, arrondies plus ou moins descendantes puis adnexées au stipe par une courte dent, blanc grisâtre ou gris brun très pâle entre M 5 A 2 et 5 B 2, devenant M 6 B 2. Arête concolore, sublisse à la loupe.

CARACTERES MICROSCOPIQUES: Spores 6,5-7,5-(8,5) × 5,7-6,5 μm, tétraédriques à prismatiques, à parois minces, mais bien réfringentes.

Basides marginaux lécythiformes, ou lagéniformes capités, 25-50 × 5-13 μm.

Médiostrate à hyphes de 7-16 μm de large, régulières; sous-hyménium très réduit, à petites cellules d'environ 5 μm. Quelques petites gouttes peu abondantes dans la trame sur le frais (G.). Cuticule à énormes hyphes à articles assez courts, parfois même très courtes, 26-120 × (11)-18-26 μm, à pigment vacuolaire.

Pas de boucles observées.

HABITAT: En troupe sur la terre boueuse dans les feuilles mortes, forêt de la Mondah, 17 et 24.VIII. 1975, n° G 617 et 622.

OBSERVATIONS

Sur le terrain, cette petite espèce se reconnaît à son chapeau formant en général une coupe peu profonde et densément parsemé de minuscules écailles disposées comme chez certaines Lépiotes. Elle se rapproche nettement de *capitatus* par la forme des spores et des poils marginaux, mais en diffère beaucoup macroscopiquement.

DIAGNOSE LATINE. — Pileo 1,2-2,2 cm, primum paulum convexo, deinde subcupulato, rarius applanato, interdum levissime gibboso, haud hygrophano nec striato, pallide e luteo brunneolo, medio multo obscuriore, dense squamuloso ad instar quarumdam Lepiotarum. Stipite 25 × 1 m, fistuloso, albido, sub lamellis pulverulento, ex albido murino vel pileo concolore, lucido, glabro. Carne pelliculari, concolore, inodora. Lamellis mediocriter stipatis, ad 3 mm mediis latis, rotundatis, brevi dente adnatis, e murinellis albidis vel murinellis, dein roseolis, acie concolore, sublevi. — Sporis tetraedricis vel prismaticis, 6,5-7,5-(8,5) × 5,7-6,5 μm. Basidiis 28-35 × 11-13,7 μm. Pilis marginalibus capitatis, 25-50 × 5-13 μm. Cute e grandissimis hyphis 26-60 × (11)-18-26 μm, pigmento vacuolari. — Gregatim in humo luteo inter folia emortua. Typus in Herb. Romagn. n° G617.

SECTION TRICHOPILUS OU DES LEPTONIDEI

L'unique espèce gabonaise qu'on peut rattacher à cette section par sa spore asymétriques et ses poils marginaux capités est très différente des espèces européennes par sa couleur; il s'agit de *Rh. applanatus* R.-G.

Rhodophyllus applanatus Romagn.-Gilles

(Fig. 242)

CARACTERES MACROSCOPIQUES: Chapeau large de 2,2 cm et haut de 7 mm (y compris les lames vues de profil), creusé en soucoupe (vraisemblablement plan dans l'état antérieur), entièrement strié par transparence, dans l'ensemble d'un brun rosé assez foncé (M 6 C 5), mais ponctué de très petites mèches apprimées, non retroussées à l'extrémité), allongées dans le sens radial, peu denses sur les 2/3 marginaux, puis très rapprochées et finalement très denses au disque sur 2-3 mm, plus foncées que le fond (M 5 E 5), et communiquant cette couleur au centre, à cuticule déviée radialement et d'aspect luisant.

Stipe 3 cm × 2-2,5 mm, cylindrique, droit, fistuleux, jaunâtre pâle (M 2 A 2) glabre, sauf en haut où il est ponctué sur 3 mm de brun jaune pâle, peigné s.l. de fibrilles longitudinales luisantes.

Chair très mince, brun pâle un peu rosâtre dans le chapeau (M 6 B 2), concolore à l'extérieur dans le stipe, inodore.

Lamelles assez serrées, avec 3 longueurs de lamellules (parfois 2), larges de 2,5 mm, au milieu, adnexées au stipe par une très courte dent, brun pâle, puis M 8 B/C 4, à arête concolore, érodée à l'oeil nu, très bassement denticulées s.l.

CARACTERES MICROSCOPIQUES: Spores petites, 7-8,5 × 5,7-6,7 μm, asymétrique simples (à face basale très nette), bien anguleuses, mais à parois pâles.

Basides d'abord elliptiques, puis cylindro-elliptiques à courtement claviformes, 18-33 × 10-11-(12,5) μm, normalement tétrasporiques, mais un ou deux stérigmates avortent assez souvent.

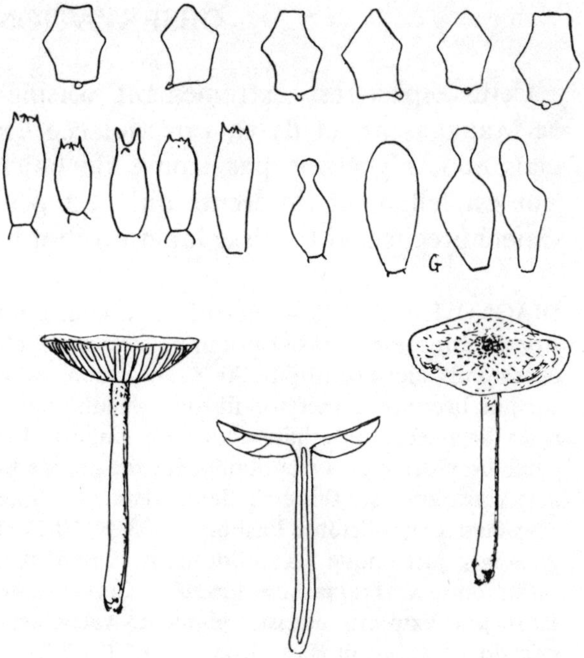

Fig. 242: *Rh. applanatus*: spores, basides, poils marginaux (en G d'après G. Gilles) et carpophore

Poils marginaux en général lécythiformes, avec une tête sphérique au sommet, mais parfois aussi utriformes ou claviformes et obtus, 25-35 × 12-18 μm (tête 5-8 μm).

Médiostrate à hyphes fondamentales de 8,5-11,5 μm, sans granules; sous-hyménium étroit, subcelluleux. Nous n'avons pas vu de laticifères. Cuticule filamenteuse, couchée, à hyphes à articles de 40-70 × 10-16 μm, le dernier obtus, à pigment vacuolaire.

Pas de boucles observées (mais l'exsiccatum est en très mauvais état).

HABITAT: Sur un tronc abattu pourrissant recouvert d'Hépatiques, en forêt ombrophile. Forêt du Banco, près d'Abidjan (Côte d'IVoire), le 11.V.1974, n° C.I. 027.

OBSERVATIONS

Cette espèce est extrêmement voisine de *Rh. tigrinellus* Rom., de Madagascar, et de sa var. violacée *hysginus* Romagn., du Zaïre, mais nous n'y avons pas trouvé de laticifères tramaires, et la couleur est tellement différente qu'il est peu probable, que, comme la variété précitée, elle puisse lui être subordonnée.

DIAGNOSE LATINE. — Pileo 22 mm lato, e plano concavo, toto transluciditate striato, saturatius e roseo brunneo, squamulis obscurioribus, adpressis, in medio densissimis, tigrino. Stipite 30 × 2-2,5 mm, cylindraceo, fistuloso, pallide luteolo sursum brunneo punctato, fibrillis striato. Carne tenuissima, in pileo pallide e rosea brunneola, in stipite concolore inodora. Lamellis substipatis, 2,5 mm latis, dente brevissime decurrentibus, adnexis, pallide brunneolis, dein e roseis brunneis, acie concolore, subtilissime denticulata. — Sporis parvis, 7-8,5 × 5,7-6,7 µm, asymmetris simplicibus. Basidiis 18-33 × 10-11-(12,5) µm 2-3-4 sporis. Pilis marginalibus plerumque lecythiformibus, 25-35 × 12-18 µm, capite 5-8 µm lato, rarius obtusis. Trama sine granulis. Cute filamentosa, hyphis articulis 40-70 × 10-16 µm, extremis obtusis, pigmento vacuolari. Fibulis non visis. — In trunco putrido. — Typus in Herb. Romagn. n° C.I. 027.

Sous-genre NOLANEA

SECTION DES STAUROSPORI

Ce groupe est peu représenté hors d'Europe. On a signalé son type, *Rh. staurosporus* (Bres.) dans diverses régions du globe, mais l'absence d'odeur de farine rend ces déterminations douteuses.

Un seule espèce gabonaise: *Rh. prismosporus* (Hesler) R.-G.

Rhodophyllus prismosporus (Hesler) Romagn.-Gilles n.c.

(Fig. 243, 244)

Basionyme: *Entoloma prismosporum* Hesler. (*Entoloma* in Southeastern North America, p. 101)

CARACTERES MACROSCOPIQUES: Chapeau large de 1,6-3 cm, haut de 2,5-10 mm d'abord conique, avec le centre en général submamelonné et la marge tendant parfois à se retrousser ou à devenir onduleuse, à la fin s'étalant, et rarement papillé, strié par transparence, gris brun à brun (S 703; M 6 D 4), souvent plus foncé

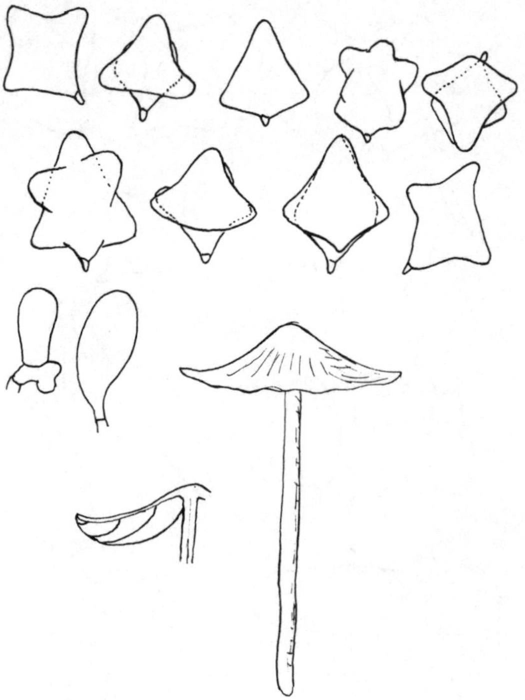

Fig. 243: *Rh. prismosporus*: spores, basidioles et carpophore. (G 218)

au milieu (S 701, 702; M 6 E 4), à cuticule séparable, luisante, soyeuse, s.l. radialement fibrilleuse.

Stipe 3,5-4,5 cm × 1-2 mm, grêle, cylindrique, brun pâle dans le tiers supérieur (S 703-705) et poudré sous les lames, ailleurs à peu près concolore au chapeau et strié de fines fibrilles longitudinales soyeuses, apprimées.

Chair pelliculaire, translucide, concolore aux surfaces, inodore.

Lamelles assez serrées, avec 4 longueurs de lamellules, larges de 3,5-4 mm au milieu, sublibres, relativement ventrues dans les formes coniques (leur largeur atteint alors 3,6-4 mm), brun très pâle, puis brun rosé, à arête concolore et lisse.

CARACTERES MICROSCOPIQUES: Spores prismatiques, rarement tétraédriques, 7,5-11,5-(12,5) μm, d'aspect étoilé, à parois épaisses et réfringentes, parfois avec une esquisse de bosse supplémentaire au milieu de l'arête apico-interne, ce qui lui donne un aspect cubique.

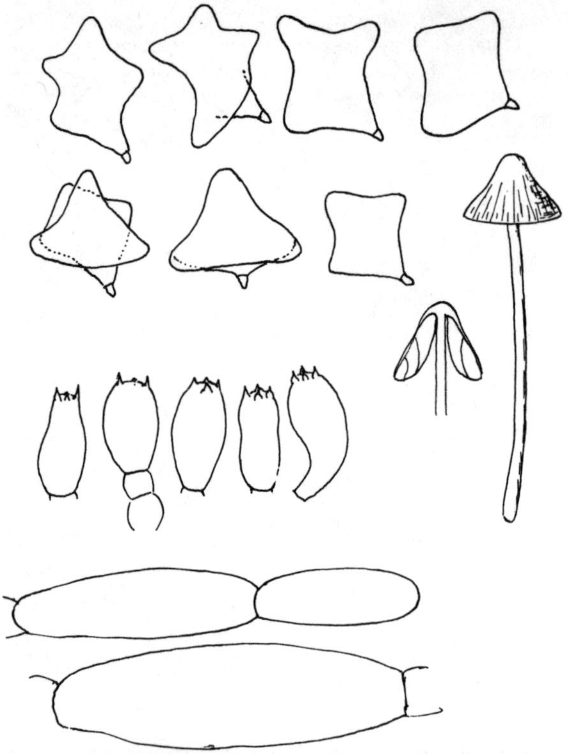

Fig. 244: *Rh. prismosporus*: spores, basides, carpophore et hyphes subcuticulaires (G 303)

Basides 23-35 × 11-13-(15) µm, elliptiques puis courtement claviformes, à 3-4 spores.

Pas de cystides ni poils marginaux.

Médiostrate à hyphes à parois minces et fragiles, larges de 10-16-22 µm pour les fondamentales, atteignant 25 µm dans la chair; sous-hyménium étroit, celluleux, congophile. Cuticule filamenteuse, comprenant des hyphes septées, à articles de 50-150 µm × 16-38 µm dans le subcutis plus grêles, de 4-10 µm, à léger pigment vacuolaire dans l'épicutis.

Pas de boucles aux basides ni aux hyphes.

HABITAT: A terre, dans l'humus, parfois en rapport avec du bois pourri. Forêt de la Mondah (Gabon), les 13.X.1968, 4.X.1969, 18.X.

1970, n° G 107(?), 218 et 303. Décrit originellement de Tenessee (U.S.A.).

OBSERVATIONS

Le champignon décrit par Hesler est donné avec une odeur douce, ce qui convient à nos sujets, mais avec une saveur farineuse-astringente. Pour le reste, la concordance est satisfaisante.

La récolte G 107 nous a montré des spores prismatiques dont l'appendice hilifère semble bien avoir été situé à un des sommets, et l'asymétrie n'est donc pas absolument sûre. Il n'est toutefois pas impossible que sur certaines espèces assez primitives, il y ait une instabilité du type sporal, lequel ne se serait déterminé que plus tard au cours de l'évolution.

SECTION DES PARAMAMMOSI

Nous groupons dans cette nouvelle section les Nolanées à spores asymétriques à pigmentation uniquement vacuolaire. Elles sont souvent cystidiées, et la plupart manquent de boucles.

1 Pas de cystides...2

1 Des cystides, au moins marginales 3

2 Spores 7,5-10 × 5,5-7 µm. Basides tétrasporiques. Chapeau à papille aiguë, 2,5 cm, de couleur brune.......................... *Rh. acutus* R.-G.

2 Spores 8,5-13,5 × 6,5-10 µm. Basides bisporiques. Chapeau étalé, un peu bossu, 2,5-3,7 cm.......................... *Rh. humicola* R.-G.

3 Petites cystides fusiformes, 40-65 × 7-11 µm. Spores 9,5-13,5 × 6,5-8 µm. Pas de boucles.......................... *Rh. Gabonicus* R.-G.

3 Cystides plus larges, × 9-20 µm. Spores 8-11,2 × 5-7,5 µm..... *Rh. elegans* R.-G.

Rhodophyllus acutus Romagn.-Gilles

(Fig. 245)

CARACTERES MACROSCOPIQUES: Chapeau large de 2,5 cm, haut de 7 mm, étalé-gondolé avec un petit mamelon central bien individualisé et aigu, ni hygrophane ni strié par transparence à la récolte, brun clair (M 5 C 3), avec le centre brusquement plus foncé (5 E 3 et mamelon 5 F 3), à cuticule luisante, déviée radialement, de texture très fine, glabre, plus ou moins pailletée-micacée s.l., mais non méchuleuse, avec le centre uni-velouté.

Stipe 4 cm × 2,5 mm, fistuleux, brunâtre très pâle, luisant et glabre, strié de fibrilles soyeuses argentées.

Chair très mince, translucide, concolore aux surfaces, inodore.

Lamelles serrées, avec 3 longueurs de lamellules, rarement 4, larges de 3 mm au milieu, ventrues, échancrées, brunâtre pâle, puis fonçant un peu (M 6 B 3), à arête finement érodée, mais non denticulée s.l.

CARACTERES MICROSCOPIQUES: Spores 7,5-9,5-(10) × 5,5-6,5-(7) μm, asymétriques simples à complexes, à parois assez épaisses et réfringentes.

Basides 24-30-36 × 9-10-(12) μm, tétrasporiques.

Pas de poils marginaux.

Médiostrate à hyphes fondamentales de 8,5-20 μm (elles atteignent près de la cuticule 10-35 μm, et sont souvent assez courtes, par exemple 32-70 μm, d'où l'aspect micacé du chapeau); elle sont alors irrégulière, sinueuses, avec des portions renflées, atténuées à un ou deux bouts, plus rarement étranglées au milieu; laticifères simples ou à diverticules latéraux, de 3,5-8,5 μm de diamètre (dans la chair du chapeau et le subcutis); sous-hyménium épais de 10-15 μm, un peu collapsé, à articles de 5-7 μm. Pas de granules tramaires. Cuticule propement dite (au-dessus du subcutis) d'hyphes assez grêles, de 4-10 μm de diamètre, probablement à léger pigment vacuolaire.

Pas de boucles observées.

HABITAT: Sur la terre sableuse humide, le long d'un sentier, en forêt

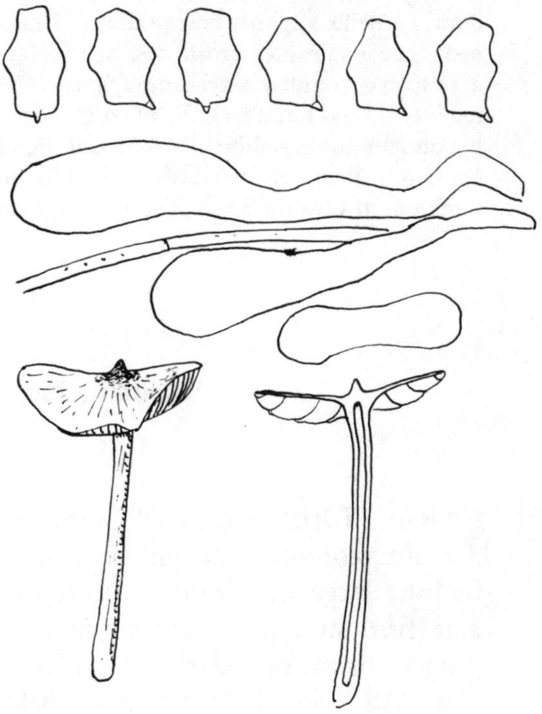

Fig. 245: *Rh. acutus*: spores, hyphes cuticulaires et carpophore

ombrophile. Forêt de la Mondah, près de Libreville (Gabon), km 30, route Babonneau, le 5.VI.1976, n° G 738.

OBSERVATIONS

Bien que G.G. n'ait noté aucune hygrophanéité ni striation par transparence à la récolte (mais le sujet n'était-il pas déshydraté?), ce qui lui donne une ressemblance avec certaines formes de *longissimus,* il semble bien que, par les spores asymétriques, ou tout au moins franchement et constamment tronquées à la base, et par la cuticule à hyphes superficielles grêles, ce champignon soit à classer parmi les *Nolanea,* et non les *Inopilus Rigiduli.*

DIAGNOSE LATINE. — Pileo 2,5 cm lato, expanso, repando, medio umbone acutiore praedito, clare brunneo, medio obscuriore, neque striato, neque hygrophano, lucido, glabro, micaceo. Stipite 40 × 2,5 mm, fistuloso, pallidissime brunneolo, fibrillis argenteis striato. Carne tenuissima, translucida, pileo concolore, inodora. Lamellis stipatis, inaequalibus, 3 mm latis, ventricosis, sinuatis, pallide brunneolis, acie subtiliter erosa, nec denticulata s.l. — Sporis 7,5-10 × 5,5-6,5-(7) μm, asymmetris complexis vel simplicibus. Basidiis 24-36 × 9-10-(12) μm. Pilis marginalibus nullis. Laticiferis in pileo et sub cute praesentibus; granulis nullis. Cute hyphis summis gracilibus, × 4-10 μm, in subcute grandibus, irregularibus, 32-70 × 10-35 μm. Pigmento parcissimo. Fibulis nullis. — In terra arenosa uvida, praeter semitam, in silva umbrosa. Typus in Herb. Romagn. n° G 738.

Rhodophyllus elegans R.-G.

(Fig. 246, 247, 248)

CARACTERES MACROSCOPIQUES: Chapeau 1-1,6 cm et haut de 3-8 mm, conique, souvent tronqué au sommet et même avec un petit ombilic large de 2 mm et profond d'1 mm, (rarement convexe plan à la fin), strié par transparence et plus ou moins nettement hygrophane, brun roussâtre, rougeâtre ou châtain (M 6 E 5, 5 ou 7 F 5; MS 7,5 YR 3/2; S 336, 701), avec les bords plus clair, brun roussâtre (M 5 E 5, 6 E 5, 7 E 5) et même beige au bord, à cuticule glabre, déviée radialement, de texture fine, au plus fibrilleuse-soyeuse s.l.

Stipe 2-4 cm × 0,7-2,5 mm, souvent un peu plus épais en haut et en bas, fistuleux, brun, brun jaune, brun rougeâtre (M 5 C 4 ou 5, D 5), S 701), glabre ou poudré de blanc en haut, parfois à coton blanc à la base, luisant, à grain très fin ou à peine strié longitudinalement.

Chair pelliculaire, translucide, concolore aux surfaces, inodore.

Lamelles assez à moyennement serrées, avec 2-4 longueurs de lamellules, larges de 2 mm au milieu, relativement assez ventrues, ascendantes, adnexées au stipe par une courte dent, d'abord blanc brunâtre ou blanc grisâtre, puis brun rosâtre (M 6 B 3, 7 B 2, S 705), enfin brun rougeâtre (S 314), à arête concolore et finement denticulée.

CARACTERES MICROSCOPIQUES: Spores 8-11,2 × 5-7,5 μm, asymétriques complexes, parfois simples, anguleuses bosselées, à parois assez minces.

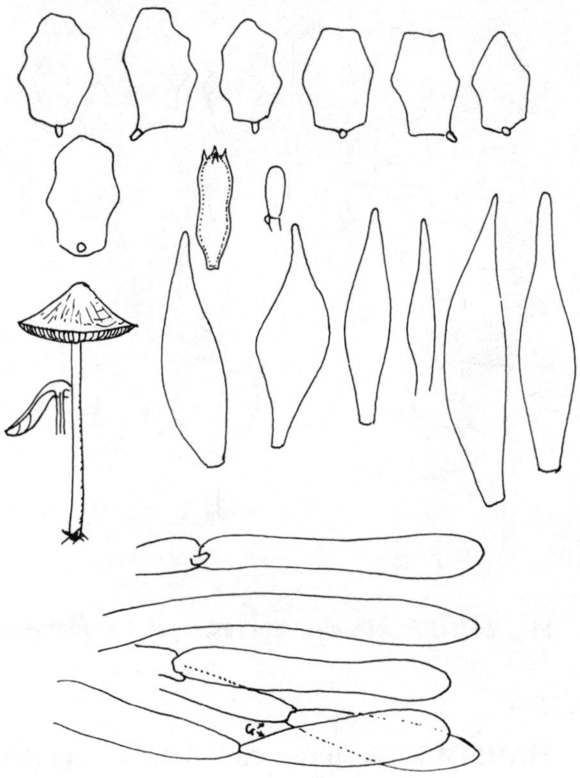

Fig. 246: *Rh. elegans*: spores, carpophore, cystides marginales et hyphes cuticulaires (G 419)

Basides 20-35 × (7)-8-12,5 μm, à 4 gros stérigmates.

Cystides abondantes sur l'arête, rares ou nulles sur les faces, 30-80 × 8-20 μm, lagéniformes ou fusiformes ventrues, à col grêle et assez aigu, optiquement vides ou avec quelques inclusions dans le col.

Médiostrate à hyphes fondamentales de 9-20 μm de large, avec connexives grêles (3-5 μm); sous-hyménium étroit, plus ou moins filamenteux. Pas de laticifères ni de granules. Cuticule d'hyphes couchées, (3)-6-8, rarement jusqu'à 18 μm dans le subcutis, à pigment vacuolaire.

Boucles observées au pied des basides et çà et là aux cloisons des hyphes.

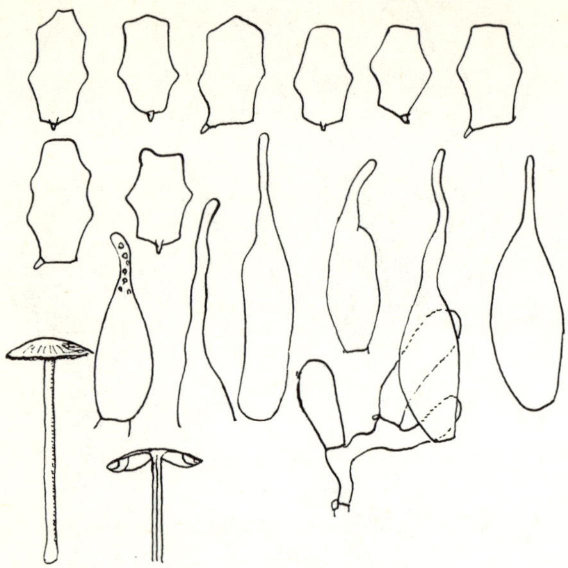

Fig. 247: *Rh. elegans:* spores, cystides marginales, basidioles et carpophore (G 717)

HABITAT: A terre sur débris végétaux, brindilles, ou sur tronc abattu et pourri, en forêt ombrophile. Forêt de la Mondah, près de Libreville (Gabon), le 23.I.1872, 11.IV. et 15.VIII.1976, 2.II.1977, n° G 419, 717 (?), 753 et 805.

DIAGNOSE LATINE. — Pileo 11-16 mm, conico, saepe truncato vel etiam umbilicato, raro demum e plano convexo, transluciditate striato, magis minusve hygrophano, e rufo vel castaneo brunneo, margine pallidiore, glabro. Stipite 20-40 × 0,7-2,5 mm, e flavido vel e rufulo brunneo, glabro. Carne pelliculari, translucida, inodora. Lamellis substipatis, 2 mm latis, ascendentibus, minimo dente decurrentibus, e brunneolis albidis, dein e rubidis brunneis, acie concolore, denticulata. — Sporis 8-11,2 × 5-7,5 μm, asymmetris complexis vel simplicibus. Basidiis 20-35 × (7)-8-12,5 μm, tetrasporis. Cystidiis in acie plurimis, raris vel nullis in lateribus, lageniformibus vel fusiformibus, 30-80 × 8-20 μm. Cute hyphis 3-8 (raro 18 μm), pigmento vacuolari. Fibulis praesentibus. — Humi in quisquiliis plantarum vel in ligno putrido. Typus in Herb. Romagn. n° G 753.

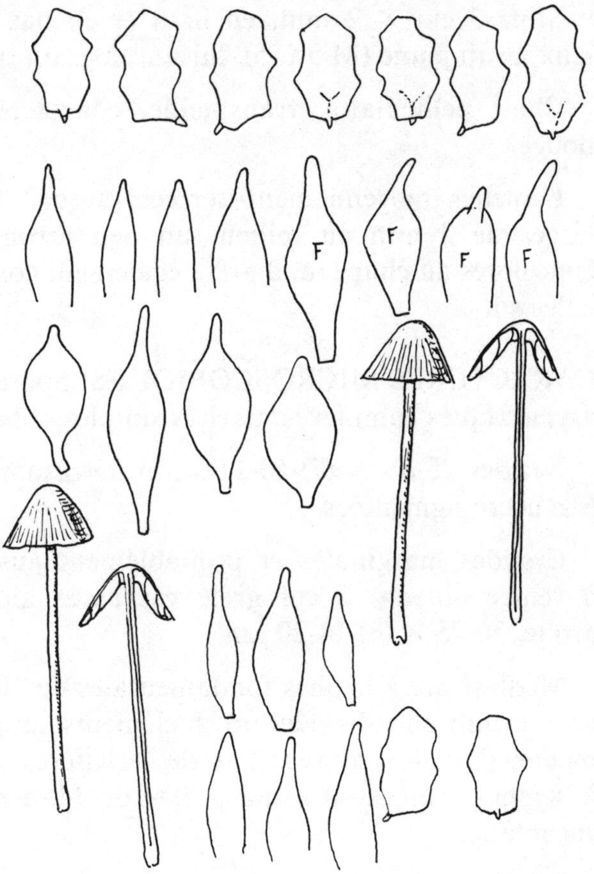

Fig. 248: *Rh. elegans*: en haut et au milieu, spores, cystides marginales et carpophore (G 753); en bas, carpophore, cystides marginales et spores (G 805)

2°) Récolte G 717 à chapeau convexe surbaissé: descripition séparée. (Fig. 247)

CARACTERES MACROSCOPIQUES: Chapeau large de 1,2 cm et haut de 3 mm, convexe surbaissé, non déprimé au centre, entièrement strié par transparence et hygrophane, brun roussâtre (M 6 C 5), plus foncé au centre (6 E 5; mieux MS 7,5 YR 5/4, centre 3/2),, à cuticule glabre, luisante, déviée radialement, de texture très fine.

Stipe 3 cm × 2 mm, en haut et en bas (ailleurs 2,5 mm), fistuleux, brun jaune (M 5 C 5), luisant, à grain très fin.

Chair pelliculaire, translucide, concolore aux surfaces, inodore, douce.

Lamelles moyennement serrées, avec 2 longueurs de lamellules, larges de 2 mm au milieu, un peu arrondies, faiblement adnées, concolores au chapeau, à arête également concolore et finement denticulée s.l.

CARACTERES MICROSCOPIQUES: Spores 8-10-(11) × 5,5-6,5 μm, asymétriques complexes, parfois simples, à base tronquée.

Basides 25-35 × (7)-10-11,5 μm, tétrasporiques, en bouquets, parfois nécropigmentées.

Cystides marginales et probablement aussi faciales lagéniformes, à ventre oblong, à col grêle est assez aigu, souvent flexueux ou arqué, 50-75 × (8)-14-20 μm.

Médiostrate à hyphes fondamentales de 10-15 μm, avec connexives de 3-6 μm; sous-hyménium à éléments amples, irréguliers, ou filamenteux, mal conservé. Pas de laticifères ni de granules. Cuticule à hyphes couchées, assez grêles, de (4)-6-13 μm, à léger pigment vacuolaire.

Boucles présentes au pied des basides et aux cloisons des hyphes, petites, parfois imparfaites.

HABITAT: A terre, sur débris végétaux, en forêt ombrophile. Forêt de la Mondah, près de Libreville (Gabon) (route militaire), le 11.IV. 1976, n° G 717.

Rhodophyllus Gabonicus Romagn.-Gilles

(Fig. 249)

CARACTERES MACROSCOPIQUES: Chapeau atteignant 1,5 cm de large et 8 mm de haut, conique à sommet obtus brun clair, un peu plus pâle que M 5 C 3 (brun grisâtre), plus foncé (5 D 3) au centre sur 2-3 mm un peu comme chez *cetratus*, hygrophane

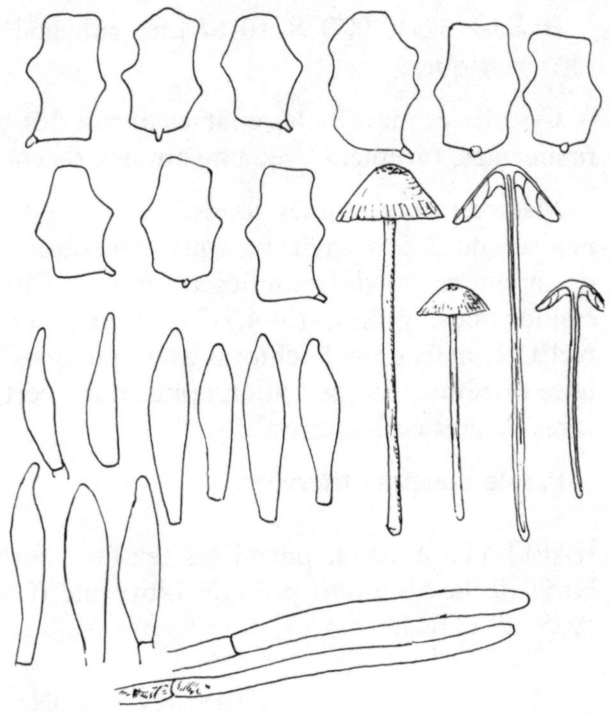

Fig. 249: *Rh. Gabonicus*: spores, cystides marginales, carpophores et hyphes épicuticulaires

et strié par transparence, à cuticule glabre, déviée radialement, de texture très fine.

Stipe atteignant 4,5 cm × 1-1,2 mm, fistuleux, concolore au chapeau, luisant et glabre, strié longitudinalement s.l., avec un peu de mycélium blanc à la base.

Chair pelliculaire, translucide, concolore dans le chapeau, grisâtre dans le stipe, inodore, douce.

Lamelles moyennement serrées, avec 2-3 longueurs de lamellules, atteignant au milieu 2 mm de largeur, ascendantes, adnées au stipe par une courte dent, brun pâle puis rosissant légèrement, à arête érodée, mais non distinctement denticulée s.l.

CARACTERES MICROSCOPIQUES: Spores 9,5-12,5-(13) × (6,6)-7,5-8,5 μm, asymétriques, généralement complexes (base tronquée), très bosselées, à parois épaisses et réfringentes.

Basides 32-40-(47) × 10-14 μm, subclaviformes à subcylindriques, tétrasporiques.

Cystidioles marginales éparses parmi des basides, assez obtusément fusiformes, rarement avec une amorce de col, 40-65 × (7)-8,5-11,7 μm.

Médiostrate à hyphes fondamentales de 8,5-15 μm, avec des connexives de 3 μm environ; sous-hyménium filamenteus-rameux. Pas de laticifères ni de granules tramaires. Cuticule d'hyphes couchées, cylindriques, grêles, (3)-4,7-7-(13) μm, incolores ou presque dans NH^4OH, mais dans le chloral avec quelques traces de pigment vacuolaire extrêmement peu abondantes dans certaines parties de quelques rares hyphes cuticulaires.

Pas de boucles observées.

HABITAT: A terre, parmi les feuilles mortes, en forêt ombrophile. Forêt de la Mondah, près de Libreville (Gabon), km 27,5; 24.VIII. 1975, n° G 624.

OBSERVATIONS

Nolanée typique et banale, proche du *cetratus* européen, et du *simplex* Romagn. malgache par la physionomie, mais à spores différentes et à cystidioles marginales.

DIAGNOSE LATINE. — Pileo usque ad 15 mm lato, obtuse conico, pallide murino, hygrophano, glabro. Stipite usque ad 45 × 1-1,2 m, concolore, lucido, glabro. Carne pelliculari, translucida, concolore, inodora. Lamellis mediocriter stipatis, usque ad 2 mm mediis latis, ascendentibus, brevi dente adnexis, pallide brunneolis, dein roseis, acie erosa, non denticulata. — Sporis 9,5-13 × 6,6-8,5 μm, asymmetris (basi truncata). Basidiis 32-47 × 10-14 μm. Cystidiolis marginalibus sparsis, fusiformibus, 40-65 × 7-11,7 μm. Granulis nullis. Cute hyphis (3)-4,7-7-(13) μm, pigmento vacuolari vix ullo. Fibulis nullis. — Humi inter folia emortua, in silva umbrosa. Typus in Herb. Romagn. n° G 624.

Fig. 250: *Rh. humicola*: spores, hyphe du médiostrate, carpophores et hyphes cuticulaires

Rhodophyllus humicola Romagn.-Gilles

(Fig. 250)

CARACTERES MACROSCOPIQUES: Chapeau large de 2,5 à 3,7 cm, haut de 5 à 8 mm, convexe surbaissé avec le centre saillant et obtus, ou conique assez étalé avec la marge se relevant un peu, strié par transparence mais guère hygrophane, brun assez clair proche de M 5 C 4 ou 5 D 4 ou de *Collybia platyphylla* par temps sec, centre un peu plus foncé soit M 5 E 4, luisant, soyeux, glabre, cuticule déviée radialement à texture fine. Centre velouté-pelucheux. En séchant, il est ponctué de minuscules paillettes brillantes.

Stipe long de 4,5 à 6,5 cm, diamètre 2-3 mm, légèrement renflé à la base, blanc jaunâtre, blanc sale ou un peu plus clair que le chapeau, parfois fonçant dans la partie inférieure, luisant, finement strié longitudinalement. Un peu de coton mycélien blanc à la base. Fistuleux.

Chair très mince, translucide, brun pâle sous la cuticule, blanchâtre ailleurs, inodore, douce.

Lamelles serrées avec 3-4 longueurs de lamellules, larges jusqu'à 5 mm au milieu, plus ou moins nettement échancrées, blanc grisâtre puis M 7 B 2/7 B 3. Arête concolore, lisse ou érodée mais non denticulée à la loupe.

CARACTERES MICROSCOPIQUES: Spores 8,5-10,7-(13,5) × 6,5-7-8-(10) μm, asymétriques généralement simples, rarement complexes, à bosses obtuses, à parois épaisses et réfringentes.

Basides 26-39 × 8,7-10,7-(12) μm, claviformes, à 2 gros stérigmates.

Pas de poils marginaux ni de cystides.

Médiostrate à hyphes de (6)-9-19-(22) μm, celle de la chair de 14-33 μm, atténuées à l'extrémité; sous-hyménium étroit, celluleux (cellules de 5-6 μm), avec des connexives de 3-5 μm à l'hyménopode. Pas de granules tramaires. Nombreux laticifères simples ou ramifiés, vasiformes, larges de 4-10 μm à l'hypoderme (plus bas quelques hyphes oléifères ?). Cuticule à hyphes couchées larges de 4,2-8,5 μm, atteignant 12 μm un peu plus profondément, contrastant avec les énormes hyphes de la chair, à pigment vacuolaire abondant, souvent précipité en chapelets de sphérules.

Pas de boucles.

HABITAT: A terre parmi les feuilles mortes ou dans les sentiers étroits. Gabon, forêt de la Mondah, les 8. et 22.VI.1975 n° G 597 et G 602.

OBSERVATIONS

Sur le terrain, cette espèce ressemble à *Rh. longissimus,* mais s'en distingue essentiellement par l'arête des lames non denticulée de cystides et l'absence d'odeur fruitée. En outre, ses spores sont différentes et les basides sont bisporiques.

DIAGNOSE LATINE. — Pileo usque ad 3,7 cm lato, humiliter convexo, dein magis minusve convexo vel in margine leviter repando, leviter gibboso, transluciditate udo striato, striis radialibus per totam superficiem siccescente, brunneo, medio obscuriore, lucido, sericeo, glabro, sicco subtiliter micaceo, medio velutino vel velutino-gausapato. Stipite 45-65 × 2-4 mm, gracili, fistuloso, albo, albido vel brunnescente, lucido, interdum sub lamellis pruinoso, tenuiter striato. Carne tenuissima, translucida, alba vel pallide brunneola, inodora. Lamellis stipatis, cum 7-15 lamellulis, 4,5-5 mm latis, horizontalibus, ad stipitem sinuatis adnexis, e cinereis albidis, dein sordide roseolis, acie concolore, erosa, sed non denticulata. — Sporis 8,5-10,7-(13,5) μm, angulis obtusis, asymmetris plerumque simplicibus, tunica crassa ac refringenti. Basidiis 26-39 × 8,7-10,7(12) μm, bisporis. Pilis marginalibus nullis. Granulis nullis; laticiferis in pileo multis. Cute ex hyphis gracilibus, 4,2-8,5-(12) μm, multo pigmento vacuolari, saepe seriatim in globulos condensato. Fibulis nullis. — Humi, in silva umbrosa. — Typus in Herb. Romagn. n° 597.

SECTION DES COSMEOEXONEMA OU DES SERICEI

La répartition des espèces décrites dans ce travail entre les deux sections reprises par Largent sous les nom de *Endochromonema* et *Cosmeoexonema* est très nette et très facile à faire sur la base de la localisation pigmentaire. Elle est beaucoup plus difficile à appliquer dans d'autres régions, notamment l'Europe: il y existe en effet nombre d'espèces à double pigment comme *mammosus*, *nitens,* etc... Ce sont nos *Sericei* qui correspondent le mieux aux *Cosmeoexonema* de Largent car la pigmentation n'y est que membranaire. Malheureusement, le port y est assez entolomoide, et Fries lui-même a classé dans les Entolomes son espèce la plus typique, *Rh. sericeus;* il est vrai que celui-ci présente des formes grêles qui peuvent sans difficulté s'insérer dans les *Nolanea.* Mais de véritables Entolomes, comme *Rh. venosus* ss. Kühner-Romagn. ainsi que le pâle *Rh. sordidulus* Kühn.-Romagn. ont à la fois un pigment vacuolaire et un pigment membranaire, et la limite entre les deux groupes devient difficile à tracer. En pratique, on laissera dans le *Nolanea* toutes les espèces de couleur sombre et à pigment uniquement membranaire, et dans les *Entoloma* celles qui ont une couleur pâle ou une pigmentation vacuolaire ou double. Ces difficultés montrent bien combien, chez les Rhodophylles, les taxa sont difficiles à définir et bien indignes du rang de genres.

Chapeau 3-5 cm, conique, puis étalé, souvent étroitement tonqué ou ombiliqué au centre, présentant dans le tiers marginal un zone en relief plus ou moins bosselée, brun. Lamelles très serrées. Spores subglobuleuses ou peu allongées, 7-10 × 6,5-8 μm. Poils marginaux claviformes. Pigment incrustant ....
.... *Rh. polyphyllus* R.-G.

Chapeau 1,2 cm, conique, un peu mamelonné, ocre jaune, brun rouillé, brun roussâtre, rappelant un *Galera.* Lamelles moins serrées. Spores 6,2-8,7 × 5-6,2 μm. Pas de poils marginaux. Pigment membranaire uniforme, peu net ....
.... *Rh. galeroides* R.-G.

Rhodophyllus galeroides Romagn.-Gilles

(Fig. 251, 252)

CARACTERES MACROSCOPIQUES: Chapeau large de 1,2 à 2 cm, haut de 3,5 à 8 mm, conique plus ou moins étalé au sommet généralement obtus, plus rarement aigu, ou largement étalé avec le centre saillant et la marge tendant à se relever, fortement strié par transparence, hygrophane, ocre jaune ou brun rouillé ou brun roussâtre autour de M 5 C 5, centre un peu plus foncé soit M 5 E 5 devenant brun jaune pâle vers Munsell 10 YR 8/3 en séchant; cuticule luisante, glabre, déviée radialement à texture très fine, centre univelouté.

Stipe long de 1,5 à 2,5 cm, diamètre 1 à 1,5 mm, brun jaune M 5 D 5 poudré de concolore de haut en bas chez les jeunes exemplaires, finement strié longitudinalement à la loupe; fistuleux, base pâle avec du mycélium blanchâtre en nappe à la base.

Chair pelliculaire, translucide, concolore au chapeau, inodore, douce.

Lamelles plus ou moins serrées avec 2-3 longueurs de lamellules, larges jusquà 3 mm au milieu, ascendantes ou subhorizontales un

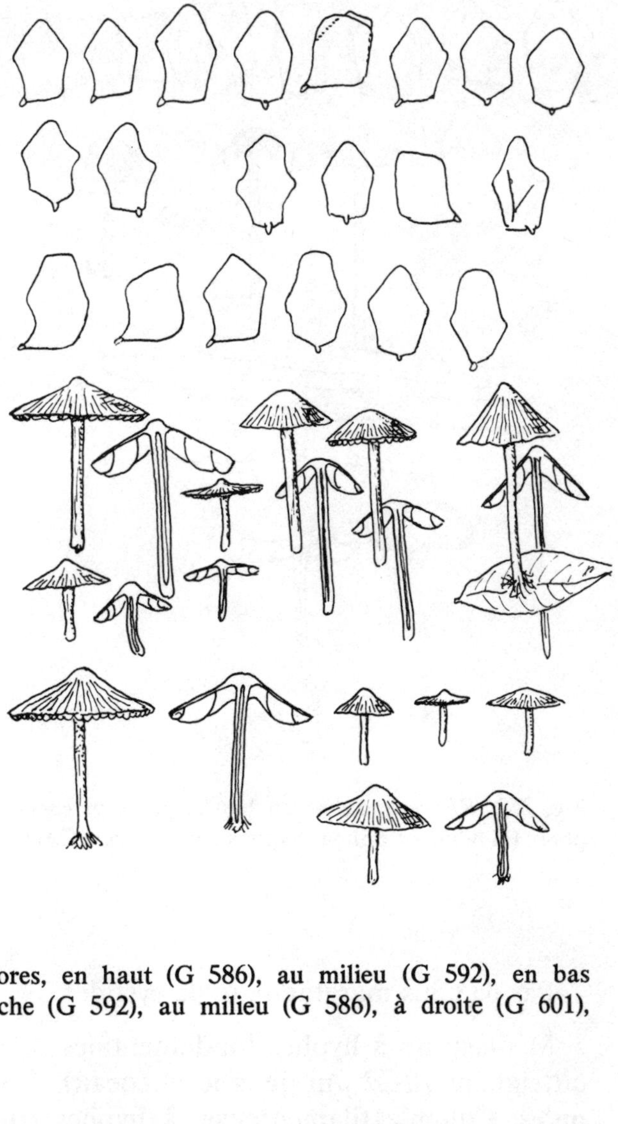

Fig. 251: *Rh. galeroides*: spores, en haut (G 586), au milieu (G 592), en bas (G 600); carpophores, à gauche (G 592), au milieu (G 586), à droite (G 601), en bas (G 600)

peu ventrues puis adnexées au stipe par une courte dent, brun jaune à peine plus pâle que le chapeau, devenant M 6 C 4. Arête concolore, lisse ou érodée mais non denticulée à la loupe.

CARACTERES MICROSCOPIQUES: Spores 6,2-8,7 × 5-6,2 µm, probablement à dièdre obtus et passant à une face, à sommets plus ou moins obtus, à parois épaisses et bien réfringentes.

Basides 25-35 × 8,5-10,5 µm, tétrasporiques.

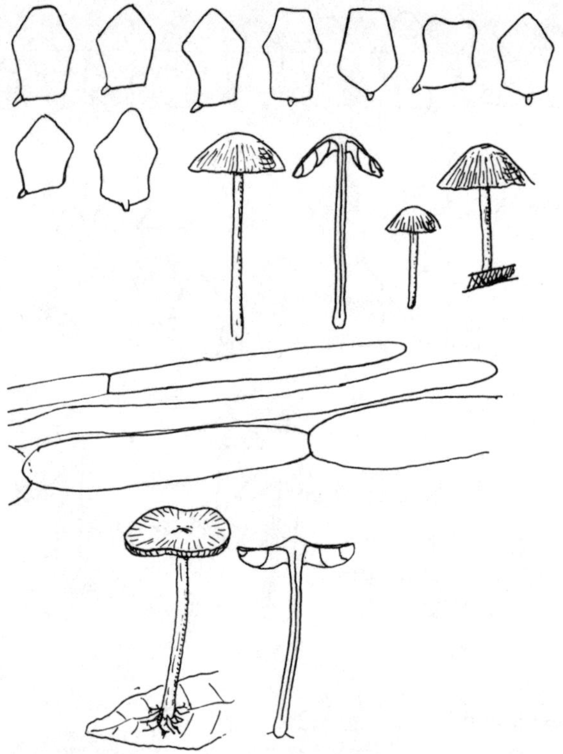

Fig. 252: *Rh. galeroides*: en haut, spores et carpophores (G 748), en bas, carpophore (G 806); au milieu, hyphes cuticulaires (C.I. 025)

Pas de poils marginaux ni de cystides.

Médiostrate à hyphes fondamentales de (7)-10-20 μm de diamètre (atteignant 19-22 μm dans le chapeau). Pas de laticifères ni de granules. Cuticule filamenteuse, à hyphes couchées, assez grêles (3-7-(10) μm), atteignant 8-12-20 μm en profondeur. Pigment probablement membranaire uniforme (non incrustant !).

Pas de boucles observées.

HABITAT: A terre sur des brindilles de bois mort ou fixé sur les feuilles mortes. Gabon, forêt de la Mondah, les 10., 15.VI.1975, 4.7.1976 et 6.3.1977, n° G 586, G 592, G 600, G 601, G 748 et G 806.

OBSERVATIONS

Cette petite espèce qui ressemble sur le terrain à un ochrosporé se reconnaît à sa couleur brun rouillé y compris les lames et à sa forte striation par transparence. On la récolte à proximité immédiate des marigots de forêt.

DIAGNOSE LATINE. — Pileo 1,2-2 cm, conico, magis minusve expanso, summo obtuso, rarius acuto, manifestissime transluciditate striato, hygrophano, e flavo ochraceo vel e rubiginoso brunneo, vel rufulo brunneolo circum umbonem, medio obscuriore, lucido, glabro, medio subtiliter velutino. Stipite 15-25 × 1-1,5 mm, fistuloso, toto pruinoso, tenuiter striato s.l. Carne pelliculari, translucida, pileo concolore, inodora. Lamellis magis minusve stipatis, 3 mm mediis latis, ascendentibus, minimo dente adnexis vel solum adnatis, e flavis brunneis, pileo concoloribus, acie concolore, levi, erosa, sed non denticulata. — Sporis 6,2-8,7 × 5-6,2 μm, versimiliter symmetris, sed basi obtusa. Basidiis 25-35 × 8,5-10,5 μm, tetrasporis. Acie fertili. Cute hyphis gracilibus, 3-7-10 μm latis, pigmento parum manifesto, verisimiliter membranari uniformi. Fibulis nullis. — Humi, in ramulis vel foliis emortuis adhaerens. — Typus in Herb. Romagn. n° G 586.

Rhodophyllus polyphyllus Romagn.-Gilles

(Fig. 253,254)

CARACTERES MACROSCOPIQUES: Chapeau large de 3 à 5 cm, haut de 1 à 2 cm, conique plus ou moins étalé, généralement tronqué au sommet par une petite dépression centrale, plus rarement à sommet obtus, à marge aiguë présentant presque toujours vers le tiers côté marge une zone en relief ou tout au moins bosselée très remarquable, strié par transparence et hygrophane, brun un peu rougeâtre M 5 B 4 à 6 B 3, le sommet plus foncé soit M 5 E 6 à 6 E 3, luisant, soyeux, glabre. Cuticule déviée radialement à texture très fine.

Stipe long de 3,5 à 6 cm, diamètre 2,5-3 mm un peu dilaté en haut et en bas, moucheté sous les lames de flocons blanchâtres assez grossiers, puis glabre, luisant, concolore au chapeau ou un peu plus foncé surtout dans la moitié inférieure, peigné de fibrilles longitudinales très fines et bien apprimées. Un peu de mycélium blanc à la base. Fistuleux.

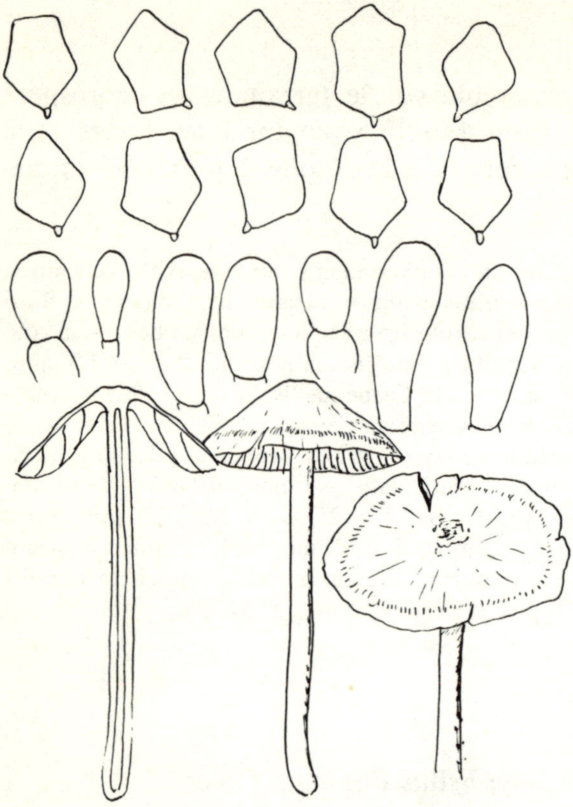

Fig. 253: *Rh. polyphyllus*: spores, poils marginaux et carpophores (C.I. 025)

Chair très mince, vaguement et courtement translucide à la marge à cause de la densité des lames, brunâtre pâle, inodore, douce.

Lamelles très serrées avec 3-4 longueurs de lamellules, larges jusqu'à 4 mm au milieu, libres ou un peu uncinées, brun pâle puis brun rougeâtre M 6 B 2 à 6 C 3. Arête pâle, denticulée à la loupe.

CARACTERES MICROSCOPIQUES: Spores (7)-8-10 × 6,5-8 μm subglobuleuses ou symétriques courtement allongées simples à complexes, à parois assez épaisses et assez réfringentes.

Basides subcylindriques 27-42 × 8-10,5-(12) μm, normalement tétrasporiques (mais parfois à 1-3 spores).

Poils marginaux claviformes, courts, très obtus, à article terminal de 23-50 × 8-21 μm à parois assez réfringentes.

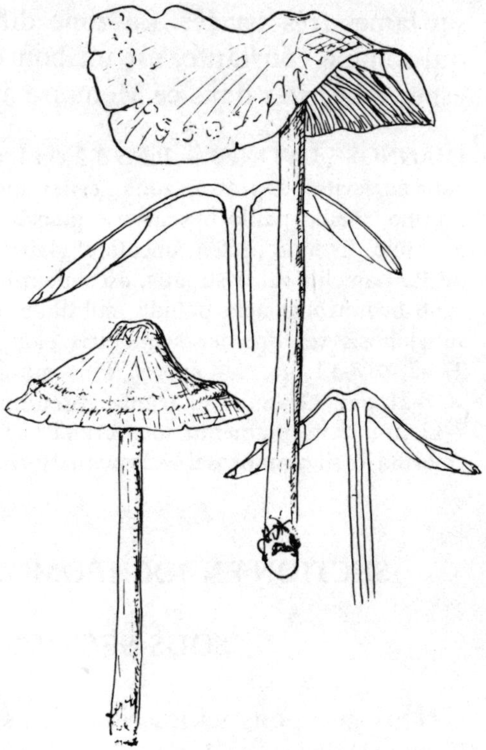

Fig. 254: *Rh. polyphyllus:* carpophores (C.I. 072 et 087)

Médiostrate à hyphes fondamentales de 6-16 μm, incolores; sous-hyménium ramifié, à articles courts, non gélifié. Pas de granules tramaires. Cuticule à hyphes couchées, 60-110 × (3)-7-13 μm, à pigment unique de membrane.

Pas de boucles observées ni aux basides, ni aux cloisons des hyphes.

HABITAT: A terre dans les feuilles mortes ou sur les petits talus de terre sablo-argileuse. Côte d'Ivoire, forêt du Téké, les 6.IV., 29. IX., 9., et 17.XI.1974, n° C.I. 025, C.I. 035, C.I. 072 et C.I. 087.

OBSERVATIONS

Cette espèce se reconnaît sur le terrain à son port, à sa couleur brun rougeâtre, à son stipe bien coloré et floconneux en haut et à ses lames très serrées. La zone différenciée vers le tiers côté marge, qui semble constante, est un bon caractère. C'est une des très rares espèces décrites dans ce Mémoire à pigment de membrane.

DIAGNOSE LATINE. — Pileo 3,2 cm lato, conico expanso, sursum anguste truncato ac leviter depresso, zona leviter eminenti prope marginem (3 mm) cincto, murino, medio paulo obscuriore, glabro, sericeo. Stipite 50 × 3 mm, imo usque ad 5 mm, fistuloso, pileo concolore, glabro. Carne tenuissima, inodora, pallide brunneola. Lamellis valde stipatis, ascendentibus, liberis vel anguste uncinatis, pallidissime brunneolis, acie pallida, subtiliter denticulata. — Sporis 7-10 × 6,5-8 μm subglobosis vel breviter symmetris elongatis simplicibus vel complexis. Basidiis 27-42 × 8-12 μm, 1-4 sporis, Pilis marginalibus obtusis, breviter clavatis, 23-50 × 8-21 μm. Granulis in trama absentibus. Cute hyphis cylindratis, obtusis, (3)-7-13 μm latis, pigmento membranari. Fibulis absentibus. — Humi, inter folia emortua, in silva umbrosa. — Typus in Herb. Romagn. n° C.I. 025.

SECTION ENDOCHROMONEMA OU DES INFULARII

SOUS-SECTION DES CETRATI

Nous groupons ici les Nolanées sans boucles, à pigment vacuolaire. Il est possible que les espèces européennes dont le type est *cetratus*, où la pigmentation vacuolaire est souvent indistincte, présentent aussi un très pâle pigment de membrane uniforme et extrêmement pâle, peu perceptible.

1 Spores allongées et étroites, de contours plus ou moins gibbeux, rappelant les *Pouzaromyces*, 8,5-10,2 × 4,7-6 μm 2

1 Spores de type simple, non gibbeuses 3

2 Chapeau 8 mm, convexe plan, un peu déprimé. Stipe 9 × 0,5 mm, arqué. Cystides marginales ventrues, à col court et étroit en haut ... ***Rh. oncocystis*** R.-G.

2 Chapeau 7 mm, tronconique et parfois déprimé sur la troncature. Stipe 20 × 0,7-1 mm. Cystides sphéropédonculées ou elliptique-ogivales, sans col .... var. *pseudococles* R.-G.

3 Spores subglobuleuses, 7,5-11 × 5-7,5 μm. Lames adnées-uncinées 4

3 Spores allongées 5

4 Poils marginaux un peu dilatés au bout après un léger étranglement subapical. Chapeau 6 mm, brun .... ***Rh. subglobisporus*** R.-G.

4 Pas de poils marginaux observés. Chapeau 18 mm, brun un peu rougeâtre. .... Variété?

5 Arête des lames hétéromorphe par des poils marginaux assez différenciés 6

5 Arête des lames homomorphe 7

6 Poils marginaux lécythiformes. Chapeau 2 cm, aplani, mamelonné, brun........ .... *Rh. euteles* R.-G.

6 Poils marginaux polymorphes, cylindriques, lagéniformes, utriformes, parfois un peu capités. Chapeau brun rosé au bord, plus foncé et un peu verdâtre au centre.................................... *Rh. hypochlorus* R.-G.

7 Eparses parmi les basides, on observe de petites cellules à extrémités flexueuses, parfois bourgeonnantes, 30-40 × 7-8,5-(15) µm. Chapeau 5 cm, brun roussâtre, bossu. Lames largement adnées échancrées......... *Rh. cystidiolifer* R.-G.

7 Pas ces caractères 8

8 Chapeau convexe, obtus, 4 cm, brun clair. Lames remarquablement écartées du stipe comme chez un *Pluteus*. Stipe 9 cm × 3 mm .... *Rh. remotus* R.-G.

8 Chapeau conique mamelonné, brun jaune clair, presque paille. Stipe 3,5 cm × 2,5-3 mm. Lamelles simplement libres....................... *Rh. lutensis* R.-G.

Rhodophyllus cystidiolifer Romagn.-Gilles

(Fig. 255,256)

CARACTERES MACROSCOPIQUES: Chapeau large de 5 cm, haut de 2 cm (y compris les lames), obtusément conique étalé avec le bord tendant à se retrousser et à se fendiller radialement, entièrement brun roussâtre (vers S 695), hygrophane, un peu plus gris au sommet (couleur de la chair imbue), velouté-lisse au milieu, peigné ailleurs de fibrilles radiales.

Stipe 9 cm × 5 mm, cylindrique, farci, fistuleux dans la moitié supérieure, gris brun jaunâtre pâle (vers S 234), glabre, un peu luisant, strié longitudinalement de fibrilles apprimées soyeuses.

Chair mince, sauf au sommet où elle atteint 1,5 mm, hygrophane, brun grisâtre roussâtre comme le centre du chapeau, concolore à la surface dans le stipe, inodore.

Lamelles moyennement serrées, avec 3 longueurs de lamellules, très ventrues, larges de 11 mm, adnées à sublibres (on voit à la loupe une fine dent qui se raccorde au stipe), gris roussâtre, puis couleur brique, à arête entière.

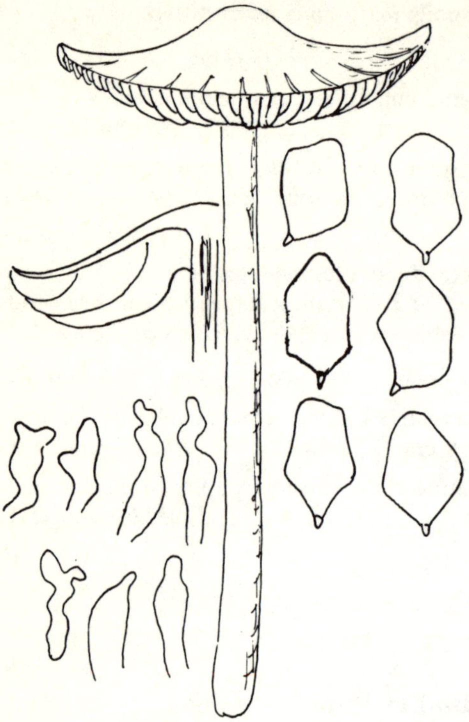

Fig. 255: *Rh. cystidiolifer*: carpophore, cystidioles et spores

CARACTERES MICROSCOPIQUES: Spores 9-11,5 × 6,5-7 µm, symétriques allongées simples ou complexes, rarement cubiques, à parois épaisses et réfringentes.

Basides 35-55 × 9-13 µm, à 4 stérigmates triangulaires.

Cystidioles sur l'arête et aussi éparses sur les faces des lames, de forme bizarre, flexueuses, ou terminées en forme de tétine, assez souvent courtement et obtusément bifurquées, 30-40 × 7-8,5 µm, et jusqu'à 15 µm selon G.

Trame à amples hyphes primordiales, sans granules, mais avec laticifères sous la cuticule sinueux, brunâtres, larges de 4,2-15 µm; médiostrate à hyphes régulières, à parois assez épaisse et incolore, bien différencié d'un sous-hyménium d'aspect collapsé. Cuticule filamenteuse, mais comportant des éléments irréguliers rappelant les cystidioles, mais en général plus nettement lagéniformes et beaucoup plus gros, vers les bord larges de 7-20 µm, ceux du centre du chapeau

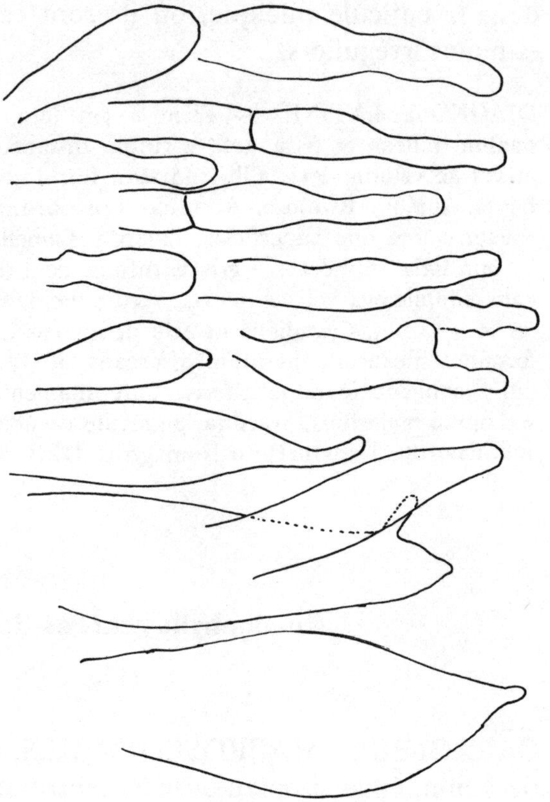

Fig. 256: *Rh. cystidiolifer*: hyphes cuticulaires

beaucoup plus volumineux et plus ou moins fusiformes, parfois aussi très irréguliers, atteignant 35-50 µm de diamètre; pigment vacuolaire brun assez net par places.

Pas de boucles observées ni au pied des basides ni aux cloisons des hyphes.

HABITAT: Parmi les feuilles mortes, forêt de la Mondah (km 31 de Libreville, Gabon), le 5.X.1969, n° 216.

OBSERVATIONS

Ce Rhodophylle est curieux par les éléments de forme bizarre que l'on observe parmi les basides, et on retrouve des homologues dans la cuticule piléique, où ils sont cependant beaucoup plus gros et moins irréguliers.

DIAGNOSE LATINE. — Pileo 5 cm lato, obtuse conico expanso, margine paulum reflexa et fissa, toto e rufulo brunneo, hygrophano, medio paulo magis griseo ac velutino-levi, alibi radiatim fibrilloso. Stipite 90 × 5 mm, cylindrato, farcto, sursum fistuloso, e rufulo griseobrunneo, glabro, striato. Carne tenui, eodem colore quo superficies, inodora. Lamellis mediocriter stipatis, ventricosis, 11 mm latis, subliberis, e griseis rufulis, dein testaceis. — Sporis symmetris elongatis simplicibus vel complexis, raro cuboideis, 9-11,5 × 6,5-7 μm. Basidiis 35-55 × 9-13 μm. Cystidiolis in acie densis, in lateribus lamellarum sparsis, multiformibus, flexuosis, interdum bifurcatis, 30-40 × 7-8,5-(15) μm. Trame sine granulis, sub cute cum laticiferis. Cute filamentosa, articulis cystidiolis similibus, sed multo majoribus, praedita, pigmento vacuolari. Fibulis non observatis. — Inter folia emortua. Typus in Herb. Romagn. n° G216.

Rhodophyllus euteles Romagn.-Gilles

(Fig. 257)

CARACTERES MACROSCOPIQUES: Chapeau large de 2 cm, haut de 3 mm, étalé subplan avec le centre au peu mamelonné, fortement et entièrement strié par transparence, hygrophane, brun (M 5 C 4) avec le centre nettement plus foncé (5 F 7), à cuticule glabre, luisante, très courtement déviée radialement, de texture très fine, unie au centre.

Stipe 2,7 cm × 2 mm, cylindrique, fistuleux, assez foncé de haut en bas (M 5 E 5), luisant, glabre, à grain très fin.

Chair très mince, sauf sous le mamelon, translucide sauf autour du centre, concolore dans le chapeau, brunâtre dans le stipe, inodore, douce.

Lamelles assez serrées, avec 2-3 longueurs de lamellules, larges au milieu de 3 mm, faiblement ventrues, subhorizontales, uncinées, gris brun rosâtre (M 6 B 2), à arête pâle, très bassement denticulée s.l.

CARACTERES MICROSCOPIQUES: Spores (8,5)-9,5-11 × 5,5-7,5 μm, symétriques allongées complexes (très rarement cubiques), mais

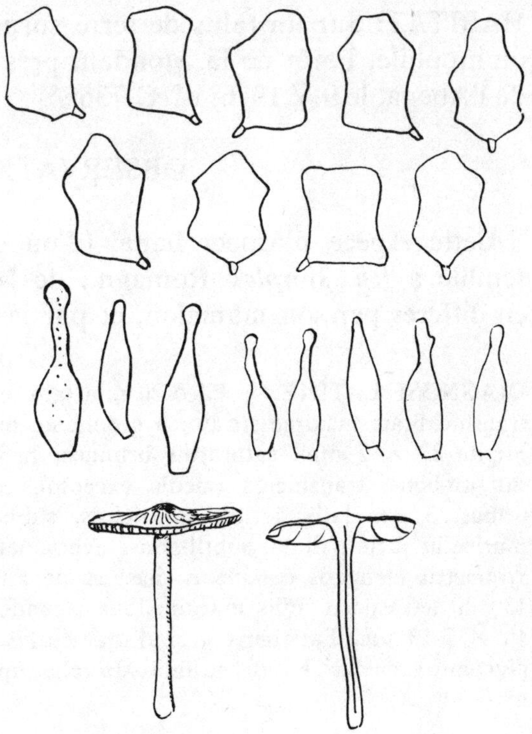

Fig. 257: *Rh. euteles*: spores, poils marginaux et carpophore

avec souvent le dièdre basal obtus, assez irrégulièrement anguleuses bosselées.

Basides (25)-32-38 × (10)-11,7-13 μm, à 4 gros stérigmates.

Poils marginaux lagéniformes à presque lécythiformes, mais souvent le col n'est que faiblement, ou même pas du tout, dilaté en haut, 30-46 × 7-11,5-13 μm.

Médiostrate à hyphes fondamentales de 7-16-(25) μm de diamètre, à parois assez solides et réfringentes; sous-hyménium plus ou moins filamenteux-rameux, avec souvent des articles courts sous les basides. Pas de laticifères ni de granules tramaires. Cuticule à hyphes densément enchevêtrées, assez volumineuses, à articles de 40-120 × 8-17 μm, à pigment vacuolaire.

Pas de boucles observées.

HABITAT: Sur un talus de terre surplombant un marigot, en forêt ombrophile. Forêt de la Mondah, près de Libreville (Gabon), source de l'Abaga, le 9.V.1976, n° G 736.

OBSERVATIONS

Cette espèce d'aspect banal (d'où son nom: "simple, vil"), ressemble à *Rh. simplex* Romagn., de Madagascar, mais elle semble en différer par son mamelon, et par la présence de poils marginaux.

DIAGNOSE LATINE. — Pileo 20 mm lato, e plano convexeo, leviter mammoso, transluciditate maxime striato, hygrophano, brunneolo, medio obscuriore, glabro. Stipite 27 × 2 mm, saturatius brunneo, lucido, glabro. Carne tenuissima, nisi sub umbone, translucida (medio excepto), concolore, inodora. Lamellis densioribus, 3 mm latis, leviter ventricosis, subhorizontalibus, uncinatis, e roseolis murinellis, acie pallida, subtilissime denticulata. — Sporis 8,5-11 × 5,5-7,5 µm, symmetris elongatis complexis, basi saepe angulo obtuso. Basidiis 25-38 × 10-13 µm, tetrasporis. Pilis marginalibus lageniformibus vel sublecythiformibus, 30-46 × 7-13 µm. Laticiferis granulisque nullis. Cute hyphis 40-120 × 8-17 µm, pigmento vacuolari. Fibulis nullis. — In vallo super rivulum. Typus in Herb. Romagn. n° G 736.

Rhodophyllus hypochlorus Romagn.-Gilles

(Fig. 258)

CARACTERES MACROSCOPIQUES: Chapeau large de 4,2 cm, haut de 4 mm, étalé, presque plan, avec au centre un petit mamelon, à marge faiblement débordante (0,5 mm), ayant tendance à se crevasser radialement, hygrophane, entièrement strié par transparence, d'un brun très pâle un peu rosé (vers S 705) d'un brun un peu plus foncé et un peu verdâtre au centre, à cuticule fibrilleuse.

Stipe 5 cm × 3,5 mm, progressivement et à peine épaissi vers la base où il atteint 4,5 mm, assez ferme, plein, blanc, glabre, luisant, strié longitudinalement s.l.

Chair très mince, blanchâtre, inodore.

Lamelles moyennement serrées, avec 3 longueurs de lamellules, assez ventrues, adnées, blanches, puis rose bonbon, à arête déchiquetée, et à minuscules denticules s.l.

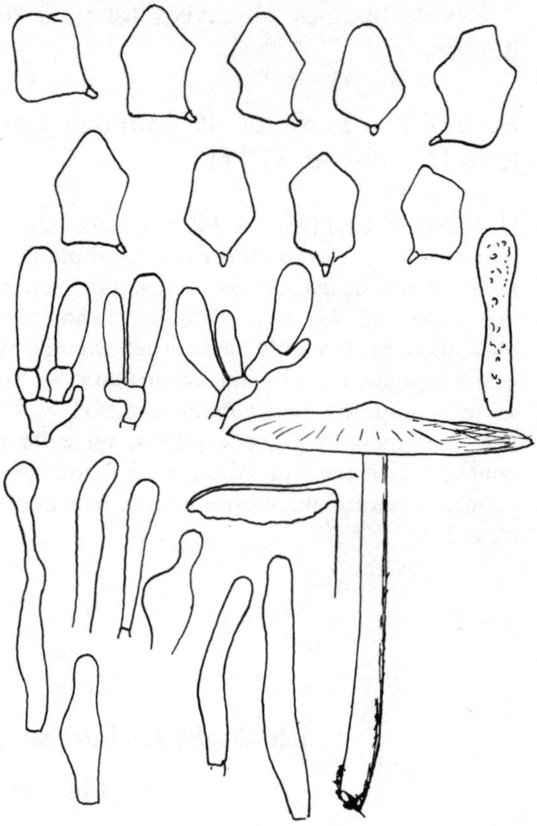

Fig. 258: *Rh. hypochlorus*: spores, basidioles, poils marginaux et carpophore

CARACTERES MICROSCOPIQUES: Spores symétriques allongées simples, évoluant parfois vers le type complexe, rarement cubiques, 8,5-11 × 6-8,5 μm, à parois épaisses et fermes, bien anguleuses.

Basies claviformes, 28-30 × 10-12-(13,5), à 4 stérigmates.

Poils marginaux épars parmi des basidioles, ciliformes, souvent capités, les plus courts lagéniformes (avec col), 40-70 × 4-14 μm.

Trame à hyphes fondamentales atteignant 28 μm dans le chapeau, 9-18 μm dans le médiostrate, avec quelques laticifères de 4-4,2 μm de diamètre, non ramifiés; sous-hyménium celluleux. Cuticule d'hyphes couchées, grêles, de 4-10 μm, raides, à pigment difficilement localisable, probablement un vacuolaire léger.

Pas de boucles observées au pied des basides ni aux cloisons des hyphes.

HABITAT: Forêt de la Mondah (km 31,8 de Libreville, Gabon), le 28.IX.1969, n° G 211.

DIAGNOSE LATINE. — Pileo 4,2 cm lato, applanato, mammoso, margine paulum excedenti ac radiatim fissa, hygrophano, toto striato, pallidissime brunneolo, medio paulo obscuriore ac e viridulo brunneo, fibrilloso. Stipite 50 × 3,5 mm, imo usque ad 4,5 mm, firmulo, pleno, albo, glabro, striato. Carne tenui, albida, inodora. Lamellis mediocriter stipatis, ventricosis, adnatis, albis, dein roseis, acie irregulari, minutissime denticulata. — Sporis symmetris elongatis simplicibus vel fere complexis, raro cuboideis, 8,5-11 × 6-8,5 μm. Basidiis 28-30 × 10-13,5 μm. Pilis marginalibus saepe capitatis, vel collo praeditis, 40-70 × 4-14 μm. Trama nonnullis laticiferis praedita; cute filamentosa, hyphis gracilibus, 4-10 μm latis, pigmento parum manifesto. Fibulis non observatis. — Typus in Herb. Romagn., n° G 211.

Rhodophyllus lutensis Romagn.-Gilles

(Fig. 259)

CARACTERES MACROSCOPIQUES: Chapeau large de 2,2 cm et haut de 6 mm, conique, à sommet pourvu d'un petit mamelon obtus, ni strié par transparence, ni hygrophane, brun jaune clair, presque paille (vers M 5 B 3, ou mieux MS 10 YR 7/3), devenant brusquement beaucoup plus foncé au sommet (M 5 E 4, mamelon 5 F 4), à cuticule déviée radialement, glabre, luisante-micacée, de texture assez fine, unie veloutée sur le mamelon.

Stipe 3,5 cm × 2,5 mm, atteignant progressivement 3 mm en bas, fistuleux, blanc lavé de brunâtre, luisant, glabre, strié longitudinalement s.l.

Chair très mince, translucide, blanchâtre, inodore.

Lamelles serrées, avec 3-4 longueurs de lamellules, atteignant 3 mm de large au milieu, ascendantes, sublibres, blanches, devenant rosâtres (M 6 A 2), à arête concolore, érodée, mais non denticulée s.l.

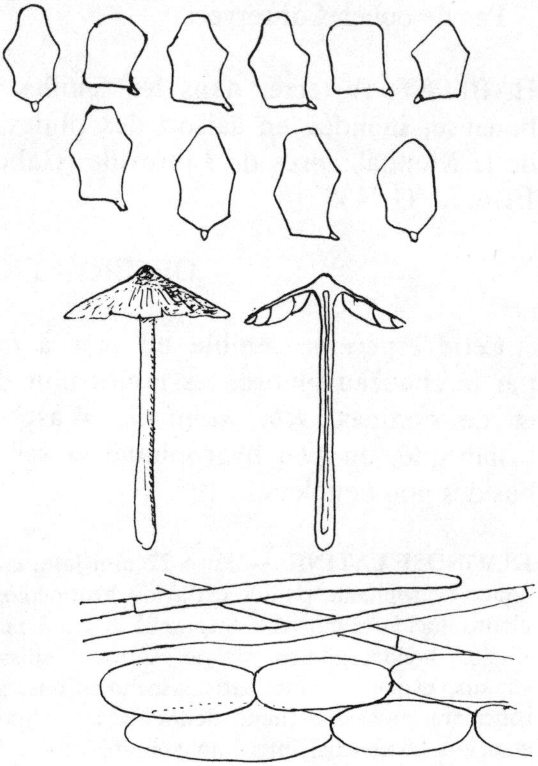

Fig. 259: *Rh. lutensis*: spores, carpophore et cuticule

CARACTERES MICROSCOPIQUES: Spores (6,7)-7-8,2-(9,5) × 5-6-(6,7) µm, en général symétriques allongées complexes, parfois régressant jusqu'au type cubique, bien anguleuses, mais à sommets obtus, à parois assez épaisses, bien réfringentes.

Basides 24-34 × 8-10,5 µm, claviformes, tétrasporiques.

Pas de poils marginaux.

Médiostrate à hyphes fondamentales d'environ 8-10-(18) µm, atteignant 24 µm dans la chair, très longues, progresssivement rétrécies vers les cloisons; sous-hyménium plutôt celluleux. Quelques laticifères grêles; granules tramaires petits, mais nombreux. Cuticule à couche profonde à amples hyphes mesurant par exemple 32-70 × 15-35 µm, surmontées d'hyphes grêles, cylindriques, allantoïdes, de 4-6-7,5 µm de largeur, à pigment vacuolaire.

Pas de boucles observées.

HABITAT: A terre, dans les feuilles mortes recouvrant une zone boueuse, inondée en saison des pluies, en forêt ombrophile. Forêt de la Mondah, près de Libreville (Gabon), route militaire, le 26.VI. 1976, n° G 745.

OBSERVATIONS

Cette espèce ressemble un peu à *longissimus*, dont elle diffère par le chapeau glabre, les lames non denticulées, l'absence d'odeur et de cystides. *Rh. humicola* d'aspect un peu comparable, est bisporique, un peu hygrophane et ses spores sont plus petites, ses basides non bouclées.

DIAGNOSE LATINE. — Pileo 22 mm lato, conico, parvo umbone, neque striato, neque hygrophano, pallide e flavido brunneolo, fere stramineo, medio obscuriore, glabro, lucido et micaceo. Stipite 35 × 2,5-3 mm, fistuloso, albo, leviter brunneolo tincto, lucido, glabro, striato. Carne tenuissima, translucida, albida. Lamellis stipatis, usque a 3 mm latis, ascendentibus, subliberis, albis, dein roseolis, acie concolore, erosa, sed haud denticulata. — Sporis 6,7-9,5 × 5-6,7 μm, symmetris elongatis complexis, interdum simplicioribus. Basidiis 24-34 × 8-10,5 μm, tetrasporis. Acie fertili. Laticiferis gracilibus; granulis parvis, sed multis. Cute inferne grandibus hyphis 32-70 × 15-35 μm, superne gracilibus, cylindratis, 4-7,5 μm latis: pigmento vacuolari. Fibulis absentibus. — Humi, inter folia emortua locum luteum tempore pluviarum immersum operientia in silva umbrosa. Typus in Herb. Romagn., n° G 745.

Rhodophyllus oncocystis Romagn.-Gilles

(Fig. 260)

CARACTERES MACROSCOPIQUES: Chapeau large de 8 mm et haut de 2,5 mm, convexe très surbaissé, subplan, avec une minuscule dépression au centre, strié par transparence et devenant cannelé au-dessus des lames peu après la récolte, nettement hygrophane, brun roussâtre assez foncé (M 7 C 4), un peu plus sombre au centre (M 7 D 4), à cuticule glabre et luisante, déviée radialement, de texture assez fine.

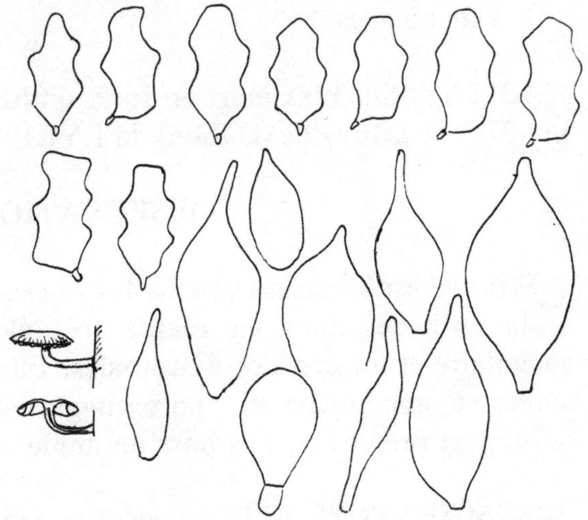

Fig. 260: *Rh. oncocystis*: spores, carpophore et cystides marginales

Stipe 9 × 0,5 mm, cylindrique, légèrement excentrique, arqué, brun rougeâtre très clair, de texture très fine, luisant et glabre.

Chair pelliculaire, translucide, concolore au chapeau ou à peine plus pâle, inodore.

Lamelles assez serrées, avec 2-3 longueurs de lamellules (parfois 1), larges de 2 mm au milieu, arrondies, simplement adnées, brun rouge pâle (M 7 B 2, puis B 3), à arête brillante, blanchâtre, denticulée s.l.

CARACTERES MICROSCOPIQUES: Spores 8,5-11 × (4,7)-5-5,5 µm, très étroites, plutôt gibbeuses qu'anguleuses, mais à base étirée et nettement anguleuse la plupart du temps, donc symétriques allongées complexes, à parois assez réfringentes.

Basides 23-35 × 8-9,5 µm, à (2)-4 stérigmates grêles.

Cystides marginales très ventrues, atténuées en haut en un petit col court, étroit, assez aigu, 35-60 × 11,5-28 µm.

Médiostrate à hyphes de (6)-8-22 µm; sous-hyménium assez amplement celluleux. Pas de granules tramaires. Cuticule présentant en surface des hyphes de 4-10-(14) µm, et en profondeur de 14-32 µm, (elles ne dépassant guère 20 µm dans la chair), à pigment vacuolaire.

Pas de boucles.

HABITAT: Sur bois mort en forêt ombrophile. Forêt de la Mondah, km 27,5 de Libreville (Gabon), le 1.VI.1975, n° G 587.

OBSERVATIONS

Etrange espèce, qui rappelle les *Luctuarii* par la forme de la spore et la cuticule, mais en réalité très éloignée par la pigmentation vacuolaire et les cystides marginales. Elle est difficile à classer. Nous avons vu une image de spore suggérant le type asymétrique, mais la plupart présentent à la base un angle assez net.

DIAGNOSE LATINE. — Pileo 8 mm lato, humillime convexo, subplano, minimo umbilico, transluciditate striato et ·mox super lamellas sulcato, manifeste hygrophano, saturatius e rufulo brunneo, medio paulo obscuriore, glabro, lucido. Stipite 9 × 0,5 mm, terete, leviter excentrico, arcuato, pallidissime e rubido brunneo, glabro, lucido. Carne pelliculari, translucida, pileo concolore vel vix pallidiore, inodora. Lamellis substipatis, 2 mm latis, rotundatis, solum adnatis, pallide e rubido brunneolis, acie nitenti, albida, denticulata. — Sporis 8,5-11 × (4,7)-5-5,5 μm, angustissimis, specie gibbosa, verisimiliter symmetris elongatis complexis. Basidiis 23-35 × 8-9,5 (2)-4 sporis. Cystidiis marginalibus ventricosissimis, brevi ac angusto collo acuminatis, 35-60 × 11,5-28 μm. Granulis in trama nullis. Cute ex hyphis 4-10-(14) μm latis, subcute hyphis latioribus (14-32 μm), pigmento vacuolari. Fibulis nullis. — In ligno emortuo, in silva umbrosa. — Typus in Herb. Romagn. n° G 587.

2°) **Rhodophyllus oncocystis** var. **pseudococles** Romagn.-Gilles

(Fig. 261)

CARACTERES MACROSCOPIQUES: Chapeau large de 7 mm et haut de 5 mm, conique à sommet tronqué par une minuscule dépression, entièrement strié par transparence et assez nettement hygrophane, brun un peu rougeâtre (M 6 D 4; MS 5 YR 5/3), un peu plus foncé au centre (MS 5 YR 4/3), à cuticule luisante et glabre, déviée radialement, de texture très fine.

Stipe long, droit, 2 cm × 0,7-1 mm (un peu plus épais en haut et en bas), probablement fistuleux, brun très pâle (M 5 B 3 et 2; mieux MS 7,5 YR 7/2), luisant, à grain très fin.

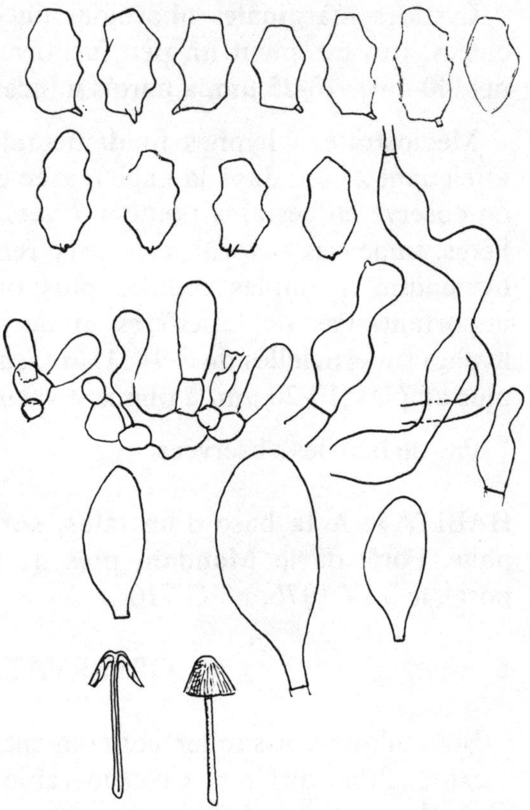

Fig. 261: *Rh. oncocystis* v. *pseudococles*: spores, basidioles, hyphes du haut du médiostrate, cystides marginales et carpophore

Chair pelliculaire, translucide, brunâtre, concolore dans le stipe, inodore.

Lamelles moyennement serrées, avec 2 longueurs de lamellules, larges d'1 mm au milieu, ascendantes, puis adnexées au stipe par une dent minuscule, concolores au stipe, puis rosissant un peu, à arête pâle, bassement denticulée s.l.

CARACTERES MICROSCOPIQUES: Spores (7,2)-8-8,7-(10,2) × (4,7)-5-5,7 -(6) μm, étroitement anguleuses bosselées, symétriques allongées complexes, à parois assez minces à base souvent tronquée.

Basides 23-33 × 8-10(11,7) μm, claviformes, tétrasporiques.

Cystides marginales obovoïdes ou elliptiques, courtement pédonculées, très rarement un peu fusiformes (mais très trapues), sans col net, 40-65 × 16-25 μm, à parois minces.

Médiostrate à hyphes fondamentales de 9-22 μm de large (elles atteignant 27 μm dans la chair), avec connexives ramifiées de 4-6 μm; on observe en certains points (? vers l'arête) des hyphes très irrégulières, sinueuses et toruleuses, avec renflements et constrictions; sous-hyménium à amples cellules plus ou moins arrondies, polystrate, important. Pas de laticifères ni de granules tramaires. Cuticule à hyphes superficielles de 5-9-(11) μm, surmontant un subcutis à hyphes plus amples (10-20 μm, à pigment vacuolaire brun clair.

Pas de boucles observées.

HABITAT: A la base d'un talus, sur la terre nue, en forêt ombrophile. Forêt de la Mondah, près de Libreville (Gabon) (route militaire), le 3.IV.1976, n° G 710.

OBSERVATIONS

Nous n'osons assimiler entièrement cette récolte à la précédente, à cause d'une différence considérable dans le port et l'habitat (non lignicole), ainsi que dans les cystides marginales pratiquement toujours dépourvues de col. Les autres caractères sont sensiblement les mêmes.

DIAGNOSE LATINE. — A typo differt pileo conico, truncato, stipite longo (20 × 0,7-1 mm) atque cystidiis obovatis, obtusis, sine collo. — In terra nuda imi valli. Typus in Herb. Romagn. n° G 710.

Rhodophyllus remotus Romagn.-Gilles

(Fig. 262)

CARACTERES MACROSCOPIQUES: Chapeau large de 4 cm, haut de 1,5-2 cm, campanulé convexe, obtus, sans mamelon, à marge franchement débordante (1, parfois même 2 mm) et plus foncée, ayant tendance à se fendiller entre deux lames, entièrement strié par transparence et translucide, d'un brun très clair (S 705), avec au centre une tache brun gris moyennement foncé atteignant 7-8 mm

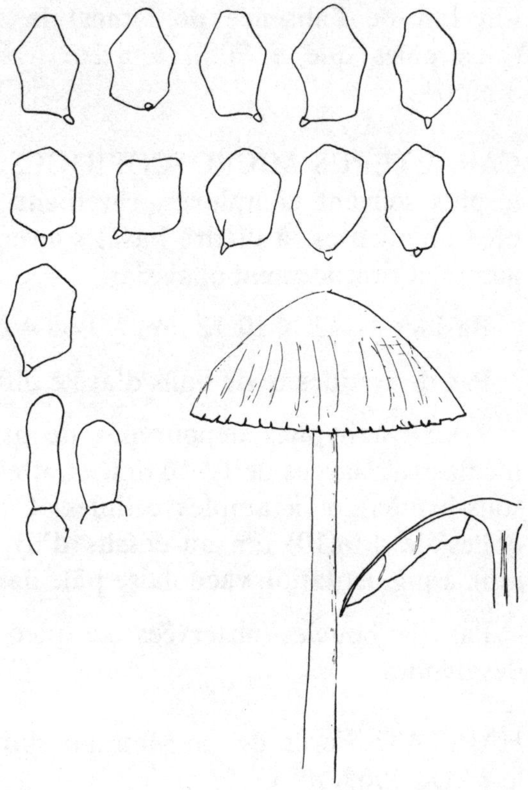

Fig. 262: *Rh. remotus*: spores, basidioles de l'arête et carpophore

de diamètre, à cuticule peignée de très fines fibrilles radiales, visibles seulement s.l., mais glabre à l'oeil nu, marqué au sommet de mouchetures très petites de la couleur du fond, luisant par le sec.

Stipe 9 cm × 3 mm, atteignant progressivement 6 mm à la base, farci, brun jaunâtre très pâle (presque S 265 en moins jaune), glabre, peigné de fibrilles soyeuses peu nombreuses et espacées, avec du mycélium blanc à la base.

Chair extrêmement mince, non hygrophane, un peu plus pâle que S 705, concolore dans le stipe à la surface, inodore.

Lamelles plutôt serrées, avec 4 longueurs de lamellules, remarquablement écartées du stipe (ce qui forme comme un disque au sommet du chapeau, et cerne d'une bande translucide et non striée (du fait de l'absence de lames) la zone mouchetée), blanchâtres (plus pâles que S 705), à arête irrégulière, mais pâle, larges de 3 mm.

CARACTERES MICROSCOPIQUES: Spores symétriques-allongées le plus souvent complexes, rarement cubiques, 8,5-10 × 6-7,2 µm, bien anguleuses, à dièdre basal souvent assez obtus, à parois réfringentes et précocement épaissies.

Basides 37-43 × 10-12 µm, à 3 ou 4 stérigmates.

Pas de cystides ni de poils d'arête differenciés des basidioles.

Trame à hyphes dépourvues de granules; les fondamentales du médiostrate larges de 12-16 µm, et atteignant 35 µm dans le chapeau; sous-hyménium à amples cellules. Cuticule filamenteuse, à hyphes grêles de 4-6-(10) µm au-dessus d'hyphes plus volumineuses (12-16 µm), à pigmentation vacuolaire pâle dans certaines hyphes.

Pas de boucles observées au pied des basides ni aux cloisons des hyphes.

HABITAT: Forêt de la Mondah (km 31,8 de Libreville, Gabon), le 28.IX. 1969, n° G208.

OBSERVATIONS

Les lames fortement écartées du stipe rendent cette espèce très particulière.

DIAGNOSE LATINE. — Pileo 4 cm, lato, campanulato-convexo, obtuso, margine excedente et fissa, toto transluciditate striato, pallidissime brunneolo, medio obscuriore ac minute squamuloso, alibi s.l. subtilissime fibrilloso. Stipite 90 × 3 mm, imo usque ad 6 mm, farcto, pallidissime e flavido brunneo, glabro, striato. Carne tenuissima, inodora. Lamellis substipatis, eximie remotis, albidis, acie inaequali, pallidiore. — Sporis symmetris elongatis plerumque complexis, raro cuboideis, 8,5-10 × 6-7,2 µm. Basidiis 37-43 × 10-12 µm. Trama sine granulis. Cute filamentosa, hyphis 4-10 µm latis, super alias 12-16 µm latas, pigmento vacuolari levi. Fibulis non observatis. — Typus in Herb. Romagn., n° G. 208.

Rhodophyllus subglobisporus Romagn.-Gilles

(Fig. 263)

CARACTERES MACROSCOPIQUES: Chapeau large de 6 mm et haut de 4 mm, convexe subhémispherique, avec un mamelon central très petit, mais bien marqué, vaguement strié par transparence, hygrophane, d'un brun assez foncé (M 5 D/E 5), à sommet à peine plus sombre (5 E 5), glabre, luisant, à cuticule déviée radialement, de texture fine.

Stipe 3,8 cm × 1 mm sous les lames, ailleurs 0,7 mm, à peine renflé à la base, fistuleux (?), brunâtre pâle et poudré en haut, ailleurs rapidement concolore au chapeau, glabre, luisant, à grain très fin.

Chair pelliculaire, translucide, concolore, inodore.

Lamelles moyennement espacées, avec 2 longueurs de lamellules, ascendantes, arrondies puis adnexées au stipe par une courte dent, relativement larges (2 mm au milieu), blanc brunâtre, puis rosissant vers M 6 B 2, à arête concolore, sublisse s.l.

CARACTERES MICROSCOPIQUES: Spores 7,5-9,5 × 5-7,5 μm, subglobuleuses complexes, mais à dièdre basal très obtus, passant à une face ou tronqué.

Basides subcylindriques à subclaviformes, 27-46 × 10-12 μm, tétrasporiques.

Poils marginaux généralement à 2 articles, le supérieur 30-55 × 8-12 μm, souvent subcapité ou renflé après un étranglement subapical, mais parfois atténués obtus ou avec une esquisse de col très court, large et obtus.

Médiostrate à hyphes fondamentales de 10-14 μm accompagnées de connexives grêles; sous-hyménium plutôt filamenteus-rameux. Pas de granules tramaires; les hyphes connexives peuvent parfois prendre un aspect légèrement laticiféroïde. Cuticule à hyphes couchées, à articles de 30-80 × 6-12 μm, à pigment vacuolaire.

Pas de boucles observées.

HABITAT: Sur la terre d'un talus surmontant un marigot, en forêt ombrophile. Forêt de la Mondah, route militaire, le 6.II.1977, n° G 802.

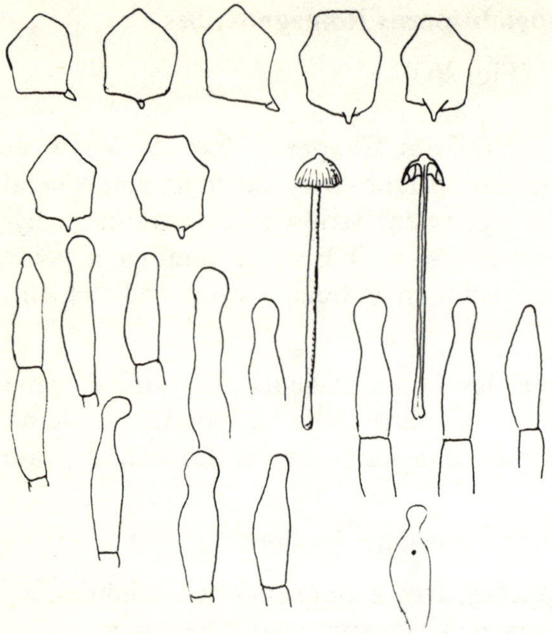

Fig. 263: *Rh. subglobisporus*: spores, poils marginaux, et carpophore

OBSERVATIONS

Cette espèce est caractérisée par la forme du chapeau et des lames, les spores subglobuleuses et les poils marginaux. Par les spores, elle fait penser à *Rh. juncinus* d'Europe, mais est bien différente.

DIAGNOSE LATINE. — Pileo 6 mm lato, e subhemisphaerico convexo, mamillato, hygrophano, fusco, glabro, lucido. Stipite 38 × 0,7-1 mm, superne pallide fusco ac pruinoso, alibi pileo subconcolore, glabro, lucido. Carne pelliculari, translucida, subconcolore, inodora. Lamellis mediocriter distantibus, latiusculis (2 mm), ascendentibus, rotundatis et brevi dente adnexis, pallidissime brunneolis, dein roseis, acie concolore, sublevi. Sporis 7,5-9,5 × 5-7,5 m, subglobosis complexis. Basidiis 27-46 × 10-2 μm. Poils marginalibus saepe subcapitatis, 30-55 × 8-12 μm. Granulis nullis. Cute ex hyphis 30-80 × 6-12 μm, pigmento vacuolari. Fibulis nullis. — Humi, ad parietem rivuli, in silva umbrosa. Typus in Herb. Romagn. n G 802.

2°) Récolte voisine (exemplaire mal conservé)

(Fig. 264)

CARACTERES MACROSCOPIQUES: Chapeau large d'1,8 cm et haut de 7 mm, conico-convexe avec un petit mamelon conique au sommet, à marge légèrement récurvée, strié par transparence, vaguement hygrophane, brun rougeâtre (M 6 D 5), nettement plus pâle au bord (6 B 2) et plus foncé au sommet (6 E 5), à cuticule glabre, déviée radialement, de texture très fine.

Stipe 4 cm × 1,5 mm, à peine épaissi sous les lames et à la base, fistuleux, brun rougeâtre (M 6 D 5), un peu plus pâle en haut, glabre, à grain très fin.

Chair très mince, translucide, concolore aux surfaces, inodore, douce.

Lamelles moyennement serrées, avec 2-3 longueurs de lamellules, ascendantes, adnexées au stipe par une courte dent, larges au milieu de 3 mm, brun rosâtre (M 7 B 3), à arête concolore et lisse s.l.

CARACTERES MICROSCOPIQUES: Spores 7,5-9-11 × (6,5)-7-8,5 μm, subglobuleuses simples à complexes, rarement cubiques, mais à dièdre basal obtus et peu net, à angles émoussés et à parois assez minces.

Basides 28-33 × 11-12,5 μm, subcylindriques, tétrasporiques, souvent à parois sclérifiées et épaissies.

Pas de poils marginaux observés, mais l'hyménium comprend une foule de petites cellules (plus nombreuses que les basides mûres, (probablement des basidioles) d'abord elliptiques, puis shéropédonculées, 20-30 × 12-17 μm.

Médiostrate mal conservé, probablement à hyphes fondamentales atténuées au bout, très longues, larges de 6-19 et peut-être 22 μm dans le chapeau. Pas de granules tramaires. Cuticule d'hyphes couchées, cylindriques, larges de 6-9 μm, à pigment peut-être vacuolaire mais très léger et peu net.

Pas de boucles observées (mais le sujet est en médiocre état).

HABITAT: A terre, dans les feuilles mortes, en forêt ombrophile.

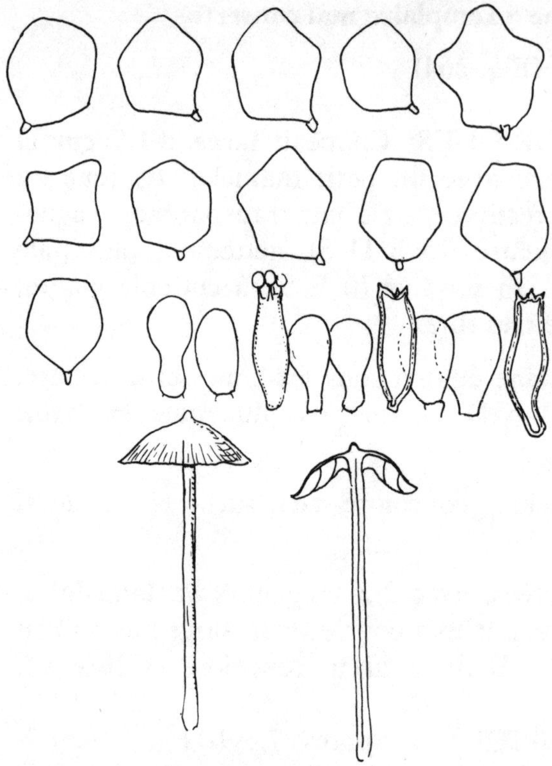

Fig. 264: *Rh.* cf. *subglobisporus*: spores, hyménium avec basidioles stériles et basides sclérifiées et carpophore

Forêt de la Mondah, près de Libreville (Gabon), le 15.VIII.1976, n° G 756.

OBSERVATIONS

Cette récolte, dont l'exsiccatum est très mal conservé, semble par la morphologie très voisine de *subglobisporus,* malgré une taille plus forte, une couleur un peu plus rougeâtre et des spores plus grosses. Si les poils marginaux manquent vraiment, et comme les hyphes très longues, atténuées aux extrémités, du médiostrate, ne semblent pas s'observer chez *subglobisporus* malgré son bon état de conservation, il est probable que nous avons affaire à une espèce différente; mais il est nécessaire d'attendre de recueillir des exemplaires en meilleur état, car les basides sclérifiées, les cellules stériles sphéropédonculées qui dominent dans l'hyménium, sont vraisemblablement l'indice d'un développement anormal.

DIAGNOSE LATINE. — Pileo 1,8 cm lato, e conico convexo, umbonato, margine leviter reflexa, transluciditate striato, subhygrophano, e rubido brunneo, in margine pallidiore, in summo obscuriore, glabro. Stipite 40 × 1,5 mm, fistuloso, e rubido brunneo, sursum paulo pallidiore, glabro. Carne tenuissima, translucida, concolore, inodora. Lamellis mediocriter stipatis, ascendentibus, brevi dente adnexis, 3 mm latis, acie concolore et levi s.l. — Sporis subglobosis, parum angulatis, subglobosis simplicibus vel complexis, raro cubicis, 7,5-11 × 6,5-8,5 μm. Basidiis 28-38 × 11-12,5 μm, subcylindratis, pariete saepe incrassata ac refringenti, mixtis plurimis cellulis clavatis, 20-30 × 12-17 μm (basidiolis ?). Granulis nullis. Cute hyphis 6-9 μm latis, pigmento parum distincto (vacuolari ?). Fibulis non visis. — Humi inter folia emortua, in silva umbrosa. Typus in Herb. Romagn. n° G 756.

SOUS-SECTION DES DRYOPHILOIDES

Cette coupure réunit des espèces à spores clairement symétriques, et d'autres à base constamment tronquée et très probablement asymétriques. Contrairement aux espèces d'Europe, certaines sont cystidiées.

1 Spores le plus souvent cubiques. 2

1 Spores normalement non cubiques 4

2 Pas de poils marginaux ni de cystides. Chapeau papillé. Odeur de noisette . . . . *Rh. subquadratus* (Hesler) var. *avellanolens* R.-G.

2 Des cystides sur l'arête ou les faces des lames, souvent éparses et parfois rares, pouvant échapper 3

3 Chapeau conique 2 cm. Stipe 9 cm × 3-5 mm. Cystides aciculaires, étroites, éparses sur les faces et difficiles à voir. Poils marginaux claviformes. Spores 8,5-11,5 × 8-9 μm. . . . . .voir *aciculocystis (Inopilus Inocephali)* p. 410

3 Chapeau 4-6 mm. Stipe 1-2 cm × 0,5 mm. Cystides lagéniformes, ventrues 35-40 × 8-15 μm, couvrant l'arête des lames. Spores cubiques à subglobuleuses simples, 6,5-8,5 × 6-7 μm. Surtout sur *Elaeis*. . . . . *Rh. Elaeidis* R.-G.

4 Spores subglobuleuses (voir aussi ci-dessus *Elaeidis*), 5-7 × 5-6,2 μm. Chapeau 15 mm, brun très pâle. Pas de poils marginaux. . . . . *Rh. avellanicolor* R.-G.

4 Spores nettement allongées et plus grandes (7,5-13,7 × 6,7-9,5 μm). 5

5 Nombreuses cystides ventrues sur l'arête, 50-90 × 10-23 μm. Chapeau mamelonné, 1,5 cm, brun assez foncé. Stipe 3,5 cm × 1,5-2,5 mm . *Rh. subfusifer* R.-G.

5 Pas de cellules marginales. Chapeau 2-4 cm, brun rosé, ressemblant à celui de certaines formes de *Marasmius dryophilus.* Stipe 4-8 cm × 2,5-5 mm. Cuticule à hyphes souvent renflées aux extrémités ou étranglées au milieu. . . . . *Rh. dryophiloides* R.-G.

Rhodophyllus avellanicolor Romagn.-Gilles
(Fig. 265)

CARACTERES MACROSCOPIQUES: Chapeau atteignant 1,5 cm lorsqu'il est étalé, mais d'abord campanulé à hémisphérique et haut de 4-8 mm, avec le sommet à peine marqué, mais prenant à l'étalement un petit mamelon obtus au milieu d'une faible dépression, hygrophane, d'un brun très pâle (S 705) par l'humidité, et passant au blanchâtre par le sec, à cuticule de texture si fine qu'on la croirait veloutée à l'état hydraté, mais prenant au sec un aspect radialement et très finement fibrilleux.

Stipe jusqu'à 4,2 cm de long, et large de 1,5-2 mm, creux en haut, cylindrique, farci en bas, blanchâtre pruineux en haut où il est strié sur près de 10 mm, dans le prolongement de lames, ailleurs glabre et strié longitudinalement, puis devenant concolore au chapeau, avec, sur certains exemplaires la moitié inférieure un peu plus colorée.

Chair très mince, blanchâtre, inodore.

Lamelles moyennement serrées, avec 3 longueurs de lamellules, sinuées, puis décurrentes par la dent, blanches, puis rose pâle, à arête plus pâle, mais lisse, même s.l.

CARACTERES MICROSCOPIQUES: Spores petites, (5)-5,7-6,5-(7) × 5-6,2 μm, subglobuleuses complexes, mais à dièdre très obtus, les unes bien anguleuses, les autres à contours plus ou moins arrondis, à membrane réfringente, mais pâle, rappelant celles des *Turfosi.*

Basides 28-33 × 7-8 μm, à 4 fins stérigmates, claviformes.

Pas de cystides ni de poils marginaux.

Trame d'hyphes larges de 15-25 μm dans le chapeau, de 8,5-14 μm dans le médiostrate, sans guttules nettes; sous-hyménium à hyphes très grêles et très fragiles. Cuticule d'hyphes cohérentes, réunies en méchules, larges de 6-12 μm, sans pigment localisable.

Boucles très fréquentes au pied des basides et aux cloisons des hyphes, même les fondamentales (K.)

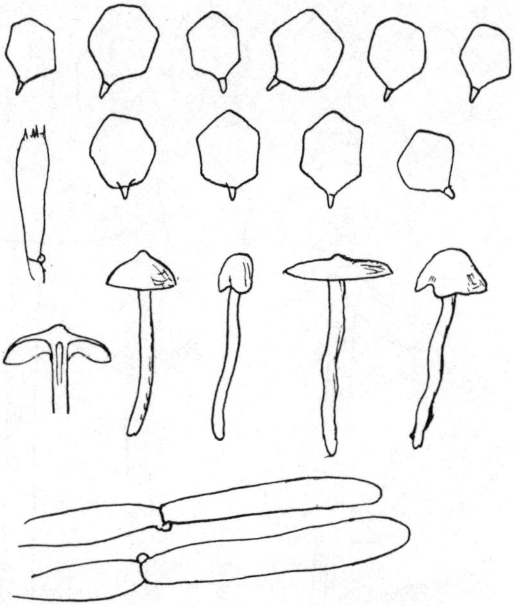

Fig. 265: *Rh. avellanicolor*: spores, carpophores et hyphes cuticulaires

HABITAT: En petite troupe sur la terre nue, non dans les feuilles mortes. Forêt de la Mondah (km 31,5 de Libreville, Gabon), le 1.X. 1969, n° 213.

DIAGNOSE LATINE. — Pileo campanulato hemisphaericove, dein applanto et lato usque ad 15 mm, expanso paulum mammoso, avellaneo, hygrophano ac sicco pallescente et subtilissime fibrilloso. Stipite usque ad 42 × 1,5-2 mm, aequali, sursum cavo, deorsum fistuloso, albido et pruinoso in parte superiore, alibi glabro ac striato, denique pileo concolore vel paulo inferne obscuriore. Carne tenuissima, alba, inodora. Lamellis mediocriter stipatis, sinuatis, dein dente decurrentibus, albis, dein pallide roseis. — Sporis parvis, 5-7 × 5-6,2 μm, subglobosis complexis, interdum parum angulatis. Cystidiis nullis. Cute filamentosa, hyphis 6-12 μm latis. Fibulis permultis sub basidiis et ad septa hypharum. — Gregatim in terra nuda. Typus in Herb. Romagn. n° G 213.

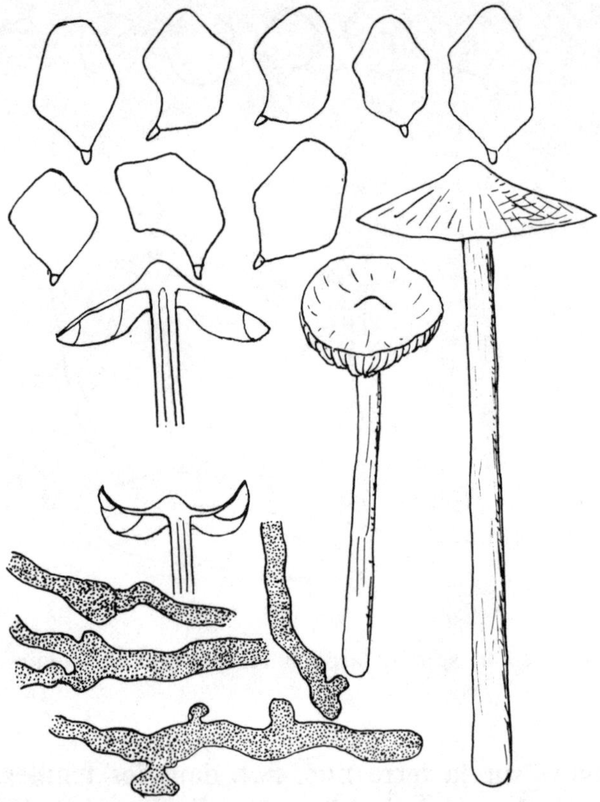

Fig. 266: *Rh. dryophiloides*: spores, carpophores et laticifères (G 447)

Rhodophyllus dryophiloides Romagn.-Gilles

(Fig. 266, 267, 268)

CARACTERES MACROSCOPIQUES: Chapeau large de 2 à 4 cm, haut de 0,6 à 1 cm, convexe surbaissé ou étalé plan ou avec une molle dépression centrale, ou conique puis étalé et à la fin formant coupe par relèvement des bords, strié par transparence et hygrophane, alutacé pâle un peu rosâtre presque chair ou brun rosé clair, M 6 A 2 à 6 B 4, le centre à peine plus coloré parfois teinté de jaunâtre vers M 5 B 4, très pâle blanchâtre à la marge, rappelant beaucoup dans certaines récoltes *Marasmius dryophilus.* Cuticule très glabre, parfois seulement unie veloutée au centre (mais pas toujours),

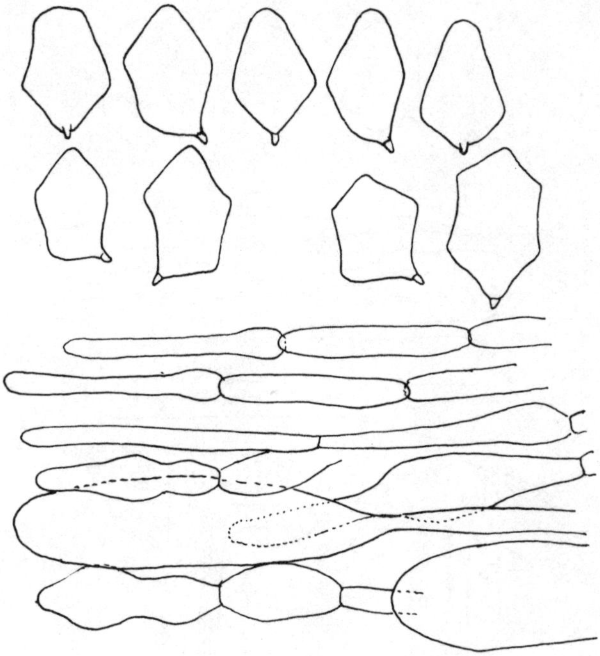

Fig. 267: *Rh. dryophiloides*: spores, série du haut (G 750), série du bas (G 751) et cuticule (G 750)

déviée radialement à texture très fine peu distincte quand le champignon est imbu.

Stipe long de 4 à 8 cm, diamètre 2,5 à 4 mm, central ou légèrement excentrique, à peine élargi en haut, s'épaississant progressivement pour atteindre 4-5 mm à la base, quelquefois un peu comprimé, pâle concolore au chapeau, glabre, luisant, strié longitudinalement de longues fibrilles parfois soyeuses-argentées. Un peu de mycélium blanc en bas. Fistuleux.

Chair très mince, translucide, concolore au chapeau, inodore,douce.

Lamelles moyennement à assez serrées avec 2-3-(4) longueurs de lamellules, atteignant 6 mm de large au milieu, faiblement arquées ou plus ou moins ventrues suivant les récoltes, blanches puis rosissant vers M 6 A 2, généralement adnexées au stipe par une courte dent, parfois assez franchement échancrées. Arête concolore, lisse ou érodée-sinuée mais non denticulée à la loupe.

Fig. 268: *Rh. dryophiloides*: spores, cuticule et carpophore (G 607)

CARACTERES MICROSCOPIQUES: Spores 10-12,5-(13,7) × 6,7-8,5-(9) μm, symétriques allongées simples à complexes (très rarement cubiques), à sommets assez obtus, à parois épaisses et réfringentes.

Basides 35-46-(65) × 10-13-(14) μm, claviformes, tétrasporiques.

Pas de cystides ni de poils marginaux.

Médiostrate à hyphes de 4,5-13 μm de diamètre; sous-hyménium étroit, généralement celluleux sous les basides et filamenteux rameux plus bas, parfois avec une couche hyménopodiale d'hyphes connexives assez nette. Laticifères (surtout dans la zone subcuticulaire) sinueux, tordus, ramifiés et avec çà et là de brusques ampoules, larges de 5-12,5-(15) µm de diamètre, parfois plus rares. Cuticule présentant en profondeur des hyphes assez volumineuses de 12-30 µm de large, étranglées fortement aux extrémités (en forme de tibia), parfois même avec une constriction médiane ou à article terminal rétréci en col, surmontées d'une couche d'hyphes grêles, allantoïdes, beaucoup moins et même pas du tout rétrécies aux cloisons (septation secondaire ?), larges de 3-6,5 µm. Pas de pigmentation localisable.

Rares boucles observées à certaines cloisons des hyphes cuticulaires, mais non aux basides.

HABITAT: A terre, dans les sentiers étroits, sur débris végétaux ou sous les fougères (*Nephrolepis bisserrata*), ou sur les talus surplombant les marigots de forêt. Gabon, forêt de la Mondah, les 12.III.1972, 13.VII.1975, 10. et 24.VII.1976, n° G 447, G.607, G 750 et G 751.

OBSERVATIONS

Cette espèce est reconnaissable dans ses formes les plus courantes à sa ressemblance avec *Marasmius dryophilus*.

DIAGNOSE LATINE. — Pileo 2-4 cm lato, conico, dein expanso et margine revoluta, umbonato, hygrophano, toto transluciditate striato, pallide e roseo brunneo, sicco exalbicante, glabro vel minutissime fibrilloso. Sitpite usque 40-80 × 2,5-4 mm, sursum, imo crassiore (5 mm), concolore, fibrilloso-striato. Carne concolore, inodora. Lamellis mediocriter stipatis, usque ad 5 mm latis, tenui dente adnexis, albis dein pallidius roseis, acie integra. — Sporis symmetris elongatis simplicibus vel complexis, raro cuboideis, 10-12,5 × 7-8,5 µm. Basidiis 35-40 × 10-13 µm. Trama sine granulis, in subcute laticiferis tortuosis, passim ampullaceis, 5-15 µm latis. Cute filamentosa, hyphis 3-6,5 µm latis. Fibulis rarissimis. — Humi inter folia emortua, sub *Nephrolepidibus biserratis*. Typus in Herb. Romagn. n° G 447.

Rhodophyllus Elaeidis Romagn.-Gilles

(Fig. 269)

CARACTERES MACROSCOPIQUES: Chapeau large de 4 à 6 mm, haut de 2 à 3 mm, convexe hémisphérique avec généralement un très petit mamelon central obtus, plus rarement un peu déprimé au sommet, fortement strié par transparence, hygrophane, rosâtre très pâle lavé de violacé (M 7 B 2) ou brun très clair (M 5 C 4), parfois blanchâtre sauf au centre qui est toujours un peu coloré, luisant, glabre; cuticule déviée radialement à texture très fine, centre bassement velouté.

Stipe long de 1 à 2 cm, diamètre 0,5 mm, concolore au chapeau, parfois un peu plus jaunâtre surtout dans la moitié inférieure, luisant, glabre, à grain très fin. Probablement fistuleux.

Chair pelliculaire, translucide, concolore au chapeau, inodore, douce.

Lamelles assez espacées avec 1-2 longueurs de lamellules, larges jusqu'à 2,5 mm au milieu, légèrement arquées puis décurrentes sur le stipe, blanc grisâtre puis rosissant. Arête concolore, sublisse à la loupe.

CARACTERES MICROSCOPIQUES:

Spores cubiques à symétriques plus ou moins allongées ou subglobuleuses simples, à parois minces, peu réfringentes, 6,8-8,5 × 6-7 μm.

Basides (20)-22-32 × 8,5-11,5 μm, claviformes, tétrasporiques.

Cystidioles éparses sur l'arête (surtout), lagéniformes, 35-40 × 8-15 μm au ventre, à col grêle, assez aigu.

Médiostrate à hyphes de 4-12-17 μm; sous-hyménium étroit, rameux. Pas de laticifères ni de granules tramaires. Cuticule à hyphes de 6-11 μm de diamètre, les superficielles en boudin atteignant 14-16 μm, à léger pigment vacuolaire.

Boucles observés aux basides et aux cloisons de certaines hyphes.

HABITAT: Sur les stipes d'*Elaeis* vivants recouverts de mousses et d'hépatiques, ou sur les petites racines adventives d'*Elaeis* abattus, ou sur les petits fragments de bois pourri. Gabon, forêt de la Mondah, les 23.3., 27.4. et 25.5.1975, n° G.528, G.572 et G.582.

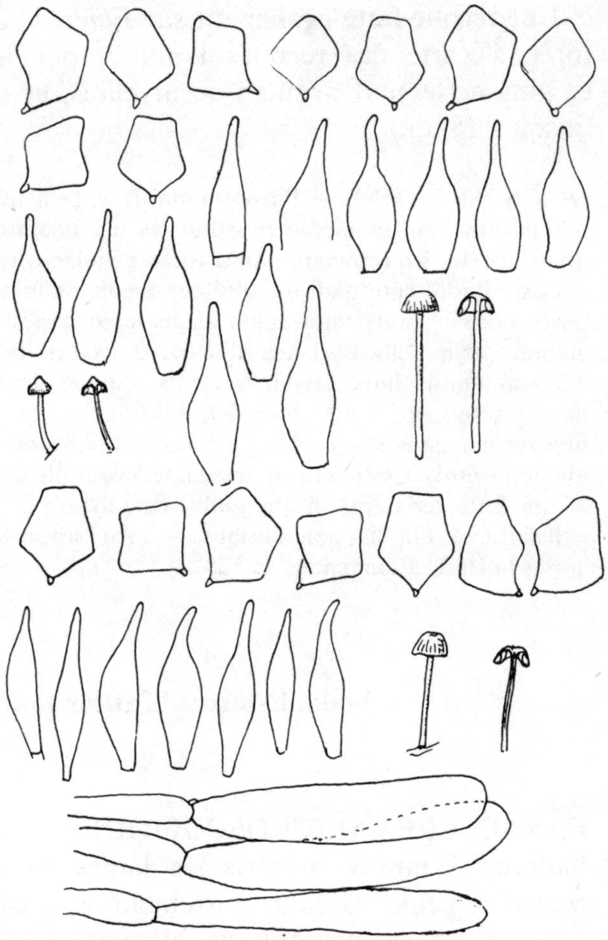

Fig. 269: *Rh. Elaeidis*: spores, cystides et carpophores (G 564, 572); en bas, spores, cystides, carpophore et hyphes cuticulaires (G 528)

OBSERVATIONS

Cette minuscule espèce, fréquente en saison des pluies, est reconnaissable sur le terrain à son chapeau hémisphérique fortement strié par transparence et ses lames arquées-décurrentes. Elle diffère des *Hirtelli* typiques par le chapeau presque glabre, tout au plus finement velouté au centre et par sa couleur pâle.

Une récolte faite également sur *Elaeis* le 20.IV.1975, dans la même forêt, s'écarte des récoltes typiques par les lames plus largement et plus nettement arquées-decurrentes, et ses cystidioles plus larges (jusqu'à 15 μm).

DIAGNOSE LATINE — Pileo 4-6 mm lato, ex hemisphaerico convexo, plerumque minimo umbone in medio praedito, rarius paulum depresso, maxime transluciditate striato, hygrophano, pallidissime e violaceo roseolo vel brunneolo, interdum circum albido, cute glabro, subtiliter medio velutino. Stipite 1-2 cm × 0,5 mm, pileo concolore, interdum paulo magis luteo, praesertim in inferiore parte, lucido, glabro. Carne pelliculari, translucida, concolore, inodora. Lamellis parum densis, 2,5 mm midiis latis, leviter arcuatis, deinde decurrentibus, e griseolis albidis, deinde roseis, acie concolore, s.l. sublevi. — Sporis cubicis vel magis minusve breviter elongatis simplicibus, 6,5-8,5 × 6-7,5 μm. Basidiis (20)-22-32 × 8,5-11,5 μm, tetrasporis. Cystidiolis in acie lamellarum dispersis, lageniformibus, 35-40 × 8-15 μm. Laticiferis granulisque nullis. cute hyphis 5-15 μm latis, pigmento vacuolari pallidissimo. Fibulis praesentibus. .— Ad stirpes Elaeidis, rarius in ligno. — Typus in Herb. Romagn. n° G 528.

Rhodophyllus subfusifer Romagn.-Gilles

(Fig. 270)

CARACTERES MACROSCOPIQUES: Chapeau large de 1,5 cm et haut de 3 mm y compris les lames vues de profil, étalé plan à centre à peine saillant, fortement et entièrement strié par transparence, un peu hygrophane, brun assez foncé (M 5 D 4), plus foncé (M 5 E 4) dans la moitié centrale, luisant, à cuticule de texture très fine s.l., vaguement déviée radialement.

Stipe 3,5 cm × 1,5 mm en haut, s'épaississant très progressivement pour atteindre 2,5 mm dans la moitié inférieure, fistuleux, blanchâtre en haut et poudré sur 5 mm, puis fonçant de plus en plus pour atteindre M 5 D 3 dans la moitié inférieure, luisant et de texture très fine, non strié longitudinalement s.l.

Chair pelliculaire, translucide, brunâtre très pâle dans le chapeau, concolore dans le stipe, à faible odeur spermatique.

Lamelles moyennement serrées, avec 2-3 longueurs de lamellules (celles-ci sont sinueuses, mais non interveinées), larges de 3 mm au milieu, arrondies adnées ou adnexées par une courte dent en pro-

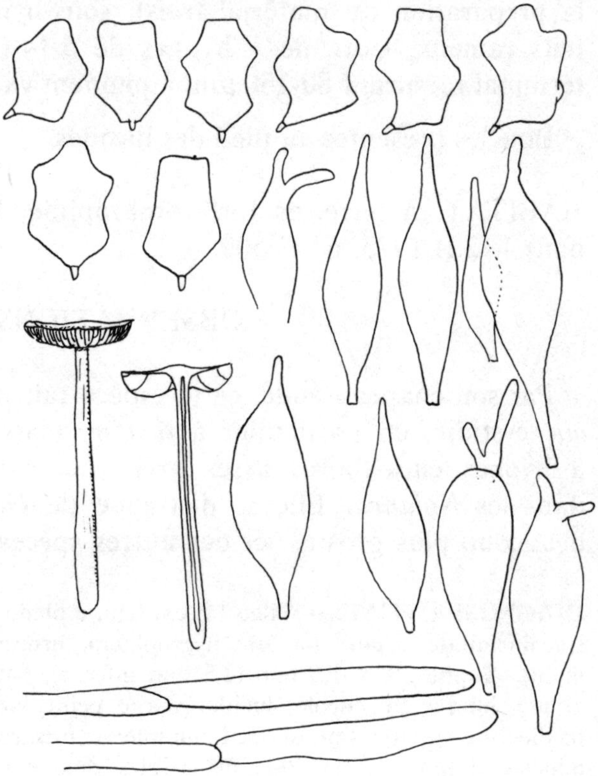

Fig. 270: *Rh. subfusifer*: spores, carpophore, cystides et hyphes cuticulaires

longement des lames, brunâtre pâle, puis brun rosâtre (M 6 C 3), à arête pâle, denticulée s.l.

CARACTERES MICROSCOPIQUES: Spores (7,5)-8,5-10-(11,5) × 6,7-8-(9,5) µm, symétriques allongées complexes, plus rarement simples, de contour bosselé étoilé (arête concaves, bosses obtuses), à parois épaisses et réfringentes.

Basides 28-34-(40) × 10-12-(13) µm, à (2)-4 stérigmates.

Cystides nombreuses sur l'arête, 50-90 × 10-23 µm, lagéniformes ventrues, à col étroit, le plus souvent court, rarement bifide.

Médiostrate à hyphes de 10-17 µm, allantoïdes, avec connexives de 4,5-6 µm; pas de granules (mais quelques grosses gouttes dans la préparation du matérial frais); sous-hyménium d'aspect filamenteux rameux. Cuticule à hyphes de 6-14-(17) μm de large, l'article terminal mesurant 80-150 μm, à pigment vacuolaire brun.

Boucles présentes au pied des basides.

HABITAT: A terre, en forêt ombrophile. Forêt de la Mondah (Gabon), le 2.II.1975, n° G 509.

OBSERVATIONS

Par son chapeau étalé, cette espèce fait penser à un *Leptonia Sarciti* cystidié, en particulier à *fusifer*, mais le chapeau hygrophane, à hyphes cuticulaires assez grêles, la rangent plus naturellement dans les *Nolanea*. Elle se distingue de *Gabonicus* par les cystides beaucoup plus grosses, et des autres spèces cystidiées par les spores.

DIAGNOSE LATINE. — Pileo 1,5 cm lato, e plano expanso, medio vix mammoso, transluciditate striato, paulum hygrophano, brunneo, medio obscuriore, lucido, glabro. Stipite 35 × 1,5 mm (2,5 mm inferne), fistuloso, sursum pruinoso atque albido, inferne brunneolo, lucido. Carne pelliculari, pallide brunneola. Lamellis mediocriter stipatis, sinuosis, sed non intervenosis, rotundato-adnatis vel brevi dente adnexis, 3 mm latis, pallide brunneolis, dein e roseis brunneolis, acie pallida, s.l. denticulata. — Sporis 8,5-10,5-(11,5) × 6,7-8 μm, symmetris elongatis plerumque complexis. Basidiis 28-34 × 10-12-(13) μm (2)-4 sporis. Cystidiis marginalibus ventricosis, in collum breve acuminatis, 50-71-(90) × (10)-12,5-23 μm. Laticiferis granulisque nullis. Cute filamentosa, hyphis 6-14-(17) μm latis, pigmento vacuolari. Fibulis sub basidiis praesentibus. — Humi, in silva umbrosa. Typus in Herb. Romagn. n° G 509.

Rhodophyllus subquadratus (Hesler) var. **avellanolens** Romagn.-Gilles

(Fig. 271, 272, 273)

CARACTERES MACROSCOPIQUES: Chapeau large de 1 à 3,5 cm, haut de 6 à 20 mm, généralement conique, plus rarement convexe ou même avec la marge franchement relevée, avec au sommet une papille conique en général bien marquée, parfois remplacée par un petit mamelon saillant ou même par une petite sphérule dans les formes à marge relevée, strié par transparence et hygrophane, très pâle dans le jeune âge avec la marge blanchâtre et le sommet brun

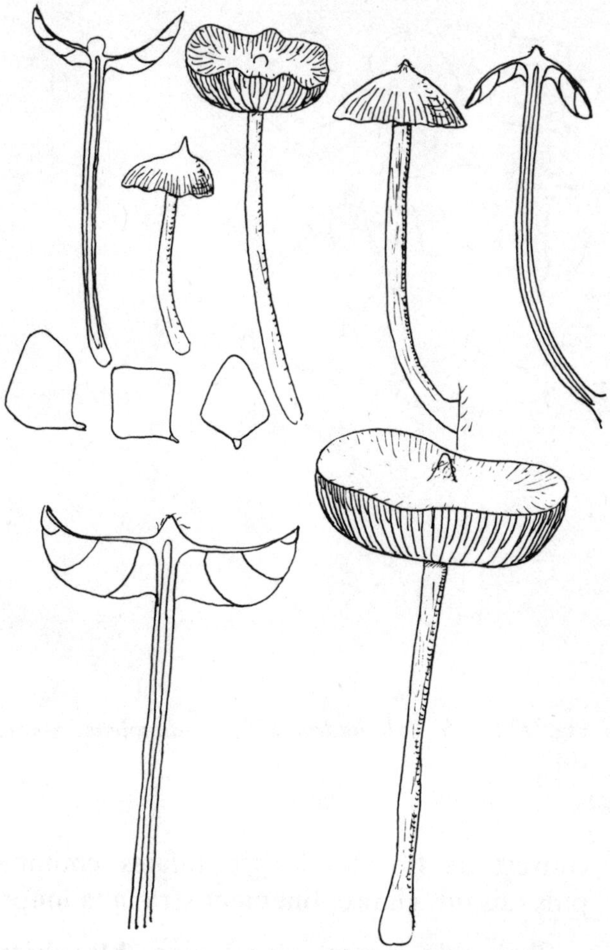

Fig. 271: *Rh. subquadratus*: v. *avellanolens*: spores, basides et carpophore (G 105)

rosé clair puis fonçant jusqu'à S 691 ou 147 ou M 6 A 3 à 6 C 5, devenant brun acajou M 7 E 8 à la fin, la papille toujours un peu plus foncée que le reste. Chez les specimen jeunes, la papille est recouverte de débris fibrilleux blancs. Cuticule soyeuse, luisante, glabre, déviée radialement, à texture très fine.

Stipe long de 3 à 6 cm, diamètre 2 à 3,5 mm, à peine élargi à la base, droit ou arqué suivant la position du support, farci puis étroitement tubuleux, blanchâtre et pruineux en haut sur quelques millimètres puis assez fortement coloré de brun jaune un peu rougeâtre jusqu'à S 146 ou M 6 C 6 et même 7 D 8, d'abord

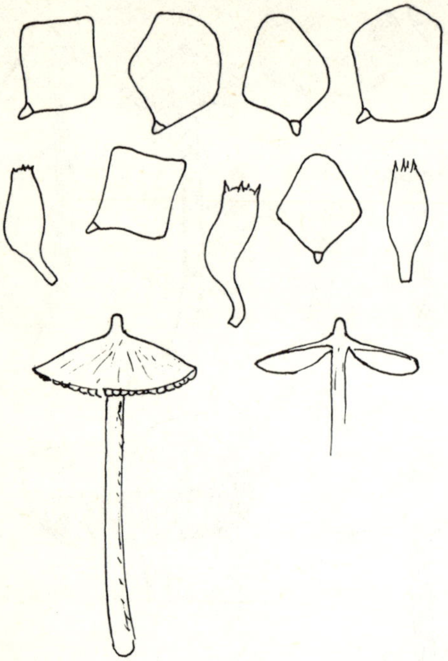

Fig. 272: *Rh. subquadratus* v. *avellanolens*: spores, basides et carpophores (G 201)

couvert de fibrilles longitudinales cotonneuses blanches caduques puis luisant, glabre, finement strié à la loupe.

Chair très mince, translucide, blanchâtre à brun très pâle sauf dans la papille où elle est brun rougeâtre assez foncé, généralement à très nette odeur et saveur de noisette, exceptionnellement inodore, toujours douce.

Lamelles moyennement à assez serrées avec 2-3 longueurs de lamellules, larges jusqu'à 3 mm au milieu, en général ascendantes, droites ou arquées, sublibres à uncinées, blanchâtres puis brun rosé jusqu'à M 7 C 5 chez les exemplaires âgés. Arête concolore, lisse à la loupe.

CARACTERES MICROSCOPIQUES: Spores 7,5-10 × 7-8,5 μm, cubiques, parfois subglobuleuses simples, à arête droites ou un peu convexes, au plus faiblement concaves, à angles obtus, à parois assez épaisses, à appendice hilifère petit.

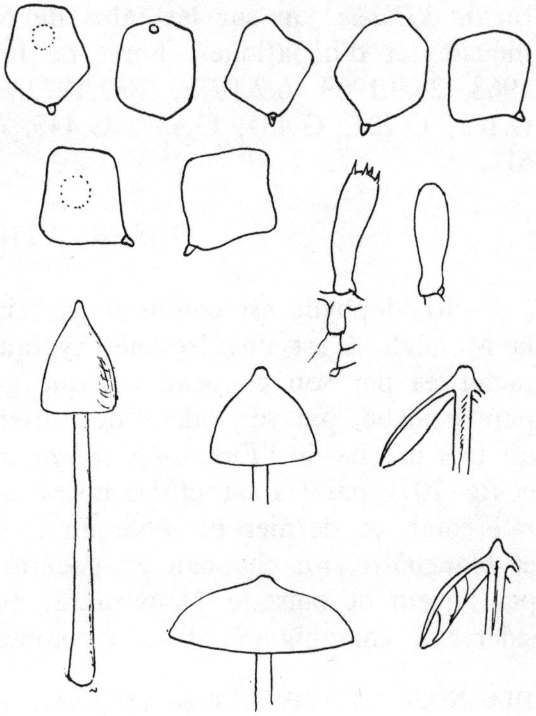

Fig. 273: *Rh. subquadratus* v. *avellanolens*: spores et carpophores, (en haut à gauche (G 539), à droite (G 604), en bas (G 611)

Basides courtes, 25-38 × (8,5)-19-12,5 μm, claviformes ou subcylindriques et alors parfois assez longuement pédonculées, à 4 fins stérigmates.

Pas de poils marginaux.

Hyphes de la trame volumineuses, larges de 12-34 μm, sans granules, ne dépassant guère 28 μm dans le médiostrate; sous-hyménium filamenteux, à hyphes très fines, ramifiées; quelques laticifères. Cuticule filamenteuse, à hyphes couchées, grêles en surface (4-7 μm), atteignant 17 μm seulement en profondeur, sans pigmentation visible sur le sec (très probablement intracellulaire).

Boucles fréquentes au pied des basides, inconstantes aux cloisons des hyphes.

HABITAT: Sur le terre boueuse, parfois sur bois mort ou sur

rachis d'*Elaeis,* ou sur les talus de terre sablonneuse couverts de mousses et d'hépatiques. Forêt de la Mondah Gabon, les 13.10. 1968, 26.9.1969, 6.2.1972, 26.2.1972, 3.3., 6.4. et 22.6. 1975, n° G.105, G.201, G.431, G.437, G.445, G.539, G. 554, G.601 et G. 611.

OBSERVATIONS

Ce Rhodophylle est commun en saison humide dans la forêt de la Mondah. C'est une Nolanée typique, de petite taille, bien caractérisée par son chapeau conique généralement surmonté d'une papille aiguë, par son odeur de noisette et sa spore cubique. Elle est très proche de l'*Entoloma subquadratum* Heler (loc. cit. p. 99, et fig. 207), par les caractères microscopiques et la silhouette générale, mais ce dernier présente un mamelon beaucoup moins aigu et blanchâtre, un chapeau en général moins conique, et n'aurait pas l'odeur de noisette. Nous préférons donc pour le moment considérer le champignon africain comme une variété de ce dernier.

DIAGNOSE LATINE. — Pileo 15-25 mm, plerumque conico, rarius convexo, eximie papillato, toto transluciditate striato, brunneo, sicco pallidiore, praeter papillam, radiatim sericeo. Stipite 30-40 × 2-3 mm, recto, farcto, sursum albido pruinosoque, alibi pileo concolore. Carne tenuissima, hygrophana, pallidissime brunneola, odore saporeque avellaneo. Lamellis stipatioribus, ascendentibus, subliberis vel uncinatis, pallide brunneolis, acie concolore ac levi. — Sporis plerumque cubicis, 7,5-10 × 7-8,5 μm. Basidiis 25-38 × 8,6-12,5 μm, tetrasporis. Pilis aciei nullis. Hyphis tramae latis, laticiferis comitatis. Cute filamentosa, hyphes gracilibus (4-7 μm), pigmento non manifesto. Fibulis praesentibue, praesertim sub basidiis, ad septa hypharum inconstantibus. — In terra lutea, interdum in ligno putrido vel in palmis *Elaeidis.* Typus in herb. Romagn. n° G 201.

Sous-Genre ENTOLOMA

SECTION DES EXCENTRICI

L'espèce que nous décrivons ci-après est proche d'*excentricus* Bres. par sa spore d'un type exceptionnel chez les Entolomes, asymétrique simple et à parois épaisses: pourtant, elle en diffère par des caractères que nous croyions autrefois propres à cette section: elle est à cuticule banale et sans cystides faciales. Il convient donc de modifier la définition de ce taxon pour pouvoir l'y faire entrer. Seuls les caractères de la spore, le port et la couleur pâle seront retenus.

Une seule espèce ivoirienne: *Rh. gigaspermus* R.-G.

Rhodophyllus gigaspermus Romagn.-Gilles

(Fig. 274, 275)

CARACTERES MACROSCOPIQUES: Chapeau large de 2-4 cm et haut de 5-11 mm, convexe surbaissé avec un petit mamelon saillant, à marge d'abord plus ou moins abrupte, un peu enroulée, très légèrement débordante sur les jeunes exemplaires, puis parfois un peu relevée, entièrement strié par transparence, hygrophane, beige rosé pâle (couleur de chair), vers M 5 A 2/3, puis fonçant avec l'âge jusqu'à 6 B 3, séchant à partir du centre que devient alors 5 A 2 à 4 A 3, cette couleur s'étendant par plages rayonnantes à partir du mamelon, plus rapidement face aux lames; cuticule de texture très fine, déviée radialement, glabre, luisante, à mamelon tantôt lisse, tantôt très finement velouté.

Stipe 3-10 cm × 2,5-5 mm en haut, s'épaississant très progressivement de haut en bas jusqu'à 4-6 mm à la base, ferme, farci, puis fistuleux ou tubuleux, blanchâtre ou concolore aux lames jeunes (M 5 A 2), finement strié et pruineux ou poudré-micacé en haut sur 2 mm.

Chair pelliculaire, très mince au-dessus des lames, de même couleur que les lames jeunes.

Lamelles peu serrées et même parfois franchement espacées, avec 2-3 longueurs de lamellules, larges de 4-10 mm, franchement échancrées, très pâles (M 5 A 2), rose sale (8 B 4 ou 7 C 4), parfois un peu interveinées, à arête érodée-serrulée, mais non fimbriée.

CARACTERES MICROSCOPIQUES: Spores 11-14-(17) × 8-11 μm, asymétriques simples (face basale évidente !), à fort appendice hilifère, à parois très épaisses et réfringentes.

Basides 35-50 × 11,5-14 μm, à 4 gros stérigmates.

Fig. 274: *Rh. gigaspermus*: spores, carpophores et basidioles (C.I. 001)

Pas de cystides ni de poils marginaux.

Trame à hyphes fondamentales en boudin, larges de 14-20 µm avec d'assez nombreux cristaux épars; sur la récolte C.I.001, quelques laticifères dans la zone subcuticulaire; les hyphes fondamentales atteignent 30 µm dans la chair; connexives grêles, ramifiées. Cuticule à hyphes serrées, de 3-14 µm de diamètre, à articles longs de 60-100 µm environ, avec quelques articles courts au mamelon, de structure difficilement déchiffrable et presque collapsée sur la récolte C.I. 001.

Pas de boucles aux cloisons des hyphes, très rares au pied des basides (parfois nulles ?).

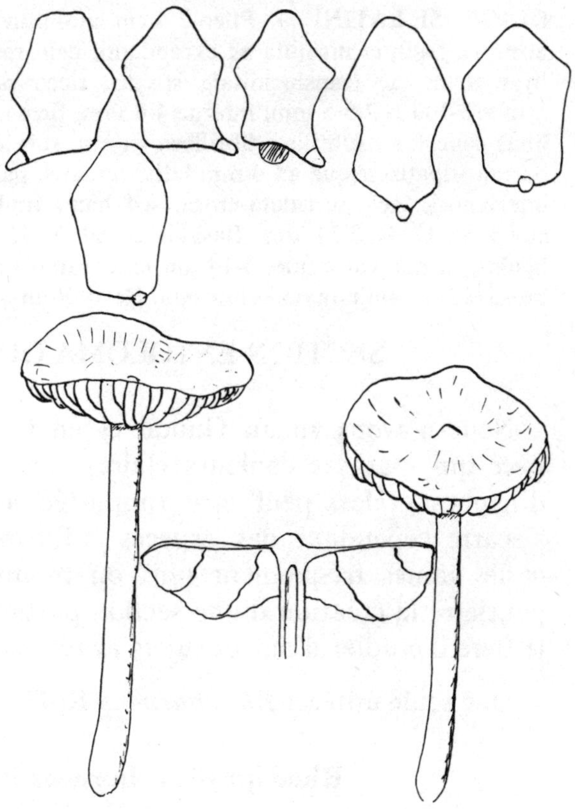

Fig. 275: *Rh. gigaspermus*: spore; carpophores (C.I. 026)

HABITAT: En forêt ombrophile, sur la terre nue et boueuse, forêt du Banco, près d'Abidjan (Côte d'Ivoire), le 22.X.1972 et le 14.IV. 1974, n° C.I. 001 et 026.

OBSERVATIONS

Espèce remarquable par son énorme spore, qui convaincrait les plus sceptiques de son "asymétrie", et qui rappelle beaucoup par là le *Rh. excentricus* (Bres.) d'Europe. Toutefois, son chapeau n'est pas completement opaque, et elle manque de cystides marginales. C'est pourquoi il convient de modifier la conception que l'on peut se faire en Europe de la section des *Excentrici* pour l'y insérer.

DIAGNOSE LATINE. — Pileo 2-4 cm lato, pulvinato, minute mammoso, margine abrupta, paulum involuta ac excendenti, dein reflexa, e roseolo pallide brunneolo, hygrophano ac transluciditate striato, sicco pallescente, subtilissime fibrilloso. Stipite 3-100 × 2,5-5 mm, inferne 4-6 mm, firmo, farcto, dein cavo, lamellis juvenilibus concolore, subtiliter fibrilloso striato, sub lamellis pruinoso micaeo. Lamellis parum stipatis, usque ad 4 mm latis, sinuatis, pallidissimis, dein roseolis, interdum intervenosis, acie serrulata-erosa, sed haud fimbriata. Spores asymmetris simplicibus, 11-17 × 8-11 μm. Basidiis 35-50 × 11-14 μm. Cystidiis nullis. Cute ex hyphis, densis, constante, 3-14 μm latis. Fibulis raris sub basidiis. — In silva umbrosa, ad terram nudam et lutosam. Herb. Romagn., C.I. 001.

SECTION ENTOLOMA OU DES GENUINI

Nous n'avons vu au Gabon et en Côte d'Ivoire qu'une seule espèce qui, par ses couleurs claires, son chapeau opaque, à cuticule d'hyphes grêles, peut être rapportée aux *Entoloma Genuini.* Elle s'écarte cependant des espèces d'Europe par les spores allongées et les lames frequement plus où moins décurrentes, et justifierait peut-être la création d'une section particulière. Nous attendrons pour le faire d'étudier d'autres sujets ayant les mêmes caractères généraux.

Une seule espèce: *Rh. eburneus* R.-G.

Rhodophyllus eburneus Romagn.-Gilles

(Fig. 276, 277, 278)

CARACTERES MACROSCOPIQUES: Chapeau large de 2,5 á 12 cm, haut de 1 à 2,3 cm, convexe surbaissé puis légèrement déprimé au centre, tantôt de forme irrégulière à marge parfois nettement lobée, généralement abrupte ou plus ou moins incurvée ou même involutée, ou largement étalé avec les bords tendant à se relever légèrement, ni strié par transparence ni hygrophane, quelquefois craquelé radialement, d'abord presque blanc puis crème jaunâtre ivoire M 2 A 1,5 près de la marge puis progressivement 2 A 2 puis 3 A 2 pour atteindre 4 A 3 ou 4 A 4 au milieu. Cuticule sèche, finement et uniformément pelucheuse, le centre étant souvent uni, lisse, d'aspect presque crémeux.

Stipe long de 4 à 11 cm, diamètre de 0,5 à 1,5 cm, robuste, la base renflée jusqu'à 2 cm, plus rarement étréci, parfois franchement radicant latéralement, central ou légèrement excentrique, ferme mais souple, plein devenant lacuneux avec l'âge, concolore au cha-

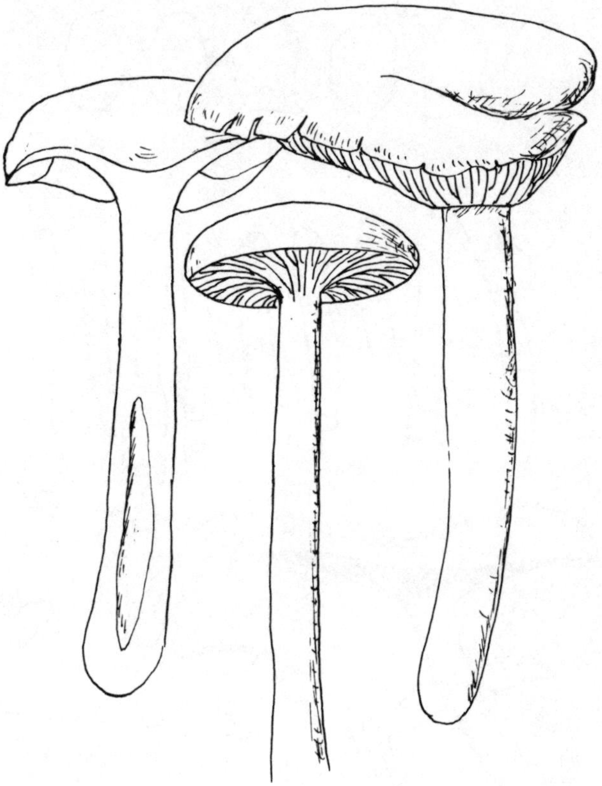

Fig. 276: *Rh. eburneus*: carpophores (C.I. 002)

peau avec un peu de jaune rouillé M 4 A/B 4 dans la moitié inférieure chez les specimens très développés, strié de fibrilles longitudinales, muni d'un peu de mycélium blanchâtre à la base.

Chair assez mince, vaguement translucide à la marge, blanchâtre ou jaunâtre pâle, à odeur généralement forte rappelant celle de *Lepiota cristata*, rarement inodore, à saveur comparable mais douce.

Lamelles plus ou moins serrées avec 4-5 longueurs de lamellules, larges jusqu'à 1 cm au milieu, en général uncinées, parfois sublibres ou presque décurrentes, quelquefois un peu arquées vues de plan, ivoire clair puis devenant saumon pâle M 6 A 3. Arête concolore, finement denticulée à la loupe.

CARACTERES MICROSCOPIQUES: Spores (7,7) 8,5-11,7 × 5,7-7 μm, symétriques allongées complexes, mais à dièdre basal souvent

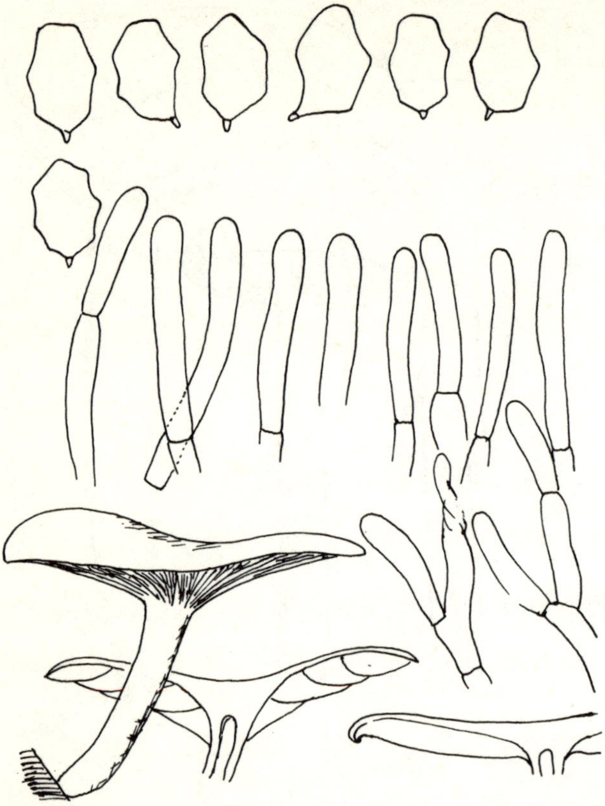

Fig. 277: *Rh. eburneus*: spores, poils marginaux et carpophore (G 401)

obtus et peu marqué, plus bosselées qu'anguleuses, surtout les plus longues, à parois pâles, mais bien réfringentes.

Basides 28-47-(55) × 8-9,5 μm, claviformes, tétrasporiques.

Poils marginaux cylindriques, obtus non ou à peine clavés, à article terminal de 30-70-(100) × 6-10 μm.

Médiostrate très régulier d'hyphes cylindriques, à cloisons assez rapprochées, larges de 5-12,5 μm, plus larges dans le chapeau (6-23 μm) où elles sont accompagnées de laticifères de fréquence très irrégulière; sous-hyménium étroit, serré subcelluleux sous les basides, plus bas un peu plus filamenteux, assez congophile, à hyménopode parfois assez net; présence inconstante de granules à son niveau et dans divers hyphes de la trame, au moins sur le vivant. Cuticule

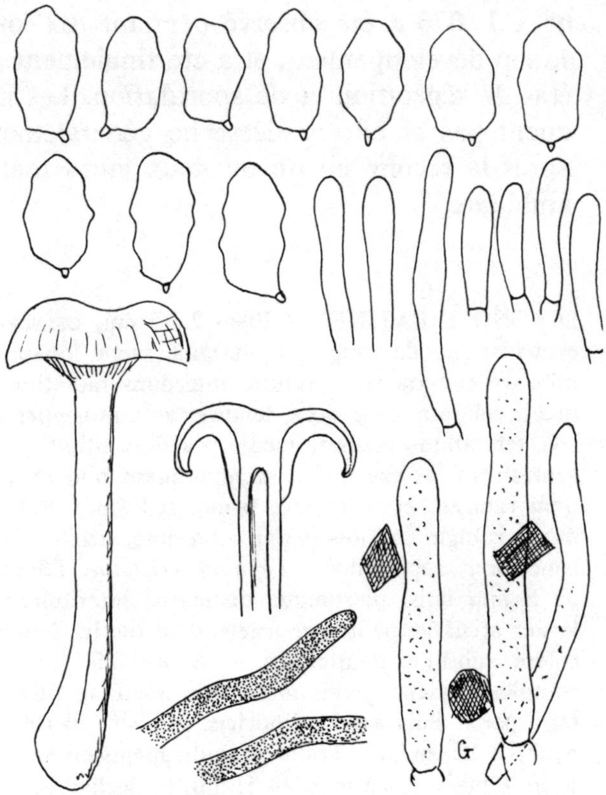

Fig. 278: *Rh. eburneus*: spores, poils marginaux, carpophore, laticifères et hyphes cuticulaires (d'après G. Gilles)

filamenteuse, à hyphes larges de 5-12 μm, cylindriques, celles du centre du chapeau dressées, guttulées sur le frais, à cloisons plus rapprochées. Pas de pigment visible.

Pas de boucles observées.

HABITAT: Sur la terre des talus ou parmi les feuilles mortes. Forêt de la Mondah près Libreville (Gabon), km 31,8, les 24.X. et 7.XI. 1971, Forêt du Téké, près d'Abidjan (Côte d'Ivoire) km 35, le 10. VI.1973. N° G 401 et 405, C.I. 002 et 076.

OBSERVATIONS

Cette espèce, contrairement à la plupart des champignons charnus des pays chauds, se développe lentement. Le carpophore de la récolte n° C.I. 076 a été observé pendant dix jours de suite, tout au long de son développement, et a été finalement récolte encore en excellent état de végétation et de sporulation. Les insectes d'ailleurs ne l'attaquent pas et elle se déssèche généralement assez bien à l'air libre après la récolte en un ou deux jours malgré la très forte humidité ambiante.

DIAGNOSE LATINE. — Pileo 2,5-7 cm, convexo, dein medio depresso, modo orbiculari, modo irregulari, margine saepe lobata, plerumque abrupta vel magis minusve curvata vel involuta, interdum radiatim fissurata, eburneo, dein paulo magis colorato, cute sicca, tenuiter ac uniformiter gausapato s.l., medio interdum levi, fere aliquo cremore medio praedito. Stipite 5-11 cm × 7-10 mm, plerumque centrali, rarius excentrico, nonnunquam imo usque ad 12 mm incrassato, interdum radicato et incurvato, firmo, sed lento et fistuloso, pileo concolore, interdum e rubiginoso luteo in parte inferiore, striato. Carne tenuiore, albida vel margine concolore, saepius odore *Lepiotae cristatae.* Lamellis stipatioribus, mediis usque ad 5 mm latis, plerumque uncinatis, interdum subliberis vel decurrentibus ac leviter arcuatis, pallide eburneis, dein roseis, denique pallide salmoneis, acie concolore, subtiliter denticulata. — Sporis 8,5-11,7 × 5,7-7 μm, symmetris elongatis complexis, saepe magiș gibberosis quam angulatis. Basidiis 28-55 × 8-9,5 μm, tetrasporis. Pilis aciei cylindricis, obtusis, 30-100 × 6-10 μm. Cute filamentosa, hyphis 5-12 μm latis. Trama granulis magis minusve copiosis. Pigmento haud manifesto. Fibulis absentibus. — Humi, in declivibus vel inter folia emortua. — Typus in Herb. Romagn. n° C.I. 002.

Il s'agit d'une espèce polymorphe, dont la récolte n° 401, du Gabon, représente une forme clitopiloïde, à marge nettement enroulée, à lames plus nettement décurrentes falciformes arquées vues toutes ensemble en plan. Elle est bien reconnaissable sur le terrain à sa taille généralement grande et à sa couleur ivoire.

2°) Var. luteomaculatus Romagn. et Gilles

(Fig. 279)

Une récolte faite au Gabon, n° G.121 le 3.2. 1968 en forêt de la Mondah sur un talus sablo-argileux est très voisine. On peut la considérer comme une variété de *Rh. eburneus.* La récolte n° G 596 du 8.6.1975 dans la même forêt est une forme intermédiaire entre *eburneus* typique et cette variété. Voici la description du n° G 121:

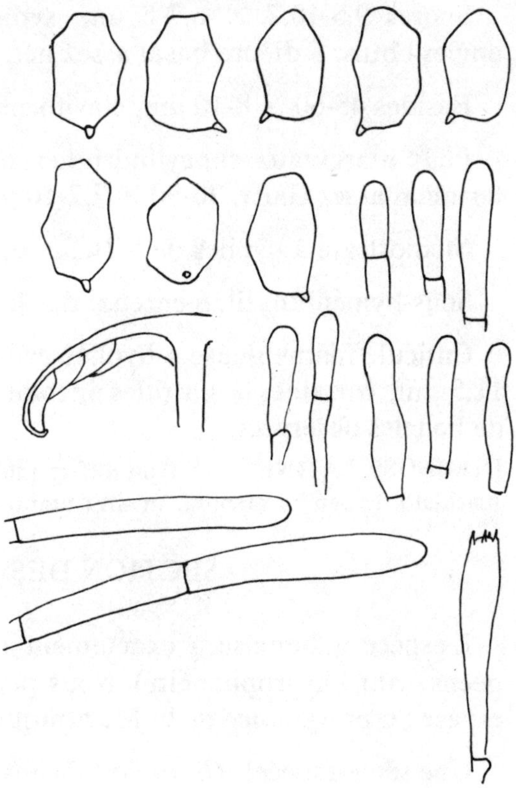

Fig. 279: *Rh. eburneus* v. *luteomaculatus*: spores, poils marginaux, carpophore, hyphes cuticulaires et baside

Chapeau large de 4,5 cm, haut de 1,5 cm, fortement convexe à marge ondulée et enroulée, non strié, blanc lavé par endroits de brun jaune pâle (au maximum S 215), à cuticule plus ou moins veloutée-pelucheuse.

Stipe tortueux souvent comprimé, 8 × 1,2 cm, blanc avec des taches comme sur le chapeau.

Chair très mince dans le chapeau, fibrilleuse, blanche, inodore. Pas de réaction à la teinture de Gaïac ni aux bases et acides forts. SO^4Fe jaune d'oeuf sur le stipe (S 211).

Lames serrées avec de nombreuses lamellules, décurrentes sur le stipe qu'elles strient en haut, blanches puis d'un rose assez franc.

Spores 9,5-10,7 × 6,7-8 µm, symétriques allongées complexes à angles obtus, à dièdre basal assez net.

Basides 45-60 × 8-10 µm, claviformes, tétrasporiques.

Poils marginaux subcylindriques ou légèrement clavulés à article terminal assez court, 30-50 × 7,2-10 µm.

Médiostrate à hyphes de 4-16 µm cylindriques, serrées.

Sous-hyménium filamenteux; des laticifères.

Cuticule filamenteuse à hyphes cylindriques, obtuses, larges de 5,7-11,5 µm, certaines à guttules incolores. Pas de pigment visible. Pas de boucles observées.

DIAGNOSE LATINE. — A typo differt pileo non depresso sicut in stipite luteo-maculato. In semita arenosa, in silva umbrosa. — Typus in Herb. Romagn. n° G 121.

SECTION DES TURFOSI

L'espèce gabonaise a exactement les caractères des *Turfosi* européens (sauf l'hygrophanéité). Nous pensons avoir identifié cette même espece en provenance de la Martinique (leg. M. Fiard).

Une seule espèce: *Rh. turbidiformis* R.-G.

Rhodophyllus turbidiformis Romagn.-Gilles

(Fig. 280)

CARACTERES MACROSCOPIQUES: Chapeau atteignant 10 cm de diamètre, et 1,8 cm de hauteur, robuste, mais très fragile, pulviné, surbaissé, avec les bords abrupts et la marginelle débordante sur 2 mm, un peu mamelonné au centre, strié par transparence mais non hygrophane, d'un beau brun foncé (S 201 dans les régions les plus claires) un peu plus sombre ailleurs, humide-luisant, à cuticule très finement fibrilleuse s.l., quoique très unie, presque veloutée, non craquelée, remarquablement séparable.

Stipe jusqu'à 11 × 1,2 cm, un peu atténué-fusiforme à la base, plein, poudré de blanchâtre en haut sur 1-2 cm, puis brun (S 702 en un peu plus jaunâtre), un peu plus foncé à 2-4 cm du milieu, enfin rapidement blanc dans les 5-6 derniers centimètres.

Chair mince, blanche, inodore et insipide.

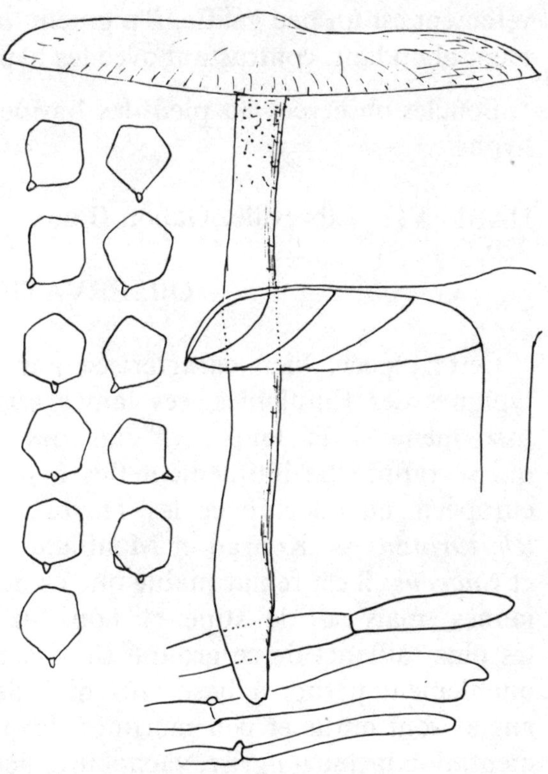

Fig. 280: *Rh. turbidiformis*: spores, carpophore et hyphes cuticulaires

Lamelles serrées, avec 5 longueurs de lamellules, atteignant 12 mm de large, d'insertion assez variable, sinuées-sublibres, parfois subéchancrées, parfois franchement adnées, d'un brun très pâle (vers S 705, légèrement plus pâle), puis un peu brun rosé, se piquetant de petites taches brun rougeâtre par endroits (spores?), à arête lisse, même à la loupe binoculaire.

CARACTERES MICROSCOPIQUES: Spores petites, 5,7-6,7 × 5,5-5,7 μm, probablement subglobuleuses complexes, mais à dièdre souvent obtus et peu net, rarement quadrangulaires de profil, à membranes minces et pâles, très cyanophiles même celles de sporée.

Basides 28-43 × 7-9-(10) μm, claviformes, à 4 stérigmates.

Pas de cystides ni de poils marginaux.

Trame d'hyphes sans granules, mais avec quelques laticifères, vers 8-14 μm dans le médiostrate; sous-hyménium peu différencié, à petits éléments sinueux-toruleux, non gélifié. Cuticule à hyphes de 7-14 μm en profondeurs, seulement 4-6 μm en surface où l'aspect du revêtement est un peu gélifié, à pigment vacuolaire brun foncé extrêmement abondant, contrastant avec les hyphes incolores du chapeau.

Boucles observées au pied des basides et aux cloisons de certaines hyphes.

HABITAT: Libreville, Gabon (Eaux et Forêts)., le 15.X.1969, n° G 229.

OBSERVATIONS

Cette espèce, bien caractérisée par sa taille, son aspect robuste typiques des Entolomes, ses lames serrées, d'abord jaunes, à arête lisse même à la loupe, est un des rares Rhodophylles africains qui se rapproche intimement (les *Leptonia* mises part) d'un groupe européen, en l'occurence les *Turfosi,* qui comprennent notamment *Rh. turbidus* ss. Konrad et Maublanc (= *Cordae* Karsten ss. Lange) et *vinaceus;* il est remarquable que ce dernier ait aussi des colorations jaunes, mais sur le stipe et non sur les lamelles. Les caractères les plus saillants de ce groupe sont la spore très cyanophile, remarquablement petite, à base très difficilement interprétable, tant les angles sont obtus et peu marqués, la présence de boucles et la pigmentation brune ou grise, vacuolaire, des hyphes cuticulaires.

DIAGNOSE LATINE. — Pileo pulvinato, margine abrupta, usque à 10 cm lato, paulum mammoso, obscure fusco, transluciditate striato, sed non hygrophano, cute subtilissime fibrillosa, fere levi. Stipite usque ad 11 × 1,2 cm, pleno deorsum attenuato, sursum pruinoso, medio brunneo, deorsum albido. Carne tenui, alba, inodora. Lamellis stipatis, usque ad 12 mm latis, sinuatis-liberis, subsinuatis vel adnatis, pallidissime brunneolis, dein e roseis brunneis, maculatis, acie integra. — Sporis parvis, 5,7-6,7 μm, subglobosis complexis, tunica tenui, cyanophila. Cute filamentosa, hyphis in subcute 7-14 μm latis, in cute 4-6 μm, pigmento vacuolari copioso, obscure brunneo. Fibulis observatis sub basidiis et ad septa hypharum. — Typus in Herb. Romagn. n° G 229.

SECTION DES NOLANIDEI

Un des traits qui caractérisent la flore rhodophyllienne d'Afrique est la rareté des Entolomes hygrophanes, si communs dans les régions tempérées (type *rhodopolius*). Citons au Zaïre *Rh. nidorosiformis* Romagn. Au Gabon, nous ne voyons guère que *lateripes* Romagn.-Gilles qui puisse s'y rapporter: encore se singularise-t-il par la présence de cystides marginales rappelant les *Excentrici* ou les *Inopilus;* mais il est hygrophane et glabre.

Une seule espèce: *Rh. lateripes* R.-G.

Rhodophyllus lateripes Romagn.-Gilles

(Fig. 281)

CARACTERES MACROSCOPIQUES: Chapeau large de 2,5 cm et haut de 8 mm, convexe-plan, très surbaissé, asymétrique, déprimé excentriquement, hygrophane, séchant par plages argentées, entièrement strié par transparence, brun très pâle un peu rosé (plus jaunâtre que S 705; mieux 5 B 3 x), à cuticule couchée, déviée radialement, glabre et concolore au centre, à marge sillonnée sur 3-4 mm.

Stipe 6 cm × 3-3,5 mm (atteignant 4 mm à la base), très excentrique, ferme, farci, poudré de blanc en haut sur 1 cm, ensuite brunâtre très clair (plus que M 5 B 3), à base blanchâtre pourvue de coton mycélien, ailleurs peigné de fines fibrilles longitudinales.

Chair très mince, hygrophane, blanchâtre, à très légère odeur agréable, un peu fruitée.

Lamelles moyennement serrées, avec 3 longueurs de lamellules, atteignant au milieu 7 mm de large, segmentiformes, décurrentes sur le stipe par une dent qui se prolonge sur 1,5-2 mm, brun rosé,

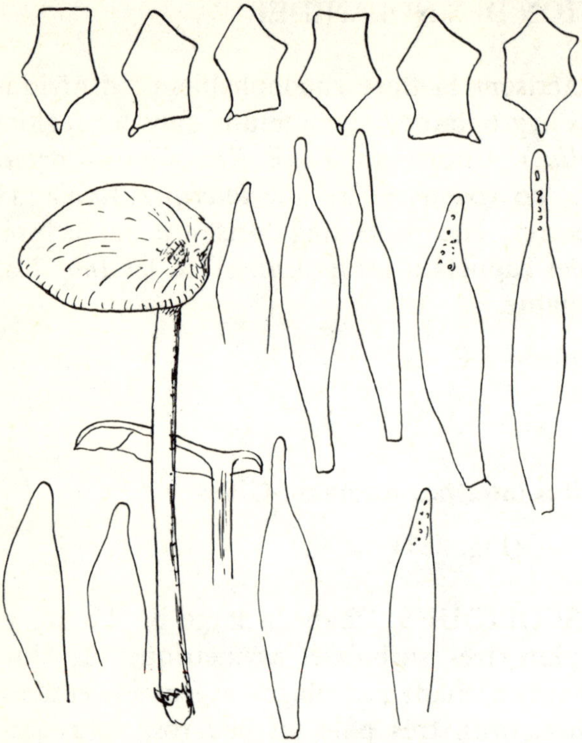

Fig. 281: *Rh. lateripes*: spores, carpophore et cystides

à arête blanchâtre, denticulée-sablée luisante; faces apparement lisses.

Tout le carpophore devient brun foncé, noirâtre par le sec.

CARACTERES MICROSCOPIQUES: Spores symétriques plus ou moins allongées simples, parfois complexes, 8,5-10-(11) × 7-8-(9) μm, à parois épaisses et réfringentes, très anguleuses.

Basides 37-48-(60) × 10-12,5-(14) μm, tétrasporiques, nécropigmentées sur le sec.

Cystides en touffes serrées sur l'arête des lames, 60-95 × 11-17-(20) μm, fusiformes-lagéniformes, rétrécies au sommet en un col généralement court, cylindrique, parfois avec quelques granulations internes vers le haut.

Médiostrate à hyphes fondamentales de (6)-10-20 μm, régulières, bien distinct d'un sous-hyménium gélifié-aérifère, filamenteux-rameux. Pas de granules tramaires. Cuticule à hyphes plus ou moins couchées, larges de 8-12 μm, à article terminal long de 60-110 μm, obtus, à nécropigment brun sur les exemplaires secs.

Boucles présentes au pied des basides et à certaines cloisons des hyphes.

HABITAT: A terre, parmi les feuilles, en forêt ombrophile. Forêt du Téké, près d'Abidjan (Côte d'Ivoire), le 23.III.1974, n° C.I. 016.

DIAGNOSE LATINE. — Pileo 2,5 cm lato, e plano convexo, asymmetrico, super stipitem depresso, hygrophano, toto transluciditate striato, pallidissime brunneolo, glabro, in ambitu breviter sulcato. Stipite 60 × 3-3,5 mm (imo 4 mm), excentrico, sublaterali, firmo, farcto, sursum albo-pruinoso, alibi pallidissime brunneolo, striato. Carne albida, levi odore grato. Lamellis mediocriter stipatis, mediis 7 mm latis, segmentiformibus, adnatis, dente decurrentibus, acie albida, denticulata. — Sporis symmetris-elongatis simplicibus, rarius complexis, 8,5-11 × 7-9 μm, tunica crassa. Basidiis 37-60 × 10-14 μm, tetrasporis. Cystidiis marginalibus 60-95 × 11-20 μm, fusiformibus vel lageniformibus, collo brevi, cylindrato. Granulis absentibus in trama. Subhymenio subgelato. Cute hyphis cylindratis, 8-12 μm. Fibulis praesentibus. — Totus carpophorus in Herbario necropigmento nigrescit. — Humi, inter folia emortua, in silva ombrophila. — Typus in Herb. Romagn. n° C.I. 016.

SECTION DE CLITOPILOIDES.

Nous réunissons ici des espèces à port de Clitocybe par leurs lames décurrentes ou subdécurrentes, leur chapeau déprimé ou même infundibuliforme, leur couleur brun foncé et surtout l'absence de boucles. En Europe, certains Entolomes ont aussi un port analogue (*Rh. nidorosus* présente en particulier des formes à lames adnées-décurrentes qu'à tort ou à raison, H.R. a jadis rapportées à *Woodianus* Peck); citons aussi *politus* au sens de Kühner, *caccabus* Kühner, *sericeoides* Lange), mais toutes ces espèces ont de boucles, au moins aux basides.

Spores cubiques, 6,7-9 × 5,7-8 μm. Chapeau 4-7 cm .... *Rh. cuboidosporus* Beeli (et var. a arête colorée *chromostomus)*

Spores subglobuleuses simples, 6-8,5 × (9,7) × 5,7-8,5 μm, subglobuleuses simples. Chapeau 3,5-9 cm .... *Rh. cyathus* R.-G. et affines

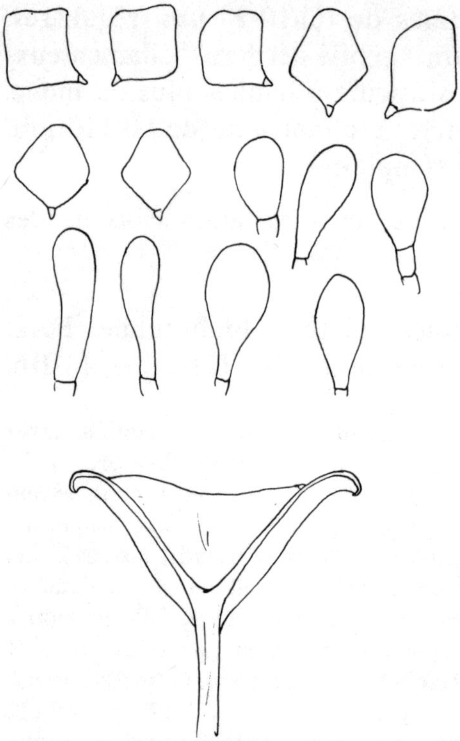

Fig. 282: *Rh. cuboidosporus*: spores, poils marginaux et carpophore (G 115)

Rhodophyllus cuboidosporus (Beeli) Romagn.

(Fig. 282,283,284)

CARACTERES MACROSCOPIQUES: Chapeau large de 4-7 cm, haut de 2-4 cm, profondément infundibuliforme, avec généralement, mais pas toujours, un petit mamelon aigu au fond, à marge d'abord droite, puis radialement incurvée et s'enroulant chez les exemplaires âgés, et alors fendue çà et là, brun bistré (S 132/133), un peu plus foncé au centre (S 131), à cuticule sèche, luisante, glabre, sauf au fond qui est ridulé-méchuleux, déviée radialement et à très fines fibrilles soyeuses.

Stipe 4-9,5 cm × 3-6 mm, renflé à la base jusqu'à 1 cm, relativement robuste, farci, puis étroitement fistuleux, concolore au chapeau, sauf en haut où il est plus pâle sur 5-10 mm et en bas où il

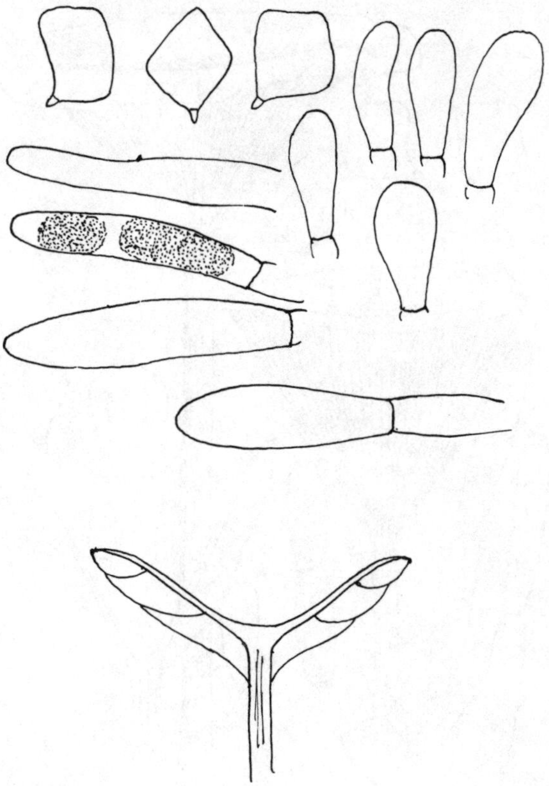

Fig. 283: *Rh. cuboidosporus*: spores, poils marginaux, hyphes cuticulaires et carpophore (G 214)

est enveloppé de mycélium blanc, peigné de fibrilles longitudinales apprimées.

Chair très mince, grisâtre très pâle; presque blanchâtre, douce, à odeur et saveur de farine un peu rance (l'odeur n'est perceptible chez les spécimens assez âgés qu'à l'écrasement, mais directement chez les jeunes).

Lames moyennement serrées, avec 5 longueurs de lamellules, relativement étroites (2-5 mm au milieu), descendantes, puis décurrentes et prolongées par une courte dent (pas toujours franchement décurrentes), brun pâle, puis brun rosé, à arête concolore et lisse.

CARACTERES MICROSCOPIQUES: Spores 6,7-9 × 5,7-8 μm, cubiques.

Basides 22-35 × 10-12 μm, claviformes, tétrasporiques.

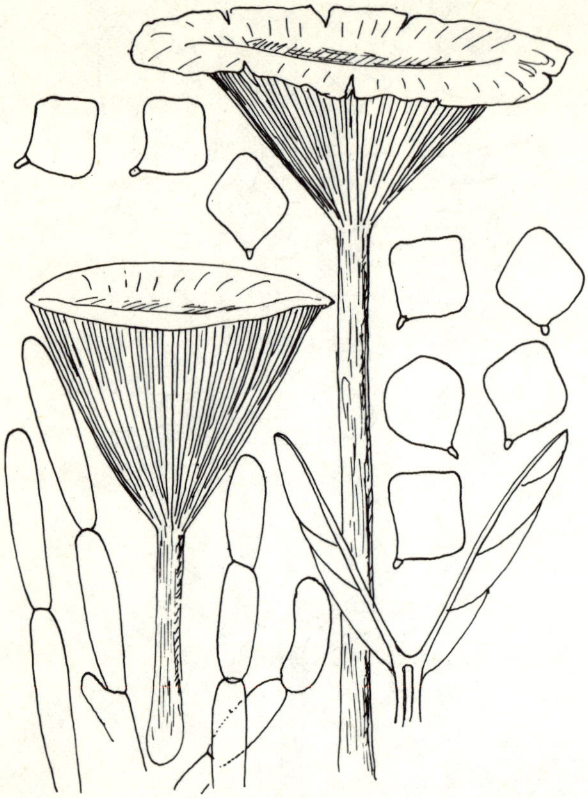

Fig. 284: *Rh. cuboidosporus*: à gauche, spores et carpophore (G 425), à droite carpophore et spores (G 430)

Poils marginaux claviformes, 30-40 × 10-18 μm.

Médiostrate à hyphes fondamentales larges de 8-15 μm, à parois minces, atteignant 20 μm dans le chapeau, où elles sont accompagnées de connexives de 2,5-6 μm, ramifiées et de rares laticifères de 3-5 μm; ces connexives, peuvent présenter des ampoules jusqu'à 7 μm, surtout dans les sous-hyménium et l'hyménopode filamenteux, assez différencié. Cuticule filamenteuse, d'hyphes couchées, parallèles, rigides, larges de (3)-6-7 μm et de méchules à article terminal claviforme, obtus, plus volumineuses (8-17 μm); abondant pigment vacuolaire brun.

Pas de boucles, même aux basides.

HABITAT: Sur bois mort pourrissant (parfois d'*Elaeis*) ou à terre, dans les feuilles mortes, forêt de la Mondah, notamment au km 31,5 de Libreville (Gabon), les 20.X.1968, 4.X.1969, 30.I.1972, 6.II. 1972, n° G 115, 214, 425, 430.

OBSERVATIONS

Cette espèce semble commune en Afrique, puisqu'elle est connue du Congo ex-belge, et de Madagascar. C'est une des rares observées dans les régions chaudes qui sente la farine, ce qui la rend caractéristique ainsi que sa taille assez grande, son port infundibuliforme, ses lames étroites, grises, à arête lisse.

Elle peut faire penser à *Rh. cyathus* Rom.-G., mais en diffère beaucoup par l'odeur et les caractères des lames et du stipe.

2°) **Rhodophyllus cuboidosporus** var. **chromostomus** Romagn.-Gilles

(Fig. 285)

CARACTERES MACROSCOPIQUES: Chapeau large de 3,5 à 6 cm, haut de 1,5 à 3 cm, infundibuliforme avec la marge plus ou moins fortement enroulée, strié par transparence, non hygrophane, brun assez foncé M 5 E 5 ou M 10 YR 4/2,5 partout. Cuticule luisante, glabre, déviée radialement, séparable, relativement épaisse mais peu dense et ne recouvrant pas intégralement la surface (même quand le champignon est imbu, il est parsemé le longues stries radiales étroites et pâles laissant apparaître la chair piléique; ce phénomène s'accentue par le sec et l'on observe alors à la loupe dans ces striés la chair brunâtre pâle filandreuse).

Stipe long de 4 à 6 cm, diamètre 3 à 4 mm, cylindrique ou un peu comprimé, s'épaissant généralement pour atteindre 6 mm à la base, concolore au chapeau ou plus clair, glabre, luisant, strié longitudinalement et assez grossièrement, un peu de mycélium blanc en bas; farci.

Chair mince, translucide au moins dans la moitié côté marge, brunâtre dans le chapeau, blanche et filandreuse dans le stipe, à assez forte odeur et saveur de farine rance.

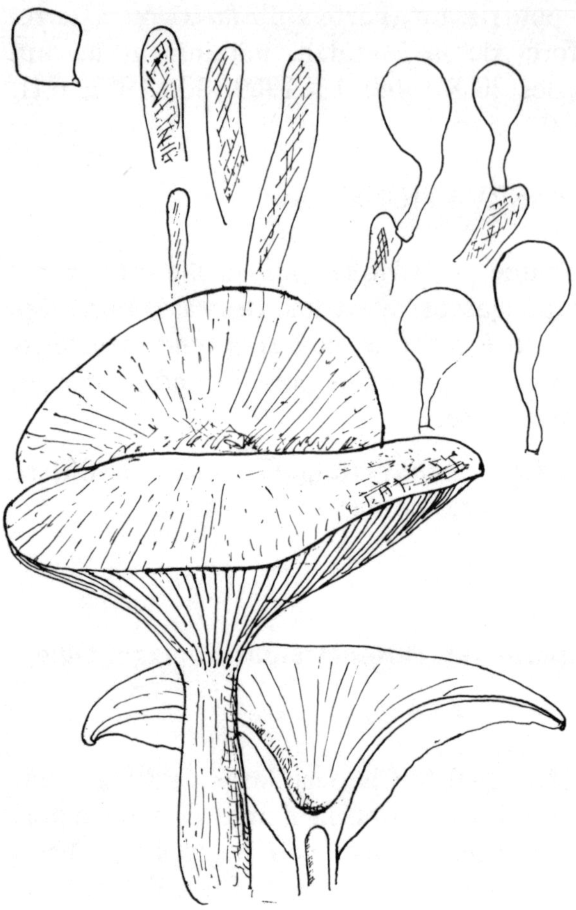

Fig. 285: *Rh. cuboidosporus* v. *chromostomus*: spore, poils marginaux et carpophore

Lamelles assez serrées avec (2)-3-(4) longueurs de lamellules, larges jusqu'à 7 mm au milieu, descendantes puis décurrentes par une dent sur le haut du stipe, gris brun M 5 B à C 3 devenant M 6 C 3. Arête érodée-floconneuse, bordée d'un liseré concolore au chapeau, continu ou discontinu.

CARACTERES MICROSCOPIQUES: Spores cubiques, à faces parfois un peu convexes, 5-7,5 × 5-7 μm.

Basides 29-39 × 8,5-10,5 μm, assez étroitement claviformes, tétrasporiques.

Poils marginaux les uns longuement cylindriques, larges de (5,5)-7-15 μm, bourrés de pigment brun, les autres à article terminal sphéropédonculé, subglobuleux, (22)-60 × 14-22 μm, pigmentés ou hyalins; parois assez réfringentes.

Médiostrate à hyphes fondamentales de 10-13 μm environ, certaines à pigment vacuolaire; hyphes connexives de 5-7 μm. Pas de laticifères ni de granules tramaires. Cuticule d'hyphes couchées, bien cohérentes, en surface de 3-11 μm, mais avec certaines à extrémités plus larges, et parfois plus ou moins étranglées.

Pas de boucles observées.

HABITAT: A terre dans l'herbe et les feuilles mortes des sentiers forestiers. Gabon, forêt de la Mondah, les 6.6.1976 et 12.3.1977 n° G. 740 et G. 813.

OBSERVATIONS

Note: Sur le terrain, ce champignon est très proche de *Rh. cuboidosporus* (Beeli) Romagn. que l'on récolte dans la même forêt, et ne s'en sépare guère que par l'arête colorée de ses lames.

DIAGNOSE LATINE. — A typo differt acie lamellarum pilis marginalibus coloratis. Typus in Herb. Romagn. n° G 740.

Rhodophyllus cyathus Romagn.-Gilles

(Fig. 286,287,288)

CARACTERES MACROSCOPIQUES: Chapeau large de 6,2-9 cm, plus ou moins profondément creusé en entonnoir (la dépression a généralement le fond obtus) du fait du relèvement de la marge (qui est cependant d'abord enroulée, puis légèrement débordante d'1 mm, et tend à se crevasser), strié par transparence au-dessus de chaque lame de lignes plus foncées (S 701), hygrophane, mais dans l'ensemble d'un bistre comparable à celui du chapeau de *cuboidosporus* (M 5 D 5, puis 4 B 2), à cuticule déviée radialement, glabre, sans méchules, luisante par le sec.

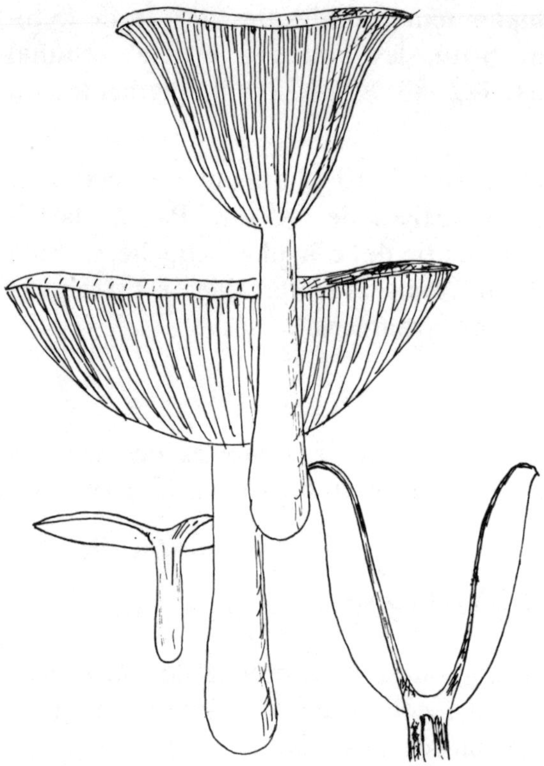

Fig. 286: *Rh. cyathus*: carpophores (G 221)

Stipe 4 cm × 8-20 mm en haut, s'épaississant jusqu'à 1-2,5 cm à la base, d'aspect robuste, creusé, sauf au sommet et à la base, d'un canal de 4 mm environ de diamètre, brun un peu jaunâtre dans la moitié supérieure, un peu plus foncé dans la moitié inférieure et alors assez proche de S 315 un peu moins jaunâtre, peigné de vagues fibrilles longitudinales apprimées et luisantes.

Chair concolore à l'extérieur du stipe, sauf sur une zone de 5 mm de long située en haut au-dessus du canal, et formant une sorte d'écusson blanchâtre et fibrilleux. Odeur nulle ou d'amandes amère (sur la récolte de la Côte d'Ivoire), douce.

Lamelles assez serrées, avec 4 longueurs de lamellules, d'abord horizontales, puis prenant une orientation très oblique et un aspect décurrent quand la marge piléique se redresse, en général arrondies

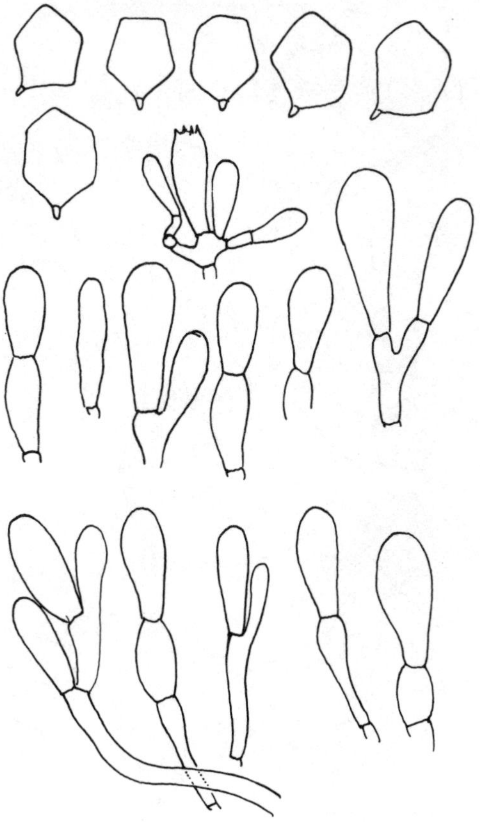

Fig. 287: *Rh. cyathus*: spores, baside et basidioles, poils marginaux (G 221)

à l'insertion, plus rarement uncinées et décurrentes par la dent, larges de 6-8 mm, d'un brun très pâle (vers S 705 un soupçon plus grisâtre, ou M 5 B 2), puis brun bistre briqueté (mais non vues en forte sporulation), à arête denticulée de cystides (visibles et même d'aspect cotonneux sous la loupe binoculaire), sur la récolte de la Côte d'Ivoire remarquablement plissées-côtelées et sinueuses.

CARACTERES MICROSCOPIQUES: Spores subglobuleuses simples, petites (6)-7-8,5 × 5,7-7,5 µm, tendant parfois vers le type complexe, à parois réfringentes, mais pâles.

Basides claviformes, 23-38 × 9-10,5 µm, à 4 gros stérigmates.

Poils marginaux énormes, articulés, souvent en bouquets, à article terminal de 25-45 × (8,5)-12-16-(24) µm.

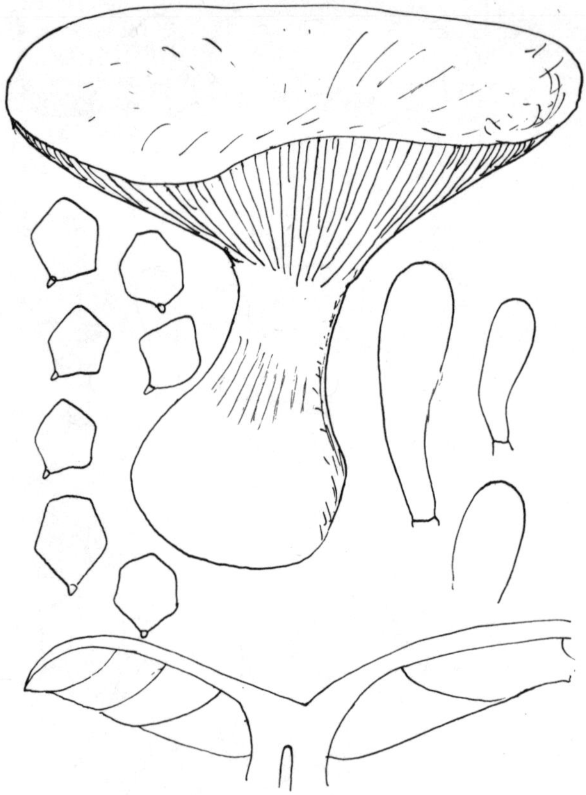

Fig. 288: *Rh. cyathus*: spores, carpophore et poils marginaux (C.I. 023)

Trame à hyphes fondamentales atteignant 19 μm de large dans le chapeau, 14-29 μm dans le médiostrate, à granules rares et peu typiques, à parois paille clair vues isolément et brunâtres en masse, puissamment congophiles sur la récolte du Gabon; sous-hyménium celluleux sous les basides, filamenteux plus bas, épais de 15 μm environ, assez flou dans NH^4OH; hyménopode plus ou moins gélifié, avec à la limite du médiostrate des laticifères sinueux de 4-5 μm de diamètre. Cuticule filamenteuse, à hyphes d'environ 10 μm dans la couche profonde, plus grêles, 4-7 μm dans la couche supérieure, à derniers articles plus ou moins claviformes atteignant 10-16 μm, souvent ramifiées, à pigment vacuolaire brun foncé.

Pas de boucles observées ni aux basides ni aux hyphes.

HABITAT: A terre, en forêt ombrophile. Forêt de la Mondah, près de Libreville (Gabon) (Eaux et Forêts), le 11.X.1969, n° G 221. Forêt du Téké, près d'Abidjan (Côte d'IVoire, le 31.III.1974, n° C.I. 023.

OBSERVATIONS

Ce champignon par sa couleur et son aspect peut faire penser à *cuboidosporus,* mais il en diffère sensiblement par l'absence d'odeur de farine, les lames denticulées et le stipe renflé en haut et en bas; il est tout de même probable qu'il lui est relativement affine: toutefois chez les jeunes sujets, les lames ne sont pas vraiment décurrentes, mais plutôt horizontales, et le carpophore ne prend un aspect infundibuliforme que par suite du creusement du chapeau au cours du développement. C'est pourquoi nous le croyons assez voisin des *Entoloma,* dont d'ailleurs plusieurs espèces ou variétés (comme c'est le cas pour *nidorosus*) peuvent prendre un port plus ou moins clitopiloïde du fait de leur chapeau déprimé au centre.

En outre, c'est une des rares espèces gabonaise où nous ayons pu déceler en toute certitude une pigmentation non intracellulaire dans une partie du carpophore, à savoir le médiostrate des lames, où elle est très probablement uniformément et faiblement membranaire.

La récolte de la Côte d'Ivoire, comme nos dessins en font foi, diffère un peu par le port et la dimension des spores; nous n'avons pas noté sur la récolte gabonaise antérieure d'odeur d'amandes amères, ni les lamelles côtelées et sinueuses. De même la trame des lames ne nous a guère paru colorée. Mais toutes ces différences nous semblent ressortir à une simple variation intraspécifique.

DIAGNOSE LATINE. — Pileo 6,2-9 cm lato, alte infundibuliformi, margine involuta, transluciditate striato, fusco, cute fibrillosa ac lucida. Stipite 40 × 8 - 20 mm (inferne usque ad 1 cm), partim cavo, sursum e flavo brunneo, deorsum obscuriore. Carne concolore, nisi super partem cavam, inodora. Lamellis substipatis, horizontalibus, dein decurrentibus, sed ad stipitem rotundatis, 6 mm latis, pallidissime brunneolis, dein e testaceis brunneis, acie denticulata. — Sporis subglobosis simplicibus, 6-8,5 × 5,7-7,5 μm. Basidiis 23-38 × 9-10,5 μm. Pilis marginalibus articulatis, ramosis, obtuse claviformibus, loculo terminali 25-45 × 8,5-16,2 μm. Trama granulis rarissimis; laticiferis in hymenopodio subgelato prasentibus; mediostrato hyphis pariete luteola. Cute filamentosa, hyphis ramosis, obtusis, sursum 10-16 μm latis, pigmento vacuolari. Fibulis non observatis. — Typus in Herb. Romagn. n° G 221.

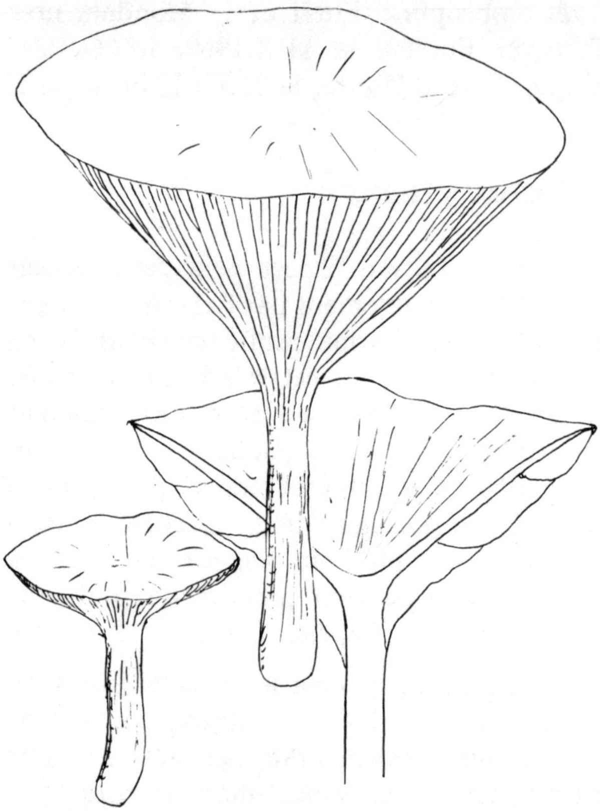

Fig. 289: *Rh. sp.*: carpophore

Rhodophyllus sp.

(Fig. 289,290)

CARACTERES MACROSCOPIQUES: Chapeau large de 3,5-8 cm, haut de 1-4 cm, subplan, déprimé au centre, puis s'étalant ou devenant profondément infundibuliforme (comme chez *Rh. cuboidosporus),* non hygrophane, mais entièrement strié par transparence brun (M 5 D 3) sur le quart marginal, ailleurs gris brun foncé (M 5 E 2), enfin 5 D 3 au fond de la dépression.

Stipe relativement court, 2-4 cm × 2-5 mm en haut, pouvant s'élargir progressivement pour atteindre en bas 8 mm, droit, fistu-

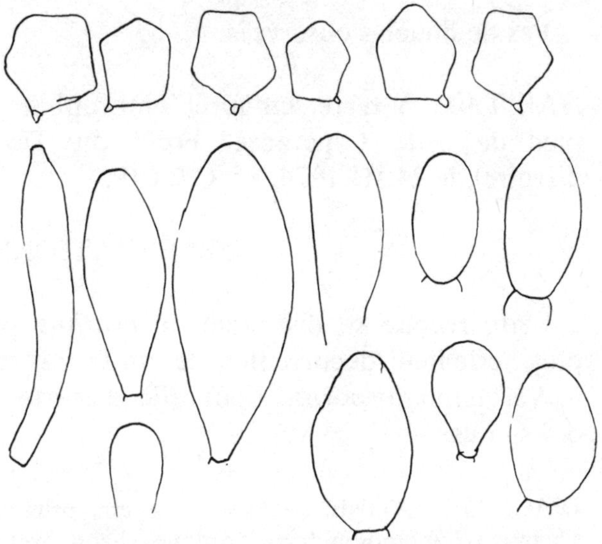

Fig. 290: *Rhodophyllus sp.*: spores et poils marginaux

leux, brun jaunâtre clair (M 5 B 2) au sommet et en bas, au milieu M 5 D 3, rayé en haut sur 15 mm par la décurrence des lames, ailleurs strié de fibres longitudinales peu denses, brun noirâtre foncé.

Chair très mince, brunâtre pâle, gris jaunâtre dans le stipe (M 5 B 2), inodore, douce.

Lamelles assez serrées, avec 4 longueurs de lamellules, larges au milieu de 5 mm, plus ou moins décurrentes, à maturité brun rosâtre (M 6 C 5), à arête pâle, érodée denticulée.

CARACTERES MICROSCOPIQUES: Spores 7,2-8,7-(9,5) × 6,2-8,5 μm, subglobuleuses, le plus souvent simples, à angles obtus.

Basides 33-42 × (9)-10-12,7 μm, tétrasporiques.

Poils marginaux claviformes ou elliptiques, 60-85 × (8,5)-14-33 μm.

Médiostrate à hyphes fondamentales raides, larges de 14-25 μm, cylindriques, avec des connexives de 6,5-8 μm de large et quelques laticifères; sous-hyménium semblant filamenteux-rameux; les hyphes atteignant 30 μm dans la chair piléique; pas de granules. Cuticule filamenteuse couchée, à hyphes cylindriques de 5-8,5-11 μm, l'article terminal variant de 30 à 110 μm, à pigment vacuolaire.

Pas de boucles observées.

HABITAT: A terre, en forêt ombrophile à *Mapania Baldwinii*, au pied de cette Cyperacée. Forêt du Téké, près d'Abidjan (Côte d'Ivoire), le 24.III.1974, n° C.I. 019.

OBSERVATIONS

Cette récolte se distingue de *cyathus* par les lamelles beaucoup plus nettement décurrentes, ce qui la fait ressembler à s'y méprendre à *Rh. cuboidosporus,* dont elle s'écarte cependant par la forme des spores.

DIAGNOSE LATINE. — Pileo 3,5-8 cm, primum depresso ac subplano, dein expanso vel infundibuliformi, brunneo, haud hygrophano, transluciditate striato. Stipite brevi, 20-40 × 2-5 mm (usque ad 8 mm deorsum), sursum striato, brunneolo, fibrilloso. Carne tenui, pallide brunneoloa, inodora. Lamellis satis stipatis, mediis usque ad 5 mm latis, decurrentibus, e roseis brunneis, acie pallida, erosa denticulataque. — Sporis 7,2-9,5 × 6,2-8,5 μm subglobosis plerumque simplicibus. Basidiis 33-42 × 9-12,7 μm. Pilis marginalibus claviformibus vel ellipsoideis, 60-85 × (8,5) -14-33 μm. Cute hyphis cylindratis, 5-11 μm latis, pigmento vacuolari. Fibulis non visis. — In silva ombrophila, sub *Manapia Balwinii.* — Typus in Herb. Romagn., n° 019.

Bibliographie

DENNIS R.W. — Les Agaricales de l'Ile de la Trinité: Rhodosporés-Ochrosporés: Bull. Soc. Myc. Fr. 69: 157 sqq. (1970).

DENNIS R.W. — Fungi Venezuelani: IV: Kew Bulletin 15: 145 sqq. (1961).

HORAK E. — Fungi Agaricini Novazelandiae: I-V: 1 sqq. (1973 Cramer). On cuboid-spored species of Entoloma (Agaricales): Sydowia 28 (1-6): 171 sqq (1974/ 1975).

HORAK E. — *Entoloma* in South America: Sydowia 30 (1-6) : 40 sqq. (1977)

KÜHNER R. — Agaricales de la zone alpine. Genre *Rhodophyllus* Quélet. Bull. Soc. Myc. Fr. 93 (4): 445 sqq. (1977).

KÜHNER R. et BOURSIER J. — La forme des spores chez les Agarics rhodogoniosporés. Bull. Soc. Myc. Fr. 45 (4): 264 sqq. (1929).

KÜHNER R. et ROMAGNESI H. — Flore Analytique des Champignons supérieurs. (1953 Masson).

LARGENT D.L. — Rhodophylloid fungi of the Pacific Coast (United States): I: Type studies and new combinations of species described prior to 1968. Brittonia 23(3): 228 sqq. (1971.

LARGENT D.L. — Studies in rhodophylloid fungi of the Pacifical IV: *Leptonia* section *Leptonidei:* Northw. Sc. 48 (1): 52 sqq. (1974).

LARGENT D.L. — Studies in rhodophylloid fungi V: Ibid.: 57 sqq. (1974).

LARGENT D.L. — New or interesting species of *Claudopus* and *Entoloma* of the Pacific Coast. Madrono 22 (7): 363 sqq. (1974)..

LARGENT D.L. — Rhodophylloid fungi of the Pacific Coast (United States) IV: infrageneric concepts in *Entoloma, Nolanea* and *Leptonia.* Mycologia 66(6): 987 sqq. (1974).

LARGENT D.L. — Studies in the rhodophylloid fungi V: *Leptonia* subgenus *Paludocybe* section *Albidicaules* and section *Roseicaules* and related taxa. North. Sci. 48 ( ): 57 sqq. (1974).

LARGENT D.L. — The Genus *Leptonia:* Bibl. mycol. 55 (1977 Cramer)

LARGENT D.L. et BENEDICT R.G. — Studies in the Rhodophylloid fungi I: generic concepts. Madrono 21 (1): 32 sqq. (1971).

LARGENT D.L. et THIERS H.D. — Rhodophylloid Fungi of the Pacific Coast (United States) II: New or interesting Subgeneric Taxa of *Nolanea* (Northwest Science 46 (1): 32 sqq. (1972).

MAZZER S.J. — A monographic study of the genus *Pouzarella* (a new genus in the Rhodophyllaceae, Agaricales, Basidiomycetes). Bibl. mycol. 46 (1976 Cramer).

ROMAGNESI H. — Quelques observations sur les *Rhodophyllus:* Bull. Soc. myc. Fr. 48 (3-4): 306 sqq. (1932).

ROMAGNESI H. — Sur les *Rhodophyllus:* Ibid. 49 (3-4) : 319 sqq. (1933).

ROMAGNESI H. — Essai d'un sectionnement du genre *Rhodophyllus*: Ibid. 53 (3-4): (1937).

ROMAGNESI H. — Les Rhodophylles de Madagascar (1941, Lab.Crypt. Muséum Paris)

ROMAGNESI h. — Dans la Flore iconographique des champignons du Congo, publiée sous la direction de Robyns W., 6° fascicule (Bruxelles 1957) et Bulletin du Jardin botanique de l'Etat 26(2) p. 137 sqq. (1956): Les Rhodophylles du Congo belge d'après les récoltes de Mme Goossens-Fontana.

ROMAGNESI H. — Essai d'une classification des Rhodophylles. Bull. Soc. Linn. Lyon, 43 (9): 325 sqq. (novembre 1974).

SINGER R. — Mycoflora Australis: Beiheft zur Nova Hedwigia 29: 33 sqq. (1969).

SINGER R. — The Agaricales in modern Taxonomy, 3° édition (1975 Cramer).

RÉPERTOIRE DES NOMS DE RHODOPHYLLES (ou supposés tels) DÉCRITS AU 31 DÉCEMBRE 1977

Au cours des nos recherches bibliograhiques, nous avons constaté de nombreuses homonymies dans les noms spécifiques et variétaux donnés par les auteurs. Pour éviter à l'avenir les inconvénients qui en résultent, nous donnerons ci-après la liste de tous ceux qui, à notre connaissance, et sauf omission, hélas! toujours possible, ont été valablement publiés jusqu'à la fin de 1977. Nous y ajouterons ceux que nous avons créés dans le présent travail.

Nous indiquerons entre parenthèses le nom du genre où l'espèce a été initialement placée, à l'exception des espèces admises par Fries, où c'est le sous-genre que nous mentionnerons.

ABREVIATIONS. - Ag: *Agaricus.* - Al: *Alboleptonia*. - Cl: *Claudopus.* - Clt: *Clitopilus.* - Ec: *Eccilia.* - En: *Entoloma.* - L: *Leptonia* ou *Leptoniella* (Murrill). - N: *Nolanea.* - P: *Pouzaromyces* ou *Pouzarella* (Mazzer). - Rh: *Rhodophyllus.*

A

aberrans Horak (En)
abjecta Bres. (N)
abortivus Bk.-Curt. (Clt)
abnormis Peck (Ag)
acceptanda Britz. (N)
accline Britz. (En)
accola Britz. (En)
acericola Murr. (L)
aciculocystis R.-G. (Rh)
acus W.Sm. (Ag)
acuticystidiosum Horak (En)
acutissimus Favre (f. de *clandestinus*) (Rh)
acutoconicus Hongo (Rh)
acutus R.-G. (Rh)
acystota Largent (v. d'*exalbida*) (L)
Adirondackense Murr. (En)
adnatifolius Murr. (Pleuropus)
aemulans Karst. (L)
aeruginosa Peck (L)
aeruginosum Hiroe (En)
aethiops Fr. (L)
affinis Kauffm. (Cl) (prob. Pleurotus)
Africana Maire (N)
Africus R.-G. (v.d.*Aripoanus*)
Alabamensis Murr. (L)
Alachuana Murr. (N)

atrostipitata Henn. (Ec)
atrovelutinus R.-G. (Rh)
atroviolaceus Romagn. (Rh)
aurantioalbum Corner-Horak (En)
aurantiobrunneum Hesler (En)
aurea Vel. (N)
austrarcticus Singer (v. de *sericeus*)
australis Murr. (L)
austroanatinus Singer (Rh)
autumnale Vel. (En)
autumnalis Vel. (N)
avellanea Murr. (N)
avellaneosquamosum Hesler (En)
avellaneum Murr. (En)
avellaneus Murr. (Cl)
avellanicolor R.-G. (Rh)
avellanolens R.-G. (v. de *subquadratus*)
avilane Dennis (v. de *sericellus*) (L)
avilane Dennis (n.n. pour *ochraceum* Hesler)
azurea Largent (L)

B

Babingtonii Bk.-Br. (Ag)
badiodorsa Largent (v. de *convexa*) (L)
badissima Largent (L) (*barbarisme*)
baeosporus Romagn. (Rh)
Bahusiense Lund. ap. L.-N. (En)
Bakeri Dennis (En)
Batschianum Fr. (En)
betulina Vel. (N)
bicolor Murr. (En)
bicoloripes Largent-Thiers (N)
Bigeardii Barb. (En)
bispora Kauffm. (Ec) (Rhodocybe ou Clitopilus)
bisporifer R.-G.
bisporigera Orton (Ec)
bisporus Hongo (Rh)
bituminosus R.-G. (Rh)
Bizzozeriana Sacc. (N)
Bloxami Bk. (En)
botanicum Stev. (En)
brassicolens Reid (N)
Bresadolae Schulz. (L)
Bresadolae Sacc.-D.Cost. (L)
brevibasidiatus R.-G. (Rh) (v. de *tristissimus*)
brevipes Murr. (En)
brunnea Vel. (L)
brunnea Dennis (v. de *lazulinoardosiaca*) (L, Clt.)
brunneipes Hesler (En)
brunneocinereum Hesler (En)
brunneolilacinum Hesler (En)
brunneoloroseus R.-G. (Rh)
brunneolum Hesler (En)
brunneolus Ito-Imai (Rh)
brunneomarginatum Hesler
brunneostriata Herpell (Ec)
brunneostriatum Dennis (En)
brunneum Petch (En)
brunneum Hesler (En) (n.n. *infuscatum* Hesler)
bryophila Boud.-Roze (N)
Buckinghamiae Murr. (En)
bulbigenus Bk.-Br. (Ag)
Burkillii Masse (En)
Bucknallii Masse (Inocybe)
byssisedus Pers. (Cl)

C

caccabus Kühner (Rh)
caelestinus Fr. (L)
caerulea Orton (L).
caeruleocapitatum Dennis (En)
caeruleoniger R.-G. (Rh)
caeruleopallescens Hesler (En)
caeruleorubescens Hesler (En)
caesiocinctus Kühner (L)
caesiolimbatus R.-G. (Rh)
caesiomarginatum Horak (En)
caesiomurinus R.-G. (Rh)
caesiopileus R.-G. (Rh)
caespitosum Murr. (v. de *Grayanum* (En)
caldariorum Henn. (Hyporrhodius)
Californica Murr. (Ec)
caliginosus Rom.-Favre (Rh)

D

H

I

lecythiophorus R.-G. (Rh)
leiopus R.-G. (v. d'*atrovelutinus*) (Rh)
lentulus Peck (Clt)
lepidissima Svrcek (L)
lepiotoides R.-G. (Rh)
lepiotosmus Romagn. (Rh)
leptohyphes Romagn. (Rh)
Leptonia Peck (Clt)
leptonioides R.-G. (v. de *tenebrosus*)
leptonipes Kühner-Rom. (Rh)
leucocephalus R.-G. (Rh)
leucopus R.-G. (Rh)
lignicola Murr. (Clt)
Lilliputianus R.-G. (v. d'*alboroseus*) (Rh)
limbata Largent (L)
limosella Orton (N)
limosus Fr. (L)
Linkii Fr. (L)
liquescens Cooke (En)
Lisalensis Beeli (Galera)
lividoalbus Kühner-Rom.
lividus Bull. (En)
longipes R.-G. (Rh)
longispora Largent (v. de *badissima*)
longissimus R.-G.
longistriata Peck (L)
lucida Orton (N)
luridofuscus Favre (f. de *sericeus*) (Rh)
luteifolius Hesler (n.n. pour *Ec. Earlei* Murr.)
lutensis R.-G. (Rh)
luteomaculatus R.-G. (v. d'*eburneus*) (Rh)
luteoroseum Hesler (En)
lutescens Fr. (v. de *sericellus*) (En)
luteum Peck (En)

M

macra Britz. (N)
macrospora Largent (f. de *pigmentosipes* et de *vinaceobrunnem* Hesler)
macrosporus Dennis (v. de *depluens*) (Rh)
maculatum Hesler (En)
Madecassensis Romagn. (f. de *vilis*) (Rh)
magnisporus Murr. (Clt)
majalis Fr. (En)
majaloides Orton (En)
majus Romagn. (f. d'*aprilis*) (Rh)
majusculus Kühner (v. de *sarcitulus*) (Rh)
mammifer Romagn. (Rh)
mamillata Vel. (L)
mammosus Fr. (N)
margaritifer R.-G. (Rh)
marginata Peck (L)
marginata Largent (v. de *rosea* L) (L)
marginatum Hesler (En)
Mariae Stev. (En)
mazophorus Bk.-Br. (Ag)
mediocre Britz. (En)
mediofuscus R.-G. (Rh)
megacystidiosum Hesler (En)
megalothrix R.-G. (Rh)
melaniceps Cke-Mass. (En)
melanocephalum Stev. (En)
melanura Cke-Mass. (L)
melilotus Bk.-Curt. (Ag)
melleicolor Murr. (En)
melleidiscum Murr. (En)
melleipes Murr. (L)
melleopallens Karst. (L)
melleum Horak (En)
mephiticus Murr. (Clt)
mesites Singer (Rh)
metalis Romagn. (Rh)
metallica Largent (v. d'*occidentalis*) (L)
Mexicana Murr. (Ec)
Mexicana Murr. (L)
microcarpus B.-Br. (Ag) (Termitomyces)
microcystis R.-G. (Rh)
micropus Peck (Clt)
microspora Largent (v. de *vinaceobrunneum* H.) (L)

N

O

simplex Romagn. (Rh)
singularis Romagn. (Rh)
sinuatus Fr. (En)
Siparianus Dennis (Rh)
socialis Peck (Clt)
sodalis Kühner-Romagn. (Rh) (n.n. pour *lampropus* Bres.)
solstitialis Fr. (L)
sordidulum Horak (En)
sordidulus Kühner-Romagn. (Rh)
spadix Hesler
speciosus Romagn. (v. de *Peckianus*, puis espèce) (Rh)
speculum Fr. (En)
spermaticus R.-G. (Rh)
sphaerospora Sacc.-Trott. (L)
sphagneti Naveau (En)
sphagnophilus Peck (Ag)
sphagnorum Romagn.-Favre (Rh)
spilotus Holmsk. (Ag)
splendens Mazzer (P)
spurcifolius Kühner (v. de *sarcitulus*) (Rh)
squalida Maire (L)
squamatum Hesler (En) (n.n. pour *griseum* Peck)
squamiferum Horak (En)
squamifolius Murr. (Crinipellis)
squamodiscum Hesler (En)
squamulosum Hesler (Rh)
squamulosus Peck (Clt) (Rhodophyllus ?)
Staritzii Henn. (N)
Staudtii Henn. (L)
staurospora Bres. (N)
stenothrix R.-G. (Rh)
stilbocephalus Bk.-Br. (Ag)
stipitatum Sm.-Hesler (En)
straminipes Mass. (Clt)
striatula Largent (f. de la v. *macrospora* de *parva*) (L)
striatulum Hesler (v. de *nigroviolaceum*) (En)
striatum Hesler (En) (n.n. pour *graveolens* Hesler)
strictior Peck (Ag)
strictipes Peck (L)
strictum Stev. (En)
strigosissima Rea (N)
strobilomyces Murr. (N) (Cystoagaricus)
stylobates R.-G. (Rh)
stylophorus Bk.-Br. (Ag)
suaveolens Peck (N)
suavis Lasch (v. de *formosus*) (Ag)
suave Peck (En)
subacceptanda Britz. (N)
subacus Peck
subalbidulus R.-G. (Rh)
subalbidum Murr. (En)
subargillaceus Kauffm. ( ) (Pleurotus ?)
subavellanea Murr. (N) (= *avellanea* Murr.)
subbulbosus R.-G. (Rh)
subcaeruleum Hesler (En)
subcinereus Murr. (Clt)
subcoelestina Largent (L)
subcollariatus Kühner (Rh)
subconica Murr. (N)
subcorvinum Hesler (En)
subcostatum Atk. (En)
subdecurrens R.-G. (Rh)
subdepluens Fitzpatr. (Cl)
subeuchroa Kauffm. (L)
subfarinaceum Hesler (En)
subflexipes Kühner (Rh)
subfloridana Murr. (L)
subfurfuraceum Hesler (En)
subfuscum Hesler (En)
subfusifer R.-G. (Rh)
subgilvus Bk.-Br. (Ag) (Rhodophyllus ?)
subglaber Romagn. (Rh)
subglobisporus R.-G. (Rh)
subgracilis Largent (L)
subgriseum Hesler (En)
subhirtipes Hesler (En)
subignotus Britz. (Clt)
subinocybeforme Hesler (En)
subjubatum Murr. (En)
sublatifolius R.-G. (Rh)
sublividum Britz. (En)
sublucidum Murr. (En)

T

U

Z

Zahlbruckneri Berk.-Zur. (Clt) (Rhodophyllus ?)
Zenkeri Henn. (Ec)
zonatum Hesler.

ADDENDA AU RÉPERTOIRE DES NOMS DE RHODOPHYLLES DECRITS AU 31 DÉCEMBRE 1977

Afer R.-G. (Rh) (f. de *Colensoi*)
alboflavidum Rick (En)
alboserrulata Rick (L)
anastomosans Rick (Ec) (*Rhodocybe?*)
Argentinensis Speg (Cl)
atrata Rick (Ec)
badia Rick (N)
Brasilensis Rick (N) (v. de *limosa*)
Bruchii Speg. (N) (*Pluteus*)
brunneogrisea Rick (L)
brunneopunctata Rick (L)
cantharelluloides Singer (Rh)
Chilensis Speg. (Cl)
citrinella Rick (Ec)
Cordobensis Speg. (N) *(Lepiota)*
cyathiforme Dennis (En)
decurrentior R.-G. (Rh) *(subdeurrens)*
farctipes Speg. (Ec)
fimbriatus Rick (Cl)
fuligineostraminea Rick (L)
goniospora Speg (*Omphalia)*
hispida Rick (N)
imbecille Horak (En) (n.n. pour *fragile)*
intermedia Moeller (L)
intermedia Rick (Ec)
lazulinellus Singer (Rh)
Leptonia Rick *(Pluteus)*
Lowyi Singer (Rh)
lyophylliformis Singer (n.n. pour *pruinosipes*)
mesospermum Horak (En)
Mexicanus Guzman (Rh)
olivacea Rick (L)
pampeanum Speg. (En)
pampicola Speg. (Naucoria)
perbrevisporum Singer (En)
Platensis Speg. (Ec) (Clitopilus)
phaeopodioides Rick (N)
purpureopunctata Rick
rosea Rick (L)
straminea Rick (L)
striaepes Rick (Ec)
subdecurrens R.-G. (Rh) *(decurrentior* R.-G.)
subgoniosporum Speg. (Collybia)
substrictior Singer-Moser (Rh)
subvariabilis Speg., Rick (Cl) (Melanotus)
viridipes Rick (L)
vitellinus Singer (Rh)
vulpinus Rick (N)

INDEX DES NOMS DE SOUS-GENRES, SECTIONS, SOUS-SECTIONS ET DES ESPECES, VARIETES ET FORMES DECRITES DANS CET OUVRAGE

Les chiffres entre parenthèses reportent à une mention incidente du taxon; lorsqu'ils sont suivis de "cl", ils renvoient à une clé analytique; les chiffres en gras au texte principal. Les noms des variétés et formes ont été composées en italiques